Media
TECHNOLOGY
传 媒 典 藏

音频技术与录音艺术译丛

声音的重现

音箱与房间的声学与心理声学

（第3版）

[加] 弗洛伊德·E. 图尔（Floyd E. Toole）著
戴雨潇　译

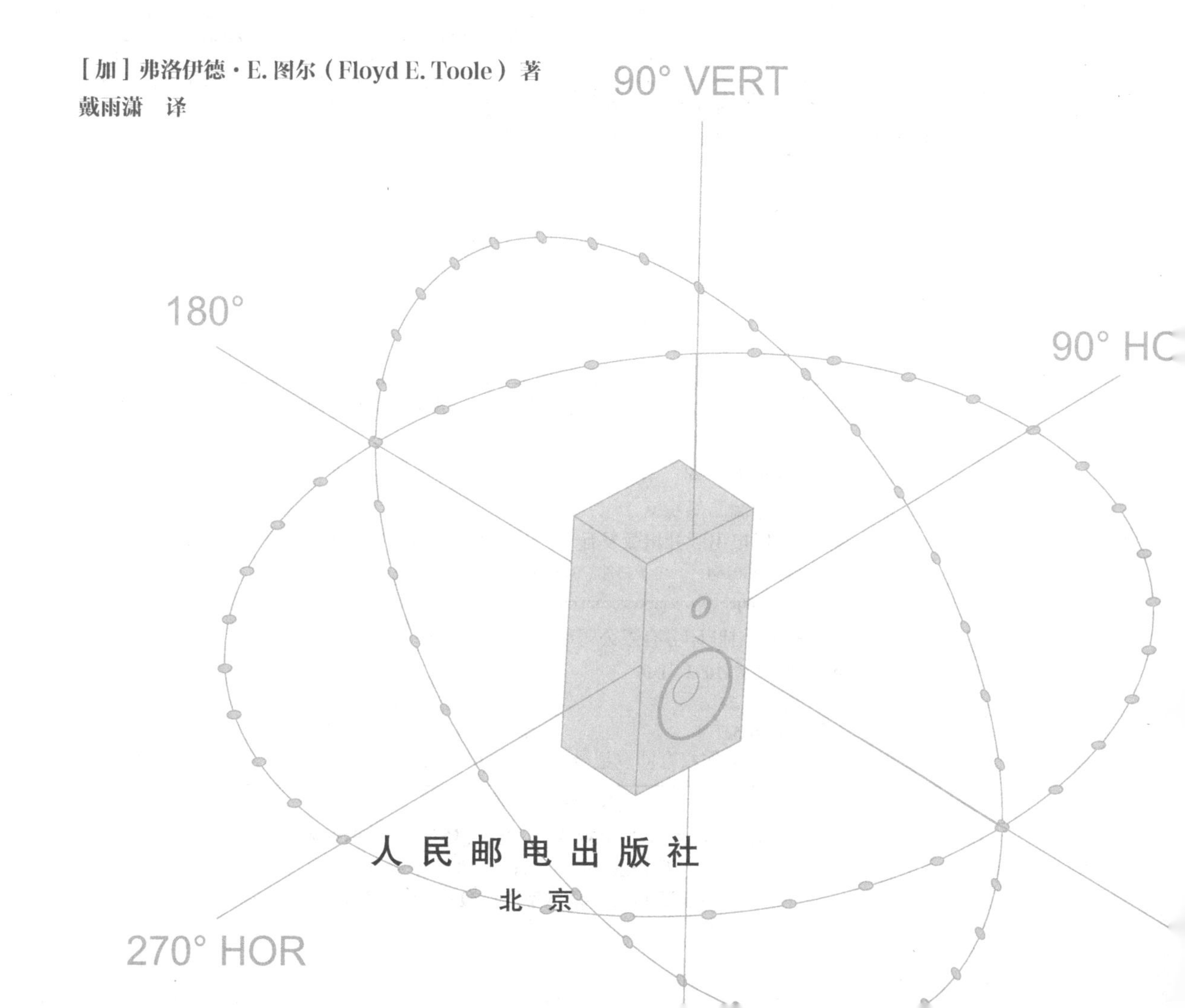

人 民 邮 电 出 版 社
北　京

图书在版编目（CIP）数据

声音的重现 ： 音箱与房间的声学与心理声学 ： 第3版 / （加）弗洛伊德·E.图尔（Floyd E. Toole）著 ； 戴雨潇译. -- 北京 ： 人民邮电出版社，2023.5
（音频技术与录音艺术译丛）
ISBN 978-7-115-60967-0

Ⅰ. ①声… Ⅱ. ①弗… ②戴… Ⅲ. ①声学一研究②心理声学一研究 Ⅳ. ①042②B845.2

中国国家版本馆CIP数据核字(2023)第001920号

◆ 著　　　[加] 弗洛伊德·E. 图尔（Floyd E. Toole）
译　　　戴雨潇
责任编辑　刘 丰
责任印制　马振武
◆ 人民邮电出版社出版发行　　北京市丰台区成寿寺路 11 号
邮编　100164　　电子邮件　315@ptpress.com.cn
网址　https://www.ptpress.com.cn
三河市君旺印务有限公司印刷
◆ 开本：787×1092　1/16
印张：24.25　　　2023 年 5 月第 1 版
字数：605 千字　　2024 年 9 月河北第 5 次印刷
著作权合同登记号　图字：01-2021-3522 号

定价：199.80 元

读者服务热线：(010) 53913866　印装质量热线：(010) 81055316
反盗版热线：(010) 81055315
广告经营许可证：京东市监广登字 20170147 号

内容提要

本书详细介绍了声音的重现的各个环节，以及人耳对客观声音的主观感知的各种特性，并且通过大量科学实验详细论述了人耳对音箱/耳机系统声音的主观感知与客观测试数据之间的对应关系。

本书分为四个部分：第一部分讲的是人耳的听觉特性，包括人耳听觉极限/听觉阈限、不同人群的听音能力、人耳听觉可能受到的潜在干扰因素和主观听音测试的必要条件等内容；第二部分详细论述了在声音的重现过程中，音箱本身的声学特性、房间与音箱的相互作用，以及人耳对各个环节的主观感知的差异；第三部分通过大量实验和测试，论证人耳在主观感知时的共性，以及人耳主观感知与客观测试之间的对应关系；第四部分具体分析了家用立体声音箱、家庭影院音响、电影院音响、耳机、车载音响、录音室音响等各种常见的声音回放系统。

本书罕见地以大量科学、客观的测试手段对声音的主观听感做了详尽的研究，回答了与声音的重现和理想听音系统搭建有关的大部分问题。本书适合声学、录音、音频工程等专业师生作为教程；也适合音乐、影视、现场演出等领域的音响技术专业人员巩固基础、查漏补缺；此外，音乐迷、Hi-Fi 发烧友、音响 DIY 爱好者等也可通过本书获得专业的知识。

致谢

特别感谢加拿大国家研究委员会和哈曼国际公司，感谢它们为我和我的同事分别提供了27年和25年的资金和设施，以帮助我们研究声音的重现涉及的声学和心理声学因素，我们也因此能够公开展示研究结果并发表它们。哈曼国际公司的工程师慷慨地为我们提供了许多测量结果，世界各地的众多研究人员为音频科学和本书的内容做出了贡献，在此我向他们表示深深的敬意和真诚的感谢。

感谢Todd Welti和已故的Brad Wood对手稿的建设性建议，以及非常支持我的Noreen（我的妻子），她每天都参与我的创作过程。

我要把这本书献给我的父亲Harold Osman Toole，感谢他让我确立了很高的道德标准，教会了我一名称职的木工和杂务工应该具备的技能，并坚持让我接受良好的教育，从而开启我的人生。他是一位好父亲，也是我最好的朋友，即使他已年逾百岁，也一如既往。

第3版简介

这本书所讲的是音箱和房间及它们之间的相互作用对人耳听觉的影响的相关内容，这些内容涉及音频、声学和心理声学。它包含了许多世界各地的研究人员所做工作的参考资料，其中也包括我同事的研究成果和我多年来所做工作的参考资料。因此，在此版本的介绍中，我将介绍我自己、我的动机，以及我研究音频的方法。

本书的第 1 版显然是为了解释与音箱和房间有关的、怎样让听音者觉得好听的声学和心理声学内容。第 2 版是我与出版商一起对第 1 版的内容进行勘误而得到的版本，但书的内容没变。而第 3 版基本是全新的。我试图采用一种更为线性的方法来解释艺术、技术和科学是如何结合起来创造听觉体验的，以及我们是如何感知它们的。这是一本篇幅很长的书，包含的信息比大多数人所需要的要多，所以我将它分成几部分以供读者阅读，并根据不同读者的需要进行深入探讨。因此，为了清楚，可能会对某些细节内容重复解释。

读者会发现本书的一些说法与传统音频的说法背道而驰，因为新的科学知识已经取代了由不充分的推理而得出的传统观念。一些音频的民间传说需要被淘汰。这不会一蹴而就，尤其是当艺术与科技如此交织的时候。

音频是一种娱乐方式，但想要做好还需要多做一些功课。了解它的工作原理可能会使结果更加令人愉快。

1938 年，我出生在加拿大东部新不伦瑞克省的蒙克顿。长大后我成为一名高保真爱好者，经历了 78 转唱片、LP、开盘机、盒式磁带、电子管等时代。那时，于我而言，研究音频是一种“参与式”的爱好。我父亲是一个追求完美的人，喜欢自己动手，我跟随他的步伐，从一开始用大量的剩余零件，后来又用 Heath 和 Eico 套件，开始制造前级功放和后级功放。

我父亲和我在我们的木工车间里用发表在供业余爱好者阅读的杂志上的设计方案制作了音箱的箱体。厚厚的目录里充斥着与电子和音频相关的元器件名称，有太多的选择，但没有任何有用的数据来告诉我们这些元器件所发出的声音品质如何，尽管我们能够理解这些数据。那是一个意见不受限制、反复试验想法的时代。有可单独购买的额外的高音扬声器单元，扬声器单元是自己做的，使用“通用”外壳和“通用”分频器。按照今天的标准，音质很差。著名的声学专家 Leo Beranek 博士曾经说过类似这样的话：“家用音箱的音质会随着手工打磨的程度的加深而提高。”这是真的。有一些调试方法声称可以提高回放硬件和电子设备的性能，其中一些甚至可以起到很大的作用。而且总是需要做维护工作，如保持唱片清洁、更换唱头、测试电子管。这些东西被称为“高保真”（High Fidelity/Hi-Fi），虽然“高保真”这个词已经被滥用得失去了意义。

图 0.1　在现在的音响行业中，希望大家还有这样的热情。西蒙·埃利纳斯的漫画 [原载于《高保真新闻与唱片评论》(*Hi-Fi News and Record Review*), 1981 年]。

当“高保真”一词在 20 世纪 30 年代被创造出来时，它更像是一个在当时看来不太实际的目标——因为在很多年过去之后类似的目标才被实现。尽管重现现场表演是早期的目标，也是当今的几种选择之一，但大量录音很快就进入了更具艺术性的表演方式的领域。

高保真的本质，“真实”的概念和音乐的无音染再现，几乎主导了关于家用音频设备的所有讨论。然而，商业录音本身却背叛了这一理念，高保真理想与录音室现实状况之间的鸿沟日益扩大。

图 0.2　1958 年，我眼中的自己。立体声橱柜式音箱是我自己设计的，主要由我的工匠父亲在家庭作坊里制作。箱体是卡尔森的（声学设计很糟糕），搭配 Goodmans 12 英寸“whizzer 锥”单元。Garrard RC-88 唱机带有 GE VRII 单声道唱头，后来被 Acos 立体声唱头取代，驱动了自制的前置放大器（我记得是 Fisher 设计的变体）和自制的 Williamson 6L6 功率放大器，后来修改为使用 Acrosound 超线性输出变压器。声音很响亮，我很自豪

我继续学习电气工程专业，先是在加拿大新不伦瑞克大学，然后在帝国理工学院，1965 年我又从伦敦大学毕业并获得博士学位。我的研究课题是多学科交叉的，是从与 Colin Cherry 教

授的讨论演变而来的。Colin Cherry 教授以其在人类交流方面的专长而闻名，是“鸡尾酒会效应”一词的创造者，“鸡尾酒会效应”指的是复杂听力情境中的双耳辨别力。立体声及其产生的方向和空间效果引起了他的兴趣。他也是一名电子工程师，这也解释了我的论文项目的起源：一项利用我设计的信号发生、处理和数据采集的电子设备进行双耳听觉声源定位的研究。在那些日子里，大多数心理声学研究都是在没有现代电子学和声学知识的情况下进行的，所以看看这些新的实验方法会把我们带到哪些有趣的领域。工程学方法是非常有利的，新的实验是在几天，而不是几个月内创建的。由此发表了一系列论文（Sayers 和 Toole，1964；Toole 和 Sayers，1965）。令人欣慰的是，《空间听觉参考文献》（Blauert，1996）中讨论了这些结果。我被科学迷住了，找到了我感兴趣的问题的答案，同时也似乎满足了更多听众的需求。

现代科学是建立在 17 世纪在欧洲发展起来的一种探究方法的基础上的。科学方法包括观察自然世界、质疑所见所闻，然后进行实验，收集可测量的证据，提供见解或答案。这是一个乏味的过程，需要谨慎和重复，以确保数据是可靠的，并按照严格的规范来设计实验，以确保数据与被研究的问题有关，而不受外部因素的影响，包括提出问题的人。答案必须没有偏见。这并不简单，但正如我们将看到的那样，结果是值得为之努力的，从中得来的领悟使我们现在能够在很多方面设计和预测“好声音”。

图 0.3　心理声学研究，工程风格。Toole 设计和制造了晶体管和电子管，包括一个四轨脉冲宽度调制（DC–200Hz）模拟磁带系统，用于控制随机实验参数，并存储听音者的反应。结果会在自动 *X/Y* 绘图仪上打印出来（帝国理工学院，伦敦，约 1963 年）

仅仅提出一个观点就容易多了。问题是它们太多了，而且一直在变化。这些变化不仅仅是由声音引起的。人类非常容易受到非听觉因素的影响，这些影响会使我们的感知产生偏差。幸运的是，非听觉因素很容易得到控制。

毕业后，我在渥太华的加拿大国家研究委员会（NRCC）担任研究员。我的工作是运用科学的方法提出问题并找到答案。我当时在应用物理系，所以将重点放在现实问题上。一个主要的绩效指标是同行评议的出版物，并且与此同时，对于我所选择的课题方向，也有证据表明行业会因这些研究而受益，NRCC 则由纳税人资助。在 NRCC 这一组织中从事这种研究是一个很好的选择。首先，我在同世界上最好的声学科学家一起工作，并接受他们的指导。其次，我们有极好的消声室和混响室，并且可以用最新的测试设备来量化声音，还有为主观评价而建立的听音室。这项研究取得了成功，我发表了一系列论文。

加拿大音响行业始于租用 NRCC 的测试和听音设施来设计产品，重要的是，加拿大的音频杂志社为这些设施支付了费用，以进行产品测评、消声室测量和双盲听测试。设计和测评的产品成为研究数据库的一部分，每个人都从知识中受益。我到处旅行，向美国音频工程学会（AES）出版物的读者和感兴趣的制造商讲述科学故事。相对不知名的加拿大扬声器制造商利用 NRCC 的信誉和研究成果获得了认可（一些现在是知名和受尊敬的国际供应商）。

1991 年年初的一天，电话铃响了。哈曼国际公司（以下简称哈曼公司）向我提供了一份有趣的工作。经过了 26 年的研究，我对这个机会很感兴趣，我可以直接参与将科学应用到产品开发中，从而更接近“真实”世界。我被聘为声学工程副总裁，但很快这个角色就变得更重要了，因为我说服了公司领导，我们能够负担得起，而且确实需要一个不依赖于任何品牌、不开发具体音频产品的公司科研部门。知识就是产品，很显然，如果知识被证明有价值的话，其中的一部分就会转化为产品。哈曼公司慷慨地允许我们自由出版，延续在音频工程学会会议和期刊上自由交流知识的科学传统（一些公司不允许这样做）。

哈曼公司在改进工程设施和革命性的产品听音评价室上花费了大量资金。这些好处很快就体现在了产品的一致性和音质的提高上。尽管如此，一些营销人员还是提出了另外一些论点，他们对科学的信仰可能与我们不同，好的声音不能保证好的销量。这方面涉及很多因素：外观、价格、尺寸、市场营销和零售渠道分布。这些都不属于工程领域。尽管如此，公司仍坚决努力确保所有价位的产品在质量上都具有竞争力。

对竞争产品的测试和双盲听评估方案已经建立并继续进行。然而，由于时间紧迫，新产品开发数量多，以及随着哈曼公司成长为一家庞大的全球多元化公司，设计和制造分散化，很难对所有产品进行保障。1991 年我加入哈曼公司时，销售额约为 5 亿美元，我们只有几千名员工，主要是一家总部位于加利福尼亚州的音频公司。现在公司销售额约为 70 亿美元，全球约有 26 000 名员工，而音频只是哈曼公司业务的一部分。哈曼公司实现了蜕变。

我在 2007 年退休，退休以后我一直担任顾问的角色，继续学习、出版和教学。我很高兴我把音频爱好变成了我的职业，我真的可以说，我觉得我从来没有“工作”过。

当科学在音频领域中

在我职业生涯的早期，我就掌握了一些关于科学在音频中的作用的基本真理。对物质世界的科学解释、新技术使我们能够随时随地地享受音乐表达的情感和美好。音乐是艺术，纯粹而简单。作曲家、表演者和乐器的创造者都是艺术家和匠人。通过技巧的运用，这些能够创造和改变我们情绪的声音被创造出来，激励我们跳舞和唱歌，并且形成我们记忆的重要组成部分。音乐是我们所有人生活中的一部分。

然而，尽管科学神奇，但它无法描述音乐。在科学中，没有维度来衡量一首好曲子的关键元素。从技术上讲，它无法解释为什么一个著名男高音的声音如此受人尊敬，或者为什么古克雷莫纳小提琴的声音被当做案例。科学也不能通过测量来区分一个大师演奏的小号和一个音乐专业的学生的。这些区别必须通过倾听，主观地做出抉择。因为在理解乐器方面已经付出了大量的科学努力，所以，我们越来越善于用便宜的乐器来模仿高档乐器。事实上，最近的盲听测试是成功的标志。我们在电子合成乐器的声音方面也做得越来越好。然而，审美愉悦的决定仍然牢牢地建立在主观性较强的基础上。

正是在这一点上，有必要区分一种音乐的产生和随后对该音乐的重现。纯粹的主观意见是衡量音乐是否有吸引力的唯一标准。这必然因人而异。音乐分析涉及旋律、和声、歌词、节奏、乐器音质、音乐技巧等问题。在录音室里，录音师是艺术的另一个主要贡献者。所有用于制作最终立体声混音的操作都是基于主观判断的，其依据是它是否反映了艺术家的意图。当然，它也可能是为了吸引听音者。

科学、心理声学、乐器和音乐才能

这本书讨论的是关于声音重现的科学。其他人则将科学方法应用于乐器和音乐会场地。音乐厅的声学研究成果已经被广泛传播，但那些与乐器本身有关的科学研究却很少。最近的论文挑战了一些广泛持有的观点，引起了人们的兴趣和争议。Fritz 等人（2014）的一篇论文报告了对 6 把新的和 6 把旧的意大利小提琴（包括斯特拉迪瓦里的 5 把）进行详细盲听评估的结果。这些演奏者都是“重要的”专业独奏者，评估是在排练室和一个小音乐厅内进行的。结果是，当被要求选择一把小提琴来代替自己的小提琴进行一次巡演时，10 名独奏者中有 6 人选择了新的小提琴。在个人评分中，一把新小提琴被选中 4 次，一把斯特拉迪瓦里小提琴被选中 3 次，两把新小提琴和一把斯特拉迪瓦里小提琴各被选中 1 次。因此，对于 10 名演奏者（其中 7 人经常演奏老式意大利小提琴）来说，新的便宜得多的小提琴非常有吸引力。

Bissinger（2008）深入研究了小提琴声学的细节，并总结了对于最佳小提琴声音的常见评论：“它们在测量范围内更‘均匀’，在最低频范围内更为强劲。”作为一个音频工作者，我将其理解为“平坦的频率响应和优秀的低音”，这似乎是合理的。Campbell（2014）为对技术感兴趣的音乐爱好者提供了了解几种乐器的额外视角。

Tsay（2013）在一个非常不同但相关的话题中测试了一个流行的概念，即“声音是评估音乐表现的最重要信息来源”。他发现，无论是新手还是专业音乐家，在无声观看音乐比赛视频时，比只听或同时看和听更能清楚地识别预先录制的现场音乐比赛的获胜者。研究发现，音乐表演的评价主要取决于手势的视觉影响，而不是听觉因素。难怪，音箱的视觉美感决定了我们对它们发出的声音的反应。

对回放声音的评价应该是对所有这些元素被准确回放或有吸引力地回放的程度的评价。这是一个试图描述音频设备在哪些方面增加或减少所需的目标。一个非常重要的问题是，在最终混音获得批准时，我们这些听众不在录音室。我们不知道创作者到底听到了什么，但我们仍然对自己喜欢和不喜欢的东西有看法。我们不知道该表扬谁，该批评谁。通常，回放设备承担的责任超出了它本身的责任。

在进行音频产品评估时，用来描述音乐本身的术语，要么是不够的，要么是不合适的。描述音频产品，我们需要与描述音乐的词汇不同的词汇。大多数音乐爱好者和发烧友缺乏这种特殊的严肃听音能力，因此艺术通常与技术相结合。在主观评估中，技术音频设备往往充满了音乐功能。有些被描述为能够委婉地增强录音效果，有些则相反。的确，回放设备的技术性能特征必须体现在音乐性能上，但技术性能属性是固定的，音乐是无限可变的。因此，相互作用是不可预测的。这无助于我们研究和改善声音的重现。

除此之外，还有一种流行的观点，即我们都“听到不同的声音”，一个人的美餐可能是另一个人的毒药，我们面临的情况是，是否有可能有一个令大家普遍满意的解决方案。幸运的是，现实并不是那么复杂，尽管人们的音乐品味显然是高度个性化的，而且差别很大，但我们发现，当听音者有机会表达他们无偏见的观点时，能听出回放声音中最常见的缺陷是一项令人惊讶的普遍技能。更好的消息是，大多数人都能做到这一点，即使是那些认为自己是“木耳”的人，没有经验的听音者只要花费更多的时间，一路上犯更多的错误，最终他们的意见普遍与专家的意见也会一致。只有那些有听力损失的人通常会偏离标准。在相当大的程度上，我们似乎能够将对回放技术的评估与对音乐的评估分开。不需要熟悉或欣赏音乐，就可以认识到设备能否很好地回放声音。

听音者如何处理判断音质的问题？主观评价的维度和标准很可能可以追溯到一生积累的现场声音体验，甚至是简单的对话。如果我们听到的是自然界中不存在的声音，或是违背某种感性逻辑的声音，我们似乎能够辨别出来。按照这个标准，声音最好的音频产品是展现出最少可听缺陷的产品。也许这就是为什么即使我们没有亲身到过现场，我们也能够对录音质量做出如此深刻评论的原因。

图 0.4 显示，在现场表演中，事情相对简单。音乐家们将声音辐射到表演空间，两只耳朵和一个大脑解释这种组合。这些“参考性”的聆听经验，对于你、其他听众和表演者而言没有任何实质性的区别。现场表演中，对于非常复杂的声场我们可以通过一定数量的话筒取样，带到录音室，并通过一定数量的声道和音箱进行操作，使其听起来很好。当然，现场表演的空间复杂性无法通过两个声道复制，多声道方案更具说服力。这是录音工程师的技能，使这些复制品听起来像原本的声音一样。

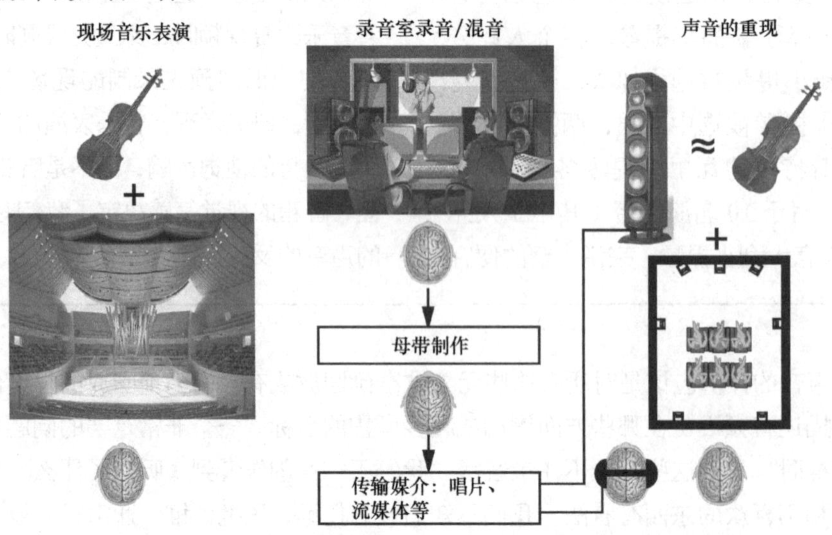

图 0.4　对现场音乐表演“原件”和录音及重现“复制品”的平行宇宙的概念性观点，所有这些都是由两只耳朵和一个大脑在沿途的几个点上领会和影响的（迪士尼音乐厅照片，由费德里科・齐格纳尼拍摄）

图 0.4 的中心说明了我们喜欢的大多数流行音乐和爵士乐的起源。表演者一起或分开在录音室唱歌或演奏，他们的声音存储在“音轨”中，也许占比很高。然后录音工程师和音乐家“混音”最终产品，调整每个表演者的声音，也许通过均衡改变人声和乐器的音色，并添加空间效果（反射、混响等）。现在连唱歌时跑偏的音调都可以被纠正。所有这些都是在混音室里听音箱的声音时，由几个人的耳朵、大脑组合来评估的。然后，所产生的混音可以传递给母带工程师，母带工程师通过不同房间的不同音箱对音乐产品进行个人主观判断，并根据需要进行更改，使之适合所选的传送格式。在黑胶唱片时代，操作是非常重要的。工程师试图预测在大多数听音情况下，音乐对大多数客户的影响，同时考虑到交付媒体的特性。如果对带宽和动态范围没有限制，这将是理想的选择，但不是所有音频媒介都允许无限制的带宽和动态范围，而且很少有消费者有能力或动机去欣赏这样的录音。通常，音乐成品是为适度的播放设备量身定做的，可能预期听到一定量的背景噪声，并且声音经过适当的预处理。消费者对此一无所知，因此我们从录音中听到的与声音音质和空间感品质相关的信息，可能带有一定的随机性。

图 0.4 右侧是那些有幸拥有听音室的人的最终听音环节。这是改变音乐效果的另一个机会：在不同房间的不同位置使用不同的音箱，使用不同的电子设备，可能会对辐射到房间中的声音进行不同的信号处理和均衡。同样，是人类的耳朵、大脑系统产生了感知和观点。当然，只有一小部分人有这样的播放设备。

大多数人都使用普通的音频设备（如耳机）听音，由此产生的声音体验与听音箱播放的立体声录音而产生的声音体验完全不同。

因此，回顾这一过程，有几个机会对音乐录制的内容和它们在播放时的声音进行重要的个性化输入。严肃的音乐爱好者如果想听到“真实”的音乐，就应该尝试体验现场未经简化的音乐表演，无论回放设备有多好，通过任何数量的声道进行的录制都不能完美地复制这种真实感。绝大多数的录音都起源于录音室，在音乐传到我们这里之前，人们已经对音乐进行了大量的主观操作，使用不同的音箱进行评估。即使是所谓的“不插电”古典音乐录音，也会在混音和母带制作过程中进行美化处理，以使得它们在通过两只音箱试听时更好听。聚焦在声学较弱的乐器或人声上的话筒发出的信号可能会在空间上得到增强，以适应整个乐队的声学环境。如果做得好，这些花招就不会被发现。

这一幕似乎毫无条理，但大多数时候都是这样。音乐是非常耐听的，很可能我们所有人都花过数小时通过严重受损的音频系统欣赏音乐。然而，通过一个真正好的回放系统试听一段真正好的录音，可能是一种触及灵魂深处的体验。这不是“真实”的体验，但它可以是种绝对一流的音乐体验和高质量的娱乐体验。音频行业的一般原则应该是：如果有疑问，至少让它听起来不错。

无论在音频的持续发展过程中发生了什么，了解这项技术的基础知识、声音传播的原理和感知的心理声学对我们而言都是有帮助的，因为这些都不太可能改变。本书的目标是为现有音频格式的高质量回放提供知识和指导，并为未来的发展奠基。

目录

第 1 章 声音的产生与声音的重现

第 2 章 关于音频的科学观点

第 3 章 主观测量——将观点变为事实

第 4 章 声音的主观感知维度和物理维度

第 9 章 相邻边界和音箱安装效果

第10章 声音重现空间中的声场

第11章 电影院中的声音

第12章　家庭听音室、家庭影院和录音室中的声音

第13章　设计、测量和校准音频回放系统的合理方法

第14章　测量方法

第15章　多声道音频

第16章 音箱与功放

第17章 听力损失和听力保护

第18章 50年间音箱设计的进展

参考文献

第1章 声音的产生与声音的重现

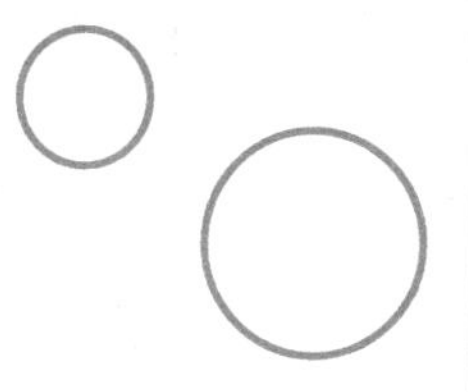

在进入声音的重现这一环节之前，有必要看看这一切的开始：在现场演出产生声音。我们可能会认为我们的音频系统能够重建这样的体验，但这根本不可能。即使在今天，有几乎无限的带宽可用，双声道立体声是默认格式。毫无疑问，立体声可以极大地提升听感，有时甚至使我们感受到接近真实的体验。但遗憾的是，许多录音实际上为：左音箱、右音箱和虚拟中央声像。这是单声道、单声道和两个单声道的叠加。通过耳机听这样的录音则感受到左耳、右耳和头部中央。音乐的精髓是可以传达的，但缺少任何有关声音空间和氛围感的效果。录音师熟练的话筒设置和信号处理可以改善情况，但立体声充其量仍是一种剥夺方向性和空间感的格式，而且是一种令人讨厌的格式，需要一个最佳听音位置。

我们需要更多的声道来捕捉、存储和重现对三维声场的基本感知。这是电影界几十年前就了解的，现在电影院有多达 62 个声道的沉浸式声音格式。这对于音乐需求来说是过多的，但是超过两个总归是好的。幸运的是，有一些优秀的多声道音乐的示范，表明它的双耳版本将是虚拟现实系统的一部分。

从科学的角度来看，现代声学主要起源于古典音乐的音乐厅。无论这种音乐是否吸引人，这些现场表演所产生的基本感觉都会在所有录制的音乐中被广泛采用，无论是哪种类型的音乐所激发出的感觉。混响、空间感、包围感等都是的确会给人带来愉悦的感知体验，录音师们已经配备了精巧的电子效果器，可以将其融入任何一种音乐中，增加艺术色彩。

1.1 声音的产生——现场古典音乐表演

我家有一套几乎最先进的声音回放系统，而且我一直都用这样的系统，并且这些年来一直在改进。虽然它们一直很好，但真正的演出是一个非常不同和更令人满意的听觉体验。打扮、开车，也许在外面吃饭，成群结队的人，整体的视觉氛围都给体验增添了色彩，但体验中的听觉成分才是真正值得享受的。

我每年要欣赏十几场音乐厅的现场演出。坐着，看着人们坐下，管弦乐队在舞台上集合，我感觉到一种巨大空间带来的愉悦感——我听到了我眼睛所看到的空间。这在家里是不会发生的。当音乐家们调整和练习有难度的乐段时，无数的反射声丰富了音色，这给了我们的听觉系统更多的机会去聆听微妙的乐段。我可以定位个别音乐家，即使声音从这些地方开始，音色在我的周围徘徊。当音乐开始时，一切都完美地结合在一起。音乐厅的反射声是表演中不可分割的一部分：丰富的音色与空间包围感相结合，我身在演出中。这是一个复杂的聆听体验，让人开始发现哪些要素有助于设计一款引人入胜的实际产品。然而，有趣的是，考虑到不同的音乐家、乐器、指挥和音乐厅，“参考”并不是一成不变的。

事实上，我们可以断言，音乐厅的现场表演当时的原貌，可能再也不能重现了。声音就是这样的。

有趣的是，即使是在不同的音乐厅里，声音和乐器的基本音色也是保持恒定的。我们可把声源产生的声音和音乐厅反射声分开。换言之，我们似乎适应了我们所在的房间，并且可以“透过”房间来听到声源。这种解释的一个变体是，我们可以进行 Bregman（1999）所说的“听觉场景分析”，将乐器的声音与房间的声音显著分离。我们可以做到这样的程度：集中管弦乐队的一个部分的声音来压制其他部分。人类的耳朵和大脑是了不起的。如果一个音乐厅的表演缺乏低音，像一些人那样，倾向于责怪大厅，而不是音乐家或他们的乐器。我们便可本能地知道责任在哪里。

在本书的后面，我们将从主观感知和客观测量的角度讨论这些听觉事件的要素。就目前而言，充分注意到重现音乐厅体验意味着要同时传递音色和空间组成。这其实并不容易。图 1.1 所示为洛杉矶音乐中心的沃尔特 • 迪士尼音乐厅。

实现这些令人满意的声音回放部分取决于硬件：电子设备、音箱和房间。这些都是消费者在一定程度上可以选择和操纵的东西。但最重要的要素来自“系统”。

（1）用于播放的声道数量、音箱和听音者的位置。

（2）话筒的选择和放置、混音 / 声音设计，以及录音制作过程中的母带处理。

图 1.1　洛杉矶音乐中心的沃尔特 • 迪士尼音乐厅（Federico Zignani 摄）

如果“系统”不允许某些事情被听到，失望是不可避免的。现有的系统是在音频行业内部发展起来的，并由专业人员在其内部运行。这些是我们感受方向和空间印象的关键因素。有证据表明，在我们对回放声音的总体主观评价中，空间感知的重要性与音质的重要性相当。

时域信息中的混响是一个重要的线索性质的表现空间。它可以通过单声道 - 单声道传输，但在空间上是一种“小”体验，所有声音都局限于单个音箱。增加更多的通道可以让舞台的声场通过前面的通道表达具有深度信息的横向展开的管弦乐队。还有一个更微妙的成分：感知声源宽度（ASW，Apparent Source Width）或声像宽度，其中声音获得维度和声学设置；一些人称之为乐器周围的“空气感”。对称放置的“立体声座位”中的一个听音者只需两个声道即可，但多个听音者或不在立体声座位中的一个听音者需要增加一个中央声道，以防止虚拟声场失真并最终塌陷在较近的音箱中。优秀的立体声录音中暗示了在表演者包围的空间中的感觉，许多录音中没有这种感觉，然而，多声道录音更有表现力，侧方声道和其他声道提供长时间延迟的侧向反射，有助于声像扩展和营造包围感。正是延迟的时长造成了大空间的印象，这限制了在小型监听室中使用多向音箱可能实现的空间扩展。事实上，根据一些权威人士的说法，包围感是音乐厅表演最重要的一个方面。

尽管立体声效果很好，但多个声道对单个听音者来说更好，对多个听音者来说更是如此。不幸的是，电影中普遍使用的 5 声道或 7 声道在音乐领域并没有取得商业上的成功，尽管它们能够进行更引人入胜的回放。新的“沉浸式”形式，采用了更多的声道和音箱，方便了电影制作，它们提供了令人兴奋的空间动态，也有一些音乐节目的示范提供了令人信服的印象，让人产生了真正置身于音乐厅或大教堂的感觉，甚至当一个人在听音室四处走动时也会有这种感觉。双耳与双声道的关系适用于耳机，但剥夺了音箱回放音乐时产生的空间感。这个主题将在第 15 章的后面进行更详细的讨论。

1.2 声音的产生——现场流行音乐表演

我们的大部分娱乐活动都属于所谓“流行”音乐的众多细分领域，它与古典音乐一样给我们带来愉悦感。我们听到的大多数爵士乐也采用了类似的录音方法。大部分声音都是由话筒捕捉的，这些话筒不在自然听音的位置而是非常靠近人声和乐器，或者是在没有任何声学关系的情况下进行纯电信号的捕捉，然后在录音室进行混音和控制。“表演”是在混音和母带制作过程中通过监听音箱听到的声音。大型、昂贵的录音设备为王的时代正在消逝，因为越来越多的录音是在改装过的卧室或车库里进行的。混音和音效处理软件的广泛使用，以及价格相对低廉却功能强大的计算机，使绝大多数人都能获得曾经精心设计的录音棚器材才有的独家功能。这种范式的转变是一个重要因素，它扩展了音乐唱片的曲目，改变了音乐产业本身的商业模式，解放了此前“被金钱符号抑制”的创作本能。

大名鼎鼎的艺术家进行精心策划的巡回演出，有时甚至跨越全球。他们通过在录音室录制的音乐而风靡时，有时重现在演唱会中所录制的“原始声音”是一个目标。偶尔，录音室所录制的声音也会悄悄地出现在现场表演中。这一切都不是问题，因为它始终是一个人工创造，很少或根本没有任何“不插电”的现场表演。这看起来像作弊，但有些效果是现场表演无法复制的。最终，交付的“艺术”才是最重要的。

如图 1.2 所示，在流行音乐表演现场进行放大 / 声音增强时，前台（FOH）工程师控制观众听到的表演。这是一个实时的艺术创作，不同的工程师有着他们各自的品味，有趣的是，他们的听力也有很大的不同。我在中场休息时离开了，因为声音太大了，这不太好。我后来得知，前台工程师被发现有严重的听力损失，但他与表演者有长期的合作。在这种情况下，由于各种声学、技术和个人原因，现场流行音乐表演各不相同。

有一点可以明确，一场现场流行音乐表演就是当时的样子，而且可能再也不会重演了。这就是声音的产生。

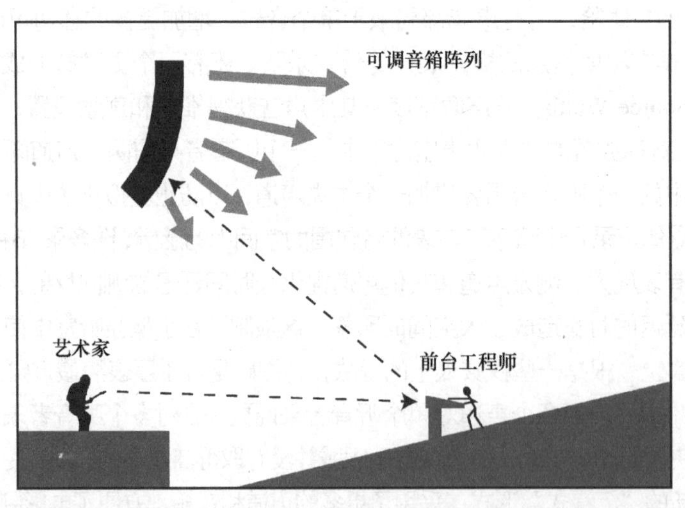

图 1.2　巡回演唱会音响系统的功能图。来自舞台上艺术家的话筒信号和直接有线输入信号由前台工程师根据从音箱阵列听到的声音进行混音和控制，工程师与观众所听到的音箱阵列的声音是一致的

1.3　重现声音——音频行业

声音的重现是不同的。在某个时间和地点，有一段原始的音乐表演，声音的重现目的是在任何时候任何地方，只要有人按下“播放”按钮，就尽可能准确地重现这段表演。我们的大部分听音经验都涉及录音、广播或流媒体音频，这些音频通过房间里的音箱、车载音响或耳机进行回放。这就是音频行业，如图 1.3 所示。

显然，音频行业是一个复杂的行业，如果这些不同运营和业务环节中的所有设备都要与通过它们的信号兼容，这就需要广泛的标准。听音空间范围如图 1.4 所示。更重要的是，在这些不同的情况下，听众会听到什么。混音和母带工程的结果是否准确地传达给消费者的耳朵？

谬误：用“现场”的声音作为参考是判断音质的唯一方法。**理由**：话筒只能捕捉到我们在现场表演中听到的现场声场样本，有些环节会丢失。录音工程师可以通过混音，使之听起来像现场的声音，或创造一种完全人造的体验或介于两者之间的任何东西。

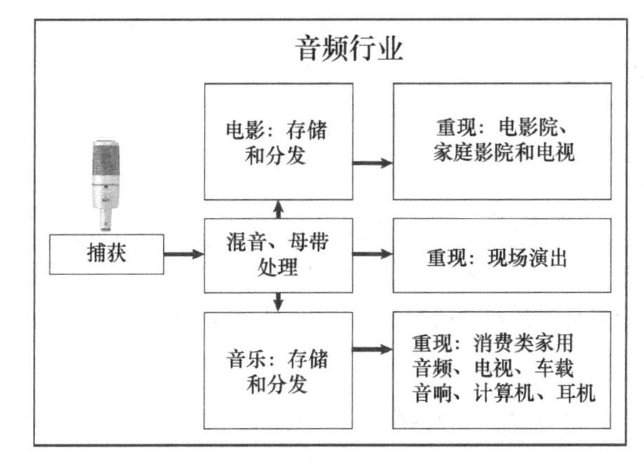

图 1.3　我们所了解的音频行业

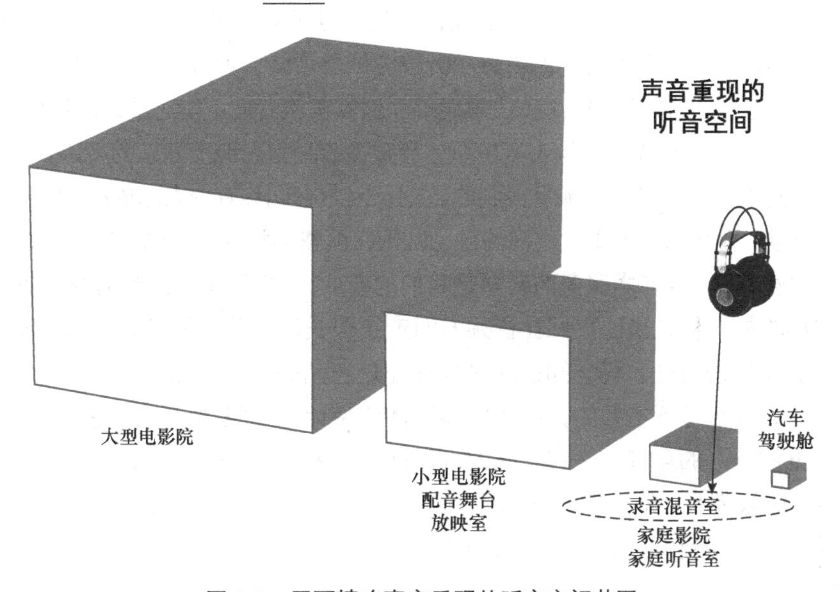

图 1.4　需要精确声音重现的听音空间范围

幸运的是，电影院所设计的听音空间与家庭房间没有太大区别。再加上听音者通常使用大型定向音箱，听音者最终会在基本相似的声场中体验到比预期更相似的体验。这将在后面详细讨论。

耳机通常回放由音箱在录音室内产生的立体声音轨。虽然有可能实现良好的音色匹配，但在空间呈现上与音箱有本质的不同，耳机的声音主要局限在头内部或靠近头部的位置。为了获得最佳的耳机体验，需要双耳（人工头）录音，但我们似乎已经很好地适应了严重的空间感扭曲，这种严重的空间感失真是大多数人都经历过的。

图 1.5 中的描述在细节上很可能是错误的，但毫无疑问，这种趋势是正确的。我们主要以音频节目为娱乐的情况并没有从科学研究中获得相应的好处。结果是传统和纯粹的民间传说给这些领域已经并仍然带来重大影响。

发烧友在寻求卓越的回放声音时往往会受到发烧音频作者和音频评论家的意见的影响，他们很少或根本没有意识到相关研究已经完成。观点取代了基于事实的指导。大多数音频产品测评都是在没有测量的情况下进行的，这种情况下会产生很大的不确定性。一些发烧出版物测评时进行基本的测量，但它们在准确性、分辨率和全面性方面必然受到影响。不过，我尊重它们的努力，因为这是获取一些技术见解的合理尝试。此外，能够进行消声或有用的准消声测量的设施很少。

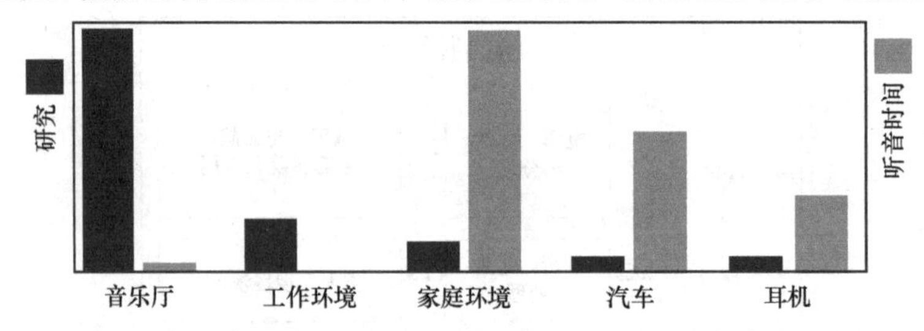

图 1.5　对各种声学空间和听音环境的科学研究数量的粗略估计，并与在每个声学空间和听音环境中花费的时间进行比较

一些音频作者对以科学的方式研究音频的观点持敌对态度，认为只有主观的意见，最好是他们的意见才重要。主观意见没有错。正如我们将看到的，正是这些因素使我们得以对声音重现的重要性进行深思熟虑和富有成效的研究。然而，这些观点必须在这样一种情况下收集：一向敏锐的人脑被剥夺了可能对声音产生偏见的信息。听音测试必须以盲听方式进行，听音者不能知道价格、品牌、尺寸等因素。理想情况下，应该是双盲的，这样实验者就不能对结果产生偏见。此外，还应该有现成的竞品的比较声音，因为人类在回忆音质细节时常表现出健忘的特点。当这样做的时候，主观数据开始类似于通过技术测量得到的数据，因为它们具有令人印象深刻的可重复性，更重要的是，可以推广到大量人群中。这样的行为准则在消费类和专业音频领域都很缺乏。

音频行业的座右铭：为艺术服务的科学是我们的事业，“好声音”是我们的产品。

灵感、虚构的故事和试错让我们在音频方面走了很长的弯路。但是，越来越多的科学认识可以让这个行业发展得更好。科学知识的最大好处是它允许可预测的、可重复的结果出现。知道什么是重要的，什么是不重要的，使我们能够优化设计音频组件，可以在面对能够承受的价格时提供可预见的良好的声音，并在更高的价格衡量下做到更出色的声音。如果我们承认前面格言中的信息，那么艺术才是最重要的，因为它是音频艺术，所以音质是必不可少的交付物。没有人会因为装扩音器的精致金属盒或昂贵的手工打磨的音箱而折服，只会被感知真正卓越的声音的愉快体验打动。

1.4 保护艺术——音频怪圈

如果“好声音”是我们的产品，我们怎么知道什么是“好”？试图回答这个问题会让我们立即陷入我所说的“音频怪圈”。一个简单的想法告诉我们，如果消费者想要听到艺术家、音乐家和录音工程师创造的东西，他们应该有类似的音箱和房间。如果没有，他们会听到一些不同的声音。由于录音室的监听音箱没有标准，消费类音箱也没有标准，最终音质无法预测，这是一场“赌博”。

当我们听录制的音乐时，我们在倾听每一个艺术决定和音频链中每一个技术设备的累积影响。许多年前，为了教学示范，我创建了图 1.6 所示的漫画，说明了如何打破无休止的主观性循环。

本图中隐含的假设是，可以创建测量值来描述或预测听音者对被测设备产生的声音的反应。曾几何时，这种假设似乎是不可能实现的，甚至现在还有些人依旧声称，我们无法测量我们所听到的声音。现实情况是，随着研究取得进展和更新、更好的测量工具的开发，我们已经有可能将“末日钟”的指针移动到即将引爆的地方。事实上，可以说“爆炸”已经开始。客观数据比常规的主观评估更能可靠地揭示声音的某些特性。

这种混乱循环的后果在音箱和话筒中都很明显。我最近看到一支话筒被一位业内知名人士“调音”，但没有提到他调音时用的是什么音箱，那么这是什么意思呢？许多年前，一家音箱制造商有一款产品被一家著名的古典音乐公司用作监听音箱。音箱不是中性的，当通过更中性的三频均衡的音箱回放时，这些录音呈现出一种独特的音染。一段时间以来，这家音箱制造商生产的大多数音箱都呈现出基本相同的音染。当然，用这些音箱听这些录音很棒，但听大多数其他录音则效果不太好。对于专业人士或消费者来说，这显然不是一个理想的情况。

图 1.6　这是“音频怪圈”的第一个版本，说明了音箱在决定录音效果方面的关键作用，以及录音在决定我们对音箱效果的印象方面的关键作用。中心的漫画表明，可以通过使用心理声学的知识拨快时钟，此时测量的“爆炸性”力量将被释放以打破怪圈

图 1.7 以更准确的表达形式反映了“音频怪圈”对音频行业的影响。在这本书中，录音工程师的角色和他 / 她所使用的话筒、均衡器和大量音效处理算法的“工具包”得到了认可。录音师在录音、混音和母带处理的过程中所做的工作会受到录音室中所听到的声音的影响。这一切都没有错，因为我们正在创造的是音频艺术。

可以从乐器中捕捉“纯净”的声音并毫无损失地再现出来——这种想法是天真的。乐器，尤其是弦鸣乐器，有着辐射方向复杂的声场，音质也会根据话筒的位置而有很大的不同（Meyer，2009）。在现场古典音乐表演中，用一个话筒甚至一定数量的话筒都无法捕捉到人们所听到的全部声音。

Brittain（1953）清楚地总结了这一情况。他说：

“任何形式的回放，无论是视觉还是听觉，几乎总是有一些固有的限制。科学家的目的是把这些限制降到最低程度。对于艺术家而言，无论是画面还是声音，都是为了规避这些限制，甚至是为了达到自己的审美目的。声音的重现很少能够做到“声音二次创造”，在许多情况下，艺术可以帮助科学创造更大的乐趣。”

他还说：

“声音回放系统经常被指责具有因传播媒体而存在的固有缺陷。这些局限性存在于表演者的大脑中，在一连串的事件中，这些局限性也存在于听音者的大脑中。”

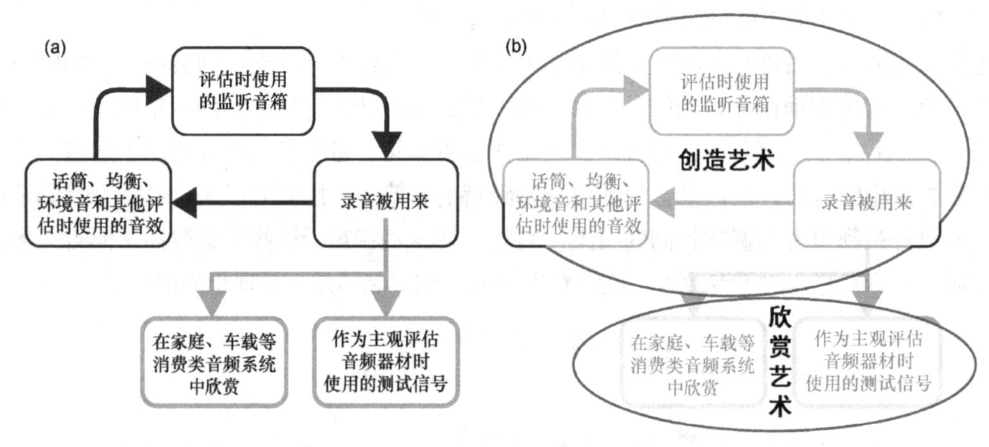

图 1.7 （a）“音频怪圈”与音频行业有关，显示了音箱的重要作用。（b）除非在这两个领域（艺术创作和艺术欣赏）存在显著的共同因素，否则艺术不会被保留

上述这些是布里坦在 70 多年前说的，现在仍然是正确的。

Benade（1985）指出，在录制声音之前，话筒的位置和乐器的指向性的共同作用就已经扭曲了声音。缺乏足够的早期反射的声音无法通过混音中的均衡器来纠正。

对于这类音乐，我们可能尝试录制的任何东西都会包含一个听起来不难但实际操作起来却很艰难的任务，这个任务是提醒我们在一个优质的音乐厅举行的现场音乐会上可能会听到什么。这项任务最终会变得更加困难，因为我们试图制造的是一种模仿，而模仿显然是难以成功做到的。

他接着指出了这种古典音乐与流行音乐的本质区别，在流行音乐中，技术和信号处理是表演不可或缺的部分。唯一的“真实”是在录音室或母带工作室的最后一次混音。

在回放音乐时，仅有两个声道的限制，严重制约了可以传送给听众的声场。然而，有水平的混音和信号处理可以创造出令人愉快的相似体验，这是我们都愿意享受的，即使它不是真实的声场还原。音乐创作于录音室，精通录音和母带技术的录音师是至关重要的艺术家，他们的名字可能会出现在最终的唱片中。

很久以前，受人尊敬的音频工程师 Johneargle（1973）就认识到，在录音过程中，监听系统和家庭音频系统的不匹配所带来的后果。Børja（1977）指出，录音工程师对录音室监听音箱的频谱缺陷进行补偿后，录音音质出现了“戏剧性的、很容易听到的”差异。他发现录音的频谱与监听音箱频率响应的有翻转的情况。如果监听音箱的频响有一个峰值，录音会显示出一个频谱波谷，工程师只做了一些分内的事情，使其在录音室中正确地发出声音。这不是一个新问题，问题也没有消失。在 Gardiner（2010）报道的一次采访中，英国制作人 Alan Molder 谈到了受欢迎的雅马哈 NS-10M 小型监听音箱（见 12.5.1 部分），他说：“如果你什么都不做，声音听起来有点像‘罐头声’。他们肯定会努力让事情听起来正确。”因此，这个过程就是使用一个有缺陷的音箱，然后均衡混音，使混音器听起来“高保真”。为什么？这种混音只有通过同样有缺陷的扩音器再现，才能听起来相似。这种产品及其失真的频谱已经为录音工程师所接受，以至于至少有一个现代的基本中性的监听音箱内置了一个可切换的均衡来复制它。“老派”的设置抓住了无处不在的 NS-10M 的精髓，因此，已停产的 NS-10M 的异常声音可能永远不会消失。

除非母带工程师介入，否则频谱上的“不均衡”记录将被传送到我们的回放系统，如果我们的回放系统是三频均衡的，那么它们将清楚地暴露出原本音乐中的错误。如果我们的回放系统不是自然均衡的，几乎任何事情都有可能发生。一些录音师使得“音频怪圈”更加混乱，如图 1.8 所示。

这似乎是一个不可接受的状况，然而，直到今天，专业音频行业还没有关于录音室中所使用的监听音箱的有意义的标准。为广播、混音和听音室编写的少数标准采用了有问题的测量方法和评判准则（如 13.2.2 部分）。许多年前，我自己就参与了其中某些标准的制定，我可以证明这些标准的不足之处并不是恶意的，只是由于当时没有更好的方法。电影行业早就有了混音和影院用音箱性能的相关标准。这些也是许多年前制定的，并且也有不足之处，这将在第 11 章讨论。音频行业的一些做法需要改进，以适应新的知识和利用新的技术。

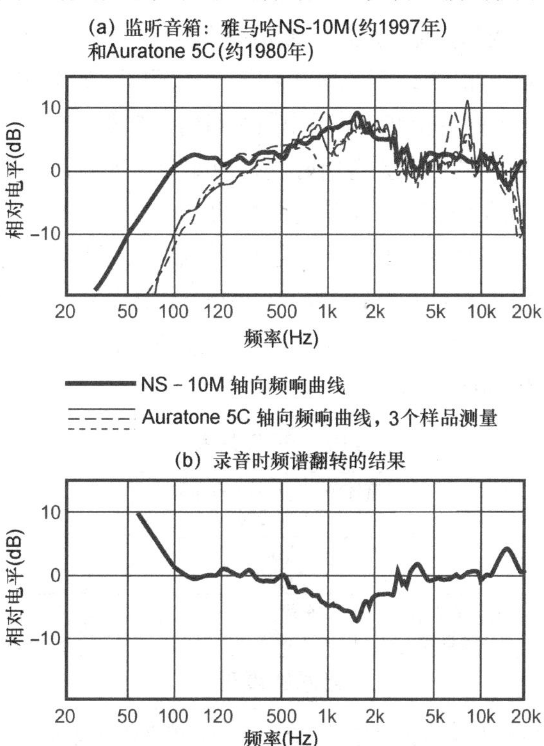

图 1.8 录音师补偿监听音箱时可能发生的极端情况。（a）过去的两个流行的监听音箱在低音区之外非常相似。Auratone 样本的样品公差一定是有害的。（b）录音师认为使声音听起来是中性三频均衡的频谱与 NS－10M 的频响曲线相反

缺乏标准化和有效管控的结果是录音在音质、三频均衡和声像等方面存在差异。每当一个人选择一段录音来演示他们想展示的音频系统时，就会遇到这种现象。选择不是随机的，每个人都有自己喜欢的曲目。这是因为人们的兴奋可以来自曲调、歌词或音乐诠释。

录音中的许多变化形式可以通过传统的低音和高音控制来解决。不幸的是，音调控制被音频纯粹主义者所反对，他们认为高低音控制以某种方式降低了音质。因此，并非所有的设备都可以进行音调控制，所以补偿非常常见、简单的不足（如低音过多或过少）的能力也就丧失了。认为录音本身是完美无缺的观点是严重错误的，就像认为“完美”的音箱在播放所有录音时都能发出好听的声音一样。

我们要更现实，承认音箱回放的音乐和现场音乐不一样。可以肯定的是，两者有着根本的相似之处，但也存在着巨大的差异。没有神奇的发烧线材、音箱脚架或避振脚钉，电源滤波器或墙上的小装饰物也能改变这种状况。

1.5 音乐和电影的现状

从音乐的方面来看声音的重现，“音频怪圈”可以用图 1.9 所示的元素来解释。

这些问题都源于整个行业缺乏统一的音箱性能标准。声音回放系统在音质上是高度变化的，并且错误的房间均衡操作进一步加剧了这种不确定性。在消费类音频领域中，文件 ANSI/CTA-2034-A（2015）描述了 5.3 节中讲述的采用 Spinorama 数据采集和呈现的音箱测试方法。正如这本书将要明确指出的，这些数据是潜在音质的可靠指标，在一定程度上，也是我们在室内测量的指标。然而，它们很难找到，部分原因是制造商满足于目前的现状，即大部分已展示的参数没有显示出真正有用的东西，如 12.1 节所述。除了极少数例子，消费者和专业人士都被剥夺了看到有用的数据的机会，市场上的音箱继续显示出所有可能的音质变化。

有人可能会认为，专业音频世界会有所好转，但即使在那里，也很少能找到具有有意义的测试数据的监听音箱。在很大程度上，这是对测量的不信任，以及对一些观点（包括他们自己的观点）的错误信任造成的。大多数主观评价是不受控制的，因此是带有偏见的。

一些专业人士和学者采用 ITU-R BS.1116–3（2015）作为评估和确定系统性能的基础。不幸的是，如 13.2.2 部分所述，它包含了一个不同于整个音频行业默认标准的性能目标，并且与数十年的受控主观评价所提供的指导不一致。

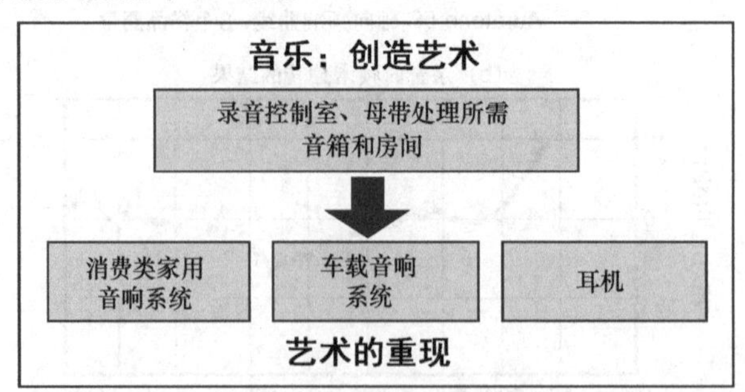

图 1.9　如果音乐录音要可靠地传递给听众，就必须具备重要的共同品质

房间均衡 / 校准方案只能让这一切变得更加混乱。尽管有公开声明，这些系统无法执行所述的操作。房间不能通过均衡器来改变，在不知道具体音箱或房间的情况下，就无法解释测试

出的房间曲线。房间内有些问题可以通过均衡器来解决，但许多问题不能。音质是可以改变的，就像使用简单的均衡器一样，但是尽管有严重缺陷的音箱的音质可能会有所改善，但它们永远无法提升到高性能标准，更糟糕的是，真正优质的音箱的固有优点可能会因为错误的房间校准而受到影响。这个问题将在以后的几章中详细解释。

这表明，知识的存在改变了这一点。然而，幸运的是，一个几十年前就有的潜规则表明，音箱应具有“平坦”的轴向频率响应。这种想法是第一个到达听音者耳朵的声音——直达声，应该是录音音色的近似复制品。这条规则偶尔会被打破，经常会被扭曲，但总体来说，在这方面，专业监听音箱和消费类音箱之间有明显的相似之处。

在电影音频领域，事情是不同的。电影电视工程师协会（SMPTE）和国际标准化组织（ISO）在配音舞台和电影院校准 B 链（均衡器、功率放大器、音箱和房间）上所用的标准基本相同。目标是实现众所周知的 X 曲线，这与音频行业所有其他领域所采用的频率响应目标有根本的不同。当在家庭影院、电视机上重放音轨时，就产生了问题，但在制作音轨的配音阶段和为观众再现音轨的电影院中，至少应该保持一致性。图 1.10 说明了这种情况。

假设所有 X 曲线校准系统的测量和声音都是一样的，这是错误的。这是一个很长的故事，将在第 11 章讨论。当我在图 1.10 中说“大部分”时，没有关于分布在世界各地的成千上万家电影院的统计数字（有的国家有 150 000 家以上），很容易想象其中许多电影院没有任何标准。一些业内知识渊博的人士认为，这些音响系统应该与音响领域的其他行业更紧密地结合在一起，并一直以此为信念行事。因此，标准是存在的，但标准化的音质是不存在的。我曾体验过一些电影行业的“参考”影院，按照适当的标准进行校准，音质并不令人印象深刻。在一个戏剧性的例子中，关闭电影院中的校准均衡可以显著提高音质，这不仅仅是我的观点。这也是在出色的家庭影院观看电影的一个原因。

在这本书的早期版本中，我提醒大家注意这些问题（第 18.2 节），并注意到：“似乎还没有对这些问题的真正的科学研究。”一位电影声音专业人士读了这篇文章，联系了我，并开始尝试改善这种情况。结果，SMPTE 成立了一个调查委员会来调查这一情况，发现问题后成立了标准委员会。在电影院和配音阶段进行了许多测量，并发表了一份主要报告，详细说明了研究结果（SMPTE TC-25CSS，2014）。在撰写本文时，有 SMPTE 和 AES 标准小组正在研究改进声音重现设施校准的方法，我撰写了一篇论文，试图总结现有的科学，以协助这一过程（Toole，2015b）。所有这些都将在第 11 章中详细讨论。

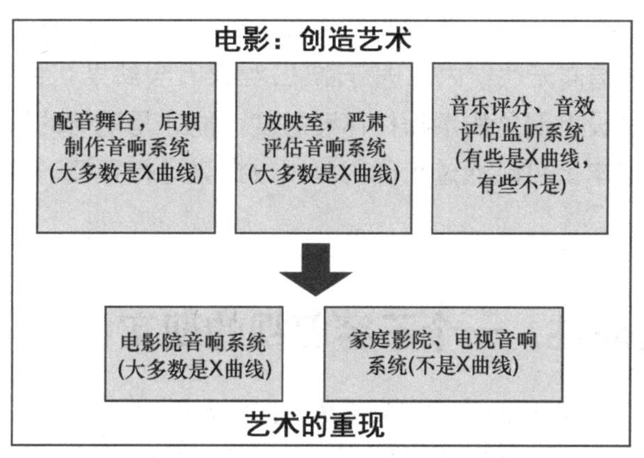

图 1.10 上面显示了创造电影音轨并在批准播放前对其进行评估时使用的元素，下面显示了消费者体验音轨的环境，两者之间存在显著差异

1.6 音箱和房间所扮演的角色

如前文所示，音箱和它们所处的房间影响着“艺术”创作，又影响着“艺术”的重现。事实上，音箱是声音的重现中最重要的元素。模拟和数字电子产品也在信号通道中，但不难证明，在设计精良的产品中，如果不造成严重失真或削波，它们可能产生的任何影响都很小。事实上，与电声和声学因素相比，电子产品的影响通常非常小。众所周知的 ABX 测试以单调的规律性表明，设计精良的功放、扬声器线等并不是导致声音难听的原因。有时，一些测试也会在统计学上表现出显著的差异。但只有当听音者能够陈述一个更真实或更准确的偏好时，这种差异才是重要的。人类的天性是认为无论听到何种区别，都认为这是提升，这就是为什么 A 和 B 测试也需要随机引入 B 和 A 测试以用来平衡测试结果。进行有意义的听音测试本身就是一门科学（见第 3 章）。

如果我们给音箱的性能定位，则可以说音箱表现出的音色应该是中性的。无论听众是创作作品的调音师，还是欣赏作品的消费者，声音都不应在回放的艺术作品中增强或衰减。音箱不应该成为艺术的一部分。

传统观点认为，音箱应该是被主观选择的。这背后的普遍假设是“千人千耳”，因此音箱好坏是由个人决定的。的确，我们对“酒、人、歌曲”的偏好是个性化的，但音质不同。事实上，认识到这一点是我职业生涯中的一个转折点，早在 20 世纪 60 年代中期，我就在一些备受推崇的音箱上进行了一些粗略的听音测试（如 18.1 节所述）。它们的声音很不一样，消声室对它们的测量证实了它们之间巨大的差异。但是，在盲听结束时，有两件事是清楚的：一是大多数听音者对他们所喜欢的音箱的看法达成一致，二是他们喜欢的音箱有最好的（即最平滑和最平坦的）频率响应。对所有在场的人来说，这是一个启示。从那以后，一切都没有改变，只是故事中增加了更多的细节。

现在我们可以通过正确的测试来确定“中性”。专业人士和消费者都可以使用声音非常“中性”的音箱，其中许多音箱的价格都很实惠。困难在于如何识别此类产品，因为很少有厂家展示全面和可信的性能数据。20 世纪 80 年代初，我在加拿大国家研究委员会工作时，制定了一套音箱的测试方案。在我任职于哈曼公司期间，它演变成了现在非正式地被称为“Spinorama”的东西。大量的研究结果支持了它的实用性，并体现在音箱测试的行业标准中。它可以在一些产品的公开说明书中被看到，但判断它是否会被广泛应用还需要长时间关注。大多数制造商无法在内部进行测试，如果看到结果，许多厂商会感到尴尬。所以，公事公办，对这种没有偏见的事物持怀疑态度可能才是明智的选择。无论如何，实际情况是，音箱的音质基本上可以通过正确的测试数据集进行预测。第 5 章对此进行了详细的讨论。

1.7 人类的适应性，一个不容忽视的现实

我们也许都曾聆听具有严重缺陷的音频系统。许多人仍然如此。音质可能是不完美的，但不知何故，音乐还是能幸存下来为人们提供享受。营造简单的快乐并不需要完美的音箱系统。然

而，当我们听到优质器材播放的音乐时，会公认这样的器材是可取的。但重要的是，至少在某种程度上，我们能够适应一个不完美的环境并从中获得快乐。

人类的所有适应过程都是有限度的。在视觉上，我们通常不知道色温已经变化，因为从白炽灯到荧光灯，从阳光直射到阴影，我们的肤色似乎没有变化，直到我们看到在每一种情况下拍摄的照片。然而，强烈的色彩在灯光下很容易被看到。因此，当我们检查自己的能力，听到各种优质和有缺陷的声音时要记住，绝对完美可能不是必要的。但“缺陷”应保持在人耳可感知的阈值以下或适应限度以下。

听觉适应会影响听音测试的结果。如果我们比较同一房间内的音箱，得出的产品评级可能与在不同房间对同一组音箱进行的测试得出的评级几乎相同。我们在一定程度上适应了所处的房间，使我们能够对不同音箱的相对音质进行出合理的判断。如果我们快速地从一个房间的一只音箱切换到另一个房间的另一只音箱，则无法实现听觉自适应，房间将成为一个干扰因素，如果不是主导因素的话。这一点在日益流行的双耳录音听音方法中尤为明显。7.6.2 节中我们对此进行了讨论。

我已经注意到这种影响，当我旅游后回到家中，打开我的音箱系统，音乐可能听起来有点“不同”，但这种不同不会持续很长时间，几分钟后我回到熟悉的环境。这和“煲机”完全无关，是我在重新适应我的音箱系统。这是音频评论员常遇到的情况，他们注意到新产品引入他们的听音室时声音的不同，但随着时间的推移，他们会适应其特点。除了低音单元谐振频率的微小变化，音箱不会“煲机”——这是一个物理事实，但听众肯定会“煲耳朵”。

◎煲机

在某些音频领域，人们相信所有组件——线材、电子设备和音箱需要“煲机”。在开箱即用的情况下，假想这些产品不会表现得最好。支持者强烈否认这一过程与听觉适应有任何关系，他们广泛宣传音频性能的变化，声称这些变化很容易被听到。然而，我没有在任何受控测试中发现过任何间接的听觉差异，即使是在音箱这种可能在物理上确实存在一些变化的产品中。几年前，为了让一位坚定相信“煲机”的营销人员满意，研究小组使用了一个音箱样本进行了一项测试，据称该音箱可以从“煲机”中获益。建议的“煲机”磨合期前后的测量结果显示，频率响应除了在一个可预测煲机效果的区域（低音单元顺性）30 ～ 40Hz 发生了微小变化，在其他区域没有表现出明显的差异。所有这些都没有让工程师感到意外。目前尚不清楚营销人员是否对这一发现感到满意。

对我们所有人来说，这是非常令人放心的，因为这意味着音箱的性能是稳定的，除了已知的低音单元顺性的微小变化，这些变化是由泡棉折环和一些振膜材料随时间、水分和大气污染物的降解而引起的。需要注意的是，“煲机”似乎总是能提高性能。这是为什么呢？所有的机械和电气设备及材料都获得了在其原始状态下缺失的音乐天赋吗？为什么“煲机”的效果从来没有被反转，使产品随着使用而变得更糟？事实上，工程师们采用的材料、组件和加工方法不会随着时间的推移而改变。假设随着时间的推移，声音确实有所改善。然后呢？它最终会像葡萄酒一样因“醒发过度”一样变差吗？你可以想象一个老式音箱的广告：“一个发烧友的梦想。2004 年生产的 XX 型，一直播放莫扎特、舒伯特的作品和原声爵士乐，从来没有播放过比披头士更具侵略性的音乐。最初每对 1700 美元，现在达到了它们的性能巅峰——售价 3200 美元！”

1.8 人类的可暗示性

人类行为的一个显著但令人沮丧的特点是，在某种程度上，我们可以证明“思想凌驾于物质之上”在某些事情上的支配地位。在医学界，安慰剂有时和处方药一样有效，这已经被证明了很多次。信仰的力量可以减轻症状，甚至辅助治疗。在品酒过程中，一个著名的标签或者高昂的价格使品酒者倾向于喜欢一种产品。为了更接近真理，在这两种活动中，单盲测和双盲测都得到了广泛的应用。

在音频领域中，有许多类似的例子，表明听音者听到了并不存在或根本不可能存在的声音品质。如果一个人相信声音有区别，那么很可能会听出区别。即便冲击耳膜的声波没有改变，但大脑的感知过程判定了两者（原本的声音品质和听到的声音品质）之间存在差异。双盲听测试可能表明没有差别，一些人认为这是盲听测试错了，而不是声音真的没有变化，这就是信仰的力量。一些音频评论员宣扬这些想法，拥有这些神秘力量的产品层出不穷。因此进化出了一些人所说的“基于信仰”的声音，它与玄学完全相似。

在科学中，反面证据使人质疑一种理论。在迷信中，反面证据使人质疑这个证据。

如果要解决这个问题，可能需要在物理和工程领域之外投入资源。

精准的音质还原这种说法很久以前就有了。托马斯 • 爱迪生在 1901 年声称留声机没有自己的“音染”。为了证明这一点，他安排了一场巡回演出，他的留声机在“音色测试”中进行演示，其中包括与一名现场演奏者一起演出。Morton（2000）报告说，“爱迪生仔细挑选了歌手，通常是女性，她们可以模仿她们录音的声音，只允许音乐家使用一组录音效果最好的乐器进行表演”。1916 年在卡内基音乐厅举行的一次演示中，有一群“具有音乐修养、有音乐鉴赏力”的听音者，据《纽约晚报》报道，“耳朵听不出什么时候在听留声机本身的声音，什么时候在听伴有回放音乐的真正的人声。只有通过眼睛看歌手的嘴是开着还是闭着才能发现真相。”（引自 *Harvith and Harvith*，1987，第 12 页）

如图 1.11 所示，根据市场营销的说法，完美的声音是在一个世纪前实现的。

歌手必须小心翼翼地唱，声音不能比留声机的声音响，还要学会模仿留声机的声音。不用颤音唱歌，颤音是爱迪生（显然是一个对音乐没进行过多研究的人）不喜欢的。这些录音测试还有其他后果。机械录音设备的低灵敏度使得表演者有必要挤在喇叭口周围，寻找能够特别大声演奏的乐器。因为宣传的“音色测试”的对象是独奏的声音和乐器，任何来自录音场地的其他声音都会表明录音场地与演示房间的现场表演者不同。因此，除了采用“近场话筒”录音技术之外，爱迪生的录音室在声学上已经失败了（Read and Welsh，1959，第 205 页）。所有这些都是音频产业起源时一个精心设计的骗局，但对于听众来说，任何近似音乐的东西都可以被录制、回放，这不得不让人感到惊讶。

图 1.11 1918 年，歌手 Frieda Hempel 在纽约爱迪生工作室进行音调测试。为了确保测试是“盲听”，他们采取了严谨的措施，但有趣的是，一些眼罩也覆盖了耳朵（由美国内政部国家公园管理局爱迪生国家历史遗址提供）

RCA 在 1947 年使用一个完整的交响乐团（Olson，1957，第 606 页）对音箱的回放效果进行检验，20 世纪 50 年代的 Wharfedale（Briggs，1958，第 302 页）也对音箱的回放效果和现场声音进行了对比。其目的是要说服观众，声音回放已接近完美。许多人认为是这样的，但也有人不相信。声学研究人员在 20 世纪 50 年代末和 60 年代使用弦乐四重奏和吉他进行了几次现场和回放声音对比。

这些并不是爱迪生导演的“派对把戏”，而是知识渊博的人在受人尊敬的公司里进行的严肃演示。Villchur（1964b）提供了对这个过程的深刻见解。并不是每个人都相信那些音箱足够好，但很多人都认为这些音箱已经足够好了。半个世纪后，我们是否走得更远？今天的音箱是否比过去几十年的音箱好得多？在大多数情况下，答案是“是的！”然而，大街上随便一个人，甚至是一个“有音乐修养”的听音者，是否真的能察觉到使用当今最好的音箱进行的这种演示的改进？我们现在是不是更聪明、更敏锐、更不可能被一个好的外观所吸引？

显然，为了提高成功的概率，我们做了精心的准备。话筒的放置非常小心，以确保良好的回放效果，同时明智地使用均衡（Villchur，1964）。为了避免在录音现场拾取房间内其他声音，需要使用近距离话筒，这使得事情变得更加困难。这意味着，乐器总辐射声的微小样本将被用来代表整个声场。

我们可能永远不知道为这些事件制作的录音“经历”了什么。但是，从一个角度来看，它们都有避免“音频怪圈”的优势：录音是为了通过特定的音箱回放而制作的。大多数比较演示都是在音乐厅进行的，因此具有明显的优势。正如 1.1 节所讨论的，音乐厅的声音点缀了现场表演，在这些测试中，这种点缀也会出现在回放声音中。Villchur（1964b）认识到这一点，他说：“现场录音的回放可能不像实际音乐会上的音乐那样，因为将现场音乐和回放音乐同等遮盖的混响是缺失的。”在对音乐厅的评估中，包围感是评价的主要因素。现在有证据表明，在音箱听音测试中，对空间感的感知与音色准确性的重要程度相当，也只有这样，听音者才能满意（7.4.4 部分）。

无论如何，按照今天的标准，在使用商业录音进行的听音测试中表现不好的音箱在半个世纪前被判定为音质良好。一个愤世嫉俗的人可能会得出这样的结论：争取曾经被称为“高保真”的东西是徒劳的。我想起了弗兰德斯和斯旺（一个英国音乐喜剧团队）1957 年的《复制之歌》，虽然术语有一些变化，但仍然可信（可以在网上找到）。

然而，当在双盲听测试中面对音质的选择时，一般的听音者，甚至那些声称自己是“木耳”的人，都能识别并喜欢中性音箱。我们知道如何用测量来描述它们。我们都应该拥有它们。

第2章

关于音频的科学观点

由于起源于音乐艺术，音频已经变成对观点甚至是情感而言都非常重要的因素。在早年间，测量是原始的，在有能力以一种有意义的方式测量音频器件，特别是测试音箱的性能之前，测量已经存在几十年了。主观与客观的争论由来已久，其间“我们不能测量我们所听到的声音”成为一个不成文的“真理”，起初这句话是有道理的，但后来技术进步了，科学方法开始被采用。

对许多音频行业的人来说，测量是不受欢迎的，这是对固有方法的挑战。只是听一些东西并提出一个观点要容易得多。越是“懂行”的人，提出的意见就越正确。根据定义，音乐家是有资格的。外行，也就是音频发烧友，可以简单地自我肯定，他们因为热爱这种兴趣爱好，所以也是有资格评论声音的，一些发烧友后来成了音频评论员。

我们现在可以回过头来看看，那些不是发烧友的音乐家其实并不是很善于听音的听音者，他们听音乐时可以接受一定的音染作为“合理的演奏方式”。从听音者的角度来看，感受可能会大有不同。

出版音频测评杂志是一桩生意，写手和音频评论员都需要钱，广告商要曝光率并且要满意，下个月的发行还要准备。因此，它存在妥协性。产品测评对读者来说有着巨大的吸引力，但大多数情况下，只有有限的测试设施、测量或数据分析，没有专门的场地进行受控的双盲听，以及响度控制的比较。人们很少有机会进行有意义的主观和客观评价，这些评价通常的结果是一页页朗朗上口的文章，并且往往是文采高超和丰富多彩的散文。当被要求对这些观点进行验证时，就会被拒绝。图 2.1 所示为我在一个高端音响展上画的一幅漫画。

图 2.1　作者在一个高端音响展上画的一幅漫画

坚定的主观主义者制造了一种“稻草人”：一个穿着白大褂的科学家 / 工程师，致力于数据和图表。有人断言，这些人不可能关心隐藏在回放声音中的“真相”：微妙的声音细节、声场的细微差别、情感等。这是一场幻想的战斗，在“冰冷”的数据和通过被测评产品对音乐做出的反应的诗意描述之间展开。如果这些人相信科学，并且能够获得有用的、准确的测量结果，这种情况可能就不会发生。音频评论家和读者都会受益。

科学就在那里，不管你信或不信。

——尼尔 · 泰森

至少在一个案例中，*Stereophile* 杂志社的人员进行了有用的测量（完全归功于 John Atkinson），但根据我的观察，这些数据很少被实践，“带回家听”方法被主观评论家纳入讨论。听觉适应开始了，许多非听觉因素的干扰正在发挥作用。这些测评中有许多可引用的段落，有一段留在我的记忆中。它涉及一只音箱的重大缺陷，清楚地显示在 Atkinson 的测试结果中，我们只能假设音频评论家也听到了这个缺陷。主观音频评论家，也许相信“煲机”，坚持说，在与音箱共处了大约两个月后，他突然听到了美妙的声音。那么，音箱“煲机”起作用了吗？并没有。音频评论家是适应了音箱的缺点吗？是的。如果没有与其他产品进行比较，音频评论家将永远不会知道真正发生了什么。读者被鼓励去花很多钱买一个平庸的产品。

这种（发烧圈通常认同的）主观评价模式和测试中证明缺陷存在的证据经常被重复使用。尽管如此，Atkinson 说：“正如我在 1997 年 AES 大会论文中指出的那样，我们的音频评论家的评分通常遵循 Floyd 的研究结果：人们倾向于选择平坦的响应、可控指向性的音箱（Atkinson，2011）。”这可能是他个人对这些事件的简要描述，但从他发表的许多主客观测评中收集到的定量证据更令人信服。这些客观测试已经足够，尽管呈现格式可以在我们所掌握的知识的基础上进一步改进。而这些主观评分是散文家和音频评论家们无纪律、非盲听的听音结果。

Stereophile 杂志 45 周年刊（2007 年 11 月）刊登了 Atkinson 的社论，他采访了该杂志的创始人 J.Gordon Holt。Holt 评论如下。

就现实世界而言，High-End 音频在 20 世纪 80 年代就失去了信誉，因为当时 High-End 音频断然拒绝接受基本的诚实控制原则（例如，双盲听），这种控制使 Pascal 以来所有其他严肃的科学努力都合法化。这种拒绝在理性的人群中成了一个无休止的快乐源泉，这对我来说则是一个永远的尴尬，因为很多人在传播我的言论时所造成的混乱会牵连到我。

正如我所说的，至少 Atkinson 做了有用的测量，所以技术娴熟的读者可以辨别出一些接近产品真实性能的东西。可靠的音箱测试的另一个来源是在他们的“测试数据库”中，可以找到我在 NRCC 工作时创建的设备中的消声测量结果。现已停刊的 *AudioScene Canada* 杂志和 *Sound Canada* 杂志为 NRCC 消声测量付费，编辑人员前往渥太华参加国际电工委员会（IEC）标准听力室的双盲听力测试。他们是在听了之后才看到测量结果的。这是一个强有力的组合，为公众提供了我认为是当时，也许是有史以来最好的音箱评论。但不幸的是，这已经成为历史。所有这些数据都被纳入我的研究中。通过这些活动，我能够体验到当代音箱的稳定流动，相关数据都被添加到了科学的主观 / 客观数据库中。

也许事情会改变，但也许不会，因为测评是一桩生意，正确的测评需要花费金钱和时间，而这些通常是预算和日程所不允许的。一些出版物背后的工作人员对音频进行了简化的测量，这是朝着正确方向迈出的一步，但那些回避所有测试数据的出版物则不会让知识渊博的读者有自己的观点。它要求读者相信音频评论家的观点，即便有些人声称听到的东西有时是物理定律所不允许的。在所有的观点中，都有一层不确定性的“迷雾”，它与音频线材、电源线、发烧电容、避震脚钉和其他许多基于发烧友的信仰而想象的影响有关。我想我创造了下面的谚语，如果我错了，我会道歉，但它总结了音频中的很多事情，其中一些显然是我在本书已说过的“基于信仰”。

在科学中，反面证据会使人质疑一种理论。在迷信中，反面证据会使人质疑这个证据。

只要不损害家庭预算，没有伤害他人，音频就是一个兴趣爱好。真正的事实是，如果不从主观评价开始，就不可能在理解音频的心理声学方面取得任何进展。我们听到的是确定的东西；我们的挑战是找到与主观评价相关的测试数据。心理声学是描述我们所听到的和我们所测量到的数据之间关系的科学，它揭示了主观评分和客观数据之间的相互作用。多年来，我们已经非常善于获取这两种有用的数据。

因此，尤其令人失望的是，在消费类音频领域比在专业音频领域有更多的证据表明这种主观与客观的闭环已经合拢。专业人士非常重视让他们的产品“适应”不同的场景。经历了许多这样的“适应”，很明显，这不是一个很高的标准。音质的准确性不是首要因素。

我在几份音频杂志中看到了对消费类音箱的评价，正如我前面所说的，有些音频测评做得比其他音频测评要好。但我在音频杂志上看不到监听音箱。专业人士应该带头。他们所做的事情会永久地嵌入录音中。多年来我认识了许多专业音频人士，他们中的一些人瞧不起消费类音频，然而他们显然低估了消费类音频的重要性。

我职业生涯的大部分时间都花在科学研究上。特斯拉、Space-X和其他高科技企业的首席执行官Elon Musk在2016年的一次采访中说：“鉴于科研建立在学习的基础上，有时是从错误中学习，我非常敬重一位以科学为基础的企业家。”这很有意思，稍微解释一下：我在某种程度上一直是错的。我们的愿望是少犯错误，尽量减少一个时代的错误。我相信这种哲学。

我也这样认为。少犯错会使人成为更好的科学家或工程师。但更大的问题是相当一部分民众的“错误头脑”，他们目前缺乏对科学的尊重，而且在某些方面缺乏对事实的尊重。

2.1 科学研究的要求

电学和声学测量已经伴随我们很长一段时间了，而且我们很早以前就非常擅长做这些测试了。现在我们可以更快、更节省成本地完成这些工作，我们可以测量更多的维度，但几十年前的好数据和今天的好数据一样值得信赖。音频数据曾经由于其模拟形式的限制，不容易处理。现在，有了更多的数据，且都是数字形式的，我们就有可能以模拟时代不可能或不切实际的方式对其进行操作。有可能创建与我们所听到的内容关系更密切的数据版本，而不是原始数据本身。用“眼睛”来看，解释变得更直观。

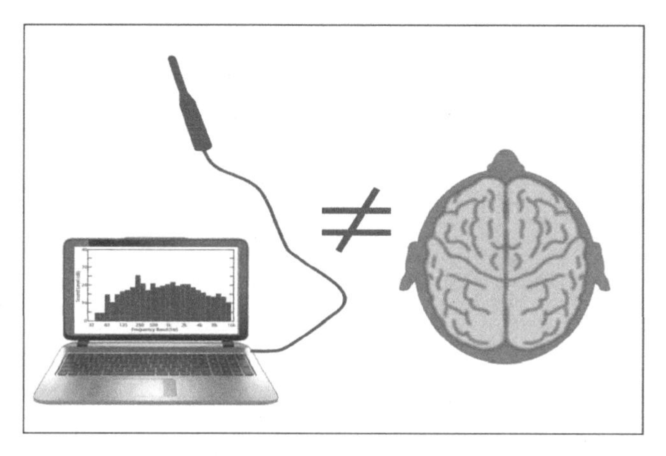

图 2.2 简单的 RTA 测量和人类感知之间存在根本区别。它们并非完全不相关，但它们并不等同

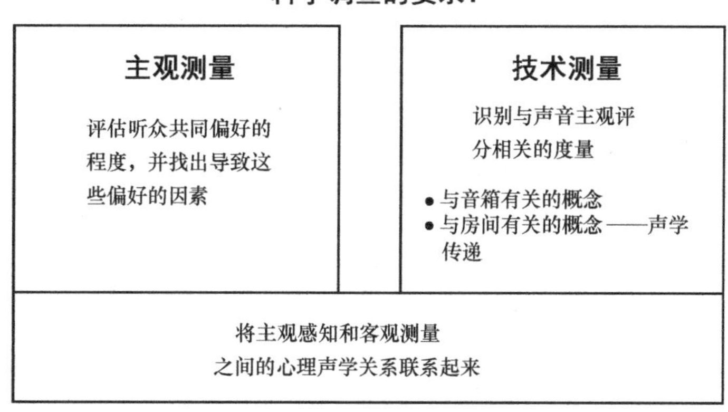

图 2.3 音频中的科学调查要素

历史上，对声音回放系统的评估，至少有一部分，采用全指向性的话筒和 1/3 倍频程实时分析仪（RTA）。然而，当沉浸在一个正常反射的房间的复杂声场中时，两耳和大脑的分析能力远远超过这种简单的 RTA 测试系统的能力。话筒随时对来自各个方向的所有声音做出无差别的反应。人类听音者确实会辨别，而且会根据音质 / 音色和空间属性来辨别。图 2.2 说明了这种情况。

理解客观测试的关键是拥有可靠的、可重复的主观评分。与一些音频主观主义者声称的“科学家”从来都不听或都是聋子相反，事实是，主观评价是科学研究的核心。没有它们，我们就无法揭示测量的意义。在科学知识指导工程工作的基础上，好听的音频产品可以变得越来越多且更具性价比。图 2.3 说明了应用于音频的科学方法的要素。

左上角的标题“主观测量”可能看起来很奇怪，但当一个人在双盲听测试中体验到听音者给出令人印象深刻的可重复主观评分的能力时，这种描述是合适的。而客观测试，只要做得好，总是可以重复的。问题在于要知道它们在主观评价方面的含义。这就是心理声学的作用：连接主观和客观两个领域。

第3章

主观测量——将观点变为事实

首先，让我对“主观测量”这个词的用法发表一下个人看法。这与“主观听音测试”这一常见说法有关。当然，它们是“主观的”，因为它们包含“听音”。但是，停留在词语的用法上，将一个描述主观的词和测量放在如此接近的位置似乎是自相矛盾的。然而，当有可能从听力测试中生成数字数据，并且这些数字呈现出较小的差别和高度的可重复性时，这种描述似乎是合适的。在我早期的双盲听力测试中，我使用了最简单的变化方法：标准差。在那些日子里，“最优秀的听众”会在很长的时间内重复他们的评分（10分制），标准差在5%左右。我发现这非常了不起，因为当时的模拟多功能测试仪（伏特－欧姆－毫安表，万用表）有相似的规格。是的，这就是测量值。人类可以成为了不起的“测量工具”，如果你给他们特定的条件。

这比其他任何东西都能让人们探索客观测量和主观评价之间的相关性。毕竟，客观测量不会改变，但是不管它们有多么精确和可重复，如果没有解释的方法，它们是无用的。我们需要一种方法将它们的关系直观呈现，以便测试数据与我们用耳朵听到的内容（感知）更密切相关。

主观测量为理解心理声学关系提供了切入点。从听音测试中获得有效数据的关键在于控制或排除除声音本身以外的所有影响观点的因素。而这正是音频行业主要欠缺的部分，这些声音以外的干扰因素使我们相信我们无法衡量我们所能听到的声音。

早年间，人们普遍认为听音者可以在判断音质时分辨好坏。常见的剧院工作者和音乐家都被人们认为是更擅长听音的人士。从逻辑上讲，这很容易让人产生一个疑问，那些在听音测试中表现较好的听众，能够评价专业录音室制作的流行音乐或者精心录制的古典音乐吗？事实是可以的，甚至有时能够更好地评价。这怎么可能呢？这些听音者谁也没去过他们所听音乐的录音室，也不知道对应音乐录音混音中具体环节所调的值是多少。听音者的评论中有解释。他们对劣质产品的问题大加评论，用大量的形容词表示蔑视，偶尔对声音不正确的地方进行咒骂。相比之下，得分高的产品只得到几句简单的赞扬。

而那些音乐家呢？他们在听音测试中的表现并不出色。有些人是因为职业而听力受损，有些人则是相比于聆听音乐更喜欢演奏音乐，并且他们总是能对存在明显缺陷的音箱用生动且丰富的形容词进行评价。但是对于听音测试中表现较好的音箱，评价的形容词却寥寥无几（Gabrielsson and Sjögren, 1979; Toole, 1985）。

人们能够区分音箱对声音的作用和声音本身。事实上，从一开始，所有的测试都是“多重对比”类型，这可能是原因之一。听音者在听音乐时可以在3～4种不同的产品之间自由切换。因此，音箱的“特性”通过音频曲目变化的方式得以展现。把音箱带回家听，且只听一只音箱，这种单一的激励，音箱的特性表现并不明显。单独的AB对比无法揭示两种测试声音共同存在的问题。实验方法很重要。

人类是非常善于观察的动物，我们利用所有的感官输入在不断变化的环境中保持方向。因此，当被问及音箱的声音如何时，我们本能地抓住任何相关信息，让自己处于优势地位，这是合理的。在一个极端的例子中，一个精通音频的人可以看一下音箱，就识别出品牌，甚至是型号，记得在以前的场合听到过它发出的声音和当时形成的观点，也许回忆起音频杂志上的评论，当然，至少还会大致了解音箱的价格。我们当中谁有自控能力忽视所有这些，仅仅根据声音形成新的观点呢？

针对被评价产品形成的经验是心理偏见的重要来源。这并不是什么秘密。在各项对比测试中，特别是品酒和药物测试中，为了保证盲测，需要花费大量的精力。如果大脑认为某件事情是真实的，那么这件事情就会被认为是真实的。对应的感知和生理反应就会随之而来。在音频领域中，许多发烧友坚信他们能够不受诸如价格、外观、品牌等非听觉因素的干扰。

在一些“争议性很大”的问题上尤其如此，问题不在于差异有多大，而在于是否存在差异（Clark，1981，1991；Lipshitz，1990；Lipshitz 和 Vanderkooy，1981；Nousaine，1990；Self，1988）。在受控听音测试和客观测量中，电子设备、音频连接线通常表现出微小差异或不存在差异。然而，一些音频评论家能够用一页页的详细的术语描绘音质的差别。这些测评通常是在没有控制的情况下进行的，因为人们认为掩盖产品标识会阻止听音者听到差异。事实上，一些发烧音频出版物对双盲听测试嗤之以鼻，因为双盲测试无法证实他们的观点。

现在，高解析度音频又成为一个新的具有很大争议的问题。通过对盲听结果的统计学分析，来揭示是否存在听觉上的差异，以及这种差异是否会让声音变得更好听。与此同时，一些“业内人士”声称高解析度音频的提升是“显著的”。但是当我们回顾众多的客观测量和受控的主观听音测试结果，如果有区别，那也是很小很小的。并且即使是在一些集中对比测试中，也只有少数人能听出区别。而这样的区别是否能获得更好的听音体验，这又是另一个问题。对此，我已经失去了兴趣，甚至让我反感，因为有其他的显著的还未解决的问题。我一直致力于先解决“10dB”的问题，接下来是“5dB”的问题，以此类推。所以还有很多问题要先去解决。然而，除非发烧友不发烧了而是把钱都补贴家用，否则，这些简单但却具有巨大争议的问题就会一直有人讨论。

科学在音频领域中经常被“稻草人攻击”，随之而来的是“那些研究音频的科学家都是宁愿看数据也不愿意听音乐的书呆子”这种固执的想象。至少在我的音频研究中，还没有遇到过这样的人。理性的人充分了解主观评价的全部意义，并且他们利用自己所学的知识和技术寻求更多可以有效提高人们体验的方法。如果某个东西听起来“不对”，那它就是错的。我们的任务是寻找测量值以解释听起来不好听的原因，更重要的是，识别那些使得音乐听起来好听的测量结果。

然而，音箱和房间毫无疑问是存在可闻区别的。并且我们很容易听出来不同音箱和不同房间的区别。也正因为如此，大多数音频评论家和音箱设计师认为，没有必要为了盲听音箱而制造不必要的麻烦。这种观点有待考证。

3.1　盲听有必要吗？

当我刚加入哈曼公司的时候，没有人重视听音测试，直到现在仍然有很多公司不重视。事实上，这是业内的普遍做法。一个公司高管不得不判断一个新的产品到底好不好听。工程师们为了好声音煞费苦心地打磨各种细节时，却可能被告知“要更多的低音，更多的高音，能再大点声吗？”在展出时能够听起来与众不同，会被认为是一个优点。这样在商店中会显得产品有自己的特色。在一些市场营销中，知名音频评论家可能会被邀请参加“调音”（这通常是收费的），以确保新产品的顺利发布。最终的产品可能包含也可能不包含这些建议，就算撒谎也可能不被发现。

因为这本身就是一个非常不科学的过程。这对真正有能力做事的人而言是不公平的，对现有的科学是不尊重的。这使得产品多了一些不必要的“调音”。很多消费者认为特定的品牌有一个特定的“调音”。这的确有可能，但并不是普遍存在的，也不是一直存在的，即使有些品牌真的刻意“调音”。如果你仔细思考一下“音频怪圈”，就会明白这种“调音”对提高用户购买到优质产品的概率毫无帮助。

◎音箱的“调音”

音乐创作和编辑已经包含调音，将各种乐器、音符及和弦结合起来，以获得特定的音色。乐器有着各自的调音以产生区别于其他制造商的音色。钢琴和风琴在调音过程中，达到调音师喜欢的音质或更适合音乐曲目的音质。这一切都很好，但这与能够准确重现这些音调和音色的音箱有什么关系呢?

如果不存在音频怪圈，并且所有监听和回放音箱的音色都是“中性”的，那么就没有必要这样做。然而，事实并非如此。因此音箱开发的最后阶段通常涉及“调音”环节，在该环节中，音调平衡被操纵，以实现预期由目标听众播放的精选录音的令人满意的诉求。有“每个人都喜欢的”低音，久经考验的 boom 和 tizz“激情”的声音，“略微压抑”的中高频声音（补偿过亮的近场话筒录音，以及一些古典录音中刺耳的弦乐声），大胆诚实的“直言不讳”中性声音等。这是一个猜谜游戏，有些人比其他人更擅长。正是这些频谱 / 音色倾向，有意识或无意识地成为某些品牌的标志。在音频怪圈被消除之前，猜测游戏将继续下去，音频评论家将永远感激它，严肃听音者则会感到沮丧。重要的是，消费者要意识到使用音调控制不是犯罪。相反，它是一种明智而实用的做法，可以补偿录音中不可避免的差异，也就是说，在必要时“重新创作”。目前，没有一只音箱能够在所有录音中都实现完美的声音平衡。

随着众多发烧音频商店的消失，消费者几乎没有多少机会亲自聆听几乎完美的声音。而且几乎从来没有在比较好的、可以对比不同产品的环境中试听过。人们逐渐转为网购，依靠互联网音频论坛的意见和网上的产品测评来选购的消费者也越来越多。显然，我们需要能够使偏见最小化的主观评价，以及消费者最终可以信赖的有效的客观测试方法。

继续回到哈曼公司的故事。哈曼公司建立了一个盲听测试设施，并鼓励工程师们将对竞品的评估也纳入产品开发中。有些人赞同“努力成为同级别最好”的计划，以“在听音测试中胜出”为设计目标。然而，有些工程师认为这个过程是对他们工作的不必要的干扰，也是对他们听音能力的挑战。在某种程度上，进行测试似乎是合适的——证明问题确实存在。这项测试将基于对两组完全相同产品的评估，只不过其中一组是盲听测试，而另外一组是可见的非盲听测试（Toole and Olive, 1994）。

40 名听众参加了一项测试，测试他们在可以看见产品信息时保持客观性的能力。所有人都是哈曼的员工，因此品牌忠诚度将是非盲听测试中的一种偏见。他们当中，有经验的听音者和没有经验的听音者占总人数的比例大致相同，前者曾参加过受控听力测试，后者则没有。

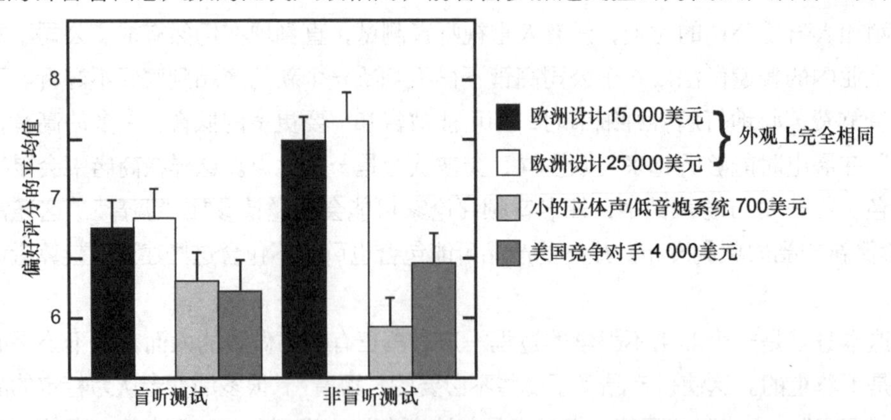

图 3.1　4 只音箱，3 个哈曼产品和 1 个竞品的盲听和非盲听测试结果，在测评中得到了高度评价的这两款“欧洲设计”产品仅在分频器设计方面有所不同。立体声 / 低音炮系统是一种新的设计，得益于优秀的工程技术，尽管它很小，而且是塑料的。数值条顶部的线条是 95% 置信误差条。为了使差异不可归因于随机因素，数值条之间的差异必须大于此值 [摘自 Toole 和 Olive（1994）]

图 3.1 显示，在盲听测试中，有两对在统计上无法区分的音箱：同一硬件的两个欧洲“调音”产品和其他两个产品。在非盲听测试中，忠诚的哈曼员工给大尺寸、有吸引力的哈曼产品打了更高的分数。然而，小而便宜的 sub/sat 系统的评分却下降了；显然，它不讨人喜欢的外表压过了员工的忠诚度。显然，一些用塑料制成的小东西无法与一些用高级工艺的木材制成的大而好看的东西竞争。有吸引力的大尺寸的竞品分数变高，但还不足以击败欧洲设计的产品。这一切似乎都是可以预见的。从哈曼公司的角度来看，好消息是，欧洲营销区域绝对不需要后两种产品。

房间摆位对低频量感和质感的影响已被充分记录。如果这些不在主观评价中显现出来，那将是不可思议的。这是在第二个实验中测试的，在两个位置上对音箱的声音进行试听，会产生完全不同的声音。图 3.2 显示了听音者对盲听评估的差异的反应：相同颜色的相邻条具有不同的高度，显示了音箱处于位置 1 或 2 时的不同评分。相比之下，在非盲听测试中，情况大不相同。首先，评分的模式与第一个实验中的模式相同；听音者显然认出了音箱本身，并回忆起它们在第一个实验中得到的评分（见图 3.1）。其次，听众没有对之前可听到的房间摆位差异做出反应；相邻条的高度非常相似。再次，一些误差条很短，当你知道自己在听什么时，就不需要思考。有趣的是，两个外观上完全相同的“欧洲”型号（左侧）的误差条更长，因为眼睛没有识别所有必要的信息。

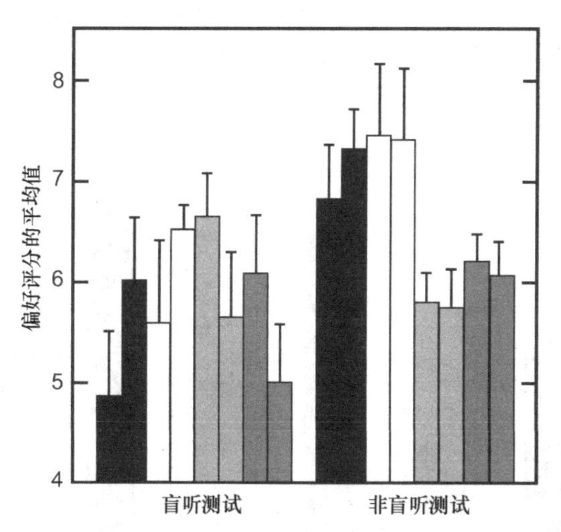

图 3.2　听音室内两只不同位置上的音箱的主观评分比较。相同颜色的相邻条显示在盲听和非盲听条件下进行的两种摆位的测试结果

预期偏好评分和个别曲目之间的互动是正常的。在图 3.3 中，这可以从盲听测试的结果中看出。盲听测试的数据显示为图中分数的下降。在非盲听测试的版本中，没有这种变化。同样，听众似乎是根据他们看到的东西而决定评分，没有心情去改变评分，即使声音确实有区别。他们以一种特殊的方式，变成了“聋子”。尽管声音效果的区别并非十分微小。

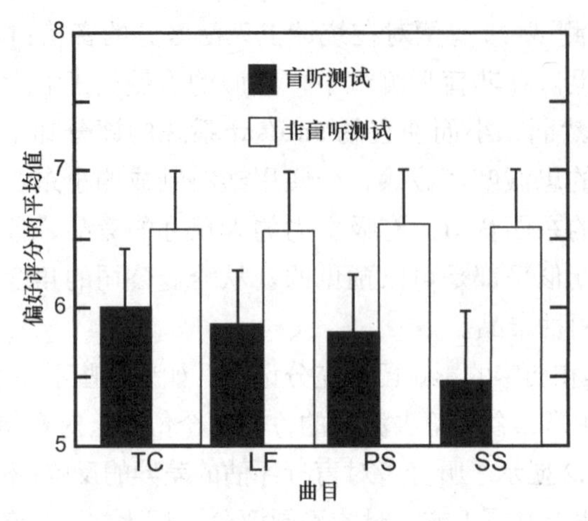

图 3.3 非盲听测试中的听音者对不同录音曲目造成的差异没有反应

对数据进行分析，并查看不同性别和不同听音经验的听众的结果，图 3.4 显示，听音经验丰富的男性（没有女性参加过之前的测试）通过在所有音箱上给出较低的分数来彰显自己。这在有听音经验的听众中是一种普遍趋势。除此之外，听音经验不足的男性和女性提供的评分模式非常相似。多年来，女性听众在听力测试中一直表现良好，原因之一是她们的听力往往比男性更灵敏。缺乏听音经验的男性和女性，主要表现在反应的变异性水平较高（注意误差条较长），但总体而言，这些反应本身与更有听音经验的听众的反应相似。有了听音经验丰富的听众，可以在更短的时间内获得统计上可靠的数据。

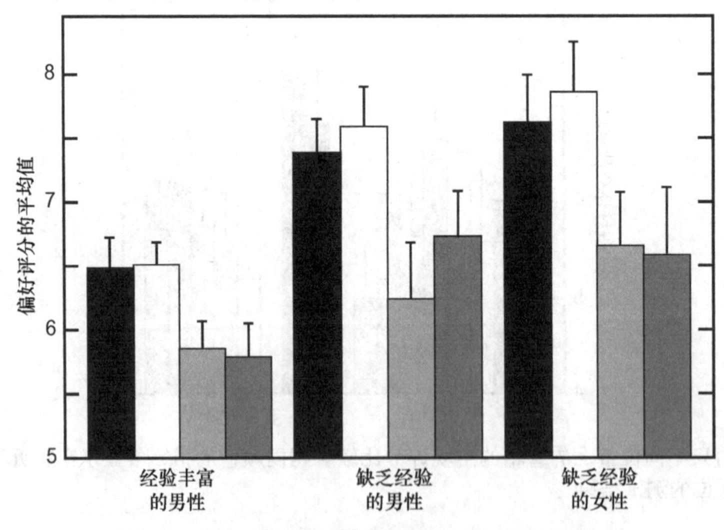

图 3.4 听音经验和性别对音箱主观评级分的影响

综上所述，很明显，知道被测音箱的身份可以改变主观评分。

人们可以根据产品的价格、尺寸或声誉，根据对产品的假想性能改变评分。

“主观感知”音质与产品身份之间的联系如此强烈，以至于在非盲听测试中，听众基本上忽略了他们与房间音箱摆位和与不同曲目互动而产生的很容易听出的问题。确实可以说在非盲听测试中，听音者听到的东西比在盲听测试中听到的东西要少。

这些发现意味着，如果一个人希望获得关于音箱声音的坦率意见，那么必须要进行盲听测试。本节标题中提出的问题的答案是“对的”。好消息是，如果适当的控制措施到位，听音经验丰富和缺乏听音经验的男女听众都能够发表有用的意见。没有听音经验的听众只是需要更长的时间和更多的重复，才能在他们的评分中产生与有听音经验的听众的评分相同的置信水平。

3.2 听音能力与听音者的表现

对音质的看法基于我们所听到的内容，因此，如果听力下降到根本听不到所有的东西，意见就会改变。听力受损是令人沮丧的普遍现象，而且症状因人而异，所以这些人的意见只是他们自己的，可能与他人有关，也可能与他人无关。

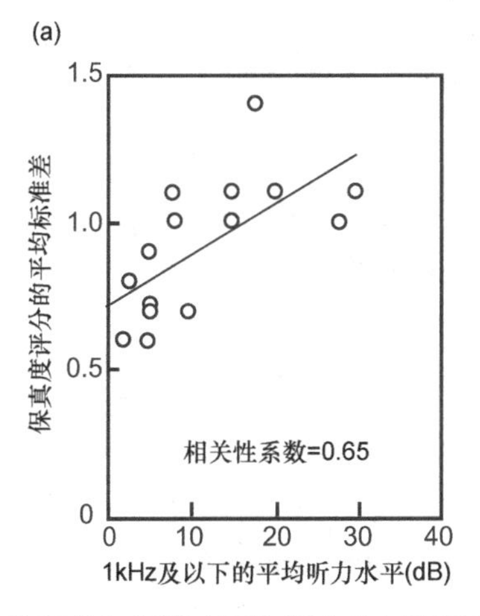

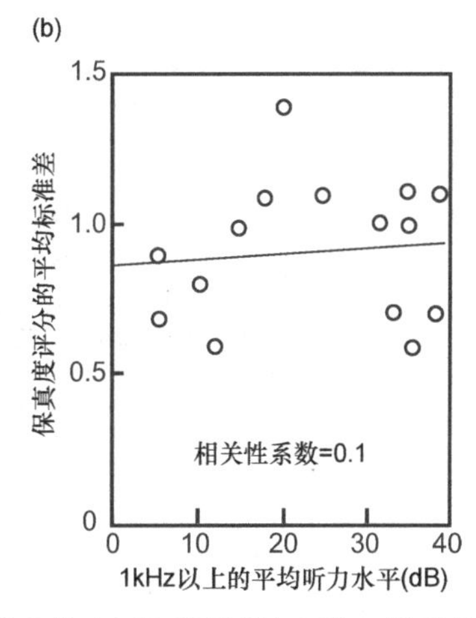

图 3.5 “保真度评分”判断（平均标准差）随听力水平的变化（0dB 表示听力正常，较高的水平表示听力阈值已提高到该水平。这些人听不到较低声级的声音。在 250Hz、500Hz、1kHz、2kHz、4kHz 和 8kHz 的标准频率下进行听力测量。听力水平是指听音者的测得阈值高于正常听阈的量。这是对听力损失的一种衡量。在（a）项中，1kHz 及以下的听力水平取平均值。在（b）项中，1kHz 以上的听力水平取平均值 [摘自 Toole（1985），图 8]

1982 年，加拿大广播公司（CBC）进行了一系列广泛的音箱评估，其中许多参与者都是音频专业人士：录音工程师、音乐制作人、音乐家。可悲的是，听力损失是一种职业危害（在第 17 章中讨论）。在分析数据的过程中，很明显，一些听音者在同一只音箱的多次重复演示中，给出了非常一致的总体音质评分（也被称为保真度评分，以 0 ～ 10 的范围报告）。其他人则不那么好，还有一些人在早上喜欢一种产品，下午却不喜欢，并且变化很大。这个问题的答案不难找到。根据听音者的听力表现将听者分开，显然那些听力水平最接近正常值（0dB）的听音者的判断变化最小。图 3.5 显示了结果的示例。令人惊讶的是，与判断变化性相关的不是高频听力水平，而是频率在 1kHz 或 1kHz 以下的听力水平。Bech（1989）证实了这一趋势。

噪声性听力损失的特点是在 4kHz 左右阈值升高。老年性耳聋是随着年龄增长而产生的听力衰退现象，从频率从最高处开始逐渐下降。这些数据表明，高频听力损失本身与判断一致性变化的趋势没有很好的相关性，如图 3.5（b）所示。相反，显示相关性的是低频段的听力水平，如图 3.5（a）所示。有些高频听力受损的人在低频段听力正常，但所有低频听力受损的人在高频段也有听力损失。换句话说，这是一个宽带问题。我们现在知道，听阈值升高往往伴随着空间中声音分离能力的降低，这包括将听音室与音箱的声音分开的能力，这给这项任务增加了很大的难度。这很可能是宽带效应。

图 3.6 更清楚地说明了这一情况，它显示了我的听力表现随年龄的变化，图 3.5 显示了高变化性听音者的听阈测量值。听阈数据显示叠加在等响度数据族上，不同纯音被判断为等响度的声级。最下面的曲线是听阈，低于听阈就什么也听不见。详细解释见第 4.4 节。

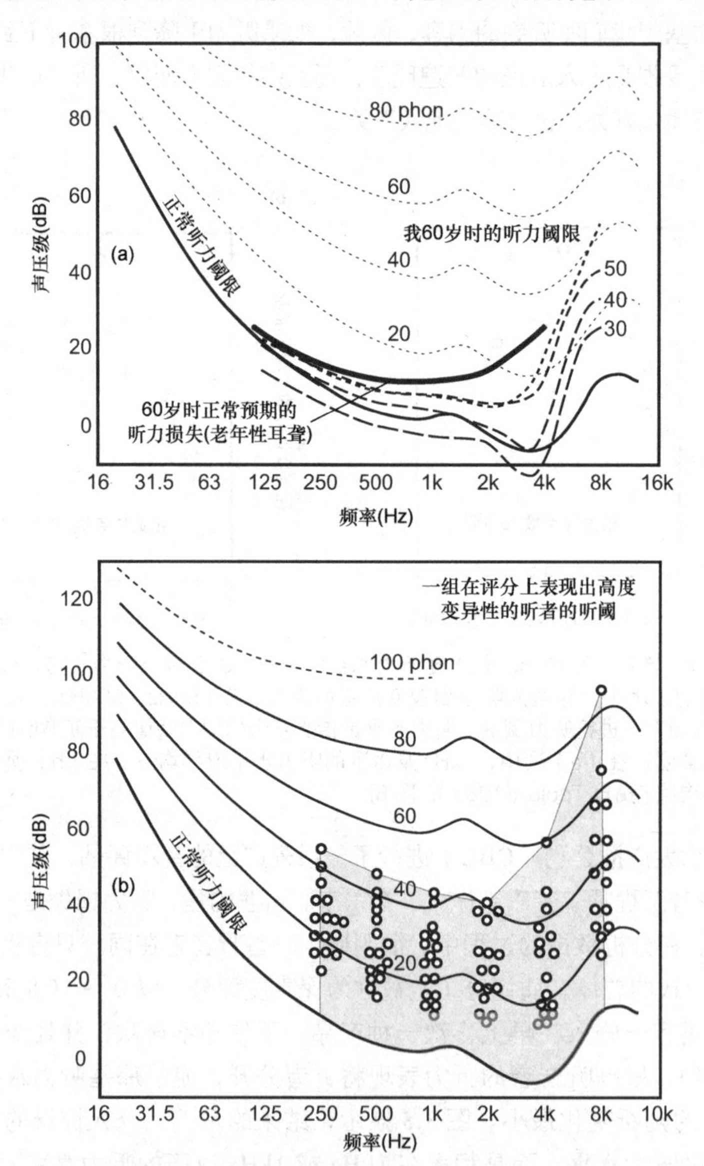

图 3.6 （a）我的听阈与统计正常听阈和正常预期的听力损失（老年性耳聋）的历史比较。（b）在音箱的重复音质评分中存在较大差异的听者的听阈［改编自 Toole（1985），图 7。等响曲线来自 ISO 226（2003）。©ISO。经美国国家标准协会（ANSI）代表国际标准化组织（ISO）批准，本材料改编自 ISO 226（2003）］

我 30 岁时的听阈值略低于（好于）统计平均值。随着年龄的增长，以及各种各样的听力损失，听觉阈限逐渐升高，在高频段最为显著。即便如此，我的病情恶化程度还是低于 60 岁老年人的平均水平。这些年来，我的宽带听觉动态范围仅下降了 10dB 左右，只是高频以更高的斜率损失。

相比之下，图 3.6（b）中专业音频人员的听力数据显示他们无法听到动态范围较低区域的大部分声音。由于无法听到声音中的细微声学细节（好东西）或低水平的噪声和失真（坏东西），这些人在对音质做出良好或一致判断上受到了限制，这一点在他们对产品的评分不一致中得到了体现。这并不妨碍他们发表意见，从音乐中获得乐趣，也不妨碍他们就所听到的内容撰写清晰的文章，但他们的意见与听力正常的人有所不同。因此，后来的听音者要进行听力筛查，那些宽带听力水平超过阈值 20dB 的人不被鼓励参加听音测试。

所有这些对听力正常的强调，似乎意味着排除听力水平高于 15 ～ 20dB 的听音者的标准。根据 USPHS（美国公共卫生署）的数据，大约 75% 的成年人应该符合条件。然而，有人担心，由于人们普遍通过耳机和其他嘈杂的娱乐活动接触到高声级，下一代人耳朵可能不会这么好。

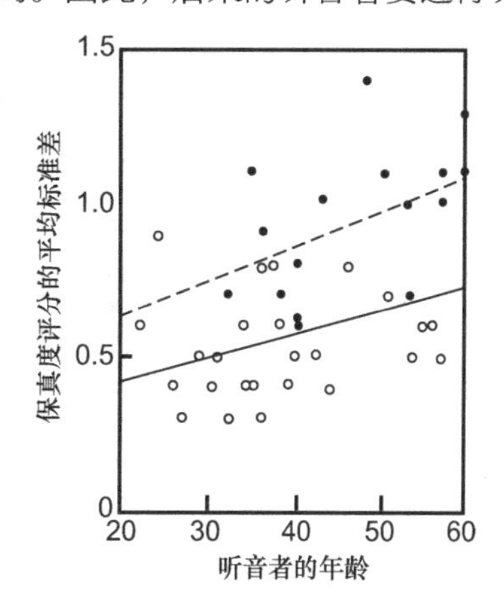

图 3.7 保真度评分与听音者的年龄。这是两组实验的结果。黑点和虚线回归线代表了一个早期测试，在该测试中，所有的对照都不到位。空心圆和实线回归线来自充分受控的测试，因此显示出较低的变异性。然而，这两组数据显示，随着年龄的增长，变异性增加的总体趋势相同［摘自 Toole（1985）图 9］

听力损失是由年龄增大和多年来累积的损伤造成的。不管潜在的原因是什么，图 3.7 显示，就我们对音质做出可靠判断的能力而言，我们不会优雅地变老。有几个数据点表明，对于听力损失，年轻人不能幸免。当然，这并不是因为我们没有针对声音的观点，也不是因为我们没有能力详细地表达对声音的观点，而是因为观点本身不太一致，除了我们自己，我们对声音持有的观点可能对任何人而言都没有多大用处。在我年轻的时候，我是一个优秀的听音者，事实上是最好的听音者之一。然而，现在的听音测试不仅能表现音箱的性能，还能表现听音者的能力，如图 3.9 所示。我 60 岁左右的时候，很明显是时候从顶尖的听音小组退休了。给出意见的变异性在增强。音乐仍然是一种乐趣，但我的观点现在只能是我个人的了。当已经长白头发的人阐述音频产品的优缺点时，他们所说的可能正确，也可能不正确。

图 3.8 显示了在单声道交叉对比盲听测试中 4 只音箱的评估结果。为什么是单声道？本章下文中会解释。为什么是多产品交叉对比？ 4 只音箱都可以让听音者听到，只要按一下按钮就可以随意切换。用同一标准控制响度。每个圆点是一个听音者对每一个产品的几次判断的平均值。为了说明听力水平对评分的影响，听音者根据其判断的一致性进行分组：标准差低于 0.5 标度单位和高于 0.5 标度单位的听音者。一致性高的结果显示在白色区域，变异性高的结果显示在阴影区域。显然，可以由此得出一个结论，阴影区域显示的评分来自听力水平低于正常水平的听众。

从图 3.8 中可以看出，两组听音者给出的音箱 D 和 U 的保真度评分是很接近的，只不过阴影区域听音者给出的评分较低。对于音箱 V 和 X，情况发生了变化，一致性高的评分的集中与变异性高的评分的分散形成了对比。在这种情况下，平均评分不能揭示发生了什么。听音者的评价是离散的，包含了整个评分范围；一些听音者认为这不是很好（保真度评分低于 6），而其他人则认为这是他们见过的最好的音箱之一（保真度评分高于 8）。听音者表现出强烈的个人观点。听力损失很可能与此有关。要对一些人的意见持有谨慎态度。

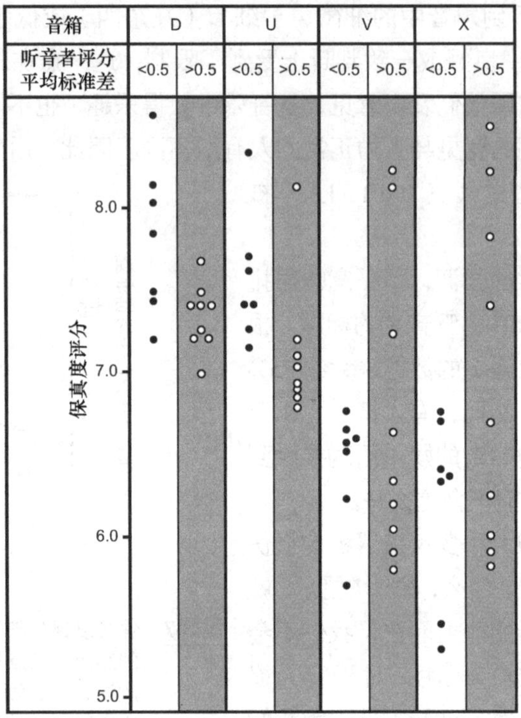

图 3.8　根据评分的变异性对听众进行分类的平均音质评分。白色列中显示了较小的变异性 / 听力更正常的听音者的结果。阴影列中显示了变异性较大 / 听力水平低于正常水平的听音者的结果。有趣的是：D 是 PSB Passif II，U 是 Luxman LX-105，V 是 Acoustic Research AR58s，X 是 Quad ESL-63[摘自 Toole（1985），图 16]

其他调查也证实了这一切。Bech（1992）发现，在任何测听频率下，听音者的听力水平都不应超过阈限 15dB，并且听音训练是必不可少的。他指出，大多数听音者只经过 4 次训练就达到了稳定发挥的水平。在这一点上，测试统计量 FL 应该用来确定哪些人是最优秀的听音者。Olive（2003）收集了 268 名听音者的数据，发现精心挑选（正常听力）和训练（能够识别谐振）的听音者与其他几种背景的听音者之间的评分没有巨大差异，这些听音者有些是音频行业的，有些不是，有些有听音经验，有些没有。如图 3.9 所示，评分的一致性和浮动范围存在巨大差异，因此挑选和培训听音者在节省听音测试时间方面有很大好处。Rumsey 等人（2005）也发现不同人群对音质评分有很大的相似性，没有经验的听音者和有经验的听音者的预测评分只有 10% 的误差。

对音频行业来说，好消息是，如果音箱设计精良，并给予合理的判断机会，普通消费者可能会认可它。遗憾的是，很少有机会在零售场合进行有效的对比听音，而且我也不知道在哪里能找到这种可以帮助消费者选择产品的无偏见听音测试数据。

音频评论家的意见格外受到尊重，这是自相矛盾的。为什么这些人处于如此被信任的地位？他们进行的听音测试违反了消除偏见的最基本原则。他们没有任何资质，没有音乐表演的经验，甚至没有听力测试图来告诉我们他们的听力没有受损。更严重的是，大多数测评都没有提供有意义的技术测试数据，因此读者可能会受到影响。

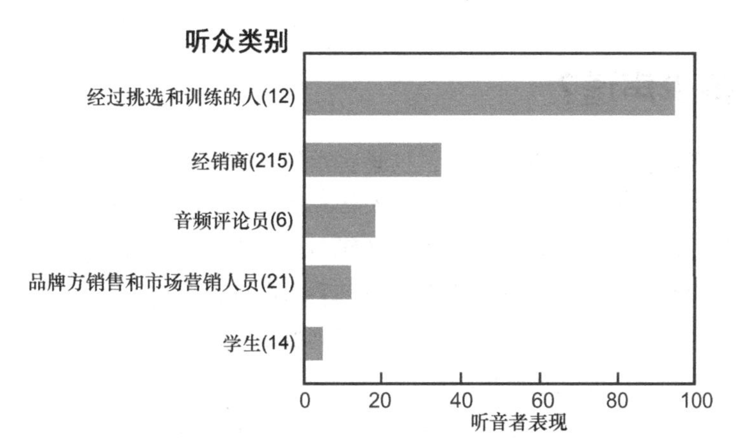

图 3.9 与重复判断的一致性和具有不同音质水平的产品的评分差异度（基于 FL 统计）相关的听音者表现指标。尽管存在这些差异，所有组的平均评分都非常相似 [摘自 Olive（2003）]

幸运的是，事实证明，在适当的情况下，我们大多数人，包括音频评论家，都拥有这样一种“天赋”：形成关于声音的有效意见并以真正有意义的方式表达这些意见。释放这种技能所需要的只是一个以无偏见的心态倾听的机会。

3.3 听音的压力

主观主义者经常批评双盲听测试，因为双盲听给听音者带来了极大的压力，从而妨碍了他们完全集中精力于听音。这可以解释为什么这些人听不到在随意聆听中可以听出的差异。多年来对众多听音者进行的这些听音测试表明，在短暂的介绍期之后，他们只需完成任务。普通听音者没有焦虑。多年前，在 NRCC 工作时，我们经常为加拿大音频杂志进行消声测量和音箱对比盲听。音频杂志记者们前往渥太华，在测试前一天晚上到达渥太华，给他们的耳朵一个休息的机会，并且花一天或更多的时间做双盲听主观评价，然后才看到他们提交的产品的评价结果。有一次，由于不可预见的情况，隔音的、视觉上不透明的挡板还在卡车上，几个小时后才能到达。与其浪费时间，不如先在没挡板的情况下开始测试。在随机重复的几轮测试中，我们的客户叫停了测试过程，他们觉得看到音箱产生的压力使他们无法保持客观！他们还是要等待卡车到达。

我们这些做过很多听音测试的人都同意这一点。最终，如果只有判断声音好坏这一个任务，事情会更简单。不必怀疑一个人是否受到视觉的影响，注意到某些熟悉的品牌可能没有如预期的那样表现，认为你可能听错了，等等。很久以前，我们就都放弃了猜测正在听的是什么，因为这也是一种分心的表现，通常被证明是错误的。在多重对比听音测试中，建议添加一个或多个听音者不知道的产品。

更多的批评认为音乐片段对于严肃的听音者来说可能太短，并且测试时间限制可能会带来压力。在过去超过 25 年的时间里，哈曼公司的听音过程允许单独的听音者参与，选择 3 个或 4 个未知的音箱，并且其中任何一个在任何时候都可以听，并且没有时间限制，随意切换，需要多长时间就听多长时间。这些音乐片段很短，可以很好地按顺序循环重复播放，以便进行详细的评价。这样还有压力吗？

3.4 需要多少声道？

我们听的绝大多数音乐都是立体声的，这是正常的。所以，用立体声做双盲听测试也是有意义的，对吧？错。这一切都回到 1985 年，当时我决定研究音箱指向性和侧墙反射声的影响（Toole，1985，在 7.4.2 部分中描述）。在这个过程中，我用单个和两个扬声器做了测试。由于涉及立体声声像和声场问题，听音者被询问与空间和方向感偏好有关的许多内容。令我们大吃一惊的是，听音者在听单声道音乐时对声音有很强烈的看法。不仅如此，在单声道测试中，他们对音箱音质优缺点的看法要比在立体声测试中强烈得多。

多年来，单声道和立体声的测试已经完成，以解答各种质疑。每次在单声道测试中获胜的音箱也在立体声测试中胜出，但没有那么令人信服，因为在立体声测试中，一切听起来都更好。那声像呢？事实证明，这同时取决于录音和音箱，有一种很强的相互作用。古典音乐，其空间感主要依靠“氛围感”（即左右声道不相关的信息），往往是不受音箱影响的。然而，一些流行音乐和爵士乐的录音，通过近距离话筒、摇摄和均衡的混音，实际表现与音箱有关，这可能是意料之中的，因为这些音乐是在录音室内创作的，而不是现场表演声音的捕捉。但也有涉及特定录音和特定音箱的互动。

最近，有人进行了包括单声道、立体声和多声道的测试（Olive 等人，2008）。图 3.10 所示的结果表明，当在观察人们的音质感知偏好时，单声道听音测试中人们的音质感知偏好表现得最为明显。随着更多声道被添加到测试中，听音者区分不同音色的声音的能力似乎下降了。“B”是其中最糟糕的单声道听音选择，具有显著的谐振和音染，然而，在立体声和多声道测试中，它被认为接近真正优秀的音箱系统。

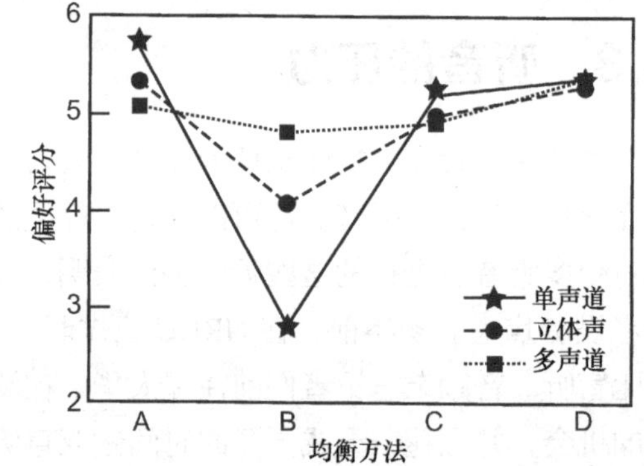

图 3.10 测试结果，在测试中，听音者比较了在单声道、立体声和 5.1 多声道配置中相同音箱采用的不同均衡方法的表现［摘自 Olive 等人（2008）］

单声道评价的一个有说服力的理由是，在电影和电视节目中，中置声道做了大部分工作——而中置声道就是一个单声道声源。中置音箱可以说是多声道系统中最重要的音箱。在流行音乐和爵士乐立体声录音中，声像通常被硬平移到左或右音箱，同样是单声道音源，虚拟中央声像是双单声道的产物，相同的声音从左和右音箱中发出。

最后，图 3.11 的数据更有力地说明了单声道听音的优势。结果表明，只有那些听力水平非常接近统计正常水平（0dB）的听音者才能在立体声和单声道测试中表现得同样出色。即使是听阈值适度升高也会导致立体声测试中的判断变化急剧上升，从而产生不太可信的主观评分。年龄和听力损失影响一个人在空间中分离多种声音的能力。在人群中或餐厅环境中，我们可能会注意到这一点，但在收听立体声的舞台范围时，我们可能没有意识到这一点（见 17.2 节）。立体声的方向性和空间复杂性似乎干扰了我们分离音箱声音的能力。

对于音乐素材，有些人坚持使用立体声声道中的一个声道，但许多立体声音乐都可以对声道进行求和；听一下，找出与单声道兼容的声道。因为音乐的复杂性是测试音乐的一个积极因素，所以放弃一个声道会适得其反。

总之，虽然不可否认的是，好的立体声和多声道录音比单声道版本更具娱乐性，但单声道听音测试所提供的音质感知差异是最强的，这是一个不争的事实。如果听音测试的目的是评估音箱本身的音质，请使用单声道。如果为了娱乐，或者给人留下深刻印象，请以立体声或多声道模式聆听。

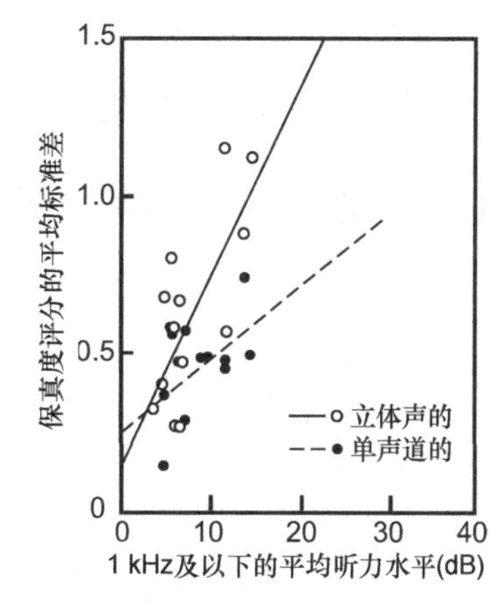

图 3.11 单声道和立体声测试中判断变异性与听力水平的比较。尽管这些听音者被选为听力相对正常的人，但只有听力水平非常接近于 0dB 的人在两项测试中表现相似

当多只音箱同时工作时，录音中不相关的空间声音改变了听音者判断音质的能力。如 7.4.2 部分所述，音质和空间印象评分非常相似。有没有可能这些主观感知属性不能完全分离？正如 7.4.4 部分所讨论的，Klippel 发现听音者对“自然性”的评分有 50% 归因于“空间感”；而对“愉悦性”的评分则有 70% 与“空间感”有关。因此，空间印象比我预期的更为重要，立体声和多声道听音测试中的音质评价显然是一件复杂的事情。

但是，由于“声像”有许多微妙的维度，音箱的品质不是只有在立体声聆听中才能体现出来吗？人们可以设想音箱的频响非常差或不规则的离轴性能在左右声道声音中产生不对称。所以，可能有这种情况发生，但是有了设计精良的音箱，我们听到的空间印象似乎被录音本身的信息所支配。记录重要的定位和声场信息是录音师的责任，而不是音箱的责任，问题大到足以干扰录音意图的音箱应该很容易在技术测量中或从其严重的音色失真中被识别出来。对于立体声，第一个要求是左右音箱一致和房间左右对称。这一要求并不总是能得到满足，在这种情况下，听音者可能会听到许多形式的可听缺陷，具体由哪个环节导致则可能并不明显。

音频怪圈也适用于立体声声像。

3.5 控制主观评价中的变量

任何测试都需要对可能影响结果的有害变量进行控制。有些可以完全消除，但另一些只能在一定程度上控制，它们被限制在几个选项（例如音箱和听音者的位置）中，因此可以随机重复测试，或可以使它们保持不变。关于这个话题，已经有很多文章（Toole，1982，1990；Toole 和 Olive，2001；贝赫和扎恰洛夫，2006）讨论过。

3.5.1 控制物理变量

据音频发烧友所知，正如第 8 章和第 9 章详细解释的那样，房间对我们在低频听到的声音有着巨大的影响。在更高频率下，音箱指向性导致的反射声也会产生影响。因此，如果比较不同的音箱，需要在同一个房间里听所有的音箱，并且花时间让听音者适应所处的声学环境。听音者有能力适应室内声学的许多方面，只要这些房间问题不是极端的问题。如 8.1.1 部分所述，尽管有人反对这种说法，但房间本身没有“理想”尺寸。不过，有一些更偏向实际的测试，允许适当放置一对立体声音箱和一个听音者，或者多声道音箱阵列和一组听音者。

3.5.1.1 听音空间——让测试变成盲听

第 3.1 节确立了盲听的重要性，但在实践中如何做到这一点呢？透声幕是揭示真相的显著装置，但必须先测试材料的声学传输损耗，可以先对音箱进行简单的轴向频率响应测试，然后将材料放置在音箱和话筒之间，然后再次测试。会有区别，但它应该小于 1dB，即使在最高频率，因为这种材料是一个良好的格栅布。涤纶双面针织布是一个常见的可选项。但是，必须注意确保在测试和使用时，织物有轻微的张力，以打开织物——正是这一点决定了声音的透明度。由于低声学损耗的面料往往是多孔的（容易透过空气，并能透过阳光），它们可以显示出幕后物体的轮廓，有时还可以显示出正在评估的音箱。尽量减少透声幕后面的灯光，并增强听众这一侧的照明水平，定向照明有助于缓解此问题。

你应该拆下防尘罩听还是带着防尘罩听？这取决于你的观众。在现实中，只有发烧友可能想拆下防尘罩，使得单元暴露在外。在好的产品中，拆不拆防尘罩差异应该是非常小的，但事实并非总是如此。用心的音箱设计师将防尘布和防尘网（通常是更大的问题）纳入设计。在现实世界中，视觉美感是很重要的，防尘罩也能起到防止手指直接触碰单元的作用。

3.5.1.2 实时音箱对比试听方法

理想情况下，应该采用位置替换：将驱动的音箱置于相同位置，以便与房间模式的耦合保持恒定。这可能要花很多钱，需要一个专门的设施，这超出了业余爱好者，甚至是音频出版物和他们的评论家的能力。但是，花费一些时间和精力，用更简单的方法也可以产生非常可靠的结果。图 3.12 显示了 19 世纪 80 年代我在 NRCC 的原始研究中使用的听力室。在这种情况下，3 个或 4 只音箱位于编号的位置，一些听音者坐在座位上。如果是严格的测试，一次只使用一个听音者。在每一组音乐序列播放之后，听音者做笔记并给出“保真度”评分，音箱被随机重新定位，听音者坐在不同的座位上。重复这个过程，直到所有地方都能听到所有音箱的声音。这很耗时，但它减少了房间位置偏差的影响，在某些情况下，这可能是决定性因素。

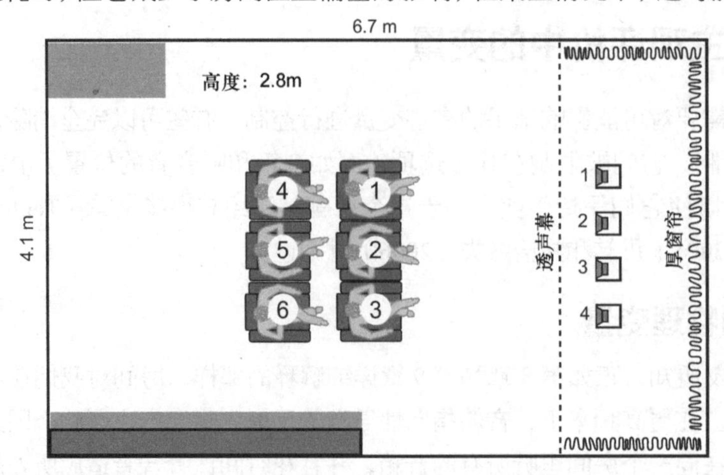

图 3.12 1982 年，NRCC 的初始听音室，用于对 4 个扬声器进行单声道对比。在评估过程中，音箱和听音者会被随机重新排列，以平均房间驻波的强烈影响

研究结果为后续研究提供了坚实的基础。整套系统需要通过从每只音箱位置到每个听音者位置的测量进行校准，并进行位置调整，以避免一个或多个房间共振造成额外音染。Toole（1982）的附录描述了一个房间的实验流程，Olive 等人（1998）、Olive(2009）和 McMullin 等人（2015）记录了其他房间的实验流程。房间干扰不会被完全消除，但它应该是一个相对稳定的、无害的因素。如果需要评估的结果是与普通发烧友或消费者相关的，则必须限制刻意的声学处理。模仿一个“普通”的家庭听音室是一个很好的目标，而最有争议的决定可能是如何处理一阶侧墙反射声。许多年前，我最初的决定是让一阶侧墙反射—— 一个平坦的、未经处理的墙面来反射声音，就像许多家庭房间和音频零售演示中发生的那样，以便揭示音箱的离轴表现。这是一项要求很高的测试，因为它可能适用于一般人群的音箱评估。但是，对于个性化的娱乐性听音者，还有其他因素要考虑，这部分内容会在第 7 章中讨论。

图 3.13 和图 3.14 展示了哈曼公司多声道听音实验室（MLL）听音测试的发展（Olive 等人，1998 年）。在这种情况下，使用计算机控制的气动活塞自动执行位置替换过程，左右移动整个平台，并将所需扬声器移动到预定的前端位置，将未驱动的音箱保持在后侧。向前移动的量是可编程的，立体声和 L、C、R 可以进行比较。位置交换大约需要 3s，并且安静地进行。单个听音者控制这个过程，选择激活驱动一只音箱（具有编码标识）并决定何时进入下一个音乐选项。当音乐改变（一个随机过程）时，音箱编码会随机改变，因此实际上这成为一个新的实验。没有时间限制。所有这些功能都是计算机随机控制的，以使其成为真正的双盲测试。

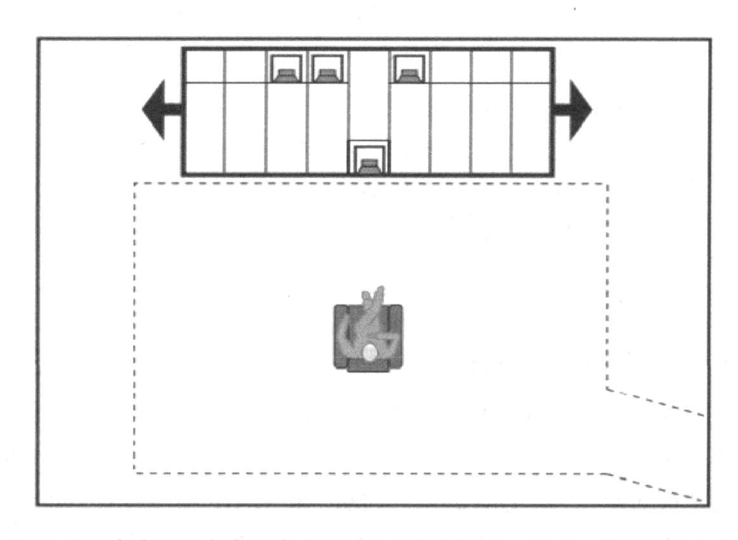

图 3.13 哈曼国际工业公司多声道听音实验室（MLL）的初始配置。后来，侧墙被向中心位置移动。可编程传动装置一次最多可以比较 4 个单声道音箱、4 个立体声音箱对或 3 组 L、C、R 音箱组合。单音箱可在 L、C 或 R 位置与侧强不同距离处进行比较。与前墙的距离也是一个受控变量

还有其他巧妙的方法来实现嵌入式音箱、回音壁等的位置替代。如果这些测试成为一种典型模式，那么任何测试都值得考虑，因为它们给出了出色的结果，并且节省了时间。如果没有这些条件，那么图 3.12 所示的场景也肯定可以完成实验，不需要花费任何费用，但会需要更多工作量和时间。简单的转台是另一种性价比高且实用的解决方案。它可以由助手在透声幕后面操作（见图 7.11）或自动操作（McMullin 等人，2015，图 14）。这些自动旋转装置可以对平板

电视音频系统、回音壁、嵌入式 / 天花板音箱等（Olive，2009；McMullin 等人，2015）进行评估。

图 3.14　带和不带幕布的 MLL，显示了 3 个正在评估的音箱，其中一个位于前方驱动位置

3.5.1.3　双耳录音 / 回放音箱对比法

许多情况下不适合实时现场听音测试。双耳录音提供了一个显而易见的替代方案，但许多人在接受耳机听音是现场听音的令人满意的替代这一观点时遇到了问题。作者在开始时也会质疑，但音特美 ER-1 入耳式耳机的出现似乎为最大的问题提供了一个解决方案：向听音者的耳膜传递一个高度可预测的信号。Toole（1991）详细描述了这些问题，并展示了早期测试的结果，其中一些音箱的实时和双耳听音测试之间有很好的一致性。在不同房间进行的听音测试结果对比实验的基本过程相同（Olive 等人，1995）。实时和双耳录音测试的结果再次得出了非常相似的结果。

这些测试使用 GRAS KEMAR 头部和躯干模拟器（人体测量模型）作为双耳话筒，问题是大部分或所有时间这些录音都被认为存在头中效应。在录音的同一房间播放双耳录音明显缓解了这一问题，让听音者在录音播放之前能够看到这个房间。在这种情况下，声音往往会更可靠地表现出来。然而，当在另一个房间里做实验时，情况就又会变得糟糕，因为眼睛看到的与耳朵听到的不一致。

被称作双耳房间扫描（BRS）的更精细化的方案涉及在测试环境中测量人体模型的多个角度方向上的双耳房间脉冲响应（BRIR）。在回放声音时，音乐信号通过连接到低延迟头部跟踪系统的耳机进行再现，并与 BRIR 滤波器进行卷积。通过这种方式，当听音者的头部旋转时，耳朵处的声音会被修改，以便与真实房间保持稳定的空间关系。结果是声音和相关空间线索更具说服力地被体现出来。Olive 等人（2007），Olive 和 Welti（2009），Olive 和 Welti（2013），Gedemer 和 Welti（2013），Gedemer（2015，2016）描述了在家庭房间、汽车和电影院进行的此类实验。

论文检索中能看到更多的例子，因为双耳技术现在已被音频和声学研究所接受。许多怀疑论者没有认识到的一个事实是，我们需要对到达听音者耳膜的声音有一个精确的了解，需要一个经过仔细校准的系统，选择头戴式耳机或入耳式耳机是为了能够向鼓膜传递可预测的声音。

3.5.1.4　听音者的位置

在同一个房间里听，在同一个位置，每次一个听音者。如果有多个听音者，则在连续评估时，有必要让听音者在所有听音位之间轮换。多个听音者的问题是要避免“群体”响应。有些人很难抑制地说出自己对声音的看法，而另一些人则可能用肢体语言来传达同样的信息。当团队中的任何人都因其观点而受到尊重时，这种现象尤为突出。这类听音者有时故意以口头或非口头的方式透露自己的观点，在这种情况下，测试无效。最好还是选用单个听音者，并在测试之间强制执行“无讨论”规则。

座椅靠背应不高于肩部，以避免多声道环绕音箱的反射和遮挡。

3.5.1.5 相对响度

在任何对比听音中，较大的声音在感知上是可识别的，这对于找理由表达观点的人来说是一个优势。这是商店里众所周知的销售策略。感知响度取决于声级和频率，例如众所周知的等响曲线（见图 4.5）。因此，在不同的播放音量下，尤其是重要的低音频率下，人们感知到的三频均衡分布是不同的。如果被比较的设备的频率响应与大多数电子设备的频率响应相同，则响度平衡是一项容易完成的任务，只需简单的测试，例如纯音信号与电压表测试。音箱通常是不平坦的，从各个方面来看，它们在许多方面都不是平坦的。它们还将三维声场辐射到反射空间中，这意味着也许不可能实现音乐节目中所有元素（如瞬态和持续信号）的完美音量均衡。

人们一直在寻找一种完美的“响度”测试仪。有些产品极其复杂、昂贵且使用步骤烦琐，需要窄带频谱分析和基于计算机的响度求和软件。14.2 节会讨论该主题。

实际问题是，如果所参与对比的音箱（或耳机）的频率响应大不相同，则使用一种信号实现的响度平衡将不适用于具有不同频谱的信号。幸运的是，随着音箱行业的进步和现如今“同质化”的加剧，问题有所缓解，尽管它并没有消失。在所有情况下，如果有疑问，就关掉测试仪器并用耳朵去听；主观测试是最终的权威。

3.5.1.6 绝对响度——回放声级

根据 Gabrielsson 等人（1991）的说法，三频均衡受到播放声级的影响，其他几个感知维度也受到影响：饱满度、宽敞度、柔软度、距离感及失真和外来声音的可听性。较高的声级能让人听到更多的声音。因此，在相同音频素材的重复播放中，声级必须相同。允许听音者为每次听音测试找到自己的“舒适”播放音量可能是民主的，但这是不科学的。当然，背景噪声可以掩盖较低声级的声音。这在汽车音响中是一个值得关注的问题，从停车场到高速公路，与音色和空间相关的感知效果会发生巨大变化。

人们研究不同环境下不同听音者的首选听音音量，并得出了有趣的结果。Somerville 和 Brownless（1949）研究了远不如现在的音源和回放设备，得出结论认为，普通公众比音乐家更喜欢较低的音量，而且两者喜欢的音量都比专业音频工程师喜欢的音量低。

最近的调查发现，在典型的家庭环境中，传统电视对白的平均声级为 58dBA，令人满意，但在家庭影院环境中为 65dBA。在家庭影院，不同的听音者表达的偏好从 55dBA 到 75dBA 不等（Benjamin，2004）。Dash 等人（2012）通过使用多种音频源文件得出结论，62dB SPLL 的中值水平（使用 ITU-R BS.1770 加权，可通过 B 或 C 加权近似）是首选。偏好范围为 52 ～ 71dB SPLL。这两项研究基本上是一致的，这意味着让每位观众都对回放音量满意也许是不可能的。14.2 节会解释频率加权。

与许多发烧友或电影观众在皇帝位听音使用的音量相比，这些音量并不高。电影院被校准到以 85dB（C 加权）为 0dB 参考值，考虑到音轨中 20dB 的余量，允许每个前声道的峰值声级为 105dB。在电影院里，这种声音可能非常大。低频效果（LFE）声道输出可能更高，所以，不出意外的，这么大的声音叠加起来并连续输出会让一些人感到不适。观众纷纷退场，导致一些影院运营商将音量调低。这损害了艺术，降低了对话的清晰度。这是一个严重的行业问题。

许多家庭影院在安装时使用了相同的校准过程。很多听众发现在“0”音量设置下播放的电影声音太大，令人不快。我的定制电子设计和安装协会（CEDIA）课程中的家庭影院设计师和安装人员经常报告说，他们的客户看电影时选择 –10dB 或更低的声级。这意味着功率仅为原来的 1/10——在安装家庭影院时，这是一个重要的成本因素。即使降低 3dB，功率也仅为原来的一半。

ITU-R BS 1116–3（2015）推荐选择将一些驱动声道的组合播放声级标准化为 85dBA，数字削波前允许出现 18dB 的余量。Bech 和 Zacharov（2006）评论说，他们发现对于收听典型音频素材的听音者来说，该校准水平偏高 5 ～ 10dB。

因此，根据公共电影院观众和私人家庭影院观众的判断，推荐的播放声级校准经常被发现过高。本次讨论的重点是，选择用于产品评估的播放声级是一个严肃的问题。它影响人们能听到哪些声音以及听起来如何（参见图 4.5 所示的等响曲线）。理想情况下，对比听音应该在一个听音者建议的声级上进行。Olive 等人（2013）使用的音频素材平均声级为 82dBC。这是为一群严肃听音者准备的，他们需要做很重要的听音工作。大多数听音测试中并没有显示声音大小，所以我们永远无法确定结果的含义。

一般来说，音乐和电影在高音量下听时经常是杂乱的。当我走进这些地方，我发现自己很快把手捂在耳朵上并撤退到房间的后面。我很在乎对自己听力的保护。当然，当这些录音在“文明”的声级下播放时，低音会因为等响曲线而在感知上衰减。可能需要一点低音增强来恢复满足感（见 12.3 节）。这就是为什么我一直都在建议需要方便地进行音调控制，尤其是低音控制。

3.5.1.7 选择音频素材

听出声音存在区别的能力在很大程度上受音频节目素材选择的影响。谐振的可听性受信号重复性的影响，包括录音和回放环境中的反射和混响（Toole 和 Olive，1988）。不管音乐本身有什么优点，一些知名的但实际上频响很差的话筒足以使其录音不合格（Olive 和 Toole，1989b；Olive，1990）。一些历史上流行的大振膜单元在高频下有着即便对于廉价的高音单元而言都不可接受的频率响应。

Olive（1994）展示了如何在训练听音者听音箱之间的区别时，分布能够揭示差异的曲目和仅仅供娱乐的曲目。图 3.15 展示了 Olive 在这些测试中使用的曲目，并且展示了这些曲目在使得听音者正确识别引入回放的频谱错误、低音和高音平衡、中频增强和削弱中的有效性。重要的并不是录音的音质，因为更现代的录音应该有类似的音质表现，重要的是曲目本身的属性。曲目越复杂，频谱越均衡，听音者就越能清楚地识别到频谱错误或差异。令人惊讶的是，某些类型的节目，如电影和广播中的对白，非常令人愉悦，或很重要，但辨识度却不高，因此对三频均衡的要求也不是很高。

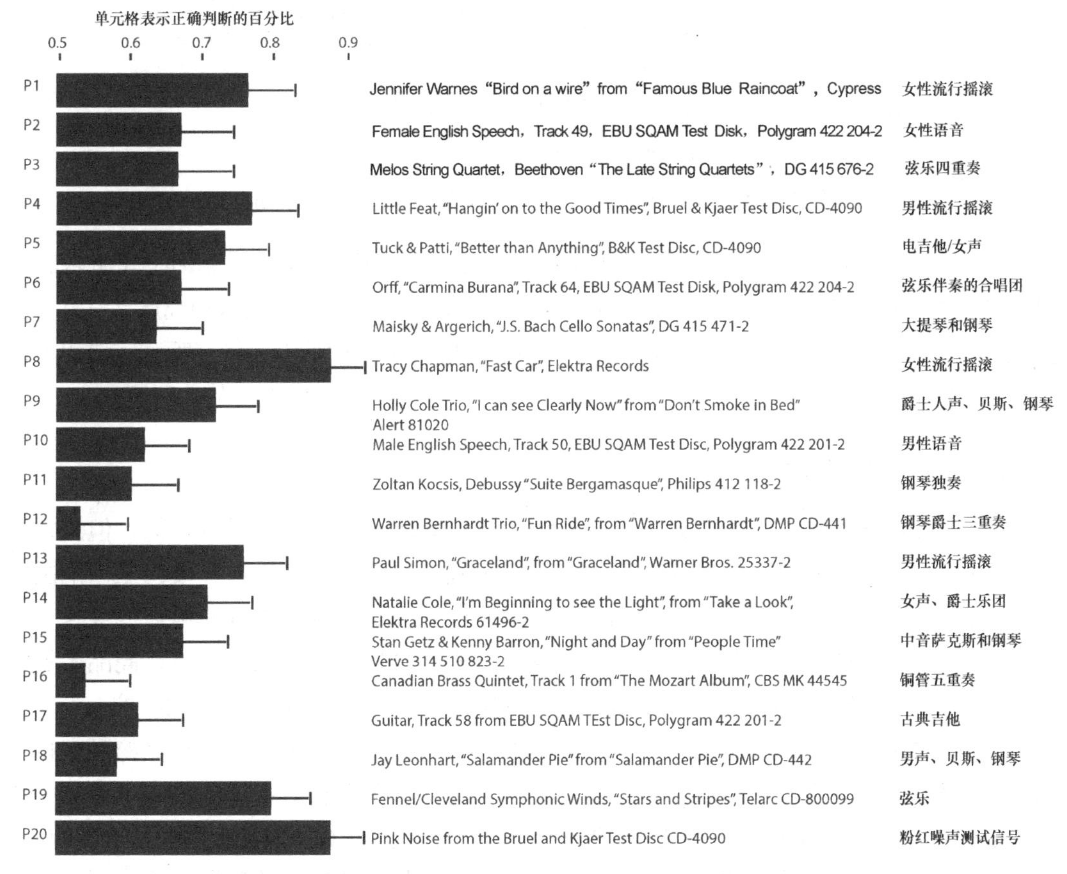

图 3.15 不同种类的音频素材在回放声音中揭示频谱误差的能力 [数据摘自 Olive（1994）]

如图 3.16 所示，良好节目素材的一个重要标志是能够很好地代表大多数可听频率的持续的频谱，这可能给了听音者更多的判断机会。在这些测试中，人们判断的是是否能够听到音箱中的窄带和宽带频谱变化，这些变化可能是音质 / 音色中最具破坏性的问题。

第 3 组和第 4 组低音内容的反转打破了似乎是一种趋势的趋势，表明这一趋势不仅仅是长期的频谱内容。声乐 / 器乐构成是另一个因素，其中一些因素可以在图 3.15 所示的节目列表中看到。最后，还有一个不可避免的“混乱圈”——我们不知道录音中包含了哪些频谱不规则性。更多具体细节见 Olive（1994）。

第 1 组：粉红噪声测试信号，弦乐，男性流行摇滚，女性流行摇滚。

第 2 组：男性流行摇滚，爵士管弦乐队伴奏的女声，中音萨克斯和钢琴爵士乐，电吉他 / 女声，爵士人声、贝斯、钢琴。

第 3 组：男性语音，女性语音，弦乐四重奏，合唱团及管弦乐队，大提琴和钢琴。

第 4 组：钢琴独奏，钢琴爵士三重奏，铜管五重奏，古典吉他，钢琴和贝斯伴奏的男声。

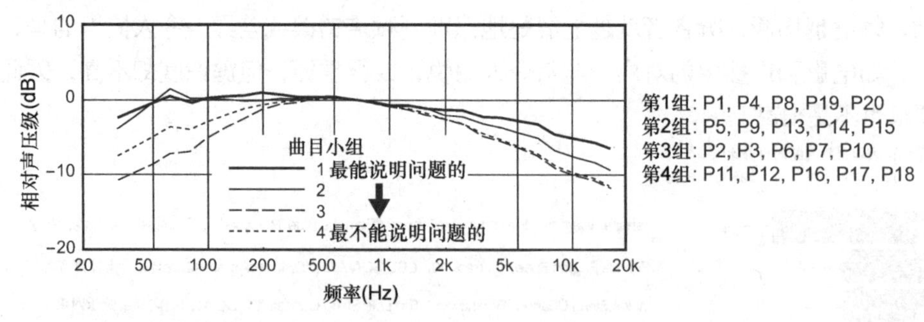

图 3.16　根据分辨音箱差异能力排列的曲目的长期 1/3 倍频程频谱平均值 [摘自 Olive（1994）]

这显然没有硬性规定，但一般来说，具有宽带、相对恒定频谱的复杂曲目有助于听音者发现问题。“不插电的”音乐，特别是古典音乐，更能帮助人们判断音频产品这种观点有没有得到支持。乐器或人声的独奏似乎也没有多大帮助，不管这些音乐我们听上去多好听。应使用多种节目源。有趣的是，用于演示（如销售）的曲目可能与用于评估（如购买）的曲目不同。

3.5.1.8　功放、线材及其他

技术的成熟意味着信号路径中的线性或非线性失真问题通常是不容易发生的。但是，它们有时会发生，因此需要进行一些简单的测试。必须确认所使用的功放在其设计工作范围内工作。功放必须具有非常低的输出阻抗（高阻尼系数），否则会引起音箱频率响应的变化（见第 16 章）。这就排除掉了绝大多数的真空管功放和一部分的 D 类功放，尽管有些高品质的这类功放没问题。AB 类功放是一种安全的选择。只要避免电压或电流限幅和过载保护，设计合理的功放的非线性对音箱评估的结果而言无关紧要。明智的做法是测量被测音箱的频率相关阻抗，以确保它们不会低于功放可以安全驱动的值。对于许多功放来说，这些要求中的一些将很难满足，因为它们并不总是固定的。长度适当的音箱线（见第 16 章）和音频线是透明的，尽管广告和民间传说与此相反。数字通信和接口是一个不同且日益复杂的问题，超出了我的讨论范围。

3.5.2　控制心理变量

3.5.2.1　对产品的了解

对产品的了解是盲听测试的主要原因。3.1 节给出了令人信服的证据，证明了人类很容易对他们事先知道的东西的声音产生偏见。透声幕布是一个了不起的设备，它可以揭示哪些声音是真的听到的，哪些不是耳朵听到的。

3.5.2.2　对曲目的熟悉程度

听音测试的效率和有效性随着听音者对部分内容熟悉程度的增加而增加。我们可以从已知具有辨识度的音乐中选择一些简短的截取片段，并在预先录制的随机序列中重复使用它们。它们可以在计算机上被编辑和组合。这不是在娱乐，但音频素材必须有一些音乐的优点，否则听

上去会很折磨人。在多次重复之后，音乐就变成了一个测试信号，由于熟悉，它的信息量非常大。因为音频怪圈的存在，所以必须使用不同来源、录音师、唱片公司的测试信号。集中注意力，我们很快就会清楚哪些曲目是有用的，哪些是在浪费时间。问问你的听音者他们用什么形成他们的观点。众所周知，有些听音者的关注点非常有限，比如只听踏板鼓声，或者忽略任何古典音乐，或者忽略任何流行音乐，或者只听人声。这样的听音者不应该再被邀请。对某些特殊曲目的适应也很常见。例如，有一段流行音乐 / 摇滚音乐片段的频谱特征非常明显，预计其低音会稍微偏多；其他音乐则可能会稍微偏亮。所有这些都与音频怪圈有关，但这些特征只有在与其他几个音乐片段一起被试听时才能被识别和接受。

3.5.2.3 对房间的熟悉程度

我们能够适应我们所处的空间，并且似乎能够“透过”它来辨别可能被掩盖的声源的质量。获得这种能力需要时间，所以可以在严肃听音之前安排一次热身活动，或者放弃前几轮的测试结果。

3.5.2.4 对听音测试流程的熟悉程度

对大多数人来说，这种强度的严肃听音是从未有过的。他们可能会对此毫无准备，并感到焦虑。对于有自己观点的发烧友来说，自豪感会导致另一种紧张。一些初步的测试结果表明他们的意见不是随机的，这非常令人鼓舞。这是正常情况，除非涉及严重的听力损失。不要太重视前几次测试的结果。然而，大多数听音者很快就适应了，并且对周围的环境感到很舒服。有经验的听音者可以立即开始工作，有些人确实很喜欢这样的听音测试，比如我就很喜欢。

3.5.2.5 听音能力和听音训练

不是所有人都是好的听音者，正如不是所有人都能跳舞或唱歌一样。如果要建立一个长期的听音小组，就必须监测他们的决定，寻找那些在重复判断中表现出较小差异的人，以及通过使用差别较大的评分来区分他们对产品的看法的人（Toole，1985；Olive，2001，2003）。有趣的是，听音者的兴趣、经验和职业都是影响听音能力的主要因素。长期以来，人们一直认为音乐家具有判断音质的卓越能力。他们当然很懂音乐，而且他们往往能够清楚地表达对声音的看法。但是，意见本身呢？置身在“乐队”中是否培养了从观众角度判断声音的能力？理解音乐的结构和演奏技法后，是否能够更好地分析音质？当进行测试时，Gabrielsson 和 Sjögren（1979）发现，最可靠也最能分辨声音差异的听音者是他认定的高保真爱好者，其中也包括一些音乐家。最糟糕的是那些对高保真毫无兴趣的人。中间层次的人是不玩 Hi-Fi 的音乐家。这与我多年来的观察相符。

在 EIA-J（日本电子工业协会）文件（1979）中有对听音者能力最详细的分析，如图 3.17 所示。目前还不知道对听音者表现的分析有多严格，但这是多年观察和大量听音测试的结果（个人从协会会员所了解）。

	听众/音频类别	声音分析能力	对声音回放的了解	对声音回放的态度	应用目标	可靠性
1	普通大众	一般	一般	有偏见的	各种调查	
2	普通大众中对音频器材感兴趣的	一般	一般	有偏见的	各种调查	
3	普通大众中对音频器材强烈感兴趣的	有一定的水平	有一些了解	强烈的自我主张倾向	对特定群体进行的半专业研究和测量	低
4	音频器材工程师	高	充足	大部分正确	专业研究和高精度测量	高
5	有经验的声学专家	非常高	精通	正确	各种研究和高精度测量	高
6	音乐家，包括音乐学生	非常高	有一些了解	过于严格或不感兴趣	有价值的意见但不适合测量	
7	普通大众中对音乐有强烈兴趣的	高	有一些了解	大多不感兴趣	不适合研究和测量（意见很有价值）	
8	普通大众中对音乐感兴趣的	比较高	一般	有偏见的	代表大众的各种研究	
9	普通大众中对音乐录音有强烈兴趣的	很高	有一定的水平	大致正确	各种研究和测量	很高

图 3.17　一个描述了听音者能力的几个方面及其对不同类型主观音频评估的适用性的图表（摘自 EIA–J,1979 年）

Olive（2003）分析了 268 名听音者的意见，他们参与了对同一组 4 只音箱的评估。其中 12 名听音者是经过训练和选拔的，并参加了多次双盲听测试。其他人是哈曼国际研究实验室的访客，一些人是经销商或分销商，或参加推广活动的。图 3.9 所示的结果显示，受过培训的资深听音者以其迄今为止最高的表现脱颖而出，与此同时，多年的销售和听音经验显然对零售人员产生了积极影响。

Olive（1994）描述了听音者培训过程，这也是选拔过程的一部分；那些缺乏能力的人即便有进步其听音水平也不会超过中等水平。这些训练教会了听音者如何识别和描述谐振，这是音箱中最常见的缺陷。这些训练并没有像一些人所怀疑的那样训练他们识别任何特定的“调音”。相反，通过消除谐振音染，人们偏向于“中性”音箱，通过该音箱，听音者可以听到原汁原味的录音。

3.5.2.6　文化、年龄和其他偏见

人们普遍认为不同国家的人可能更喜欢某些特定的三频分布。人们还普遍认为，不同年龄的人在不同的音乐环境中长大，可能会有一些不同的偏好。哈曼公司是一家大型国际公司，在所有产品类别（消费类、专业音频和车载音频）中都有音频业务，因此需要了解此类偏见是否存在，如果存在，就需要设计出吸引特定客户的产品，这一点很重要。多年来的多项调查表明，如果这些偏见真的存在，也不会体现在盲听测试中。图 3.1 展示了同一款音箱的两种“调音”，一个由丹麦设计团队完成，另一个由德国经销商聘请的顾问完成，用于修改产品来满足客户的期望。这两个版本的产品在声音上非常相似，在包括德国人在内的一个国际听音小组进行了长时间的双盲听后，没有证据表明这些人有明显的偏好。Olive 与来自欧洲、加拿大、日本和中国的听音者进行了多次音质评估，尚未发现任何文化偏见

的证据。图 3.18 展示了耳机评估的结果。研究者在音箱和车载音响方面也发现了类似的结果。年龄方面也是如此，但如图 3.7 所示，年龄较大的听音者往往因听力下降而表现出较大的意见差异。

3.5.2.7 听力

3.2 节表明，听力损失会给听音带来重大负面影响。听觉阈值在正常值的 20dB 以内是可取的。

3.5.2.8 听音者之间的相互影响

有时，听者作为一个小组进行投票，跟随肢体语言、细微的噪声或被判断为最有可能“知道”的人之一的言语。出于这个原因，控制测试应该借助一个监听器来完成，但这并不总是能够做到的。在这种情况下，必须发出明确指示，以避免所有口头和非口头沟通。固执己见的人和自封的大师倾向于以任何可能的方式“分享”。视频监控可以起到威慑作用。

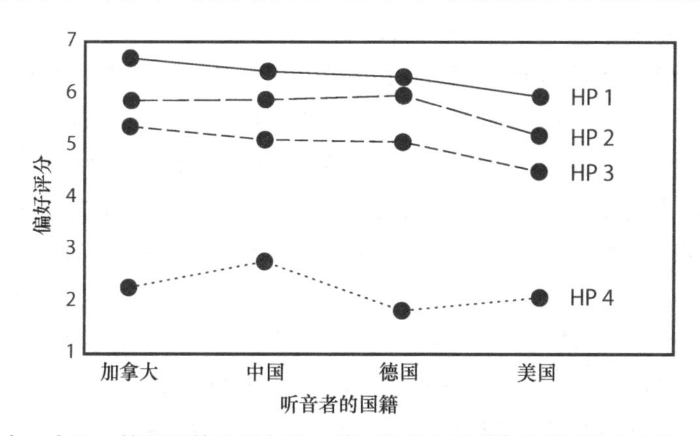

图 3.18 加拿大、中国、德国和美国听众对 4 种耳机的主观偏好评级 [摘自 Olive 等人（2014）]

3.5.2.9 认出正在听音的产品

受控听音测试的前提是，每个新播放的声音都将在与其他所有已经播放的声音相同的上下序列中被判断。当被测对象中的一个或多个产品表现出足以被识别的特征时，产品的评分可能会改变，也可能不会改变，但正常情况下该评分的差异肯定会受到影响。如果听音者知道测试组中的产品，即使是在“盲”听，他们几乎不可避免地会尝试猜测其型号。这项测试不再是一项公平和平衡的评估。出于这个原因，向测试产品中添加一个或多个“未知数”是一种很好的做法，并且告知听音者这样的做法，以避免分心的猜测游戏。

3.5.3 如何进行听音测试

大多数人能够意识到组织测试的方式会影响测试结果。这就是为什么我们要做双盲测试，一个“盲”是针对听音者的，所以他们不知道他们在听什么产品；第二个“盲”是为了防止实验者影响测试结果。

所有测试中最简单的一种方法，也是音频评论员经常使用的一种方法，就是“把它带回家听”或“单一刺激”方法。因为“能看到产品”，因此听音会受到所有可能的非听觉因素影响，这种方法还伴随适应产品的影响。人类擅长将许多可闻的声音变化正常化。这意味着在不同类型的测试中被视为优点或缺点的特征可能会被忽略。

科学方法倾向于更加受控，更少的非听觉因素干扰听觉决策。重要的是我们听到了什么，而不是我们认为我们听到了什么。反对人士抱怨说，快速的对比并没有让听音者有足够的时间进入一个舒适区，在这个舒适区内，小问题可能变得显而易见。然而，时间限制不是受控测试的要求。测试可能会持续几天。听音者可以随时收听任意可选的声音。我们所需要做的就是让听音者仍然不知道产品的身份，这似乎是许多音频评论家所遇到的主要问题。

多年来，在几家知名杂志上，我一直在关注主观评价，我惊讶地发现，人们对所有在理性的主观（或客观）评价上被归类为严重缺陷的产品，给予了如此多的赞扬。不，对于预算有限或时间有限的音频评论员来说，“单一刺激”或“带回家听”，这种方法充其量是一种权宜之计。在最坏的情况下，这对音频评论员来说是一种“感觉良好”的缓和方法。在任何时候，它都不是能够为读者提供有意义指导的测试方法。

简单的A和B比较是朝着正确方向迈出的重要一步。单一配对对比的问题是，两种产品的共同问题可能不会被注意到。有证据表明，在这样的对比中，序列中的第一个和第二个声音并没有被同等对待，因此有必要随机混合，进行A-B和B-A播放，并始终保持盲测。

在两个以上的产品之间进行几次配对对比是一种更好的方法，但这种方法非常耗时。如果不采用计算机实时随机化处理，则可以提前生成随机化的播放序列表并遵循它。

我在20世纪60年代第一次进行听力测试时，就采用了多重比较法，同时使用三四种产品进行比较，这仍然是首选的方法。它高效、可重复性强，为听音者提供了一个分离变量的机会。如果未使用位置替换，请记住在音乐切换之间随机变化音箱的位置。

此外，还有一些重要的问题，比如问如何衡量结果、统计分析等。它本身已成为一门科学（Toole和Olive，2001；Bech和Zacharov，2006，实验程序的详细说明和结果的统计分析）。然而，正如已经发现的那样，即使是最基本的实验控制和基础统计数据也可能还有很长的路要走。

评估的是偏好还是还原度?

由于种种原因，这些测试受到了批评，我认为所有这些测试都得到了令人满意的结果。也许存在最久的质疑是任何有关“偏好”一词的信仰，测试结果仅仅反映了低水平听音者的喜好，而没反映出那些知道什么是好声音的听音者的具有分析意义的评论。他们明确肯定，目标应该是“逼真”“准确”“保真”“真实”等。

事实证明，这就是我多年前开始学术研究的地方。我要求听音者报告他们的总结性的意见，他们的“格式塔”，在0～10的“保真度”范围内用数字表示。数字10代表了他们能回忆起的最完美的声音，而0则代表根本没法听的“垃圾”声音。当这些测试开始时，可以公平地说，有些音箱接近“垃圾”，没有一个接近完美。因此，分数扩展到了一个显著的范围。为了帮助听音者记住什么是好声音和坏声音，在被测音箱小组中，始终至少包括一个最低端的和一个最高端的音箱，通常我们称之为“山中之王”的那一只，是迄今为止被测样品中最好的一只。

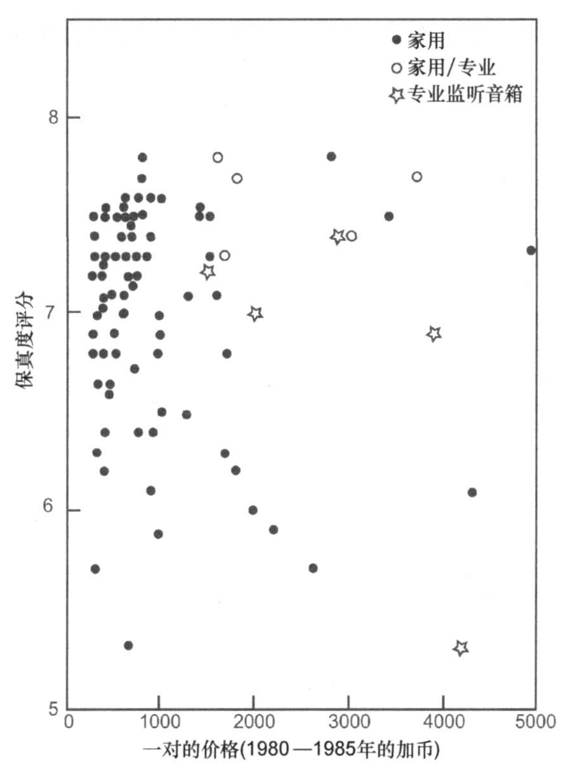

图 3.19　1980–1985 年 NRCC 在双盲听测试中评估的音箱的累积主观评分。这些音箱将被分为 4 组进行评估，从更大的数量中随机选择，其中包括代表低分和高分的“锚定”产品。每一个产品都在随机分组中被试听了几次。这是所有听众的平均评分 [更多细节见 Toole（1982，1985，1986）]

图 3.19 展示了 19 世纪 80 年代早期 NRCC 累积测试的结果，这是音频历史的一部分。很明显，在坐标轴顶部附近聚集了许多音箱。随着时间的推移，越来越多的产品得到了高分评价，并且听音者会抱怨说，听难听的声音是浪费时间。我不再将坐标轴固定在底端，发生了一件有趣的事情：大多数听音者继续使用相同的数字范围来描述他们听到的内容。分数很少有超过 8 分的，这是一种常见的主观测量现象。人们喜欢留一些“余量”，以防更好的东西出现。这样做的好处是，现在更容易区分其他不好的音箱的排名，因为它们在坐标轴上的差距更大。然而，很明显，人们不再以同样的尺度来评判音箱的上限。当只听少数几个最高评分的音箱时（见图 3.19 中涉及的音箱会被挤在一起，在统计上很难分开），曾经接近的产品的评分差距会变得更大，并且很容易区分和排序。听音者们仍然在评价保真度，但它是在一个弹性的尺度上评价的。我选择将保真度称为偏好，现在仍然如此。

听音者显然“偏爱”高保真度，或者说“还原度”“真实感”等。这实际上都是同一个评价尺度。

图 3.19 有点挑衅的意味，因为它展示了廉价音箱与昂贵得多的音箱之间的竞争。在适度的声级上，这可能是真的，特别是如果一个人能够接受有限的低频下潜。但大多数小型廉价产品在高声级上表现不佳，几乎可以肯定，它们没有更昂贵产品所具有的引人注目的工业设计和异

国情调的喷漆。可以看到每对 1000 美元左右的音箱的表现可能略微偏好，因为这个价格可以证明一个落地音箱中的低音单元是合理的。这些测试中专业的监听音箱出现了一些问题。多年来，通过这些例子，一切都得到了改善，今天最好的产品将超过这些测试中的所有产品，尽管较差的产品仍然存在。

第4章

声音的主观感知维度和物理维度

这一章将重点介绍音箱本身辐射声音的客观测量和其在房间中声场分布的客观测量，音箱本身的声音与房间的声音在我们的耳朵和大脑中相结合并最终形成我们感知的声音。一开始读者就必须对测量单位有一个基本的了解，与此同时对测量数据的感知结果有一个基本的了解。有些读者可能已经掌握了这些知识，在这种情况下，可以略读或跳过本章。

然而，其他人可能会发现这些信息既有用又有趣，因为我们所测量的东西和我们所听到的东西之间所有的心理声学关系并非都是符合直觉的。本章将首先解释常见振幅与频率曲线（又称频率响应）的垂直轴和水平轴，然后将继续讨论这些图中变化的可听性。我们在寻找什么？如果我们找到了它，我们如何解释它？

4.1 频域

图 4.1 展示了本书中所示频率响应数据的水平轴。它以对数标度显示频率。仅在特殊情况下，才可使用线性刻度。

图中展示了标准钢琴键盘，指示各个键位的基础频率。风琴键盘可以覆盖整个可听音频范围。其他常见乐器也有在这一范围的一部分。当然，谐波和其他泛音将大多数乐器的频谱扩展到这个尺度的上限甚至更高。在现场表演中，由于空气吸收，这些高频率的声音在收听位置通常会衰减很多，会逐渐衰减超过 2kHz 的频率，并且随着传播距离的增加而进一步衰减（见图 10.12）。高频信号随距离增加而增加的损失本身就是对熟悉声源距离的感知线索。在音乐会现场，反射的声音比直达的声音传播得更远，从而导致混响声场迅速失去高频能量。因此，现场音乐会中，在音乐厅后部的声音明显更“浑厚”。在有扩声系统的音乐会中，定向扩音器避免了大部分反射声，并且通常通过补偿较远观众的高频辅助音箱进行均衡，从而使表演者更容易感知声音。

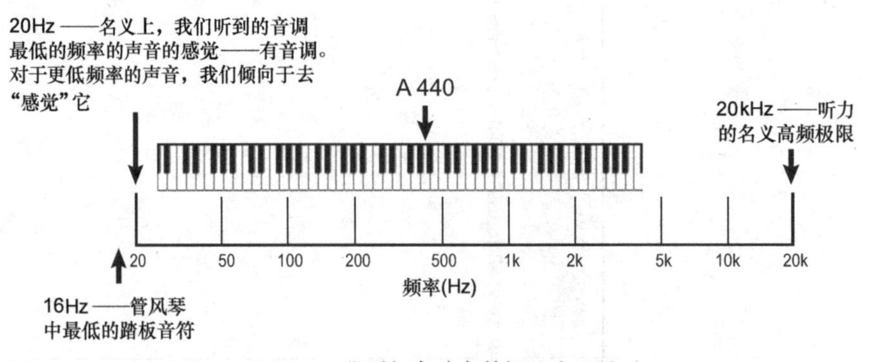

图 4.1　典型频率响应数据的水平轴

在近距离话筒录音中，如果话筒具有足够的带宽，则可以捕捉到其中一些泛音，而许多较新的话筒都具有这样的带宽。这培养了一种理念，高频宽的录音有必要提供给花钱购买数字音源的消费者。

在低频这一端，事情是复杂的，因为人类有通过触觉感知低频声音的高级感知能力，以及

感知音高 / 音调的能力。前者是对音乐愉悦的补充，而后者就是感知音乐本身。双重感知的声音的频率始于低音区中的较高频率，大约为 100Hz。音调感知在非常低的频率下减弱，触觉感知随之变得更强。夸张地增强低音在摇滚音乐会中很常见，因为用底鼓和低音吉他来调节你的呼吸是很有节奏感的，这在家中是体验不到的。这些可以是“全身”的体验。幸运的是，低频声音不会造成听力损失。

在声音感知方面，与频率有关的是音调。这不是一个完美的对应关系，因为大多数乐器都辐射复杂的频谱和波形，而不是纯音。因此，音调的判断在某种程度上取决于基频和泛音的关系。最常见的例子是钢琴，由于琴弦的长度受限，并非所有的泛音都与基音呈现和谐的关系。因此，“拉伸”调音是必要的，以使最高的音符在感知上可以被接受，而在较小的钢琴上，琴弦较短，在低频时也需要这样做。音高也取决于声级，低音量的声音听起来音调更低一些，高音量的声音听起来音调更高一些。这对声音的重现的影响是显而易见的：音乐本身随声级变化而变化，因此，如果要完全还原，那么一定程度上对回放音量提出了更高要求。

4.2 振幅域

人类可以在 1 ～ 100 万个单位的声压范围对声音做出反应。当解释为声强（单位面积的声能流）时，它是一个更令人印象深刻的数字，万亿比一。这个巨大的范围从中频的声音扩展到更高限度的令人不适或耳朵疼痛的声音。由于使用如此大的数字是不切实际的，因此我们使用声压级的对数标度来描述测量的和可听见的声学事件。单位为分贝（dB）。图 4.2 介绍了声压级测量标度的基础。

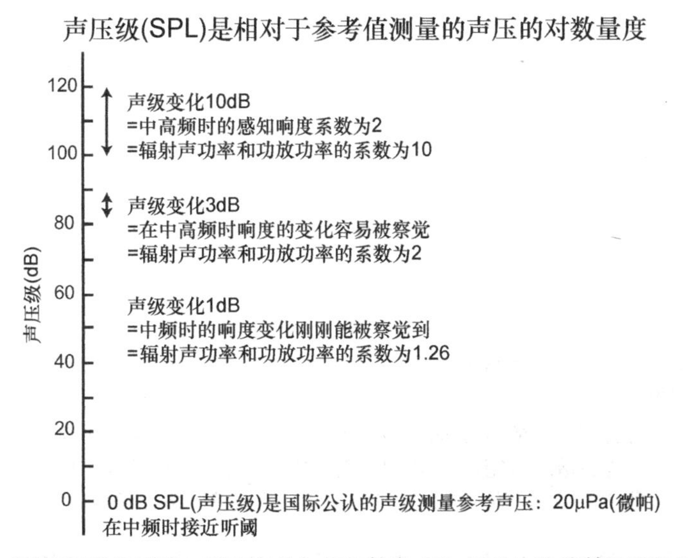

图 4.2　声压级(SPL)测量标度的基础。所示变化与任何特定 SPL 无关。这些差异适用于宽带音频曲目素材，而不是窄带或带通滤波曲目素材。如 4.6.2 部分所述，在谐振的情况下，部分频率范围的增强会产生不同的结果

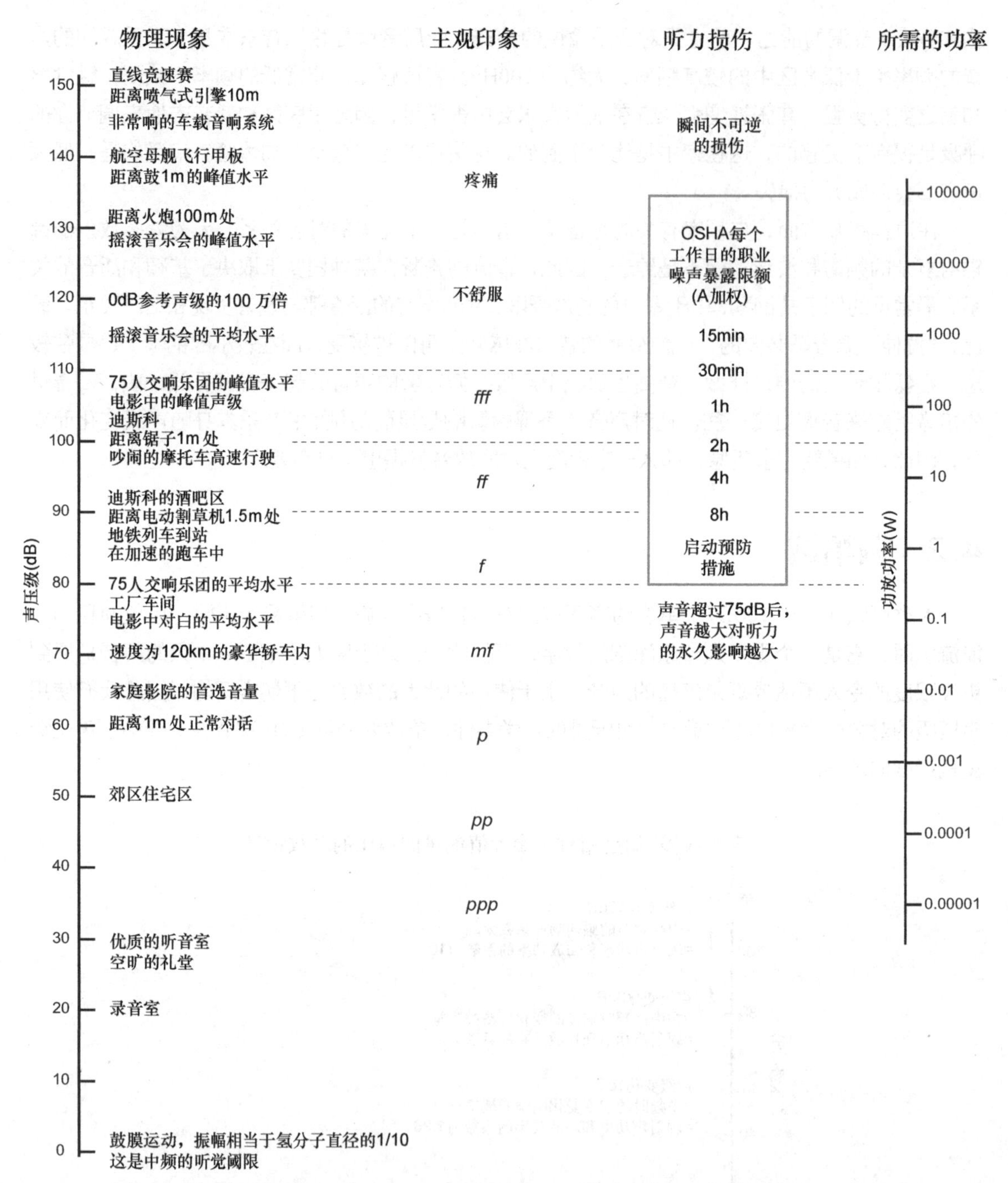

图 4.3　左侧显示了产生各种声压级的声音示例。中间是一些关于听音的主观效果和听力保护需要考虑的描述。右边是使用中等灵敏度音箱在典型家庭房间中产生这些声级所需功放功率的理想估计值。由于测量方法的不确定性和现实环境中的正常声学变化，所有这些估计和描述都是近似的

图 4.3 展示了不同声源的近似声压级和其他相关信息。在左栏中确定声压级的声源已收集多年；并不是所有的测量都采用相同的频率加权，而且许多确定的声源极为多变，因此这些只是估计值。职业听力保护指南很重要，但经常被误解，因为人们认为它们可以防止听力损失。正如第 17 章更详细地讨论的那样，情况并非如此。他们允许发生听力损失，目的只是在工作寿

命结束时提供足够的服务，以便在 1m 的距离内进行一般可理解的对话。欣赏现场声音或再现声音的微妙之处是一种早已逝去的乐趣。除了这些工作场所噪声暴露，还必须增加非职业性噪声暴露：摇滚音乐会、射击、摩托车、割草机、电动工具、汽车安全气囊部署等，所有这些都会导致听力损失终身积累。在欣赏或评估音乐和电影的诸多方面时，听力专家认为听力“正常”的人可能已经表现出明显的损失，他们的标准仅基于语言。

最右边的列是一种猜测，在典型的房间里需要什么放大器功率来提供不同的声压级。显然，这从根本上取决于音箱的灵敏度、多少音箱在工作、音箱辐射的频率和房间的声学特性。尽管存在这些不确定性，但相对数量是正确的。总体垂直刻度可能会向上或向下滑动几分贝。这是为了让人们认识到，声级 3dB 的变化需要将功率加倍或减半，10dB 的变化意味着功率变化 10 倍。当人们谈论在具有中等灵敏度（85 ～ 90dB SPL@2.83V@1m）的家用音箱播放高声级的声音时，也就是在谈论非常大的功率。

4.3 振幅与频率相结合：频率响应

许多重要的测试量（电气和声学）显示为振幅 / 幅值与频率的曲线。音频中最重要的内容是电信号或声级的振幅与频率的关系，这就是众所周知的频率响应。它是音质的主要决定因素。在检查频率响应曲线时，了解什么是“正确的”很重要，因此图 4.4 确定了这些曲线中可以揭示的一些关键因素。该示例是一只音箱，以 2.83V 的标准电平测试信号驱动，所示声压级校正到 1m 的标准测量距离，因此可以看到音箱的灵敏度作为频率的函数（dB SPL@2.83 V@1m）。曲线图 4.4（a）和图 4.4（b）是在音箱的基准轴上测量的，该基准轴通常指向听音者，提供房间中的直达声。然而，音箱向各个方向辐射声音，并且该声音（相对较少被吸收）最终以反射的形式到达听音者，因此必须进行更多的测量，如图 4.4（c）中所示的曲线族所示。这些将在第 5 章中详细解释。

图 4.4（a）为预测该音箱的音质提供了一个起点。这是一种“艺术诠释”，经常出现在产品规范中，有时也出现在产品评论中。营销界普遍认为，公众还没有准备好看到接近真相的东西。可以看出，低音输出在约 80Hz 以下迅速衰减，这意味着需要一个额外的低音炮来满足低音回放，80Hz 是低频管理系统非常方便的分频点（见 8.5 节）。音箱在频率范围中非常重要的中频部分的灵敏度在某种程度上取决于频率，这就是为什么此类规范通常基于在频率范围（如 300Hz ～ 3kHz）上平均的声音输出。从约 100Hz ～ 3kHz 的输出略有上升趋势表明，声音可能有点薄、亮或硬，这具体取决于音源。听感中的“明亮度”通常与比一些人认为的频率还要低很多的频率相关。高频的衰减会使听音者失去均衡的乐器泛音（见图 4.1），可能导致通透性和清晰度的丧失，甚至可能导致声音有点闷。

图 4.4（b）展示了更多细节，但需要额外的信息来确定它们是什么。图 4.4（c）所示的 Spinorama 是在其他方向辐射的声音的测量数据的一个示例。这些曲线的细节将在第 5 章中讨论。我们在常见的房间里听到的声音大部分是反射声。音箱单元谐振的一个特性是，它们往往被广泛地辐射到房间内，这意味着与谐振相关的凸起在所有曲线中都很明显，并且在室内很可能被听出。由于其广泛的辐射，谐振在指向性指数（DI）中可能不明显。

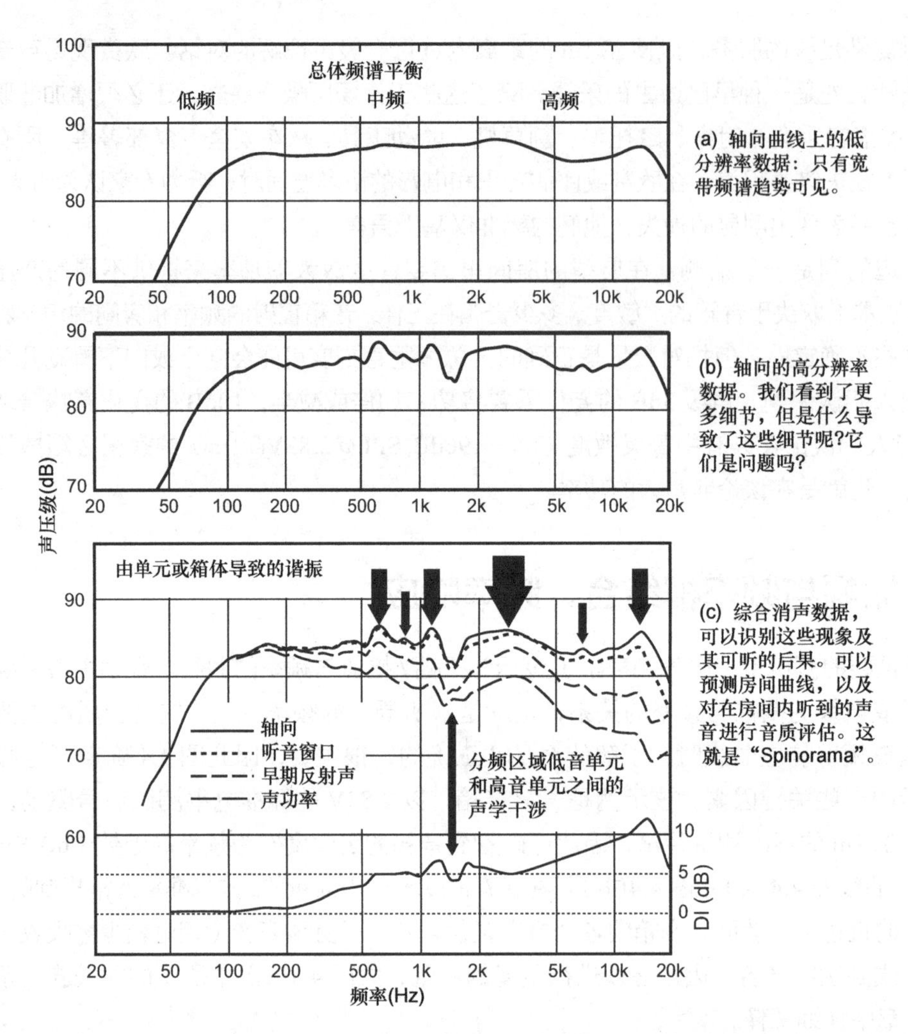

图 4.4　频率响应曲线中可以展示的一些信息的图示。在这些示例中，当音箱由恒定的 2.83V 驱动时，显示 1m 处的声压级。这是一种行业标准格式。图 4.4（a）显示了平滑的频谱曲线，显示了频率上限和下限及声音输出的一般趋势。图（b）是一种具有更高频率分辨率的测量结果，可以揭示其他可能听到的音色劣化。图（c）显示了一系列被非正式地称为“Spinorama”的曲线，该曲线已被证明有助于我们识别频率响应曲线中潜在的特征，能够帮助我们评估其在房间中潜在可听性，并且对其进行量化。

在音箱单元正常工作范围内发生的谐振是最小相位现象，这意味着振幅响应中的起伏足以暗示时域中将存在局部相位畸变和振铃现象。4.6.2 部分对此进行了详细讨论。结果表明，振幅响应凸起的形状和高度是可听性的最可靠指标。这一点和这些谐振可以通过精确的均衡器 EQ 来衰减，事实意味着这些消声室内测试数据非常重要。如 4.6.2 部分所述，最容易被察觉的谐振是低 Q 值谐振，如图 4.4 所示，约为 3kHz。消除这一谐振将大大提升音箱的音质。高频极限附近的谐振也是不好的，但在常见的音乐中不太可能令人讨厌。那些中频的谐振更明显，因为它们会影响人声和乐器的音色。

在分频点附近同时辐射的两个单元之间相互作用时，以及直达声受到箱体边缘衍射干扰时，可能会产生声学上的干涉现象。这些峰值或凹陷形状随方向变化，有时在一定角度范围内均匀辐射，有时如本例所示，在一定角度范围内持续变化，但在最终辐射到空间中，声功率逐渐衰减。这就是为什么它可以在指向性指数中体现，即听音窗口和标准化声功率曲线之间的差异（在 5.3 节中解释）。干涉效应的可听性往往比谐振要小。

好的设计可以减少或消除这些问题，但首要的是了解这些问题出在哪里。很明显，一个简单的产品规格，如 80Hz ～ 18kHz 内的 ±3dB，几乎不包含对消费者有用的信息，尤其是在没有考虑公差且没有说明如何或在何种条件下测量的常见情况下。12.1 节对此进行了讨论。

4.4　振幅与频率相结合：等响曲线

响度是声级的感知关联。但它也取决于频率、声音的入射角度、信号持续时间及其时间包络。这是许多并非可以简单描述的心理声学关系之一。然而，对于响度这个问题我们必须找一个切入点，所以大多数研究人员都把重点放在无反射环境中的纯音上，比如耳机或者消声室。

Fletcher 和 Munson（1933）是最早评估声级的人员之一，在这些声级下我们认为不同频率的响度是相等的。从 1kHz 的参考纯音开始，调整不同频率到其他音调，直到它们听起来同样响。有了足够的测试，就有可能画出一个由参考音调的声压级确定的等响曲线，但称为 phon（方）而不是分贝，以表示其主观性。对于 1kHz 参考音调的每个 SPL，导出曲线，统称为等响曲线簇。Fletcher 和 Munson 使用的是耳机，人们一直担心它们的校准方式，因此，尽管我们赞扬他们的开创性工作，但他们的数据并不可信。

离我们更近的一些研究，尤其是 Robinson 和 Dadson（1956）的研究，使用了消声室给听音者播放纯音信号；多年来，他们的结果一直是 ISO 标准。不过即便在当时，低频下等响曲线中也出现了误差。Pollack（1952）评估了一组噪声带的等响曲线，但没有很好地说明听音的情况："听音是单声道的。所有测试都在安静的房间中进行。"如果是单声道（单耳），则必须使用耳机，还是指单声道（单只音箱）？如果是耳机，它们是如何校准的？"安静的房间"并不能描述声学环境。Stevens（1957）通过在反射空间中使用稳态声音的分数倍频程，创造典型的听音条件，他将其用作计算复杂声音响度的基础（Stevens，1961）。图 4.5 所示的 Stevens 曲线摘自 Toole（1973），按当前格式缩放。

图 4.5（a）显示了当前 ISO 标准（ISO 226，2003）中的一个样本，这是一项国际合作的结果，旨在解决 1987 版标准中的错误，该标准基于 Robinson 和 Dadson（1956）的数据。图 4.5（b）显示了它与 4 项早期研究的等响曲线的对比，显示了它们在形状上的巨大差异。这些显然不是硬性的工程数据。这些曲线是许多听音者的平均值，他们之间存在很大的主体间的差异。

然而，所有曲线都有两个重要特征，具体如下。

■ 随着频率的降低，我们对声音的敏感度显著降低。低频的声级必须高得多，才能像中高频声音一样响亮。

■ 这些曲线在较低的频率下逐渐聚集在一起，这意味着需要较小的声级（dB）变化来产生相对应的感知响度（phon）变化。

这就是人们非常熟悉和容易听到当总音量发生变化时，低频的响度会快速提高或下降的原因。可以看出，在高于约 500Hz 的频率下，等响曲线非常相似，间隔相对恒定。在这些频率下，10dB 的声级变化相当于 10phon 的变化，这大约是感知响度的 2 倍。然而，在较低的频率下，曲线相互靠近。在 63Hz 时，10phon 约为 7dB，在 31.5Hz 时，两倍感知响度约为 5dB。低频下声级的微小变化是可以被听到的。

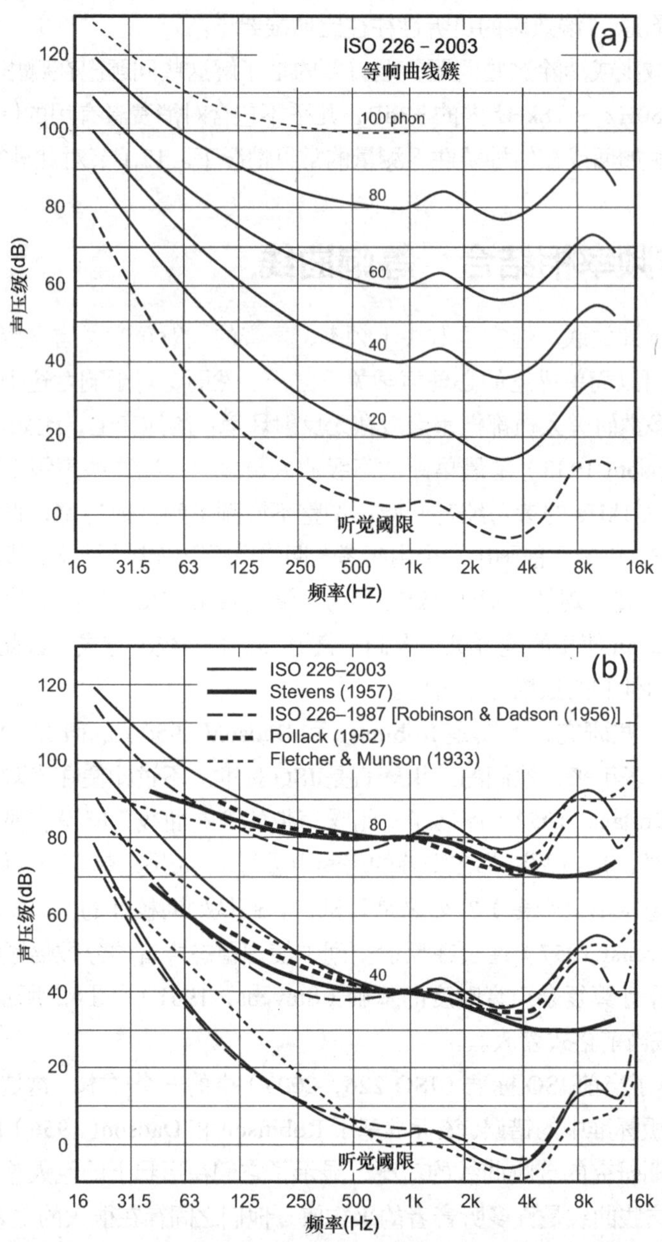

图 4.5 （a）根据最新国际公认标准 ISO 226（2003），在消声室中试听纯音时创建的等响曲线。每条曲线都是参照 1kHz 的纯音创建的，并由该频率下的声压级确定，但以“phon”表示。（b）当前标准与其他 3 种等响曲线簇测定方法的比较。ISO 226（2003）©ISO 中的曲线经许可复制。详见图 3.6 的标题。所有其他曲线都是在各自来源的许可下复制的

响度控制和音调控制——是否有效，是否有必要？

“响度”控制已经在音频设备中使用了几十年。有吸引力的前提是，随着音量的减小，系统自动调整频率响应以补偿不成比例降低的低音。没有明显的原因，其中一些还增强了高音。这是错误的，认为简单的可变低音增强可以补偿具有动态范围的音乐素材中的所有元素是错误的；

声音响的部分只需要轻微的低音增强，而声音弱的部分则需要更多的低音增强。如果响度补偿针对低电平部分，则高电平部分将具有非常过量的低音等问题。

等响曲线描述了我们的听觉系统的一个特征，无论我们是在现场音乐表演、对话，还是在家听音乐或看电影，它总是存在且不变的。它们是听音系统的一部分。通常使用不同频率的纯音进行测量，这些纯音与 1kHz 的参考音进行比较，并调整为同样响。这是一个使用简单声音的简单过程，关键问题是这些曲线在多大程度上可靠地与复杂音乐的连续频谱相关。这是一个没有明确答案的问题。

然而，在声音的重现中，它们是不可忽视的。为了让声音回放系统准确地描绘现场表演中听到的声音，它必须具有均匀平坦的频率响应，并在原始声级或接近原始声级的情况下回放声音，以便我们内置的响度处理以相同的方式对声音进行控制。这就是问题的症结所在，因为这种情况很少发生。即使我们的音箱系统具有平坦的频率响应，回放的声级也不太可能与现场表演或录制混音室中的声级相同，因为这些人在混音室中做出了重要的艺术决策。对于娱乐性听音，声级几乎总是比“原始”声级低，通常低得多。

为了解决这个问题，有必要仔细观察等响曲线簇，该注意的不是曲线的形状，而是不同声级下曲线形状的差异。随着播放音量的降低，不仅低频的感知响度会不成比例地降低，而且越来越多的低频声会下降到听觉阈值以下，变得完全听不见。Olive（2004）发现，在整体音质评级中，低音的权重为 30% 左右。重要的是要把低音做好，如果有一部分低音遗漏了，整个音频就不可能是对的。

图 4.6 展示了我在 50 多年前 Toole（1973）进行的一次试验的结果，该试验旨在阐明这个问题：如果音乐的响度降低了 10 或 20phon，那么回放系统必须有怎样新的频率响应才能满足以下两个条件。

（1）原始音乐的音色或频谱平衡将在声音较小的回放中得到保留。

（2）在原始音乐中听到的任何频率的东西，在声音较小的回放中都能听到。

条件（1）不能完全满足，因为音乐具有动态范围，不同声级的曲目的不同部分将需要不同的补偿。音乐有较大的动态范围，从 ppp 到 fff，如图 4.3 所示。耳朵本身是一种非线性设备，会产生失真、音调偏移等情况，这些都与声级有关。这些是无法替代的。条件（2）是对人类天性的让步，我们不想失去任何音乐。

图 4.6 显示了 3 种响度降低的结果。图 4.6（a）表明从较高的“参考”音量降低 10phon 会造成实质性的变化（大约为响度降低一半），不过这种变化并不罕见。大多数人仍然认为这是“主”音乐，需要减少 20phon。图 4.6（b）产生“背景”音乐的感觉，减少 30phon。图 4.6（c）产生“氛围”音乐的感觉。很明显，没有一条响度补偿曲线可以适用于具有显著动态范围的音乐。低频增强对于保持低音量的可听性来说是非常重要的，然而这会使高音量的声音变成超重低音风格。显然，条件（a）不会得到满足，但可能值得考虑一个折中的解决方案，一些音乐要素可能会缓和所需的条件。首先，低音通常出现在高声级音乐段落中，因为即使在现场表演中，为了让这些声音能够被听到，音量也必须很高，如图 4.5（a）所示。因此，将折中补偿集中在更高声级的元素上似乎是合理的，例如 60dB 和 80dB SPL 部分。

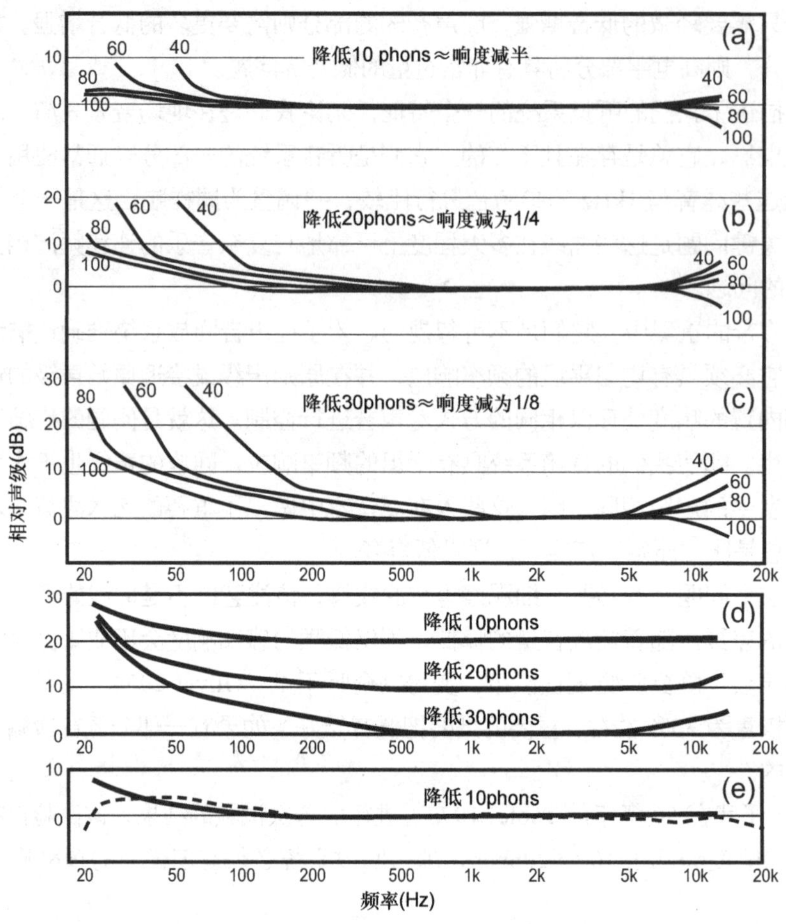

图 4.6 当响度水平降低（a）10phon，（b）20phon 和（c）30phon 时，在 40、60、80 和 100dB SPL 的原始声压级下，显著保持频谱平衡和主观平坦频谱声音所需的频率响应变化。源自 Robinson 和 Dadson（1956）的等响曲线簇。图 4.6（d）显示了 60dB 和 80dB 预测之间绘制的折中曲线。（a）～（d）中所示的数据来自 Toole（1973）。图 4.6（e）显示了 Olive 等人（2013）所做的音箱听音测试中，听音者平均首选的 10phon 降低折中曲线和音调控制设置的比较。合理的假设是，播放声级低于录音室中的声级，但具体量级未知（注：如果这些曲线是从当前的 ISO 等响曲线导出的，则所有这些曲线都会略有变化，见图 4.5）

图 4.6（d）显示了在（a）、（b）和（c）中的 60dB 和 80dB 曲线之间绘制折中曲线的结果。这些看起来很实用。重要的是要注意，在高频下不需要大的改变。多年来，随着声级的降低，许多响度补偿装置显著提高了低音和高音。在作者使用这种响度控制的经验中，音质降低了——这是由于误解了对等响曲线簇。减少 10 或 20phon，基本上不需要补偿高频。

最后，图 4.6（e）显示了根据 Olive 等人（2013）的工作改编的数据，如 Toole（2015）的图 14 所示。在这里，在双盲听测试中，听众调整低音和高音控制，以达到几个曲目的首选频谱平衡。哈曼参考听音室使用了一个轴向频率响应平坦的高评分音箱。这里显示的曲线是所有听众的平均音调控制设置；这是调整前后的房间稳态曲线之间的差异。听音是在“主音乐”娱乐听音声级上进行的，这可能低于录音室的听音声级。在任何情况下，较小的低音增强都是首选，与 10phon 衰减曲线没有太大区别。这种相似性在高频中也存在。这可以解释为理论预测的事实验证，至少是一个有趣的比较。

总之，如果不采取纠正措施，在低于“原始”或预期水平的声级下听音会导致音色变化和逐渐丧失低音。不幸的是，因为音乐具有动态范围，所以校正不适用于原始声音的所有成分。然而，振幅压缩严重的音乐会对这种校正做出更有利的反应，这意味着许多现代音乐肯定符合要求。可以选择折中的响度校正，以满足曲目响度较大部分的需要。当这样做时，实质性的响度补偿是在低频下进行的，本质上是低音控制。事实上，因为我们不知道原始声级是什么，而且通常不会在播放位置进行声级校准，所以无法准确预测响度补偿。可以说，需要一定量的低音增强，不同地方和不同录音的低音增强量会有所不同。

电影院中播放的电影至少在某种程度上以标准化的音量混音和回放。家庭影院通常经过校准，以满足 0dB 音量控制设置的相似声级。这种情况下，经过校准的响度补偿可以按预期工作。现实情况是，在家庭影院以 0dB 的音量播放电影通常令人不舒服，音量通常会降低 10dB 或更多。当前电影院里电影声音的一个有趣的问题是，许多顾客发现其中一些声音太大，并向院线管理者抱怨。这个问题已经到了一个需要解决的地步，一些司法管辖区已经讨论对电影院的播放声级设置法律限制。一些影院老板已经将播放音量降低了 10dB，也就是响度减半！对于少数几部大片，导演们坚持要持续的、有穿透力的、响亮的声音，这是可以理解的。但是，对白会随着令人恼火的大声段落而弱化，清晰度也会受到影响。这是一个严重的情况，因为“艺术”正在受到损害。有些声音、枪声、爆炸声等必须响亮，才能有好的效果，并传达适当的戏剧性特征。然而，对于屏幕上描绘的事件来说，似乎不必要的长时间的喧闹声只是令人厌倦和恼人的。响度计不能解决这个问题。好的观影品味才是答案。听力损失并不是偶尔看电影的普通观众面临的问题，人们更应该关注那些长期从事电影制作的混音师。

音乐曲目的音量完全没有经过校准，要求音乐爱好者聆听并调整低音控制，直到声音在频谱上达到令人愉悦的平衡。图 4.6 中的曲线不需要高音控制（尽管使用高音控制可能还有其他原因），应避免使用自动提高高音和低音的响度补偿器，因为它们是不合理的。

音调控制会损害声音的“纯净度”，这已经成为高端发烧友民间传说的一部分，一些设备以没有这样的音调控制而引以为豪。基本的假设是录音是完美的，但从一般经验来看，情况并非如此。有些录音低频不足，有些低频太多。有些音乐高频太亮，有些则高频暗淡，还有其他可以听到的问题。录音室没有统一校准，参见图 1.7 中的“音频怪圈”，以及对录音室的调查中发现的低频响应的巨大区别（Mäkivirta 和 Anet，2001）。除此之外，我们有时可能希望听到低于“参考”音量的声音，这样的想法难以避免，即低音控制可以对获得有益的听音体验做出重要贡献。易于操作的音调控制允许听众在处理其音频系统和房间特性时，根据个别曲目的需要，实时找到自己的折中设置。

Peter Walker 是 Quad 的创始人，我很高兴认识他。他带来了一个长期以来我们认为声音相对中性的静电音箱，这意味着不需要“均衡”。尽管如此，他还是在他的 Quad 34 前级功放（1982）中加入了“倾斜”音调控制。它基本上是低音和高音控制相关联的，所以随着一个音调的增加，另一个会减少。因为整个频谱都是“倾斜”的，所以声音效果很容易被听到，所以升高 / 降低量被限制在 3dB 左右。还有一个单独的低音控制。解释起来很简单：并不是所有的房间都一样，个人口味也不一样，所以要找到你最喜欢的频谱平衡。他接着解释说，录音的低音 / 高音平衡不一致，高频过高是当时的常见问题，这可以得到补偿。然后，对于古典音乐作品，人们可能希望从管弦乐队那获得与录音师提供的不同的效果，而倾斜控制给了听众一些改变这一点的能力。总之，这是一个非常合理的音频系统，增加了听音体验的效果和参与感。很久以后，Lexicon 在其环绕声处理器中加入了低音、高音和倾斜控制。其他人可能也这么做了。这是个好主意。我多年来广泛使用了这些功能。

并不是所有的播放设备都有易于操作的控件，其中一些确实需要输入菜单或等待数字重新配置，这对使用它们是不利的。“老式”旋钮或实时数字设置易于用户使用。

4.5 我们能听到的范围

图 4.7 总结了声音和听力的一些方面，它们共同影响声音的重现。从坐标系底部开始的阴影区域，表示低于可听阈值的声音。在使用传统的听力测量方法时，高频的波长短导致我们很难确定鼓膜处的声压级，因此听力测量很少超过 8kHz。然而，也有一些独立的调查集中在这些频率上。右侧的点虚线曲线是我试图总结测量高频听觉阈值的结果。受试者之间存在相当大的个体差异，有些问题与测量校准有关，任何对该主题感兴趣的人都应查阅 Stelmachowicz 等人（1989）和 Ashihara（2007）的资料，以及其中引用的参考文献。底部还有一个高品质话筒的底噪示例，表明其可以捕捉耳朵能听到的大部分最小的声音。

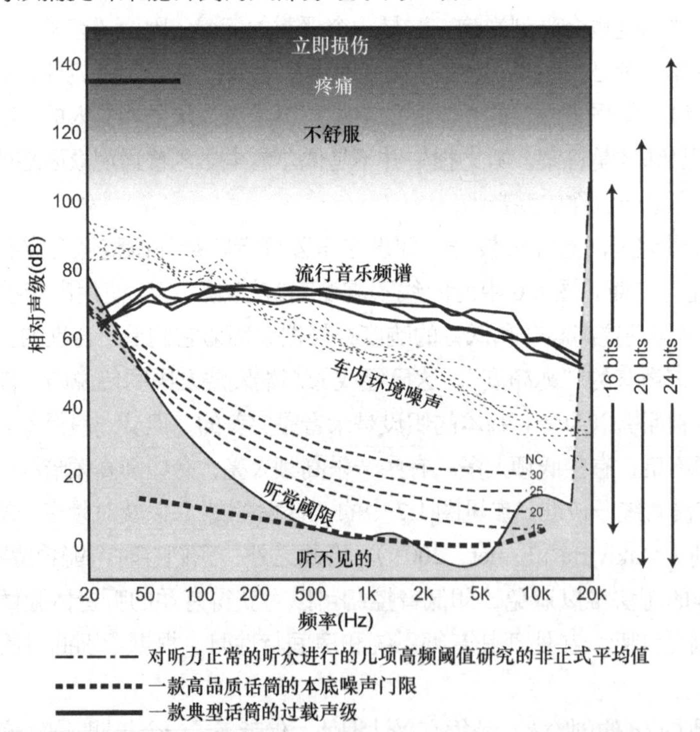

图 4.7 我们可以录制、存储和听到的内容的简化二维显示。底部是听觉阈限，是一个优秀话筒的本底噪声示例。以上是一些在录音和听音环境中的典型背景环境音的例子，包括高速行驶的汽车。在高音量下，耳朵会变得不舒服，然后造成永久性损伤。白色区域的中间，代表有意义的听音区域，是流行音乐在前排听音声级上的长期平均频谱示例（摘自 Olive，1994）。峰值声级将更高。右侧显示了完美数字录音 / 回放系统的预估动态范围

更上一些显示的是用于评估背景噪声级的噪声标准（NC）曲线的一些示例。这些曲线代表可能进入录音的背景噪声，或者可能在播放过程中出现的背景噪声。在这里，把曲线降低 4.8dB，使倍频程 NC 曲线与 1/3 倍频程滤波的音乐和车内噪声兼容。真实的 NC 曲线如图 4.8 所示。

图中部是一系列背景噪声测量，这些测量是在以公路速度行驶的汽车的内部进行的，当背景噪声曲线与仿真的掩蔽曲线相结合时，解释了为什么在这种情况下，音乐失去了大量的低音、音色细节和空间包围感。只有在停车场或走走停停的交通中，好的车载音响系统才能真正展示出它们的优秀。安静的汽车是非常可取的。这也解释了为什么车载音响系统通常具有比很多家用音频设备更多的低音，以及为什么精心设计的车载音响系统包含根据车速或车内噪声激活的低音增强功能。环绕声道的电平也将因这些设计而自适应调节。

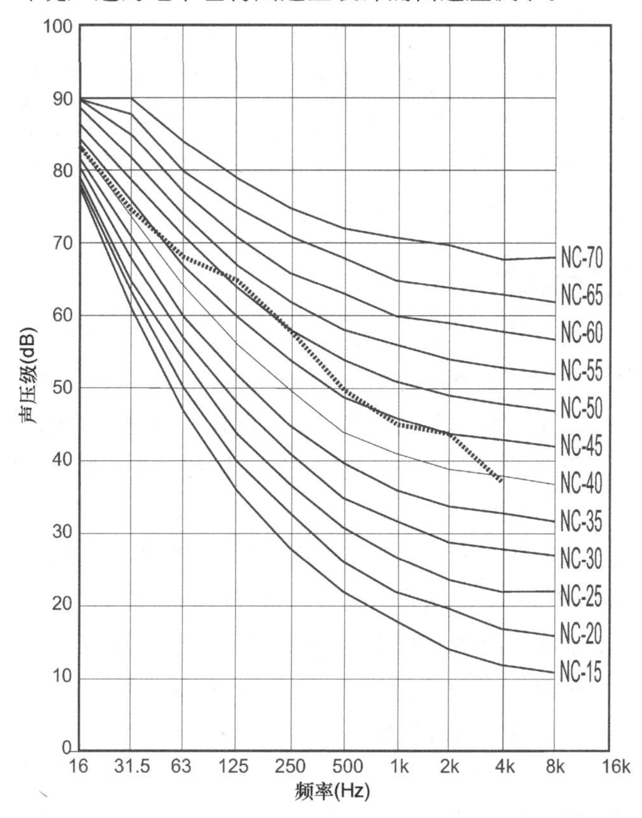

图 4.8　新的 NC 曲线簇显示了根据相关标准记录 NC–51 的测量频谱。频谱的 NC 额定值被指定为测量的倍频程频谱“触及”的最高 NC 曲线的值（转载自 ANSI/ASA S12。2:2008《美国室内噪声评估标准国家标准》©2008，经美国声学协会批准，地址：纽约州梅尔维尔沃尔特•惠特曼路 1305 号 300 室，邮编：11747）

所有中间显示的曲线都是根据相对应的音乐本身的频谱直接绘制的。这些数据来自 Olive（1994）的测量，代表了 4 个频谱异常和高延展的曲目。这些是较长时间下的平均频谱，忽略了曲目的动态范围。今天，在我们接触的许多音乐、电影和电视中，动态范围都正在缩小。其中一部分与牺牲带宽和动态范围的高压缩音频传输格式有关，另一部分则是针对我们在汽车中、公交车上、地铁上等收听节目而定制的。每隔一段时间，我们需要在安静的环境中坐下来，放上一段老式的（相对）未压缩的音乐源文件，并以此提醒自己动态范围听起来是什么样子的。它并不是“一直都很响”，很多现存的曲目似乎都是这样。可悲的是，这是音频行业“开倒车”的一部分。当通过不能大声播放的廉价音频系统回放时，压缩的音乐听起来可以忍受。在这个技术爆炸的时代，有可能提供能够满足不同听众的音频源文件和播放设备，或者在家里、车里、街道上等不同环境下提供满足同一个听音者的音频源文件和播放设备。

图 4.7 顶部显示了不适和疼痛区域及瞬时严重听力损失或耳聋的绝对阈限。这就是为什么调大音量并不能解决背景噪声水平升高。这会让人厌烦，最终会造成伤害。在这个区域，甚至连麦克风都达到了极限。

右侧坐标轴展示了一些数字录音 / 回放系统的动态范围，表明传统的 16 位 CD 如果使用得当，有可能成为大多数音频素材的令人满意的交付格式。20 位更好，允许在过程中存在一些缺陷。24 位系统允许对从“我听不见”到“我再也听不见”的所有内容进行编码，如图 4.3 所示，要充分利用宽动态范围需要功放和音箱满足一定的功率。事实上，我们常见的和常听的声音动态范围要比理论范围要小得多。有些音箱系统偶尔会发出响亮的声音，原因是我们可以忍受高达 6dB 的干净的功放削波，而很少抱怨；那些实验使用的音乐中，6dB 表示 4 倍功率（Voishvillo，2006）。在电影中，非常吵闹的声音大多是不真正涉及“保真度“问题的音效，因为声源可能是大象吹号，均衡处理，并以 1/4 的速度反向播放。

怎样的底噪是可以接受的？

多年来，各种标准不断发展，旨在使声学设计师能够为可接受的背景噪声设定目标。最有针对性的商业应用是语音通话：在暖风空调和其他建筑噪声的背景下，语音信号的理解能力表现如何？虽然简单的加权声级计测量可以提供粗略的指导，但通常从噪声频谱的倍频程分析开始，然后将该频谱与几个标准曲线中的一个进行比较，这些标准曲线旨在描述不同特定场合的背景噪声的可接受程度。

尽管语音干扰不是一个问题，但由这些担忧驱动的措施仍然是在听力和录音空间中设置可接受背景声级的流行标准的核心。在这些情况下，人们可能更关心的是噪声是令人讨厌的还是令人愉快的。在北美，NC 曲线广泛用于定义音频环境的可接受背景噪声水平。正如 Tocci（2000）和 Warnock（1985）中所报道的，这些曲线的创造者 Beranek 如是说：“（NC 曲线）旨在成为倍频程噪声级，只允许进行令人满意的语音通信，而不会令人讨厌。”

NC 曲线簇不是理想的可以保证房间内令人们满意的背景频谱，而主要是一种评定噪声级的方法。对于环境声音的频谱和时变特征的主观可接受性，目前还没有公认的评估方法。事实上，精确满足 NC 频谱的环境噪声可能被描述为隆隆声和嘶嘶声，并且可能会引起一些不适。

这听起来不像是一个昂贵的录音室或娱乐听音空间的目标。

Tocci（2000）和 Broner（2004）对声学从业者出于各种目的提出的众多阈限曲线簇进行了清晰的调查。如果背景噪声的音质很重要，且在听音环境中也是如此，则一致认为应考虑除传统 NC 阈限以外的其他阈限，因为传统 NC 阈限不评估频谱的具体形状，仅评估频谱中最高点是否超出阈限（相切标准）。出于音频目的，噪声频谱应尽可能平滑。最新版本的 NC 阈限如图 4.8 所示。

这里列出了各种声音回放场所通常可接受的 NC 水平，它们是近似值。显然，如果可以做到，则首选较低的级别。

录音室远场话筒拾音，NC-5 至 NC-10。

录音和广播工作室近场话筒拾取，NC-15 至 NC-25。

音乐厅和其他现场表演场地，NC-15 至 NC-20。

家庭影院，郊区住宅，NC-15 至 NC-25。

电影院，NC-25 至 NC35。

城市住宅和公寓，NC-30 至 NC-40。

带有大型中央暖风空调系统的商业或复式住宅建筑存在较大的问题。在某些场地进行远场话筒录音时，可能需要关闭中央空调以降低背景噪声。在这些情况下，应提供两个 NC 阈值，一个代表开启中央空调，一个代表关闭中央空调。

经过详细调查，录音室的最终目标是尽可能接近听觉阈限（Cohen 和 Fielder，1992）。其他一切噪声都会留下一个不可避免的带有特定音色的残留背景噪声，这些背景噪声可能会在录音中被捕捉并在安静的听音室中重现。图 4.9 展示了背景噪声的透视图，其中包括一些家庭听音室的真实数据。显然，除了极少数案例，家庭影院中的任何隔音处理最有可能是为了保持好的声音在房间中，而不是把坏的声音隔绝在外。

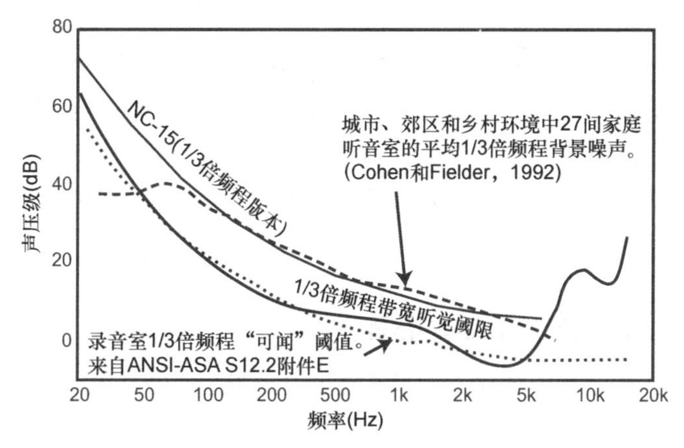

图 4.9　Cohen 和 Fielder（1992）论文中数据的有趣比较。底部的“可闻”曲线是由本文提出的，它强调了对录音和听音环境的背景噪声要求比传统要求更严格的必要性。幸运的是，许多家庭环境足够安静（NC 和 ANSI-ASA 曲线是经美国声学协会许可复制的）

一个非常安静的房间会给人留下深刻的印象，顾客们喜欢在这种安静的环境下进行演示，不管电影或音乐播放的效果如何。家庭影院在声学上与房子的其他部分隔离，以防止戏剧动态的消失，这样做最终会使得家庭影院房间内部非常安静。因为声音的传播损失是双向的。

4.6 线性失真：频响变化和相频变化

理想情况下，音频设备的输出应该是输入信号的完美复制品，如果涉及放大，则它应该是这些信号的完美缩放版本。换能器（话筒和音箱）将能量从一种形式转换为另一种形式，同样的要求是输出为输入信号的完美转换（例如，电压输入和声级输出）。关键在于测量比较输入和输出，并寻找其中的差别——失真。

线性失真是那些偏离完美曲线但与声级无关的失真。波形（振幅与时间）——音乐——也许会出现线性的失真，但失真在所有声级上都是相同的。线性失真可以改变复杂音乐信号中频率分量的相对电平（振幅）或时刻（相位），其中一个或两个都可以改变波形。作为频率函数的振幅和相位的组合通常被称为传递函数，该传递函数也可以被看作脉冲响应的傅里叶变换，它们是等价的信息。频域和时域信息的这种等价性在音频中并没有得到广泛的认可，即便这是非常基础且重要的。正如我们将看到的，人类对振幅和频率的变化非常敏感，对相移非常不敏感。换句话说，我们不“听到”波形本身，但我们对其频谱内容非常敏感。

如果波形随信号或声级变化而变化，则这些变化是非线性失真。这些非线性行为会将原本不存在的频率添加到信号中，如果数值高到可以听到，则尤为令人反感。

振幅与频率曲线，即频率响应，是任何音频设备的最重要的可测量参数，一般目标是在音频范围内形成平滑且平坦的曲线。然而，这一目标尚未在我们不完美的现实世界中普遍实现。因此，特别是在音箱中，我们必须学会如何评估不同类型的偏离理想状态的可闻结果，即倾斜、峰值、凹陷、颠簸和摆动的可听性。在接下来的内容中，我们将密切关注偏离目标性能的可听性。

4.6.1 频谱倾斜

与水平曲线偏差可能导致频谱倾斜。有证据表明，人耳可以感知到约 0.1 ～ 0.2dB/ 倍频程的斜率，这相当于 20Hz ～ 20kHz 的 1 ～ 2dB 倾斜（Kommamura 和 Mori，1983）。这样的频谱偏差，如果很小的话，很可能是温和的，并且会被适应，我们会习惯它。然而，如果频谱偏差很大，声音就会非常清晰，这会使我们采用低音、高音或倾斜控制，以恢复更正常的频谱平衡。

然而，在对音箱进行主观评估时，最常见的批评是谐振导致的音染，因此这个话题值得深入探讨。

4.6.2 从频率和时间的角度看谐振

简单的谐振在频域和时域中都存在。第 9 章讨论了房间共振，因为你听到的声音在很大程度上取决于房间及你和声源所在的位置——“空间”。

简单的谐振存在于电子、声学或机械设备中，构成谐振系统中的“集总元件”：质量组件（电感）、顺性（电容）组件和阻尼（电阻）组件。质量和顺性决定谐振的频率。阻尼决定了系统中能量的损失量，它定义了品质因数 Q。这决定了频域中谐振的带宽及时域中能量积累和衰减的持续时间。高 Q 值谐振在频域中的轮廓很小（频率响应中的窄尖峰），在时域中的累积和衰减很长。随着 Q 值的下降，谐振在频域中变得更宽，在时域中占据的空间更少。最终，频率响应变得“平坦”，没有谐振的迹象，时域错误行为消失。因此，所有设计用于最小化谐振的系统都不可避免地具有平坦、平滑的频率响应。

音频节目源中的谐振（所有人声和乐器都是谐振的复杂集合）将传播到听音室的各个角落，它们构成声源的基本音质或音色。谐振中的细节区分了人声和乐器的声音。这些谐振是好的。令人好奇的是，心理声学研究人员没有投入更多的精力去理解谐振的感知。我们有理由假设，人类已经进化到具有探测谐振的特殊能力。相反，人们致力于检测抽象的频谱异常，如 Moore（2003，第 105 ～ 107 页）中讨论的“剖面分析”。也许这说明了（实践）工程师和（理论）心理声学家之间的区别。

如果音箱中存在谐振，无论是在单元中还是在箱体上，都会将谐振添加到音乐中，从而改变音色。这些变化被单调地添加到所有回放的声音中：人声、乐器声等。这种谐振是不被需要的，消除它们是音箱设计师面临的主要挑战之一，因为它们辐射到整个房间，几乎平等地辐射给所有听众。一个有趣的事实是，反射声被认为是直达声的“重复”，而叠加之后声音的结果是，低 Q 值和中 Q 值谐振变得更加可闻。因此，两个截然不同的事件接踵而至：音箱中的缺陷变得更为明显（糟糕），而音乐中微妙的音色细节被更好地揭示（Toole 和

Olive，1988）。通过耳机或在以直达声场为主的空间（死寂的房间）中聆听，我们对低 Q 值和中 Q 值谐振会变得不那么敏感，这可能解释了为什么有些测量不佳的耳机是可以接受的，至少在流行音乐中是这样。

Büchlein（1962）对频谱不规则的可闻性进行了第一次调查。他的受试者通过耳机收听（正如刚才所说，这并不是最能说明问题的情况），他使用了具有幅度相等但形状反转的凸起和凹陷。这样的波形很整齐，但实际中的物理现象不会产生这样的波形。在音箱频响曲线中产生峰值的最常见原因是谐振。如果凹陷的形状相同，但方向相反，则表明存在某种功能强大的谐振能量吸收器。这种情况极为罕见。更可能导致凹陷的原因是破坏性的声学干涉，在这种情况下，凹陷不会出现类似反向的“驼峰”谐振，而是在声学干涉抵消的频率处出现非常尖锐、非常深的凹陷。Büchlein 得出的结论是，凹陷不如凸起那样容易被感知，窄带声学干涉是最不明显的。宽且低的凸起比窄的凸起更容易被听到。他还发现，测试独奏乐器的声音时听者很难听到这些谐振问题，因为只有当缺陷的频率和音调一致时，才能听到这些谐振问题。宽带声音，如噪声，更能揭示频率响应的不规则性。

Fryer（1975，1977）报告了添加到不同类型音频素材中的不同 Q 值和频率谐振的检测阈值。他发现检测阈值随着 Q 值的降低而降低，而频率（至少从 130Hz ～ 10kHz）不是一个很强的因素。至于音频曲目本身，白噪声的阈值最低，交响乐次之，爵士组合伴奏女声的阈值最高。频谱复杂性似乎很重要：频谱越密集，声音越连续，阈值就越低。

Toole 和 Olive（1988）重复了其中一些测试，确认了结果，并进行了进一步的研究。连续的声音比孤立的瞬态声音更容易被听出谐振。可以在录制的声音中测试降低阈值（增加我们对谐振的敏感度）所需的重复（反射），也可以在听音室进行。结论是，我们似乎对时域中的振铃（至少在 200Hz 以上的频率）不敏感，但对频谱特征中的峰值敏感。如前文所述，在低频下，我们有可能听到频谱特征和时域振铃。8.3 节对此进行了详细讨论。

正如 Büchlein 所发现的那样，最不具辨识度的声音是独奏乐器声和人声，尤其是在近场拾音（缺乏“反射”）的情况下录制的乐器声和人声。Olive（1994）发现简单的人声和乐器声录音并不是音箱之间对比最能揭示差异的方式（见 3.5.1.7 部分）。尽管电影和广播业的人非常重视人声，但完全有理由确信，它们恰好是声音回放系统中最不容易暴露缺陷的声音之一。从音色 / 音质角度来看，即便系统存在明显缺陷，也可能表现出较高的语音清晰度。最有效的录音具有宽带密集频谱，如图 3.16 和图 4.7 所示。这以另一种方式证实了我们多年来的观察，即如果音箱有可闻的问题，则很可能涉及谐振。实验还推荐了一种选择音频素材的策略：对于想要给人留下深刻印象的演示，使用简单的声音——独唱、吉他演奏、小型爵士乐队演奏等，尤其是尽可能少的混响，如果可能的话，使用相对较少反射的房间。要找音频系统的问题，请听宽带和带有混响的复杂乐器声组合，并在有反射的房间里听。

这些研究谐振可闻性的实验为感知过程提供了重要的指导意见，并有助于音箱设计师设定性能目标。图 4.10 展示了一些谐振的可检测性阈值；越超过这些阈限就越容易被听到；如果已经低于这些阈值，你可能会在工程和材料上浪费金钱。这些数据在设计廉价音箱时是宝贵的参考。

图 4.10 中传达的关键思想是，频率响应凸起的振幅和时域振铃的持续时间都不是谐振可闻性的可靠依据，至少在过渡频率以上是这样的。这是反直觉的。增加阻尼会降低 Q 值，从而降低时域振铃。它还降低了频率响应凸起的振幅，这些似乎都是有益的。但凸起现在变得

更宽，因此更频繁地被音频素材触发。这意味着谐振会被更多人听到；阈值变得更低，这种较大的阻尼反而使得谐振更容易被听到。相反，Q=50 的谐振只有在一个音乐成分恰好处于该频率，并且在那里停留足够长的时间的时候，才能引起足够的能量累积，这很容易在中间这列图中看到。时域振铃的振幅与触发音的振幅相同，然而很少会出现触发的情况。右边的一列图显示了一种特殊的脉冲情况。由于短暂瞬间变化的频谱非常宽，在任何一个频率上几乎没有能量，因此会出现振铃，但振幅远低于脉冲的峰值。之前时刻信号的掩蔽会进一步降低振铃的感知。

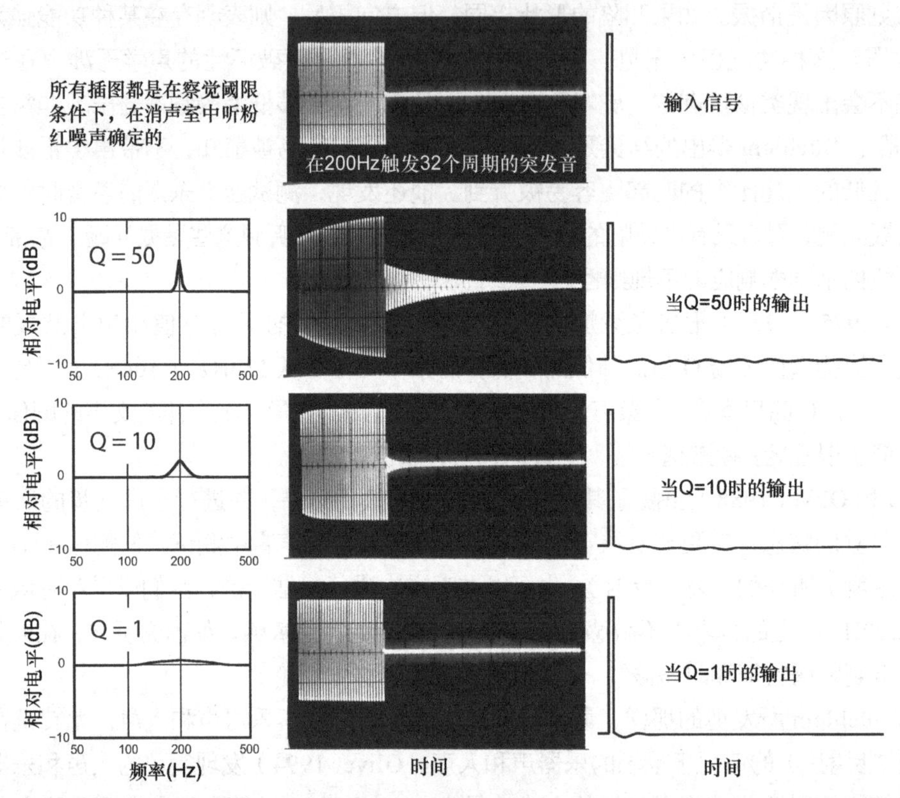

图 4.10　左侧展示了在听粉红噪声时，处于听觉阈限的谐振频率响应。粉红噪声是所有音频素材中最具揭示性的。中间一列是这些谐振如何响应谐振中心频率的突发音的示波器图片。右侧一列展示了这些谐振如何响应短暂的脉冲［摘自 Toole（2008），图 19.10；改编自 Toole 和 Olive（1988）］

一个关键问题是"我们听到了频率响应的凸起还是时域上的振铃？"，对于超过 200Hz 的频率，答案似乎是频谱峰值。因此，谐振的可闻性最好用频率响应曲线来描述。Toole 和 Olive（1988）对这一主题进行了更详细的讨论。

那么，在频响曲线中，可闻的谐振是什么样子的呢？图 4.11 展示了当在消声室内使用粉红噪声将 3 个偏离水平曲线的高 Q 值（50）、中 Q 值（10）和低 Q 值（1）谐振调整到可听阈值水平时，以及在收听典型的近场话筒录音、混响较少的流行音乐和爵士乐时 200Hz 的谐振可闻水平。在这些简单的录音中，由于没有反射（混音中的反射 / 混响），并且可能缺乏频谱复杂性，因此谐振的可闻阈限更宽松。

这些数据表明，我们能够听到非常窄（高 Q 值）、低振幅的频谱偏差。测量这些，尤其是在较低的频率下，需要自由场和无反射环境。因为在有反射的空间中使用常见的时间窗 FFT/TDS 数字测量系统时可能受到严重限制，如图 4.12 所示。

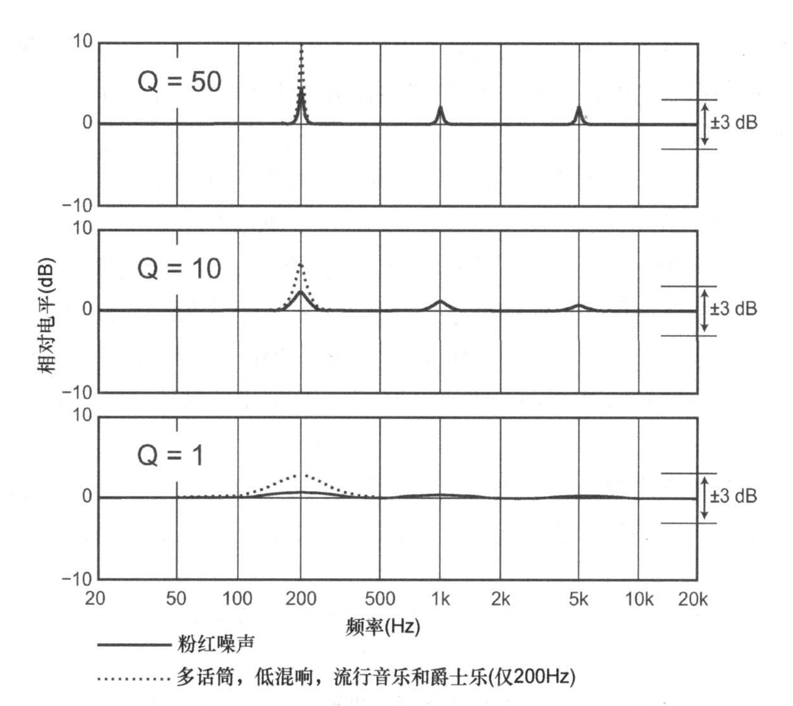

图 4.11 听粉色噪声（3 种频率）和关闭混音 / 低混响的流行音乐 / 爵士乐录音（仅 200Hz）时，3 种不同 Q 值的谐振刚好能被察觉时，由此导致的平坦度偏差。此图还展示了 ±3dB 的公差，可以看出，该公差对中 Q 值和低 Q 值谐振来说过于宽泛，对某些高 Q 值谐振的限制则不是必要的 [改编自 Toole 和 Olive（1988）]

图 4.12 展示了与一些音箱工程师的实际经验相关的数据，这些工程师习惯于在他们的听音室中进行 10ms 的时间窗测量。这在大约 1991 年那时很常见。我被邀请去解释一个他们能听到但他们无法解释的问题。通过一个廉价工程初版音箱播放的任何音乐都是可以接受的，只有一位女性在持续唱歌时会产生一个特定的杂音。音色发生了明显的变化。我们很快锁定了这个人声的音高，发现问题出在 280Hz 左右。这显然是一个非常高的 Q 值的问题，只有当这位歌手歌声的谐振峰与音箱的谐振频率完全一致时，我们才能听出问题。当歌手恰好发出那个声音时，我们听到的是图 4.10 中 Q=50 时的音调触发测量结果。在低分辨率（100Hz）数据中看不出问题，但在随后收集的消声室测试数据中可以发现这个问题。这个问题是一种很容易消除的箱体谐振。

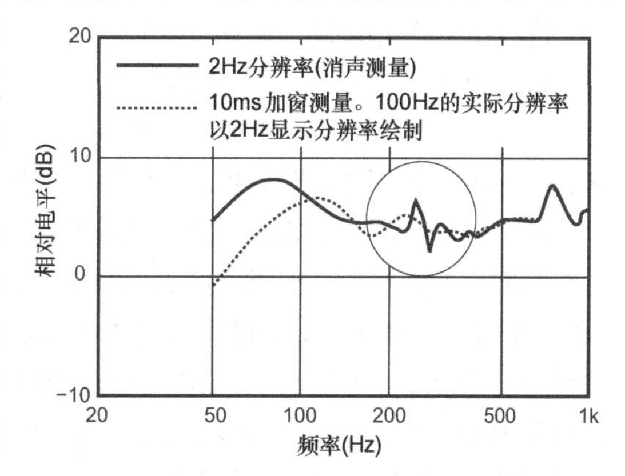

图 4.12 280Hz 条件下有可听见高 Q 值问题的音箱的测量（结果）。一次测量使用 10ms 时间窗 FFT，就像在普通房间（虚线）中所做的那样，另一次测量在消声室中使用 2Hz 分辨率进行

任何高 Q 值谐振被听到的概率都很低，因为需要与音乐的某些部分进行精确的频率匹配。不过，这种情况确实依旧有可能发生。任何对金属振膜谐振持否定意见的人都听过 Q 值非常高，带宽非常窄的声音。现在已经有更高端的金属振膜，高分辨率测量证实了它们的优越性。

简而言之，如果您希望预测音箱中的任何可闻问题，高分辨率测量是必须的。Howard（2005）意识到室内测量的局限性，并提供了能产生更好数据的有见地的选择。如果考虑在有源音箱中基于消声数据对音箱进行均衡，则必须具有高分辨率数据，以便识别谐振的中心频率、Q 值和振幅，即使是相对温和的 Q 值。

总之，需要强调以下事实。

（1）这些频率响应中显示的谐振振幅是在消声环境中收听不同类型音频节目时，由于谐振的存在而出现的回放系统中的稳态测量变化，这些谐振已被调整到检测阈值水平。这不是听音乐节目时谐振输出的幅度，因为音乐不是稳态信号。这个振幅可能会更低。对于所选的流行音乐 / 爵士乐示例，共振峰值更高反映的是该节目激发共振的概率低于粉红噪声（粉红噪声是一种频谱密集的稳态信号）。图中未显示，但 Toole 和 Olive（1988）文献中显示的数据（Fryer，1975）可以解释的是，交响乐在频谱复杂且有混响的情况下，表现出的阈值介于图 4.10 中 200Hz 处的两者之间。

（2）为了揭示频率响应中的高 Q 值特征，需要进行高分辨率测量。因为它们存在于所有频率区域，包括低频区域，这意味着需要消除反射声干扰，或进行长窗口滤波以模拟消声测量来揭示它们。

（3）应用于频响曲线的任何公差阈限都需要考虑所描述偏差的带宽 /Q 值。如果看不到具体曲线，传统的 ±3 dB 或其他公差阈限是没有意义的。

（4）最后，所有这些阈值的确定都是在消声室听音条件下进行的。如前所述，在有反射的房间内收听时，这些阈值可能更低。然而，如果使用包含显著反射（例如混响）的音源确定阈值，则可以最小化听音环境的影响。

4.6.3 找到并修复谐振

事实上，音箱单元基本上是最小相位设备，这意味着可以使用参数均衡来解决此类设备中的谐振，通过降低振幅，谐振的可听性降低，振铃也一样。用术语来说，最小相位系统是“可逆的”。对于带有专用电子设备的音箱来说，包括数字信号处理（DSP），这是一个有力的论据。这些证据都证实了将音箱设计为具有平滑、平坦的轴向频率响应的逻辑，事实证明，这是双盲测试中的听众用几十年的经验来告诉我们的。

挑战在于确定频响曲线中的波动到底是不是谐振，频响曲线的波动还包含与声学干涉相关的凸起和凹陷，这是一个不可逆的非最小相位问题，也就是说，不能通过简单的均衡来纠正。幸运的是，这是一个很不容易被听到的问题。为了正确地均衡音箱中的谐振，必须要知道中心频率、Q 值和幅度。这需要采用适当的分辨率测量和可适当调节的参数均衡滤波器。

图 4.13 展示了一只音箱，该音箱具有多个谐振，这些谐振很容易被识别，因为它们出现在所有空间平均曲线中。如果这些 Spinorama 曲线令人费解，请参阅 5.3 节的解释。谐振在房间里广泛传播。声学干涉效应随位置的变化而变化。在图 4.13（a）中可以看出 4 个较强的谐振。仔细看可能还会发现另外两个，但它们的振幅太低，以至于我们应该听不见这些问题。最明显的谐振是 3kHz 左右的宽的低 Q 值凸起。图 4.10 和图 4.11 中的频率响应示例提供了指导，即使这些示例是针对平坦响应曲线中的孤立谐振。可以看出，这些凹凸比最匹配的 Q=1 谐振的检测阈值高出几倍。图 4.13（a）中的其他中 Q 值谐振在消声检测阈值附近，在有反射的房间中，阈值甚至更低，因此这些谐振在音乐回放中可以被听到。

这只音箱的原始状态表现并不好，在哈曼公司进行的常规单声道双盲测中，其评级不是很高。在这里，它被用作评估不同均衡调音方法的媒介。以下两种方法是显而易见的。

（1）将空间平均的房间曲线均衡为相对平坦和平滑。

（2）将音箱均衡，使其在消声室内具有相对平坦且平滑的轴向频率响应。

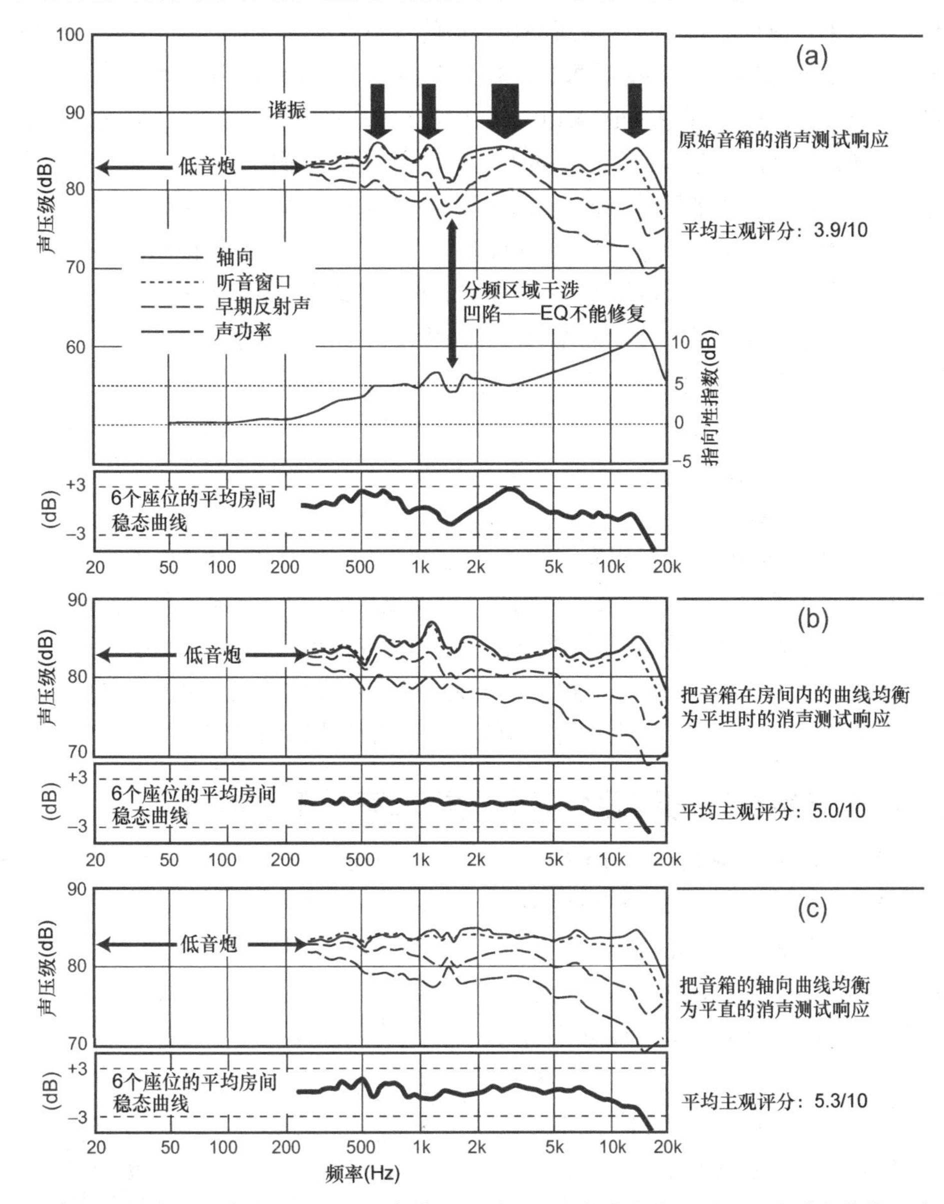

图 4.13 消声室和听音室中音箱的测量值。音箱以两种不同的方式在约 400Hz 以上进行均衡，在这里可以看到在每种情况下以两种方式测量的音箱性能 [摘自 Olive 等人（2008），关于测试的详细信息可以在那里找到]

这款音箱似乎很容易被均衡，因为它的指向性大体上表现良好。然而，需要注意的是，分频点附近的缺陷会导致 1.5kHz 左右出现干涉衰减。因为是声学干涉，所以随着空间平均值增加，衰减的形式会发生变化，并且几乎在声功率曲线中消失。因此，它出现在指向性系数中。这通常是一种非最小相位现象，在这些情况下不应进行均衡，但正如将要看到的，在一些实验中会使用自动均衡算法。

很特殊，并且很罕见的是，我们可以在综合的消声数据中看到音箱本身的性能，以及它在房间中的性能，如房间稳态频响曲线所示。我们还将这两个数据集与双盲主观评估联系起来。这是一个强有力的实验，并且还需要做更多的工作。

基于这些结果，似乎任何形式的均衡都是有益的，将主观评级从原版音箱的3.9/10提升到室内均衡版本的5.0，以及消声均衡版本的5.3。很明显，图4.13（a）中的房间曲线中没有出现中Q值谐振，因此，当房间曲线如图4.13（b）中所示被均衡时，只有低Q值谐振被衰减。主观评分大幅上升，因为低Q值谐振是最严重的问题。中Q值谐振仍然存在，只是略有变化。

在消声室中，所有问题都显示出来，所有问题都通过轴向曲线均衡来解决。结果是主观评分略高。显然，消声室的操作改善了音箱的性能，这表明，如果一开始使用的是一个相当好的音箱，就不需要房间均衡（低频除外）。这显然是要求厂商制造更好的音箱产品，并且消费者应该寻找和购买这样的音箱产品。用均衡器调出完美平滑的房间曲线是不够的。听音室中的残留问题仅与低频有关，均衡对低频来说可能非常有用。

不可忽视的是，在图4.13（c）中，均衡过程也给轴向曲线带来了新的干涉凹陷。这导致音箱增加了一个额外的谐振，它现在显示在声功率曲线上。如果不是主观评分有区别的话我们可能永远无法发现这个问题。

这些测试的另一个特点，也是出发点之一，是比较在单声道、立体声和5声道多声道模式下听音时的主观评分表现。图4.14展示了结果，正如3.4节和7.4.2部分所讨论的，非常清楚的是，在听音测试中添加更多驱动声道会降低一个人辨别音箱细节表现的能力。

如前文所述，单声道内容在音乐和电影（中央声道）中非常突出，因此需要使用最严格的测试方法来评估音箱的性能。有关此主题的详细信息，请参见7.4.2部分。

4.6.4 一个长期存在的问题：区分谐振和声学干涉的依据

如图4.13所示，在构成Spinorama的曲线组中可以识别谐振。在这些曲线中表现出较强谐振的音箱可能会在房间稳态曲线中产生相应的特征，但显然情况并非总是如此。

如果只有房间稳态曲线，那么区分由谐振引起的凸起和凹陷，以及由不同时间从不同入射角度到达话筒的声音叠加产生的有益的和破坏性的声学干涉而引起的凸起和凹陷是很重要的。两种现象造成的听感是非常不同的。一般来说，谐振会改变声音的音色，而造成声学干涉的具有一定时延的反射声会形成空间感——房间的声音。

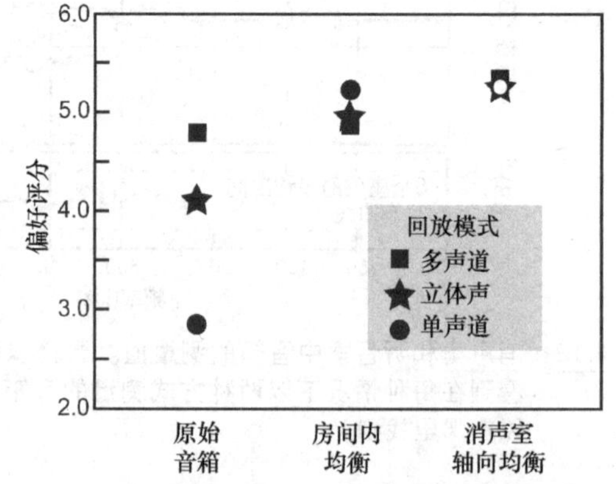

图4.14　在3种回放模式下试听的音箱的主观评分。只有在单声道模式下，评分差异才具有统计学意义

如果消声测量的音箱数据没有表明存在谐振，那么几乎可以肯定房间稳态曲线的波动是由声学干涉引起的。从音箱到话筒/听音者的传播路径不太可能在过渡频率以上存在强烈的声学谐振。14.1.3部分讨论了对房间稳态曲线的解释和处理。

4.6.5　临界带宽，ERB和听觉系统的“分辨率”

传统上，使用 1/3 倍频程频谱分析的一个理由是，这是在大部分中高频范围内感知“临界带宽”的近似值。有些人甚至认为，我们能“听到”的临界带宽，是听觉系统的“分辨率”。这种说法过于简单，具有误导性。

临界带宽并不是听觉系统的分辨率，但它与音调的辨别和多个音调分量如何相互作用有关，进而涉及音色领域。Roederer(1995) 对此进行了详细讨论，他总结道:“它在音质感知中起着重要作用，并为音程的协和与不协和理论提供了基础。”

希望了解该过程细节的读者请参考 Roederer(1995) 和 Moore(2003)，后者为我们提供了一个新的定义，即等效矩形带宽（ERB），见图 4.15。

这些带宽定义了用于估计响度的频谱信息和宽带噪声对音调信号时域掩蔽的带宽，但它们也定义了两个相邻音调独立识别所需的分离量。在这些带宽内，多个音调（可以是音乐声音的基音和泛音）互拍，也产生一种名为“粗糙度”的感知品质（见图 4.16）。节拍和粗糙度的差异有助于塑造声音的独特性——音色，因此，如果回放系统在单个临界带宽或 ERB 内出现频谱变化，则音色可以被改变。图 4.15 中展示的这些带宽表明，这很容易实现。

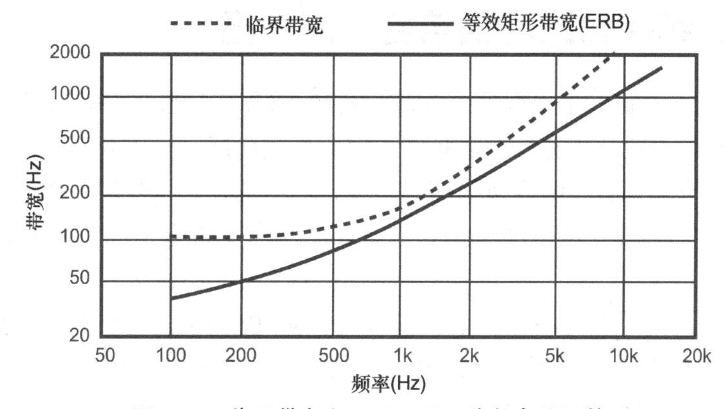

图 4.15　临界带宽和 ERB，显示为频率的函数

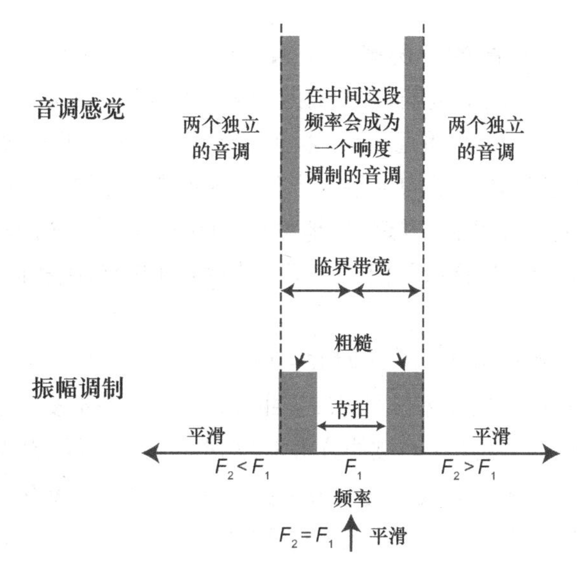

图 4.16　临界带宽内和周围发生的音高和音色调整事件的解释 [灵感来源于 Roederer (1995)，图 2.12]

要全面了解音箱的性能，需要进行分辨率高于临界带宽或 ERB 的测量。本书中的大多数消声测量是 1/20 倍频程，因为这在技术上实现起来比较方便，而不是因为它很特殊。在某些情况下，频谱平滑测量有助于描绘频谱平衡的大致趋势，如房间内的曲线，但对于分析测试数据，以目前的理解，1/3 倍频程带宽不是最佳的（Moore 和 Tan，2004）。在便携式设备上也可以运行的廉价或免费测量软件的有效性意味着这些要求并不困难。

Moore（personal communication，2008）总结道："在中高频下，听觉滤波器带宽（ERB 值）约为 1/6 到 1/4 倍频程。而且响应中频带内的不规则性可能会产生可感知的影响。"正如在听感的其他方面所发现的那样，很难为我们听到的东西找到"只靠一条曲线"的描述。这些实验结果强调了拥有高分辨率测量数据的重要性，这些数据可能会揭示出理想情况下响应中的波动应该被平滑。

最后，几乎不用说，听力受损的听音者的所有这些感知因素都发生了变化。随着听力的丧失，临界带宽的范围越来越大，甚至我们对音乐的感知也发生了改变。这不仅仅是听不听得到的问题，它也影响我们如何感知我们能听到的声音。

4.7 振幅、频率和时间相结合：瀑布图

瀑布图非常抢眼，在认知上也很吸引人，因为它们结合了振幅、频率和时间这 3 个领域。问题是音频环境中充斥着描述不充分的瀑布图。它们可能会展示一些人声称的东西，也可能不会。这些图被用来提供信息，给人留下深刻印象，不幸的是，也被用来欺骗受众。看瀑布图的人需要一些帮助，以便了解图中所示的内容。对瀑布图带有负面评价的介绍需要进一步解释。

理想情况下，我们希望能够同时看到频域和时域中的高分辨率数据。不幸的是，这并不总是可能的。一般来说，你可以看其中一个或另外一个的高分辨率数据，但无法同时看到频域和时域的高分辨率数据。图 4.17 举例说明了在频率和时间分辨率上做出不同选择的后果。

图 4.17（a）展示了非常高的分辨率（约 3Hz）的稳态频率响应。许多测量设备，包括智能手机、平板电脑和笔记本电脑，都可以生成此类数据。它在频域中展现了极好的细节，但它没有直接揭示时域中发生的事情。然而，因为低频房间共振通常以最小相位的方式表现，所以如果没有突出到频谱平均水平以上的明显凸起，那么时域中就不会有明显的振铃。正是这种间接的推理，使我们能够自信地将频率响应作为低频下房间模式的主要信息来源。图 4.16（b）、（c）和（d）展示了相同情况下由时间和频率组成的瀑布图，但使用了不同的分辨率。

在图 4.17（b）中，后侧的频率响应（时间 =0）与图 4.17（a）中的曲线非常相似，因为选择了较窄的 7Hz 带宽。然而，构成瀑布图的每条曲线看起来都差不多，因为在频域中实现高分辨率的同时，牺牲了时域的分辨率；时域的分辨率为 142ms。在显示的 500ms 总衰减中，没有太大变化，因为向前移动的每条曲线都是 142ms 窗口内的平均值。t=0 后的前几条曲线几乎相同，随后的几条曲线的振幅平稳下降。看起来这个房间在很多频率下都有不受控制的振铃，但这是错误的，这样的数据是具有误导性的。

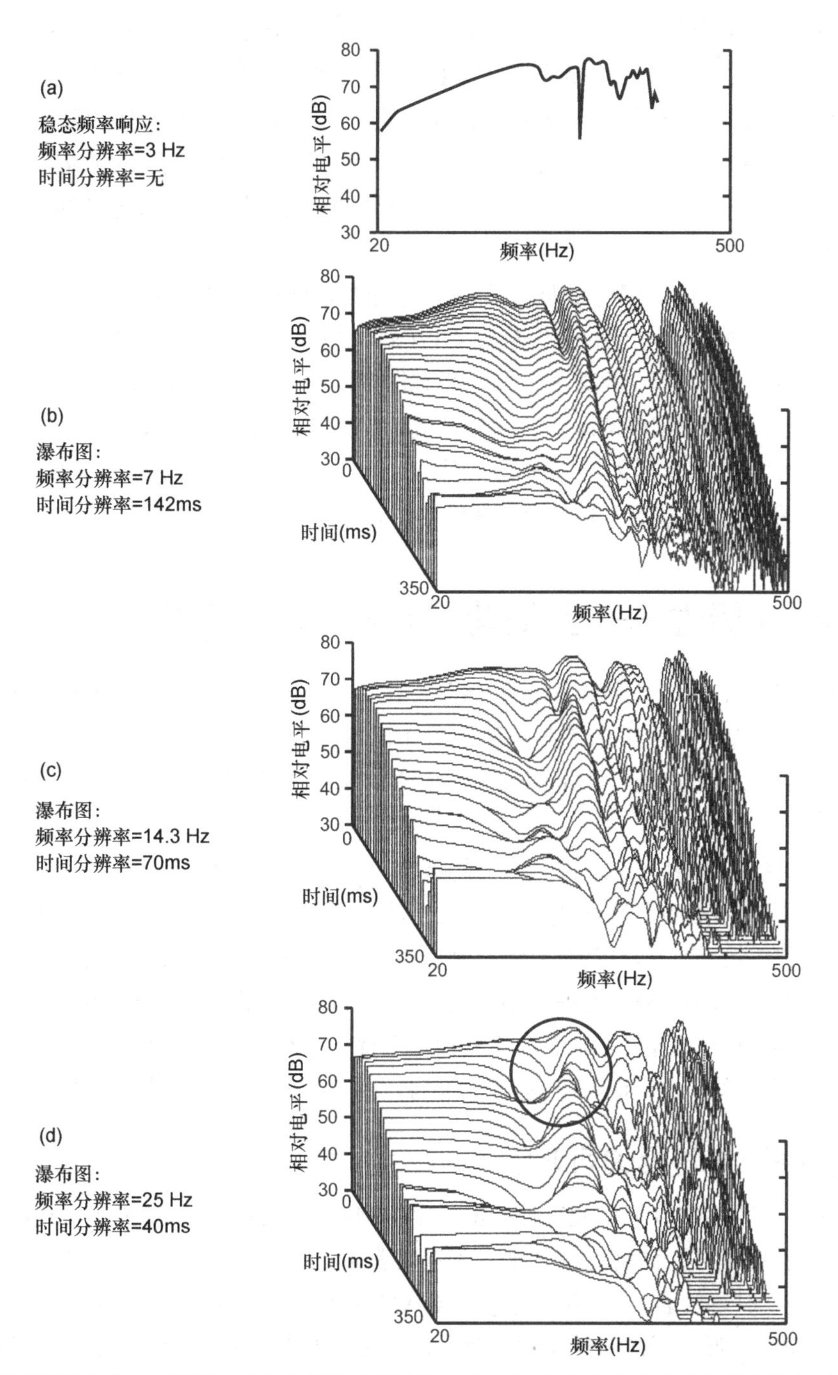

图 4.17　在相同声学条件下，时域和频域中不同分辨率的示例。（a）非常高分辨率的稳态频率响应。（b）、（c）和（d）展示了具有不同频率和时间分辨率的瀑布图

在图 4.17（c）中，频率分辨率降低，现在它的有效分辨率约为 14.3Hz。顶部频率响应更平滑，显示的细节更少，但由于时间分辨率改进为 70ms，我们现在可以在衰减曲线中看到一些细节变化。所有曲线的衰减速度都更快，有证据表明，在衰减的早期，其中一个谐振出现了频率偏移。在接近 500Hz 的频率下，可以看出，在达到 350ms 之前，输出已降至最低可测量水平以下。

在图 4.17（d）中，由于进一步降低了频率分辨率（现在为 25Hz），顶部频率响应和随后

的所有响应变得更加平滑。然而，由于时间分辨率提高为 40ms，因此可以在时域中看到更多正在发生的事情。请注意圆圈区域，在图 4.17（a）中看起来像是一个衰减的谐振，实际上是两个相邻的谐振，振幅较高的一个衰减得很快，剩下一个更高 Q 值，但振幅低得多而时间更长的谐振。在图 4.17（a）中看起来如此令人担忧的所有其他谐振现在都衰减得非常快。事实上，房间似乎只有一个长时间衰减的谐振，其振幅从一开始就下降了超过 10dB，不太可能成为主要的可闻因素。

这个系统看起来应该有很好的低音表现，它确实如此——这是我的第一个家庭影院（见图 7.18 和图 8.14）。同样的结论也可以从图 4.17（a）中相对较好的房间稳态曲线中得出。

在音频论坛的讨论和厂商的数据中，已经有许多从此类瀑布图中得出的错误结论。通常作者不会透露测量参数。在某些情况下，人们怀疑他们是否知道这些参数的重要性。还有其他数学方法揭示了时间 / 频率互斥的不同方面（例如，小波、维格纳 - 维尔和加博分布），但每种方法都需要科学的解释，但据我所知，没有任何支持心理声学的数据。

4.8　相位和极性——我们能听到波形本身吗？

很久以前，我在自学听觉系统时，了解到内耳的基本传导过程就像半波整流器一样。单凭这一点，我们就有理由认为声压缩与声稀疏是不同的。我们应该对声音波形中的细节保持敏感，因为它会引起鼓膜的运动，从而启动听觉过程。基于这个简单的逻辑，相移和绝对极性应该是可闻的。

很自然地，我做了一些测试，改变音箱的极性，引入相移来扭曲音乐波形，去听它们引起的巨大差异。然而我却没有听到这些变化。至少在我所听的音乐中，通过我使用的音箱，从我使用的音源中都是没有听到的。也许我就是听不到这些东西。是的，有时候我觉得自己听到了一些东西，但它们很微小，很难重复。更换音箱产生了巨大的差异。改变唱片公司或录音师带来了巨大的不同。但是，尽管波形完整性的概念从工程角度来看很有吸引力，但预期的极性反转导致的“巨大”差异似乎没有出现。它们是否能被听到，如果是的话，这在现实世界中是否重要？

4.8.1　相移和群时延的可听性

频率与振幅（频率响应）和频率与相位（相位响应）的组合完全定义了音箱的线性（振幅无关）行为。傅里叶变换允许将这些信息转换为冲激响应，当然，也可以进行反向转换。因此，系统的线性行为有两种等效表示，一种是频域（振幅和相位）表示，另一种是时域（冲激响应）表示。

大量证据表明，听音者被线性（平坦且平滑）振幅与频率特性所吸引；稍后将展示更多相关内容。Toole（1986）的文献中的图 7 和本书的图 5.2 表明，听音者明显偏爱频率响应平坦和平滑的音箱。图 5.2 还展示了这些音箱的相位响应。很难看出这与听音者偏好有任何可靠关系，除了评分最高的音箱有着最平滑的相位曲线，但相位线性度似乎不是一个影响听音的因素。听音者被几乎没有谐振特征的音箱吸引，因为谐振在频响曲线中表现为凸起，在相位响应曲线中表现为快速的上下偏差。最理想的频率响应近似于水平直线。除了平滑度，相应的相位响应不需要特定形状。这表明我们喜欢平坦的振幅谱，不喜欢谐振，但我们似乎对一般的相移不敏感，这意味着波形保真度不是一个必要要求。

如果我们选择设计一个具有线性相位的音箱系统，那么它在空间中可用的位置范围将非常有限。这种限制可以适用于音箱发出的直达声，但即使是一阶反射声也会破坏这种线性关系。因此，似乎有以下 3 点事实：（a）由于录音环境中的反射，录音信号中相位完整的可能性很小，（b）表明设计能够在大角度范围内传输相位完整信号的音箱存在挑战，（c）表明在一个正常反射的房间里，听音者不可能听到相位完整的信号。然而，相位不完整并没有让一切都失去，因为耳朵和大脑似乎并不在意。

多年来，许多研究人员试图确定相移是否影响音质（例如，Hansen 和 Madsen，1974；Lipshitz 等人，1982；Van Keulen，1991；Greenfield 和 Hawksford，1990）。在每一种情况下，它都被证明是一种微小的影响，如果它是可以被听到的，那么它最容易被人们通过耳机或消声室，使用精心选择或设计的信号来听到。人们普遍认为，在正常反射的房间里，通过音箱回放音乐时，相移基本上或完全听不见。当它作为一种差异被听到时，当它被打开或关闭时，我们并不清楚听音者对相移存在或不存在是否具有特定的偏好。

其他人则关注群时延的可闻性。Blauert 和 Laws（1978）、Deer 等人（1985）、Bilsen 和 Kievits（1989）、Krauss（1990）、Flanagan 等人（2005）、Møller 等人（2007）发现，可闻阈值在 1.6 ～ 2ms，在有反射的空间中阈值更高。正常的家用和监听音箱的可闻阈值不会超过这些数字。

Lipshitz 等人（1982）得出结论："所描述的所有影响都可以合理地归类为细微的影响。就我们目前的知识水平而言，我们并不主张线性相位单元是高质量声音回放的一个要求。" Greenfield 和 Hawksford（1990）观察到，相移在房间中的影响"确实非常轻微"，似乎主要是对空间感有影响，而不是音色感知。至于是否需要校准相位，如果没有在录音过程中校准相位，那么任何听音者的意见都是个人偏好，而不是对"准确"还原的认可。

4.8.2 低频相移：一个特例

在低频的录音和回放中，每当高通滤波器被插入信号路径时，就会出现累积的低频相移。它发生在话筒中和各种用于衰减录音环境中不必要的隆隆声的电子设备中，在混音过程、存储系统和播放设备中则更多。在某种程度上，所有这些都是高通滤波的。最强烈的移相器之一是模拟磁带录音机。最后，这一过程的终点是音箱，它不能响应直流电，必须限制其向下的频率扩展。我不知道是否有人估算过所有可能的影响的总和，但它一定是巨大的。显然，我们在低频时听到的是无法识别的相移。目前的问题是，这些相移又被低音单元 / 低音炮改变了多少？是否可以听到？如果可以，是否可以采取任何切实可行的措施解决这个问题？哦，对了，如果是这样的话，我们能在房间中听到吗？

Fincham（1985）报告称，仅通过特殊录制的音乐和人造信号就可以听到音箱的影响，但它"相当微弱"。我听过这个演示，同意这种说法。Craven 和 Gerzon（1992）指出，即使截止频率降低到 5Hz，高通滤波器引起的相位失真也是可以听到的。他们声称，这会导致低音缺乏"紧实感"，变得"松垮"。他们声称，低音的相位均衡可以将有效的低频下潜延长半个八度。Howard（2006）讨论了这些问题和由此产生的无用的产品。对于这种影响的可听程度的讨论存在分歧。Howard 描述了他自己的一些工作，客观测试和一个非正式的听音测试。通过特殊制作的具有最小固有相移的贝斯录音，他觉得当音箱相移得到补偿时，确实有区别。这些报告中提到的测试没有一个是受控的双盲听测试，双盲听测试可以提供一个统计量度，说明什么可能被听见，什么可能无法被听见，以及是否有对其中一种或另一种情况的偏好。

所有这一切的结果是，即使音频素材可能会导致我们听出区别，也存在意见分歧。这些结论的前提是假设音频素材是未处理的，显然这不现实，可预见的未来音乐也不太可能是完全未经过处理的。这些实验还假设听音室是一个中性因素，正如第 8 章所解释的，它当然不是。然而，如果可以安排控制其他因素，能解决余下的音箱问题的技术也是存在的。

4.8.3 绝对极性可闻吗？哪一边是“正极”？

最后，还有极性问题，这是讨论的起点。Johnsen（1991）是极性有用论的有力倡导者，他对文献进行了广泛的调查，其中大部分是轶闻，并进行了一些实验，据称这些实验结果是极性可听性的确凿证据。不幸的是，在我看来，主观测试的素材选择存在严重缺陷。Johnsen 说：“音源完全是黑胶唱片，因为从 CD 介质（在附带的、未报告的测试中）的声音中不太容易听出极性。”我对黑胶唱片及其一系列的非线性行为有着深刻的了解。很容易理解的是，与明显更线性的 CD 相比，播放介质附带的不对称失真确实会使极性变化更容易被听到。听音者听到的到底是音频源文件还是存储介质？

相比之下，Greiner 和 Melton（1994）以 CD 作为信号源，采取了预防措施，以避免信号源和传输设备对信号造成污染。他们采用人工合成的不对称波形和自然的不对称声音。他们得到的结论如下。

从我们的听音测试中可以确定，对于某些风格的乐器，在某些听音条件下，我们可以清楚地听到声极性反向。在这项测试中观察到的现象不太可能是由录音回放系统的影响造成的，因为在保持波形完整性方面我们采取了相当谨慎的措施。

正如我们的大规模听音测试所显示的那样，在普通复杂的音乐节目素材中，极性反转是不容易被听到的，但在许多精选和简化的音乐信号中，极性反转是可以被听到的。因此，注意极性并以正确的极性播放信号似乎是明智之举，以确保准确地再现原始声音波形。

Greiner 在随后的一次《致编辑的信》中接着说：“换能器的质量和响度水平，在合理范围内，以我的经验，对声学极性反转的可听性都没有很大影响。”

因此，正如一开始所推测的，如果信号和听音条件满足特定情况，耳朵中的不对称检测过程可以产生可听极性的感知。问题在于，似乎没有音频或电影行业标准来确保通过录音室或调音台中广泛的电子操作，从话筒中传送这种绝对极性的声音（这对于混音的不同组成部分可能是不同的）直到最终家里的播放设备和音箱回放。如果在播放链中有一个极性变换器，人们可能偶尔会找到一个首选的设置，但不知道哪个设置是正确的，并且一个合奏中的不同声音可能会对应不同的设置。

4.9 非线性失真

78r/s 录音和早期的黑胶唱片中的失真在我的记忆中仍然清晰可见。从很小的声音到很大的声音，都涉及失真。黑胶唱片和它们的播放设备被改进之后，在最好的状态下，其承载的音乐变得非常好听，除了令人讨厌的内槽渐强（这是作曲家精心准备的交响乐或歌剧的激动人心的高潮）。

我记得测试黑胶唱机的唱头是为了提高音质（Toole，1972）而设计的。本练习实质上是对测试记录的测试，实际上是对整个 LP 母版、压制和播放过程的测试。我参与了测试记录的创建，创建了一些记录在母带上的声音和信号。将母带与 LP 回放进行比较后发现，无法从 LP 回放出与（精心挑选的）母带实验室相同的信号。当使用纯音或噪声带时，失真很容易测量，也很容易听到。它们在大部分时间都以整体（有时高）百分比注册，这适用于谐波和互调版本。然而，当测试信号是音乐时，这种体验大多是令人愉快的。这是怎么回事?

掩蔽效应，其中较小的声音（失真）被较大的声音（产生失真的音乐信号）渲染得不那么容易被听到，如图 4.18 所示。简单的测试信号会使失真暴露在频谱中，以便对其进行测量，有时会有足够多的失真成分被检测到，我们可以听到它们。宽频带、密集的音乐频谱是一种更有效的掩蔽信号，尽管它同时也会产生更复杂的失真。作为客观测量用的测试信号，音乐几乎是无用的。

图 4.18（b）中所示的掩蔽域特别明显，因为较强的低音可能对大部分可听频谱的声音产生影响，包括语音频率的临界范围。这也许可以解释为什么在一场低音特别响的摇滚音乐会中，有时我们很难理解歌词，或者在电影中，当用于营造电影效果的低音特别响时，我们很难理解对白。

要理解正在发生的事情，首先要考虑的问题是：音频设备中的非线性特性。这意味着输入信号和设备相应输出之间的关系随电平变化而变化。如果输入增加了一定的百分比，那么输出的变化应该是相同的百分比，不多也不少。然而，百分比确实发生了变化，音频波形由小变大。当我们听出这些失真的波形时，我们注意到新的声音（失真成分）已经产生。当非线性设备由已知的、明确指定的信号驱动时，我们可以测量输出与输入不同的程度，并获得该特定信号失真幅度的测量值。但是，我们选择量化非线性对音频信号的影响，以表示其对输入输出信号变化的影响，而不是测试非线性失真本身的绝对值。将一个已知的信号输入设备，并对输出的信号进行频谱分析。

工程师们已经发明了几种方法来量化非线性大小，测量失真成分，并将其表示为与原始输入信号的百分比，或原始输入信号加上失真和噪声的百分比。如果输入信号是纯音，失真成分显示为该信号的谐波泛音：谐波失真。该方法的问题在于，随着基频越来越高，高次谐波会超出听力范围，因此它不再是相关指标。两个紧密间隔的音调信号同时输入并将其扫描到高频则更有用。每个音调都会产生一组谐波失真，但它们之间的非线性也会相互作用，并产生组合音调互调失真。两个输入信号及其谐波的和差倍数，在更高频率和更低频率下延伸。由于掩蔽效应在更高频率上才更起作用（见图 4.18），因此不同频率信号同时引起的失真最终更容易被听到，并且因为它们本质上不具有音乐性，所以更令人讨厌。

于是便有了这样一种都市传说：谐波失真是相对良性的，互调失真是有害的。这在描述这些测试信号的语境中是正确的，但它们都只是量化相同问题的不同方式（音频器件中的非线性），并且测试信号（一个或两个音调信号）都不是人声或音乐的粗略近似。造成主观感知和客观测量之间不匹配的原因是，这种客观测量完全忽略了掩蔽效应。测量生成的数字中包括部分或完全被屏蔽的失真分量。一些被测量的东西是听不见的。这种情况下测试出的数据是不正确的。

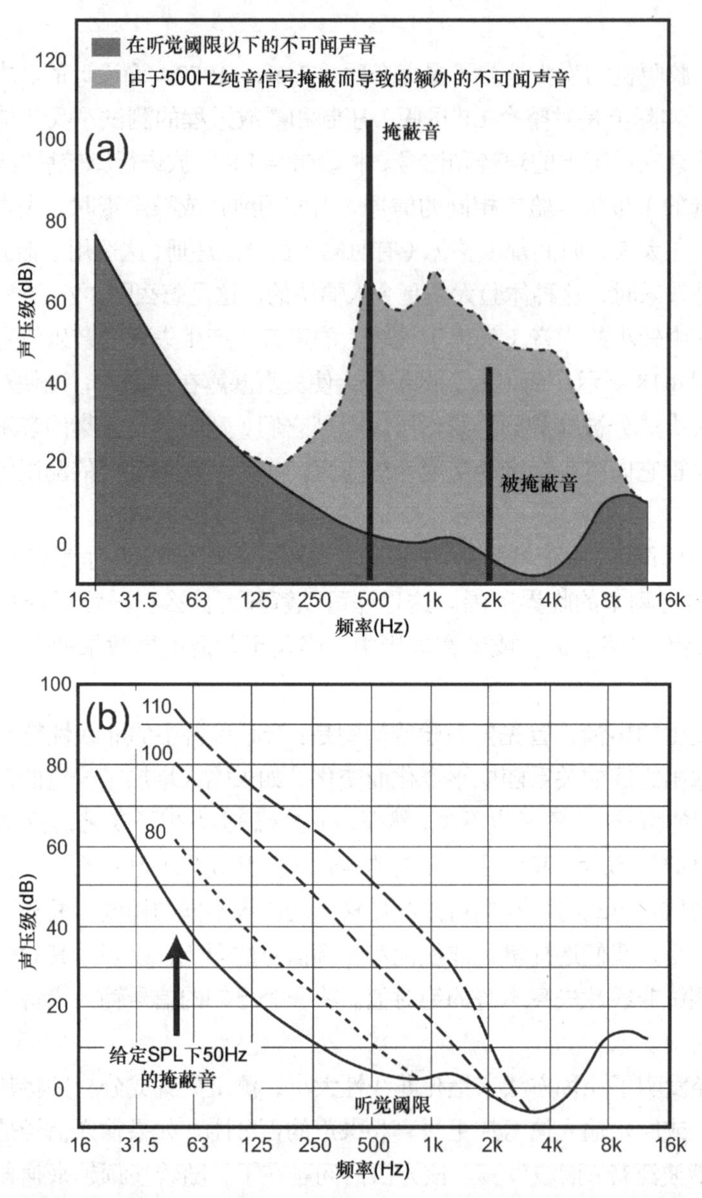

图 4.18 （a）一个简单视图，显示了一个 2kHz 的声音被另一个同时发生的更响的 500Hz 的声音掩蔽。研究表明，掩蔽效应在频率上大致向更高频率传播，而在频率上仅略微向更低频率传播。虚线掩蔽曲线的详细形状是高度可变的，也取决于掩蔽声级和不同的研究，但总体效果如图所示。在较低的声级下，掩蔽效应表现出较少的覆盖。（b）显示了极低频的实质性掩蔽效应，尤其是在高声级下［摘自 Fielder，第 1.5 章，Talbot-Smith（1999）中的图 1.60。经 Informa Plc 旗下的 Taylor&Francis Group，LLC 授权复制］

其结果是，谐波或互调失真的传统测量几乎毫无意义。它们无法以一种可靠的方式量化失真，即在听音乐或看电影时预测人耳对失真的反应。它们并不相关，因为它们忽略了人类感知的任何特征，而人类本身就是一个相当非线性的系统。信号过于简单也是一个问题。音乐和电影提供了各种输入信号，因此产生了各种失真输出。传统失真度量的唯一有意义的目标是“零”。除此之外，有些人，有时，听到一些东西，可能会意识到有失真，但我们不能预先定义它。

最近的一次听力测试证明了失真的价值，因为失真显示了一个音箱的非常好的音质数据（5.3 节），利用这些数据通常足以描述音质，但音箱没有得到预期的高评级。问题出在互调失真，这是一种极为罕见的现象，低音音箱和高音音箱同轴排列导致了这一问题，因此保持警惕和听音测试是必要的。

利用持续发展的心理声学知识，以及计算机的分析和建模能力，一些新的研究正在试图确定一些潜在的主观感知机制，并开发更好的测试方法。Cabot（1984）提供了一个很好的历史视角；Voishvillo（2006，2007）对畸变测量的过去、现在和可能的未来提供了极好的概述。Geddes 和 Lee（2003）、Lee 和 Geddes（2003，2006）、Moore 等人（2004）及 Temme 和 Dennis（2016）提供了其他有用的观点。

幸运的是，在音箱中，失真通常不会很明显，直到设备接近或进入某种极限状态。在大型场馆专业设备中，这种情况经常发生。在一般的消费类音箱中，失真很少被认定为主观综合评分的一个因素。这并不是因为失真不存在或不可测量，而是失真程度很低，在正常听音声级下，它不是判断音质的一个明显因素。

4.10 波长，深入理解音频的关键

在音频中，大多数讨论涉及频率，以及频域中的事件。但要理解这些事情为什么会发生，必须理解波长的概念。这要从声速开始解释，在海平面上和正常室温（72°F/22℃）下，声速为

1131ft/s（约为 771mile/h）

345m/s（约为 1242km/h）

所有声音都以相同的速度传播，因此在给定频率下，一个周期中声音传播的距离是声速除以频率。

波长 = 声速 ÷ 频率

如图 4.19 所示，这里给出了一些频率的波长。

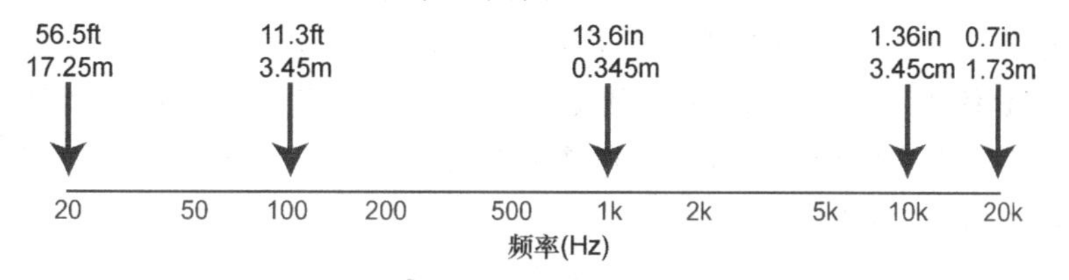

图 4.19 不同频率下的波长

4.10.1 音箱的指向性

让我们考虑一下这个巨大的波长区间在声音的重现中意味着什么。当声源、音箱、乐器、人声等发出的声音的波长与声源的尺寸相比较长时，它在所有方向上都是相等的。因此，对于在 80Hz 以下工作的 12in（0.3m）超低音音箱，其波长超过 14.1ft（4.3m），声音将全方位辐射。因此，无论低音振膜朝上、朝下或侧向哪个方向，辐射的声音都不会改变。

然而，在频率较高、波长较短的情况下，辐射的声音将倾向于在振膜的前方上更加集中，以逐渐变窄的波束辐射。图 4.20（a）以极其简化的方式对此进行了说明；当波长接近并最终小于

音箱的振膜时，会变得更有方向性，原因有两个。

（1）离轴、房间内反射声不能与直达声具有相同的频谱分布。这个问题会影响音质和声音定位。

（2）当在高频下驱动时，大振膜的性能不好。会产生分割振动和谐振，这些谐振会使声音染色。

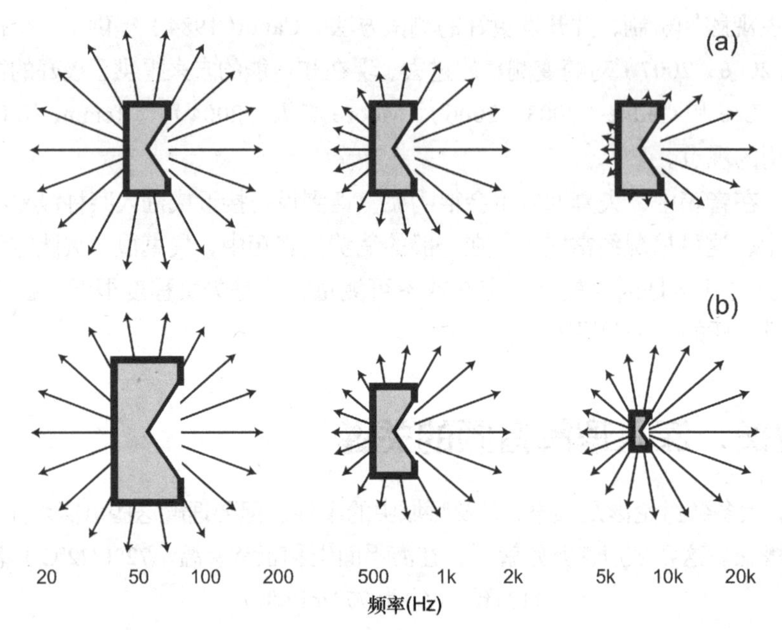

图 4.20　当单元尺寸与辐射的波长（频率）相对应时，（a）音箱单元发出的声音辐射模式非常简化的图示。目标是在高于过渡频率的频率上保持相对恒定的指向性。然而，最低频率将趋向于全方向，而来自传统高音单元的最高频率将趋向于射线辐射

然而，如果音箱振膜的尺寸随着频率的增加而减小，则可以实现更接近恒定指向性的效果，同时大大改善频率和时域性能，如图 4.20（b）所示。剩下的问题是，在非常低的频率下，低音是全方位辐射的，所以指向性控制在几百赫兹的低频下变得有效。实际上，这不是一个问题，因为在过渡频率以下，我们听到的主要是房间模式的声音，这将在第 9 章中讨论。分频点的选择应同时考虑频率响应和指向性。理想情况下，在分频点附近，低通滤波器的单元和高通滤波器的单元的指向性应该相似。

有趣的是，分频设计有利于减少失真。多个单元分担频谱中复杂的声音，从而减少产生互调失真的机会。更多的分频会使事情复杂化，但改进的测量、更好地匹配指向性的波导和计算机分频设计辅助工具几乎消除了可闻的缺点，这可以在后面章节的测量中看到。

大平板音箱呢？由于指向性是由相对于辐射表面尺寸大小的波长决定的，因此辐射整个音频带宽的大平板必然随着频率的增加逐渐变得更有指向性。静电和电磁平板的位移限制要求它们要做得很大，以便产生足够大的声音。对于指向性问题，通常的解决方案是将平板细分为越来越小的区域，依次辐射更高的频率。许多人使用一个简单的窄带高音。关于这种方法的最雄心勃勃的例子可能是 Quad（国都）ESL 63，它通过同心环方式排列驱动单元，随着频率的降低，扩大声源面积，目的是产生点声源的波前。另一些则是弧面设计，但单元机构的性质只允许轻微弯曲。

锥形单元和球顶单元之所以成为并维持为流行的音箱模式，是有一些实际原因的。

4.10.2 房间共振基础

所有频率和波长的声音都会以某种混乱的方式在房间中反射，但当波长与房间尺寸的阶次相同时，会发生一些特殊现象。在相隔半个波长的平行表面之间，或相隔半个波长的倍数之间，在两个方向上传播的声音以建设性的方式叠加，相互增强，形成驻波。这是房间模式或共振的基础。图 4.21 说明了其基本原理。

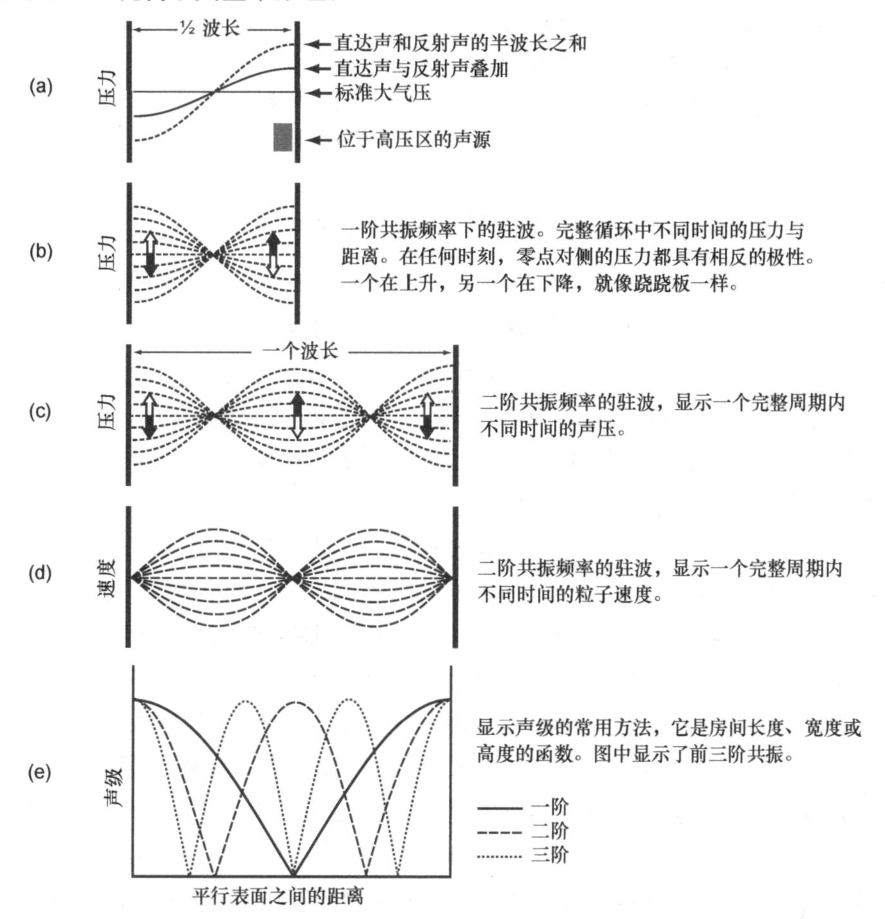

图 4.21 （a）驻波形成的机制，如“静态”视图所示。在墙与墙之间的距离正好为半个波长的频率下，朝墙传播的直达声与从墙传回的反射声精确相同。它们加起来，产生了一个更高振幅的合成波，这被称为“驻波”，因为它有一个恒定的形式。图（b）试图展示在运动情况下发生了什么。图（a）中展示的“静态”合成波形随时间上下往复，每个信号周期一次。在沿着一个房间轴线的一阶驻波中，有一个零点，在这个位置几乎听不到任何声音，这就是房间的中心点。朝两边墙壁移动时，声音会变得更大。需要注意的是，在任何时刻，在任何一条“静态”曲线上，当零点一侧的声压增大时，另一侧的声压会减小（由白色和黑色箭头所示）。图（c）展示墙之间的距离为一个波长时的情况。这种模式也可以存在于图（a）中的墙之间，但频率是前者的 2 倍。图（d）展示了作为距离函数的粒子速度分布。这对理解声阻吸收器很重要。图（e）展示了一种表示房间内声压分布的常用方式，图形更简单，但必须记住，每个零点处都有极性反转。这在多低音炮模式方案中非常重要

在墙壁间距为半波长倍数的频率下，将出现共振和驻波。这些被称为轴向模式，因为它们存在于矩形房间的每个主轴上：长、宽和高。

当存在驻波时，很明显，当一个人在房间里走动时，共振频率处的声级会发生变化。事实上，这一现象的一个经典演示是将一只音箱贴着墙放置，沿着房间的这一维度以一阶共振频率辐射纯音，并

让听众从一端走到另一端。如果一切顺利，房间两端的声音将大致相同，声音在中间点几乎消失。这种方法的一种变体是让听音者站在一个点上，通过一系列低频扫频信号发生器。响度会有巨大的波动，在某些部分频率高，在另一部分频率低。这是对我们面临的问题的简单而有说服力的证明。

这一主题将在第 8 章中详细阐述，但就目前而言，只需了解相对于房间尺寸的声音波长，就足以确定是否存在共振和在什么频率下存在共振和随之而来的驻波。此处所示的共振模式发生在两个平行墙壁之间，并沿房间的主轴（长、宽和高）存在。它们被称为轴向模式，尽管会有其他类型的模式，但主轴模式是大多数房间的主导因素。

我们通常听到和测量的是声压，而图 4.21（d）展示的是“粒子速度”，这似乎有些奇怪。事实证明，了解声阻吸收器（纤维缠结和声学泡沫）如何工作对理解下一个主题很重要。

4.10.3 声阻/多孔吸收体和薄膜/隔膜吸收体

我们使用的大多数吸声器都是声阻式的：杂乱的玻璃纤维、纤维素或矿棉纤维缠结在一起，或是浸过的泡沫，它们会为声音的传播创造一条复杂的路径。声音是一种压力波，通过弹性介质传播，多数情况下介质是可压缩的流体——空气，在声音通过时产生压缩和稀疏。空气分子沿着声音传播的方向来回运动，在原地振荡，但不移动。波动以声速传播，但分子本身只是振动。如果这种运动被迫发生在声阻吸收器内，那么在纤维缠结内运动的湍流会损失一些能量，被吸收并转化为热能。这里对多孔材料和吸收机制（声阻）进行了描述。但是，只有当空气分子处于运动状态且多孔材料具有显著的流动阻力时，才会发生阻力损失。

从图 4.21（c）和（d）中可以看出，压力和粒子速度是相反的。凭直觉很容易理解，靠在硬壁上的空气分子无处可去，粒子速度为零。同样，到达刚性墙壁的声压波会产生压力，因为它无法推动墙壁而被反射。所以，在反射边界处，压强最大，粒子速度最小。

因此，我们达到了理解如何最好地吸收声音的第一个层次。如果声阻吸收是有效的，那么它必须与房间边界保持一定距离，与边界相邻的部分是没有任何作用的，且有效性随着距离边界或材料厚度的增加而增加，在粒子速度最大时（1/4 波长距离处）达到最大值，见图 4.21（d）。请看图 4.19，将这些波长除以 4，以了解为什么在低频下，声阻吸收器不具有吸收力，即使是对于 100Hz 这样的中低频，1/4 波长仍为 2.8ft（0.86m），这受到了高房价的严重制约。幸运的是，在距离边界任何距离处，声阻吸收体都起作用，即使不是百分之百起作用，这解释了为什么它能解决中高频问题。

低频下流行的替代方法是膜吸收。当压力在房间边界处积聚时，如果边界是柔性的，它将移动，从而从声场中提取能量，并较少地反射回房间。在推向墙面的摩擦损失中，声能再次转化为热能。当你感觉到地板或墙壁上的低音时，就会发生膜吸收。当然，如果房间边界没有充分吸收，则必须添加膜吸收器。其中大多数加膜吸收器都经过调谐，以吸收特定频带上的声音，有时是窄带声音，有时是宽带声音。要知道建造或购买什么，重要的是要知道哪些频率需要衰减，以便图 4.21（a）实验使用正确的膜吸收器，以及图 4.21（b）实验可以在房间的驻波模式中找到该频率的高压区域，并将吸收器放置在最有效的位置。

所有这些工作和内容都涉及波长的概念。

4.10.4 扩散体和其他声学散射设备

在现场演出场所中，声学扩散表面是必要的，因为人和乐器的声能是固定的，并且有必要将声音传递到听众席的各个角落。在声音回放系统中，可以进行音量控制，录音 / 回放过程试图在立体声或多声道媒体中包含重要的方向和空间信息。

我们的听音室里需要有一个扩散声场吗？不，即使我们这样做了，通常配备家具的房间有太多的吸声体，我们也无法实现扩散场。在小型听音室和家庭影院中，在分解强反射或平行墙面之间的颤振回声时，声散射 / 扩散表面被用来当作吸声体的替代物。

一个经典的示范是“击掌”测试。站在两个平行的反射墙面之间，拍手。尤其是对拍手的人来说，可能会听见一种令人不安的颤振回声：拍手声在墙壁之间徘徊。这是一个有趣的演示，但真正的问题是，当“拍手声”从音箱中出现，并作为颤振回声传给坐在观众席上的人时，第一个测试包括一个人在一个系统中从一只音箱的位置移动到另一只音箱的位置，拍手，而另一个人则在听音区域移动，看看是否有问题。如果有，找到有问题的反射面并进行处理。吸收是一种解决方案，分散或扩散能量是另一种选择。

拍手往往会表现出频谱峰值（约 2kHz 或更高频率），因此拍手声很容易衰减。根据前面的讨论，1in（25mm）的声阻吸收体可以完成这项工作。如果使用扩散表面，那么就需要确定厚度，答案将再次基于波长来确定。图 4.22 说明了其基本原理。根据其设计和厚度，每个扩散体的频率低于该频率时不会散射声音，这意味着仅暴露于散射声场部分的听众将听到原始声音的高通滤波版本。因此，分散 / 扩散的声音最好覆盖过渡频率以上的带宽，以避免反射声场的频谱失真。

一个粗略的指导原则是，几何（例如，半圆柱体、多方面形状）扩散体的厚度应不小于 1ft（304.8mm），精心设计的（例如，施罗德、QRD）扩散体的厚度应不小于约 8in（203.2mm）。Gilford（1959）得出结论，要想有效果，墙壁上的突出物的长度必须为最低频率波长的 1/7 或更长。在 300Hz 时，约为 7in（177.8mm）。对于拍手声（比如 1kHz 及以上），2in（50.8mm）就足够了，但我们听到的不仅仅是拍手声。有纹理的喷漆或贴画在视觉上很有趣，但在听觉上没有价值。

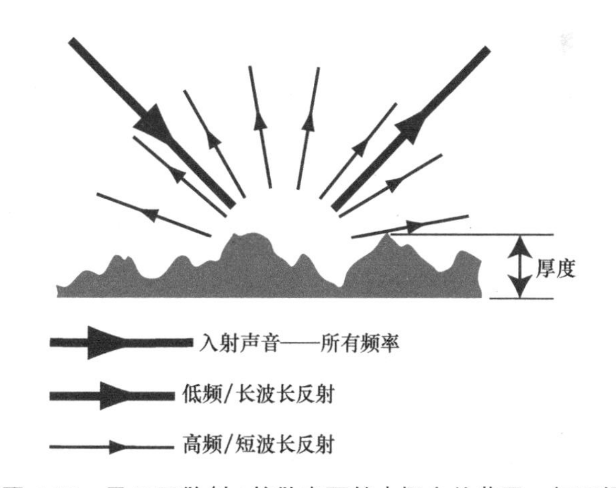

图 4.22 显示了散射 / 扩散表面基本概念的草图。与不规则表面突出特征的厚度“*d*”相比，在波长较长的频率下，没有散射，声音被简单地反射，就好像表面是平的一样。在较短的波长下，声音会同时向多个方向散射。由于声音在很大的角度范围内传播，因此与原始入射声相比，在任何单个方向出射的声音都会大幅衰减

例如，如果扩散体的最低工作频率为 1kHz，这意味着沿主反射（镜面反射）箭头方向发出的声音将有大量能量达到扩散极限，然后更高一些的频率将衰减。在其他方向上，听音者会听到相反的声音：高频声音加上能量不足的低频声音。当然，这一切都取决于具体情况，但我们不能忽视一个事实，即只有一部分频谱被这些设备控制。正如专家们（如 Cox 和 D'Antonio，2009）提醒我们的那样，这些设备的声学性能应不止满足我们的视觉需求。当卖家只提供可以用卷尺测量的尺寸作为“规格”时，人们需要怀疑。

第5章

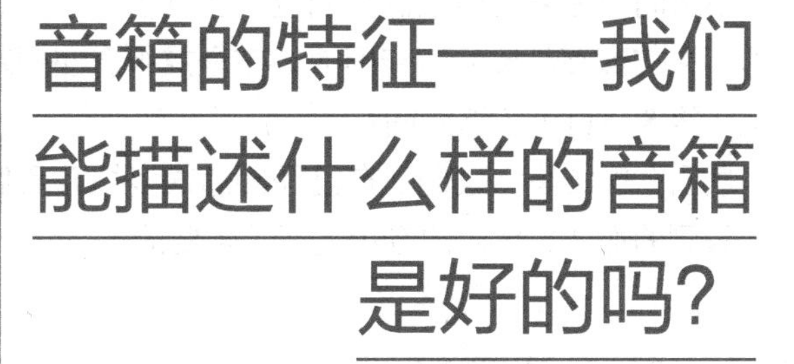

音箱的特征——我们能描述什么样的音箱是好的吗?

音箱、房间和听音者 3 部分组成一个系统，共同工作。再加上预先录制的音乐或电影音轨，这就构成了一种聆听体验—— 一种主观事件。如果不知道声音传播到听音者的房间的某些物理特性，就不可能优化音箱的设计。如果不知道音箱的某些物理特性，就无法优化听音室的设计。如果不了解主观感知过程——心理声学就无法被用来优化这两个组成部分，心理声学可以寻找并优先考虑有助于满足听音体验的物理变量。

在现实生活中，这些因素是不可能被充分考虑的，所以人们听到的声音基本上是由偶然因素决定的。这种偶然性也适用于录音工作室和电影配音阶段制作音频素材的环境。艺术本身就是在不同的房间里听音箱的结果——不同的音箱和不同的房间——1.4 节讨论的“音频怪圈”。幸运的是，人类的适应性很强，从这些不同的声学体验中，我们设法提取出音乐的关键元素，以及它所提供的巨大乐趣。但是，可以做得更好吗？有没有办法减少听音体验的反复不定？

以下是一项旨在制定评估和设计标准的尝试，以提高在正常听音环境中发出优质声音的可能性。事实证明，音箱设计的某些特性似乎能够改善各种房间中好声音的传递。对于我们这些在生活和聆听空间中重视视觉美学的人来说，这是个好消息。对于那些有意愿和一定预算去创建订制的、经过声学处理的听音室或家庭影院的人来说，可能也是一件好事情，但很容易达到回报递减的边际点。事实上，高质量的听音体验是有可能出现在一个有着常见家具的房间中的，这也是最常见的听音情况。

小房间的主要问题是低频响应，但有了一些知识和横向思维，就有可能通过所谓的“隐形处理”来实现高品质的声音回放，完全或组合使用基于技术的解决方案来替代传统的被动解决方案。第 8 章讨论了这些问题。

最后，事实是，我们现在已经知道很多提升我们个人的听音体验的方法。但是，正如我们将要看到的那样，优质的音箱是至关重要的。

5.1 前人的智慧

查阅很久以前的文献是一项让人产生敬畏的活动。我们对前人所拥有的一些非凡见解而感到惊讶。Hugh Brittain 在 1936 年前后就列出了“电声系统的常见缺陷（大致按重要性排序）”（作者的一些术语已经更新）。括号里是我的评论。

■ 振幅 / 频率响应。（正确！）

■ 谐波失真。（正确）

■ 杂散噪声和互调失真。（正确）

■ 频率偏移。（我不确定这具体是指什么，但它很可能是指旧的音箱单元中有太多的谐振，这些谐振会改变音调，并对所有东西进行频谱染色，在这种情况下，可以确定这一说法是“正确！”的。如果他是说多普勒失真的频率调制效应，则是“错误”的。）

■ 动态范围压缩。（正确）

■ 瞬态失真。（正确，但现在我们知道大部分信息都在振幅响应中，因为音箱单元是最小相位设备。）

■ 相位失真。（我们现在知道，在房间内回放的音乐中，相移基本上是听不见的。Brittain

也知道这一点，他说相位失真只有在“伴随着其他现象”—也许是谐振—时才会变得明显。）

■ 群时延。（只有当它相当大时，超过约 2ms 时，才会对系统产生影响，这通常不会发生在家用和录音室监听音箱中。）

■ 电声转换效率。（在当年，绝对是正确的。因为那时没有大功率的功放。除了大型场馆的扩声或回放系统外，目前这不是一个主要问题。）

■ 功率处理能力。（正确）

■ 稳定性。（正确。在当今，维持长时间工作的性能稳定已经不是一个难题，但如果我们让“稳定性”包括制造的一致性，那它仍然是一个问题。）

Brittain 显然是一个非常有智慧和深思熟虑的人，在所有音频技术都处于起步阶段的时候，他创造了这个全面的列表，毕竟动圈扬声器在 1925 年才被发明。测量的能力受到严重限制，音频素材也受到极大的损害。当我在英国读研究生时（1960—1965 年），Brittain 在 20 世纪 50 年代的新颖的 GEC 金属锥形扬声器仍然被视为一项重大成就。金属锥形单元现在很常见，尤其是在高端音箱中。

早期音频科学的另一位贡献者是 Harry Olson，以及他在 RCA 的同事。大约 1954 年，他知道“在音箱的所有性能特征中，频率响应特征是最有用和最重要的，因为它传递的信息最多。”他接着说，“平滑的频率响应特性和宽阔的指向性模式”是必要的。“这些音箱提供尽可能宽广和均匀的指向性，并仍然保持均匀的响应、低失真和足够的功率处理能力。”通过观察时域，他进行了突发音测试，以评估瞬态响应，这也会找出令人烦恼的谐振。所有这些都被组合设计在用于“消除衍射对频率响应特性的有害影响”的箱体中（Olson 等人，1954）。这些都是我们今天要实现的目标。不同的是，有了现代技术，我们在这方面可以比他更好地取得成功。

但这些想法要么不为人知，要么不被广泛相信，因为后来的出版物和实际产品表明，此事尚未解决。在准备我早期的一篇论文（Toole，1986）时，我进行了广泛的文献搜索，并总结了当时的情况。不同地方不同的人所青睐的测量参数存在显著差异。他们不可能都是对的。音箱设计的工程方法有 4 种有区分度的思想流派。

（1）消声室轴向频率响应（仅关注音箱发出的直达声）。

（2）某种加权评估的轴向和离轴消声室数据（关于音箱的更详细信息，可以预测房间中的反射声）。

（3）总辐射声功率（关于音箱的细节较少，预计会出现房间扩散场响应）。

（4）房间内、听音位置、稳态频率响应（音箱和房间是不可分割的组合）。

你看看那些在 20 世纪 70 年代和 80 年代把自己的信仰写在论文上的人，你会发现他们都抱有一些地区性偏见。从上到下，你会发现大多数志趣相投的人都来自英国。一些作者显然是在对赌，但当人们思考可能的影响因素时，这很有趣。我不点名，因为随着时间的推移，一些人改变了他们的观点，就像我一样。这就是科学。

我们现在知道，这些没有一个是完整的描述，但都包含一些有用的性能依据。那个时期的大多数产品都有一部分是正确的，有另一部分则不太正确，这是当时测量和工程限制的结果。第 18 章就有一些例子。

5.2 确定重要变量——我们要测量什么？

在对音频和声音回放进行了大约 50 年的研究之后，我们显然学到了很多。回首往事，很明显我经历了几个阶段：认为自己对音频了解很多，意识到自己不了解音频，设计并进行实验以找出哪些可能是正确的，发现哪些确实是正确的，多次测试以证明它，然后写下来，教给尽可能多的人，让他们读我的书，听我说。

有些知识是我们中的一些人所期望的，但来自无偏见测试的确认使其成为非个人的，使我们能够停止辩论并继续讨论其他话题。但是，测量数据的其他方面让我们很多人感到惊讶。在谐振的可闻性方面，结果表明，频率响应测量中显示的高 Q 值谐振比低 Q 值谐振的可听性差。高 Q 值谐振是指在曲线中产生窄尖峰，并在驱动信号停止后能量循环的谐振。它们显示为有吸引力的“瀑布图”测量的突出特征，但它们并不像我们的眼睛所暗示的那样感到难听。衰减谐振会改变它，但可能不会消除它作为听觉因素的影响。直觉让我们失望，但有一个解释（参阅 4.6.2 部分）。

相移，传递函数中振幅和相位的一半，是一个重要的工程度量。这是设计音箱分频器和线阵列时的基本数据，其中多个单元的输出必须以有序的方式进行声学叠加。然而，一旦声音离开音箱系统，相位本身就不是一个重要的可听因素。因为需要振幅和相位信息一同来描述声压随时间的变化，这意味着我们真的听不到波形。难以置信吧？

相移，甚至是完全的极性反转，最后都变成盲听测试下“到底有没有区别？”的主观问题。用耳机或在消声室内听人为信号，一些听音者报告说听到了“不同”，但可靠的“偏好”取向一直难以捉摸。在普通反射的房间中播放音乐，差异如果真的存在，也会变得非常小或根本不存在。直觉再次被证明是错误的（参阅 4.8 节）。

研究发现，音箱单元是其工作带宽内的最小相位器件，这意味着时域瞬态响应行为可以从振幅响应中预测。“无质量”薄膜膜片的移动速度并不比覆盖相同带宽的传统锥体和球顶单元的移动速度快——这是磁场（磁路）的强度造成的。我现在有一辆大型豪华新能源轿车，它比大多数气缸涡轮增压轻型跑车都要快——这是一个马力 / 扭矩与质量的问题。振幅响应显示的高频极限定义了上升时间。直觉又错了。

如果音箱单元的高分辨率振幅响应平滑、平坦，则不会有可闻的谐振，也没有可闻的振铃，也就无须绘制“瀑布图”，无论它们在视觉上多么诱人。正确设计的电子均衡可以解决特定的谐振并衰减它们，使有源音箱或带有专用数字电子设备的音箱具有明显的优势。

正如 5.1 节中讨论的，“前人”意识到频率响应是最重要的可测量参数。他们是对的，但音箱会发出三维声音，通过房间传播，在听音位产生随频率、时间和到达方向变化的声场。耳朵和大脑对这些变量都很敏感。因此，没有一条曲线能够完全描述音箱的频率响应。测量所有被辐射并随后直接或通过反射传递给听音者的声音是至关重要的。在房间稳态曲线中，直达声和反射声相加会丢失信息。反射声的重要性是几十年来一直存在争议的部分，但现在，它似乎可以与主观意见相协调。

在接下来的讨论中会展现更多细节，但如果没有准确、全面的测量和相应的受控听音测试，这些都不会被明确地揭示出来。对这些事情有所了解，我们才可以继续讨论我们不太了解的话题。

5.3　消声测量——SPINORAMA的逐渐发展

从一开始，我在 NRCC 的音箱测量中，就使用最先进的 Brüel & Kjær 图表记录仪模拟纸张 - 墨水曲线。它们足够准确，但这种形式的数据不容易进行后处理。即使是简单的求和或求差曲线，也需要避免烦琐的手动操作。数字计算机的出现使一切变得可能。1983 年，我启动了一个新的音箱特性描述方案，其中包括在 2m 处的高分辨率（1/20 倍频程）消声频率响应测量，也就是说，对于大多数消费类和监听音箱来说，在声学远场内或附近。消声室的消声频率约降低至 80Hz，通过固定音箱参考点和话筒的位置，并将消声室测量值与 10m 高塔上相同距离处的测量值进行比较，对低频数据进行消声室误差（驻波）校正。数据中加入了一项修正。在水平和垂直轨道上进行测量，以 15° 的增量测量前半球，以 30° 的增量测量后半球——共 34 次测量（见图 5.1）。数据是使用可编程振荡器和由 DEC PDP-11/03 控制的电压表获取的，后者存储数据并进行后处理。机架式计算机及其外围设备不易移动，因此失去了许多有用的测量机会。有一个合理的推断，即在正常房间内试听音箱的声音时，可能需要一些数据来描述音箱的声学性能。这是一个开始。

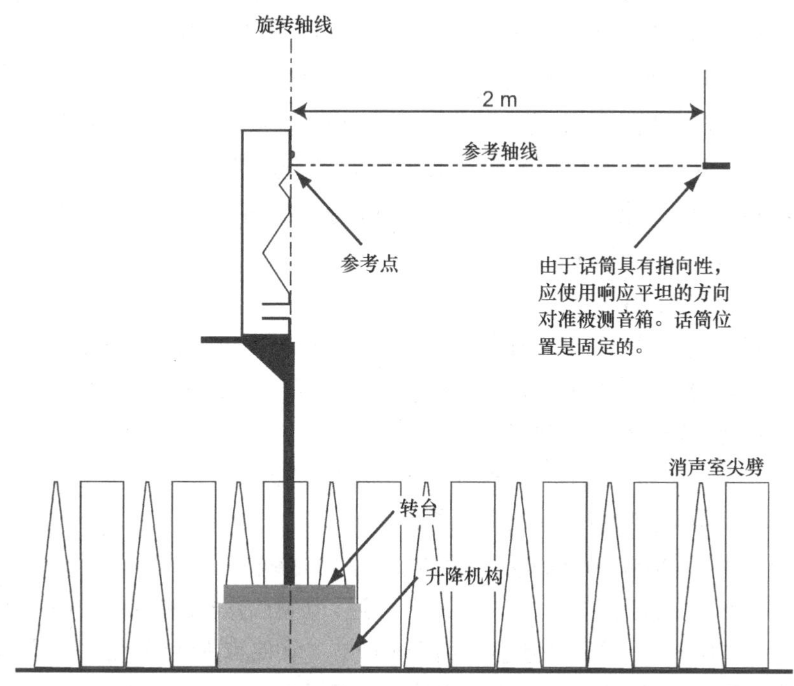

图 5.1　消声室内的基本测量配置。多年来，这已经经历了几个版本的运动和升降机制更新。所示设置用来测量水平面。将音箱放在侧面，并将其升高以重新对齐参考点和参考轴，允许在垂直轴上进行测量。通过这些方法，话筒和音箱的参考点固定在适当位置，从而允许房间低频校准以减少误差。本插图由我创作，他将其提交给 ANSI/CTA-2034-A（2015）

对该系统的消声测量进行后处理，以显示以下线性行为指标。

（1）轴向振幅与频率（频率响应）。

（2）33 个独立位置测试的离轴曲线。

（3）前半球的平均振幅响应。

（4）全空间的平均振幅响应。

（5）在 ±15° 的“听音窗口”内的平均振幅响应。

（6）±30° ～ 45° 环线的平均振幅响应。

（7）±60° ～ 75° 环线的平均振幅响应。

（8）根据各个测量值计算的总声功率，加权系数依据其对总辐射功率的贡献程度。

（9）指向性系数。

（10）相位响应。

更多详细信息请参见 Toole（1986）文献的第 2 部分和本书的 5.2 节和 5.3 节。这篇论文的剩余部分展示了许多听音者在双盲测试中对声音音质的主观评分。毫无疑问，从这些结果中，这些曲线的平滑度和平坦度与音箱的感知音质（当时称为“保真度”）评分之间存在密切关系。保真度的评分范围为 0 ～ 10，其中 10 代表完全忠实于理想的还原，不存在任何提升空间，而 0 代表可想象的最差的回放。

此外还提供了一个好听度量表，但最终它被取消了，因为这两个评分只是相互跟踪。测试包括对 4 只音箱进行双盲随机比较，同一只音箱在不同分组中多次重复呈现。听音者包括专业的同事、对音频感兴趣的朋友和一些音频评论家。有些还是业余音乐家。没有人是“训练有素”的听音者，但所有定期参与的人都变得非常擅长这项任务。在音箱之间切换是瞬时的。许多测试都是由单个听音者自行进行的，这是最好的方法。其他测试一次参与 2 ～ 3 人，共同控制。这并不理想，因为切换顺序很快就能显示出控制者喜欢哪些音箱，哪些音箱被忽略了。操作员应遵循随机序列播放，并以适当的间隔切换。使用了几种音乐类型：古典音乐、爵士乐和流行音乐。没有时间限制，但很明显，有了经验，决策很快就被做出了。听音者认为有用的一些曲目也出现了。图 5.2 展示了一个结果示例。

图 5.2 中有一些趋势值得注意。

在这些频率响应曲线簇中存在潜在的“平坦”趋势。一些变化，甚至是更大的变化，对于轴向组来说，似乎是围绕水平线的波动，而对于离轴组来说，则是围绕略微倾斜的线的波动。在一些曲线中可以看到分频点附近的缺陷。

随着保真度评级的增加，低截止频率逐渐降低。听音者喜欢低频下潜更低的低音，而不是量更多的低音，因为那样意味着低音被增强了。

声音最好的音箱都有平滑、轻微波动的相位响应。在曲线中，谐振不连续的音箱的评级较低；高 Q 值谐振则表现出尖锐的不连续性。如 4.6 节所述，判断谐振最有用的依据是频率响应，4.8 节指出，相位响应本身不是一个可听因素。由于相位响应和保真度评级之间缺乏任何有说服力的相关性，因此将其归入“可选”测量类别。当然，对于系统设计而言，设计功能正常的分频器至关重要；来自低通和高通的部分必须在声学上平滑相加。

显然，一个 ±3dB 的数字描述并不能确定最高评分（7.5 ～ 7.9）的音箱。很明显，平滑和平坦是所有这些音箱的设计目标。在音箱低频率（低于 150Hz）、低音单元 / 中音单元到高音单元的分频区间（1 ～ 5kHz）的离轴曲线和高于 10kHz 的高音单元振膜分割振动区间，可以看到与该目标的偏差。来自不同设计师、制造商和产地的这 6 只音箱之间的差异小于一些制造商允许的单个型号的量产公差。30 年后，与当今市场上的许多产品相比，这些音箱依旧具有竞争力。

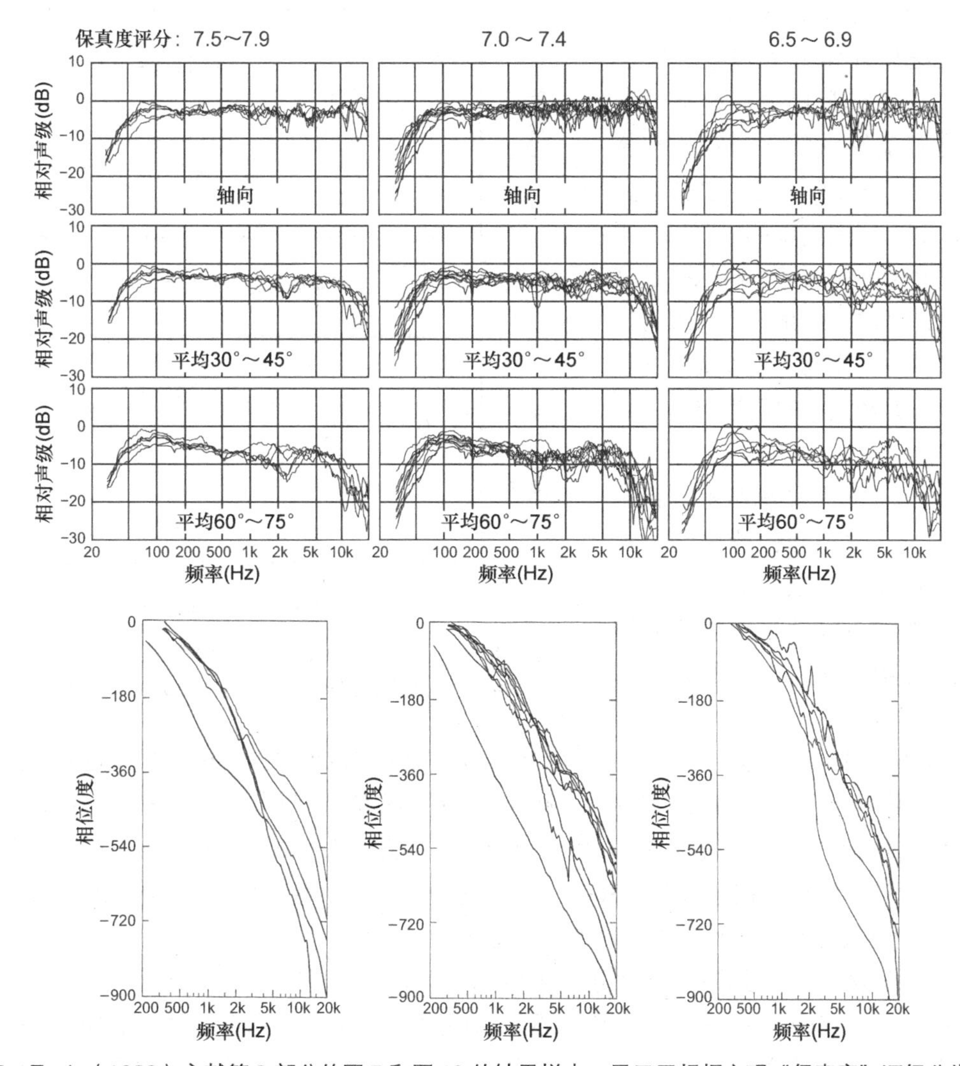

图 5.2 Toole（1986）文献第 2 部分的图 7 和图 13 的结果样本，显示了根据主观“保真度”评级分为 3 类的音箱。有 6 只音箱的评分在 7.5～7.9，11 只音箱的评分在 7.0～7.4，7 只音箱的评分在 6.5～6.9。原始数据包括第 4 个较低的类别，对这个讨论没有什么帮助。测量是非平滑的，200 个点，对数间隔的阶跃单音消声测量（1/20 倍频程）。为了消除音箱灵敏度的影响，将频率响应曲线的竖直位置标准化为 300～3000Hz 频段的平均声级。在主观评估过程中，用同样的频带来规范听音声级。相位响应可能包括一个小的残余时延误差，该误差可能会影响曲线的斜率，但不会影响轮廓和细节

图 5.3 展示了人们对低频下潜的明显偏好，其中所有音箱的两个低截止频率都是以 300～3000Hz 频段参考确定的。正常的 –3dB 的“半功率”量级也曾被尝试过，但没有产生任何关系，这是因为在进行听力测试的房间（或任何房间）中，立体角增益（参阅第 9 章）和低频共振（参阅第 8 章）的实质性影响。因此，毫不奇怪地发现，“保真度”评级和低频截止频率之间在 –10dB 时达到了最大的相关性。记住，这是与所有其他潜在因素变化的相关性，表明低频下潜是整体音质评估中非常重要的因素。多年后，Olive（2004a，2004b）的研究证实了这一点，并在 5.7 节中进行了讨论。该研究表明，在音箱音质双盲听评估中，低音平滑度和下潜约

占综合音质评估权重的 30%。

这些结果非常令人满意，表明在没有非听觉偏见因素的聆听情况下，听音者能够就哪些音箱的声音听起来“好”达成一致，这些偏好与消声数据呈现出简单的关联——平滑、平坦的轴向和离轴响应似乎是理想的模式，再加上低频下潜。因为这是在听音室中完成的，所以认为这些数据必须与听音室中的测量密切相关是合乎逻辑的。

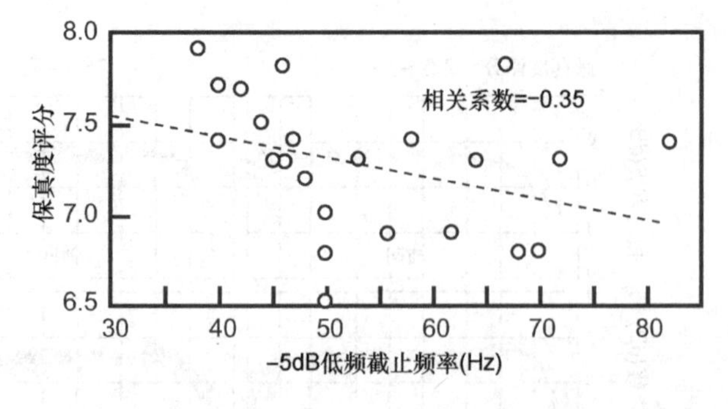

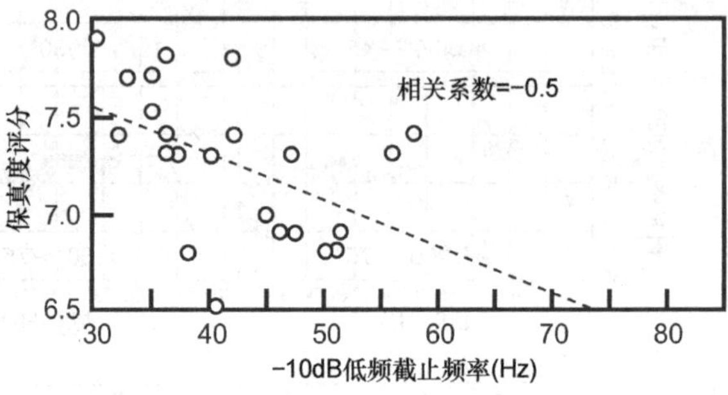

图 5.3 相对于 300 ～ 3000Hz 的平均声级 -5dB 和 -10dB 的低频截止频率 [摘自 Toole（1986），第 2 部分，图 10]

图 5.4（a）显示了消声室音箱的测量结果，其中轴向性能良好，不规则的离轴性能也很明显。在总声功率输出中也可以预见到类似的波动，而总声功率输出主要是离轴的辐射能量。

图 5.4（b）显示了声场的主要成分，据估计声场位于 NRCC（IEC 268–13 1985）听音室的主要听音位置。除了直达声（轴向响应），地板、天花板和侧墙壁的一阶反射声的能量总和来自适当的消声离轴响应，假设频谱完美反射，以及包括平方反比衰减。此外，还对总辐射声功率的组成进行了估算，根据在音箱周围 360° 水平和垂直方向上进行的测量的面积加权和计算，并根据混响时间测量中显示的房间内的频率相关吸收进行了修正。

第一个观察结果是，如果想要预测音箱在房间中的声音，有必要注意低频时的声功率——图 5.9（b）中的最高的曲线——出于同样的原因，在最高频率时要注意直达声。在中间频率中，3 个分量都对测量结果有着显著影响，因此 3 个分量都需要测量。仅有轴向曲线数据是不足的。经过适当处理的完整 360° 数据是重要信息。对这些曲线做出贡献的测量的能量总和产生了对房间稳态曲线的预估，显示向上移动了 10dB。

然后将音箱放置在听音室中 3 个可能的立体声摆位的左侧位置，在 6 个座位上进行平均测量，得出图 5.4（c）所示的曲线，并将图 5.4（b）中的预测叠加。在大约 400Hz 以上，曲线基本相同，预测结果与测量结果吻合良好。

在更低的频率上，房间内驻波的影响占主导地位，音箱和听音者 / 话筒的位置决定了不同频率下的声学耦合。预测曲线提供了稳态声级上限的估计值，但驻波中的破坏性干涉大大降低了低音的整体能量。在 300Hz 左右的过渡 / 施罗德频率以下，房间是主要因素；在它上面，音箱基本上处于可控之中。

图 5.4（d）试图说明在典型的家庭听音室或家庭影院中到达听音位的声音，辐射声音的不同部分在不同频率下占主导地位，这取决于音箱的频率函数指向性和房间的反射特性。显然，随着音箱设计和房间声学配置的不同，发生转换的频率也会发生变化。一般来说，随着音箱的指向性增强或房间的反射性减弱，过渡频率会降低。

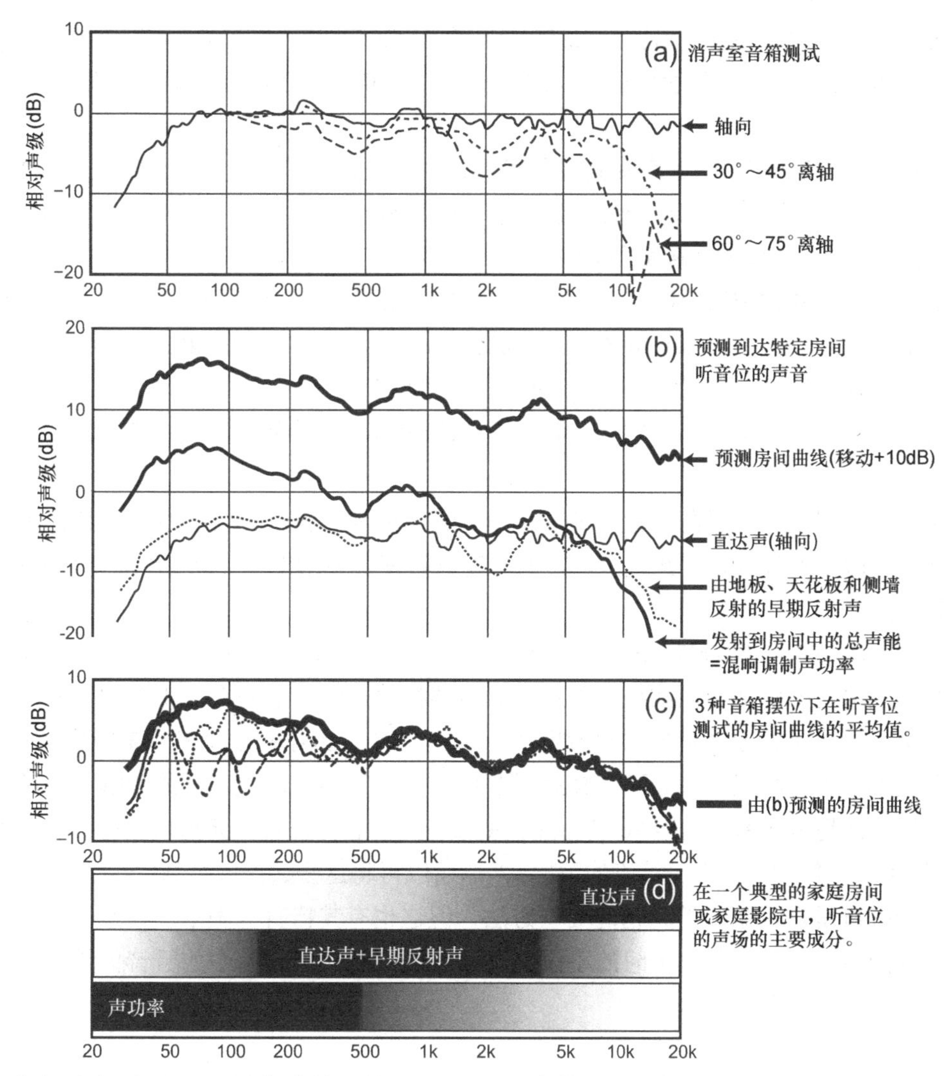

图 5.4 根据消声测量值预测房间曲线，并对 KEF 105.2 音箱在听音位的声场进行概括描述 [摘自 Toole（1986），第 2 部分，正如 Toole（2015b）图 4 中采用的数据]

这些数据说明了以下基本的重要概念。

如果有关于音箱的足够的消声数据，就有可能以合理的精确度预测具有已知特性的听音空间中的中高频声学表现。

到达听音者的直达声的频谱与反射声到达后形成的稳态声级之间存在差异。房间稳态曲线的形状是由音箱辐射的声音决定的，该声音会被房间的几何形状和与频率相关的反射系数修改。在无反射情况下，房间曲线将与音箱的轴向响应相同。随着房间内反射的增加，随着离轴声音增加到结果中，房间实测曲线将向预测的房间曲线靠近。低频和中频声级将在短时间内增强，从而影响测量和听到的内容。在非常高的频率下，直达声逐渐占主导地位。因此，在不了解音箱和房间声学特性的情况下，稳态房间曲线传递的信息会模糊不清。

在正常房间中，轴向频率响应不是主要的物理因素。然而，直达声在感知上具有高度的优先级，帮助我们建立了一个参考，以便我们在确定诸如优先效应（定位）、空间效应和音色等重要感知。在这个例子中，较差的离轴性能主导了房间内的测量，而在听音测试中，则导致了可闻的音色劣化。均衡房间曲线将降低音箱的最佳性能属性：轴向 / 直达声响应。均衡不能改变音箱的指向性，解决办法是换一只更好的音箱。在测量或听音之前，关于音箱足够多的消声数据会揭示问题。

在过渡 / 施罗德频率以下，房间共振和相关驻波是测量和听到的主要因素。这些都是每个房间所独有的，并且强烈依赖于具体位置。只有现场测量才能揭示发生了什么，不同的音箱位置和听音位将导致不同的低音音质和量感。

在家庭听音室和家庭影院中，或者在任何声学阻尼良好的房间（如电影院）中，传统的扩散混响明显不存在。正如 Toole（2006）、Toole（2008，第 4 章）、Toole（2015b）和第 10 章所讨论的，低混响房间内的声场不同于经典声学中描述的声场。

不同房间中的不同声源将改变图 5.4（d）所示的声场模式，使过渡区在频率标度上上下移动，但基本原理是成立的。

具备这些证据是理解现在被称为 Spinorama 的一小步。通过更快的数据采集，可以在合理的时间内获取更多数据，因此整个旋转的角度分辨率现在为 10° 。新版本的双轴测量方案如图 5.5 所示。

低频校准测量对于低音炮和落地音箱都有参考意义，对于封闭式低音音箱系统最为准确。多个低音单元的落地音箱系统，以及在除前挡板之外的其他面有倒相孔的倒相式音箱系统，可能会出现异常，尤其是当水平放置的落地式音箱的低音单元远离图 5.1 所示的旋转轴时。问题在于，不同的低音单元配置会对需要校正的房间驻波产生不同的激励。通常，低音响应的最佳估计是声功率，包括 70 条曲线。将较长的音箱的低音单元重新定位到更靠近旋转轴的位置，可以在低频上产生更精确的数据，然后可以再将这些数据拼接到中 / 高频数据中。在户外进行低频测量是避免此类问题的唯一方法，但这也有其自身的困难。实际上，听音室是低频的主导因素，因此低频测试时的小误差不太可能影响到听音室中的听音体验，不过是在涉及房间均衡的情况下。

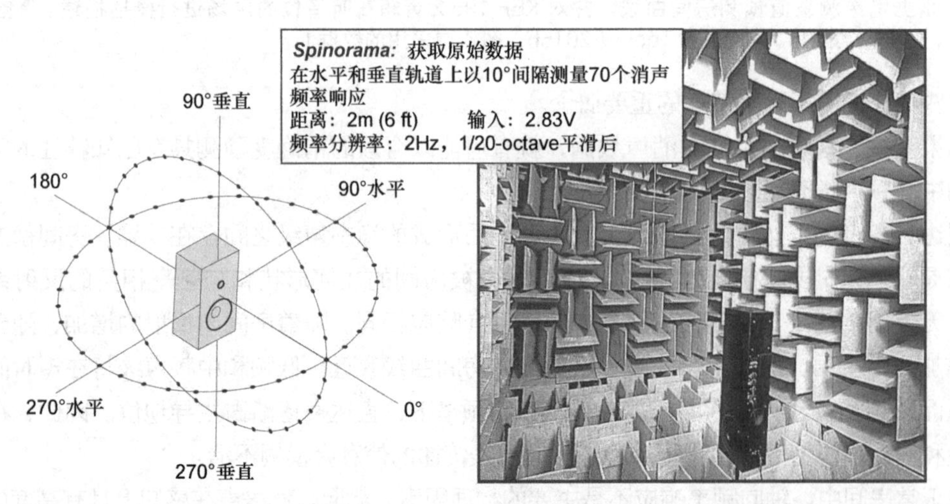

图 5.5　获取 Spinorama 所使用的原始数据的过程。所示的消声室有 4ft（1.2m）的尖劈和 1/20 倍频程（从 60Hz 到超过 20kHz）时 ±0.5dB 的消声，并已校准参考话筒和音箱位置，精度为 1/10 倍频程分辨率（从 20Hz 到 60Hz）时 ±0.5dB

积累一定的测试数据后，下一步是对其进行处理，以便进行可视化显示。图 5.6 说明了基本方法。展示的曲线如下。

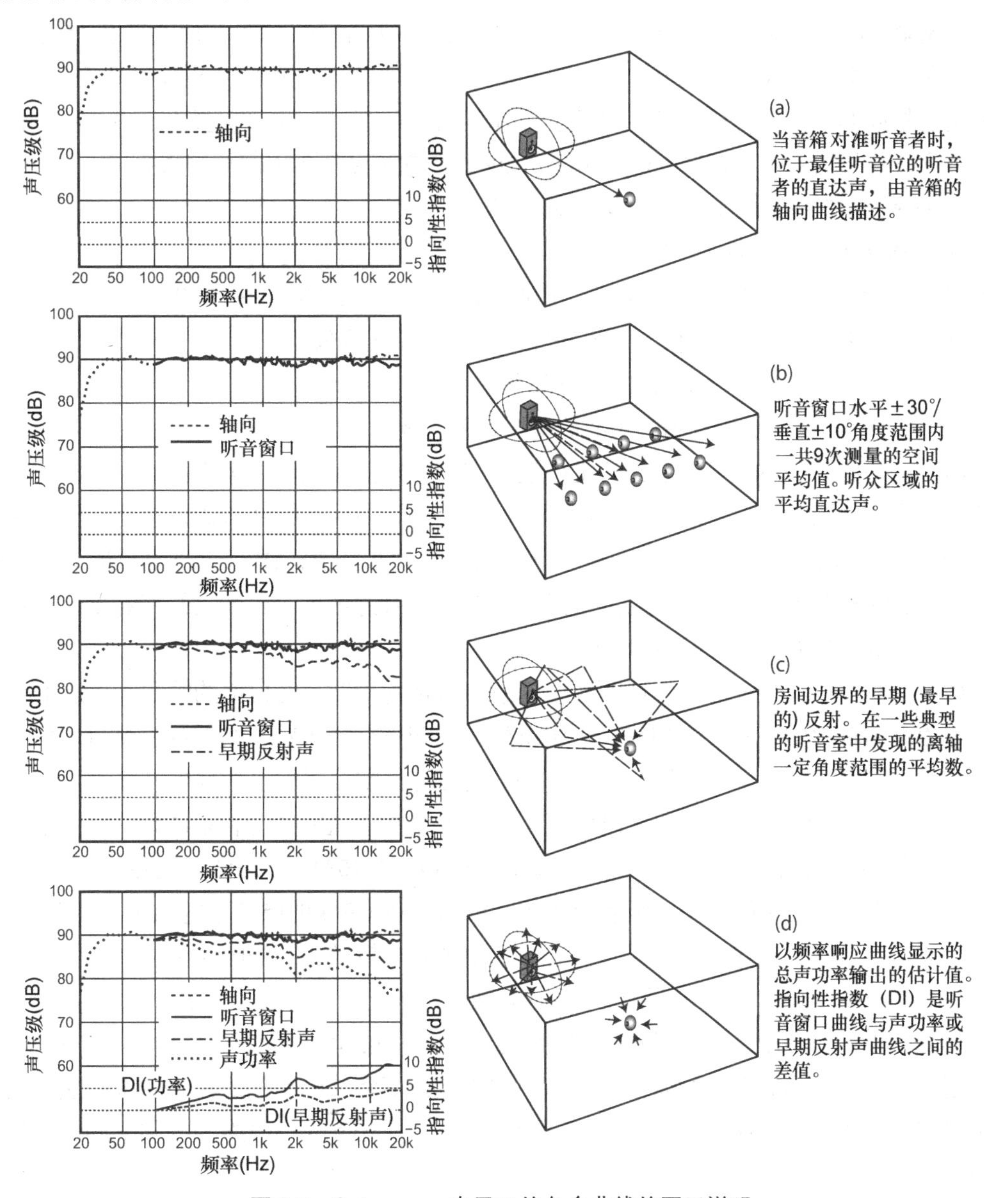

图 5.6 Spinorama 中显示的各个曲线的图示说明

轴向频率响应是音箱评估的通用起点，在许多情况下，它是第一个到达听音者位置的声音的合适的表示。然而，如 Devantier（2002）调查所示，超过一半的受调查者的主要听音位置偏离轴向 10° 至 20° ，这为以下措施提供理由；NRCC 数据中使用的原始听音窗口的修改版本，是 5 条曲线的组合：0° 和垂直 / 水平离轴 15° 。

听音窗口曲线是 ±10° 垂直和 ±30° 水平角度范围内 9 个频率响应的空间平均值。这包括那些坐在典型家庭影院观众席中的听众，以及那些在独自聆听时无视正常规则的听众。因为它是一个空间平均值，所以这条曲线会削弱由声学干涉（被看到时远比对被听到时更令人厌恶的东西）引起的微小波动，并揭示谐振的证据（耳朵对它非常敏感）。干涉效应随话筒测试位置而变化，并在空间平均下衰减，而谐振往往在较大的角度范围内以类似方式辐射，并在平均后保持不变。空间平均曲线中的凸起往往是由谐振引起的（见图 4.13）。

早期反射声曲线是对典型听音室中所有单次反射一阶反射声的估计。研究者在 15 个家庭听音室中对早期反射“射线”进行了测量。图 5.7 展示了其中一个房间的水平反射示例。

根据这些数据，研究者开发了一个公式，用于组合 70 次测量中的选定数据，以估算到达“平均”房间中听音位的一阶反射声（Devantier，2002）。它是以下各项的平均值。

- 地板反射：下方 20°、30°、40° 的平均值
- 天花板反射：上方 40°、50°、60° 的平均值
- 侧墙反射：水平 ±40°、±50°、±60°、±70°、±80° 的平均值
- 前墙反射：水平 0°、±10°、±20°、±30° 的平均值
- 后墙反射：水平 180°、±90° 的平均值

图 5.8 展示了向前辐射的音箱的重要的前半球的简要说明。

该描述中提到的平均值可能会让人觉得还有有用的东西在统计中丢失。然而，出于两个原因，这是非常有效的指标。首先，它提供了一个典型房间中到达听音者的直达声和早期反射声的估计值。这些对建立音质和空间印象质量影响非常大。其次，作为一个实质性的空间平均值，在这条曲线和其他曲线中出现的凹凸是谐振存在的有力证据。正如我们将看到的那样，它也是对室内测量结果进行良好预测的基础。

声功率是通过包围音箱的假想球面辐射的总声能量的量度。在目前的情况下，它的相关性有限，因为音箱辐射的所有声音与在矩形半反射室（即正常听音室）的听音位测量值和人耳感知的声音并不同等重要。理想情况下，这种测量将在球体整个表面上的许多密集点上进行。在 Spinorama 中，声功率是通过计算两个圆形轨道上 70 个测量值的能量和来估计的，各个测量值根据它们所代表的球面部分加权。加权系数见 ANSI/CTA-2034-A（2015）。因此，轴向曲线具有非常低的权重，因为它位于其他紧密相邻测量点的中间（参阅图 5.5 中的透视草图），并且离轴越远的测量具有更高的权重，这是因为此时每个测量（轨道之间的区域）表示的较大的表面积。因为它是一个能量总和，所以最终的曲线必须从声压上计算出来，从 dB SPL 转换而来，然后将其平方、加权、求和，再转换回 dB。结果可以用声功率的真实测量单位声学 watt 来表示，但这里采用一条形状相同的频率响应曲线表示，并在低频下将其标准化为其他曲线。这更直接地服务于目前的目的。在其他曲线中出现的任何凹凸，并持续到这个最终的空间平均值，都是一个值得注意的谐振。

指向性指数（DI）。传统的 DI 定义为轴向曲线和归一化声功率曲线之间的差异。因此，它是对音箱辐射的声音的正前方 - 指向性 - 程度的测量。之所以决定不采用这一惯例，是因为人们经常发现，由于障板上单元布局的对称性，轴向频率响应包含因衍射而产生的声学干涉痕迹，而这些痕迹在任何其他测量中都不会出现。在指向性指数中加入不规则因素似乎是在根本上存在错误的，这些因素在真实的听音环境中不会产生任何后果。因此，DI 被重新定义为听音窗口曲线和声功率之间的差异。在大多数音箱中，差异很小；在高指向性的系统中，这可能非

常重要。无论如何，对于好奇的人来说，经典 DI 的原始证据是可以检查的。很明显，0dB 的 DI 表示全向辐射。DI 越大，音箱在参考轴上的方向性越强。如图 5.9 所示。由于早期反射声在房间内测量得到的东西和人耳听到的东西中具有重要特性，因此计算了第 2 个 DI，即早期反射声 DI，即听音窗口曲线和早期反射声曲线之间的差值。由于早期反射声在常见声音回放场合中的重要性，可以说这是更重要的指标。

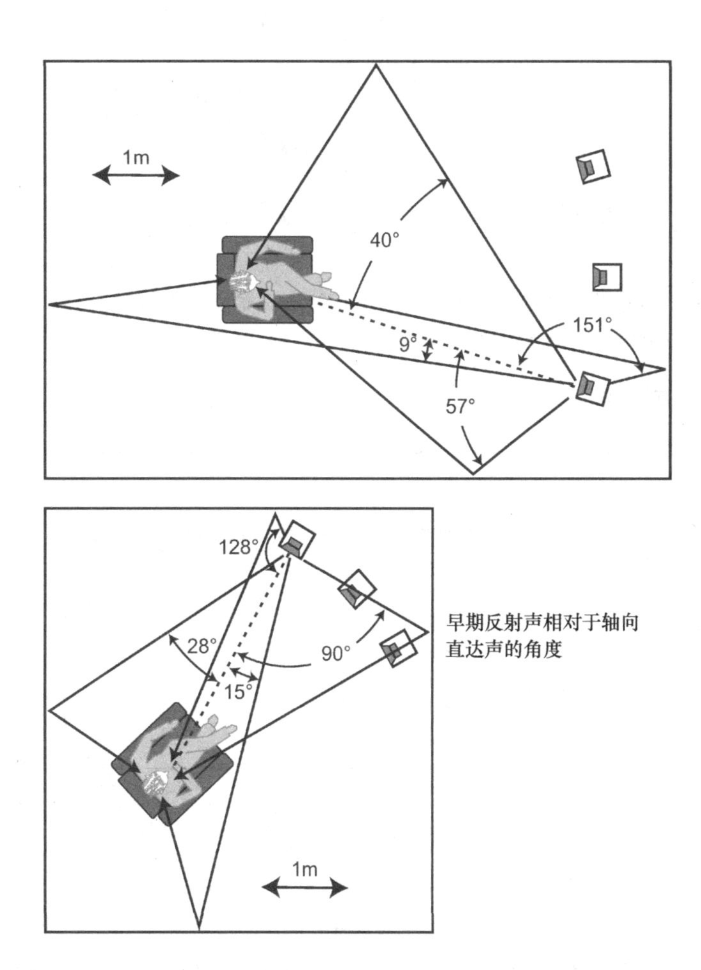

图 5.7 听音室中水平面早期（一阶）反射声的示例，主要听音轴沿平行房间轴和斜对角房间轴布置。所示角度与虚线所示的直达声轴线有关。应注意的是，在平行排布中，一阶横向反射声与较大的离轴角（即大多数音箱显著发出中高频声音）有关。从音箱后面的墙壁反射的声音几乎没有来自前向辐射音箱的中高频能量。听音者身后墙壁发出的声音接近轴向（即直达）声音，这将是一个重要因素。在斜对角排布中，第一个“横向”反射声与非常大的离轴角度有关（即，中高频被大大衰减），而“后方”反射声位于听音窗口角度内（强中高频）。这种布置在一个大房间里，听音者身后的墙壁与听音者之间距离更大，使听音者处于中高频以直达声为主的声场中。这是一个很好的选择，尽管也许是出于审美的原因它不是一个受欢迎的选择。我在两个私人听音室中使用过这种布置

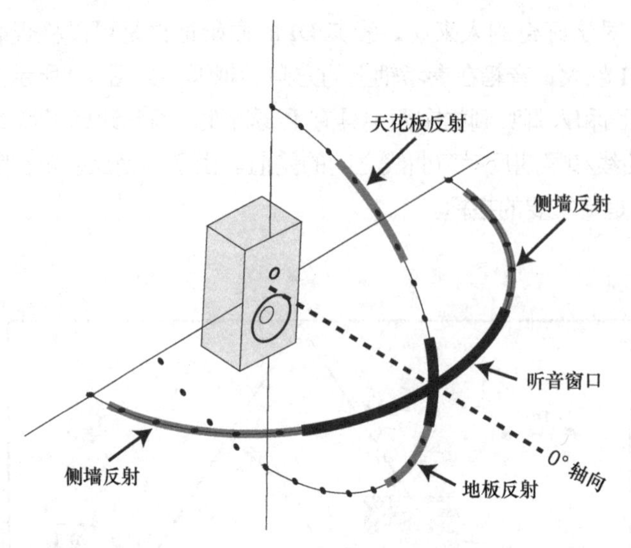

图 5.8　在计算前向辐射音箱前半球的听音窗口和早期反射声时需要考虑的角度范围的图形化描绘。早期反射声计算包括听音窗口的水平部分

图 5.6 总结了所有这些内容。

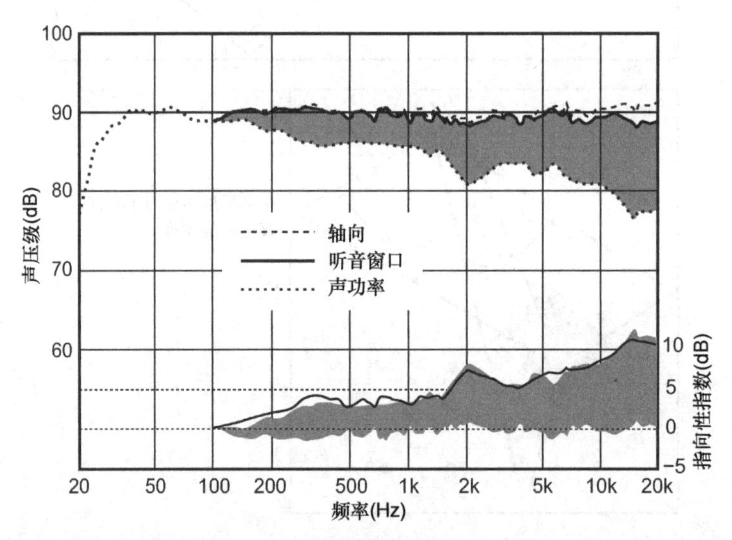

图 5.9　根据听音窗口曲线和声功率曲线之间的差异解释指向性指数（DI）的起源。图中还显示了倒置并叠加在 DI 上的差分区域，表明倒置的 DI 相当于该音箱的声功率，如果它在听音窗口中是平稳的。这可以通过想象下图中阴影区域的底部被调整为平坦和平滑，然后阴影区域的顶部将与 DI 曲线对齐来展示。同样的过程也适用于早期反射 DI

5.4　总声功率作为测量参数

之前，声功率是在混响室中测量的：坚硬、形状不规则的环氧树脂漆混凝土房间，带有悬挂的，有时是旋转的面板或叶片，以帮助我们创建扩散声场。从家用电器、电动工具和音箱等声源向各个方向辐射的声音，在混响声场中合成。这些测量不是高精度的，因为很难建立真正的扩散声场。它们通常是 1/3 倍频程精度的。这些测量的数据用于一般用途，因为没有考虑听

到这些噪声 / 声源的环境。显然，在室外听到的电动工具的声音与在有家具的房间或在没有家具的房间里听到的电动工具的声音非常不同，后者最接近混响室的情况。也没有任何数据与辐射声音的频率函数指向性有关。改变设备的方向可能会显著改变这些不同空间的感知音色和音量。因此，该指标仅在相对意义上有用，允许在不同但相似的产品之间进行“噪声等级”比较，但不能保证任何特定环境中的特定声级或音色。同样的情况也适用于以这种方式测量的音箱，尽管该指标有其支持者，如 5.1 节所述。只有在听音空间高度混响且声场高度扩散的情况下，声功率才是可靠的。

尽管如此，它仍然被用作定义音箱指向性指数的过程的一部分：通常是轴向和声功率曲线之间的差异。因此，它作为评分方案很方便，但显然无法确保在传统的半反射式场所中，尤其是在几百赫兹以上的场地中的可听特性（Toole，2015）。从理性的角度来看，我们需要一个更好的衡量标准。

在本例中，消声室提供了一个受控空间，在该空间内，可以通过在围绕设备的假想球体上的多个点进行测量来估计音箱辐射的声功率。点越多，间隔越近，结果越准确。Celestinos 等人（2015）对几种空间采样方案进行了模拟和实测比较，以估算总声功率。由于 7082 点的测量提供了一个更具理由的参考，因此它与原始 NRCC（34 点）和 Spinorama（70 点）两个轨道简化之间存在差异也就不足为奇了。研究者模拟使用了一对沿 x、y 和 z 轴定向的理想点声源，观察到了明显的差异。然而，实际音箱的辐射特性与理想源的辐射特性大不相同，因此研究者在二分频音箱上进行了消声测量。这些结果显示了非常不同的误差模式，表明两种轨道方法在 200Hz 和 300Hz 之间出现了 1dB 的起伏，这被认为是由倒相孔位置引起的，在音箱分频点附近的 2.2kHz 出现了约 2dB 的起伏。有趣的是，原始 NRCC 方法和 Spinorama 方法之间的误差差异非常小。NRCC 方法将后半球的测量简化为 30° 步进，因为人们认为，当音箱是传统的前向辐射设计时，后半球几乎没有有用的信息，而且这些数据似乎证实了这一点。

为了评估这些误差的可听后果，必须考虑到房间中到达听音位声音传播路径。除直达声以外，所有辐射声音都通过反射到达听音位置，这意味着音箱的指向性和听音室的几何形状和反射系数决定了测量和听到的内容。声功率测量的一个要求是对向所有方向辐射的声音施加相等的值。这与音箱的使用方式不兼容。正常的听音室有垂直和水平的交界线，这些表面反射的声音是到达听音位的第二大反射声，仅次于前面描述的一次 / 早期反射声。垂直和水平两个轨道的测量解决了这一实际问题，这是选择 NRCC 原版简化测量方案的一个因素。所有其他离轴角度发出的声音将受到更长的传播距离（更大的平方反比衰减）的影响，并与多个反射面相互作用，每次反射可能导致一些能量损失。这些事实需要与一个共同的现实相结合，即随着频率的增加，音箱变得更有方向性，一般的听音室反射性更小，随着频率的增加声场扩散更少。这意味着声功率本身对房间中高频测量和听到的声音贡献较小。在该频率范围内，技术上正确的声功率测量中发现的错误，在房间内测量或人耳听到的声音中可能不明显。这是一种最适合全指向或多指向音箱的测量方法，人们可以在相对反射的空间中，从任意的聆听角度进行听音。就这个问题本身而言，轴向曲线和声功率对于预测到达听音位的声音来说是不完美的数据。这当然意味着，对于典型的具有吸声特征场所中的典型音箱而言，DI 是一个过于简单的指标。也就是说，它们都是有用的指标，尽管不是准确的预测指标，但也可以反映出听音室中真实的物理事件。

5.5 为什么要测量这些？有更好的方法吗？

随着我们越来越多地了解声音主观感知过程的细节，将所测量的内容与所听到的内容联系起来，出现了各种各样的问题：需要测量的是什么？我们如何解释结果？让我们先检查5.3节中描述的当前Spinorama的成分。

轴向和听音窗口。这些曲线试图描述到达坐在轴线上或水平偏离轴30°和垂直偏离轴10°之内的听音者的直达（第一个）声。它只占房间声能的一小部分，但直达声在感知上非常重要，因为它负责确定我们听到的声音的方位角和俯仰角：主观声场范围。它还提供了一个基准，用于比较后来反射的声音，这些声音参与了优先效应，并产生了空间感、包围感和音色。平滑、平坦的轴向/听音窗口曲线是声音可能成为优质声音的指标，但不能保证一定有好声音，因为离轴（反射）声音在大多数频率范围内都很强。这些都是重要的指标。

早期反射声。在Spinorama中，被评估的早期反射声仅为一阶反射声，只来自房间边界的一次反射。它们是到达听音位的第二大声音，平均在直达声后2～15ms到达（Devantier，2002，图12）。它们沿垂直和水平轴传播，因为大多数房间都有垂直和水平的边界。目前的双轨测量方案解决了大多数情况。一种可能的改进将涉及特定听音室中特定离轴角的先验知识或测量，从而避免在每个边界反射的角度范围内平均值的不精确性。当然，存在于每个反射点的声学特性是一个因素，它会导致频率相关的衰减，并可能导致散射。应将这些特性纳入特定房间的音箱模型中，否则预测将有误差。然而，截至目前的证据表明，对房间内物理声场的预测通常比期望的还要好得多。从早期反射声中产生的感知是一个更复杂的问题。对这些延迟声音的简单解释是，它们会产生破坏性的梳状滤波，因此所有强反射都应该被吸收。现实却是截然不同的，因为耳朵和大脑对声音的处理与全指向话筒非常不同。这一重要话题将在第7章详细讨论。就目前而言，可以公平地说，早期反射声曲线与直达声曲线越相似，在音色和空间方面的主观感知结果就越有利。

声功率与全指向或广泛指向的音箱最为相关，这些音箱会将声音辐射到反射空间中。在这里，声功率曲线可以很好地预测房间稳态曲线（见图7.20），并解释频谱分布均匀程度。然而，对于普通的相对定向前向辐射的音箱来说，声功率就不太有用，因为它会将声音辐射到相对不反射的空间。如图5.4所示，声功率在低频至中频这一频段最为明显。声功率是定义指向性指数的一个要素（见图5.9）。在测量音箱时，带有多个低音单元或特定倒相孔配置的音箱可能会以与消声室低频标定不兼容的方式辐射声音。在这种情况下，声功率指标可以更准确地评估低音性能。在小房间这种现实场景中，由于房间边界吸收、共振和相关驻波引起的大量变化，这种低频测试精度会丢失。单就这一点，它是一个有限作用的度量，但它非常适合作为最终空间平均值的Spinorama曲线模式。

从“轴向”到“听音窗口”和“早期反射”，再到“声功率”的**所有曲线的组合**非常具有启发性。这是图5.5和图5.6所示的Spinorama。从工程角度来看，它可以快速区分声音干涉效应（在不同的话筒位置干涉效应也不同）和谐振（在较大的角度范围内表现出一致的峰值）。如果在所有曲线上都有一个峰值，那无疑是一个需要解决的谐振。当然，这需要高分辨率的数据。

非线性失真通常也会测量，但如 4.9 节所述，数据不容易以有意义的方式进行解释。好消息是，它通常不是大尺寸家用和专业监听音箱的一个影响因素。但是，正如那一节所描述的，确实也有可能产生影响。在频带范围、放大器功率和单元性能都面临挑战的小型便携式音箱中，这种情况经常发生，而且确实是意料之中的。在所有情况下，主观评价是唯一确定的指标。

5.6　根据消声数据预测房间曲线——曲线匹配练习

笔者认为，从单轴曲线到越来越全面的空间平均值，再到声功率曲线的曲线集合是非常有价值的。谐振很快就会显示为许多或所有曲线上的凸起，而谐振是造成不必要音染的主要原因。它还提供了与频率相关的方向特性的指示，这些特性可以反映反射声中频谱染色的可听性。不需要数值分析或工程学学位就能理解这些线索。然而，追求简化是人类的天性：一个单一的曲线描述。

有一种观点是，可能有一种比声功率更好的度量标准。这种观点并不新鲜。它从一个概念开始，即在一个一般的听音室中，耳朵和大脑所听到的声音，比延迟的、更安静的声音更重要。物理环境是这样的，对于传统的前向辐射音箱，前半球的测量对房间内测量和人耳听到的声音贡献最大。

Gee 和 Shorter（1955）开发了一种用于音箱和话筒的声功率测试系统，并推测出以下内容。

通过加权在不同区域（球形区域）获得的结果，可能会更加突出前方的响应，从而得出一个经验数字，介于轴向和球形平均响应之间，这将为平均听音室中获得的整体效果提供有用的近似值。

当时笔者还不知道这项研究，笔者最终分享了自己的观点（Toole，1986，7.2 节）。图 5.4 所示的预测练习展示了直达声和早期反射声的重要性，这导致了一个直观的替代指标。引用 Toole 的话（1986，第 340 页）：

前半球的平均振幅响应被计算为在 ±90° 水平和垂直之间以 15° 间隔步进的 25 次测量的能量平均值。这些测量值在前半球表面的空间分布导致该曲线等效于轴向加权半球声功率测量结果（真实声功率计算包括根据每个测量值所代表的立体角对各个测量值进行加权。）因此，与真实声功率测量相比，高频部分会略微升高，并且由于不包括低频的后半球辐射，曲线的低频部分会降低。碰巧的是，这样的结果是对平均房间响应的简单而有效的估计，只要音箱是传统的前向类型。一般来说，这似乎适用于音箱。

图 5.10 展示了一些有趣的比较。

显然，前半球的平均振幅响应是一个非常有可能预测高于约 600Hz 的房间稳态曲线的指标。低于 600Hz，房间模式 / 驻波会造成越来越大的无序影响，破坏性的声学干涉会损失大量能量。图 5.10（a）和（b）中的前半球预测曲线在低于 600Hz 的频率下过高（约 3dB）。这种差异可用的声学解释似乎是丰富的房间模式破坏性干涉凹陷，如图 5.10（a）中所示，以及房间边界的能量损失。在不同的房间中，情况可能会有所不同；这些都强调了现场测量的重要性，以确定低频下真正发生的情况，详见第 8 章。

也许更值得注意的是，该曲线（根据 25 次测量计算）与 30° ～ 45° 水平和垂直窗口中的平均振幅响应（仅根据 8 次测量计算）之间的一致性，摘自图 5.4(a)。在最高频率下后者比前者低显然是由于数据中没有直达声。这在仅表示地板、天花板和侧墙反射（4 次测量）的曲线中得到了证实，该曲线捕捉了房间曲线的本质，但夸大了波动幅度，因为直达声、前墙和后墙反射不包括在其中。这些是更平坦的曲线，将缓和波动（正如即将到来的 Spinorama 预测所示）。似乎对于这个房间里的音箱来说，影响房间曲线的主要声音与早期反射声有关。

第一阶段：我们学到了什么？同一房间内不同的前向辐射音箱产生房间稳态曲线，我们仅通过前半球的数据就可以很好地预测中高频的房间曲线。在这些数据中，以适当的早期反射声角度辐射的声音贡献了大部分信息。这种配置的音箱不需要完整的球形数据、声功率。

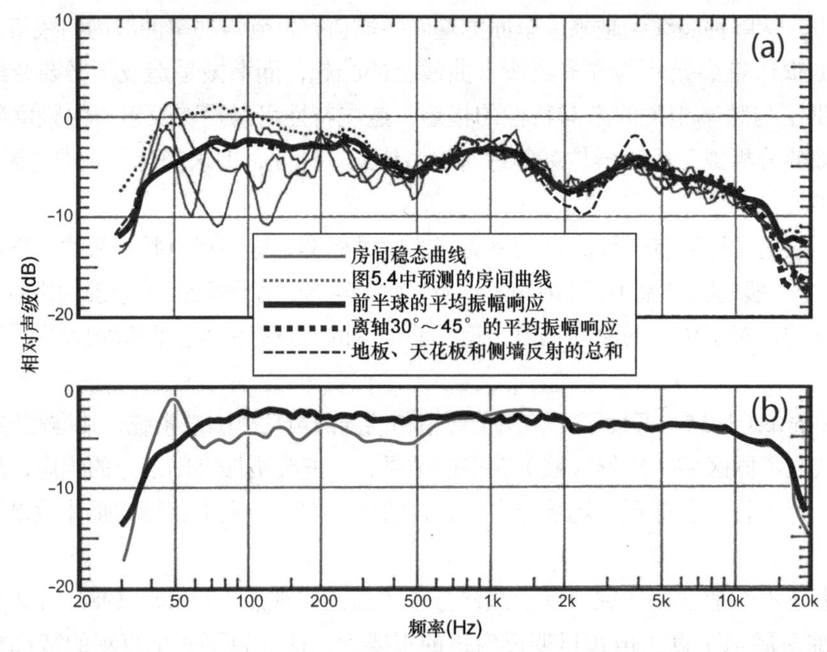

图 5.10 （a）展示了图 5.4 中叠加前半球平均振幅响应的数据。房间稳态曲线展示的是 3 只不同音箱摆位在 6 个座位上的平均值。还展示了图 5.4（a）中离轴 30° ～45° 的平均振幅响应，以及图 5.4（b）中的 4 次一阶反射 [摘自 Toole（1986）]。（b）展示了 3 个高评分音箱的平均结果，将前半球的平均振幅响应与听音室平均曲线进行了比较。房间都是同一间 [摘自 Toole（1986），图 21]

现在，Spinorama 数据提供了这种方法的另一个版本。图 5.4(d）表明，对于常规房间中的常规音箱，在最低频率下，声功率是主要影响因素，在中频下，直达声能量和早期反射声能量的组合产生影响，在最高频率下，起作用的是直达声本身。如图 5.8 所示，用于计算早期反射声曲线的测量覆盖了前半球的大部分，而听音窗口几乎都被覆盖。图 5.11 展示了两只非常不同的音箱的房间稳态曲线上的声功率和早期反射声数据。两者都有缺陷，但（a）中的例子更理想。

如图 5.4(d）所示，随着频率的升高，声功率的重要性逐渐降低。这就解释了为什么以早期反射声曲线为例的数据更符合房间曲线。声功率曲线高估了房间内的低频曲线，而声功率和早期反射声曲线都低估了高频。这就是至少要从听音窗口混合高频数据以改善数据的正面权重的原因。如图 5.10 所示，前半球的平均振幅响应可以很好地估计约 600Hz 以上的房间曲线，但它高估了低频时的房间响应。在所有情况下，轴向频率响应本身并不是音箱在房间中实测时的有用指标，尽管它在预测音箱在房间中的声音时至关重要。值得重复的是：耳朵和大脑并不等同于一个全指向话筒和一个音频分析仪。

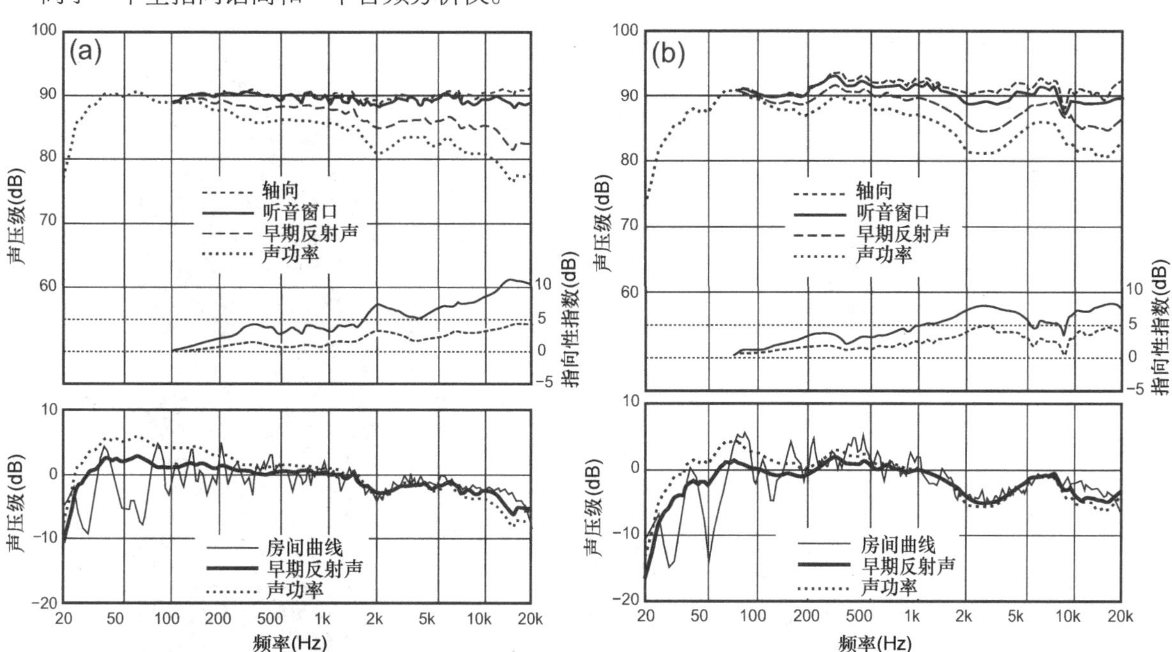

图 5.11 (a)音箱：Infinity Prelude MTS 原型样品，约 2000 年。上图：完整的消声 Spinorama。下图：音箱位于左前位置时，在典型矩形房间中典型听音区域内 6 个头部位置的平均值为房间稳态曲线测量值。为了了解音箱中的哪些声音有助于该测量，上图消声数据集的早期反射声和声功率曲线已经叠加。显然，音箱的离轴性能是决定听音位声能的主要因素，在已经进行的几次对比中，早期反射声曲线比过于倾斜的声功率曲线更适合。如图 5.4（b）所示，轴向曲线是非常高频率下的主导因素，因此两条叠加曲线都低估了高频下的房间稳态曲线。在预测中更需要直达声。正如预期的那样，房间里的低频由驻波控制，低频预测失败。(b)音箱：B&W 802N。该音箱同时存在频率响应和指向性缺陷。在 DI 曲线中，可以看到低音单元的指向性随着频率的增加而增加，然后在 350Hz 左右的分频点处剧烈下降，中频单元（6in，150mm）的指向性增加到 2kHz 左右，然后再转换到具有宽辐射特性的无障板高音单元，5kHz 完全由高音单元主导。在下图的曲线中，在空间平均房间曲线中的显著中高频波动明显与该音箱系统的离轴行为有关。房间曲线的形状通过消声早期反射和声功率曲线的形状清楚地显示出来

图 5.11 给出的一个显而易见的信息是，测量房间稳态曲线并使其均衡并不能保证良好的声音。均衡只能改变频率响应。在图 5.11(b) 中的音箱中，主要的问题是作为频率函数的指向性不均匀，均衡不能改变指向性。如果唯一已知的信息是房间曲线，那么实际情况究竟如何是未知的。音箱的综合消声数据会提前揭示这一点。

到目前为止，所有被检测的音箱都是锥形盆 / 球顶单元前向辐射设计。这类音箱的属性，会显示指向性随频率变化。图 5.12 展示了具有恒定指向性的号角音箱，JBL Professional M2 Spinorama 曲线展示的是由 15in(381mm) 低音单元、创新设计的压缩单元和号角组成的监听音箱的性能数据。它是一种有源音箱，带有专用的额外电子设备，在听音窗口中被均衡为相对平坦的状态。如图 5.9 所示，对于具有平坦听音窗口响应的音箱，声功率曲线和 DI 是相反的。这在这里被证明是正确的。同样令人感兴趣的是号角在其大部分频率范围内具有非常恒定的指向性，这从大约 1k ～ 8kHz 的近似平坦的 Spinorama 曲线中可以看出。意料之中，房间稳态曲线同样平坦。后来，从图 11.11 中可以看出，在 516 个座位的多个影院中进行测量时，这种性能基本上没有变化。

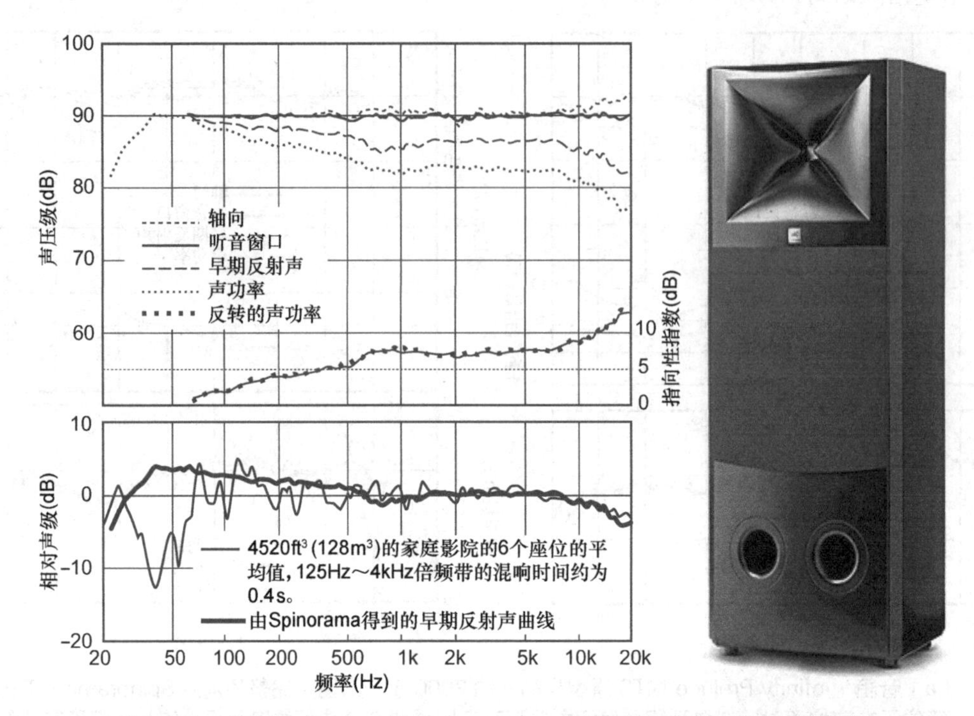

图 5.12 JBL Professional M2 Spinorama 曲线和家庭影院配置中的音箱

第二阶段：我们学到了什么？可以看出，在测试的音箱中，早期反射声曲线与从约 500Hz 到 8k ～ 10kHz 的房间稳态曲线非常匹配，但在较低频率下，早期反射声曲线略高，在较高频率下略低。如图 5.4 所示，为了更好地匹配，需要在高频下混入更多直达声。声功率曲线高估了低音，更低估了高音。然而，在中高频时，恒定指向性号角的连续性令人印象深刻。在低频下，房间是主要因素，在约 100Hz 以下最显著。很明显，低频性能的细节必须在现场进行评估和补偿。

最后，Devantier(2002) 提出了另一种预测房间曲线的方法，该文献的图 18 中的预测基于 3 条 Spinorama 曲线的组合。该过程也包含在 ANSI/CTA-2034-A(2015) 中。图 5.13 展示了该文件中用作示例的音箱，说明了以下内容。

它（预测曲线）应由 12% 的听音窗口、44% 的早期反射声和 44% 的声功率的加权平均值组成。在进行加权和求和之前，应将声压级转换为平方压力值。施加权重并将平方压力值相加后，将其转换回声压级。

如图 5.13 所示，计算的预测值与空间平均的房间稳态曲线之间的一致性良好。然而，通过查看原始 Spinorama 数据，可以发现，对于这个房间里的这只音箱，早期反射声曲线本身也可以是一个不错的预测因素。

第三阶段：我们学到了什么？从预测前向辐射音箱的房间曲线的角度来看，进行大幅度简化是有可能的。任何涉及声功率的预测方案都需要 70 条曲线的完整 Spinorama。如果被测音箱为水平对称前向辐射设计，则早期反射声计算仅涉及 18 次测量，包括地板、天花板、一面侧墙、后墙和前墙反射估计。不对称设计需要两侧墙和左右前墙数据点，使测量总数达到 26 个。除了其中一个（180° 测量），其他所有数据都在前半球。

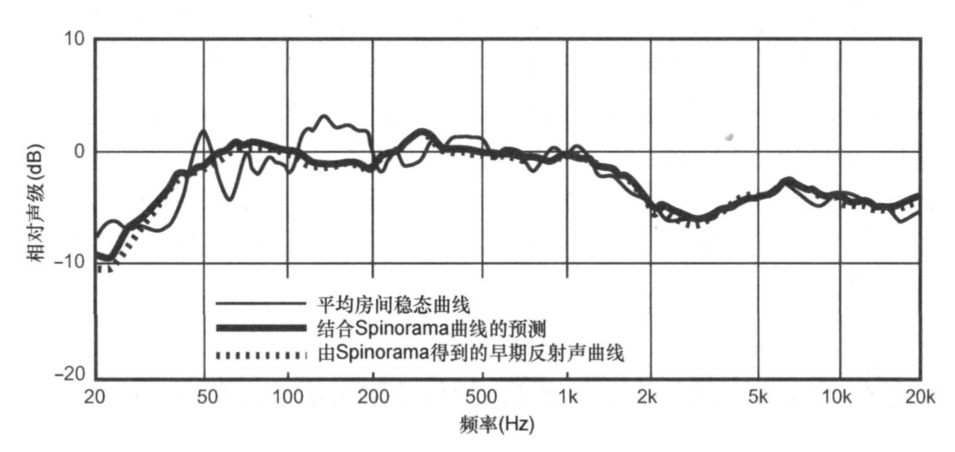

图 5.13 测量和预测的房间曲线。一条曲线(粗实线)基于 12% 的听音窗口、44% 的早期反射声和 44% 的声功率。另一条曲线(点)是 Spinorama 的早期反射声曲线

这一结论在 1986 年 NRCC 测试的图 5.4(b)中得到了预示,其中针对特定房间确定了地板、天花板和侧墙的 4 次一阶反射。在图 5.10 中,研究者将这 4 个数据点的总和与更详细的预测进行比较。该曲线大体上匹配,但它夸大了音箱的离轴缺陷,需要添加直达声和前后反射声来缓和波动。但很明显,对于已知几何结构的特定房间,只需 6 个角度测量即可获得有用的预测:地板、天花板、两侧墙、前墙和后墙反射。如果添加一些直达声,加权以获得高频偏差补偿,则研究者可能会进行更可靠的预测。这需要实验证实。然而,即便如此,总共还是有 7 次测量。在最初的 Spinorama 和 ANSI/CTA-2034-a 环境中,尝试对“统计典型”房间进行通用房间曲线预测时,需要更多的数据点。声功率本身并不必用于此目的,尽管一些有助于声功率的测量是有用的。

正如本节开头提到的,1955 年,Gee 和 Shorter 推测,与其说声功率,有必要“更加突出前面的响应,从而得出一个经验数字,介于轴向和平均球形响应之间,这将为在普通听音室中获得的整体效果提供一个有用的近似值。”他们是正确的。

但这些都以房间曲线是潜在音质的决定性陈述为假设条件。如图 5.2 所示,事实并非如此,主要决定因素是消声室数据。我们测量房间曲线,因为这很容易做到,而且大多数时候,我们在音箱本身没有足够的测量数据的情况下进行操作。人们被迫尽可能地获取信息,即使它是不完美的数据。

5.6.1 关于声音吸收和散射的信息

房间曲线形状的主要因素,也是我们人耳听到的一个因素,是离轴声音,其中最重要的是一阶反射声。这一观察释放出了一条明确的信息,即为了保持音箱中存在的任何优点,房间边界不得改变反射声的频谱。这意味着吸收和散射 / 扩散表面必须在 300Hz 左右的过渡频率以上的频率范围内具有恒定的性能,低于该频率,房间共振成为主导因素。如 4.10.4 部分所述,此类装置比一些常用装置大得多,厚度也大得多。

5.6.2 为什么我们在意房间曲线?

全指向话筒拾取的声音所产生的单一曲线能充分体现双耳和大脑的感知,这种观点是荒谬的。它们直接是相关的,但它是不完整的数据。根据消声数据预测房间曲线可以确定房间对声音的影响。如果实际房间曲线与预测的不同,则可能需要调整配置的几何形状或房间的声学特

性。然而，房间曲线告诉我们的关于音箱本身性能的信息可信度很低，尽管如此，房间内的测量在处理房间模式和驻波时非常有用。当我们进入离散反射的领域时，无论有多少反射，规则都会改变。听音者已经展示了一种不可思议的能力，能够“透过”房间“聆听”声源本身，从而能够识别音箱性能的关键特性。因此，很明显，我们必须从音箱的全面数据开始，以便对到达房间听音位的声音有信心。然后，问题是如何解释这些数据，并决定哪些补救措施（如果有的话）是必要的。在所有情况下，最好从一个设计优秀的音箱开始，在许多情况下，几百赫兹（以上）可能就足够了。

5.7 结束音频怪圈：从测试数据中预测听音者的偏好

使用消声频率响应数据预测房间稳态曲线是一回事，但使用相同的数据预测两耳和大脑的音质偏好则完全是另一回事。以下介绍了一些重要的实验，结果令人大开眼界。

心理声学专家梦想能够将测量的数字插入表示人耳感知功能模型的方程式中，并准确预测主观听感。即便对于简单的感知维度来说，这并不简单，更不用说对于更复杂的主观感知维度了。像音箱音质偏好这样多维度、抽象的东西将这种挑战带到了全新的高度，许多人都认为这是不可能的。

曾经有过一些尝试，结果都显示出测试数据与人耳主观感知存在一定程度的关联。Olive（2004a）讨论了其中的一些问题。最古老的调查缺乏真正高品质的音箱，也缺乏对它们的全面测量。差异是可以听到和测量的，但差异如此巨大，不当行为如此严重，所以任何测量都会显示出与感知的相关性。音箱行业已经进步，我们对如何感知其声音的理解也有所提高。现在很明显，要解释或描述音箱在房间中的声音，需要不止一条曲线。更明显的是，1/3倍频程或临界带宽测量缺乏可以用来揭示所有可听细节的分辨率。

图5.2展示了作者早期调查的结果（Toole，1986），毫无疑问，测试曲线与主观“保真度”评分之间存在密切关系。这里没用计算出相关系数，但是很明显能看出来曲线族的趋势，更平滑、更平坦、更宽的带宽曲线与更高的主观评分相关。离轴角度良好的性能似乎是一个重要因素。如果我们有这样的音箱数据，在市面上选择一个声音好的音箱会比现在容易得多。

然而，早在这之前，《消费者报告》（*Consumer Reports*）[消费者联盟（CU，Consumers Unim）的出版物]就已经开始对音箱进行评级。CU是一家对许多消费品的性能进行测试和评分的机构。这一过程基于根据1/3倍频程的消声测量结果编制的声功率估算。为了避开有争议的低频房间模式区域，110Hz～14kHz频率的声级被转换为响度单位sone，以接近可能感知到的声音。然后将sone转换曲线与“理想”目标进行比较，并计算准确度分数。有研究者进行了听音测试，据称测试结果支持了预期的评分，但这些测试的细节似乎尚未公布。总体来说，这似乎是一次认真的尝试，试图将测量结果与主观感知联系起来。然而，该方法存在几个问题，这些问题将逐渐暴露出来，从而导致对该过程进行修订。

Allison（1982）批评该方法没有充分加权低频性能，包括他特别感兴趣的相邻边界相互作用。不过，在基本方法问题上，他说道：“音箱性能最重要的方面（当然是其最容易听到的方面）是其声功率输出如何随频率变化。在这一点上，虽然人们与CU有着一致性的意见，但这种意见不是普遍的。我是赞同的人之一。”

本节前面讨论的证据表明人们对此存在分歧。

1985 年，我在 NRCC 主持了一个音箱测量研讨会，在那里我们展示了我们的测量能力，并就被认为是可测量的、我们人耳所听到和喜欢的东西进行了讲座。最终测试是一项双盲主观评估，由耳朵和大脑决定什么是好的，而不是曲线。观众是来自美国和加拿大的音箱设计师和研究人员中的佼佼者，他们进行了热烈的讨论。其中包括两名来自 CU 的工程师。知道他们要来，我就准备了一份幻灯片报告。对于评估过的 4 只音箱，展示了我们双盲听测试中的主观“保真度”评级，以及他们发表的报告中的“准确度分数”。相关性是 –0.7（负 0.7！）。我现在还留着这份幻灯片。他们进行了讨论，存在一些困惑，但刊登出来的杂志上没有显示。基于这种比较，读者最好把评分页面颠倒过来看。

多年来，CU 音箱的评分经常与我们的调查结果不一致。“高端”消费者可能会更加重视发烧友出版物的推荐，但广大普通消费者会关注这些评分。在我加入哈曼公司担任声学工程副总裁后，这种表现更明显。1999 年，当我们的一些产品获得较差的 CU 评分时，管理层要求我解释原因。

当时，哈曼公司正在升级其测试设备，并制订一个可以对我们的许多产品进行评估的方案。考虑到哈曼旗下不同品牌的声誉，并满足与之相关的个性化设计和营销需求，这可能是一个挑战。人们越来越相信我们的产品表现优秀，但也有例外。这种情况提供了一个向值得信赖的性能评估过程迈进的机会。我的建议是发起一项研究，目的是找到一种更好的方法来评估我们都可以使用的产品。这需要时间、人力和金钱。值得注意的是，哈曼公司的首席执行官 Bernie Girod 和创始人 Sidney Harman 博士都表示同意。这是一个重要的决定，感谢他们对科学方法的信任。

我在 NRCC 的时候长期合作的同事 Sean Olive，当时是我在哈曼公司的研究小组成员。我们评估了我们在心理声学规则方面的立场，这些规则可以应用于数值评估 Spinorama 曲线，以揭示主观偏好。似乎大家都知道了很多。Olive 随后开始了以下试验，所有这些都在 Olive（2004）中有描述。与此同时，Spinorama 测量技术也在不断发展，并将发挥重要作用。

5.7.1 Olive的实验——第一部分

利用图 5.6 中所述的消声测量数据，对 CU 最近测评的 13 款音箱进行了评估。都是书架音箱，而且都缺乏超低频。从一组经过挑选和训练的听音者进行完全公平的双盲听测试开始（每款音箱与所有其他音箱进行相同次数的试听）。结果如图 5.14（a）所示，与《消费者报告》公布的相同音箱的相应准确度得分进行了比较。这两组数据之间的对比是惊人的，音箱 1 分布显示为“最佳”和“最差”的评估。总体来说，这两个结果之间没有相关性，这表明，如果主观数据是正确的，CU 评估方法基于了一个错误的前提：仅声功率测量就包含了描述听音者对小房间内音质感知所必需的全部信息。事实上，Toole（1986）的早期结果和 5.6 节讨论的最新数据表明了这种逻辑的缺陷。

Olive 利用哈曼测试中常规生成的更全面、更高分辨率的数据，确定了一个以近乎完美的方式描述主观偏好评级的模型，如图 5.14（b）所示。这个模型的精确性意味着一个复杂的分析，事实确实如此。

从图 18.6 所示类型的不同曲线中得出的统计数据如下。

AAD：在 100Hz ～ 16kHz 的范围内 1/20 倍频程精度数据，相对于 200 ～ 400Hz 平均声级

的绝对平均偏差（dB）。

NBD：100Hz～12kHz 的每个 1/2 倍频程频带的平均窄带偏差（dB）。

SM：基于 100Hz～16kHz 的线性回归线的振幅响应平滑度（r^2）。

SL：最佳拟合线性回归线的斜率（dB）。

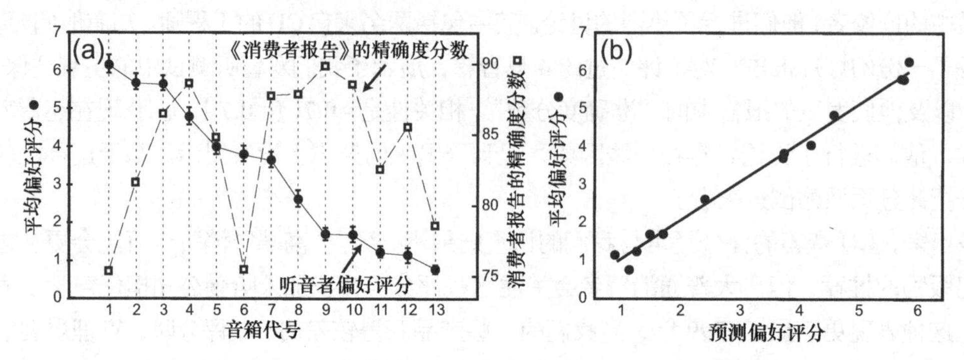

图 5.14 （a）展示了双盲听测试的平均主观偏好评分与《消费者报告》的精确度评分之间的对比。两者之间的相关性较小且为负（r=–0.22），无统计学意义（p=0.46）。主观偏好评分的置信区间为 95%，这表明在几个评分差异中有很高的置信度，尽管存在统计上的联系：2 和 3；5、6 和 7；9 和 10；11 和 12[摘自 Olive（2004），图 3]。（b）图 5.6 展示了使用图 5.6 中所示的消声数据对 Olive 创建的模型的主观评分和预测评分进行的比较。在这种情况下，相关性为 1.0（r=0.995），统计学显著性非常高（$p \leqslant 0.0001$）[摘自 Olive（2004），图 4]

这些统计数据均适用于所有测量曲线（见图 18.6）。

（1）轴向（ON）。

（2）听音窗口（LW）。

（3）早期反射声（ER）。

（4）声功率（SP）。

（5）两种指向性指数曲线（ERDI 和 SPDI）。

房间内预测（PIR），ON、ER 和 SP 的加权组合，近似于几个典型房间的测量房间曲线。

还有以下两个统计数据分别关注低频性能。

（1）LFX：低频下潜（Hz），相比于 300Hz～10kHz 范围内听音窗口（LW）的灵敏度下降 6dB。

（2）LFQ：从 LFX 到 300Hz 的低音频率响应的绝对平均偏差（dB）。

当分析该模型的主要影响因子时，它们分别是以下几项。

（1）轴向频率响应的平滑度和平坦度：45%

AAD_ON（18.64%）+ SM_ON（26.34%）。

（2）声功率的平滑度，SM_SP:30%。

（3）低频性能：25%

LFX（6.27%）+ LFQ（18.64%）。

（4）轴向平坦度、轴向和离轴的平滑度占偏好估计的 75%。低频本身就占了偏好估计的 25%，这一点不容忽视。

这些数据在公开展示之前与 CU 共享，他们承认他们存在问题，并同意进一步讨论。最重要的是，他们停止测评音箱了。他们进行了几次讨论，似乎正在对流程进行改进。

5.7.2 Olive的实验——第二部分

尽管这个结果令人印象深刻，但有一个共同的因素阻止了该模型的推广。因为所有 13 款音箱都是书架音箱，这是杂志上比较产品评论的自然基础。它们都缺乏极低频，其中许多都有共同的特点：箱体尺寸、单元和配置等。音箱数量需要增加，以包括更大尺寸的音箱，使用不同的单元配置和类型。这是在第二次测试中完成的，测试涉及 70 款来自不同产地的音箱，涵盖了较高的价格和较大尺寸的音箱。这项测试的弊端是，听音测试是以陆续分散的方式进行的——在正常业务过程中，在 18 个月的时间内进行了 19 次独立测试。所有音箱都与其他所有型号进行了对比评估，但没有一次性把所有音箱同时对比来确保对比是平衡的。期望客观测试与主观听感的相关性达到刚才所看到的那种高精度是不合理的。

尽管如此，结果还是令人印象深刻：预测偏好评分与听音测试的相关系数为 0.86，具有非常高的统计显著性（$p \leqslant 0.0001$），考虑到听音测试中可能出现的不确定因素，这个数字是非常显著的，这意味着听音者本身就是高度稳定的“测量工具”，总是进行多个产品（通常是 4 个产品）比较的策略是一个好策略。对于这些产品和这些主观数据，产生最佳结果的模型与之前的模型不同。在这里，主要因素有以下几个。

（1）轴向和离轴响应的窄带和整体平滑度：38%

NBD_PIR(20.5%)+SM_PIR(17.5%)。

由于 PIR 包含轴向、早期反射声和声功率曲线，很明显，这 3 种曲线都必须具有整体和窄带的平滑度。

（2）轴向频率响应（NBD_on）的窄带平滑度：31.5%。

（3）低频下潜（LFX）：30.5%。

同样，轴向和离轴平滑度及窄带偏差是偏好预测的主要影响因子（38%+31.5%=69.5%）。低频再次成为一个重要因素，达到 30.5%。这一次，可能是因为有了大尺寸的和小尺寸音箱的混合，听音者更加注意到低音下潜的差异。由于低频平滑度指标不包括房间的影响（它基于消声数据），这个问题可能有所争议，但只有低频下潜却也显得直截了当。

5.7.3 Olive的实验——第三部分

作为第一部分测试的一部分，听音者被要求“绘制”（使用计算机屏幕上的滑块）频率响应，描述他们认为自己听到的频谱。这是一项显然无法要求普通听音者完成的任务，但这些听音者已经通过了一项培训计划（Olive，1994，2001），能够估计出声音过量和不足发生的概率。当对这些数据进行汇编时，结果表明，所有高评分音箱的曲线都非常平坦。当然，非常有趣的是，这几条测量曲线中，对应哪一种合乎逻辑的候选因素——是声功率（CU 模型）、早期反射声曲线、类似于 PIR（作为房间均衡方案基础的房间稳态曲线），或者轴向曲线（不是主要的测量成分，但在感知方面很重要）？

图 5.15 展示了因图 5.14 中的评分而选择的 3 款音箱的对比。从主观角度“绘制”的频谱曲线显然与音箱的轴向频率响应和听音窗口频率响应最匹配，从而证实了图 5.2 所示最早测试中观察到的结果，即优秀的轴向振幅响应似乎是好声音的必要条件。除此之外，还必须关注离轴响应。

让我们更深入地挖掘这些例子，看看为什么哈曼公司和 CU 的结果并不总是一致的。

音箱 1，哈曼测试中的最高评分产品，CU 测试中的最低评分产品。对 Spinorama 的直接观察揭示了宽带宽、平坦且相当平滑的轴向振幅响应。低音平滑地延伸到约 60Hz。平滑度保持在渐进的空间平均值中，表明没有声染色谐振。DI 相当平滑。这应该是一款声音很好、评分很高的音箱，在哈曼双盲听测试中也会显示出这一点。然而，CU 计算的“准确度”显然不被认可，可能是因为它的声功率曲线倾斜。

音箱 9，CU 测试中的最高评分产品，哈曼测试中的低评分产品之一。上翘的轴向响应是一个糟糕的开始，我们在所有曲线中能看到的严重谐振表明存在显著的音染。低音显示出 100Hz 左右的颠簸声，为击鼓提供了“冲击力”，但它的低频下潜不如音箱 1。DI 显示低音 / 中音和高音之间的分频区域存在一些问题。哈曼评估中的低主观评分似乎是合理的。CU 计算似乎喜欢更平坦的声功率。CU 声功率数据中的 1/3 倍频程分辨率无法揭示谐振，高分辨率消声数据的缺乏阻碍了谐振的识别和评估。

音箱 13，在哈曼测试中为最低评分产品，在 CU 测试中也为低评分产品。同样，轴向响应的急剧上翘是不好的。数据表明有几处谐振，这是不好的。除了低音起伏波动，从 120Hz 左右开始的低频衰减是一个明显的缺陷。这是一个声音不好的音箱，两种评估都认定它是这样的。

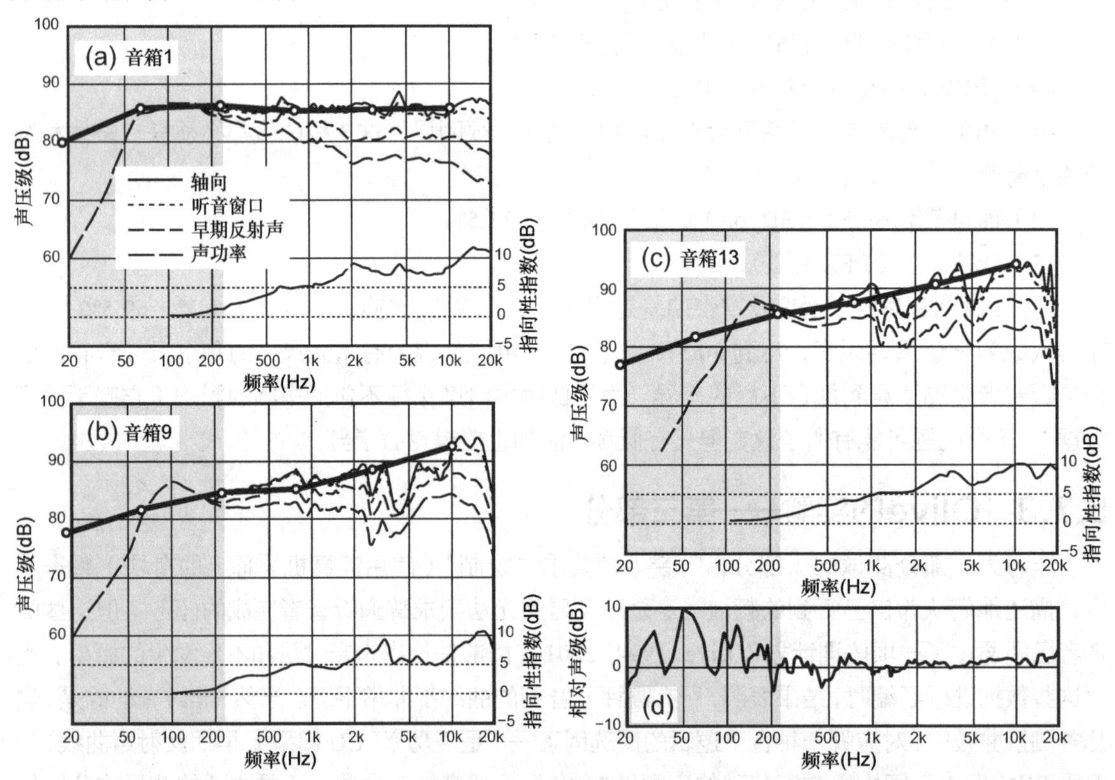

图 5.15　图（a）、（b）和（c）展示了 13 款被测音箱中 3 款的 Spinorama 数据（结果见图 5.14）。叠加在每条曲线上的粗黑线表示的是听音者在听音室中对频谱平衡的主观估计。空心圆点表示听众用来描述他们所听到的频谱频带的中心频率。这是一条纵轴上的“无量纲”曲线，反映了相对于听音者个人理想的增强和衰减的主观印象。因此，作者随意调整了这些曲线的垂直比例和垂直位置，直到它们似乎符合消声数据的模式。选定垂直比例用于 3 条曲线。在大约 250Hz 以下，消声数据不再准确反映在听音室中听到的声音——在听音室中，消声数据将变得不那么平滑，振幅明显更高，并且这部分曲线被染色。由于测试是使用位置替换法进行的，因此房间对声音的影响是相当恒定的。（d）展示了 PIR（来自消声数据）和房间内测量（摘自 Olive，2004，图 7）之间的平均偏差。与主观频谱平衡最明显相关的是轴向或听音窗口曲线

在这些实验中，训练有素的听音者能够画出频谱趋势曲线——频率响应曲线，描述他们在听音室听到的声音。所有得分较高的音箱都被描述为具有平坦的频谱（高于过渡频率），这一趋势与所有相应消声测量的轴向 / 听音窗口平坦的曲线相匹配。

偏好评分较低的音箱被描述为低音不足或高音过多，或两者兼而有之。这些趋势倾向于产生更平坦的声功率曲线，从而使音箱在 CU 评论中获得更高的准确度分数。然而，这一趋势与这些听音者和许多其他人所认为的高音质的关注点背道而驰。在到达耳朵的声音层次中，直达声具有特殊性，而平坦是一个很好的目标。图 5.2 表明了这一点，Queen（1973）在结束一项调查时说："迄今为止的结果倾向于证实频谱识别主要取决于声源的直达声这一假设。"

在过渡频率以下，在图 5.15 中的灰色阴影区域，很明显，听音者对更接近房间内低频响应的东西有感觉，而不是对消声频率响应有感觉。这是所有此类模型的终极限制，因为听音室及其内部的配置决定了低频的量感和质感。低频占整体主观评分的 30% 左右，这是一个非常重要的问题，这意味着如果要在听音环境中实现专业人士和消费者之间的一致性，就需要对房间中的低频进行实质性控制。第 8 章对此提供了指导。

5.8 音箱谐振的检测和补救措施

4.6 节详细讨论了这个主题，图 4.13 展示了如何在消声数据的 Spinorama 呈现中显示谐振。在空间平均曲线中，凹凸的持续性得到了证实。不需要看瀑布图，因为如果有谐振峰，就会有时域振铃；没有谐振峰，就没有时域振铃。正如 Toole 和 Olive（1988）所汇报的，频谱起伏是可听性最可靠的指标。

音箱单元是最小相位器件，因此可以通过电子信号路径中的（最小相位）参数均衡来衰减其中的谐振。正确操作后，音箱的振幅和相位响应都会得到纠正：谐振峰值减小，时域错误行为也减少。理想情况下，这将由制造商根据高分辨率消声测量完成。如果无源音箱出现谐振，如图 5.15 中的两个示例所示，普通消费者很难识别和修复该问题。

结论是，从全面的高分辨率消声数据开始是非常有利的，从这些数据可以可靠地预测音箱存在的问题。在过渡 / 施罗德频率以下，房间处于主导地位，需要其他补救措施（参阅第 8 章和第 9 章）。

5.9 总结与讨论

从前数字时代的简单模拟墨水线到计算机控制的无限量数据收集、数据的精细数字处理、房间稳态曲线的有效预测，最终到对听音者听到的声音音质的主观评分预测。我们可能永远不会消除主观评估的必要性，但知道有一些测量方法可以为产品评估提供指导，这是非常令人宽慰的。事实上，人们可能会面临这样一个挑战：对一组正确的消声测量值的检查可能比"带回家听"的主观评估更可靠，并且比在音响展会或商店进行的不受控的听音活动传达的信息更可信。现在，实体音响店已经很难找到了，网络销售也变得越来越流行，如果顾客能获得像 Spinorama 这样的数据，或者一个合理的类似数据，这是非常有帮助的。

令人印象深刻的是，我们现在有了一种技术手段来识别可能听起来不错的音箱。同样令人印象深刻的是，在不同房间进行的听音测试证实了这一点（7.6.2 部分）。人类有一种非凡的能力来“透过”房间“聆听”声音。

图 5.16 说明了所谓的中心悖论，在这个悖论中，无论是现场的声音还是回放的声音，都会通过在声学上可能很混乱的房间，然而耳朵和大脑却能感知到声源本身。正如它的创造者 Arthur Benade 博士所设想的那样，中心悖论存在于现场表演中，但事实证明，也存在于声音回放过程中。明智的做法是不要低估双耳感知过程的力量。

如果我们愿意，可以造出音色特征基本上中性的音箱。然而，它们在使用中是否听起来好听还取决于录音本身。有自尊心的音箱发烧友不会在没有仔细挑选示范音乐的情况下展示他引以为傲的音箱系统。事实上，录音在频谱特征上的差异与混音的环境有关（Børja，1977）。多年来，人们一直无法找到能使众多不同音箱更平坦的录音，尽管寻找这样匹配的音乐是一个反复试错的过程。图 5.17 描述了问题的根源，这是对 Benade 图表的改编，它介绍了音频行业的一些现实情况。

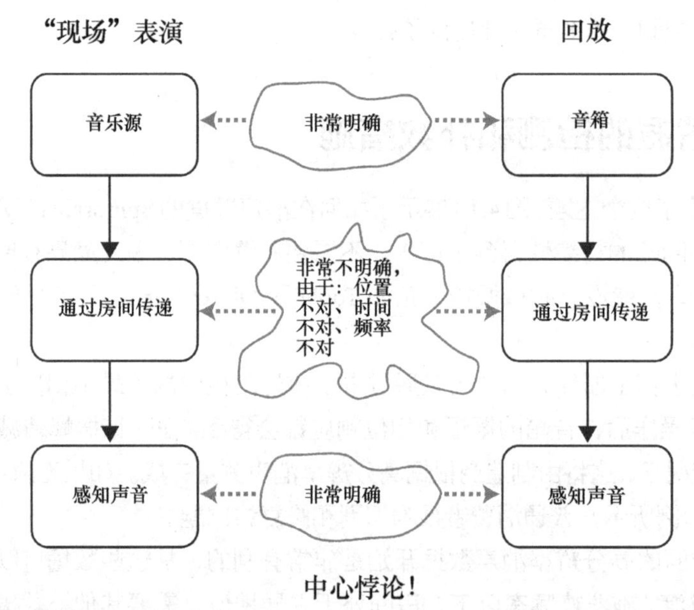

图 5.16　房间里声音的“中心悖论”（Benade，1984），我将其扩展到包括回放的声音。信息是，我们在房间里测量的东西可能与听到的东西直接相关，也可能不直接相关。然而，对于音箱，性能的充分描述可能会提供有用的数据。这一点现已得到证实

在现场表演中，我们通常不需要“均衡”（即使我们能均衡）来自乐器和人的声音。这些本来就是它/他们该有的声音，而且在大多数情况下，音色在不同的表演场所得到了很好的复制。低频平衡可能是一个例外，但有趣的是，如果我们在现场表演中感觉到低音过多或不足，我们不倾向于责怪乐器或音乐家，而是责怪表演场地的声学表现。这可以解释为感知流的情况，正如 Bregman（1999）所描述的那样，这是听觉场景分析的结果。显然，有重要的感知分析、推演和适应正在进行。这种认知活动显然是在日常听音中潜意识地发生的；我们在不同的房间里听到并识别相同声源的音色和细节。与全指向话筒和分析仪相比，两耳和大脑的分析能力和适应性更强。

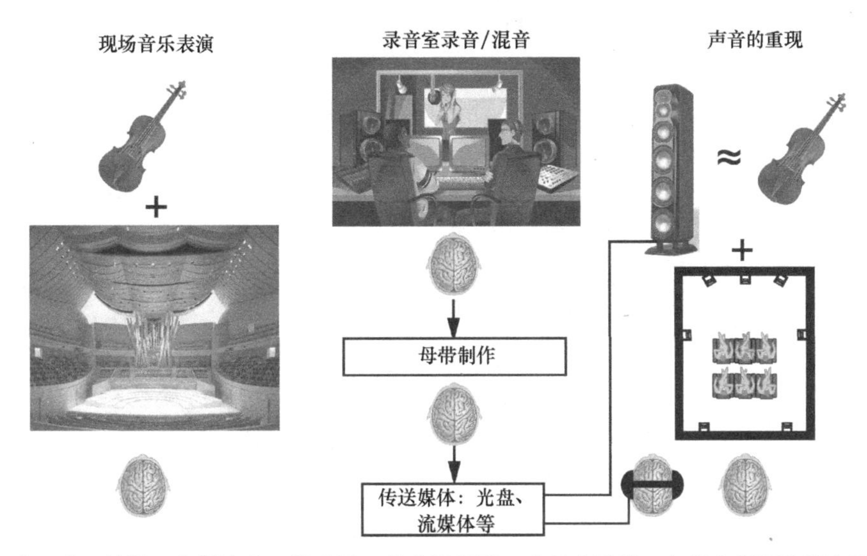

图 5.17　阐述了中心悖论，包括声音回放中涉及的实际因素。有几个阶段，如果有想要让听众听到创作的艺术，这些阶段都必须有一些重要的共同的物理因素。这一系列活动的技术部分需要进行一定程度的标准化。人类的感知和判断是这一过程的一部分，有助于艺术内容的形成——这是选择自由、不应有界限的地方。具有独特“个性”的监听音箱不应成为艺术的一部分

无论话筒是在音乐厅还是在专用录音室捕捉声音，我们都将在混音室进行试听，可能还是多个混音室，也可能是通过多种音箱。在这个艺术创作过程中，三频均衡和音色的调音可能会根据听到的声音来决定。这是声音回放过程中“调音”的第一个阶段，问题是所使用的特定音箱的某些特征会改变所创造的艺术。然后，录音可能会进入母带制作阶段，在这个阶段中，其他人会通过其他房间的其他音箱对录音进行试听，并且可能会进行额外的修改，以创建一个音乐版本，希望在交付媒体的限制范围内，让听众满意，无论他们身在何处。这是“调音”的第二阶段，显然涉及一定的猜测。

音箱设计师负责“调音”的第三阶段。通常，销售和市场营销人员会合作寻找三频分布平衡和频响形状，以迎合他们喜欢的音乐类型、他们认为客户可能喜欢的音乐类型，或者他们认为可能使他们的产品在商店展示中脱颖而出的音乐类型。这是另一个涉及猜测的过程，多年来，这对不同品牌的一些特色声音起到了重要作用。

现在有了“调音”的第四个阶段，即房间均衡，在这个阶段中，自动算法用于在听音室中进行测量，并调整频率响应，以满足对音箱、房间或几何形状一无所知的人设定标准。不生产音箱的公司已经设计了大多数算法，正如后面将讨论的那样，其中一些算法反而可能会降低优质音箱的性能。

显然，在声音回放系统的“音色”中有太多的“调音”。越来越多的音箱设计师意识到“中性”是一个好办法，他们认为事情能像现在这样顺利进行，这是他们的功劳。在艺术创作中使用的监听音箱应该相当于清晰的窗户，艺术家可以通过它观看自己的艺术作品。然后，如果他们不喜欢他们看到的，他们可以混音修复。如果消费者有类似的中性音箱，他们就有合理的机会听到艺术创作的声音。否则这就是一场赌博。

希望补偿可闻频谱偏差的消费者应该可以使用音调控制，但不幸的是，在当代数字设备中，其中一些已经变得不方便使用，或者在 High-End 被误导的情况下，这项功能根本不存在。

第6章 音箱/房间系统简介

漫长的一天结束后，他独自在自己的私人空间里，一只手拿着一杯清凉的苏格兰威士忌，另一只手拿着一个新买的 CD 播放器的遥控器。他按下“播放”键，坐下来享受一些美妙的声像。

这是我在 1986 年为《声音与视觉》杂志写的一篇题为“立体声分布画面与结像”的文章的导言。这是一种讽刺的手法，用以引出一个和立体声本身一样古老的话题的严肃讨论。除了音乐的旋律、节奏、和声和歌词，严肃的听音者还期望有一个舞台范围，表演者们在舞台上排列，在一个声学处理过的环境中演奏，幸运的话，这样的声音可能会包围着听音者。

发烧友声称，声像受播放链中的一切环节影响，“真相”在录音中，等待着通过音频线、电源线、功放、音箱线、音箱、脚架、房间处理等的正确组合来揭示。看完一些广告宣传和评论后，很容易感到讽刺。毫无疑问，有大量的话题需要讨论，但有些说法夸大了可信度，蔑视了物理定律。在这里，我们将坚持主流物理学和心理声学的观点，并且将问题定位在播放链的最终环节：音箱和房间。

录音是我们听到的声音的主要决定因素。图 5.17 描述了一个包含许多变量的过程，这些变量位于我们正在经历的播放媒体的上游。录音阶段所采用的音箱和房间对我们最终听到的声音的影响可能比回放时的影响更大。这是音频怪圈的前提（1.4 节）。如果认为艺术的创造者与听众具有相同的感知能力和侧重点，那么结果必然会有所不同，这也是自以为是的。我们可能永远也不知道人们的感知能力和侧重点为什么会不同，但了解关键的物理因素是很有用的，这样听音者就可以进行一些控制变量实验。如果我们能确信我们听到的是创造出来的艺术，那就太好了。

多年来，音箱和房间一直被视为独立的个体。在某种程度上，它们确实是独立的，但最终，人们对音箱和房间如何协同工作的了解越多，那么也就越能够提供高品质的娱乐。

6.1 一个房间，两种声场——过渡频率

第 5 章中显示的房间曲线表明，正确的消声测量数据组可以在中高频下较好地预测典型房间中的表现，但在低频下，曲线呈块状且不规则。声学解释是相对独立的房间模式和相关的低频驻波的主导地位，以及交叠模式和高频反射声的复杂集合。因此，随着频率增加，房间驻波的影响越来越弱，我们应该考虑由多个方向的多次反射引起的建设性和破坏性声学干扰的不规则模式。

在有序的低频房间共振和不同的高频声学行为之间是一个过渡区。在音乐厅和礼堂等大型房间中，该区域的中间部分将被定义为施罗德频率，或如施罗德本人所称的交叉频率 f_c（Schraeder，1954，1996）

$$f_c = 2000\sqrt{\frac{T}{V}}$$

式中，T 为混响时间（以 s 为单位），V 为房间体积（以立方米为单位）。在 1996 年的论文中，常数从原来的 4000 变为 2000，要强调一下这只是一个估计，而不是一个精确的计算。

施罗德频率的计算假设有意义的混响时间、较强的扩散声场和无障碍的体积。小型听

音室和录音室的吸声能力太强，无法产生相应的混响声场（见10.1节）。因此，在小房间中，尤其是那些有大型家具的房间，无法匹配这些假设，因此计算值可能是错误的，正如Baskind和Polack(2000)所指出的那样。对于图5.4(c)测量中使用的房间，施罗德频率为129Hz(T=0.32s，V=76.9m^3)。这似乎是偏低的，因为曲线中的大幅度波动并未减少，尽管其中一些变化可能与相邻边界效应有关。然而，无论如何定义，或如何称呼，过渡区都是真实存在的，因此有必要采取不同的方法来处理位于其更高频率和更低频率的声学现象。以房间模式为主的低频区和以反射声为主的高频区之间过渡区域的形象解释如图6.1所示。

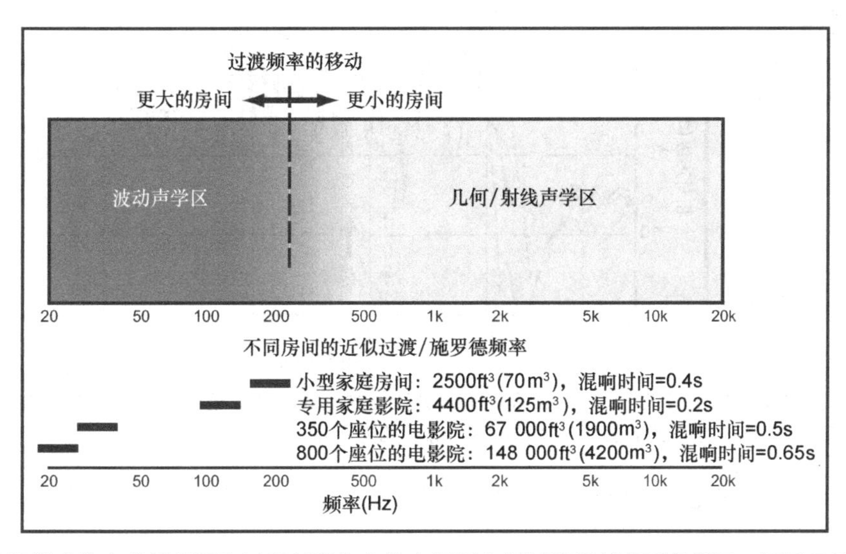

图6.1 以房间模式为主的低频区和以反射声为主的高频区之间过渡区域的形象解释。还显示了房间大小对过渡区域在频域中位置的影响

图6.2让我们更深入地了解了这个话题。这里显示了使用扩展的频率标度，以及在主要听音位从环绕声系统中的5只音箱中的每一个进行的高分辨率频率响应测量。房间在几何上是对称的，但曲线上的差异表明它在声学上不是对称的。这是由于一侧墙面上有一扇门，混凝土墙使其比另一面墙的刚度更大，使其在特定频率下比另一侧墙的变化更大。结果是驻波曲线不对称。5只相同的音箱按照ITU-R BS.775–2建议的布局放置，并在听音者头部位置进行测量。

驻波在低频时会引起巨大的变化，覆盖了图中的整个40dB范围。约超过100Hz时，变化会减弱，约超过200Hz时，变化似乎更稳定。从细节上看，在大约200Hz以下，尽管由于音箱摆放在不同位置而产生一些相关的明显变化，但可以看到在清晰可识别的频率下相对独立的谐振峰存在的证据。频率可能与计算的频率不完全匹配，因为房间边界并不像理论假设的那样理想。在200Hz以上，模式变得更加无序，峰间变化更小。然而，一个潜在的趋势是显而易见的，包括500Hz的突变，这是一个没有低通滤波器的低音音箱的特征。这个房间的实际过渡频率似乎在200Hz左右。计算出的施罗德频率(f_c)为111Hz(T=0.4s，V=128m^3)，显然是太低了。对于这个房间，将原来的常数4000代入方程，将得到对这个小房间来说更好的答案。

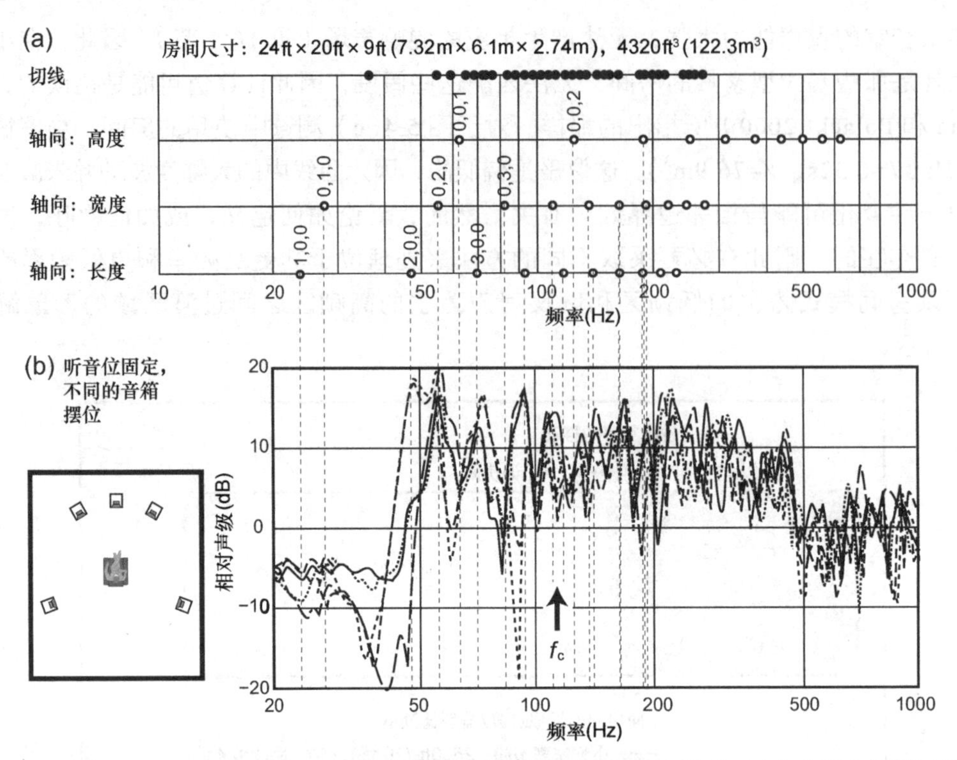

图 6.2 （a）根据 ITU-R BS. 775 - 2，计算听音室的听音位的轴向和切向模式。（b）在听音位测量的 5 只音箱的 1/20 倍频程稳态测量值。施罗德频率（f_c）如图所示

以下章节将分别讨论高于和低于过渡频率的事件，因为它们需要不同的分析和处理。

6.2 音箱与房间相互作用的概述

在音频中有一条讨论线索，鼓励人们相信，如果不消除听音室的问题，也要对其进行有效的控制。一阶反射声被认为是存在明显问题的，主要任务是找到房间边界上的反射点并应用吸声板或扩散板。衰减房间内的低频共振需要大量低频吸声材料。互联网上显示的一些房间，失去了正常的室内装修的感觉。它们实际上充满了巨大的吸声材料—— 42 是我能记得的一个房间里的吸声材料的最高数量，并且房间的主人引以为豪，就好像任何一个吸声材料较少的人都不强烈追求好的声音。毫无疑问，如果考虑到这一选择，有家庭房间的发烧友会与重要的其他人展开严肃的辩论。

如果有孤独社交或隔音的需要，一个专门的家庭影院就是答案。那么就没有什么限制了。然而，对于寻找高性能的聆听空间，通常配备家具的家庭房间同样引人入胜。这种信念激发了一些科学研究，寻找传统声学解决方案的替代方案。幸运的是，现在有很多选择可以满足不同的偏好，因此无论音乐本身是什么，好的声音都可以成为一个人生活方式的一部分。

音频回放经历了几十年的方向感与空间感的缺失。这种缺失始于第一个音频回放技术，单声道音频，它剥夺了音乐的任何声场、空间感和包围感的表现。早期的话筒动态范围有限，背

景噪声高，需要将话筒靠近声源，这进一步加剧了这种情况。使用相对死气沉沉的录音室和电影旁白进一步加剧了空间感的匮乏，“在家里，软垫家具、窗帘和地毯经常通过多次反射阻止合奏的声学发展，爱迪生管弦乐队的录音通常非常不吸引人”（Read and Welsh，1959，第 209 页）。录音工程师很快就了解到，可以使用多个话筒来模拟反射声的效果，因此录音室的声学环境通过录音技术得到了改善。

定向话筒可以进一步控制捕捉到的声音。有了相对“固定”的源材料，就有必要增加混响，而录音的历史主要是关于如何使用混响室和电子或机电模拟设备来增加空间感。在过去，这些效果器很少使用，“20 世纪 30 年代早期的典型配乐强调声音清晰易懂，而不是空间感真实”（Thompson，2002，第 283 页）。

一个巧合的影响是声学材料工业的发展。在 20 世纪 30 年代，数十家公司正在制造各种型号的声阻式吸声器、纤维绒毛和吸声板，以吸收反射声，并对烦人的噪声进行隔音。声学处理成了增加吸收的同义词。死寂的声学是一种文化规范——“现代”声音，它与录音的简单性、低成本、小型工作室和盈利能力相一致（Blesser 和 Salter，2007，第 115 页）。“当混响被认为是噪声时，它就失去了作为空间声学特征的传统意义，也失去了声音和空间两者之间的古老联系——与建筑本身一样古老的联系被切断了（Thompson，2002，第 172 页）。”

Read 与 Welsh（1959，第 378 页）讲述了 1951 年的一次讨论，由流行音频评论员 Edward Tatnall Canby 在《周六录音评论》（*Saturday Review of Records*）中撰文。他说：“‘活泼’是演奏音乐时房间多次反射的复合效果”。你也可以这样理解，反射是对“纯粹”音乐的扭曲，但它恰好是声音自然性所必需的失真。没有反射，音乐就被形象地描述为“死亡”，反射声生动丰富了音乐的表现、混合和完善了声音，将泛音和基音的原材料组合成某种模糊和柔和的现实，这在不同程度上对所有音乐来说都是正常的。“通过消除所有基本模糊来‘清理’音乐的灾难性实验早已向大多数录音工程证明，音乐家确实喜欢他们的音乐本身被弄脏了”他说。今天来看，唱片公司走了非常长的路。

这种认为反射声会导致“纯”音乐被玷污的观点，以及发现音乐家和普通听众都更喜欢“混浊”版本的音乐的事实明显让人惊讶，即使在今天这也存在于音频界中。我们现在已经有了非常详细的解释，但我们可以本能地把握这样一个事实：在音乐厅的后排，直达声（“纯”音乐）并不是主要的声学现象。然而，它微妙的存在对我们的感知有着强烈的影响（Griesinger，2009）。耳朵和大脑组成了一个强大的声学分析工具，能够从那些仅仅依靠客观测量时似乎非常恶劣的声学环境中提取出巨大的分辨率、细节和乐趣。从技术角度看，一些看似不可能被发掘的东西被视为一场精彩的音乐表演（见图 5.16）。

20 世纪初，当赛宾将混响时间的概念引入房间声学讨论中时，他提出了清晰度和一个相关的问题。清晰度是为了增加一项技术措施，并对大型生活空间中出现的音乐模式的时间模糊现象进行相应的洞察。当在适合现场表演的空间录制的音乐经常被认为有太多的混响时，问题就出现了。一支话筒对这样的声场进行采样，然后通过音箱进行回放，发现根本不起作用；这是因为混响过多。我们的两只耳朵使我们能够在三维空间中定位声音，在鸡尾酒会上分离单独的对话，并将这些区别于随机混响的背景，但我们没有在录音中得到正确的信息。我们需要多支话筒，通过多通道传送信息，将适当的声音传送到我们的双耳听觉系统，但早些年间没有这些技术。

习惯是很难改变的。20 世纪 50 年代立体声的引入给了我们从左到右的声场感觉，但近距离话筒的录音方法，多音轨和 pan-pot 混音没有给听众带来一种被声音包围的感觉。古典音乐曲目普遍设置了更高的标准，具有演出空间大而带来的反射优势，但是，±30° 或以内的位置并不是产生强烈包围感的最佳位置（如后文所述，这需要从更远的侧墙发出额外的声音）。也许这就是为什么发烧友们几十年来一直在试验具有更大分散度的音箱（以激发更多的房间反射）、音效插件和更多的音箱（以产生从侧面和后面传来的延迟声音）。在录音室中，音频工程师现在采用空间模拟算法，通过添加一些低相关性的空间声音，甚至通过消除双耳串扰来打破前方声场的单调性。这些都是为了在立体声音频回放体验中贡献更多“缺失的东西”，然而即使在最好的情况下，这也只能为一个听音者服务。

真正的解决方案是更多的声道，提供从单一位置声像到空间印象和沉浸感（视情况而定）的任何音频回放能力。立体声和多声道声音回放都是由电影驱动的，而不是音乐。我的经历很多，还记得一些音频（当时是高保真）权威人士认为单声道提供了所有对于音乐而言重要的声音，立体声是不必要的。难以置信的是我们有 5.1 和 7.1 的选项已经有好多年了，主要还是用于电影，很少用于音乐。现在有了身临其境的“声音”，电影院在墙上和天花板上安装了许多（目前多达 60 个或更多）独立驱动的音箱。

有人在关注方向和空间的感知维度。二者大部分被用于电影中的音效，但不久前，我在音乐厅和大教堂听到了多声道 Auro-3D 沉浸式古典音乐演示。两者都是令人惊讶的真实还原，人们可以在听音室里走动，而不会失去好像还在真实空间中的幻觉。当声音在适当的时间从适当的方向传来时，耳朵和大脑会识别出差异。多指向性的立体声音箱增加了一些方向，但不包括侧面和后部的方向，也没有适当的时延来产生真正的包围感。针对家庭使用场景而缩小的多声道系统既提供了惊险的电影体验，也提供了引人入胜的音乐前景。最先进的家庭影院也可以是最先进的音乐厅回放设备。

最近一项有趣的研究表明，当在真实空间（即听音室）中收听录制的空间音频时，最常被感知的是两个空间中较大的一个（Hughes et al.，2016）。因此，声音回放的目标似乎是使用一个比音源素材中任何空间都“小”的播放空间，在家庭房间、家庭影院和录音室，情况就是这样。电影院在回放小空间的空间印象方面则存在问题。

6.3 可归因于房间的音色和空间印象

图 6.3 试图总结当音箱的声音充满房间时人们所体验的感知效果。方向和空间印象是根据文献中的评论进行估算的，主要与大型场馆有关，但底部的波动声学效应有很好的记录。这些都将在一定程度上取决于音箱、房间和音源素材的具体特点。

在检查小房间声学现象的实验证据之前，我们非常简要地总结一下低音频率范围以上声音的主要影响。大型场馆中的感知与小型场馆中多声道系统回放的感知之间存在某种重合，有时它们是基于相同的目标的。本书其他地方对这些主题进行了更详细的讨论。

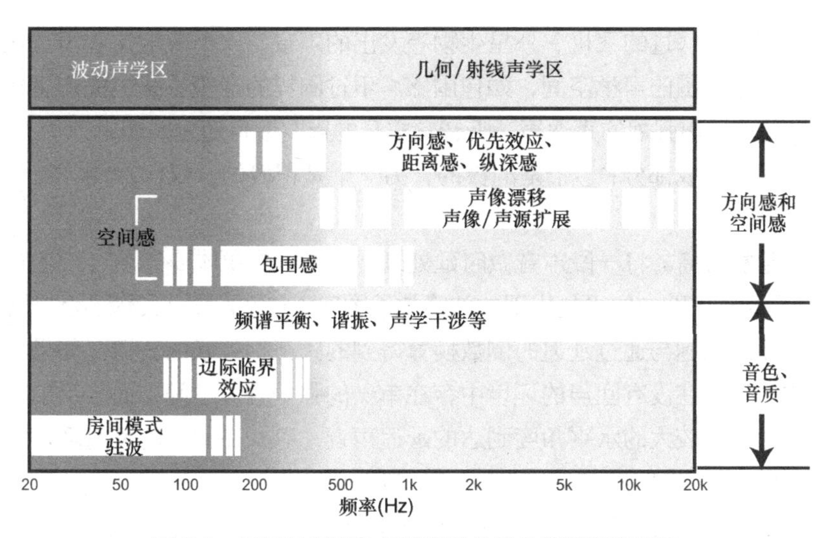

图 6.3 可闻反射声的各种听觉效果的近似频率范围

声源定位涉及以下两个主要方面。

（1）方向感。识别声音发出的方向。由于耳朵的位置，我们在水平方位定位方面比在俯仰角定位要好得多，在靠近中间平面（穿过头部的垂直前 / 后平面）的位置比我们在侧面的位置判断力更精确。在房间里，**优先效应**允许我们在大量反射声中定位声源。这是一种认知效应，发生在大脑的高级处理水平上，这意味着在不同的时间和地点，对于不同的声音，这种处理可能是不同的，并且随着经验的变化而变化。

（2）距离感。反射声会帮助我们确定距离。距离感知也有认知效应的成分，这意味着我们可以学会识别声场的各个方面。因为地板反射始终伴随着我们，并且因为它与所有水平反射非常相似，所以人类完全可以适应它（7.4.7 部分）。这使得多声道系统可以将信息传递到不同的地点。

空间感或**空间印象**可分为以下两个部分。

包围感和空间感。也称为听者包络（LEV），这是在特定声学空间中的空间印象。这也许是区分真正好的音乐厅的最重要的感知因素。如果没有多声道音频从不同方向提供独立的、较大延迟的声音，那么在家里是无法回放音乐厅中的声音的，而这是我在常规现场音乐厅中很容易听到的东西。新的沉浸式音频系统在这方面被寄予很大的希望。在最开始使用多声道音频的电影中，目标是提供能够使观众“置身于”屏幕上描绘的空间中。

声像的尺寸和位置。较强的反射声能够在反射方向上轻微移动声源的感知位置或使声源听起来更大。在现场古典音乐表演中，这被称为感知声源宽度（ASW），观众们喜欢它。在声音回放方面，有证据表明这种趋势仍在延续。较小的声源位置偏移是无害的，因为没有人知道预期的位置到底在哪。在现场表演中，乐器和人声周围的“空气”会使声像变宽。它为声音提供了一个声学背景，而不是让声音作为一个理想精确的点声源漂浮在空间中，尽管有些听众似乎喜欢这种声音高度集中的增强效果。

沉浸感。在这里，我将不遗余力地提出一个定义。在电影院或家庭影院中，在观众周围或上方安装大量音箱的想法是为了传达从特定方向发出的特定声音。它们可以是树上的鸟、森林里飘落的树叶、雨滴、飞过的飞机、外星生物等发出的声音。一个人被这些声音包围，但这些声音并不能完全描述周围的声学空间，如包围感。不过同样的音箱系统也能产生包围感，由于如此多的有源音箱能发出强烈的直达声，听音室本身的重要性也随之减弱。

音染有两个基本组成部分：一个是消极的，另一个是积极的。仅仅检测“差异”并不是一个充分的标准。

梳状滤波，重复音高。将一段声音做时延处理，再混入音源本身，就会产生音染。在测量结果中，我们会看到频率响应中重复出现的波峰波谷图案，这就是为什么称之为“梳状”滤波。在某些情况下，可以感知到与通过延迟的倒数换算得到的频率相关联的音调。如果该效应发生在电子信号路径中，或者在没有回声的环境中存在单一的强垂直（中间平面）反射，则其影响是明显的。然而，对于从较大的水平角度到达的延迟声音，以及在常见的反射环境中存在的多次反射声，效果不再是一个问题——感知只是一个“房间”。

谐振的可闻性。谐振是人声和乐器声音的“构成要素”。存在反射的空间增强了我们听到谐振的能力，使这些声音更加丰富和有趣。在音箱中，谐振却是一个巨大的问题，因为它们单调地给所有回放的声音相同的染色。在有反射的房间里听音乐更容易暴露出劣质音箱的问题。

语音清晰度。如果对语音的感知不令人满意，我们获得信息和娱乐的能力就会受到严重损害。幸运的是，人类的听觉系统对典型的小房间反射具有显著的耐受性。事实上，我们正是利用这种容错性来帮助我们理解语言。

许多开创性的研究工作是使用语音作为测试信号进行的，虽然语音从根本上来说很重要，但电影和音乐包含更复杂、频带更宽的声音。类似地，许多实验检验了在没有反射的环境中模拟一阶反射的效果。结果没有错，但它们很可能需要修改以适用于正常的反射环境。正如我们将要看到的，我们关于声音的本能反应并不总是正确的，我们关于判断什么声音听上去更重要的本能也可能需要调整。

第7章

高于过渡频率：声学现象和主观感知

在典型的家庭听音室、家庭影院和录音室中，过渡频率在 200 ～ 300Hz。在该区域更低的频率上，我们必须处理房间共振和相关驻波（在第 8 章中讨论），以及边际临界效应（在第 9 章中讨论）。在这个区域更高的频率上，我们需要了解音箱如何将声音辐射到房间中，房间如何在把这些声音传递给听音者的过程中修改这些声音，以及听音者如何对直达声和反射声的结合做出反应。

在单声道时代，房间非常重要，因为房间内的反射为回放的音频内容提供了唯一的空间背景。录音只包含混响：一种时域现象。一些发烧友将音箱对准墙壁或角落，以增加空间复杂性，弱化单一“点声源”的声像。多指向音箱通常用于立体声回放，部分原因是它们柔化了许多流行音乐和爵士乐中的生硬平移的左右声像，并对古典音乐声场进行了轻微扩展。

立体声录音的优点是能够包含两个声道中相关性较差的声音，因此能够在位于两只音箱之间的范围内形成虚拟声像，还可以产生一定的空间印象。虚拟声像依赖于物理中的对称性，以及听音者发现问题并停留的最佳位置，听音者在最佳听音位向左或向右倾斜，虚拟声像就会向较近的音箱移动并最终崩溃。

音乐之间巨大的差异增加了复杂性。许多流行音乐和摇滚音乐“咄咄逼人”的特征与古典音乐所期望的柔和的声像和宽敞的舞台范围形成了对比。随着时间的推移，流行音乐有选择地采用了古典音乐的一些空间特征，混音中的一些成分通过信号处理产生混响空间的感知。我们已经可以确定其中的一些变量，并预测音乐爱好者之间会有不同的意见和偏好。

在多声道音频（多指电影音频）中，所有的立体声问题都以倍数的形式存在。但电影有一个显著的特点：中置声道不仅传送绝大多数的对话，而且在大多数情况下，还传送所有屏幕上的声音。由于腹语效应的影响，无论声源是什么，观众往往不会注意到声源方向与银幕中物体方向的矛盾，例如正在运动的嘴唇和关门动作。正是由于这种现象降低了成本，使音频编辑更容易。只有大成本的电影才能做到在屏幕上对应的位置回放声音。也可以以这种方式使用其他声道，一个人声从左前方发出，与右前方的另一个人声对话。这些都是单只音箱、单声道声源的例子，房间的相互作用对它们来说可能很重要。然而，如果多声道同时发出声音，房间的影响会被音源文件冲淡。

音乐的默认格式是立体声。我完全理解过去多种实体音频媒介（黑胶唱片、CD、SACD、DVD、蓝光等）所带来的经济压力，但随着流媒体娱乐的增长，会有更多的其他选择。随着电影为沉浸式娱乐提供了许多声道，也许一些也可以用于音乐。我听说一些人对多声道音乐不屑一顾。诚然，并非所有此类录音都是优秀的。但经过大约 60 年的实践，我仍然能从立体声录音中听出可闻的缺陷。时间会证明一切。不过，就目前而言，以下大部分讨论将集中在传统立体声上。如果回放得好，高质量的音频娱乐体验是有可能的。更多声道只是一个在方向感和空间感上锦上添花的选项（参阅第 15 章）。

7.1 物理变量：早期反射声

自本书第一版面世以来，一些人认为作者图尔是赞同侧墙反射声的，并在各种互联网音频论坛上发表了自己的观点。我成了他们观点的“稻草人”反对者，他们的出发点不出所料地是鼓励购买他们销售的音响产品。事实上，如果我的批评者一直读到本书的结尾会发现，上一版图 22.3 展示了一些推荐的房间处理方法，我在书中已经声明这些有争议的侧墙区域的声学处理是“可选的：吸收、扩散、反射”（都可以）——选择权留给设计师和他们的客户。

据说，我对侧向反射声的说法是在忽视或摒弃数十年来专业音频传统的情况下进行的，在这些传统下，录音室中这些反射要被吸收掉。在我职业生涯的早期，我设计了一些录音室用于学习。其中一个录音室可以容纳 75 人的管弦乐队，有单独的人声专用房间和鼓专用房间，以及两个混音室。当时很多大功率监听音箱都不太令人满意，因此我还设计了一些监听音箱（参阅 18.3 部分）。在那些日子里，大功率的主监听音箱有着适中指向性的中高音号角，侧墙通常是倾斜的，以将残余的一阶横向反射声引导到后墙的宽带吸声器中。录音工程师更喜欢在较强的直达声场中，他们也确实是这样做的。那个时期的一些混音室有一个“死胡同”，吸收了房间前面的所有早期反射声。混音室设计中的这些实践是在大功率监听音箱普遍不怎么好的时候发展起来的。有些音箱的离轴表现非常糟糕（见图 12.8 和 18.5），因此缓解问题的唯一方法就是吸收离轴声音。

然而，作为一名科研人员，我发现了许多有趣的问题，事实证明，多年来，其他几位研究学者也发现了这些问题。Toole（2003）提供了我认为可能对混音室实践有指导意义的最新方法，这些都在这本书的第一版的几章中进行了详细的讨论，下面是一个修订内容和扩展内容。

这不是一个非黑即白的问题，无论我个人的观点如何，它都会被来自他人的实验数据所淹没，我只是一个传递这些信息的人。因此，请继续阅读并得出自己的结论。结论可能是“一种方案并不是哪里都适用”。

在进入实验证据之前，了解所涉及的物理变量是很重要的。我们的重点将放在一阶反射声上，因为这些声音是能够传达到听音者的第二响的声音。

7.1.1 立体声虚拟中央声像的问题

在下面的大多数测试中，听音者将试听立体声音乐。中央声像，在大多数情况下是主角，是声场的重要组成部分。无论我们主观上对其他任何声音做出何种反应，中央声像都不会被忽视。

图 7.1 说明了立体声音箱和家庭影院前方声道的基本反射情况。很明显，到达听音者的声音取决于音箱的指向性和房间边界上反射点的声学性能。一般来说，对于向前方辐射声音的音箱，辐射到音箱后面的声音主要是低频。由于这个原因，低频就不是这个问题的重要因素，但对于某些设计（双极子、偶极子、全指向）来说并非如此。在本图中，与“双单声道”虚拟中央声像相比，真实存在的中置声道音箱的反射模式明显简化。然而即使考虑到 2kHz 时双耳串扰会衰减，虚拟声像和真实声像在音色或空间感上也不可能听起来相同。几何对称在立体声系统中的重要性是显而易见的，包括一个“最佳听音位”的座位，如果有人想听到录音创作时原本的声音就必须坐在这个位置上。

由于两只音箱发出的声音在不同的时间到达听音者的双耳，立体声系统所产生的虚拟中央声像在频谱上的 2kHz 左右显著下降。如图 7.2 所示，这种双耳串扰抵消是声音受到梳状滤波器干扰的第一次衰减。

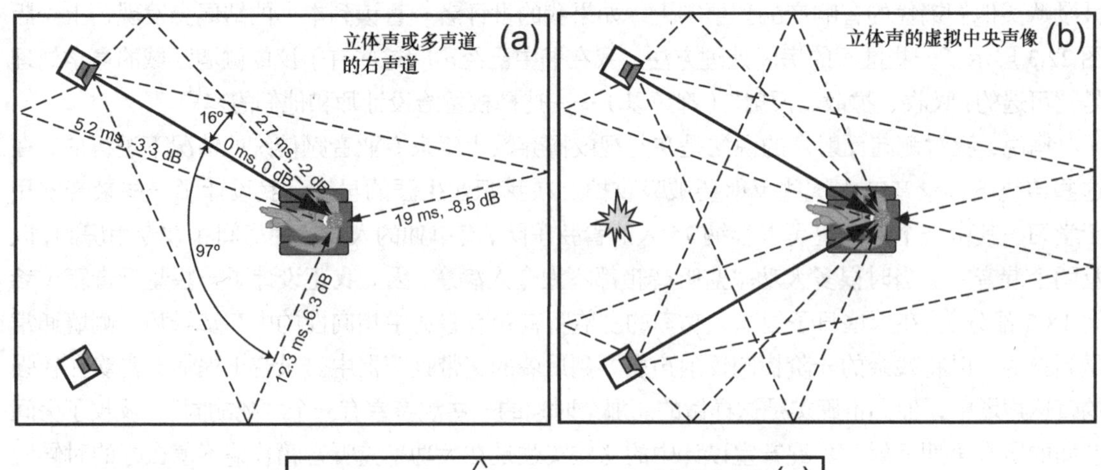

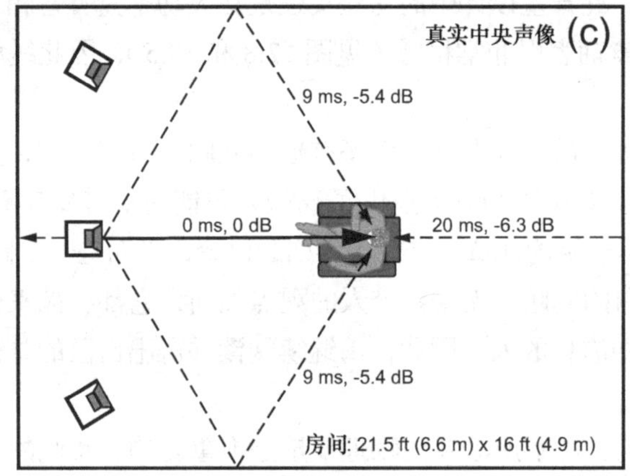

图 7.1　立体声和家庭影院配置中前方声道的一阶反射示意图。显示的所有延迟和声级都与直达声有关。在图（c）中，后墙反射遵循与直达声相同的出射路径

其结果是，立体声录音的中央虚拟声像的音质从根源上受到影响。那些相信相移是可闻的人，相信波形保真度是必不可少的人，必须三思而后行，因为正是上述这两种原因，声像已经被严重破坏了。作为说明，我推荐一个简单的实验。让两只音箱以相同的音量播放单声道粉红噪声。当你坐在对称轴上的最佳听音位时，在两只音箱中间会形成一个清晰的中央声像。如果不坐在对称轴上，就有严重的问题。如果不坐在对称轴上的话，想象一下你会听到什么，由于你非常轻微地向着对称轴的左边和右边倾斜：噪声的音色会改变。你坐得离音箱越近，直达声场越强，这种变化就越明显。在没有反射的房间里，这种现象也会更明显。事实上，只要听最枯燥无聊的声音，就有可能找到确切的最佳听音位。即使稍微向左或向右离开最佳听音位，音色也会变化。通过聆听音色变化来找到最佳听音位要比通过判断中央声像何时精确定位在中央声像应该在的位置上更加准确。音箱系统和配置没有任何问题。这就是立体声，因为它本身是有先天缺陷的。

在图 7.2（a）中，听音者从中置声道音箱接收直达声，每只耳朵都能接收到相同的声音。图 7.2（b）所示是虚拟中央声像；每只耳朵接收到两种声音，其中一种是由于额外的传播距离而产生的延迟声音。这两种情况都是对称的，所以两只耳朵听到的声音基本上是相同的。图 7.2（c）显示了当声音由一个中置音箱发出，以及由一对放置在消声室中的立体声音箱发出时，在一只耳朵上测得的频率响应。使用 KEMAR 人体模型进行测量，这是一种具有头部和躯干的、在尺寸上和声学上都接近人体的测量设备，耳道里有话筒和适当的声阻衰减。对于这两种音箱配

置测试所得到的曲线存在明显差异。实心曲线是“正确”的曲线。它展示了一个真实存在的中置声源传递给听音者的鼓膜的东西，它有一个奇怪的形状，这是由于外耳听觉系统的头相关传递函数(HRTF)导致的。虚曲线(虚拟中央声像)包括两只音箱的声串扰引起的声学干涉效应，以及由于入射声音从错误的方向到达耳朵而导致的 HRTF 错误：因为声音是从 ±30° 发出的而不是正前方。这种情况下，声源本该有的音色与声源本该所处的位置之间存在冲突。这并不理想。

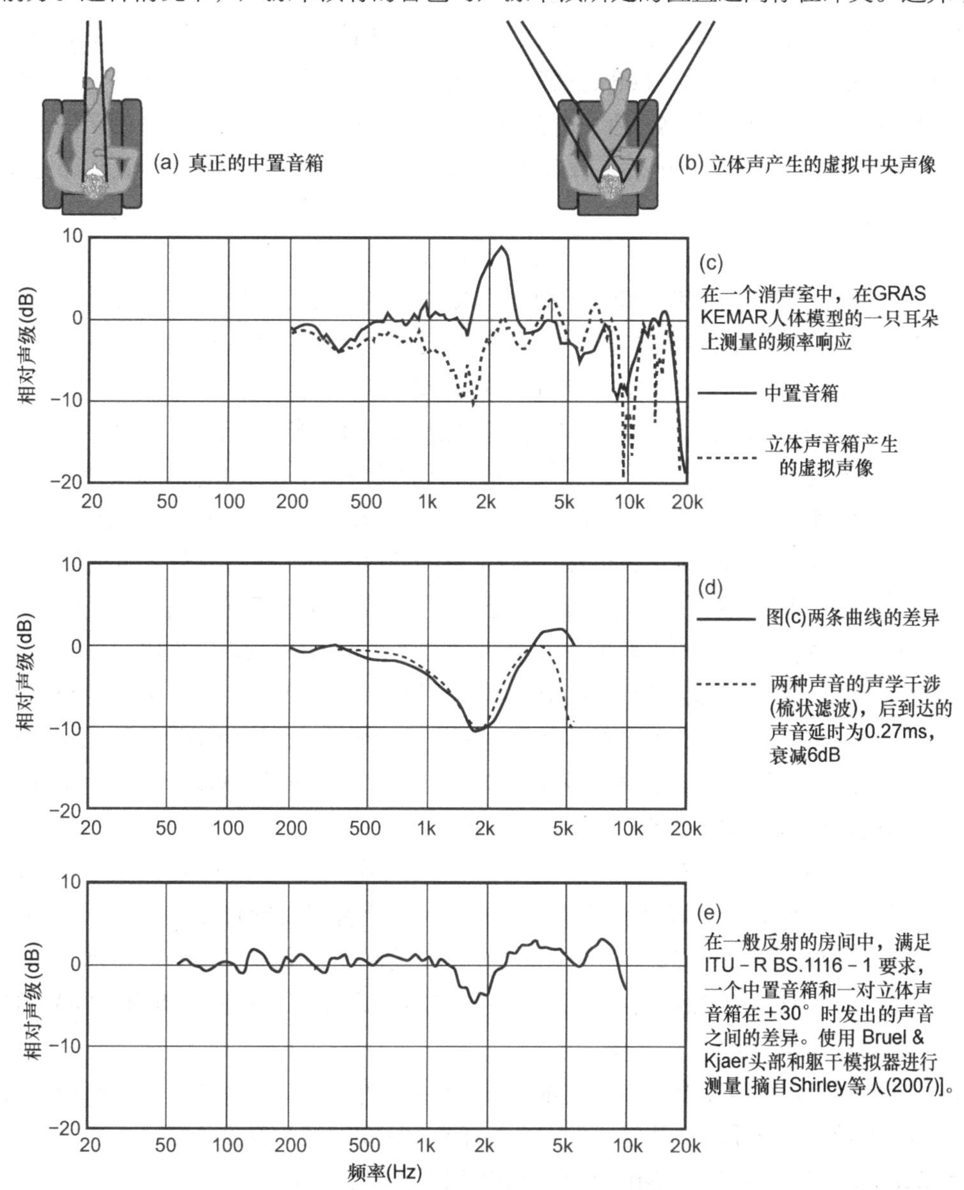

图 7.2 (c) 为在 KEMAR 人体模型的一只耳朵上进行的消声频率响应测量，用于图 (a) 所示的一个真实中置音箱，图 (b) 所示的一对立体声音箱发出的声音。曲线包含测试中使用的音箱的轴向频率响应，以及特定人体模型的相关入射角的头相关传递函数 (HRTF)。因此，重要的信息是曲线之间的差异，大约在 2kHz，存在实质性的差异。平滑后的差异如图 (d) 所示。没有显示 5kHz 左右以上的声音，因为很难将特定声学干涉的影响与其他声学问题的影响区分开来。虚曲线是第一个干涉凹陷 (梳状滤波器的第一个“齿”)，由 0.27ms 的双耳延时 (适用于中心左侧或右侧 30° 的音箱) 和 6dB 的延迟声音衰减计算。图 (e) 所示的测量为在一般反射的房间中进行的对应测量，表明房间内的早期反射声减少了干涉凹陷的深度 [摘自 Shirley 等人 (2007)]

图 7.2(d)展示了曲线之间的差异，揭示了声学干涉的后果。这可以通过简单的计算得到证实。对于一个平均尺寸的人头而言，距离前方轴线 30° 的声源发出的声音到两个耳朵之间的时间差约为 0.27ms。破坏性的声学干涉将在半个周期的频率下发生：即 1.85kHz。这并非一个完全的抵消，因为声音在传递过程中会有微弱的损失，并且有明显的衍射效应。当波长刚好超过 7in(178mm)时，因为它在尺寸上与头部相似，将产生由于一侧耳朵被头部遮挡而导致的明显的头部掩蔽效应。在该频率范围内，双耳振幅差约为 6dB。从一个简单的角度来看，图 7.2(d)中的虚线曲线展示了具有这些参数的梳状滤波器的第一个因抵消而产生的波谷(第一个“齿”)。实测结果与理论非常符合。虚拟中央声像“混浊”的原因是破坏性的声学干涉。梳状滤波器的其余部分则不明显，因为在较高频率下，人头传递函数比较混乱，且头部掩蔽效应导致延迟声音迅速衰减。

无论以何种标准衡量，这都是一个巨大的频谱失真，是一个严重的错误，因为这影响了大多数唱片中的“核心内容”，也就是专辑封面上的人物。那在什么情况下，我们能够明显感知这种缺陷？显然，是在当来自扬声器的直达声是到达听音者耳朵的主要声音时。这是许多录音室和定制家庭影院涉及的情况，在这些地方特别注意衰减早期反射声。

在正常反射的房间中，在不同时间从其他方向到达的反射声将有助于填补频谱中的缺口，因为这些声音之间不会产生声学干涉。因此，在正常反射的房间中，情况就不会像图 7.2(d)中的曲线所示的那样糟糕，这一事实由 Shirley 等人(2007)在图 7.2(e)中展示的数据所证实。

这是一种很容易听到的现象。Plenge(1987)解释了这一点，并将其与音色感知的一些理论联系起来，他指出大多数听音者不会坐着不动，并且显然不会被声像位置和音色的变化所困扰。然而，专注于立体声的音响发烧友和录音工程师是例外。Augspurger(1990)描述了使用 1/3 倍频程的粉红噪声测试，观察到“在 2kHz 时明显的缺失”(第 177 页)，并且发现这一问题很容易被听出。Pulkki(2001)证实，梳状滤波器是人们在消声室内研究振幅平移虚拟声像时的主要可闻音染来源，但这一因素会随着房间反射而减弱。Choisel 和 Wickelmaier(2007)实验中的听音者报告，当单声道中置音箱被立体声虚拟声像取代时，声音的明亮度会降低(他们文章中的图 4)。Shirley 等人(2007)实验中的听音者不仅听到了图 7.2(e)中所示的衰减，而且还证明了它对语音清晰度有显著的负面影响。这可算不上声音回放技术的典范。

梳状滤波器可在任何房间测量到，只要直达声和反射声在话筒处相结合。然而，由于这两种声音的来源不同，我们测量的内容和我们听到的内容之间有很大区别。Clark(1983)对此进行了研究，图 7.3 展示了他的一个实验。

从在一个典型听音室内布置标准的立体声系统开始，在三种情况下进行频率响应测量，但每次都有相同的梳状滤波干涉。注意，如图 7.2 所示，从 0Hz 开始向左的第一个由干涉而产生的波谷是 2kHz 的波谷。图 7.3 中描述的现象可以由以下内容解释。

图 7.3(a)，第一种情况，是在一只耳朵的位置进行测量，话筒距立体声系统对称轴线 4in(102mm)远。在虚拟中央声像的情况下，两只音箱发射相同的声音，因此每只耳朵位置接收来自较近音箱的直达声，然后接收来自另一只音箱的稍微滞后的声音。在这个简单的实验中，话筒之间没有人头，因此所有梳状缺口都是可见的。相比之下，图 7.2 显示，在包括头部掩蔽的人体模型测量中，仅存在第一个由干涉而产生的波谷。图 7.3(a)显示了这种情况，以及相应的瀑布图(振幅、频率和时间)测试结果。后面的曲线(时间 =0)与稳态测量有关。随着曲线

沿着时间轴向前方推移，揭示了随时间变化的现象，可以看出，后续到达的声音（反射声）的第一个干涉波谷有所减弱，如图 7.2（e）所示。有趣的是，在 10ms 以内就有如此显著的变化。

图 73(b)，第二种情况，包含了从单只音箱发出并直接到达耳朵的声音，以及（2ft × 3ft，0.6m × 0.9m）图中面板反射后的声音，该面板被放置在反射声路径中产生与（a）中相同延迟的位置。

图 7.3（c），第三种情况，将音频文件经过电子延迟处理再混入原音频流中，这样在音箱将声音辐射到房间之前就已经产生了梳状滤波。

听音者对于这三种非常相似的频响曲线（瀑布图后面的曲线）的主观听感却大不相同。据 Clark 说，听音者发现了以下几点。

（1）立体声虚拟声像：“中等至令人愉悦的效果。”

（2）反射声延迟：“影响非常小。”

（3）信号路径中添加电子延迟：“严重降低了体验。”

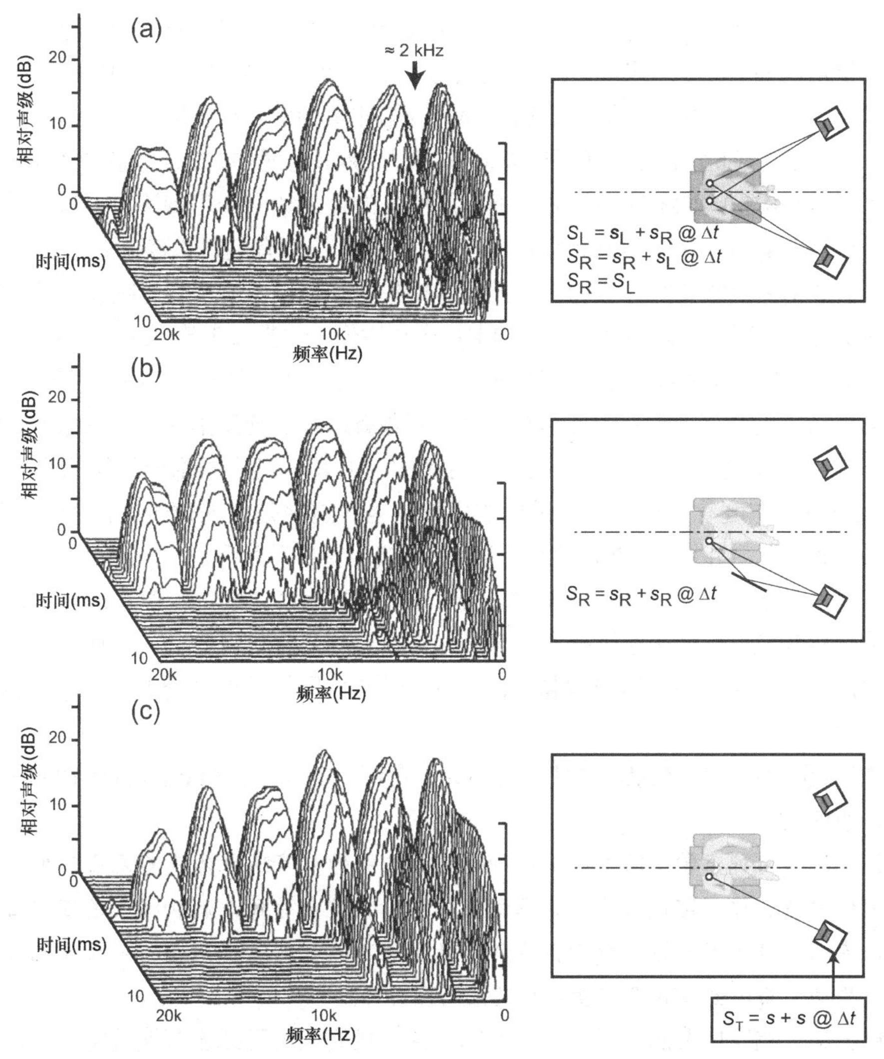

图 7.3　图（a）展示了当一对立体声音箱发射相同的声音时，位于耳朵位置（无人在场）的话筒的瀑布图测量。梳状滤波器是两只音箱在略微不同的时间到达的直达声的结果。图（b）展示了具有与（a）相同延迟的单个横向反射声的效果。图（c）展示了在信号被辐射到房间之前，将其延迟添加到输入信号的效果。请注意，频率标度是线性的，以显示规则的梳状图形，反之则显示较低频率的早期反射声［改编自 Clark（1983）］

回到图 7.3，观察声音衰减时所发生的事情，可以看到其他早期（小于 10ms）房间反射声填充在第一个 2kHz 梳状缺口的下方。在图（a）和图（b）中可以看到相同的现象，因为这两种情况都允许来自不同方向和时间的房间反射声到达听音位置。这在图（c）中不会发生，因为梳状滤波发生在电信号路径中，并且梳状陷波出现在所有声音中，不论是直达声还是反射声。对于梳状滤波的可闻性而言，这是最糟糕的情况，有时在现场演出的话筒拾音中，以及在广播中，当信号意外地被串入回路，从而与自身的延迟信号相结合时，就会发生这种情况。我们偶尔会在新闻广播中听到这样的声音，比如说当两支话筒（有时是很多话筒）的输出混在一起时。这种可闻的音染并不悦耳。

其他研究者的实验倾向于支持这些发现。例如，Vickers（2009）尝试使用信号处理技术来改善虚拟中央声像的音质，提到部分灵感来自于 Clark 的实验。

有趣的是，一些人受够了关于立体声系统虚拟中央声像的问题，并开始着手研究修复这一问题，而另一些人则批判真实的中置音箱不如虚拟声像。由于录音本身的千差万别和人类已经在立体声面世后有着长达数十年的适应，这成为了一个复杂的现象。如图 10.15（a）所示，人声的辐射模式、指向性与传统的锥形盆加球顶的音箱非常相似。从逻辑上讲，与人工合成声场中的虚拟声像 [图 7.1（b）] 相比，单只音箱应该能很好地还原独唱的人声 [图 7.1（c）]。远离最佳听音位可以缓解虚拟声像的音色问题，但随之而来的是声场会产生偏移。中置声道避免了音色问题，同时为更多的听众提供稳定的声场，并且对房间干扰有更好的容错率。

总之，虚拟中央声像在空间感和音色上都有缺陷，甚至会影响语音清晰度，特别是当直达声占主导地位时。对于由立体声系统产生的虚拟中央声像，早期反射声似乎是有益的。

混音中添加的反射声和混响也会有所帮助。然而，听音环境在声学上越是“死气沉沉”，我们坐得离扬声器越近，直达声就越占主导地位，问题就越容易暴露出来。这意味着，混音室内消除反射声这种常见的做法和经常放在调音台旁的“近场”扬声器都会使得这个问题更容易被听到。以积极的态度看待这对录音过程的影响（也许这将是向人声音轨添加延迟声音的动机），填补频谱空洞，并以一种非常切实的方式使混音“讨好”耳朵。

另一方面，如果录音工程师选择通过均衡 2kHz 的凹陷来“校正”声音，则录音中会增加一个额外的频谱峰值，任何坐在远离立体声最佳听音位的人都可以听到。更糟糕的是，如果用这样的双声道原始音轨为多声道音频混音，中置声道扬声器的效果也会因为其播放的非自然信号而变得不理想。

所有这些问题都应该是在录音中使用真正的中置声道的理由，Augspurger（1990）提出了另一个观点，他指出：

然而，无论在何种声学空间中使用何种音箱，传统的双声道立体声都无法产生与单独的中置声道相同的中央声像，即使该虚拟声像稳定且清晰。这会导致录制和播放过程中出现一定程度的混乱。专门处理（多声道）电影声音的配音剧院不必担心这个问题，对话音轨可以在屏幕宽度范围内移动，而不会在音调质量方面发生明显变化。

从纯粹主义音响发烧友的愤怒中可以得出结论，我们人类已经显著地适应了立体声音箱这种情况。作者本人，可能是因为他的听力经验不够也没法适应。

我们需要多声道音频。然而，在目前的双声道形势下，实验证据表明，我们倾向于存在一些房间反射。

7.2 物理变量：音箱的指向性

下一个问题是：这种房间反射应该由何种类型的音箱产生？图 7.4 展示了众多备选方案中 3 种不同音箱配置的单次反射。反射声的强度取决于在那个特定方向上音箱辐射的声级。对于这种侧墙反射，全向音箱将产生最强的横向反射，传统的前指向音箱将产生中等程度的反射，在这种几何声学中，偶极到达听音位置的横向能量最小。流行的双极配置可以在低频到中频范围内接近全指向性，但在高频下会向前 / 向后发射声音。读者可以想象其中每一项放在图 7.1 所示的环境中会如何。它们将非常不同。我们将对其中一些进行主观听音对比。显然，改变音箱相对于听音位的角度会对指向性较强的音箱产生影响。

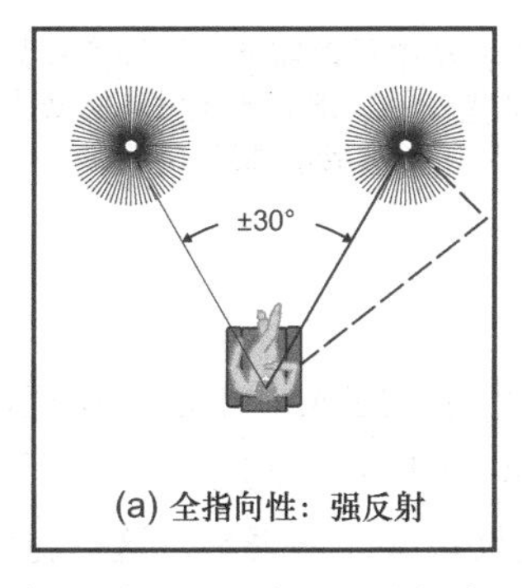

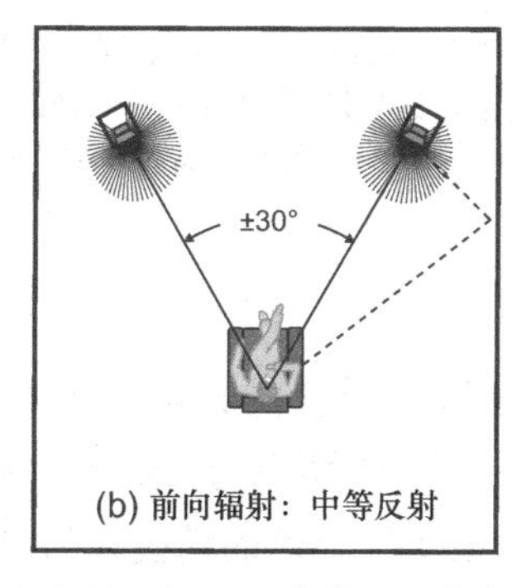

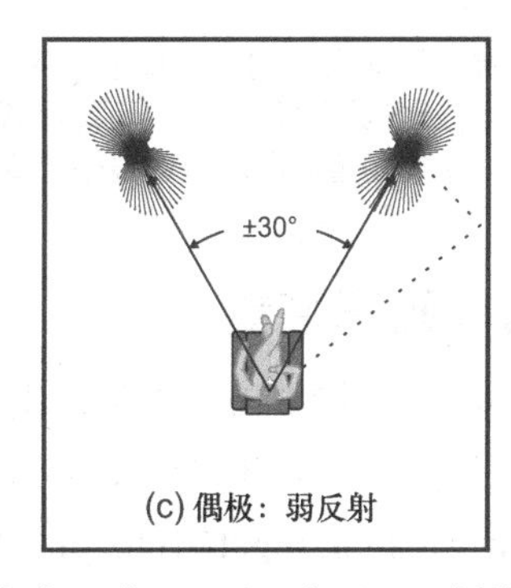

图 7.4 简单地展示一些不同的扬声器指向性如何导致非常不同的房间相互作用。这里仅以一面侧墙反射为例。同样的逻辑也适用于图 7.1 所示的所有反射

7.3 物理变量：表面声学处理

本研究中的剩余变量是反射点处表面的声学性能。图 7.5 说明了一些常用的声学处理方法。反射，如图 7.5（a）所示，很简单：一个坚硬、厚重、平坦的表面产生的镜面反射仅通过平方反比定律衰减，平方反比定律是传播距离的函数。

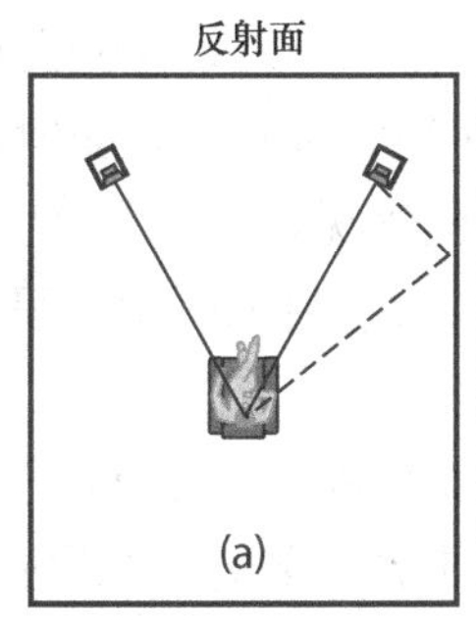

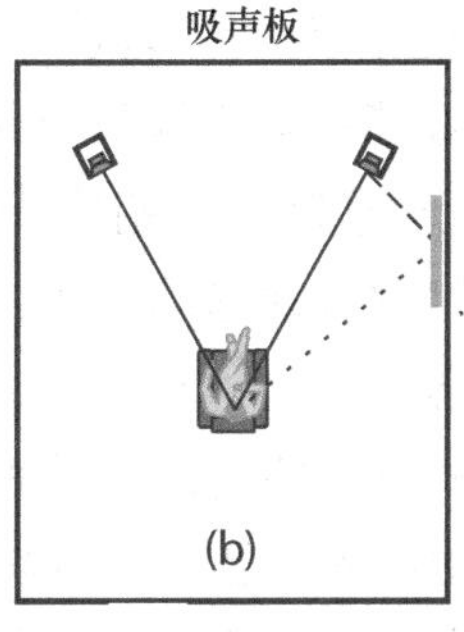

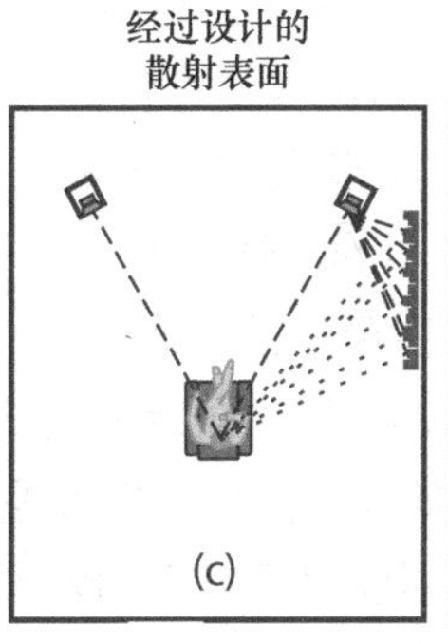

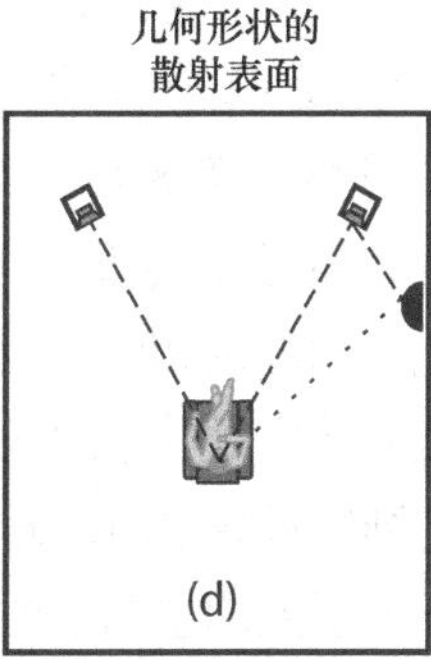

图 7.5 展示了处理房间边界反射点的一些常用选项：（a）反射，（b）吸声，（c）经过设计的表面散射（如施罗德型扩散器）和（d）几何形状散射（如半圆柱体）。在图（c）和图（d）中，仅展示到达听者的散射成分；根据散射器材的设计，其余声音会向许多其他方向辐射

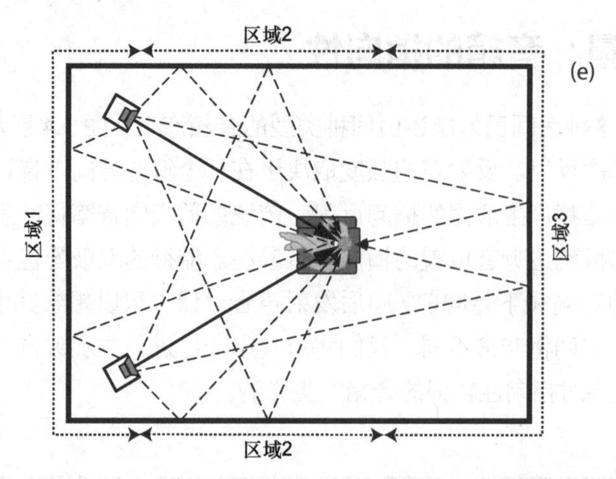

图 7.5 展示了处理房间边界反射点的一些常用选项：图（e）展示了听音室中可能需要不同种类和数量的声学处理的不同区域，也可能不需要，这取决于辐射声音的音箱的指向性、房间的尺寸和听音者对接收声音的期望。所示的射线模式仅适用于一阶反射；高阶反射也有助于提高聆听体验（续）

7.3.1 吸声装置

吸声，如图 7.5(b）所示，由于吸声材料的吸声性能未针对特定入射角进行规定，因此吸声变得复杂。然而这个问题对于一阶反射声很重要。图 7.6(a）展示了制造商产品标注中引用的 2in(50.8mm)6pcf(100kg/m^3）玻璃纤维板的随机入射吸收系数。它表明，这种材料在约 100Hz 以下基本上没有吸收功能，而这些数字意味着在约 500Hz 以上有“完美”的吸收效果。本规范是严格标准化的，要求在混响室中进行测量，混响室具有高度扩散的随机入射声场。该数字表示材料的相对吸收能力。在粗略测试的情况下，吸收系数通常超过 1.0。它起源于历史上在有些充满扩散声的音乐厅中控制混响。在用于声音回放的小的“死寂”空间中，从家庭听音室到电影院，声场中几乎没有扩散声。因此，令人感兴趣的是，在处理特定的早期反射声时材料的性能如何?

织物覆盖的玻璃纤维在大部分频率范围内都具有非常明显的透声特性，但在最高的频率下则不那么透明。公开的吸声板随机入射吸收系数不会显示这种效果，因为测量通常在 4kHz 的倍频带停止，该倍频带的高频极限为 6kHz，只是避免在此处显示反射声。较厚的材料将使曲线在频率上向低频移动，从而可以在更多的频率范围内吸收声音。厚度大于等于 3in(76mm）的纤维吸收板可以有效地将截止频率降低至过渡频率，频率低于过渡频率时，我们会进入房间模式的领域，第 8 章将讨论波动声学领域。较薄的吸声板只会使高频衰减、改变但无法消除反射声，实际上会改变音箱的离轴性能，从而可能降低音箱的性能表现。

有充分的理由相信，反射声应该具有与直达声相似的频谱，以便在基础的听觉过程中发挥作用。优先效应是其中之一，它是声像定位的基础。

在定制的听音室中，通常人们会用织物覆盖一整个墙面，以覆盖扩散板、吸声板和音箱这些外观上不吸引人的东西。这不仅仅是对房间外观的改变，因为织物具有流动阻力；如果你不能很容易地透过织物看到光亮，或者无法透过织物吹气，那么这样的织物在声学上也是不透明的。这样的织物，就算后面除了空气什么也没有，也会变成吸声器。经验表明，许多听音室最终因为这样做而使音乐变得令人不愉快和死气沉沉的。关于装饰性覆盖物成为特定频段吸声器的示例，见图 7.7。

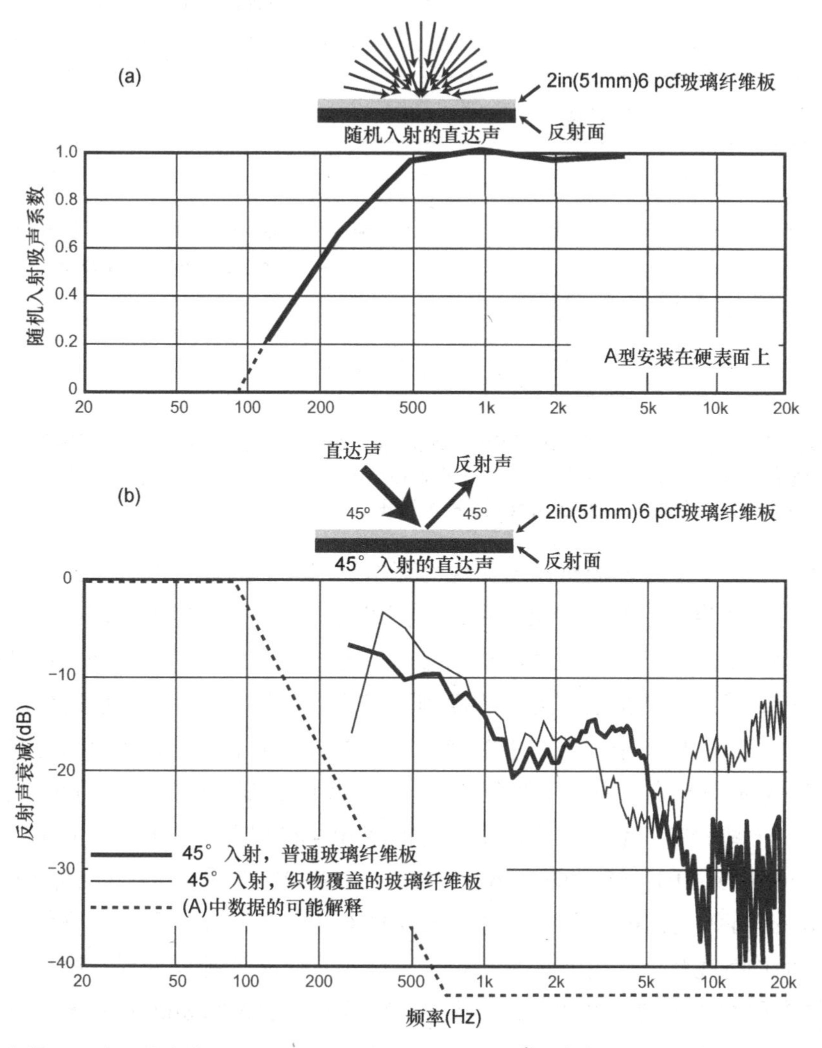

图 7.6 图（a）展示了公示发表的 2in（50.8mm）6pcf（100kg/m³）玻璃纤维板的随机入射吸声系数。图（b）展示了该材质的单个反射的衰减。首先对图（a）中的数据进行简单的解释：急剧倾斜的虚线显示在 100Hz 以下没有衰减，在 500Hz 以上完全衰减（在这里，40dB 的衰减为符合功能的完全衰减）。图中还显示了缅因州吉尔福德 FR701 的被广泛使用的 2in（50.8mm）玻璃纤维板（带或不带织物罩）对 45° 入射声反射的测量结果。差别很大 [图（b）的数据由 Peter D'Antonio 提供]

7.3.2 经过设计的表面和其他声音散射/扩散装置

经过设计的表面，使用数论和其他巧妙的概念计算出深度雕刻的面 [图 7.5（c）]，是多功能的声学处理器材，能够在单个平面或多个平面上散射声音。图 7.7 展示了一些商用扩散器的性能。这些器材也会吸收一些声音，如下图所示。如果安装人员决定用织物覆盖扩散器，使其更符合视觉装饰，则吸收量会大幅增加，并变得和频率强烈相关——这不是一件好事。

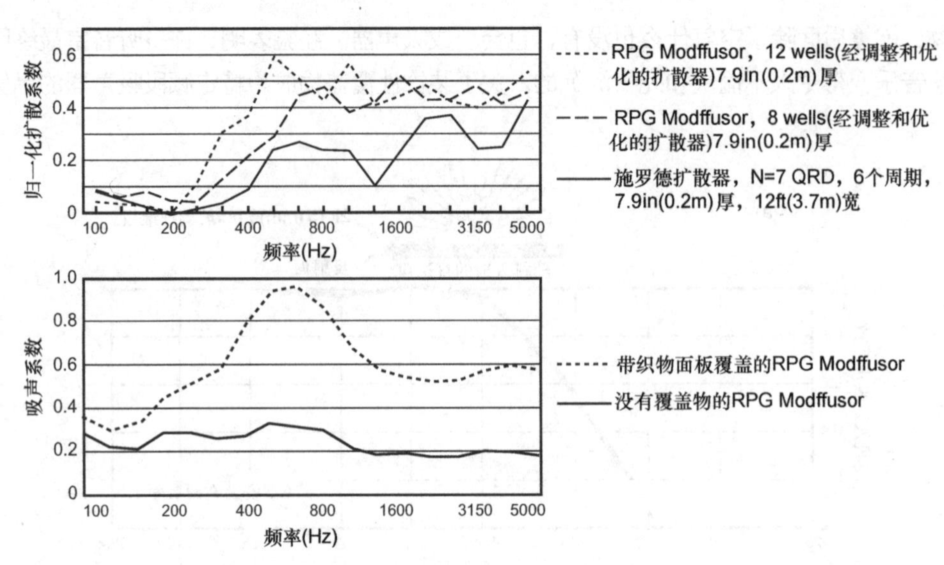

图7.7 经典施罗德QRD扩散器与改进型RPG Modffusor的归一化扩散系数对比，RPG Modffusor经过调整和优化以提高性能。可以看出，大号的Modffusor会有所提升。还显示了有无织物面板覆盖的Modffusor的吸声系数（感谢D'Antonio提供数据，2008）

毫无疑问，这些声学处理器材在增加现场艺术演出场所声场的复杂性方面非常有用，但在处理小型声音回放空间中的特定反射时，它们可能适用，也可能不适用。问题在于，这些表面的设计使得入射声音从声学处理器材的各个部分分散发射到各个方向。这样的表面成为一个分布式声源，将许多“微小反射”传递到听音位，同时将其余声音散射到房间的其他部分。在用于声音回放的房间中，人们不希望也不可能实现扩散声场，因此当这些扩散器位于一阶反射点时，它们就起到了声音反射衰减的作用。改进的ETC（能量 - 时间曲线，见7.7节）通常可以证明。一些研究表明，几个微小反射的感知总和相当于一个较大的单一反射。这可以追溯到Cremer和Müller[1982，图1.16，在Toole（2008）中为图6.17]，由Angus（1997，1999）完善，并由Robinson等人（2013）更新。这意味着ETC不能传递有关反射可听性的可靠信息，用一组较小的反射代替高峰值，可能声音听起来不像视觉暗示的那样明显。截至目前，这仍然是一个需要更多研究的课题。如图7.7所示，这些设备需要大约8in（203mm）厚才能达到过渡频率。

混音室的音箱端（图7.5中的区域1和区域2）在声音上是“死寂”的，而另一端（区域3）是“活跃”的区域。我参观了一个即将完工的精心制作的综合录音场所。我还没有体验过这些新房间中的任何一间，而是进行了一次演示。我趴在控制台中央，听；有点不对劲，中间的声像有时出奇的模糊。环顾四周，我看到整个后墙（区域3）都覆盖着好看且昂贵的木质扩散器，垂直排列以水平传播声音。我要求播放单声道粉红噪声，但根本没有中央声像，声音分布在音箱之间的大部分空间。每个人都能听出来这个问题，这不难听出来。这显然不是一件好事。搬运工仍在现场，所以我们找到了一些正在搬动的毯子，并在扩散器前挂了几条。就听到了中央声像在它应该在的位置。问题是：太多不相关的声音从听音者身后传来，扰乱了音箱发出的直达声中的信息。教训：好东西太多了也不好。不过，ETC看起来可能还不错。有人测量了一下，但没有听。

几何形状的扩散体来自音乐厅中对散射声音的处理，它仍然很受欢迎。我记得有一段时间，一些认真的人认为，有纹理的油漆会对房间的声音产生影响。如果你是一只蝙蝠，也许能听出来，但在人耳可听的频率范围内，这是另一种关于音频的误解。扩散器必须控制较长波长的声波，因此必须具有相应的尺寸。早期流行的形状之一是半圆柱形，或稍微扁平的多圆柱形吸声器/扩散器。被大尺寸的薄膜覆盖，这样它们也可以作为低频吸声器。

对于家庭听音空间来说，它们是一个有趣的选择，在一些定制房间中，它们可以用来做装饰，如图7.5(d)所示。环绕音箱可以隐藏在其中。在所有可能的形状中，半圆柱体因其对来自多个方向的入射声音的均匀散射而备受青睐。其他形状也可以，包括扁平的半圆柱体，但效果就不太好了（Cox和D'Antonio，2009）。为了将频率范围覆盖到过渡频率，看来需要约1ft(0.3m)的厚度。

图7.8展示了半径为1ft(0.3m)的单个半圆柱体和多个半圆柱体的归一化扩散系数。这些声学器材在独立和随机间隔的情况下工作良好，在这种厚度下，有效工作频率可以降低至可用的频率。然而，当连续放置时，低频扩散消失，这可以从曲线中看出。正如Gilford(1959)所指出的，其他形状也可以很好地工作，但尺寸和位置非常重要，因为它们会影响预期的反射。

综上所述，可以看出，音箱指向性和表面声学处理都可以改变到达听音位的声音的反射模式和强度。下一个问题是：我们如何在听音测试中感知这些差异？

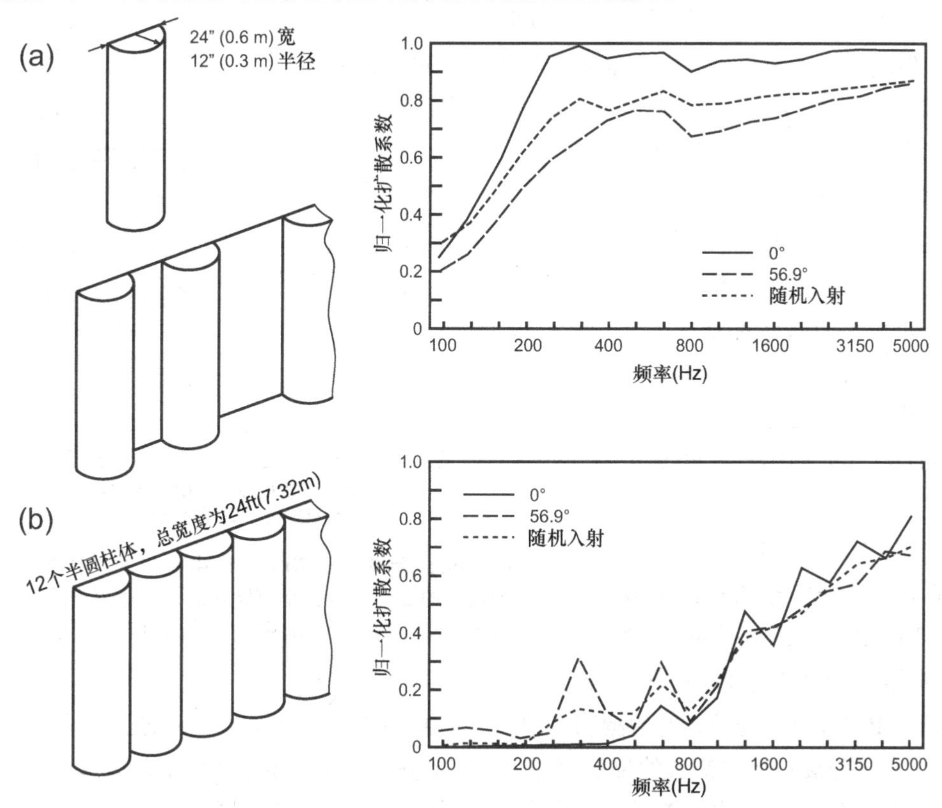

图7.8 (a)单个半圆柱体和随机间隔半圆柱体的归一化扩散系数。(b)铺满表面的半圆柱体(感谢Peter D'Antonio的数据)

7.4 在实际情况下的主观评价

不管测量结果告诉我们什么，最终的答案必须来自盲听测试，这种盲听测试要在受控环境下进行，而且必须是多人参与的。除非你有机会接触到具有这些条件的声学实验室，否则日常生活中这些条件都不容易安排。而且进行这样的盲听测试还会消耗大量的金钱和时间，这就淘汰掉了大多数音频发烧友。从一些资料中能找到一些严格的测试，稍后将对其进行回顾。此外，有许多观点是由严肃的发烧友通过不太受控的测试得出的，其中一些观点已经讨论过了。考虑到人类的敏感性和适应性，判断这些观点的优劣是不可能的，但正如我们将看到的那样，其中许多观点基本一致。此外，总是有个人偏好的证据，对于这些个人偏好不可能有普遍的解决方案。

7.4.1 侧墙处理：反射或吸收——Kishinaga等人（1979）

图7.9展示了Kishinaga等人（1979）在详细探索听音室声学处理方案时使用的一种实验配置。房间配备了双面面板，一面是胶合板，另一面采用1in（25mm）的玻璃纤维覆盖，沿着两侧墙放置。实验研究了几种情况，包括一些在音箱后面装有吸声器的情况。不幸的是，没有关于所用音箱的信息。大体结论如作者所述。

（1）为了听音频产品，需要使用墙面吸声。

（2）然而，为了欣赏音乐，墙面反射会产生更好的效果。

作者受雇于Nippon Gakki（雅马哈），因此“听音频产品”大概意味着评估多种形式的电子产品和音箱。在音箱后面增加吸声器似乎有利于产品评估，但不利于娱乐。参与测试的听音者都是“声学工程师”，他们通过6种不同的乐器和人声给出了自己的观点。

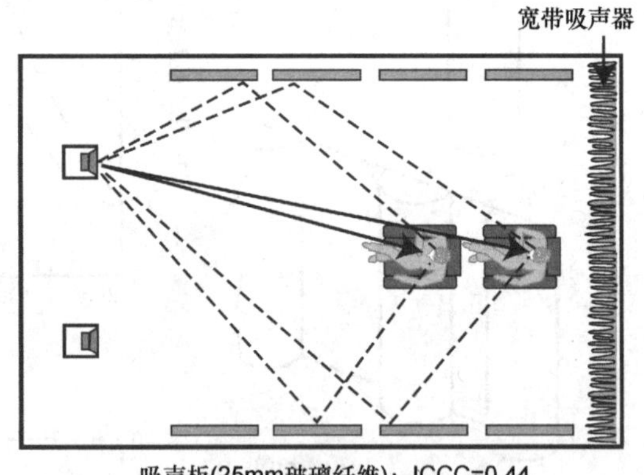

图7.9 Kishinaga等人（1979）测试中使用的一种听音室布置。侧墙上的每个面板都是可翻转的，一面用于反射，另一面用于吸声。在其他实验中，音箱后面增加了吸声器

记录实验的详细技术测量包括使用人工头话筒获得的双耳互相关系数（ICCC）。ICCC（也称为IACC）是空间感知的较好的度量，较低的ICCC值与较高的感知声源宽度（ASW）主观评分相关，较低的ICCC值也与较高的包围感主观评分相关。显然，允许更强的侧墙反射大大降低了ICCC。与音箱距离较近的侧墙的反射声在直达声到达听音者位置后约4ms到达，较远的侧墙反射声在直达声到达听音者位置后8ms到达。地板和天花板的反射没有改变。在这些测试中，工程师们似乎对早期侧墙反射所提供的增强的空间信息感到满意，而不是把评估这些产品仅仅当作苦差事。

Tohyama和Suzuki（1989）提供了关于ICCC的有意义的观点，15.4节将对此进行了讨

论，如图 15.3 所示。结论是，在无反射的环境中回放立体声无法重现音乐厅的空间印象。然而，Kishinaga 等人的结果表明，在具有侧墙反射的正常房间中，情况有所改善。

在另一个问题上，Kishinaga 等人所展示的测量中包括侧墙反射声频谱的时间窗测试结果。如 7.3.1 部分所述，玻璃纤维或吸声泡沫板的吸声量随入射声入射位置的厚度和角度而变化。在这里，我们对少量离散的早期反射声感兴趣。作者通过注意 Kishinaga 等人（1979）图 13 中“反射”和“吸收”曲线之间的差异，得出了 25mm 厚的玻璃纤维吸声板提供的衰减特性。图 7.10 中的顶部曲线是平滑之后的数据。图 7.6（b）中展示了 50 mm 厚的玻璃纤维板（带和不带织物覆盖）的对比数据（来自独立实验）。

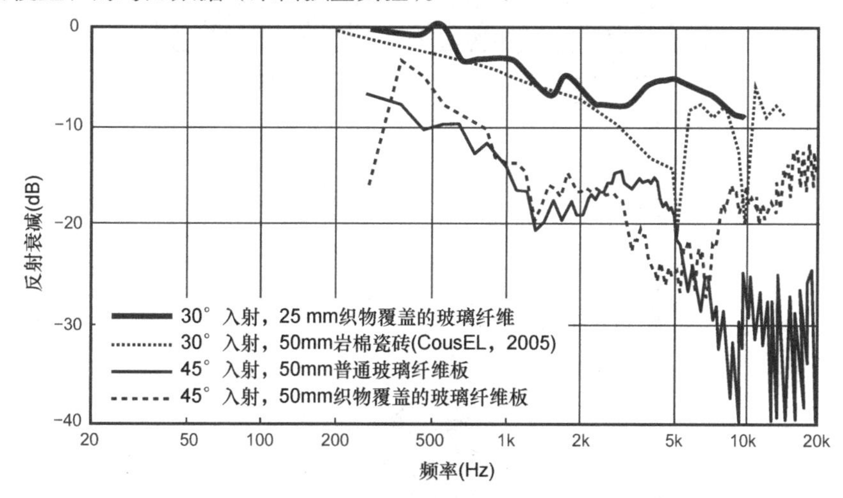

图 7.10　平面玻璃纤维板的单一反射衰减。顶部的 25mm 面板的曲线来自 Kishinaga 等人（1979）文献中图 13 中的数据。虚曲线与 7.4.3 部分所述的 Choisel 的实验有关。底部 50mm 的面板数据来自图 7.6（b）

为了进行比较，25mm 材料的随机入射吸收系数对于高于约 1kHz 的频率约为 1.0，50mm 材料的随机入射吸收系数对于高于约 500Hz 的频率约为 1.0。显然，在小型听音室中，基于这些数据，对吸收效果的预期是非常乐观的。在这种情况下，需要注意的是，传统的 25mm 材料不会“消除”侧墙反射，而只是影响了反射声场中的一部分频段。鉴于基于频率分布的听觉阈限，这可能是不利的（见图 6.3）。在典型的听音室（过渡频率约 300Hz）中，需要 50mm 以上的厚度才能有效地衰减过渡频率以上的反射声。

7.4.2 音箱指向性的影响——Toole（1985）

作者自己进行了一系列实验，探索音箱指向性问题，以及由此产生的房间横向反射变量，这些因素会影响听音者的听感（Toole，1985，1986）。

图 7.11 展示了将两套立体声音箱系统进行对比试听的房间布局，这两套音箱分别是由两个锥形盆加一个球顶单元组成的前向辐射的音箱，和一个全频段静电偶极音箱，见图 7.4（a）和图 7.4（c）。该房间是 IEC 60268-13（1998）推荐的听音室。转盘音箱旋转到一定角度时，程序静音。房间的照片中所展示的是透声幕布，并带有参考标记，以帮助听音者比较声像位置和声场尺寸，还有两把椅子，后面的椅子高于前面的椅子，以减轻前面听音者的遮蔽效果。

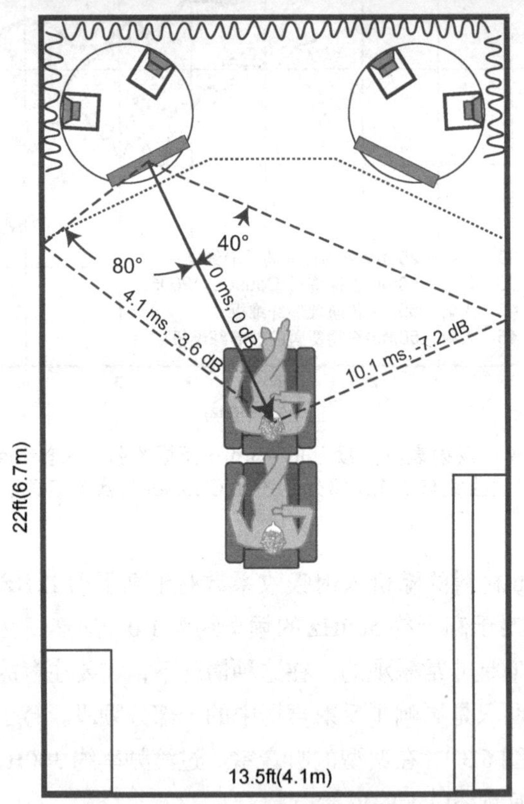

图 7.11　听音测试的实际布置，展示了用于将 3 对音箱旋转到相同位置进行听音测试的转台。透声幕使听众看不到音箱。距离音箱较近的侧墙的反射发生在离轴非常大的角度上（对于前排和后排听者而言角度分别为 80° 和 68° ），而距离音箱较远的墙面的反射为中等离轴角度（40° 和 31° ）。中等重量的窗帘覆盖在音箱后侧的墙壁上。这将对双向偶极音箱（Quad ESL 63）产生最大的影响，该产品已经在外壳的后半部分配备了吸声垫，用来衰减 500Hz 以上的输出。窗帘将进一步衰减后方辐射，并吸收前向辐射设计中传到后方的中高频声音。音箱和听众之间的侧墙是坚硬平坦的宽带反射器。测试是在立体声和单声道下进行的，后者只使用左侧音箱

Rega Model 3 为二分频设计，8in（203mm）低音单元和 1in（25.4mm）高音单元。从低音单元到分频点再到高音单元，直到 3kHz 左右，测试显示出了音箱的指向性如预期般逐步增强。这种不均匀的离轴表现在普通房间中是可以被听到的。

KEF 105.2 是一款三分频的设计：12in（305mm）低音单元，5in（127mm）中音单元和一个 2in（50.8mm）高音单元。这是图 5.4 中使用的音箱，它的离轴表现不均匀。在这里也可以看到

这些问题。

Quad ESL 63 是一个全频带静电偶极音箱，采用了一个细分为多个区域的振膜，以近似球形膨胀波的方式驱动。中心圆，即“高音单元”，直径约为 3in（76mm）。

图 7.12 的右半部分展示了作者对到达前面听音者耳朵的声音的粗略估计。不幸的是，实验过去 30 年后，没有关于图 7.11 所示特定离轴角度辐射声音的数据，因此用 60° ～75° 离轴替代 80° 离轴，用来反映离音箱较近的侧墙的曲线，用 30° ～45° 的离轴表示 40° 离轴，用来反映离音箱较远的侧墙的曲线。特定角度（40° 和 80° ）的曲线应低于所示曲线，但比较它们之间的大小是可行的。这些曲线依据平方反比定律降低，与直达声相比，音箱在较近的侧墙反射降低了 3.6dB，在较远的侧墙反射降低了 7.2dB。曲线在 500Hz 以下被截断，因为在较低频率下，房间模式和相邻边界效应（见第 9 章）逐渐增强。

在图 7.12 中，ESL 63 在高频的指向性，导致其比锥形盆加球顶高音设计中的任何一种都具有更低水平的一阶横向反射声。与静电系统相比，锥形盆加球顶高音的系统离轴表现相当不好。值得注意的是，在这种试听摆位中，音箱指向性和音箱所指向的方向的组合显著降低了反射声的振幅，而无须对墙面进行声学处理。

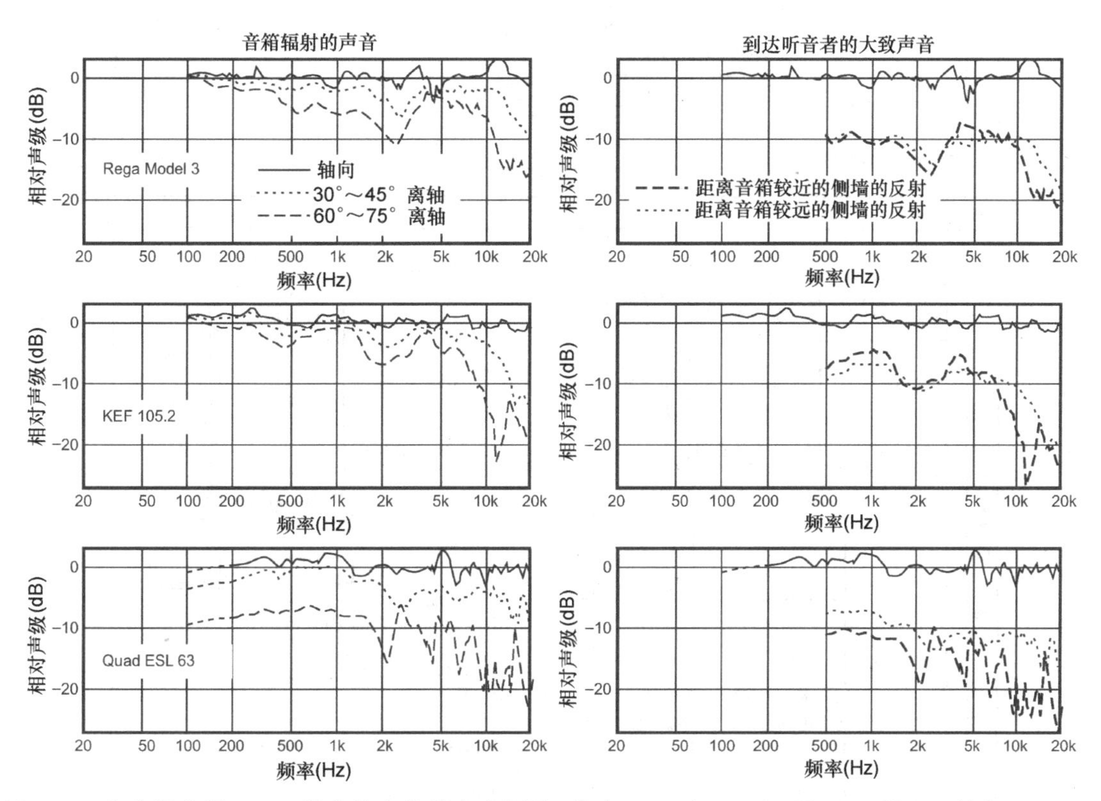

图 7.12 左半部分展示了 3 款音箱上的消声室测量 [摘自 Toole（1986），图 24]，显示了轴向、30° ～45° 离轴和 60° ～ 75° 离轴的空间平均频率响应

10 名听音者，包括发烧友、音频评论家和录音专业人员参加了这次听音实验。这些人之所以被选中，是因为他们知识渊博、听音经验丰富且对声音有自己的理解，这是一个高要求听音测试的先决条件。他们单独或两人一组试听，并被警告在听音测试期间避免口头或非口头的交流，这些测试持续了几天。测试期间，他们有充足的休息时间。在听音的过程中，他们完成了

一份问卷调查，询问他们对音质和声场的许多方面的看法，最后需要一个“格式塔”意见，一个 10 分制的数字，反映他们对保真度（音质）、愉悦度和声场质量的总体看法。音乐包括合唱、小型音乐厅表演、爵士乐和流行音乐的片段，由麦吉尔大学的录音艺术 / 录音工程专业学生和工作人员精心录制。为了满足实验的高要求，所有这些音乐都是从母带直接导出的，实验中人们使用已知对声音影响最小的话筒和拷贝方法。调查问卷如图 7.13 所示。

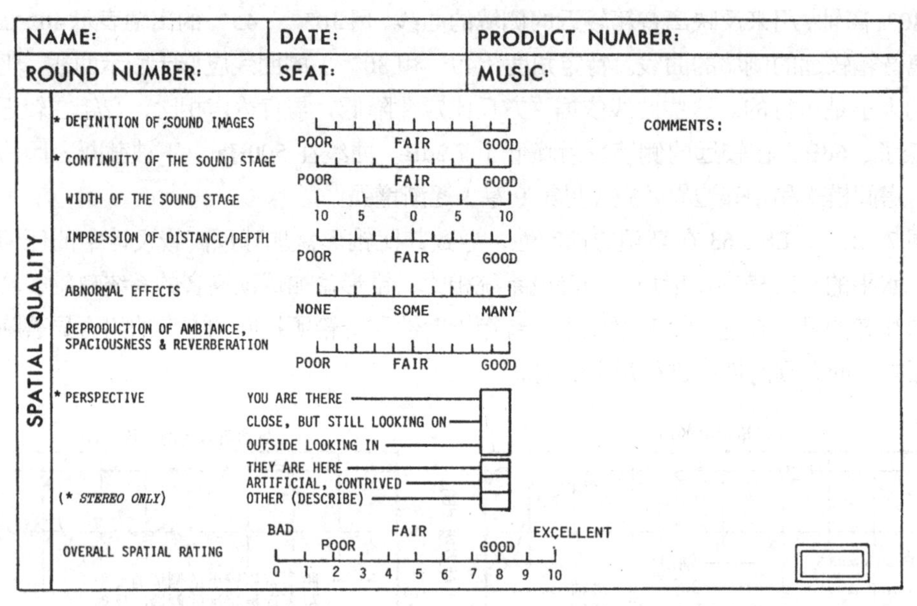

NAME: | DATE: | PRODUCT NUMBER:
ROUND NUMBER: | SEAT: | MUSIC:

SPATIAL QUALITY

* DEFINITION OF SOUND IMAGES — POOR FAIR GOOD
* CONTINUITY OF THE SOUND STAGE — POOR FAIR GOOD
WIDTH OF THE SOUND STAGE — 10 5 0 5 10
IMPRESSION OF DISTANCE/DEPTH — POOR FAIR GOOD
ABNORMAL EFFECTS — NONE SOME MANY
REPRODUCTION OF AMBIANCE, SPACIOUSNESS & REVERBERATION — POOR FAIR GOOD
* PERSPECTIVE — YOU ARE THERE; CLOSE, BUT STILL LOOKING ON; OUTSIDE LOOKING IN; THEY ARE HERE; ARTIFICIAL, CONTRIVED; OTHER (DESCRIBE)
(* STEREO ONLY)
OVERALL SPATIAL RATING — BAD POOR FAIR GOOD EXCELLENT — 0 1 2 3 4 5 6 7 8 9 10

COMMENTS:

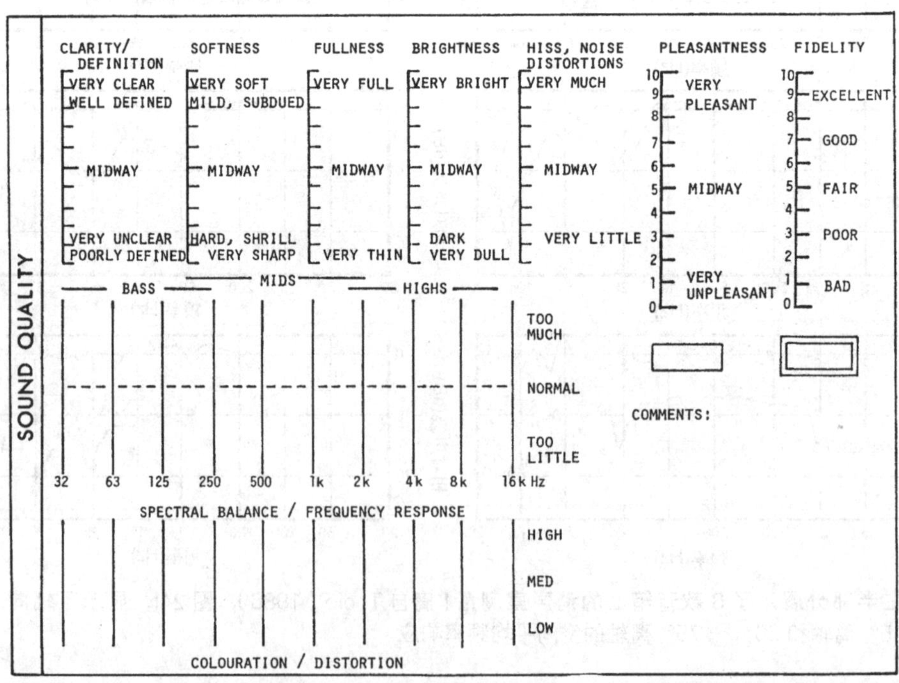

SOUND QUALITY

CLARITY/DEFINITION — VERY CLEAR, WELL DEFINED; MIDWAY; VERY UNCLEAR, POORLY DEFINED
SOFTNESS — VERY SOFT, MILD, SUBDUED; MIDWAY; HARD, SHRILL, VERY SHARP
FULLNESS — VERY FULL; MIDWAY; VERY THIN
BRIGHTNESS — VERY BRIGHT; MIDWAY; DARK, VERY DULL
HISS, NOISE DISTORTIONS — VERY MUCH; MIDWAY; VERY LITTLE
PLEASANTNESS — 10 9 VERY PLEASANT; 8 7 6 5 MIDWAY; 4 3 2 1 VERY UNPLEASANT; 0
FIDELITY — 10 9 EXCELLENT; 8 7 GOOD; 6 5 FAIR; 4 3 POOR; 2 1 BAD; 0

BASS — MIDS — HIGHS
TOO MUCH / NORMAL / TOO LITTLE
32 63 125 250 500 1k 2k 4k 8k 16k Hz
SPECTRAL BALANCE / FREQUENCY RESPONSE

HIGH / MED / LOW
COLOURATION / DISTORTION

COMMENTS:

图 7.13 测试中使用的听音者调查问卷。在播放过程中，听音者对每个“感知维度”做出反应，然后在最后给出空间品质、愉悦度和保真度（音质）总体的综合评分。鼓励发表评论。响度级别被仔细匹配，音乐选项和产品演示序列被随机分配。实验是在立体声和单声道的情况下进行的，单声道时只使用左侧音箱。一半的听众先进行单声道测试，另一半则先进行立体声测试。音箱仅用“产品编号”表示

在图 7.14 所示的结果中，令人惊讶的一点是，单只音箱在空间质量方面引发了强烈的意见。参与过许多单音箱比较的人都知道，人们对单个声源的空间范围和距离的感知存在差异。对我们来说，声音最中性的音箱往往不会引起别人的注意；它们几乎消失了，留下的距离感由录音本身传达。最不中性的音箱自身成为了一个独立的发声源，声源"听起来像"这些音箱本身。这是单声道的情况，在立体声中，这一点在带有全左或全右声像的录音中尤其明显。然而，令人惊讶的是，其他不习惯这种严肃听音的听音者也有这样的印象。

在这些结果中，空间印象品质和音质评分显然不是完全独立的——一个遵循另一个的趋势。即使大多数人（包括作者在内）有意识地相信可以独立判断，但听音者无法将它们分开评价。

在单声道测试中，听音者的报告在音质和空间品质上都有很大差异。然而，在立体声听音中，大多数差异在这些数据中消失了，这些数据是所有音频素材的平均评分。两个单声道测试中高评分的音箱在立体声测试中保持了较高的音质评分，但在单声道中空间评分较低的音箱在立体声中具有竞争力。这是一个谜团，因为人们一直认为，从声像和空间的角度来看，只有立体声才能揭示音箱的优缺点。

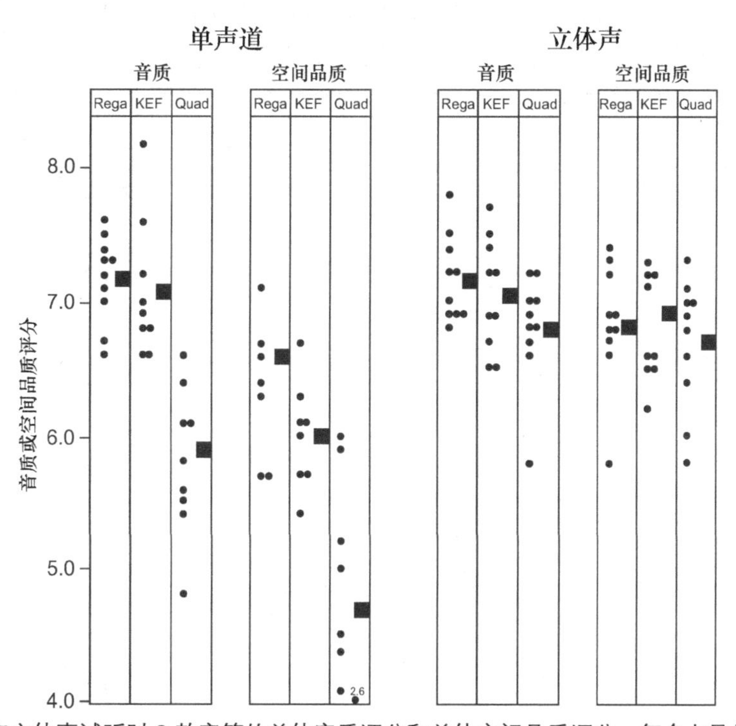

图 7.14　单声道和立体声试听时 3 款音箱的总体音质评分和总体空间品质评分。每个点是单个听音者的几个评分的平均值。评分是由 4 种音乐的评分平均的：合唱、室内乐、爵士乐和流行乐。在垂直尺度上，10 代表可以想象的最好的声音，0 代表最差的声音。方形符号表示单只音箱所有评分的平均值 [摘自 Toole（1985），图 20]

早些时候，根据当时对音箱测量的理解，有人推测 Quad 音箱可能在音质方面有优势，或者至少没有劣势。这种猜测没有得到证实。出于同样的原因，听音室中早期的横向反射声可能是可听问题的观点没有得到进一步认可。图 7.11 中配置的反射声延时为 4.1ms 和 10.1ms（在被认为有问题的范围内），然而，如图 7.12 所示，由于音箱指向性，反射声到达听音者时衰减约 10dB。这些都是平的石膏侧墙，完美的镜面反射。然而，这些反射声似乎对听音体验有所影响，而且并不完全是负面的。梳状滤波通常被认为与所有延迟的声音有关。然而，从与直达声不同的水平角度到达的延迟声音被感知为空间感，而不是梳状滤波。它增加了关于房间的信息。这样的反射声也可能是有益的。

图 7.2 显示，对于虚拟中央声像，立体声引入了一个缺陷，而不是优点。直达声场中 2kHz 的大幅度下降被房间反射声所缓解：图 7.2(e)，反射声不仅改善了音质，还提高了语音清晰度。这与音乐厅中的座席低谷效应类似，在音乐厅中，反射声会降低测量结果的可闻度。

当音箱成对使用时，很难想象有一种机制能使音箱的基本音质特性得到改善。因此，这意味着，在这两项测试中，空间感因素即使不是决定因素，也具有很大的影响力。

在进一步解决这个问题之前，让我们先检查一下原始数据。图 7.15 展示了调查问卷中列出的各种空间质量类别的判断直方图（见图 7.13）。这些评分表明听音者之间存在强烈的个人差异，或者这是观点在不同曲目中发生变化的原因。尽管如此，评分显示音箱之间有很多相似之处，很难看出一个明确的赢家或输家。在“异常空间效果”一类中，有趣的是，Quad 音箱被批评“产生了声音不恰当地靠近听音者的印象”，偶尔会有头中效应。这些感知通常与占主导地位的直达声场有关，即反射不足以建立距离感。Moulton（1995）指出：“高频散布较窄的音箱……倾向于将虚拟声像投射到横向音箱的平面上或其前方。”

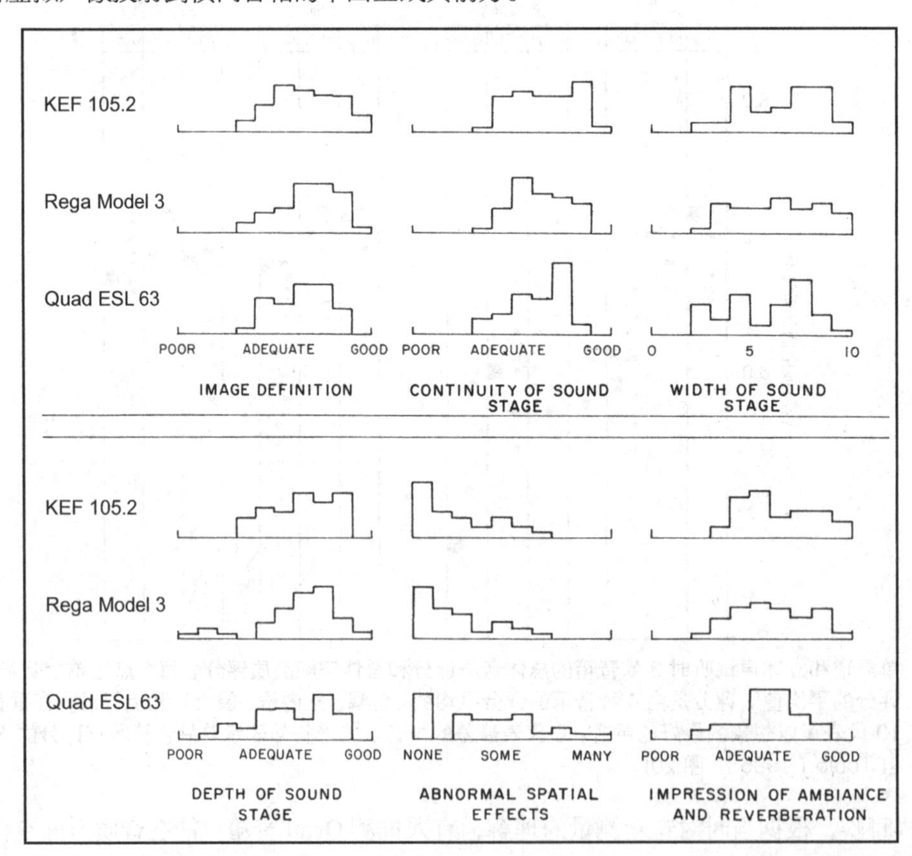

图 7.15　对听音者反馈的分析评判中所有音乐选项的综合分布 [改编自 Toole（1985）文献的图 22]

在听音评价的总体描述中，对于以自然取向（合唱、室内乐和爵士乐）录制的音乐，听音者的反应是 Rega 和 KEF 的“身临其境”，以及 Quad 的“接近，但仍有差别”。根据这些短语的定义，Rega 和 KEF 给了听音者一种被录音环境中的环境声音包围的印象，Quad 倾向于将它们与表演分开（Toole，1986，第 342 页）。这一切听起来都很像侧墙反射、感知声源宽度、早期空间印象和与之相关的双耳互相关传递函数的影响。

因为这些数据和图 7.14 中的评分结合了所有（4 首）音乐选择的评分，也许我们可以通过分别检查每首音乐选择的评分（以及其中采用的录制技术）了解更多信息。见图 7.16。

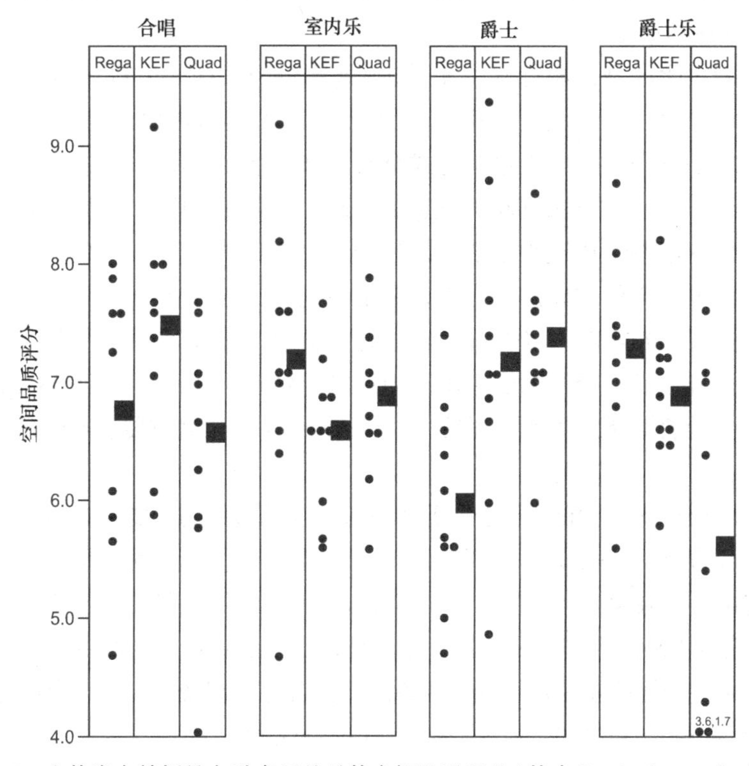

图 7.16 立体声音箱播放各种音乐的总体空间品质评分 [摘自 Toole（1985），图 23]

头中效应。头中效应似乎是一种包围的、外部的、宽敞的听觉错觉的逻辑对立面。当直达声得不到正确数量和类型的反射声的支持时，耳机收听过程中经常出现来自头部内部的声音感知，也可能出现在音箱听音过程中。我和同事们在消声室内听立体声录音时曾多次经历过这种现象，通常是声学上“干”的声音并且左右声道同响度混音的中央声像，或者有时单侧声像。这引发了一项调查，Toole（1970），其结论是，从外部到完全在头部有一个连续的定位体验。它通常在更高的频率下被察觉，并且可能发生在普通房间中采用具有较高指向性的音箱情况下，或者在没有适当反射声时听到较强直达声的情况下。在消声室中，听单只音箱的声音时可能会发生这种情况，尤其是在正前方，在这种情况下，前后方向感知反转也很常见。这种现象非常明显，不一定非要“盲听”。我曾经有过这样的经历：看着我前面的音箱，知道它是消声室中唯一的音箱，但听到了我脑袋里或从身后发出的声音，这很令人不安。有趣的是，在一个消声室中用 4 只音箱播放 Ambisonic 录音，产生了几乎完全在头部的听觉印象。这让这些发烧友感到非常失望，他们都期待着接近完美。这表明，从心理声学角度来看，一些根本上重要的东西没有被捕捉到，也没有被传递到耳朵。在正常反射的房间里，同样的设置听起来更真实，尽管房间反射是对到达耳朵的编码声音的实质性破坏。

图7.16展示了每首音乐选择的空间质量评分。它们都不一样。合唱部分使用了多个话筒，室内乐部分使用了一对Blumlein的话筒。听音室的反射可能会被立体声古典录音中包含的空间信息严重稀释或掩盖。尽管如此，在分布中仍有一些偏好的迹象，但这两种记录的偏好是不同的。爵士乐结果显示，Rega的评分较低。没有找到对此的解释，但显然这样的评分与这段特定录音的某些方面存在相互作用。

与此形成鲜明对比的是，流行音乐让Quad处于不受欢迎的位置。事实上，这个立体声测试中的主观评分与单声道听音中的评分（见图7.14）非常相似。为什么？在所有的录音中，流行音乐录音是唯一一个有大量全左或全右混音的录音，即单声道声音，从左或右音箱单独发出的声音，以及左右声道同响度混音的“双-单声道”虚拟中央声像。可想而知，对于立体声感知声场的这些单声道组成部分，听音者对相对缺乏反射声（空间）的伴奏做出了反应。在包含大量反射声的立体声混音中，像是在这些古典录音中一样，听音者会听到更多的低相关性（低ICCC）声音，将乐器置于空间环境中。然而，像在许多流行音乐/摇滚乐和爵士乐录音中一样，从“裸”的音箱本身中可以听到硬平移的近场话筒声音，只有听音室提供空间感背景。显然，录音和混音方法对所听到的内容非常重要。Moulton等人（1986）也有类似的经历。

主要结论是，录音技术可能是声音的重现中感知空间印象的主要决定因素。音箱的指向性是一个因素，一阶横向反射声涉及的表面反射系数也是一个因素，尤其是在包含全左或全右硬平移混音的录音中。如果通过在录音中添加空间线索来改善过于简单的“单声道”硬平移，那么Quad可能会获得更高的评分。令人感兴趣的是，是否是录音室的声音呈死寂、无反射的趋势促使混音师将中央图像的左右延迟或不相关的部分合并到混音中，这一点值得思考。无论使用何种音箱/房间组合，这对所有人来说都是一个有利因素。

总结和观察。音质和空间品质都有助于我们从音乐中获取愉悦，但在多大程度上呢？在这里，它们被证明具有相同的重要性。事实上，音质和空间品质评分有很强的相互跟踪的倾向，这表明听音者不能完全区分它们。在这些测试中，一个分布较窄但离轴输出更均匀的音箱的评分低于两个分布较宽但离轴输出不均匀的音箱，这表明需要一定量的横向反射声能量，即使其频谱失真。分布更宽、更均匀的音箱会做得更好吗？这在单声道音源中尤其如此，无论是流行/摇滚立体声录音中的硬平移（单独）左声道或右声道声音，还是通过单声道试听音箱。

在电影中，中央声道是一个单声道音源，在大部分时间里承载着绝大多数的对话和屏幕上的声音。因此，它和左前声道和右前声道音箱一样都表现良好。在“乐队中间”多声道音乐录制中，所有音箱必须和“独奏”表演者一样出色。如果无法听到反射声，则宽指向性没有任何价值，因此这意味着应该存在一定量的房间反射率。问题是：多少反射率，在哪里？

在立体声听音测试中，所有变量都有影响，但录音本身的性质被证明是最重要的因素。“声像”的基本要素存在于录音中。早期横向房间反射声，在一定程度上是由音箱指向性控制的，在

流行 / 摇滚风格的录音和单声道听音中，似乎起到中性偏有益的作用。在具有大量不相关左右信息的古典录音中，作用并不明显。

如 7.1.1 部分所述，与虚拟中央声像相关的声学干涉是一个因素。在直达声很强的情况下，不能忽略 2kHz 的凹陷所造成的对重要艺术家的音染，就像指向性很强的音箱或在缺乏早期反射声的房间中一样。同样，这种现象在带有“硬”混音虚拟中央声像的录音中最为明显，通常是流行 / 摇滚和爵士乐。来自不同方向的早期反射声往往会填充干涉凹陷，使频谱更加中性，见图 7.2(e)。这是选择宽辐射音箱和鼓励反射的一个原因。然而使用房间反射来缓和声学干涉，语音清晰度会下降（Shirley 等人，2007），并且会对乐器音色和人声音色产生显著影响。这为录音师提供了一个动机，将中央声像的一些真实或模拟横向反射融入他们的混音中。“讨好的调音”是可以被测量到的。

最后，在单声道对比下评估音箱（找出你真正值得拥有的），并在立体声或多声道中演示它们(给每个人留下深刻印象)。仔细选择录音，因为它们是一个重要因素。在 30 多年的时间里，随后的立体声和单声道测试并没有改变这些结论。

Evans 等人（2009）回顾了几项研究，考察了音箱指向性的影响，得出结论，还有几个基本问题有待于正确研究。他们确实注意到，作者在这里描述的工作“似乎是迄今为止与音箱指向性效果最相关的研究工作”。

7.4.3 音箱指向性与墙壁声学处理相结合——Choisel（2005）

人们使用两款非常不同的音箱对立体声声像定位进行了研究，一款（B&O Beolab 5）具有异常宽且均匀的前向辐射，另一款（B&W 801N）具有不理想的前向辐射指向性 [类似的 802N 参见图 5.11(b)]。一阶侧墙反射要么被完美反射，要么被“Rockfon 吸收砖(120mm × 60mm × 5mm)”衰减。音箱指向性和指向方式的差异导致 Beolab 5 的反射角声音比直达声低 2 ～ 3.5dB，B&W 801N 的反射角声音比直达声低 5 ～ 14dB。该测试旨在判断一阶横向反射声对立体声声像定位精度的影响。立体声声像通过声道间振幅或延迟平移进行定位。听音者用透声幕上的激光指针指示感知到的声像位置，该幕隐藏了音箱。激励声音包括 1kHz、2kHz、4kHz 和 8kHz 的 1/3 倍频程噪声、有节奏的拍手声（消声录音）和女声（消声录音）。人们会期望这些信号能产生清晰的声像。

观察到振幅平移和延迟平移声像位置之间存在差异，但“可以得出结论，平移源的方向不受音箱条件（Nautilus 801、配侧墙吸声器的 Beolab 5 或配反射器的 Beolab 5）和选定刺激的影响。”换句话说，在直达声到达 9.5ms 后，即使一阶横向反射声的大小存在较大差异，但这对整个立体声声场的声像定位没有显著影响。请记住，这是唯一被质疑的感知维度。其他空间感知没有被报道。然而，一个重要的事实是，实验室宽约 24ft(7.3m)，音箱距离侧墙 7ft(2.13m)两只音箱相距 9.8ft(3m)。从相邻侧墙发出的一阶反射声在直达声后 9.5ms 到达听音位，从较远的另一侧墙发出的一阶反射声在 23ms 左右到达（我从一张看起来不完全符合比例的图纸中缩放看出）。这是一个大房间，在较小的场地，更小的反射声延迟、更强的反射，可以提供更具说服力的证据。

测试数据包括反射声时间窗频谱，显示到达听音位的 Beolab 5 的反射声和吸收声。这些曲线之间的差异如图 7.10 所示。尽管该声学处理材料据称为 50mm 厚，但其衰减与 Kommamura 实验中的 25mm 材料没有太大区别，且远低于 D'Antonio 数据中的衰减。这些衰减曲线继续证实了一个事实，即普通声学材料的单次反射声处理与基于随机入射吸声系数的预期非常不同。反射声的频谱会被修改，而不是完全消除。

7.4.4 声场的基本特征——Klippel（1990）

Klippel（1990）对立体声回放中复杂声场的听音者的反应进行了认真的研究。调查试图将听音者对他们所听到的内容的描述（即感知维度）与测量的数字联系起来。他将这一过程总结如下："在进行的听音测试中，感知到的所有维度都与从听音者所在位置的扩散和直达声场的声压响应中提取的特征相对应。没有迹象表明感知维度与相位响应或非线性失真有关。"因此，根据这一点，相关的音箱测量值是消声轴向频率响应和声功率响应，或者至少是足够的离轴测量值集合，以描述到达听音位的反射声。

特别令人感兴趣的是，他发现，他所说的"空间感"在听音者的反应中占据显著地位。在评估听音者主观感知时，Klippel 根据每个感知参量的理想数量评估了听音者的反应。并且，感知质量以缺陷值进行评估。

$$缺陷值 = |基本度量 - 理想值|$$

因此，缺陷值可能表明感知维度过多或过少；听音者根据他们认为合适的内容做出回应。这些回答被分为两大类，"自然性"和"愉悦性"，一类与真实还原和准确性有关，另一类与总体满意度或偏好有关，不考虑真实还原。

当他分析影响自然感的因素时，发现了以下内容。

30% 与不适当的音染（音质）有关。

20% 与明亮度不当有关，这其中又分为高音过多（70%），低频（音质）不足（30%）。

50% 是因为"空间感"的缺陷。

对于第二个衡量标准"愉悦度"，权重因素是以下几项。

30% 的不适当音染（音质）。

70% 的缺陷在于"空间感"。

因此，音质和空间感对"自然感"的印象而言同样重要，而空间感主导了"愉悦感"的印象。因此，无论你是一个挑剔的纯粹主义者还是一个放松的休闲听众，空间印象都是一个重要因素。

对空间的感知基本上与横向反射声有关。在小房间中，自然反射不太可能引发包围感，这些线索一定在录音中。然而，ASW（感知声源宽度）、声像扩展和早期空间印象的感觉是非常真实的，而且似乎是可取的。Klippel 以多向反射声的声级与听音位的直达声的声级之间的差异作为"空间感"（R）的客观衡量标准。

图 7.17 显示存在最佳的反射声量，也可能过量或不足，这取决于音源素材的性质。这与我之前报告的研究中的证据一致，即录音本身是一个主要因素。为语音提供令人满意的环境需要最少的反射声量，音乐需要更多的反射声量，而且音乐需要的量也各不相同。直达声场和反射声场之间的最佳差值为语音 3 dB，混合节目 4dB，音乐 5dB。这些数字不涉及频率，我们知道

大多数音箱在所有频率下都不会表现出恒定的指向性行为。

因此，一款好的音箱应该具有两个特性：广泛的辐射（促进一定量的反射声）以及相对恒定的指向性指数（从而使直达声和反射声具有相似的频谱）。在这方面，好的设计的目的是为被试听的音频节目提供最佳比例的反射声。一个相当重要的相关要求是，至少允许部分离轴声音进行反射，任何通过吸声或扩散进行声学装修的声音都以频谱中性的方式处理。换句话说，任何反射或散射的声音都应该传达入射声的频谱分布，只是需要相对小的声压级。

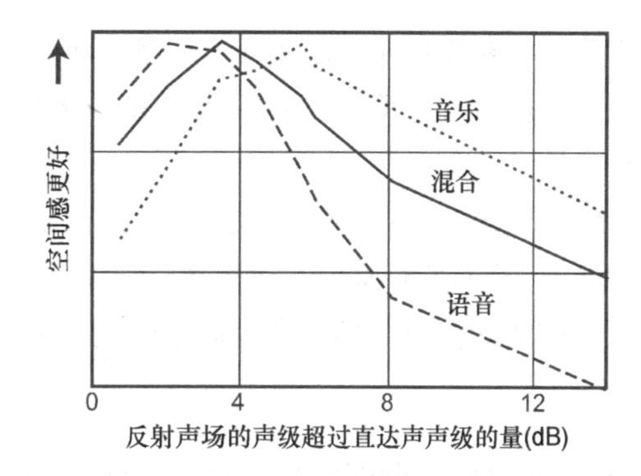

图 7.17 纵轴上主观评价的“空间感”与横轴上客观测量值 R（听音位置的直达声和反射声之间的估计声级差）之间的关系。向上移动垂直尺度对应于主观满意度增加；向右移动对应于反射声与直达声成比例增加。每个曲线的最高点分别描述了 3 个音频素材中的漫反射声与直达声相比的最佳级别 [这是对 Klippel（1990 年）中图 5 的改编]

7.4.5 一位音频发烧友的观察——Linkwitz（2007）

Linkwitz 是我的一位老朋友，他是一位直率的立体声爱好者，也是一位称职的工程师，能够测量音箱和房间内的数据。多年来，他一直试图通过个人实验来改善立体声聆听体验。图 7.4(b) 所示的指向性音箱(近似全向音箱)与锥形盆和球顶单元偶极子系统 [见图 7.4(c)] 形成对比。这两个系统都是由 Linkwitz 设计的，并且都经过了均衡处理，具有平坦的轴向频率响应。正如预期的那样，声学测量显示，两款音箱在听音位产生的反射声场存在显著差异。听音室的混响时间约为 500ms(通常被视为听音空间的上限)，两侧墙壁都是坚硬的反光玻璃，立体声听音配置在精确对称位置。

主观评价结果不是通过双盲测试得到的，但似乎缺乏明显的偏见。有人指出，“就音色或感知频率响应而言，两款音箱在曲目素材上的声音几乎相同。主要差异在于它们的空间感呈现（Linkwitz，2007，第 4 页）。”他接着推测，“由于不同的指向响应，不同的房间反射模式在感知上与音箱的直达声融合，如果反射声有足够的延时，并且其频谱内容与直达声一致（Linkwitz，2007，第 15 页）。”偶极子音箱相邻侧壁反射的延时为 5ms，全向音箱为 7.3ms，两者都适用于前方听音位。这些延时与前面讨论的实验类似，在典型的家庭中并不罕见。音箱设计的要求似乎侧重于轴向频率响应的平坦性和恒定的指向性，因此，假设房间边界的表面不会改变反射频谱，则直达声和反射声具有相似的频谱。

他提出的关于反射声“在感知上与直达声融合”的评论与经典的优先效应契合，当直达声和延迟的声音具有相似的频谱以及现在公认的听音者适应收听环境时，优先效应最有效（7.6.4 部分）。如果有时间进行调整，我们可以将房间与现场声源或音箱显著区分开来（7.6.2 部分）。

Linkwitz 很好地总结了他的想法：

所用音箱的类型和性能、配置、听音距离和房间的声学特性决定了在声学链的消费者端渲染的听觉场景的质量。听觉场景最终会受到录音的限制。

所用话筒的类型和配置、设置、所在场地，混音的监听音箱、设置、听音距离、录音室的

声学特性和混音处理方法，决定了表演者和消费者之间声学链中音乐制作人端的录音质量。

监听音箱和消费类音箱必须在所有频率下表现出接近恒定的指向性，以便获得最佳的录制和回放效果。

我想改变这句话：听觉场景最终由录音决定，并且它们存在广泛的差异。音箱和房间的贡献是次要的，而且它们通常是固定的，所以很多好的结果的产生有时却是一个碰运气的事情。因此，我们需要优化一个最适合、最常听的音源所处的家庭环境，或者在其中增加一些声学的灵活性。

7.4.6 一位音频发烧友的观察——Toole（2016）

作为一名科学家，我度过了我的职业生涯，因此我努力确保我所写的内容基于记录在案的、准确的测量和双盲测试下主观反应的观察。这些是科学调查和报告的基本参考。这一切都是因为我是一个音响发烧友。人们自然好奇地想知道我的个人观点是什么。40 年来，有机会对大量音箱进行技术和主观评估，这影响了我的观点。因此，毫不奇怪，我喜欢的音箱是那些在评估中表现优秀的音箱。因此，以下是我的个人观点。

那么，我喜欢听什么？我应该在什么样的房间里听？这里没有简单的答案。我对音乐的品味非常兼收并蓄，我一直都喜欢民谣、流行 / 摇滚、爵士乐和古典音乐。我每年都会去迪士尼音乐厅听十几场洛杉矶爱乐交响乐团的音乐会，以提醒我真实的声音和真实的环境是什么样的，我还参加了一些小型的流行音乐和爵士乐活动。我设定了一个目标，就是在家里聆听优质的声音。我和妻子都喜欢艺术，绘画和雕塑在我们的生活中一直很重要，而房间就是这种艺术的背景。传统的声学处理方法会损害这一目标，因此我的挑战之一是确定哪些因素可以使音箱更能适应不同的、非最佳的声学环境。毕竟，对于不同的表演场地，人声和乐器声不需要均衡。另一个目标是找到在可能“轰鸣”的房间里传递好低音的方法，而不必用低频陷阱填充它们。所以，我的个人需求和欲望推动了我的很多研究。令人欣慰的是，我们的研究让我在看起来像普通房间的房间里听到了美妙的声音。

1975 年，我们在加拿大渥太华风景优美的郊外的 5 英亩的土地上建造了一座定制住宅。里面有两个房间可以听音；其中一间是家庭娱乐室，配备了前向音箱。1988 年，它成为我的第一代多声道房间，使用舒尔 HTS 混音器播放杜比环绕声编码电影音轨。后来，一台 Lexicon CP-1 增加了 7 个声道的灵活性，可以对电影进行混音，并为音乐增添优美的氛围感。外观很重要，所以我还配备了一些 DIY 定制机柜。我有足够的技能和木材店来实现这一点。图 7.18 所示为对角线布置，透过窗户我可以看到庄园和河流的全景。这是刻意设计的。我想很多人都不知道对角线摆位的好处。基本上没有侧壁反射；从窗户到达听音者的部分离轴太远，以至于不相关（见图 5.7）。虽然许多人认为侧墙反射可用于娱乐性立体声听音，但在多声道系统中，侧墙反射确实不是必要的。

起初，整体音质很好，但低音令人不快。我希望避免明显的低频陷阱，所以进行了一些分析和思考，提出了 8.2.5 部分讨论的双低音炮模式衰减方案。当时的低音流畅、深沉、无共振。这就是主动消除模式研究的起源。这是一个好用的系统，为家人和朋友提供了高质量的娱乐。

图 7.18　我的第一个多声道娱乐室，约 1988 年。当时这个房间中配有一款出色的 CRT 视频显示器。巨大的背景让它看起来更大。汤姆•克鲁斯的《壮志凌云》是最受欢迎的演示

另一个听音室要大得多，被设计成我的“古典”听音室。我的结论是，两只立体声音箱需要帮助才能提供可靠的包围式音乐会体验，因此我建造了当时我能负担得起的最大音乐厅。这个房间有一面高斜的天花板，一直延伸到高 32ft（约合 9.75m）高的天窗，还特意做成了不规则的形状。两个重要的平行墙面仍然存在，这些表面构成了唯一能够解决问题的形状（8.2.2 部分和 8.2.4 部分）。体积为 $7800ft^3$（$221m^3$）。它是一个非常开放的客厅，配置了“丹麦现代”风格的稀疏家具和一些艺术品，并且没有明显的声学处理。在 1in（25mm）的毛毡底层上有一块密集的厚剪绒地毯（需要一块凹进的底层地板），在一个空置空间上有一块大壁挂的丹麦 Rya 地毯。两者都是高效的宽带吸声材料。大量的散射使吸声材料充分工作，导致中频混响时间约为 0.5s。木钉上的大面积石膏墙板提供了显著的低频吸收，有助于衰减低音模式（8.2.1 部分）。双层玻璃窗有很多，其吸声系数与墙板相似，窗户有 5/8in 的空间，具有良好的隔热性能。如图 7.19 所示，它在视觉上很有趣，开放且宽敞，大落地窗户可供我欣赏风景。从声音上讲，这是一个令人愉快的空间。

图 7.19　我的“古典”立体声听音室，约 1990 年。立体声座位就在拍照相机的左侧。黑色的“巨型物体”是 Mirage M1s

多年来，很多音箱都被放置在那个房间中，结果都令人失望。这间房间对音箱提出了无情的批评，直达声和反射声显示出不同的频谱，而传统的前向辐射音箱吸引了人们的注意力。由于有许多常见的、坦率的、原始的录音技术，乐团的整个部分都不恰当地从一只音箱中发出。在这些情况下，需要对声场进行一些模糊和扩展。感知声源宽度（ASW）是一个优秀的音乐厅设计的重要组成部分。我的这间房间也是一个很大的房间，所以需要较强的声学输出功率来产生较好的声级。这就淘汰了许多其他好的消费类产品。然后，在1989年，一种新的音箱出现了——几乎全方位、双向同相的"双极"Mirage M1。它们在小型NRCC房间和大型NRCC房间的双盲听测试中表现优秀。它们就"变成"了管弦乐队。图7.20（a）和图7.20（b）表明，直达声和声功率相似，略有起伏，但DI较低。

接近全向辐射的音箱应在声功率和房间稳态曲线之间表现出良好的一致性。图（b）中的房间稳态曲线是在一个单一位置测量的，即皇帝位。没有使用空间或频谱平均，因此曲线不平滑。使用一个参数滤波器，以抑制42Hz的房间共振（见图8.11）。图7.20（c）展示了与在不同地点和时间进行的测量相比的声功率，由于空间和频谱平均，一致性良好。房间内测量结果基本上可以根据消声数据预测。

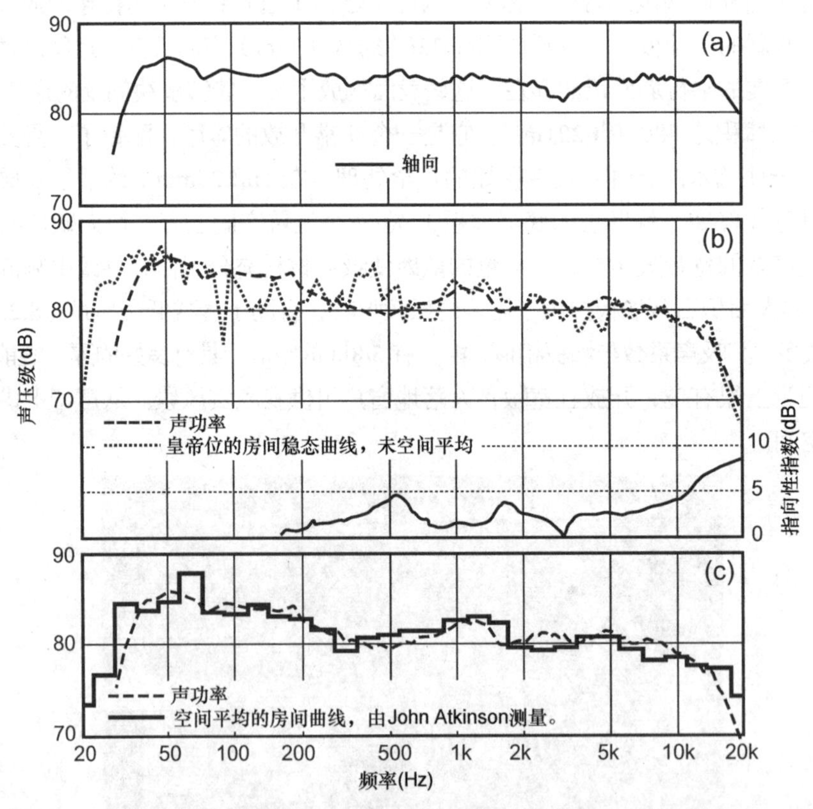

图7.20 （a）Mirage M1的消声轴向曲线。（b）根据消声数据计算出的声功率与在图7.19所示房间皇帝位测得的高分辨率房间曲线进行比较（未空间平均）。（c）计算出的声功率与John Atkinson测量的1/3倍频程分辨率空间平均房间曲线进行的对比，该曲线发表在1989年6月的*Stereophile*杂志上（经许可使用）

我曾经体验过其他全向和多向音箱，它们可以在空间上做一些有趣的事情，但这一款音箱的音色是中性的。

有趣的是，在这种情况下，这些几乎全方向的音箱可以容许到房间边界距离的非常近（约 0.6 ～ 1m），与侧墙和后墙的间距不同（见第 9 章相邻边界效应）。我非常喜欢它们，买了一对，后来搬到加利福尼亚州时，我把它们和房子一起卖掉了。一个关键因素是，所有的反射声都与直达声的音色非常匹配。在 22ft（6.7m）的听音距离处，可接受的听音区域很大。人类的优先效应处理器一定特别满意，因为声场和声像出人意料地完好无损，房间成了它的无缝延伸，美化了包围感，很好地满足了古典音乐的预期特征。使用这样的场地是一种奢侈，但事实证明，它不仅适合古典曲目。许多具有高制作价值的流行录音都采用了空间增强技术。深夜，独自一人在黑暗中，我在高水平的个人音乐会上听 Dire Straits 的 *Brothers in Arms*。我想念它。

我的动机是探索这种体验在多大程度上可以在图 7.18 所示的小房间多声道系统中被模拟。Lexicon CP-1 以标准立体声信号为起点，提供了相当大的自由度，可以探索 7 个声道中的空间增强。虽然有很多配置方式可以让一个好的立体声录音听起来既做作又糟糕，但也确实有一些模式，与正确的录音配合使用，会取得非常好的效果。切换回立体声可能会让人失望。大部分的成功都归功于设计师 David Griesinger 博士，他一生的大部分时间都被用在钻研音乐厅声学，以及在已经成为唱片行业标准的 Lexicon 混响和空间增强处理器中模拟这些和其他声学空间上。这和他后来的 Logic-7 上变换插件试图尊重立体声舞台范围，同时添加缺失的空间效果。

这种探索在我位于加利福尼亚州的新听音室继续进行，这是一个非常不同的空间（见图 7.21）。

图 7.21　我在加利福尼亚州的家庭娱乐室。前置左右音箱是大型的 Revel Salon2，拆下底座并倒置放置，因此可以感觉到声音来自整个音箱的底部。音箱的物理位置和腹语效应提供了极好的音画同步。有一台 65in（1.66m）的平板电视和一台 10ft（3m）的电动投影屏幕，见虚线区域。全景照片扭曲了透视，实际平面图如图 8.22 所示

由于没有定制住宅的奢华，这个房间需要大修。图中显示了一个 7.1 声道系统。Revel Salon2 位于 L&R 位置，Revel Voice 2 是屏幕下方的中置声道，4 只 Revel Gem2 提供环绕声信息。3 部 Mark Levinson No.536 放大器驱动前端声道。所有声道的音色匹配都非常好。超低音音箱系统包括 4 只 1kW 的密闭式低音炮，采用声场管理方案，如图 8.22 所示。无共振低音下潜延伸至 20Hz 以下。侧墙反射不存在，因为可以看到，一侧没有墙，为了保持平衡，另一侧覆盖着可移动重型丝绒窗帘，覆盖着大视野的门窗。前置音箱后面的墙壁是不规则的，带有散射声音的雕塑壁龛，而听音者后面的墙壁主要是吸收声音的。其他表面故意散射或吸收声音。

一个10ft（3m）的可升降幕布落在一台65in（1.66m）的平板电视前面，该电视使用相同的音频系统。一天中的任何时候，电动窗帘和百叶窗都会使房间变暗，便于用投影仪观看视频。轻巧的椅子很容易移动，供6个人观看电影。这适合我们的生活方式，让我特别满意的是，在一个看起来不像"家庭影院"的房间里，可以创造出令人印象深刻的音频/视频体验。

立体声回放效果非常令人满意，但我仍然在许多录音中使用有混音来美化空间感。该系统将很快被完善，包括沉浸式音频选项，可能是9.4.5部分所示的配置。一切都将由灵活的JBL Synthesis SDP-75处理器控制，这将为更多的调查提供机会。

7.4.7 地板反射：一个特例？

在我探索音箱/房间相互作用的早期，我注意到房间稳态曲线中地板反射的可测量效应。这似乎是一个需要注意的问题，所以我花了一些时间修改音箱，以将其最小化，并进行了主观评估。我不能说自己所做的工作是详尽无遗的，但当曲线看起来更好，但声音似乎没有太大变化时，我很快就感到沮丧。我就把研究中心转到其他容易听到的问题上并再也没回过头来重新研究这个问题。

Siegfried Linkwitz还认为，"地板的反射，这基本上是无法避免的，在稳态轴向频率响应中很容易看到凹陷和凸起，但却不一定能在音频素材中听到（Linkwitz，2009）。"

德国弗劳恩霍夫研究所建造了一个精心制作的听音室，可以改变不同的房间表面（Silzle等人，2009）。"关于地板反射，通过在听音者周围安装吸声器来消除这种声音的听觉影响是负面的、不自然的。没有一个正常的房间有吸声性地板。人类的大脑似乎已经习惯了这种地板反射的情况。"

其中一些是轶事，而不是科学调查的结果。但是有一种有趣的逻辑，有人认为人类是在学会站立行走的时候进化而来的，我们听到的大部分东西都涉及我们脚下的反射。无论我们身在何处，我们脚下的反射在距离感知等方面都很有用。地板反射是交响乐表演、爵士俱乐部表演、家庭或街头对话的一部分。这到底是一个问题，一种优点，还是仅仅是生活中的一个事实？

7.5 专业听音与娱乐听音

进入绝大多数的录音控制室，早期的横向反射声很可能已经被适当角度的反射面或大量吸声体消除或衰减，或者两者兼而有之。录音师们似乎想要在一个以直达声场为主的环境中工作，就像我在20世纪70年代设计第一个录音室时发现的那样。在混音录音的情况下，反射声已变得不可接受。这导致了"无反射区"的概念（D'Antonio和Konnert，1984），混音室的"活跃-死寂"风格（Davis，1980），以及这些主题的无数变化，包括极端的"无环境声"房间，其中，绝大多数边界反射都已大幅衰减（Newell，2003）。

几十年来，一些民间传说显然在这种情况下发挥了作用。其中一些已经成为"口口相传"的声学理论，一些对心理声学的误解支撑了这些观点。如果这种方法有优点，那么应该能够以一种不受到强烈主观偏见影响的阐述个人观点的方式来证明它。

我没有对文献进行详尽的搜索，但也不难找到几项深思熟虑的调查，这些调查可能是关于早期反射声的最佳倾听和工作条件。其中一个在7.4.1部分显示，专业听众认为，对于娱乐性听音，一些横向反射是有利的，但对于测评音频产品，最好将其衰减。Kuhl 和 Plantz（1978）研究了最适合（立体声）混音室监听音箱的指向性特性。他们只以专业音响工程师作为听众，发现广播剧中的声音需要窄辐射音箱才能很好地回放，舞蹈和流行音乐也希望通过“高度定向”的音箱进行“侵略性”表演。然而，这些听音者中的大多数人更喜欢在家里回放交响乐时使用宽辐射的音箱。然而，在混音室里，只有大约一半的人觉得他们可以用宽辐射的音箱录音。因此，这些专业人士中的大多数都喜欢用房间反射来进行娱乐性聆听，大约一半的人认为它可以与宽辐射音箱和由此产生的横向反射混合使用。这显然存在个体差异。

Voelker（1985）让 90 名具有不同专业音频背景的人评估一个混音室，该混音室被设置为较多反射，部分反射、部分无反射和所有表面都进行衰减。他得出结论，室内乐和教堂风琴更适合混响型混音室。鼓声独奏和迪斯科音乐的票数最多的是 LEDE ™房间，其次是无混响的房间。结论是，当混音室需要应付多种类型的音乐时，在声学设计中有必要进行折中考虑。这种折中存在于许多现有的混音室中，在这些混音室中，来自窗户、门、设备和其他家具的短期（早期）反射声会产生一种混响感。

Augspurger（1990）是一位著名的音箱、录音室和听音室设计师，他研究了混音室和家庭听音室之间的异同。如前所述，他非常清楚虚拟中央声像中的 2kHz 声学干涉凹陷——这是所有立体声系统的特征。混音室的配置使“录音工程师在中频下听到的直达声和一般反射声大致相等”。在他的家庭立体声实验中，他得出结论，他更喜欢“坚硬、未经处理的墙面”。对我来说，更宽敞的立体声声像就更能抵消负面影响。其他听音者，包括许多录音工程师，会更喜欢更平坦、聚焦更紧密的声像。正如他所说，“任何关于真实世界立体声回放的研究都涉及强烈的主观偏见因素。”

David Moulton（2003，2011）是该领域经验丰富的录音工程师和教育家，多年来一直在思考和撰写混音室和音箱的问题。他和他的录音工程师同事 LaCarrubba（1999）得出结论，音箱应在前半球具有平坦且非常宽的均匀水平辐射，并与混音室的声学处理相结合，以保持早期侧向反射声完好无损，同时衰减后期反射声。他合作设计了一款高端消费类音箱 B&O Beolab 5，渴望满足这些要求。根据这种方法，在录音和回放时，都会存在同样丰富的早期反射声场。

美国国家录音艺术与科学研究院的制作人和工程师部是一个由著名录音专业人士组成的团体，他们制作了一份报告《环绕声制作建议》（NARAS，2004）。其中，他们建议，对于声学处理，“在尽可能的程度上，应抑制早期反射声。”“此外，应该在预算允许的范围内进行尽可能多的扩散。”“总而言之：专业混音环境中的氛围越均匀（扩散），合成的混音就越独立于现场。”该建议中存在一个基本矛盾：抑制早期反射声也会抑制后期反射声，因此声场在有机会扩散之前就受到衰减（见图 10.4）。如果早期反射声确实被吸收，任何“漫反射”声场都将来自被后期反射辐射的区域，并且处于较低的声级。报告中没有提到任何支持这种方法的研究。

受本书早期版本中有关直达声和早期反射声的相对重要性，以及听音者适应房间反射的能力的评论启发，麦吉尔大学舒利奇音乐学院录音研究生课程的研究人员，开始了一项详尽的调查（King 等人，2012）。“这项研究特别关注在职音频专业人士和音频制作环境。”当横向反射声被反射、吸收或扩散的表面改变时，它评估了混音配置的变化。这是盲测，26 名受试者是专业的录音和混音工程师，他们接受了超过 10 年的音乐培训，平均有大约 10 年的制作经验。配置时，主要的声学反射来自有源音箱对面的测试表面，这与大多数涉及相邻边界一阶反射的测试不同。基本的结果是“在声学处理中没有发现显著的效应”。当被问及哪种声学处理方法能为混音创造最佳听觉条件时，8 名受试者投票赞成扩散，7 名赞成吸收，11 名赞成反射。从这一点来看，这些专业人士似乎很快适应了各种横向声音处理条件，并继续工作。增加这类研究将是值得的。

2014 年，Tervq 等人测试了 15 名音频工程师在 9 种不同环境中的偏好。他们发现，偏好取决于工程师的任务，混音还是母带，以及特定的歌曲。一般来说，人们发现，混音工程师更喜欢缺少反射声而带来的清晰度，而母带工程师更喜欢混响环境。后者可能是有益的，因为它更接近客户的聆听方式。他们再次发现了明显的适应性的证据。

因此，如果我们正在寻找专业的音频工程师来指导音箱设计和声学处理，我们会发现他们并不都一直同意某个意见，除了在他们在放松时更喜欢听什么这一点上。

7.5.1 听力损失是一个主要问题

如果耳朵功能不正常，我们听到的声音就不正常。对于我们欣赏音乐、电影和生活而言，听力的重要方面通常不会通过常规听力检测进行评估。第 17 章探讨了一些细节，坦率地说，这是一个令人沮丧的局面。每个人都需要在很小的时候就了解这个话题，以便采取必要的预防措施来保持这一基本能力。在目前的情况下，总结性信息似乎是，听力暂时或永久性恶化的人不仅听到的声音较少，而且他们能够从听到的声音中提取的信息也较少。降低听音情况的复杂性是自然本能：即消除反射。在音频行业，听力表现是一个不受控制的因素，但它无疑会导致意见分歧。

7.5.2 讨论

音频专业人士和音频发烧友对音箱和房间的最佳组合有不同的看法，这并不奇怪。在这两种情况下，它们几乎涵盖了所有可能性。许多人认为延迟声音会降低音质、声像、声场、清晰度、语音可懂度等。对一些人来说，这确实如此。但对其他人来说，情况并非如此。

有证据表明，一些专业人士能够在各种不同的声学环境中混音，这表明听觉适应是存在的。正如 7.1.1 部分所指出的，主要的直达声场是虚拟中央声像中最能被听到的声学干涉凹陷的地方。一些混音室在混音位置后面的墙上安装了扩散器，增加了不相关的声音，这在一定程度上缓解了问题。显然，不应将其视为 7.3.2 部分中给出的示例的极端情况，过度使用扩散器才会弱化中央声像。然而，如果录音工程师处于可以听到干涉凹陷的情况，则可能是为了给立体声混音本身添加一些不相关的延迟声音，从而减少每个人的麻烦（例如，Vickers，2009）。

完全没有证据表明，混音师的个人偏见可以在客户试听时听上去更棒的录音中体现，就像家庭环境中的许多专业人士一样，客户将在显著反射的声场中聆听。有人说，一些混音从一些工作室到其他场所的“转换”效果更好。这是件好事。然而，在听过一些“转换”之后，似乎“字面上的”转换并不总是一个要求。诚然，音乐的信息可能会被传递，但音色的精髓可能不会。

延迟声音是现场音乐表演的重要组成部分。没有它们，音乐的特色和空间感会被剥夺。讽刺的是，在大多数情况下，正在制作的录音都是双声道立体声——一种在方向和空间上都被剥夺的格式。

一些声学材料的倡导者大声疾呼，由于许多专业人士以某种方式听音，所有严肃的回放设施，甚至家庭听音室，都应该遵循专业人士的指导。然而，为了娱乐而听的人，甚至是专业人士，都表现出了对一定数量的反射声的偏好。正如我在本书早期版本末尾所述，早期反射点边界区域的处理方式是“可选的”：反射、扩散或吸收，由客户自行选择。

我记得我在 NRCC 的早期实验，在探索感知的基本原理时，我在沿着侧墙向下延伸的轨道上和音箱后面安装了重型吸音窗帘。在对发烧友进行的不受控制的实验中，我们发现，吸收侧墙反射似乎会使一些录音（主要是流行音乐 / 摇滚乐）更平顺，而允许反射的侧墙使其他录音（主要是古典音乐和爵士乐）更平顺。其中一人实际上在家中配置了类似的布局，并将其用作“空间感”控制。

结论：一种尺码并不适合所有人。个人品味、音乐和听音的性质都是重要的变量。而且，以多种形式出现的听力恶化对我们都没有好处；它使我们在一些我们可能永远不知道的方面与众不同。

7.6　房间反射的感知效应

7.6.1　听觉适应与感知流

Benade（1984）总结了这种情况。

物理学家说，音乐室中的信号路径是造成巨大混乱的原因，而音乐家和他的观众发现，“没有房间，只有最基本的音乐”是可能的！显然，我们需要解决一个悖论，因为我们要寻找音乐声音的特征，使其具有足够的鲁棒性，使其能够艰苦旅程中幸存下来，同时我们要寻找传输过程本身的特征，使一个精心设计的听觉系统能够推断出产生原始声音的声源的属性。

在听觉感知中，听觉适应会起作用，使我们能够“正常化”我们所听的声音环境。想象一个场景，你和一位同事在街上聊天（一个“死寂”空间，类似消声室），你进入一个建筑门厅（一个大的混响空间），乘坐电梯（一个小空间），然后沿着走廊（一个独特的混响空间）走进一个开放式办公室（一个相对死寂的半反射空间）。尽管声学环境发生了巨大的变化，但在交谈时，同事的声音仍然是不变的。在不同的声学空间中，声音是相同的。不同场地的现场音乐表演也是如此。施坦威是施坦威，斯特拉德是斯特拉德，但在不同的房间里。听音过程中唯一相对稳定的因素是直达声。

从反射声的复杂性中，我们提取了关于听音空间的有用信息，并将其应用于我们听到的声音中。我们似乎能够将回放的音乐或戏剧表演的声学方面与进行回放的房间的声学方面区分开来。这似乎是在感知水平上实现的，即数据采集、处理和决策的结果，涉及哪些是可信的或不可信的概念。这一切都表明了人类长期以来对在反射空间中听音的熟悉，以及适应我们生活的反射模式变化的本能反应。Bregman（1999）将其描述为感知流，其中声学空间与声源分离，这是“听觉场景分析”的结果，也是他的书的标题。可以说，人类有能力“透过”房间“聆听”声源本身。

此外，越来越多的证据表明，与第一次听到房间声音的听音者相比，之前短暂接触过房间声音的听音者表现出更高的语言理解水平（Brandewie 和 Zahorik，2010；Srinivasan 和 Zahorik，2012）。此外，这种适应效果随房间的混响时间而变化，在混响时间适中的房间中最为明显：0.4 ～ 1.0s——这是我们经常听音的房间类型（Zahorik 和 Brandewie，2016）。

不可避免的结论是，房间声学的各个方面都不是“声学处理”的目标。这似乎是一种我们可以忽略，甚至应该忽略的情况，我们应将注意力集中在那些与声音回放的重要方面最直接互动的方面，一方面减少不必要的干扰，另一方面增强空间和音色全息的可取因素。

7.6.2 房间对音箱音质的影响

Olive 等人（1995）公布了一项精心设计的测试的结果，其中 3 款音箱在 4 个不同的房间中被进行了主观评估。图 7.22 展示了房间及其内部布置。本节其余部分基于 Toole（2006）中的描述。

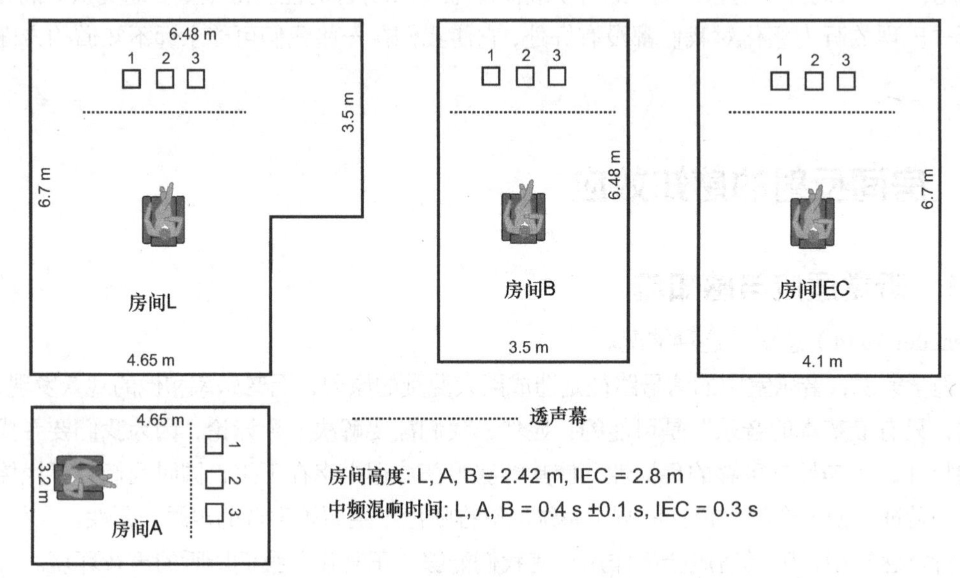

图 7.22 4 个听音室，显示了听众试听 3 款音箱的布置。20 名听众使用 3 种不同的音频素材对每个位置的音箱进行了评估。双耳录音用于随后的耳机回放 [基于 Olive 等人（1995），图 3]

音箱都是前向辐射的锥形盆 / 球顶单元结构，具有相似的指向性和相似的优质性能，因此区分声音不是一项简单的任务。在这种情况下，房间尺寸、音箱位置或声学材料放置的差异可能会掩盖音箱本身的差异。在第一个被称为“现场”测试的实验中，听音者在进入下一个房间之前完成了对当前房间内 3 款音箱的评估。

对每个房间每个位置的每款音箱进行双耳录音，并重复测试，但这一次，听音者通过校准过的耳机听到所有声音。所有的测试都是双盲的。在每个房间里，分别在 3 个位置上的 3 款音箱被评估。整个过程被重复，20 名听音者中的每一位都给出了 54 次评分。从统计学角度来看，结果如下。

“音箱”具有高度显著性：$p \leqslant 0.05$。

“房间”不是一个重要因素。

现场测试和双耳测试的结果基本相同。

一种可能的解释是，听音者熟悉了他们所处的房间，并且能够准确地判断音箱的优缺点。因为他们有机会熟悉 4 个房间中的每一个，所以他们能够对音箱的相对音质给出 4 个非常相似的评分。显然，如果这是对正在发生的事情的正确描述，那么这种适应的一部分就是适应不同的音箱摆位。不同的房间和房间内的不同位置并没有让听音者感到困惑，以至于听音者无法区分音箱，对音箱给出了相似的评分。

然后，研究者使用同样的双耳录音，非常“忠实”地复制了现场听音测试的结果，进行了另一个实验。在这项研究中，当音箱位于 4 个房间中的各个不同位置时，研究者对音箱进行对比。因此，在这个实验中，在随机演示中，房间的声音与音箱的声音结合在一起，不允许听音者适应。结果如下。

“房间”成为高度显著的变量：$p \leqslant 0.001$。

“音箱”不是一个重要因素。

因此，我们似乎能够适应我们的听音环境，以至于我们能够通过它来欣赏声源本身固有的品质。就好像我们可以将频谱正在变化的声音（来自不同音箱的声音）与频谱固定的声音（房间本身为特定的听音者和音箱位置添加音染）区分开来。这似乎与 Watkins（1991，1999，2005）和 Watkins and Makin（1996）指出的频谱补偿效应有关。

最好不要过度拔高这些结果，因为虽然整体结果如前所述，但这并不意味着各款音箱和各个房间之间没有相互影响。有影响，而且绝大多数影响似乎都与低频性能有关。这一结论令人鼓舞的部分是，正如第 8 章所示，有一些方法可以控制低频上发生的事情。

Pike 等人（2013）证实了这些关于音色适应的基础发现。

7.6.3 房间对语音清晰度的影响

声音回放系统的最大缺点莫过于语音清晰度受损：歌词会失去意义，电影情节混乱，晚间新闻也听不清楚。在音频发烧论坛上，人们普遍认为，在小型听音室中反射声会导致语音清晰度下降。这个概念有一种直觉上的“正确性”。然而，与一些感知现象一样，当对它们进行严格检查时，结果并不完全符合预期，会有其他情况发生。

在建筑声学领域，人们早就认识到早期反射声可以提高语音清晰度。要做到这一点，它们必须在一个“融合间隔”内到达，在这个间隔内，被认为更响亮的直达声会得到有效的放大。对于语音而言，与直达声相同级别的一阶反射声有助于提高有效声级，从而提高可懂度，延时约为 30ms。对于比直达声低 5dB 的延迟声音，整合间隔约为 40ms。这些间隔包含家庭房间或混音室中所有间接的早期反射声，尽管在较大的房间中，较长的延时可能会导致一些问题（Lochner 和 Burger，1958）。

最近的调查证实了这些发现，并发现随着一阶反射声延迟的减少，语音的清晰度逐渐提高，尽管主观影响小于直达声和反射声完美能量总和的预测（Soulodre 等人，1989）。

Lochner 和 Burger（1958）、Soulodre 等人（1989）和 Bradley 等人（2003）发现多次反射声也有助于提高语音清晰度。其中最复杂的实验是在消声室中使用 8 个音箱阵列来模拟几个不同房间的早期反射声和混响衰减（Bradley 等人，2003）。最小的一个消声室在尺寸上与一个非常大的家庭影院或放映室（尺寸为 13773ft^3 或 390m^3）相似。结果是，早期反射声（小于 50ms）对语音清晰度的影响与增加直达声对语音清晰度的影响相同。作者接着指出，后期反射声（包括混响）是不可取的，但控制它们不应该是首要任务，即最大限度地提高直达声和早期反射声的总能量。值得注意的是，在早期反射声足够的声场中，即使衰减直达声也对可懂度几乎没有影响。

研究者将混响时间作为学校教室中的一个因素进行单独研究，发现最佳语音通信的混响时间发生在 0.2 ～ 0.5s 的范围内（Sato 和 Bradley，2008）。这在通常配备家具的家庭房间和录音混音室中非常容易实现。

Brandewie 和 Zahorik（2010）发现，当听音者事先接触混响室时，语音清晰度提高了约 18%，进而他们得出结论，“声反射的物理效应可能会通过高级感知过程被抑制，这些过程需要适应特定反射的听音环境才能有效。”作者指出的内容与 7.6.1 部分描述的实验具有相似性，该节被 Toole 描述于 2006 年。在随后的实验中，更高要求的测试证实了这一结果，并指出“这种效应背后的过程在几秒内迅速实现，然而没有显示出更长时间过程对此的改善”（Srinivasan 和 Zahorik，2012）。

所有这些调查都表明，一般的听音室和混音室不会损害语音清晰度，反而更有可能改善语音清晰度。人们对房间的适应是有效且快速的，有时在 1s 左右。很容易想象，这种适应也适用于非语音的音乐的解释。

7.6.4 反射空间中的声源定位感知——优先（哈斯）效应

优先效应从根本上影响我们听到的大部分内容。在音频中，它被称为哈斯效应，但其他人将其称为第一波前定律。哈斯进行的实验是他的博士研究的一部分。图 7.23 描述了只涉及两种声音的实验：一种声音是来自一个方向的直达声，另一种声音是来自水平面上另一个方向的延迟声。理解这个过程很重要。

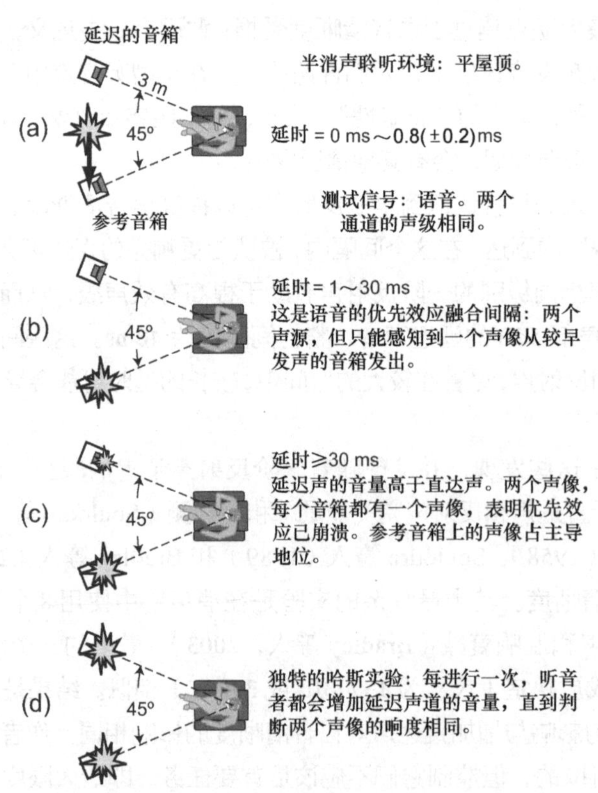

图 7.23 在哈斯实验的配置中观察到的一系列声源定位效果，包括立体声（求和）定位（a）、优先效应（b）、优先效应崩溃（c）和等响度实验（d）。由于实验是在平屋顶的房间中进行的，为了尽量减少屋顶反射的影响，哈斯一开始将音箱直接放在屋顶上，对准听音者的耳朵。不过，他发现，即便把音箱处于耳朵的高度，结果也没有显著差异，所以就在实验中使用了这样的配置

不管它叫什么，它描述了一种众所周知的现象，即第一个到达的声音，通常是来自一个声源的直达声，支配着我们对声音来自何处的感知印象。在通常被称为“融合区”的时间间隔内，我们无法把从其他方向到达的反射声作为独立的空间感知。所有的声音似乎都来自第一次到达的方向。在融合间隔之后到达的声音可能被视为空间分离的可听声像，与直达声共存，但直达声在感知上仍然占主导地位。当延时很长时，第二个声像被视为回声，在时间和方向上都与直达声分离。文献中的语言并不一致，“回声”一词经常被用来描述延迟的声音，这种声音在任何方向或时间上都不被认为是独立的。

哈斯并不是第一个观察到第一个到达的声音在房间内声源定位感知方面起首要作用的人（Gardner，1968，1969，1973），但他在 1949 年完成的博士论文已经成为音频领域的标准参考文献之一。遗憾的是，他的结论经常被误解。让我们回顾一下他的核心实验。

图 7.23 展示了实验的精髓部分。在实验室的平屋顶的半消声空间中，一个听音者面对着一对成 45° 夹角放置的音箱。哈斯（1972）的翻译将这种设置描述为“与观察者的左右侧成 45° 角”（第 150 页）。这有两种解释。然而，Gardner（1968）在另一份哈斯文件的翻译中称，“音箱……角度为 45°，一半在他的右边，一半在他的左边。”当 Lochner 和 Burger（1958）重复哈斯实验时，他们使用了间隔 90° 的音箱。所以，角度分离是不明确的。我选择了显示 45° 的间隔。

两只音箱都被发送了一段连续的语音，并且可以在其中一只音箱的信号中引入延迟。在除图 7.23（d）外的所有情况下，两个信号都以相同的声级辐射。

图 7.23（a）：求和定位。当没有延迟时，感知结果是一个虚拟（立体声）声像悬浮在两只音箱的中间。当引入延迟时，大约以 0.7 ～ 1.0ms 的延时到达该位置，中央声像向较早发射声音的音箱移动。这被称为“求和定位”，它是立体声录音中可以定位在左右音箱之间的虚拟声像的基础，假设听音者处于“最佳听音位”（Blauert，1996）。

图 7.23（b）：优先效应。对于超过 1ms 的延时，发现单个声像在参考音箱上停留约 30ms。这是优先效应：当有两个（或更多）声源且仅感知到一个声像时。需要注意的是，30ms 的间隔仅适用于语音，且仅适用于直达声和延迟声大小相同的情况。

图 7.23（c）：多个声像先后顺序的分解。当延时超过 30ms，或者超过 40ms 时，听音者会意识到位于延迟音箱位置的第二个声像。优先效果已经失效，因为有两个声像，但第二个声像是从属声像；主要的（更明显的）声源定位仍然来自发射较早声音的音箱。

图 7.23（d）：哈斯的响度实验。在前几个图中，先播放的声音和延迟声的振幅都相同。显然，这是人为的，因为如果延迟的声音是一种反射声，那么经过更长的距离后，它会被衰减，也会在某种程度上被反射表面吸收。然而哈斯的实验与被动反射的声学事实不符，故意放大了延迟的声音，这个实验只适用于公开演讲场合。他感兴趣的是确定延迟的声音的响度到底要达到多高时才会导致延迟声成为主导因素，这里指的是主观上的响度。为了做到这一点，他要求听音者调整延迟音箱的音量，直到两个感知到的声像显示出相同的响度。这是一个平衡点，超过这个平衡点，与延迟音箱相关的声像将被视为占主导地位。其目的是防止观众看到一个人朝一个方向说话时，被另一个方向传来的更响的声音分散注意力。如图 7.24 所示，在很大的延时范围内，后一个到达的音箱的声音大小可能会超过 10dB，然后才会被认为是主观上同样响的，因此对听众来说这是一个主要的干扰。当然，这取决于听音者相对于两个声源轴线的位置。

哈斯将其描述为“回声抑制效应”。有些人错误地认为这意味着延迟的声音被掩蔽了，然而并非如此。在优先效果融合间隔内，没有掩蔽；所有反射（延迟）的声音都是可听的，对音色和响度都有影响，但早期反射声并不能作为空间上独立的事件被听到。它们来自第一个声音的方向，而只有这才是“融合”现象的本意。人们普遍认为存在一个“哈斯融合区”，大约在直达声后的 20ms 内，在这个区域内，所有声音都被简单地结合在一起，然而事实完全不是这样的。

哈斯指出，听到的东西与声源定位无关。首先，添加第二个声源增加了响度。音质“活力”和“主体”（Haas，1972，第 150 页）发生了一些变化，“原始声源的扩展令人愉悦”（Haas，1972，第 159 页）。提高响度有利于语音增强，其他影响只有在清晰度受影响时才会引起关注。

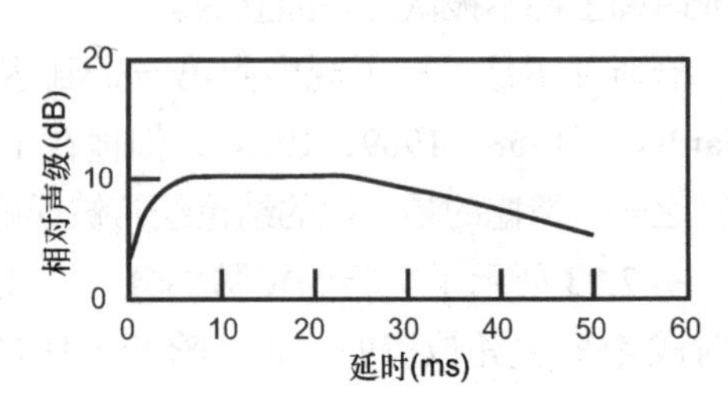

图 7.24　在图 7.23（d）所示的情况下，延迟声的声级相对于第一次到达的声级，此时听音者判断两个声像的响度相等

Benade（1985 年）在题为“广义优先效应”的文章中下发表了有见地的总结，他指出以下内容。

（1）人类听觉系统将包含在一组重复的声音序列中的信息结合起来，并将它们当作一个整体来听，前提是这些序列在其频谱和时间模式上比较相似，并且它们中的大多数在第一个声音到达后大约 40ms 的时间间隔内到达。

（2）单一感知的复合体相当于一组信号（音色、清晰度等）共享的声学特征的累积信息。听上去好像所有后来到的声音都毫不延迟地堆积在第一个到达的声音上，也就是说，整个集合的感知是最早到达的声音到达的物理瞬间。

（3）主观感知的声音响度基于第一个到达的声音，并且随着后来到达的声音的累积而增加。即使在一个或多个后续信号比第一个到达的信号强的情况下也是如此，也就是说，一个强大的后续信号不会产生自己的新序列。

（4）合成声源的感知位置与集合中第一个到达的声音的声源位置一致，而不论后面到达的声音来自哪个物理方向。

（5）如果在延迟 100 ～ 200ms 后，有任何来自与原始声音大致相似集合的声音到达，则它们将不被视为与原始声音是一个整体。相反，它们将被视为混乱的来源，它们将损害先前建立的感知的清晰性和确定性。这些“略有延迟”的信号是介于原始声音和单独的另一个声音之间的情况。

（6）如果出于某种原因，一个相当强大的原始声音成分到达时延时超过 250 ～ 300ms，它将作为一个单独的回声被清晰地听到。这种迟来的反射即使叠加在其他声音（例如混响）上，也会被听到。

需要注意的是，这些非常有效的分类陈述都强调了序列中各个元素的信息积累。“优先效应是某种掩蔽现象”的观点是非常错误的，这种掩蔽现象是通过对后来到达的信号掩蔽，防止听觉系统被混淆。然而恰恰相反，那些在声音第一次到达后的合理时间内到达的声音积极地促进了我们对声源的感知。此外，被延迟太久的声源实际上扰乱和混淆了我们的感知，即使他们可能没有被单独察觉到。如果到达时间较晚，则会作为单独事件（回声）被听到，并被视为干扰。在这两种情况下，迟到的声音都没有被掩蔽。

哈斯在 1949 年的研究与他的同时代人和在他之前的人（Gardner，1968，1969）的讨论只是一个开始。最近的研究（Blauert，1996；Litovsky 等人，1999；Blauert 和 Divenyi，1988；Djelani 和 Blauert，2000，2001）表明，优先效应是认知级别的，而不是外围听觉级别的，这意味着它发生在大脑的高级感知上。它的目的似乎是让我们能够在反射环境中定位声源。在反射环境中，声场因多次反射而变得如此复杂，以至于耳朵中的声音无法持续依赖于精确的方向信息。这就引出了“可信度”的概念，在这个概念中，我们积累了我们可以信任的听觉和视觉数据，并在我们耳朵的听觉线索相互矛盾时坚持将声音定位到这些位置（Rakerd 和 Hartmann，1985）。在音频 / 视频娱乐系统中遇到的声源定位现象包括双重（听觉和视觉）交互，包括我们所知的腹语效应，其中声音被认为来自不同于其真实方向的方向。这种情况在电影中经常发生，大多数时候，屏幕上的声音都会从中置音箱中发出，我们所看到的图像主导了声源定位。

当我们把这些概念放到一个三维环境中，详细阐述的优先效应如下。在一个陌生的环境中，伴随着反射的声音开始，我们似乎听到了一切。然后，在短暂的积累间隔之后，优先效应会使我们的注意力集中在第一次到达的声音上，而我们根本听不出空间上独立的反射事件。记住，这不是掩蔽；在所有其他方面，反射是存在的，有助于提高响度、改善音色等。在声音停止后，这种对后来声音方向特性的抑制似乎至少持续了 9s，从而使听觉适应在声音不连续的情况下依然有效（Djelani 和 Blauert，2000，2001）。图 7.25 展示了一个夸张的演示图，展示了我们在一个小房间内定位声源的第一印象和听觉适应建立后的情况。

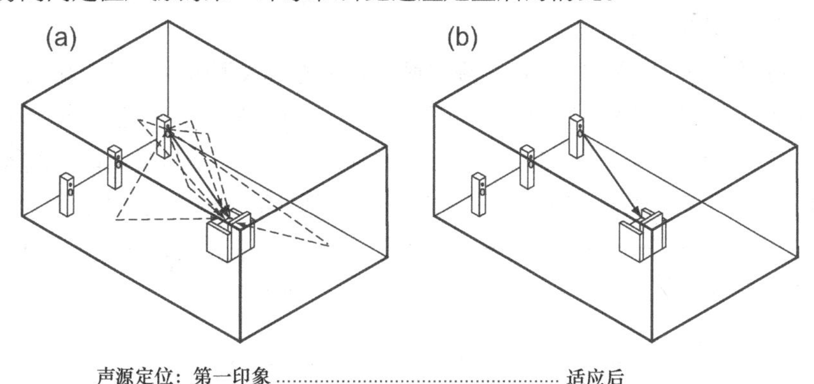

图 7.25　一个简单的例子，说明了在反射空间中听音时，优先效应是如何让我们专注于声源真实方向的。它需要时间来展开，如果反射模式出现变化或反射强度没有及时增强，它将从记忆中消失

然而，如果认为这是一种静态的情况，那就错了。反射模式在数量、方向、时间或频谱上的变化可能会导致新的累积开始，而不会消除旧的累积。我们似乎能够记住其中的几个“场景”。在研究空间 / 定位效应的实验设计中，需要考虑优先效应的所有累积和衰减；也就是说，报告的感知是在优先效应建立之前还是之后？这一点很关键。在允许听音者调整声学参数的任何情况下，可能根本不会发生自适应。所以很有可能，这是录音人员在混音室听到的声音的一个因素，声音参数不断变化而导致的无听觉适应将使我们感觉听到的声音不同于在家播放时听到的声音。这些不确定变量会影响录音过程中的空间线索感知，在混音过程中，空间线索会被实时改变。在这种情况下，更需要多声道沉浸式音频的录制和回放手段。

Perrot 等人（1989）和 Saberi 与 Perrot（1990）观察到，随着实验中不可避免地长期测试带来的锻炼，听音者似乎能够学会忽略优先效应，几乎像单独存在一样感知延迟的声音。录音师可以将声音元素的音量向上调整到清晰可听的程度，降低音量，并随时打开或关闭。在这些情况下，如果可以通过听觉“跟踪”一个声音元素，则很可能在完成混音时，其音量低于正常听音情况下感知到的音量。因此，对于混音或掌握技术的工程师来说，令人满意的声音可能不足以感动一个正常的听众，或者更糟糕的是，普通听众根本听不到。

从声音回放的角度来看，对于声源定位而言非常重要且非常有趣的是，当直达声和反射声的频谱相似时，优先效应似乎最为有效（Benade，1985；Litovsky 等人，1999；Blauert 和 Divenyi，1988）。如果反射声的频谱与直达声的频谱“十分不同”（在本阶段没有明确定义），那么就声源定位而言，反射声将更可能被单独定位，而不是与直达声合并。在极端情况下，如果所有早期反射声具有足够的频谱差异，则图 7.25（a）中的图示似乎不会过渡到图 7.25（b）。由于优先效应对于宽带声音比对于窄带声音更有效，这似乎是一个重要问题（Braasch 等人，2003）。

7.6.5 将优先效应带入真实的声学世界

大多数关于优先效应的研究都将语音作为信号。语音很重要，但显然不是唯一对声音回放有影响的声音。进一步研究这种情况，人们很快就会意识到，如果我们听的是音乐或音效，而不是语音，那么我们许多人一直使用的一些普遍规则是错误的。

图 7.26 从现实的角度看待优先效应。大多数数据来自实验室的实验，其中第一次到达的声音和延迟的声音在声级上是相等的。这在真实空间中是不可能发生的，因此本图显示了在不同的声级和延迟下可听效果的变化。

所有的数据点和数据线都是听音者检测到感知变化的声级阈限。音频定律之一是“融合间隔”大约为 30ms。这个数字来自实验，比如哈斯实验。在哈斯实验中，直达语音和延迟语音的音量是相等的。图 7.26（b）显示，在现实世界中，延迟的声音声级较低，融合间隔增加到更高的值。它还表明，在一般的听音室中，优先效应不会受到早期反射声的干扰。

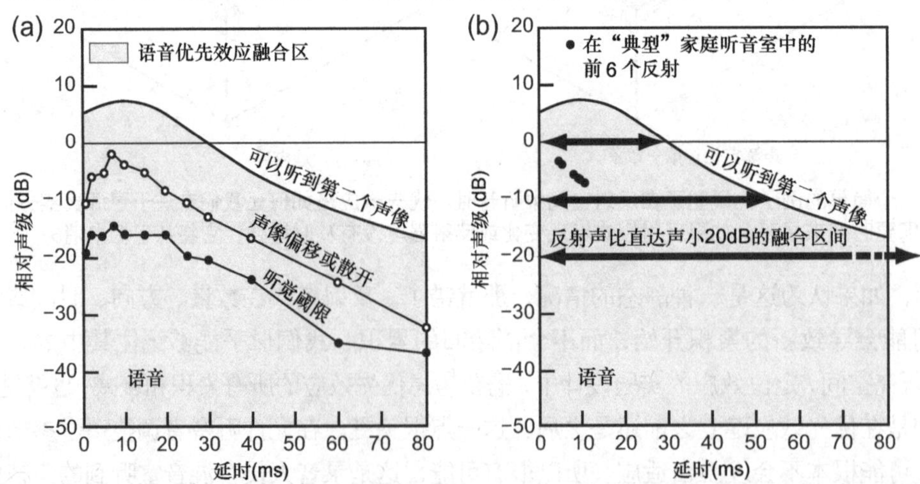

图 7.26 （a）阴影区域表示语音的优先效应融合区。这是振幅和延迟的范围，在此范围内，反射声不会被识别为单独的声源定位事件［摘自 Toole（2006）］。在该区域内，显示听觉阈限和声像偏移或散开。（b）3 个声级的延迟声的优先效应融合间隔。从心理声学文献中大量引用的经典实验通常使用相同声级的直达声和延迟声——这是 0dB 处的大箭头，显示的时间间隔约为 30ms。在房间内，延迟声会因传播损耗而衰减，通常为 –6dB/ 距离加倍，与此同时，反射面也会吸收部分反射声。随着延迟声声级降低，融合区迅速变大。这组黑点显示了典型的听音室或家庭影院中前 6 次反射的延迟和振幅，表明在此类房间中，优先效应牢牢控制着语音的声源定位

一些感知到的变化是有益的，因为在一定程度上，听音者发现远高于阈值升级的声音带来了更好听的感觉。例如，在阈值处被描述为“声像偏移或散开”的感知可能看起来像是一个负面属性，但当转化为房间中听到的声音时，它变成了“声像扩展”或感知声源宽度（ASW），这是现场表演中和声音回放中广受欢迎的品质。某些声音甚至可以超越“第二声像”阈值，将管弦乐队的规模扩大到音乐厅的可见范围之外，或将立体声舞台范围扩大到音箱的范围之外。在重现的声音中，可能更为混乱，因为录音过程中有一些技术可以实现类似的感知。因为这些因素都受到录音方式和回放方式的影响，所以这些评论只是描述，而不是对优缺点的裁决。一些证据表明，即使是这些微小的影响也可能会因在特定房间内聆听的经验而减弱（Shinn Cunningham，2003）——这是另一种我们可以逐渐适应的感知现象。

7.6.5.1 天花板与墙壁反射

虽然水平面的声音很重要，因为我们的耳朵就处在某个水平面上，但重要的是要知道人们对天花板反射的声音的感知有多大区别，甚至是对沿同一轴线到达的延迟声与直达声的感知有多少区别。

图 7.27 显示，侧墙和天花板反射的阈值几乎相同。这是违反直觉的，因为双耳分辨机制会更强烈地识别侧向反射，因为双耳的信号差异很大。对于仅在高度上不同的声音，我们只有外耳和躯干提供的频谱信息（HRTF，见 15.12 部分）。虽然阈值水平可能令人惊讶，但直觉也有一定的印证，因为侧向反射声的主要听觉效果是空间感（双耳差异的结果），而垂直反射声的主要听觉效果是音色变化（频谱差异的结果）。这些测试中使用的宽频带粉红噪声非常适合辨识音染，尤其是与高频 HRTF 差异相关的音染。另一方面，连续的噪声缺乏其他声音的强时间相关模式，比如语音。

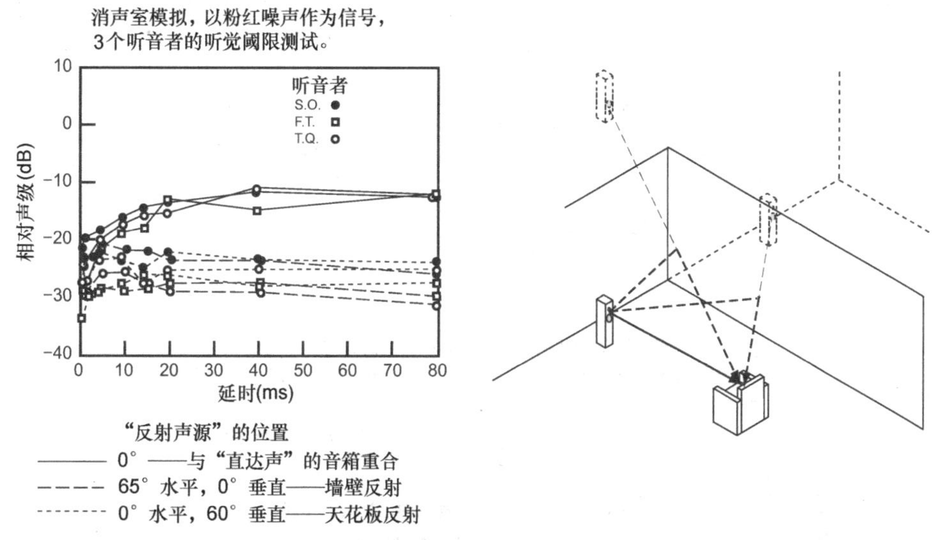

图 7.27　模拟墙壁反射、天花板反射和与直达声相同方向的延迟声的听觉阈限。测试信号是粉红噪声 [改编自 Olive 和 Toole（1989）]

这使得 Rakerd 等人（2000）的发现特别有趣。他们研究了水平面和垂直面上的声源的情况。他们将语音作为测试声音，发现水平面和垂直面上的掩蔽阈值和回声阈值没有显著差异。在解释中，他们同意其他参考研究人员的观点，即可能存在一种由更高级别的听觉中枢主导的回声抑制机制，在这种机制中，双耳和频谱线索相结合，指向声源位置（Rakerd 等人，2000）。这是人类很好地适应在反射环境中聆听的另一个例子。

图 7.27 中另一个令人惊讶的地方是，来自发出第一个声音的同一只音箱的延迟声音更难被听到。这里的阈值始终高于来自侧面或上方的声音，如果延时较短时阈值稍微高一些，而对于较差的延迟，则阈值要高得多（10dB 以上）。Burgtorf（1961）也同意这一观点，他发现同一只音箱发出的延迟声音的阈值比相隔 40° ～ 80° 的声音高 5 ～ 10dB。Seraphim（1961）使用了一个位于直达声源正上方（高出约 5°）的延迟声源，并发现，与水平间隔 30° 的声源相比，语音阈值提高了约 5dB。听音者对空间重合声音的相对不敏感是真实的，解释是，这是直达声和延迟声之间频谱相似的结果。声音的高度越来越高，音色的变化就越来越大，其与直达声的差别也就越来越大。对于那些对“梳状滤波”现象感到疑惑的读者来说，这一证据告诉我们，当梳状滤波最大时，也就是直达声和延迟声都由同一只音箱发出时，这种情况是我们最不敏感的。

尽管如此，仍然值得注意的是，即便没有明显的双耳（耳朵之间）差异，也可以检测到垂直位移的反射，就像检测水平反射差异一样，而后者是由双耳差异导致的。不仅超过听觉阈限的音色与空间感对应的听觉效果不同，而且检测音色与空间感所需的感知机制也不同。

7.6.5.2 真实与虚拟声像

虚拟声像是两只音箱发出相同的声音时，由于声源定位相加而产生的感知错觉。很自然，人们会认为这些方向性错觉可能比同一位置的单只音箱带来的错觉更脆弱。此处所示的证据适用于单次侧向反射的简单情况，如图 7.28 所示，这里模拟的是一个一般反射的房间，音箱沿侧墙放置。音色察觉阈值和声像偏移阈限先用真实声像确定，然后用虚拟中央声像判断时，在存在不对称单侧向反射的情况下，两者的阈值差异非常小。对虚拟中央声像脆弱性的担忧是错误的。

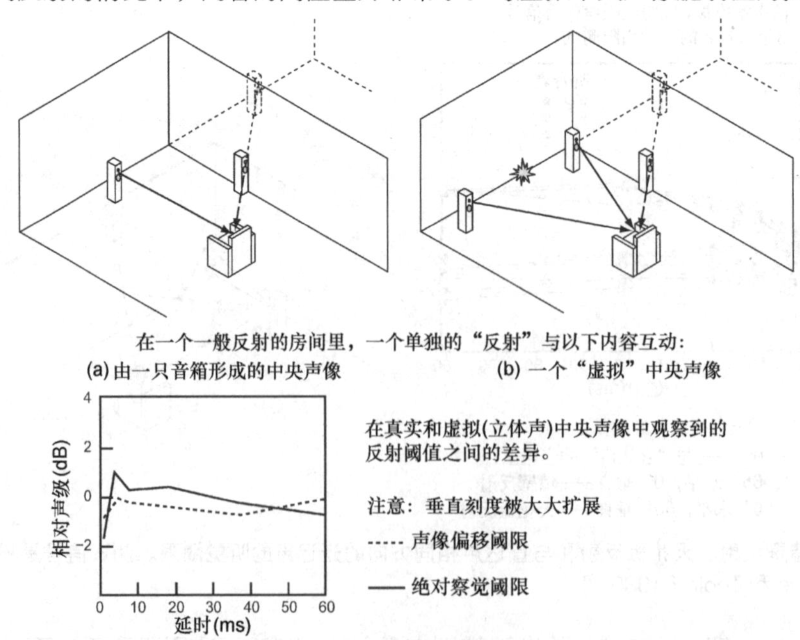

图 7.28 检查真实和虚拟中央声像如何响应位于右侧墙的音箱模拟的单个横向反射。这个房间是其他实验中使用的 IEC 听音室的“现场”版本。请注意，垂直刻度已被大大扩展，以强调没有任何重大影响。测试信号是语音

Corey 和 Woszczyk（2002）研究了从前置音箱到环绕音箱（±30° 到 ±110°）过渡过程中

的虚拟声像，得出结论，添加每只独立音箱的模拟反射不会显著改变声像位置或声像清晰度，但确实会略微降低听音者在判断中表达的置信度。

7.6.5.3　语音信号与各种各样的音乐信号

图 7.29 展示了选择不同“连续”程度声音的察觉阈值，从连续的粉红噪声开始，接下来是莫扎特交响乐、语音、带有混响的咔哒声和“消声”的咔哒声（发送到音箱的简短电子脉冲）。结果是，增加“连续性”会造成渐进的扁平化特征。如果“连续性”或“延长性”的形式归功于信号本身结构的变化，或归功于听音环境中添加的反射复制，则感知效果类似。在任何情况下，粉红噪声产生了一条几乎水平的曲线，莫扎特交响乐在 80ms 的延时范围内只是略有不同，语音产生了适度的倾斜，带有一些混响的咔哒声甚至更加倾斜，消声的咔哒声产生了非常紧凑、急剧倾斜的阈值曲线。

图 7.29　在消声室中为几个表现出不同程度“连续性”或时间延长的声音确定单次侧向反射声的检测阈值 [Toole（2006），图 16]

图 7.30 将这些数据放在实际环境中，可以看出，在小型听音室中，一阶反射声都高于察觉阈限。

基于从察觉阈限移动到第二个声像阈值时模式的稳定形状，图 7.30 展示了 3 种截然不同的触发声音与典型小型听音室中的反射声的对比情况。可以看出，所有的早期反射声都高于察觉阈限，因此会产生可闻的影响。在没有任何其他反射的情况下，几乎无法避免最糟糕的影响，即优先效应崩溃。然而，在一般反射的房间里，察觉阈曲线会被后来到达的反射声所增加的“连续性”而变得平缓。

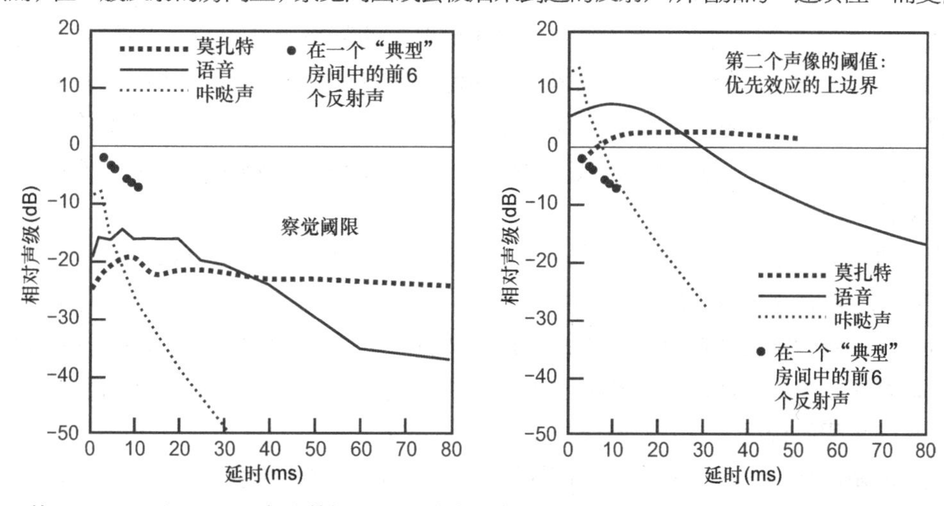

图 7.30　使用图 7.26 和图 7.29 中的数据，这是对咔哒声、语音和莫扎特的察觉阈限和第二声像的阈值（即优先效应的边界）的对比。“典型的房间反射”表明，在没有任何其他反射的情况下，咔哒声接近被检测为第二个声像的点。然而，正常的房间反射预计可以防止这种情况发生，因为持续的房间反射会使阈值曲线变平缓

观察 0dB 的相对水平线，其中直达声和反射声在声级上是相同的，可以看出，咔哒声的优先效应融合间隔似乎不到 10ms。根据 Litovsky 等人（1999）的数据可知，这与其他测定结果一致（小于 10ms），语音的优先效应融合间隔大约为 30ms，也在正确的范围内（小于 50ms）。他们没有提供莫扎特交响乐的融合间隔数据，但根据 Barron 的数据推测，融合间隔可能比 50ms 大很多。

咔哒声较短的融合间隔表明，在声学死寂的房间里，如果有合适的反射面，类似于近场话筒录制的打击乐器的声音可能会引发第二个声像。

7.7 对反射声振幅的有意义的测量

在时域中观察反射声似乎是较容易的，在“反射图”或脉冲响应中，一个简单的像示波器一样显示的事件作为时间的函数，或者，一个流行的替代方案，ETC（能量 - 时间曲线）。在这种显示方法中，反射声强度将由尖峰的高度表示。然而，尖峰的高度受反射声的频率内容影响，可是时域信息却也无法显示频域问题。这种测量不涉及它所代表声音的频率内容的信息。只有当两个尖峰所代表的声音的频谱是相同的，它们才能被合理地比较。

让我们举个例子。在一个常见的房间声学情况下，假设时域测量揭示了一个需要衰减的反射声。按照常规流程，在反射点放置一块大的玻璃纤维板。厚度约 2in（50.8mm），因此它可以衰减 500Hz 以上的声音。

之后再进行一次新的测量，我们可以看到，尖峰已经下降了。成功了，对吧？也许没有。

在受控情况下，Olive 和 Toole（1989）进行了一项测试，旨在展示不同的测量如何描绘主观上调整到察觉阈限的反射。因此，从听音者的角度来看，接下来要讨论的两个反射声在可听性或不可听性方面是完全相同的。

结果如图 7.31 所示。在顶部，图 7.31（a）是以三维形式显示的瀑布图。后面是直达声，接下来是中间反射，图中最前面的是第二个反射声，这是我们感兴趣的反射声。可以看出，在左图中，第二个反射是宽带的，而在右图中，500Hz 以上的频率已被消除。当瀑布的特定“层”被单独显示时，如图 7.31（b）所示，频率内容的差异是明显的。振幅非常相似，尽管低通滤波版本稍高一些，考虑到略超过 5 个倍频程的可听频谱已从信号中移除，这似乎是有意义的。说回问题本身，这些信号已经过调节，以产生相同的主观效果——察觉阈值，带宽窄的信号具有更高的振幅是合乎逻辑的。

相反，显示 ETC 测量值的图 7.31（c）告诉我们，两者可能存在约 20dB 的差异；窄带声音的音量较低。显然，这种特殊形式的测量与听音测试中的听觉效果没有很好的相关性。

可以看出，我们需要知道反射声的频谱分布级别，以便能够测量它们的相对可听效果。这可以使用时域表示法来实现，比如 ETC 或脉冲响应，但这在所有信号的频谱都相同的情况下才有效（例如，采用倍频程滤波）。

像上述所做的那样，检查瀑布的“切片”是一种选择，对脉冲响应的时间窗隔离的单个反射声进行 FFT 也是一种选择。如 4.7 节所述，由于时间分辨率和频率分辨率之间的互斥，此类过程需要谨慎进行，因为它很可能产生误导性的数据。

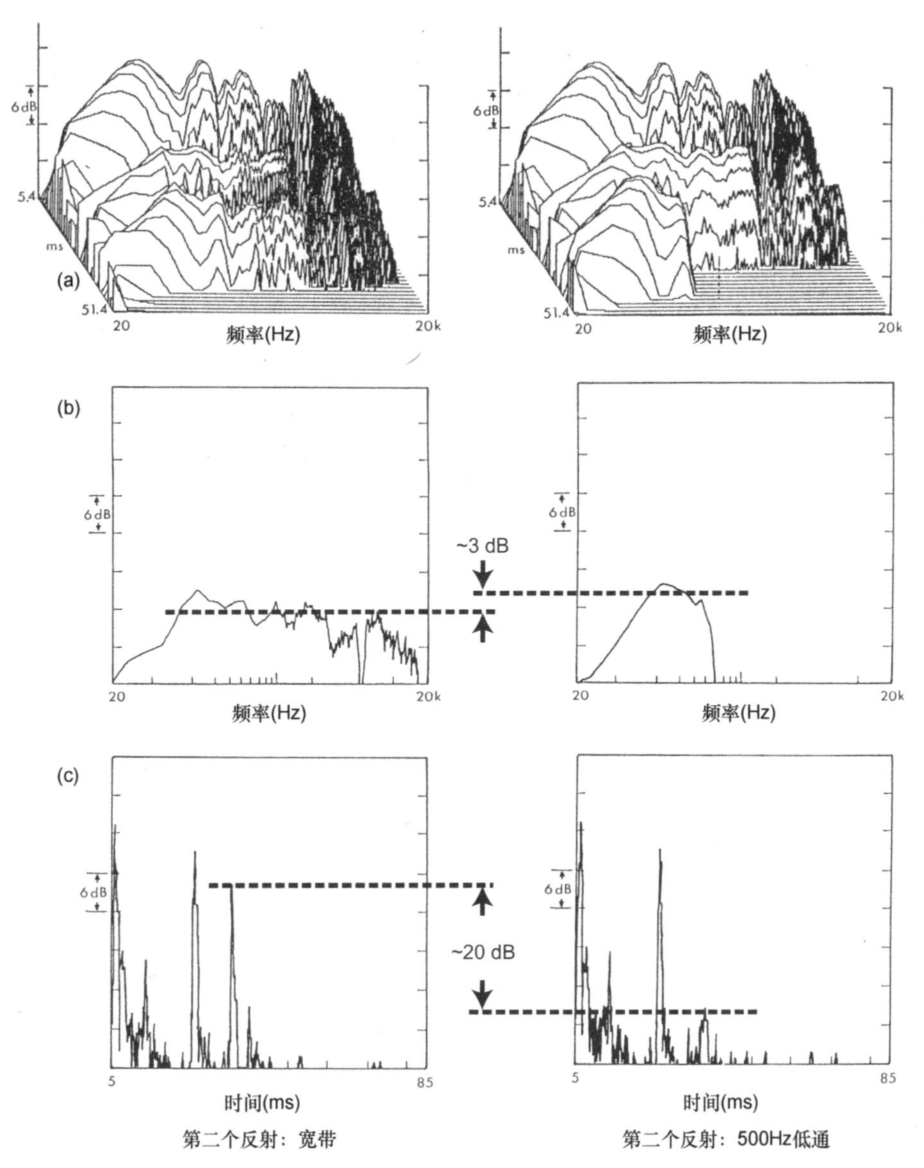

图 7.31 数据的左栏展示了一系列反射中的第二个反射在宽带条件下调整为察觉阈限时的结果，右栏显示了反射在 500Hz 下进行低通滤波时的阈值数据。图（a）展示了瀑布图，图（b）从瀑布图中提取的第二个反射的频谱，以及图（c）展示了在默认条件下使用 Techron 12 测量的 ETC（Hamming 窗）。测试信号是语音。水平虚线是反射声级的“肉眼”估计值

这些在房间声学中尤其重要，因为声学处理材料、吸声器和扩散器通常会修改反射声的频谱。当直达声和反射声具有不同的频谱时，简单的宽带 ETC 或脉冲响应不是可听效果的可靠指标。频谱信息是必要的，现代测量设备和算法提供了获取频谱信息的手段。

第8章

低于过渡频率：声学现象和主观感知

众所周知，小房间内低频效果较差，这是因为持续低频的声压级随着频率变化而波动，低频瞬变剧烈，失去现场演奏所能体验到的紧致感。人在室内来回走动或坐在不同座位上，就会明显感到这种音效波动。这种现象在家庭影院等音响设备中很常见，它会影响音乐创作和影视作品录音混音的音质效果，是一个重要问题。

如 5.7 节所述，人对音质进行主观评级时，低频音效的分值占总体评级的约 30%（Olive, 2004）。如图 3.13 和图 3.14 所示，该研究中所有听音测试都是在同一房间内进行的，房间里配备了可以将驱动的音箱移动到相同位置的设备，听音者有足够时间来适应房间物理环境。所有这些措施都有助于减轻（而不是消除）房间和音箱位置对评估结果的影响。

理想目标是在不同房间测试的音箱主观评级都很高。如 7.6.2 部分所讨论的，研究者在某种程度上，实现了这个目标。但即使如此，仍有证据表明由于低频效果不稳定而导致评级差异大。人可以在一定程度上调整低频效果问题，但如果问题非常严重，就越难以完全忽视。

要确保所有房间的所有听众都能听到同样高品质的低频声音，就需要制定一种策略。如 1.4 节中所讨论的，“音频怪圈”认为实现这种音效一致性是整个音频行业的理想目标，也就是让录音专业人士和消费者听到同样量感和质感的低频声音。下面我们讨论如何实现这个目标。

8.1 室内共振与驻波基本原理

所有能听到的低频声音，无论低音单元 / 低音炮的音效有多好，都要经过室内共振滤波。共振会影响室内和车内的音质效果，导致录音艺术难以达到初始预期的传播效果，这就给听众留下一个困扰：如果听到的声音悦耳动听，应该赞扬谁？如果难听，又该责怪什么？

这个话题已在各种音频论坛上引发了无数评论，但究竟是哪些因素在起作用，哪些因素不起作用，众说纷纭，莫衷一是。有些人并不了解实际情况，对资料数据也一知半解，仅凭主观印象就大发议论，结果造成观点分歧。由于商业算法在测量分辨率、均衡分辨率和创建校正滤波器的算法规则等方面差异很大，再加上商业算法所追求的音效目标不同，这就使得关于“房间均衡”或“房间校准”有效性的讨论而变得相当混乱。这个话题将在以后章节中讨论。

室内共振的特点如下。

（1）共振机制涉及声波的传播。

（2）共振是从音箱向外发出的声波与室内反射的向内声波之间的相长干涉（同步波形叠加）的结果，如图 4.21 所示。在共振频率下，当室内反射的向内声波延迟半个波长的倍数时，就会产生叠加，形成驻波，导致室内声压级高低不一，这时座位与座位之间的低频效果就会不同，这就是需要解决的低频问题。

（3）这种声波频率很低，周期和长度很长。短促声波延长后，只要振铃持续时间足够长，就具有可闻性。

图 8.1 为矩形房间：（a）3 种轴向模式的方向，（b）3 种切向模式的方向，（c）多种可能的斜向模式之一。由于每一次声波临界相互作用都会损失一些能量，所以那些在“循环”中反射

次数最少的模式能量最高。因此，轴向模式能量最大，其次是切向模式，再次是斜向模式。在房间内，很少发现斜向模式有低频问题，而切向模式有明显反射临界。房间中多个声源放置在适当位置时，也会有明显的反射临界。轴向模式无处不在，是引起小房间内低频问题的主要原因。好在轴向模式很容易计算。

如图 8.2 所示，矩形房间中所有模式的计算比较困难。因此可以通过模式识别方法追踪刺耳的低频轰鸣声起源，并采用相应的补救措施（见图 6.2）。

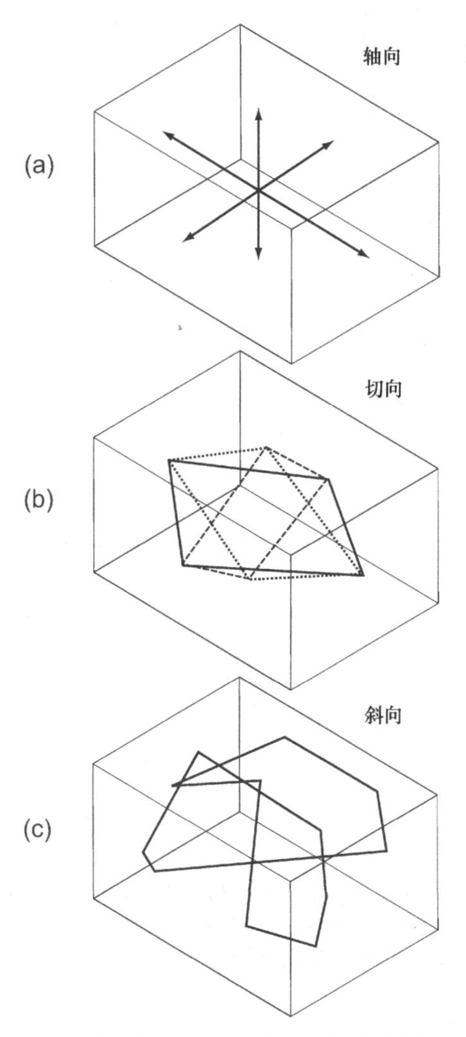

图 8.1 3 种室内模式：（a）轴向：长、宽、高；（b）切向：3 个平面中每一个包括两对平行临界，忽略第 3 对。（c）斜向：斜向模式可包括所有平面，图中显示了多种可能性之一

图 8.3 展示了小矩形房间的所有模式。这是通过计算机音频素材计算上述方程所得出的结果。在实际环境中，并非这些模式都有问题，但问题确实存在，了解出现问题时的频率有助于分析具体安装位置。采用这种传统的计算方法可以优化房间尺寸和尺寸比例。尺寸决定共振频率，而比例决定这些频率的分布。

$$f_{n_x n_y n_z}=\frac{c}{2}\sqrt{\left(\frac{n_x}{l_x}\right)^2+\left(\frac{n_y}{l_y}\right)^2+\left(\frac{n_z}{l_z}\right)^2}$$

$f_{n_x n_y n_z}$ 为由适用于尺寸 x，y 和 z（长、宽和高）的整数决定的模式的频率；

n_x，n_y，n_z 为适用于每个尺寸的整数（$0\sim\infty$）：x，y，z；

l 为房间尺寸，单位为 ft（m）；

c 为声速：1131ft/s（345m/s）。

模式识别举例：

$f_{1,0,0}$ 一阶长度模式（x 维）

$f_{0,2,0}$ 二阶宽度模式（y 维）

$f_{0,0,4}$ 四阶高度模式（z 维）

$f_{1,2,0}$ 切向模式（二维）

$f_{1,3,2}$ 斜向模式（包括所有 3 个维度）

图 8.2　矩形房间中所有可能模式的通用计算公式

房间尺寸：21.5ft × 16ft × 9ft（6.55m × 4.88m × 2.74m），3096ft^3（87.67m^3）

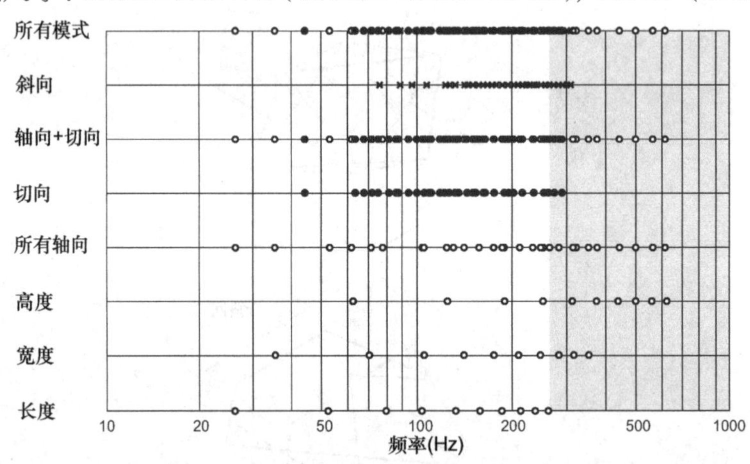

图 8.3　小矩形房间中的低阶模式。阴影区的所有模式都没有计算出来。这是通过 Microsoft Excel 音频素材计算的数据。在互联网上搜索“房间模式计算器”可计算更多数据，并在之后可以看到对计算结果的评论，但可能与这里所表达的观点有所不同

◎ “粗略”声学计算

计算发生轴向驻波的频率，仅需测量墙壁之间的距离（即最低共振频率波长的 1/2），乘以 2（得到波长），然后将相同计量单位声速（1131ft/s 或 345m/s）除以这个数字，结果即一阶模式沿该维度的频率。

所有高阶模式都是这个频率乘以 2、3、4、5 等得到的结果。例如，一个房间长 22ft（6.71m），一阶长度共振发生频率为 1131/44=25.7Hz。在 51.4Hz、77.1Hz、102.8Hz 等频率下会发生高阶共振。房间宽度和高度方向的共振频率计算方法与此相同，这样可计算出所

有轴向模式频率。

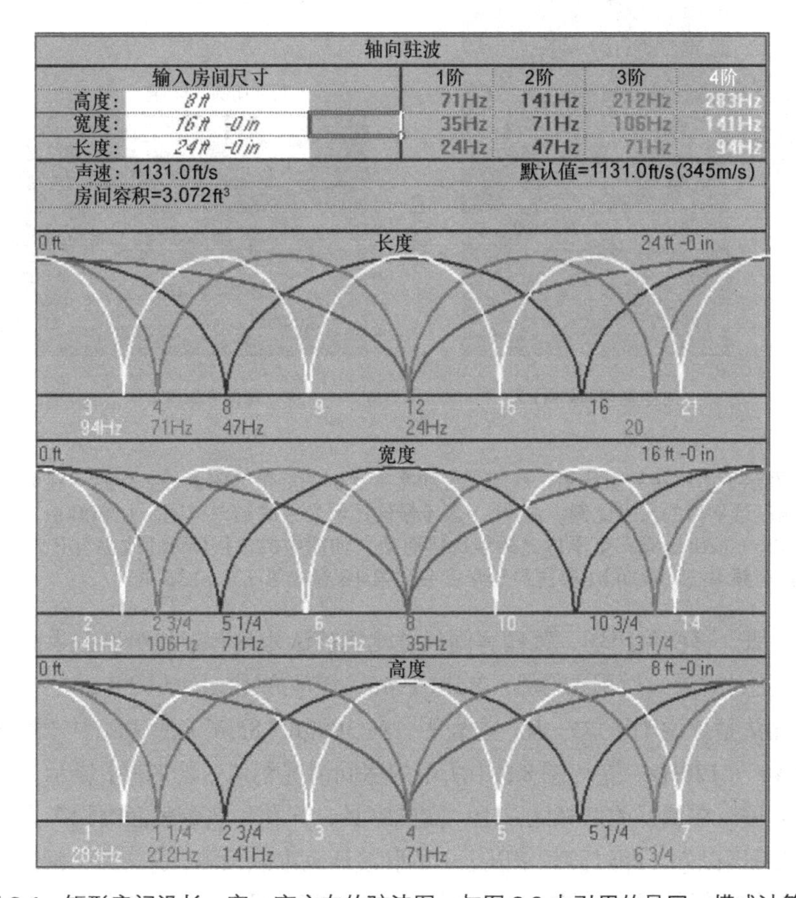

图 8.4 矩形房间沿长、宽、高方向的驻波图。与图 8.3 中引用的是同一模式计算器

图 8.4 是哈曼计算器的配套图，显示了四阶轴向模式下的驻波图。这两组数据在识别室内模式问题时都很有用。

8.1.1 房间尺寸优化——是否存在“理想”的房间?

关于室内声学，有一种观点认为房间的某些尺寸比，如高 : 宽 : 长为 1:1.5:2.5 时最佳，这种观点认为，这一比例决定了室内共振的频率分布，而将这些频率在其频域内均匀分布，效果最佳。例如，长度和宽度方向的共振发生在相同或非常相近的频率下显然是不利的。对于容易因共振出现轰鸣声或声染色的房间来说，如果几种轰鸣声或声染色发生在相同的频率下，情况会更糟。

多年来，一些著名声学家提出了各自认为的最佳比例，例如，劳登：1:1.4:1.9；赛宾：1:1.5:2.5；努森 • 奥尔森：1:1.25:1.6；福尔克曼：1:1.6:2.5；博尔特著名的“blob”，见图 8.5。

上述推荐比例是在混响室经过认真测试后得出的，目的是测量音响设备的声功率输出，这一点并非众所周知。

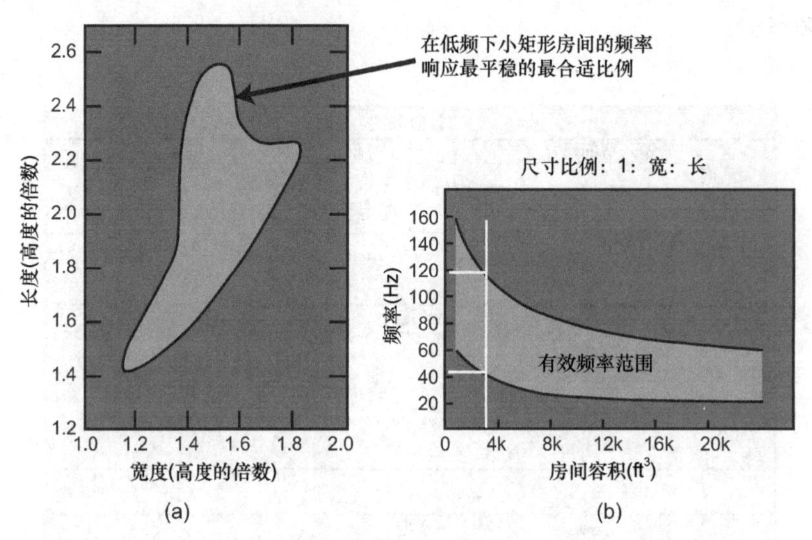

图 8.5　图（a）展示了博尔特的团状图，房间长度和宽度比例的规范范围曲线，包括了在低频下小矩形房间的频率响应最平稳的尺寸比例。图（b）表示最佳比例生效的频率范围。如 3000ft^3（85m^3）的房间，大约在 40 ～ 120Hz 频率范围内，最佳比例有效，如图中的白线所示［改编自 Bolt（1946）。《矩形房间的正态频率统计说明》（美国声学学会会刊第 18 卷，第 130–133 页）

然而，这些概念移植到声场，某些房间尺寸比例被认为具有最佳听音效果而加以推广。对普通房间而言，这种效果只适用于低频。Bolt（1946）在他的团状图（图 8.5）中，用新颖的“有效频率范围”图清楚地说明了这一点。这表明，在 3000ft^3（85m^3）的房间中，最佳比例的有效频率范围约为 40 ～ 120Hz。这与图 8.3 中所示的房间情况相似，图 8.3 中显示，该频率范围包含六七个轴向共振。在偏低的低频区以上，室内家具、开孔和墙壁表面突起等会打乱驻波模型的规律，使得低频区以外（即过渡频率以上）的驻波活动难以预测，这与经验常识是一致的。实际上，即使在偏低的低频区内，墙面弯曲也可引起反射声偏移，导致模态频率下的“声学”尺寸与实际尺寸显著不同（见图 8.8）。

然而，声学家仍在继续努力解决这个谜题，Sepmeyer（1965）、Rettinger（1968）和 Louden（1971）等人都提出了优化尺寸比。其他人如 Bonello（1981），提出了更优化的评估频域内模态分布的度量方法。Welti（2009）对 Bonello 的度量方法进行了验证，发现并没有显著改善。Walker（1993）提出了更宽松的房间尺寸比例准则。所有人提出的指导原则都有所不同，至少有细微不同。但由于这些论点的逻辑显然无可辩驳，相关研究成果已纳入国际试听室标准，成为许多声学顾问设计听音室的重要依据。

近年来的一些研究结果不容乐观。Linkwitz（1998）认为优化房间尺寸比例的过程“非常值得怀疑”。Cox 等人（2004）发现，在低于约 125Hz 的频率下，一对立体声音箱在按比例建模的房间和实际房间内的频率响应高度一致，但他们最后得出的结论是：“似乎并没有一种神奇的尺寸或位置，使得音箱的声音表现最佳。”Fazenda 等人（2005）调查研究了主观评级和技术参数后发现如下内容。

根据模态分布或音级压力场响应等技术参数对房间质量的评估缺乏普遍性，而且与任何类型连续量表的主观感觉不相关，这一事实严重削弱了这些技术参数的有效性。

这些人的研究结论表明，房间的声学性能不能根据尺寸比例一概而论，而且音质绝对好的房间并不存在。

简单的解释是，确定民用听音室或专业混音室“最佳”尺寸的基本假设条件存在问题。这些假设条件如下。

（1）计算的所有房间模式都假定同时以相似的声级被激发。这就要求声源位于房间 3 个边界的交叉点上，即地板上或天花板上的一个角落。如果偏离这个位置，就会导致某些模式能量更大，比其他模式更加活跃。

（2）假设听音者可以均衡听到所有模式的声音。这就要求头部最好位于另外 3 个对称的边界交叉位置。如果偏离这个听音位置，就不能均衡听到所有模式的声级，甚至听不见有些模式的声音。

（3）假设房间是完美的矩形，墙壁、地板和天花板绝对平整，反射性极高（僵硬而大）。

我们生活和听音的环境并不能满足这些假设。真实房间里，几何形状不规则、表面反射率不一致等会影响模式的相对强度和频率，即使有可能被均衡一致地激发。音箱和听音者的位置也是主要的影响因素。

很难理解这个最佳房间概念竟会在听音室声学领域受到如此广泛而持久的关注。图 8.6 说明了这些原理。图（a）表明听音者无论怎样努力，不太可能把耳朵放在理想位置，音箱实际上也不可能将所有声音辐射到每一个角落。当音箱和听音者处于典型的实际位置时，并非所有的计算模式都会被均衡地听到，任何对模式分布的预测都将失败。我们至少会听两只音箱，可能是 5 只或更多，所以计算出来的理想尺寸实际上无效。图（c）展示了一种也许可行的想法。既然我们必须处理过渡频率以下的问题，那就可以通过优化另一个独立声音系统来达到这个目的。

总之，并不是最佳房间尺寸比例的概念是错误的，而是如最初设想的那样，我们讨论的声音回放与这个概念不相干。我们将在讨论多重低音炮解决方案时采用完全不同的标准再次讨论这个问题。

8.1.2　非矩形房间能解决问题吗？

一个反复出现的奇想是，如果避免房间内有平行表面，那么房间模式就不存在了。遗憾的是，这是错误的。关于这一主题的研究并不多，Geddes（1982）提出了一些见解非常实用。他发现“房间形状对压力场响应的频谱变化并没有显著影响”“在所有的数据案例（计算机模型中评估的 5 种房间形状），p^2 响应的频谱标准差几乎是一致的。”当然，声源位置是模式行为的一个影响因素，就如同吸收分布一样。“吸收分布在对称性高（非矩形）的形状中要重要得多——形状确实有助于阻尼在模式之间的均匀分配”（Geddes, 2005）。

似乎对矩形房间最有效的改造方法是将一面墙斜置。

非矩形房间内的声波特性是很难预测的，需要用比例模型或高性能计算机才能进行。图 8.7 为矩形和非矩形空间中模式的二维声压分布预估图。很明显，矩形和非矩形空间中都有高声级区域，以及声级非常低的节点线。真正的区别在于，在矩形房间里，可以通过简单计算来预测声压分布。因此，大多数声学家喜欢简单的矩形房间。

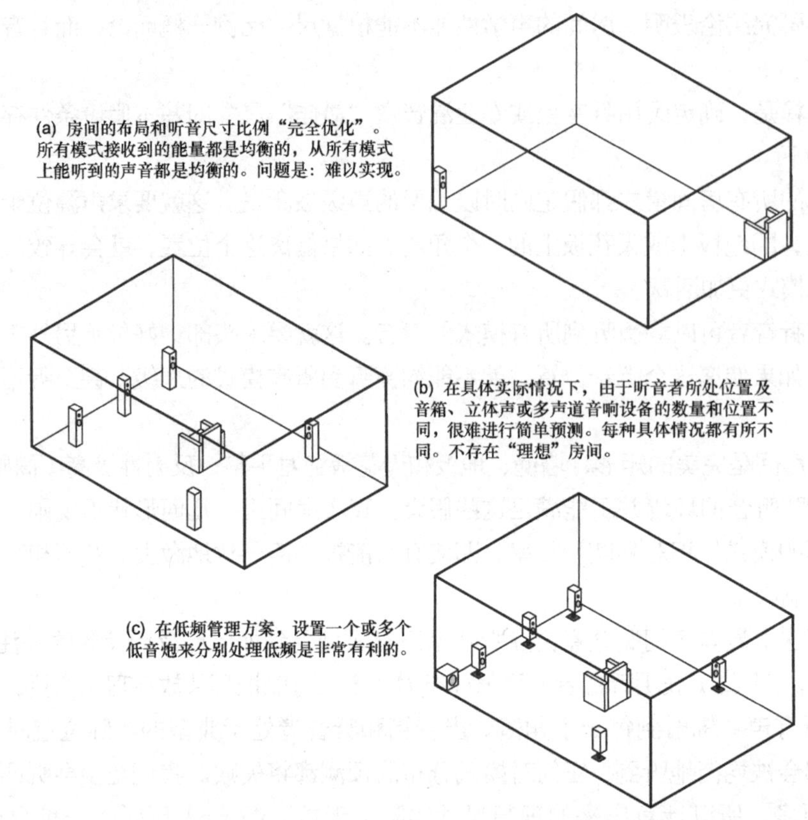

图 8.6　图（a）展示了声源和听音者的最佳位置，在这些位置上，音箱的声能可以传播到所有模式并且能被听到。从实际考虑，最好将声源和听音者都置于地板平面。图（b）表明实际情况与图（a）所示的简单理想状态之间的差距。图（c）说明了解决房间问题的好方法：将低频声音分开回放，使之与回放通道数量无关

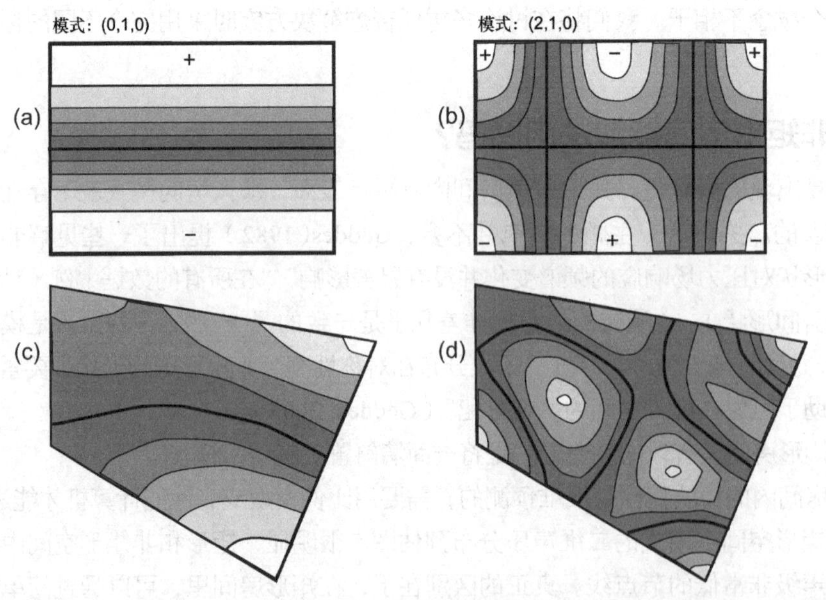

图 8.7　矩形和非矩形房间的声压分布图，分别展示出两种房间的简单模式和复杂模式。声压最小值，零值，用粗实线表示。色调越浅，表示声压级越高。请注意，在每个节点线（声压最小值处）上，声波的瞬时极性颠倒

8.2 现实解决方案

所有讨论话题都来自经同行评审的文献，其中有些是 10 年前或更久以前发表的，并没有新观点，但新一代的高保真音响发烧友需要了解并学会利用这些观点。互联网论坛继续对早有定论的问题进行辩论，有些人出于商业利益继续自吹自擂。有一句老话：“如果你的全部家当就只有一把锤子，那么在你眼里所有的东西都像钉子。”在音响领域可以说：“如果你是卖声学材料的，那就鼓动所有听音室进行彻底声学装修。”而实际上，人家也许需要，也许并不需要。声学材料是解决方案的重要组成部分，在过去利用声学材料是唯一选择，现在已有更多可选择方案。

与模式相关的音频效果问题有以下 4 个。

（1）频率：特定的持续低频音符（如低频吉他音符、合成器音符、管风琴音符）在不同频率上的放大或衰减不同。音高转换时也会发生另一种微妙的模式变化，因为一个频率下的快速衰减模式会被相邻频率下衰减较慢的模式所取代。

（2）时间：击打踏板鼓类短低频乐器，其声音会在一个或多个共振频率下延长（低频“轰鸣声”）。

（3）空间位置：房间的不同座位上，也会发生（1）和（2）所述的变化。两个听音者能听到的低频声音不可能完全相同。

（4）差拍：当两种模式频率非常接近时会发生差拍现象，又称拍音，这是一种不太为人所知的效应，会导致共振频率附近的声音不均匀衰减。

导致音响效果劣化的几个方面如下。

（1）从低音单元 / 低音炮传送给房间共振的能量大小。这是由驻波模式中低频音源的位置、数量及其驱动信号的具体性质决定的。这些因素决定了房间的哪个共振被激发及激发程度。

（2）单个共振的可听度。这取决于听音者所坐的位置。不同座位之间与共振模式相关的驻波变化很大。在房间里走动时，可以听到明显的低声级和音质效果变化，在不同位置可听到不同模式的声音。在很低的频率下，仅 5dB 的声级变化会引起 2 倍的响度变化（见 4.4 节），而在中频和高频下，大约 10dB 的声级才能引起同样的响度变化。因此，低频的微小变化会严重影响三频分布的听觉效果，低频不足时听起来常常感觉是高音过量，反之亦然。

（3）声源材料。

几十年来，小房间里提高低频效果的唯一方法就是用低频吸声器或低频陷阱来抑制共振。这些都难免需要对房间进行大幅改装，引起视觉改观，对于专业录音室或混音室，甚至专用立体声听音室或家庭影院来说，这可能不是什么问题。然而，对于需要配备高品质音响设备的日常生活空间而言，视觉外观，甚至风格都是要优先考虑的，不宜进行大幅改装。因此，作者一直在研究新的替代方法来提高房间低频效果。

可以综合考虑房间外观、音效性能和成本等因素决定采用哪种方法。好在现在有很多种方法可供选择。以下是解决“房间轰鸣声”问题的几种流行方法。

（1）吸声器耗散一部分能量，仅将部分能量传递给模式。

（2）优化听音者位置来减少能量耦合，将能量传递给模式。

（3）优化音箱 / 低音炮位置，减少传递到刺耳模式的能量。

（4）使用高分辨率测量仪和参数均衡（匹配频率和 Q）来衰减模式，减少传递到刺耳模式的能量。

（5）使用模式控制技术，减少传递到刺耳模式的能量。在驻波模式中设置多个低音炮方案，可防止破坏性的声学干涉（相消模式）。

（6）计算机优化的多低音炮解决方案，包括低音炮信号处理，可优化模式操控。

在下面各节中，将详细讨论每种可选方法。有道是“需要是发明之母”，我正是在个人需求的驱动下，不断深化对声场的认识，并提出了常见问题的非常规解决方案。

8.2.1 向模式传递能量并用吸声器耗散部分能量

这是一种久经考验的有效方法。使用这种方法，我们需要在录音棚内配备吸声材料，使通过话筒传递的“原始”声音在录音棚内耗散一部分，成为相对中性的声音。这种方法通常用于混音室和专用家庭听音室，但用于日常生活空间则有失美观。为了达到最佳效果，必须在嘈杂的驻波模式高声压区域设置大型低频吸音材料，这通常被称为“低频陷阱”，很难隐藏或伪装。这样当然可以吸收部分声能，减少低频能量，从而获得更好的低频质量。如果感觉到墙壁、地板或吸声膜振动，那意味着从声场中吸收的声能转化成了机械能。要消除特定的刺耳杂音，同时保证低频悦耳动听，就需要将吸声膜调谐到相应的低频上或放置在特定位置上。这需要认真考虑。

在普通的木质或金属框架建筑中，也就是许多家庭建筑中，单层干墙在低频时是一种中等有效的吸声器。现有的房间边界“截留”了一些低音能量。图 8.8 显示了在代表沿房间长度的一阶和二阶轴向模式的频率下，沿听音室长度的声级与距离的测量结果。房间是完美的矩形，由 2 × 6in（约 50 × 150mm）的螺柱和两层 5/8in（约 15.9mm）的石膏板组成，内表面考虑隔音。从结构上看，这些墙比典型的北美家庭的墙更大、更硬。唯一的开口是一扇厚重的实心门，位于图 7.2 右侧端墙的中间。

通过观察这些图，可以得出以下几个重要观点。

（1）从图 8.8（b）可以看出，一阶模式驻波比仅为 9dB，表明在这个频率下墙壁吸收了大量声能，24ft（7.32m）长的房间中的计算值为 23.6Hz。能量损失导致驻波（相长干涉）峰值更低，而相消干涉的最小值更高。可以进一步确认，声压分布的形状波动平滑，如图 8.8（a）所示。与二阶模式相比，该共振的 Q 值已经降低。

（2）二阶模式的最大 / 最小差幅为 14dB，表明该频率下墙体反射性更强。曲线下降幅度也较大，尽管不是非常大。这个模式的 Q 值比一阶模式更高。

（3）一阶模式的最小值并没有达到理想值，而是在房间长度的中点位置，向有门的墙移动了约 2ft（0.61m）。墙的相移（延迟反射）使房间的声学长度大于实际尺寸，将声学长度延长到门所在的位置的末端。吸声膜是一个移动的临界，可将射入声能的一部分吸收，另一部分偏移反射，当频率到 21Hz 时听音者就会感到墙体剧烈振动，所有吸声膜或吸声隔膜都适用于这种情况。多年前，我为 NRCC 听音室设计吸声膜时，就特意利用这个特性同时阻尼模式并消除最佳听音位置上的嘈杂低频（Toole，1982，附录）。在这种情况下，特定频率下的漂移效果就相当于将墙壁从实际位置向外移动一段距离。如果是这样，共振出现的频率就应该有相应降低。这在图 8.8(e) 中得到了证实。从图 8.8(e) 中可以看出，频响测量中的第一模态峰（1,0,0）明显低于图 8.8(d) 中预测的频率。

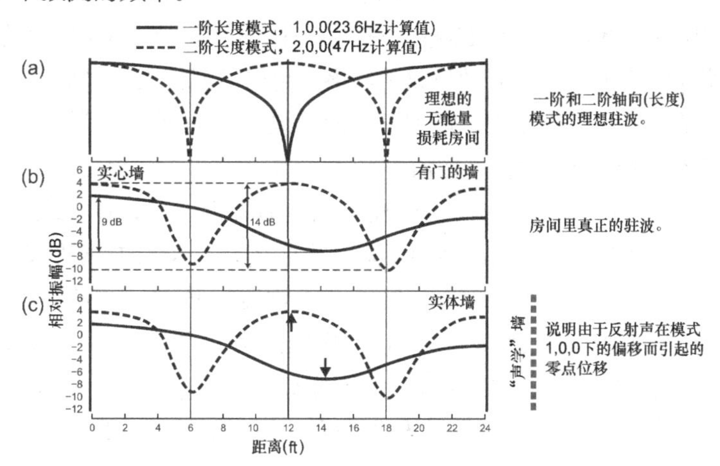

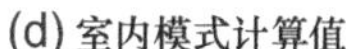

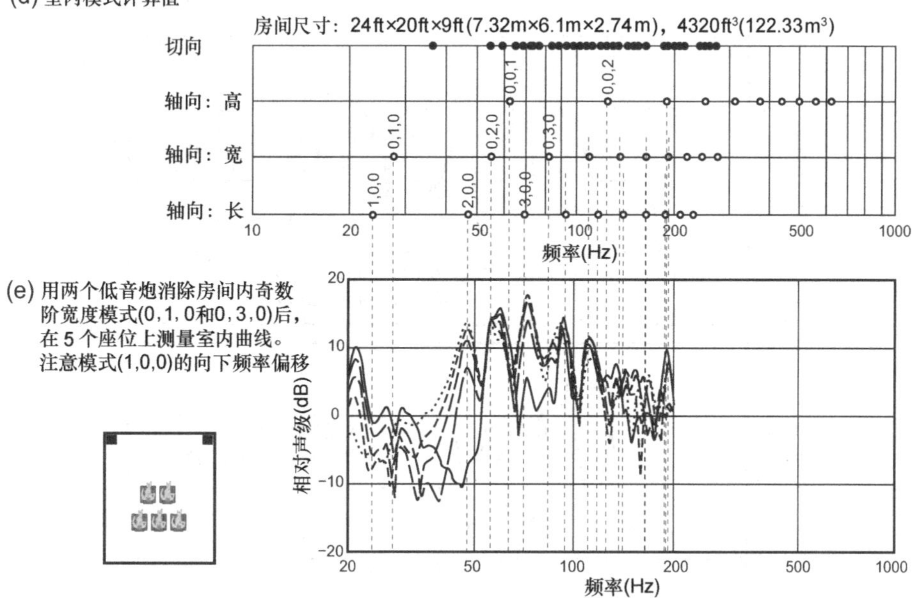

图 8.8 图（a）：无能量损耗、完全反射的房间中可能发生的驻波模式。图（b）及图（c）显示：在一阶及二阶模式（1,0,0 及 2,0,0）频率下测量的声级与房间实际尺寸之间的函数关系。（b）表示各模式的最大声级与最小声级的差值（驻波比），表明频率越低，吸声（阻尼）越大。图（c）展示了各模式最大值和最小值的预测位置（距离临界 1/4 和 1/2 波长远的细垂直线）。测得的声压最大值和最小值偏离了预期位置，一阶模式的偏离较大，二阶模式的偏离较小 [摘自 Toole（2008），图 13.7]。图（d）和图（e）展示了计算出的室内模式和室内曲线测量值，没有显示计算过程中故意相消的模式。模式 1,0,0 的频率偏移清晰可见 [改编自 Toole（2008）中的图 13.8]

（4）二阶模式（2,0,0）的零点和最大值都向有门的墙壁轻微偏移，但偏移幅度很小，表明在较高频率（47Hz）下，有门的墙壁吸收的声能比在频率较低的一阶模式下吸收的声能要少。图 8.8(e) 证实共振频率的变化并不明显。

（5）由于双低音炮的配置（0,1,0 和 0,3,0）抵消了奇数阶模式上的声音，所以在图 8.8(e) 中看不到奇数阶模式的峰。事实上，模式（0,1,0）表现为明显的窄声学干涉骤降。相比之下，偶数阶模式（0,2,0）扩大很明显。这将在 8.2.5 部分中解释。

所有这些现象的简单解释是，尽管房间结构很坚固，但房间侧墙中央如果有一扇门，该侧墙的刚度降低了，墙壁在较低频率下就变得更有弹性。在较高频率（50Hz 以上的频率）下的性能没有变化。这有影响吗？不一定。低频吸收是好事，可以阻尼模式。少量频率偏移一般来说无关紧要。值得注意的是，在频谱域中，峰很宽，而谷很窄。尽管阻尼可降低峰值同时提高谷值，但对于多数听音者，降低峰值比提高谷值更有益。

如图 8.9（a）所示，在房间边界膜吸收过程中能量损失相当大，在很大频率范围内会导致振幅降低 2 ～ 3dB。显然，厚重墙壁结构隔音效果良好，但会加剧低频共振，厚砌墙或混凝土墙壁或地板也是这样。图 8.9（b）展示了优化设计和定位的低频吸声器的实际效果。图 8.9（c）展示了有源和无源低频吸声器的有趣对比。可以看出，与图 8.9（a）和图 8.9（b）中的高分辨率数据相比，这些曲线非常平滑。由于没有单个模式数据，所以我们无法观察到不同模式的阻尼程度。不同模式的阻尼程度与吸声器位置有关，并有助于优化位置安排。但吸音的总体趋势是可以看到的。

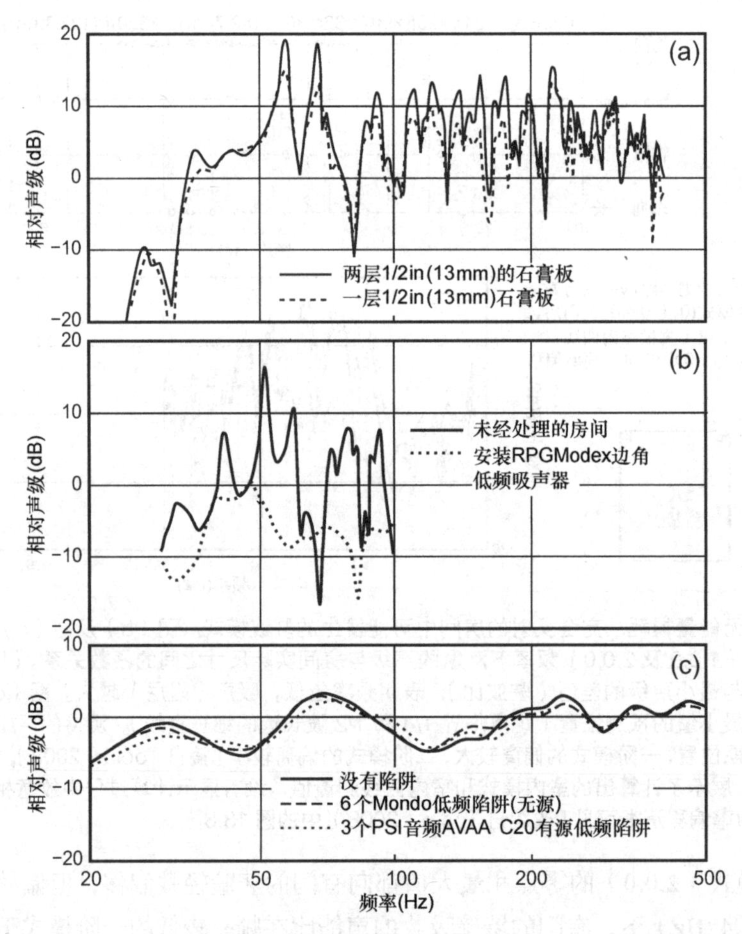

图 8.9 图（a）展示了在 3000ft^3（85m^3）的听音室内，前角放置一个低音炮，最佳听音位置放置一话筒进行测量所得出的数据。石膏板正常安装在墙壁上，用 2in × 6in（50.8mm × 152.4mm）木头钉固定。实曲线表示两层石膏板房间的测量结果，虚曲线表示了单层石膏板房间的测量结果。图（b）展示了一些商用低频吸声器的阻尼实例（由 RPGinc.com 提供）。图（c）展示了音乐母带处理专用房间中有源和无源低频吸声器的效果对比 [Katz（2016），图 2]。这些数据经过音谱平滑处理，因此单个模式不可见

低频陷阱吸收部分声能，音箱仍不断输出产生声级，但感知到的声音共振会减少——这涉及一种权衡。当只有少数模式有问题时，窄频段调谐吸音膜可以有效解决嘈杂刺耳的模式问题（利用如图 8.4 中的驻波模式来确定高声压区）。多数供应商提供的低频吸声器是宽频段的，在非常低的频率下无效，所以要寻找实用的规格。宽频段吸收器在某些情况下效果不错，就像窄频段吸收器一样，各有各的适用范围。

另外，还可以使用有源低频吸声器，类似于有源低音炮，但配备了话筒和电子控制系统。电子控制系统可以非常灵活地调整需要吸收的音频。

无论无源还是有源，所有吸声器都有效果，特别是在位置适当的情况下。

共振模式可以消除吗？不可以。只是通过声学阻尼，可以降低共振模式的峰值并提高谷值，减少“轰鸣声”和不同座位之间的音效差异。宽频低频陷阱可吸收各种频率下的能量，而不是只吸收共振模式频率下的能量。宽频低频陷阱会降低整个房间的反射性，这可能对改善音效有利，也可能不利。窄频调谐吸音膜可以在相对隔音的条件下解决有问题的模式，如以下的几种解决方案。一般来说，低频吸收是可取的，因为它不影响选择增加任何额外补救措施。

8.2.2　向模式传递能量并通过优化听音者位置来减少该能量耦合——“位置均衡”

要将嘈杂刺耳模式中的驻波减小到接近零，就会降低耳朵听到的声压。这是单独听音者，或者坐在正确位置上的少数几个听音者的解决方案。图 8.10 为频域和时域数据的真实示例。这是在我的古典音乐听音室测得的数据，如图 7.19 所示。我有意将房间设计成不规则形状，目的在于抑制房间强模式的发生。无论强模式是否发生，都会使阻尼在各模式之间分布得更合理，如 8.1.2 部分所述。在这种情况下，共振中的能量就会集中在重要区域仅有的两堵平行墙壁之间的二阶长度模式中。这个房间的共振有问题，但这种问题却难以控制。低频瞬变会发出刺耳的轰鸣声，而某些风琴踏板音又震耳欲聋。

房间开了许多大视窗，我也讨厌那些难看的装修，于是我考虑如何替代低频吸声器。如图 8.10 所示，我设计了一种方法，我称之为“位置均衡”，即寻找合适的座位，保证耳朵与刺耳的驻波没有强耦合。我展示了听音效果最佳时的频率响应，这时“瀑布”看起来也很好。轰鸣声消失了。值得注意的是，最佳位置并非 1/4 波长的零点——这一点上共振明显缺失，但低频声音也很难被听到。轰鸣声消失的证据在稳态频率响应中：共振峰减弱了。室内共振表现为最小相位系统。

从图 8.10（c）中可以看出，降低频率分辨率可以使图 8.10（b）中明显的 42Hz 共振峰变平滑。但是，随着时间的推移，可以看到瀑布中延长的鸣响曲线，这体现了降低频率分辨率的好处。房间稳态曲线上的尖锐共振峰与强烈鸣响相关，这种低频轰鸣声令人难以忍受。在图 8.10（d）中，听音 / 测量点已移向零点，图 8.10（b）中可看到的共振峰曲线已经平缓衰减。这个过程伴随着一个时域响应，先迅速下降约 12dB，然后衰减，低频轰鸣声大大降低，低频听起来既丰满又紧致。

图 8.10（e）展示了 1/4 波长零点的极端性能表现。在任何一个频率或时间域内都没有发生共振的迹象，但主观上听起来低频不足。因此，理想的解决方案是将共振衰减到最佳值，而不是消除共振。最佳音响条件为 x=1.5m，低频轻微升高，如图 8.10（b）所示。

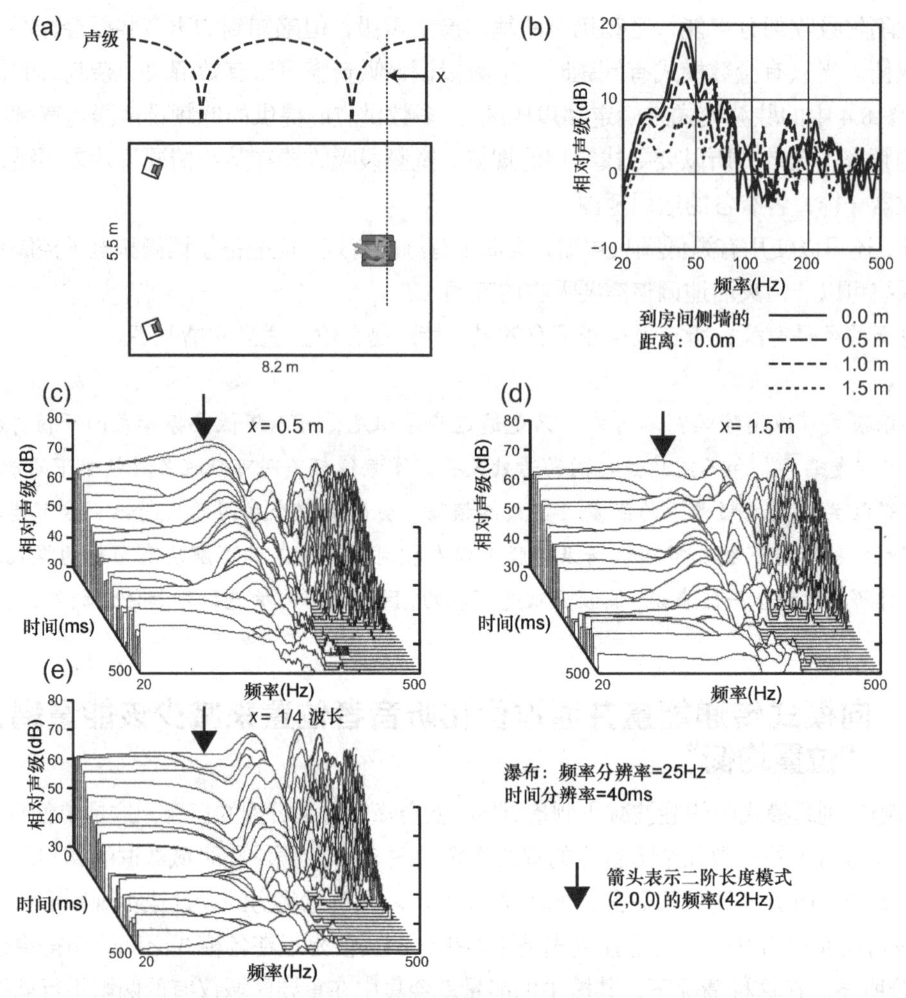

图 8.10　在一个大的（7770ft³/220m³）起居室 / 听音室中测量的数据。(a）平面布置图展示了二阶长度模式（2,0,0），其距离端壁 2m 处的最小波长为 1/4 波长。图（b）中离右端壁不同距离处的高分辨率频率响应，表明当频率接近最小值时，共振峰减小。图（c）、(d）及（e）展示了在图（b）中两个位置和波长最小值为 1/4 波长时的瀑布图。瀑布的频率分辨率为 25Hz，对应 40ms 的时间分辨率 [改编自 Toole（1990），图 13.20；Toole（2008）]

这是一个完全被动的解决方案——除了我的座椅被放在了离后墙 5ft（1.52m）远的位置，需要调整外，没有其他任何修改。我在这个座椅上忍受了一会儿，但当我考虑搬走听音室内地毯上的椅子时，我想出了一个更好的解决方案。

这种模式消除了吗？没有，只是其中过剩的能量并没有耦合到处于最佳位置上的听音者的耳朵里。房间里的其他人没有得到任何好处。房间的整体反射特征并没有变化，在这种情况下，这也不是问题。

8.2.3　优化音箱/低音炮位置，减少扰人模式的能量传递

将声源从房间的另一端移到更接近零点的位置，会减少传递给刺耳模式的能量。这与 8.2.2 部分所述相反，不同之处在于，在房间的任何位置都会发生室内模式衰减。因为座位之间的变

化，这种优化仅对单个或少数几个听音者而言有效，其他听音者只能靠碰运气。就我的情况而言，这种优化方法解决不了房间的实际问题，所以我采取了以下补救措施。

这种模式会被消除吗？不会，但可以将该模式中的能量降低到合理水平，使最佳位置，甚至是其他位置上的听音者获得最佳音效。但座位之间会有很大的差异。房间的音响效果没有变化。

8.2.4 参数均衡，减少扰人模式的能量传递

这里我们介绍用电子手段操控物理声学现象的可行性。因为房间低频共振表现为最小相位系统，可以通过衰减时域鸣响来校正均衡频率响应的峰值。要搞清楚的是，当没有均衡音频信号存在时，这种手段并不能消除共振。暂停播放，使现场音乐与房间共振之间有一个时间间隔，就会产生效果。但是，按下“播放”按钮，在播放音乐的同时向音箱输入适当均衡信号，就会衰减房间共振，听到悦耳的音乐。这种方法最适用于正好坐在话筒所在位置上的那一个听音者，也可能适用于沿简单轴向波形方向就座的一排或一列中的几个听音者。房间里的其他人能否听到最佳音效则只能靠碰运气，因为座位与座位之间的差异仍像在均衡校准之前一样，还是很大。

图 8.11 为方法与均衡校准方法的数据对比。左边显示：听音者在离后墙 1.5m 远的位置，见图 8.10（b）至图 8.10（d），频率响应和位置均衡的瀑布。右边的图 8.11（b）和图 8.11（d）显示：听音者在离后墙 0.5m 远的位置上的测试结果与启用匹配参数均衡后的结果的对比。该图的主要目的是显示瀑布图之间的相似度。多数频率响应和瀑布中出现的小差异是由于测量位置不同而引起的，频率响应和瀑布图与房间里其他驻波的不同相互作用也由此引起，但测量位置的不同不会引起像 42Hz 频率下的那种难以控制的怪音模式。

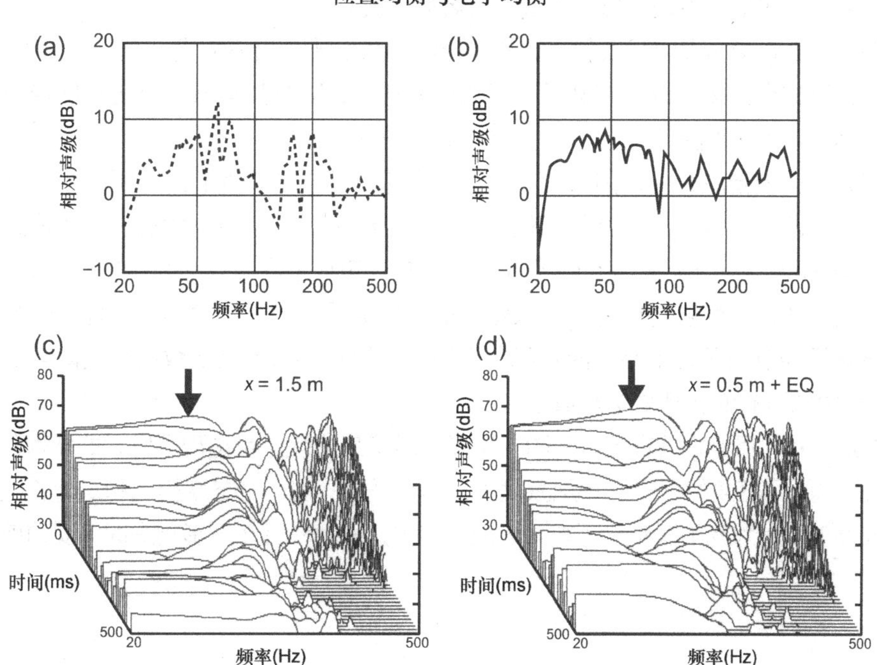

图 8.11 稳态频率响应（a）和（b）及瀑布图（c）和（d），分别展示两种解决房间共振问题的方法对比 [摘自 Toole（2008），图 13.21]

曲线看起来相似是一回事，听起来效果怎么样呢？在几个月的时间里，音响界同仁、音频记者和感兴趣的社会各界人士都非常关注（a）和（b）这两种情况的简单比较。压倒性的结论是，两种效果在各个方面都非常相似，比均衡处理之前的效果好得多。最引人注目的是一种录制效果很好的踏板鼓声，处理前，它听起来非常沉闷和松弛，处理后变成了一种尖厉的重击声——这才是原始击鼓声。很明显，声音的时域问题已经解决了。

均衡化的巨大优势在于听音者坐在合理的位置上就能听到最佳音效，当然也有声学上的优势。由于在 42Hz 左右的音频振幅可降低 14dB，大大减轻了低音单元的工作负荷，这样声音失真就更少，播放声级也更大。在 42Hz 的频率下，整个房间里的能量也更少了。

共振模式消除了吗？没有，但共振在音响系统中引起的不良听觉效果消除了。它只对音箱发出的声音起作用，而不会影响现场弹奏出的低频吉他音。它只是对同一沙发上的 3 个座位起作用。房间里的其他人只能靠碰运气才能听到最佳音效。整个房间的音响效果没有变化。

如果选择这种解决方案，还必须搞清要使用哪种均衡器。图 8.12 展示了当室内低音炮的测量分辨率较低，不足以显示问题细节时所发生的情况，以及当均衡器分辨率较低，无法解决共振问题时所发生的情况。很明显，要显示共振的真实性质，测量分辨率必须足够高（在这种情况下为 1/20 倍频程），而且均衡器参数必须与共振 Q 值相匹配，才能明显减少时域鸣响。过度平滑的室内曲线会掩盖共振的真实性质并阻止均衡效果的最大化。

8.2.5 简单模式操控技术，减少扰人模式的能量传递

（1）在驻波模式下重新调整低音炮或听音者的位置。

（2）将多个低音炮布置在适当位置，实现声学相消干涉（相消模式）。

在开始讨论这个话题之前，有必要了解驻波的特性，以及其与低音单元和低音炮的相互作用。图 8.13 展示了低频能量向低频模式传递的基本方法。

有洞察力的读者会注意到，因为大多数低频立体声录音是单声道的，所以传统立体声音箱的结构可消除一阶宽度模式。衰减作用使房间对称轴线上的立体声座位处的音效较好，但衰减并不等于完全消除。进一步来说，如果听音者将其音箱放置在 25% 的位置上，则会发现 3 种宽度模式都衰减了。我怀疑可能有不少人曾考虑过把实现基本立体声作为一种室内模式控制方案。这种方案已经沿用了几十年，而且现在也用得非常好，因为大多数低频立体声录音中的低音和 LP 唱片中的所有低音都是单声道录音。

碰巧的是，我的另一个听音室，如图 7.18 所示的家庭影院，也出现了巨大的低频轰鸣声，很快我就发现了原因：墙角的一个低音炮激发了频率几乎相同的一阶宽度模式和二阶长度模式，导致两种模式叠加。因为我不喜欢大视窗、大低频陷阱，我就考虑在不影响房间外观的前提下解决

问题，并把这件事作为一项挑战。平面布置如图 8.14(a) 所示。采用图 8.13(b) 所示的逻辑。我拆除了墙角的那个低音炮（位置 1），在位置 2 和位置上 3 安装了两个相同的低音炮。这两个低音炮驱动信号相同，宽度模式和长度模式上的波瓣极性相反，因此这两个问题模式由于相消效应大幅衰减。共振峰衰减，其中一个模式确实被抵消了，如图 8.14(b) 中的狭窄相消干涉谷底所示。根据“适可够用”的原则，其他改进都不是刻意而为，我也没有分析过。从瀑布图中可看出，两个间隔紧密、重叠的共振之间能量分布均衡，说明性能表现良好。从图 8.14(d) 中，可以清楚地看到模式融合了。两个低音炮都在运作，频率较高的模式衰减得非常快，而频率较低的模式先大量衰减，然后缓慢衰减。后者可能在最初衰减阶段发生了音高变化，但听音者几乎听不到。低频声音听起来顺畅紧致，令人满意。没有进行均衡化。房间的稳态曲线充分说明音效良好，瀑布图也提供了有力佐证。

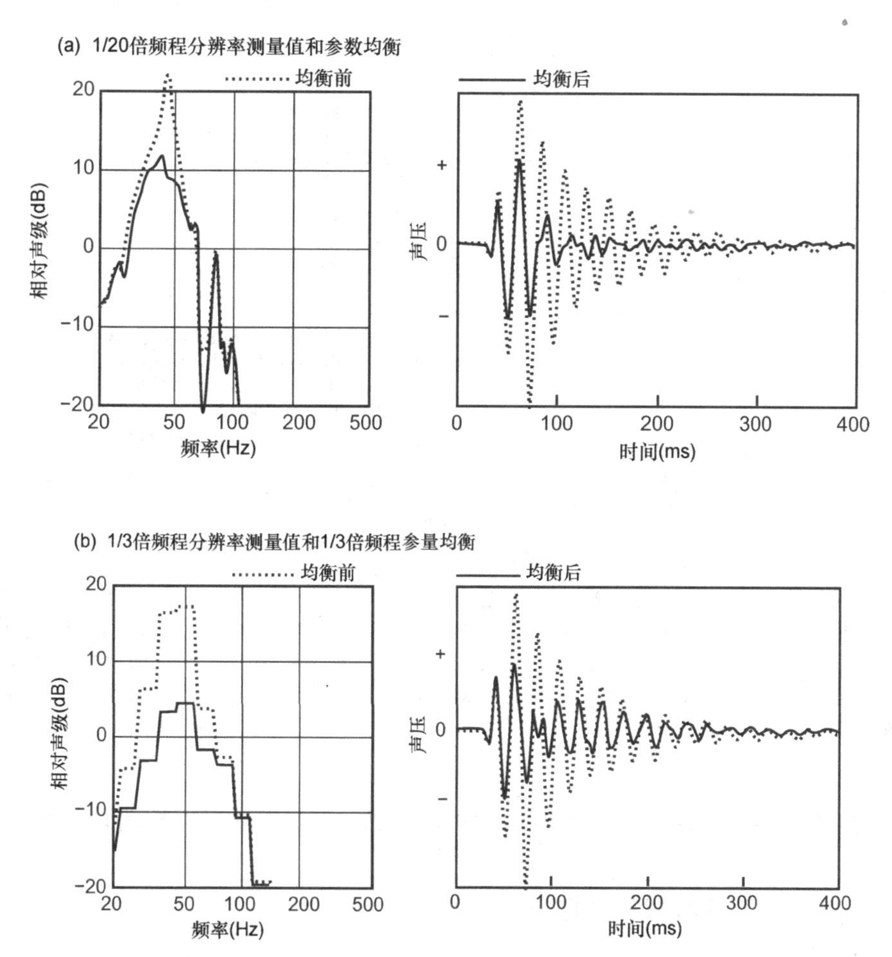

图 8.12 两种不同分辨率测量和均衡方法对频率域和时域的处理，图为处理前后的曲线对比 [摘自 Toole (2008)，图 13.24]

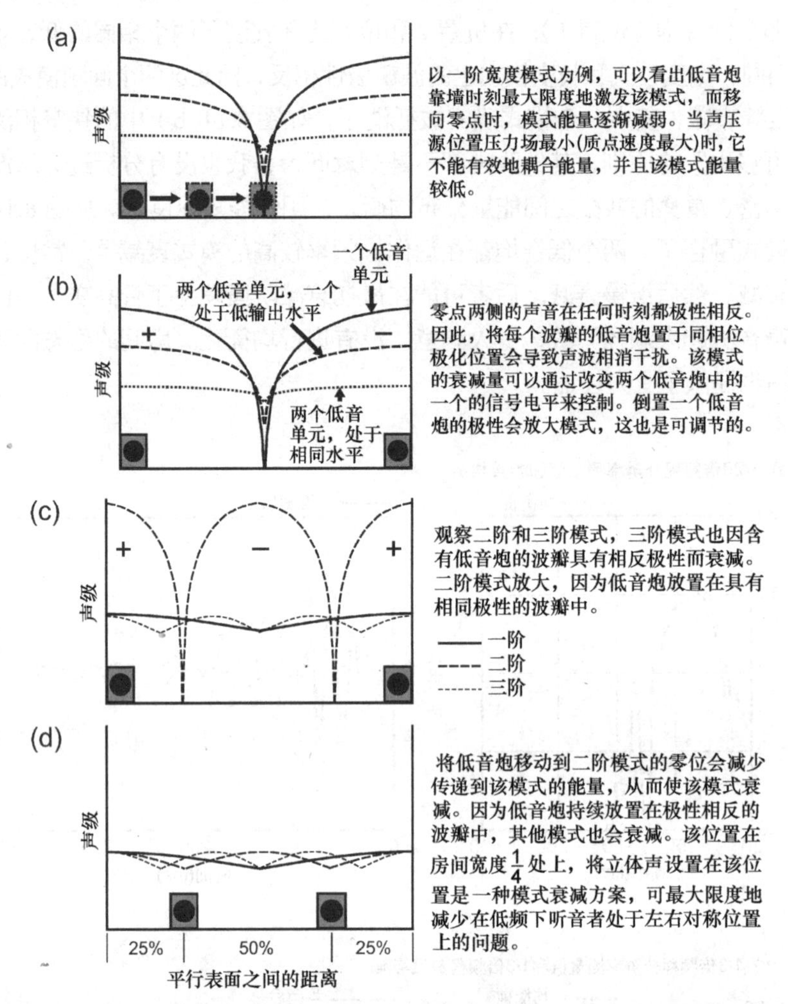

图 8.13　是对模式操控方法的简要图解。(a)通过调整低音炮位置可以控制传递给刺耳模式的能量。(b)利用相邻驻波瓣的极性反转原理，用两个低音炮来改变特定模式的衰减量，有可能实现相消。(c)通过三阶宽度模式，呈现了一个更现实的视图。奇阶(一阶和三阶)宽度模式衰减，因为低音炮位于这些模式的极性相反的波瓣中，但二阶模式放大，因为低音炮位于极性相同波瓣中。(d)为组合解决方案，其中用(a)方法处理二阶模式，用(b)方法处理一阶和三阶模式

这些数据曾在 AES 会议上展示（Toole, 1990）。这可能是声学模式相消原理第一次在音响室内的有意应用。

图 8.8(e) 展示了简单模式相消的另一个例子。

> 该模式消除了吗？从效果上来说已经消除，但只有在音响系统运行并且该模式发声的时候才被消除。这种好效果在房间里的所有座位上都能清晰地听到。

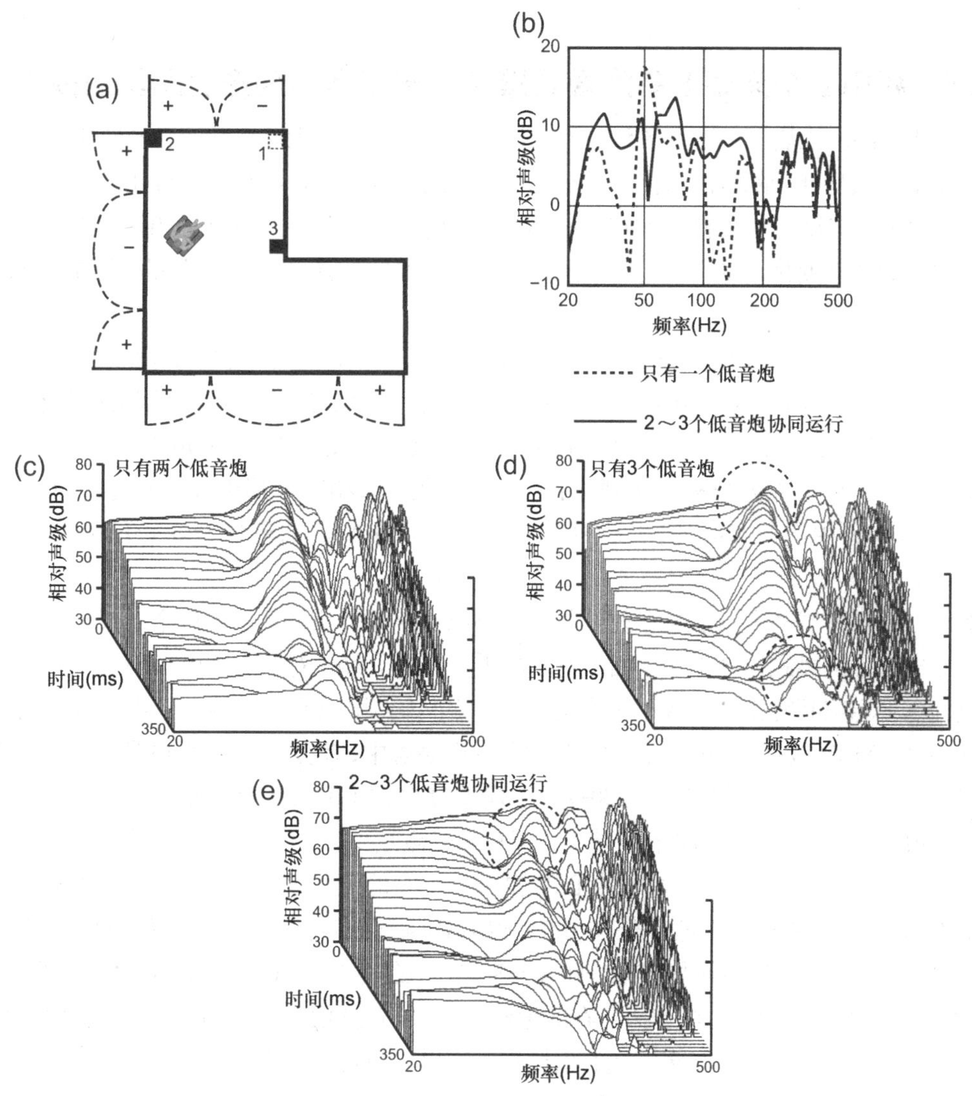

图 8.14　家庭娱乐室与餐厅和厨房相连，形成 L 形空间。图（a）展示了相似频率下的 3 个轴向模式，均都被位于视频显示器后面角落的唯一低音炮——低音炮 1 强烈激发。图（b）显示（虚曲线），在 50Hz 左右有强烈共振，在该频率左右的低频频响应出现了凹陷。检查驻波瓣极性，可以发现，安装一对低音炮，每个极性波瓣上一个，可以缓解这个问题（最适合安装在位置 2 和 3 上）。图（b）中的实曲线是没有均衡化的结果。突出的共振峰已转化为狭窄的音频干扰谷。图（c）展示了只有低音炮 2 时最佳听音位置的瀑布，图（d）展示了只有低音炮 3 时的瀑布，图（e）展示了有两个低音炮时的瀑布。在图（c）中，能量鸣响很明显，好像随着时间推移，鸣响随频率下降。在图（d）中可明显看出，因为模式衰减率（阻尼量）不同，至少有两个紧密相邻的模式显示出来。可以看出，在上面的圆圈里有相当离散的向下频率转移，从快速衰减模式变为能量更大的低频模式，在下面的圆圈里留下一个共振的尾巴。在图（e）中可以清楚地看到，当两个低音炮协同工作时，强烈的鸣响明显减弱。在低水平鸣响变为房间噪声之前，早期衰减中振幅会迅速下降 12dB。这两种模式的效果也可以在衰减早期看到 [图(a)和图(b)改编自 Toole(1990),图 14 和 15。这是 Toole(2008)中的图 13.22]

8.2.6 利用多个无源低音炮模式操控，选择激活矩形房间里的模式

在上述事件发生后不久，我便到加州哈曼公司担任声学工程副总裁。我的理念是，在不设置影响观瞻的大型低频陷阱的前提下，有效控制房间共振，将外观和声学特性都很普通的房间里的音响效果改造得不同凡响。目标是使房间里的多位听音者都能听到几乎相同的低频声音，减少座位之间的音效变化。这样就可使均衡化效果惠及多位听音者，而不是仅限于最佳位置上的听音者。

我成立了一个研究小组，第一批组员中有 ToddWelti，他是声学家，擅长声学建模。我们一致认为，模式操控的应用范围应该更广泛，而不仅仅是针对特殊定制房间结构中的一种模式。他首先处理了矩形房间中的简单情况，建立了使用 1 ～ 5000 个低音炮（声学墙纸？）的模型，经过充分分析得出结论：2 个或 4 个构造和功率都相同的低音炮可以创建一个中心区域，其中座位之间的差异相当小（Welti, 2002）。这意味着均衡化可以使多个听音者受益。

图 8.15 说明了该过程的底层逻辑。如图 8.15(a) 所示，房间角落的单个低音炮可激发房间里所有水平面上的模式，产生如平面图所示的零（波腹）线。对于房间中心的正方形区域，可以通过计算平均空间变化（MSV）来度量其座位之间低频声级的潜在变化。当所有模式都处于活动状态时，MSV 较高。将单个低音炮从墙角移动到墙中，就会出现图 8.13 所预测的结果：由于低音炮位于声压最小的位置，在 28Hz 下一阶宽度模式（0,1,0）会衰减。因为穿过座位区的零线之一被消除（虚线），MSV 有所减少，但只是轻微减少。

在图 8.15(b) 中，在对面墙的中心增加一个相同的同相低音炮，可抵消 23.5Hz 下 [如图 8.13(b) 所示] 的一阶长度模式（1,0,0）和 70Hz 附近伴随的奇阶模式（3,0,0）。消除听音区域的这些零点会显著降低平均空间变化（MSV）。但是，在 47Hz 下，这两个低音炮可放大二阶长度模式（2,0,0），使其振幅更大。在 56Hz 下，二阶宽度模式（0,2,0）增大，这似乎是房间两端的低音炮对称驱动中心高声压区的该模式的结果。但是，二阶模式的声压零点位于房间墙壁之间$\frac{1}{4}$和$\frac{3}{4}$的位置，因此它们并不在指定的听音区。模式（2,0,0）和（0,2,0）振幅增大有助于提高低频效率。但 MSV 非常低，在这些频率下，通过均衡化降低共振峰实际上可扩大系统净空空间，因此这是一个可行的选择。

在图 8.15(c) 中，可以看到，在墙中间增加两个相同的低音炮，可使沿长轴和宽轴的二阶模式的 3 个最大声压均处于同相激励状态，这就使得 3 个最大声压均大幅衰减，明显降低了系统效率。那么 74Hz 左右的情况如何呢？在我们研究低频轴向模式的同时，一个切向模式的振幅在缓慢上升，直到主导声音传递，从而在一定程度上补偿了轴向模式的损耗，这是因为我们将同相低音炮放置在该模式驻波图的同相区域而产生了响应。如图 8.16(a) 所示，这个模式涵盖了宽阔的高声压区域内的所有听音者，是迄今为止最强的室内模式，因为座位之间的变化很小。

回到图 8.15(d)，把低音炮放置在 4 个角落也可以大幅减小座位之间的变化，与图（c）中放在墙中间的 4 个位置上的方案相比，总声级显著提高，但与图（b）中在墙中间增加两个低音炮的解决方案相比，总声级仅略有提高。

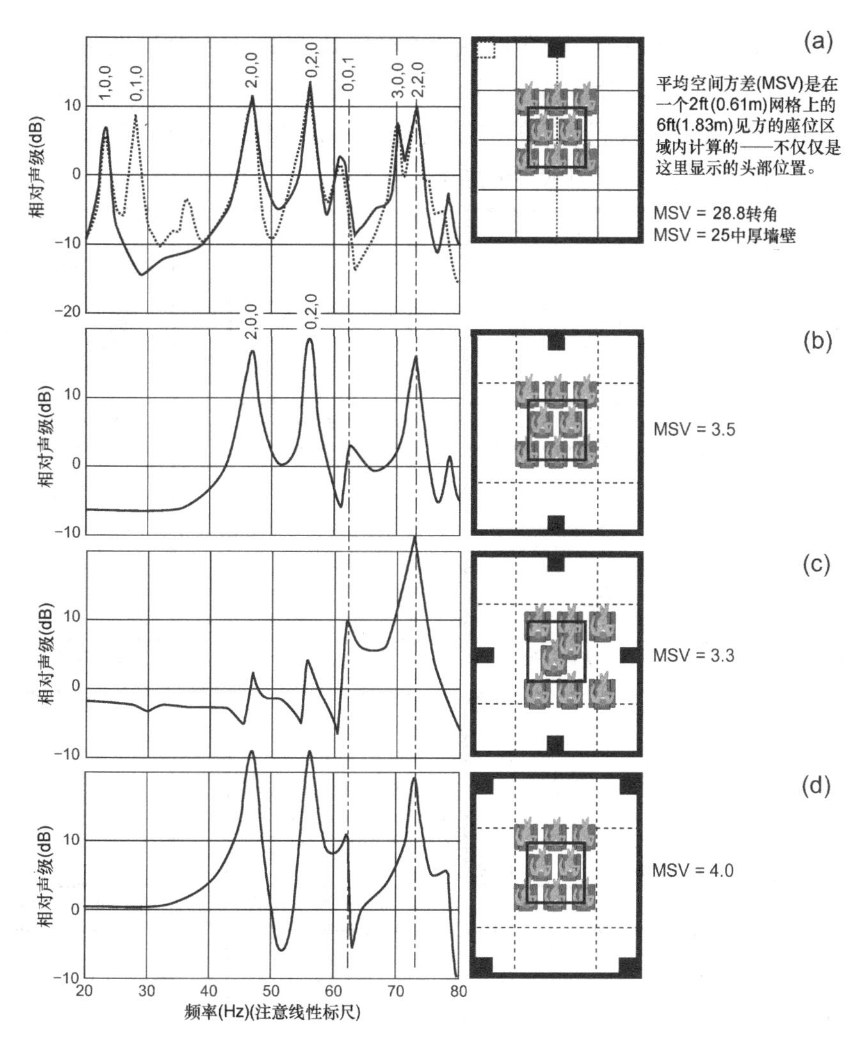

图 8.15 由 Welti（2002）的总平均频率响应曲线组成。这是低音炮发出的直达声和房间内模式能量的组合，经跟踪描绘和垂直缩放调整，符合本书所采用的标准。相同音箱配置的平均空间变化（MSV）值摘自 Welti 和 Devantier[2006，图 5（c）]

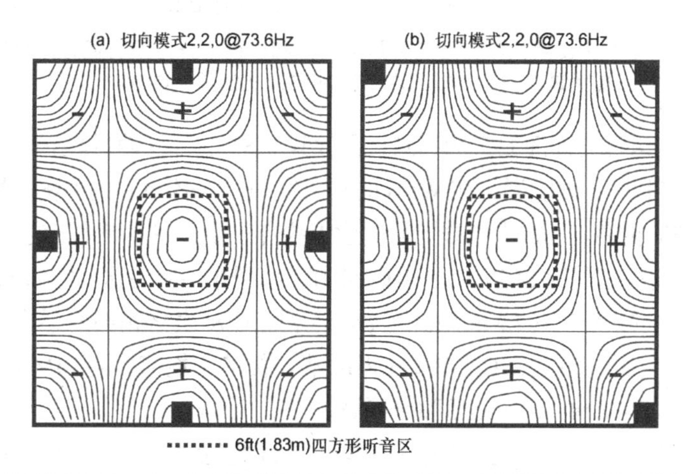

图 8.16 （a）为听音试验室切向（2,2,0）模式的压力场等值线图。在两种配置的低音炮设置在极性相同的高压点上，形成对这种模式的最大激发。听音区完全处于中心高压区内，使得该模式在图 8.15（c）～（d）的频响中非常明显，座位之间的变化值（MSV）也很小。

这些方法很有效，但需要在减少座位间音效差异和提高最终系统效率之间进行权衡。Welti（2012）重新研究了这个课题，考察并详细阐述更多变量，按照家庭影院的布局，研究了大型听音空间后部多座位安排等真实场景下的听音效果。Welti（2012）的研究结果有很多页彩色图示和表格。图 8.17 展示了他在计算中使用的变量。

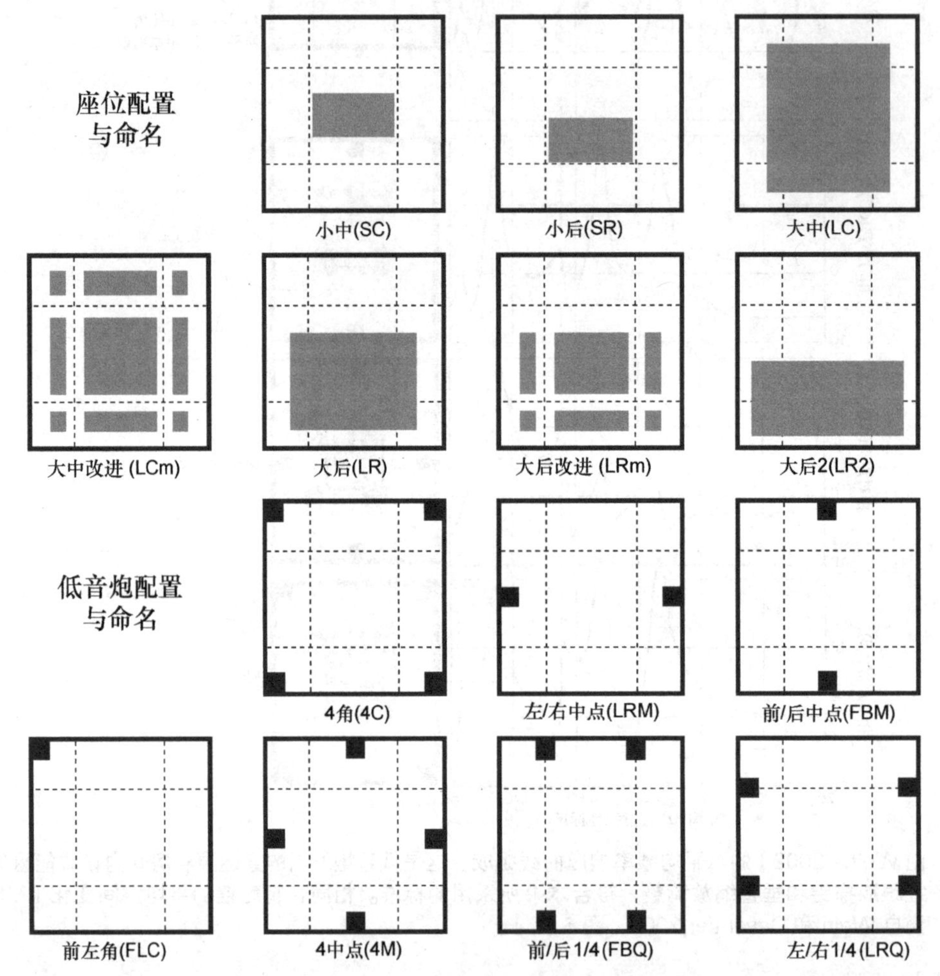

图 8.17　Welti（2012）研究中使用的座位和低音炮配置。和以前一样，所有低音炮都是相同的，在相同极性和增益下运行。虚线是二阶轴向模式和二阶切向模式的零点位置

Welti 使用的听音区域与前面的实例不同，因此其 MSV 值不可直接比较。我们已经知道，听音者离开零点线是有利的，很明显，在 Welti 的新研究中，与较小的集中座位配置相比，较大空间的座位配置的 MSV 更高。不在零点线上的座位上的音效要比在零点线上的座位上的音效好。

图 8.18 显示了这些配置的 MSV 值。可以看出，小型集中听音区 SC 和 SR，还有避开二阶零点线的房间后部改进大空间（LRm）配置比较有利。这从表格底部的平均值中可以看得非常清楚。如果要选择最佳听音布置，SC、SR 和 LRm，表右侧的平均值表明，4M 音箱组合有优势，但与表中其他数字相比，4M 音箱组合之间的扩散较小。

图 8.19 回答了第二个重要问题：既然可以确认不同座位之间一致性最佳的听音者和音箱位置布局，哪种位置布局下给定低音炮组的声级最高？用平均输出声级（MOL）可以度量每种位置布局的相对低频效率 [20 ～ 40Hz 频段内，所有座椅的平均声压级（SPL），可计算使用的标

准低音炮数量]。

听音者位置安排是一样的，但是对于音箱位置安排而言，4C 布局（4 个低音炮，每个角落各一个）效率最高。紧随其后的是 FBQ 和 LRQ 低音炮配置。中墙低音炮配置在 MSV 方面表现良好（见图 8.18），但需要更高功率和更大的低音炮体积。

	SC	SR	LC	LCm	LR	LRm	LR2	Ave.	
FLC	27	32	41	36	41	36	41	**36.3**	
4C	12	22	35	28	35	26	37	**27.9**	20
LRM	12	19	28	23	28	**21**	31	**23.1**	17.3
FBM	**10**	19	28	22	28	**21**	31	**22.7**	16.6
4M	11	**15**	**21**	**21**	**21**	**21**	**22**	**18.9**	15.6
FBQ	**10**	24	26	24	26	**21**	30	**23.0**	18.3
LRQ	16	18	28	22	27	22	30	**23.3**	18.6
	11.8*	19.5*	27.6	23.3	27.5	22*	30.1		

图 8.18 图 8.17 所示配置的 MSV 值，水平方向上是听音者，垂直方向上是音箱。该表中，较低值表示座位之间变化较小。每种座位安排的最佳值用粗体字表示。基础表摘自 Welti（2012）表 2。作者在表格外下方额外添加的横向数字是听音者 – 配置得分的平均值，计算该平均值时忽略了性能较差的 FLC 配置条件，右边竖向数字是最佳听音者组合 SC、SR 和 LRm 的音箱配置得分的平均值。* 用来表示前三高平均值

	SC	SR	LC	LCm	LR	LRm	LR2	Ave.	
FLC	−6	−5	**−3**	**−3**	**−3**	**−4**	**−1**	−3.6	
4C	**−2**	**−3**	−5	−4	−5	**−4**	−7	**−4.3**	−3
LRM	−10	−9	−10	−9	−10	−9	−9	**−9.4**	−9.3
FBM	−9	−10	−10	−10	−10	−9	−10	**−9.7**	−9.3
4M	−8	−8	−9	−9	−9	−9	−10	**−8.9**	−8.3
FBQ	−4	−6	−7	−7	−7	−6	−9	**−6.6**	−5.3
LRQ	−5	−5	−7	−6	−7	−6	−8	**−6.3**	−5.3
	−6.3*	−6.8*	−8	−7.5	−8	−7.2*	−8.8		

图 8.19 图 8.17 所示配置的 MOL 值（dB），水平方向上是听音者数据水平排列，音箱数据垂直排列。该表中，数值越高（负数越小）表示在 20 ~ 40Hz 的频率范围内，低音炮效率越高（同一给定信号的声级越高）。每种座位安排的最佳值用粗体字表示。基础表摘自 Welti（2012）表 3。作者在表格外下方额外添加的横向数字是听音者配置得分的平均值，计算该平均值时忽略了性能较差的 FLC 配置条件，右边竖向数字是最佳听音者组合 SC、SR 和 LRm 的音箱配置得分的平均值。* 用来表示前三高平均值

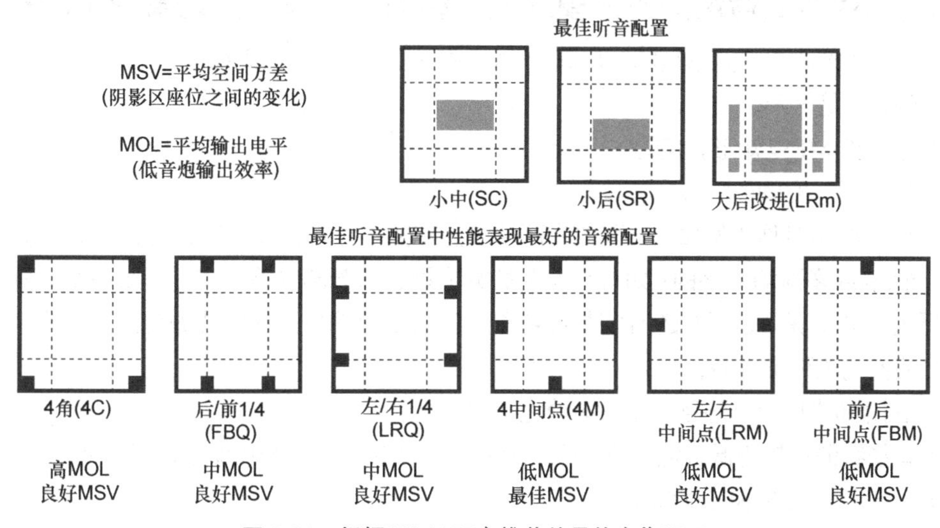

图 8.20 根据 Welti 研究推荐的最佳座位配置

音效性能较差的听音者配置都包含零点线，因此座位与座位之间的差异较大。但是，主要听音区SC、SR和LRm都包含在那些较大的配置中。所以，如果需要在较大区域容纳大量听音者，则应在较小区域合理配置性能表现好的低音炮，并允许不同座位之间音效有一定差异。这样一来，至少会有一些听音者可以听到同样好的低频声，确认好座位的位置。图8.20是我对Welti非常深入的研究所做的简单总结。当然，采用大功率低音炮可解决低MOL问题。低MSV是配置所固有的。

读者如果希望进行更深入的探索，可查阅原始参考文献（Welti, 2012），补充插图可从网上下载。有人还试图用单一度量来量化MSV和MOL。

8.2.7 利用多低音炮的矩形室内模式操控和信号处理

如前所述，矩形房间中采用无源多低音炮策略具有优势，这样如果有一个低音炮走调也不影响整体效果，因为供多个低音炮处理的信号是单独处理的。这个创意似乎最早来自Goertz等人（2001），他们在房间前墙安装了低音炮，产生的近似平面波传播到房间后墙，与配置在后墙的类似低音炮信号适当延迟并极性相反，正好抵消。理想状况下，这种配置可消除驻波，房间里的每个人都应该听到优质低频声。这需要借助非常完美的矩形房间才能实现。该方案被称为双低频阵列（DBA）。

Santillán（2001）证实，在矩形的房间里，可以通过在挂墙排布16个低音炮建立大型的有效听音区。但这种系统只有通过专用装置才能实现，而且操作相当复杂。

Celestinos和Neilsen（2008）开发了受控声学低频系统（CABS），也属于一种可以安装在现有矩形房间内的双低频阵列（DBA），经过模型测试和在真实房间中验证，该系统可消除房间内大部分区域产生的低频变异，效果很好。

这种系统对矩形房间的要求很高，任何几何尺寸或结构布置达不到规范都会引起误差。当前壁和后壁上各4个低音炮安装在距离地板、天花板和侧壁各$\frac{1}{4}$的位置上时，预期性能最佳，因为这种布置可衰减宽度和高度模式，只需要避开长度模式即可。所有低音炮都相同，可安装在墙上或嵌入墙中。

8.2.8 利用多低音炮的室内模式操控和信号处理：声场管理（SFM）

前面几节讨论的方法并不是解决房间音效问题的最佳方案，原因如下。

（1）房间不是矩形。

（2）房间基本上是矩形，但是

① 有通向另一空间的开口；

② 声学结构不对称（例如，一面或多面墙壁上有独特结构，包括砖、石、大块玻璃）；

③ 一面墙或多面墙不平的：如有巨大壁炉突出物、壁橱凹室等。在传统影院里，屏幕墙通常影响严重。除了屏幕，通常还有安装音箱和设备的专用壁橱。在精装饰房间里，假柱子、栏杆等可能使室内表面支离破；

④ 排在阶梯式地板上的巨大皮革座椅也不容忽视。

（3）有些看似理想的低音炮位置实际上无法安装低音炮或安装后低音炮无法使用。

（4）听音者的位置不在理想区域内。

实际上，这种房间很常见。那会出现什么情况呢？拼图的碎片就在那儿，只要有时间和良好听觉，通过反复尝试，即使在最复杂的房间，也能找到相对较好的听音位置和配置的组合。但我们需要借助计算机来减少寻找适当配置组合的人工劳动量，同时也可通过计算机解决更多问题，即我们可以在愿望清单中添加更多内容，例如允许使用的低音炮不相同。

这些解决方案的基础是真实声学测量——完整的数据：在每个低音炮位置和每个听音者位置之间的振幅、相位或脉冲响应。然后通过一定形式的信号处理来修正发送到每个低音炮的信号，以保证座位之间的差异最小化。Welti 和 Devantier（2006）讨论了一些方法。这里将讨论哈曼的声场管理（SFM）。

在 SFM 中，一种算法可针对每个听音位置上的所有有源低音炮声音来处理测量数据，并在通往每个低音炮的路径上对声音信号进行操控——增益、延迟和均衡，选择出切实可行的参数，并限制允许操控的范围。然后运行优化程序，系统地改变信号处理参数，并监控预测听音位置上的频率响应，从而实现座位之间音效差异最小化。这种误差系统计算任务非常繁重，但对计算机来说非常容易，通过利用反应快速的笔记本电脑，很快就能制定出解决方案。

综上所述，通过 SFM 可以选择最优低音炮位置，并根据以下参数修改发送给每个低音炮的信号。

（1）信号电平（增益）。

（2）延时。

（3）具有中心频率、Q 值和衰减（无增益）数值的参数滤波器。

操作人员可通过选择一定数量的低音炮位置和听音位置来进行优化。显然，就像已找到的矩形房间里的解决方案一样，有些位置优于其他位置。但这并不限制对其他低音炮位置的探讨和研究。算法只能在提供的现有数据和条件下发挥作用。

在极端情况下，一个低音炮可以放置在多个可能的位置，并且研究者可以在每个位置进行测量，该低音炮对每个座位而言都是优化位置。在这种情况下，只要研究者有耐心和时间，可以用计算机优化不同数量和位置上的低音炮组合，寻找最有效的解决方案或符合预算要求的最佳音效。安装者具有相当大的灵活性。

如果已有低音炮初始测量值，但优化后发现同一低音炮在有些位置上不能达到完全输出（例如，增益降低 6dB 或 12dB），这就说明该位置上可以使用体积功率都小得多的低音炮。降低 6dB 后功率仅为原功率的 25%，降低 12dB 后功率仅为原功率的 6.3%，所以如果需要，可以使用更小更便宜的低音炮。不像其他解决方案，SFM 不需要低音炮相同，但要求设计（例如，封闭盒或反射器）类似，频带宽度相当。如果采用此选项，则必须在选定的低音炮安装后重新优化。图 8.21 是一个很好的例子，可以说明低音炮位置和 SFM 的选择对座位间声音一致性的影响，以及对低频下传递指给定声级声音所需的功率的影响。图 8.21（a）为图 8.15 中计算机模拟所用房间的参考条件。这些是房间里的实际测量值。座位间的差异（MSV）很大。如图 8.21（b）所示，采用 4 种墙中低音炮排列布置后，由轴向模式（2,0,0）和（0,2,0）的损失引起声级降低值。然而，随着 SFM 的落实，MSV 大幅度下降。需要大幅度均衡化才能保持频率响应曲线平缓平滑。从图 8.21（c）中，可以看到四角低音炮排列布置的声音输出更高，频率响应曲线更平滑。MSV 从 33.42 下降到 8.2。

图 8.21（c）是配置（b）的平均空间曲线，主要显示系统效率。要想大致匹配这两种配置的声音输出，4 个中墙布置的低音炮增益需要提高约 9.4dB，（b）和（c）的平均输出电平（MOL）

差值应为：-17dB 和 -7.6dB。这对应于在计算 MOL 的 20 ~ 40Hz 频率范围内的 8.7 倍功率差。在实际操作中，如果（c）中使用的低音炮要用总共 100W 的功率来生成悦耳动听的低频，（b）需要 870W 的功率。MSV 在（b）图示下略好，但不足以证明额外的功耗是合理的。

最后一步是对这些系统进行全面均衡来实现平滑、平缓的频率响应。对于首选配置（c）而言，需要在 55Hz 和 60Hz 下将峰值衰减 4dB，在 73Hz 下衰减 3dB。在低频管理系统中，可在卫星音箱上配置高通滤波器来处理 80Hz 附近的缺陷。

到目前为止，我所展示的例子都是在哈曼听音室内进行的。图 8.22 是我在 2002 年建造的娱乐室中通过测量得到的数据。

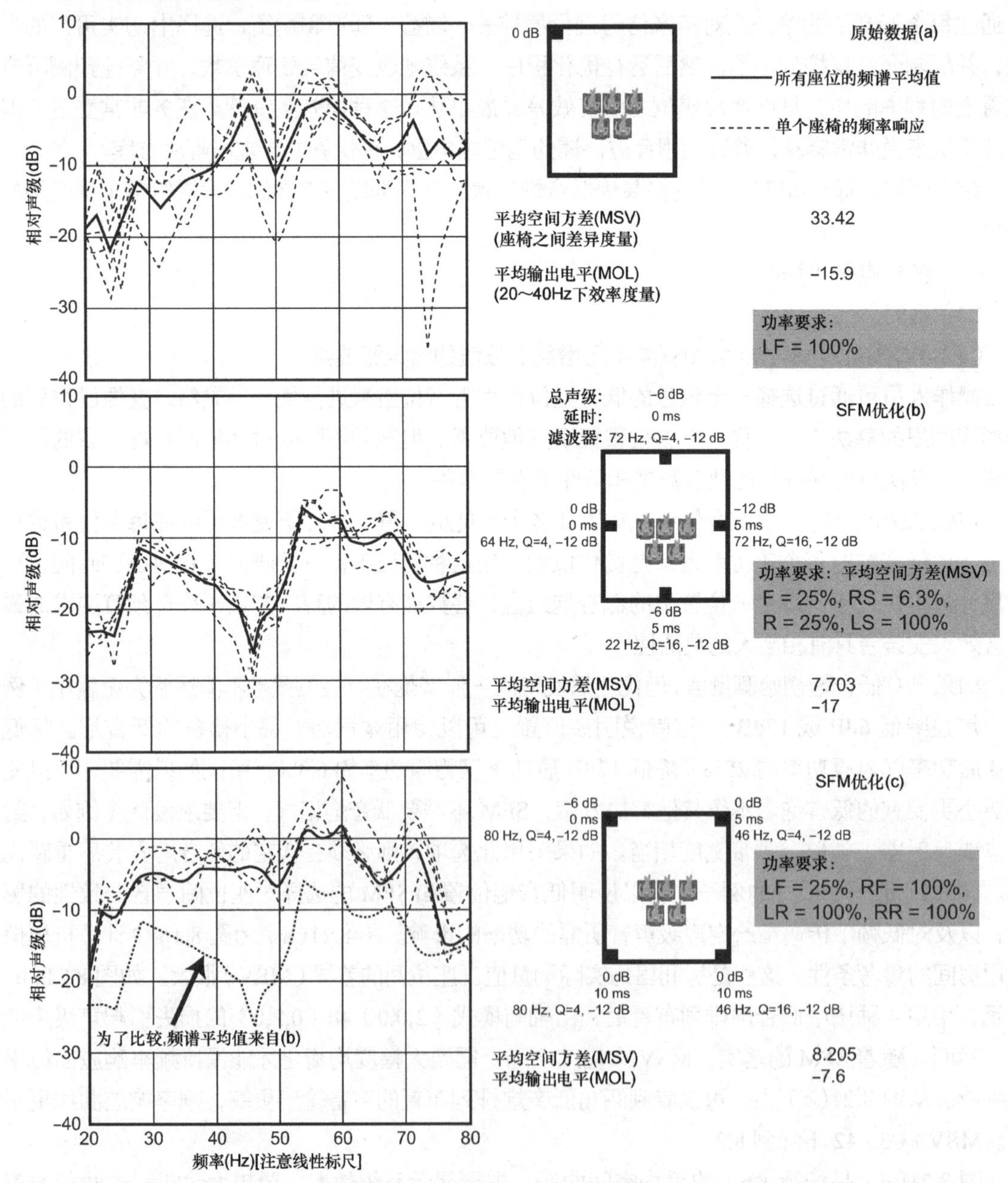

图 8.21　在前面几个图使用的示例听音室中所得出的测量值 [数据来自 Welti 和 Devantier（2006）：图（a）为他们的图 20，图（b）为他们的图 24，图（c）为他们的图 25]

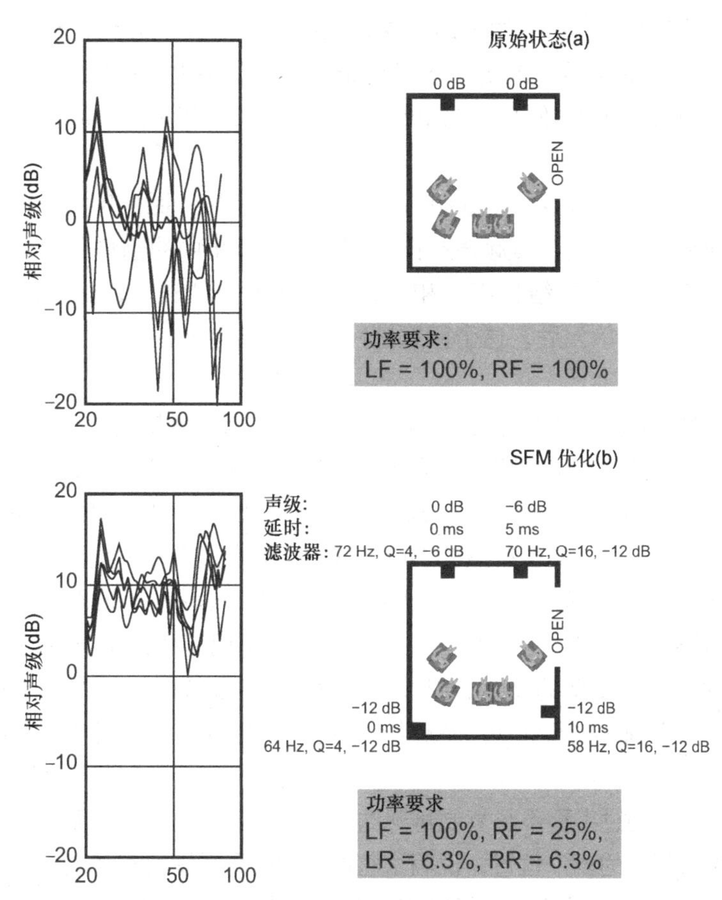

图 8.22 在我的家庭娱乐室测量的数据。低音炮是根据空间和视觉条件而非任何声学规则来配置的。听音者位置是为便于进行口头和视觉交流而设置，而没有考虑视频。房间长 22ft× 宽 20ft（6.7m×6.1m），倾斜天花板 8 ～ 12ft（2.4 ～ 3.7m）[数据来自 Welti 和 Devantier（2003）]

受 Welti 和 Devantier 的启发，我在哈曼研究组的同事，突破矩形房间的多低音炮解决方案，考虑解决我的家庭娱乐室的声学问题。这是生活空间，而不是专用家庭影院，有一堵不完整的墙，朝向房子的其他部分开放，墙对面大部分是玻璃，天花板是倾斜的，尽管座位是按照方便观看演出的原则安排的，听音者并不是成排而坐，而是为谈话方便而坐，远离理想的中心区域。这是一个舒适的多功能房间，有滚动屏幕和 7.1 声道，可以转换成超级家庭影院。解决这个房间的声学问题，的确是一个挑战。

从图 8.22（a）中可以看出这个问题的严重程度。房间前面原有两个低音炮，6 个座位的室内曲线非常混乱，在预计的平均 0dB 上下 15 ～ 20dB 范围有大量杂音；低频轰鸣声在座位之间表现出很大的差异。均衡化可以改善一个听音者的音效，但无法改善更多听音者的感受。在这个陈列着绘画、雕塑和精致橱柜的房间里（见图 7.21）安装巨大的低频陷阱实在有碍观瞻，这并不是一个很好的选择。

图 8.22（b）展示了另外增加一对紧凑有力的低音炮并进行 SFM 优化后的效果：不仅座位之间的差异大幅度减少，而且几乎不需要进行全面均衡。总体声级明显提高——初步估计，大约提高了 10dB。而低音炮的总功率降低，其中 3 个低音炮的功率大大降低，如果规划设计，可以选择更小型的低音炮。听起来音效怎么样？我个人认为，当时听起来音效非常

棒，直到 15 年后仍然如此。用声学术语来说，当按下“播放”键时，整个房间基本上消失了——没有轰鸣声，只有紧致、深沉、干净的低频声。这就是 SFM 优化后的效果：起初房间音响条件很差，优化后的音效从所有角度来看，似乎都是理想的，而且给生活空间带来的视觉和物理影响最小。

我还发现了一个有趣的现象：在最初的双低音炮配置中，最靠近左下角低音炮的座位上的超低频声非常难听。事实上，低频声有向房间后面角落集中的趋势，部分原因是房间后面角落集中了太多的能量，引起结构部件和窗户振动而发出低噪声，而那里并没有安装扩音器。在房间后部增加低音单元后，这个问题解决了。低音单元很小，并不引人注目，也不影响房间美观度。

不同房间的条件不同。图 8.23 展示了客户家庭影院装置的测量结果。这个例子有力地说明了将多个低音炮与数字处理和优化相结合后所能达到的效果。座位之间的巨大差异基本上消失了，这样便于进行简单的全面均衡——在 50Hz 下用中等 Q 值参数滤波器来使得对所有听音者的频率响应都变得平缓。可将峰值削减约 7dB，这意味着在这个频率范围内，低音炮的功率仅为其原始输出功率的 1/5。时域性能也会明显改善。这个例子没有使用低频陷阱。

图 8.24 展示了 SFM 的另一个成功的应用，这是音频记者和评论员的听音室中的一种应用，改进效果明显，剩下要做的就是通过少量全面均衡来减弱 60Hz 左右的峰值。显然，所有的听音者观看电影时都能感受到这种配置的好处，但在原来的房间中听同样的音频，会感觉变化非常大。

模态控制仅适用于通过工程系统复制再现的声音，但这就是目标。事实上，通过处理可以将优质音效传送到房间中的多个位置，说明这些位置之间和周围的声场也可以得到改善。可以在房间里来回走动时演奏一段低频踏板鼓音乐和低频吉他音乐，低频声音色紧致优美，变化很小。

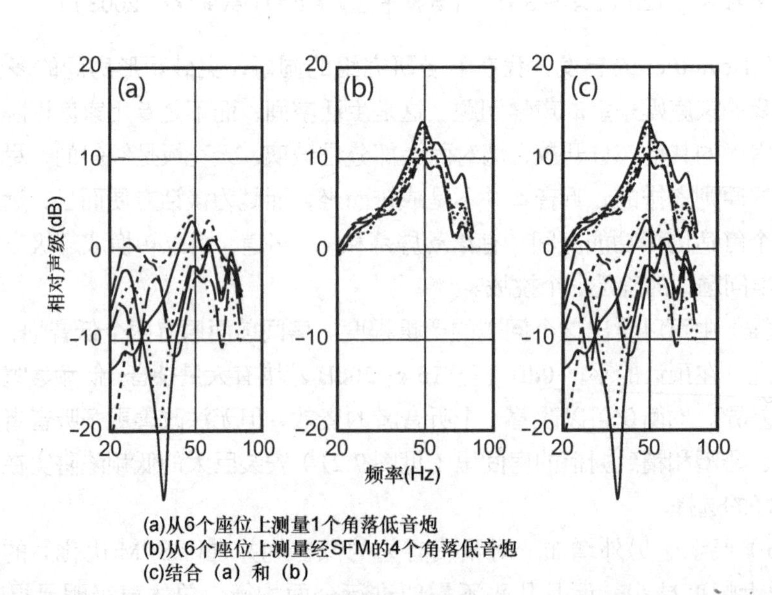

图 8.23　在家庭影院中的测量。图（a）展示了使用单一低音炮的 6 个座位的房间稳态曲线。图（b）展示了 4 个低音炮的电平、延时的测量结果，每个低音炮都有一个由计算机音频优化软件（哈曼声场管理）选择的参数滤波器。图（c）展示了直接比较结果。在这些测量中没有进行全面均衡

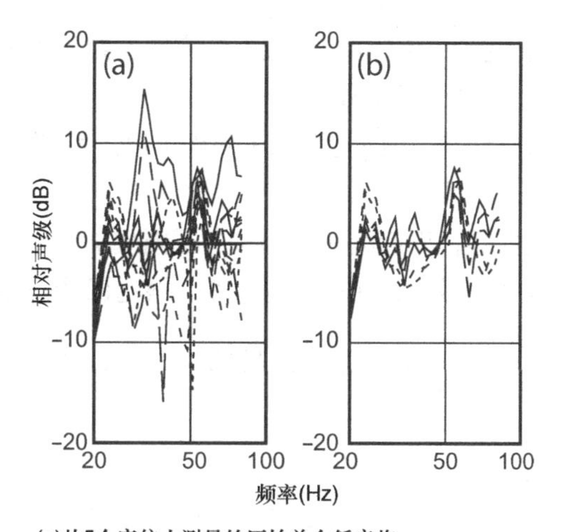

图 8.24 音频记者 / 评论员听音室内的声场管理。这些测量中没有进行全面均衡。房间的形状相当不规则，一面挂墙有一个开口 [改编自 Toole（2006）中的图 19]

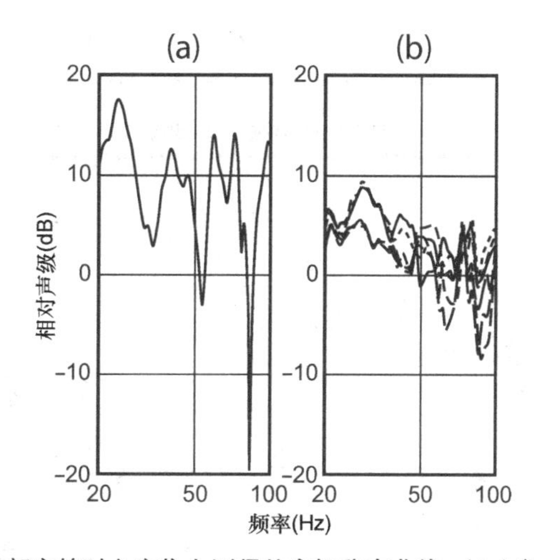

图 8.25 （a）使用房间最初前部音箱时主座位上测得的房间稳态曲线。（b）额外低音炮经误差放置后，全部 6 个座位上使用数字处理器进行延迟、增益和均衡调整后的测试结果。（a）和（b）的声级不可比较 [数据由 Audioholics.com 的 GeneDellaSala 提供]

唯一令人遗憾的是，目前只有 JBL 合成公司定制安装产品才可以进行 SFM。不过，好消息是，音效发烧友只要具备良好的测试方法和耐心，通过反复组装试验、仍然可以获得令人满意的音效。图 8.25 展示了在复杂的 L 型房间安装 5 个低音炮，经手动调整数字处理后获得的结果（DellaSala, 2016）。在图（b）中，低频非常均匀，缓慢上升，虽然没有显示，但顺利扩展到亚音速频率。显然，不同房间需要不同的解决方案。

8.2.9 重新审视时间和空间中的室内共振

图 8.26 从一个稍微不同的角度来审视当前的主题。如图 8.26（a）所示，通过沿特定轨迹测量得到的多个数据，揭示了驻波与房间共振之间的联系。图 8.26（b）展示了只使用低音炮 1 的结果。可以看出以下内容。

（1）因为低音单元处于长度模式 1,0,0 的零位，该模式受到微弱激发，并且由于话筒轨迹沿着穿过房间宽度的零位线移动而进一步衰减。

（2）当话筒接近处于中间点的零点 [见图（a）底部] 时，宽度模式 0,1,0 受到强烈激发，振幅减小。

（3）切向模式 1,1,0 不是很强，靠近房间中心时，振幅减小。

（4）长度模式 2,0,0 受到强烈激发，在房间的宽度上振幅保持稳定。

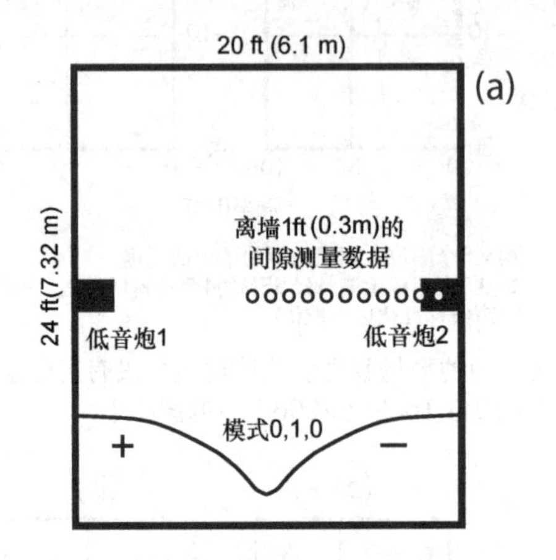

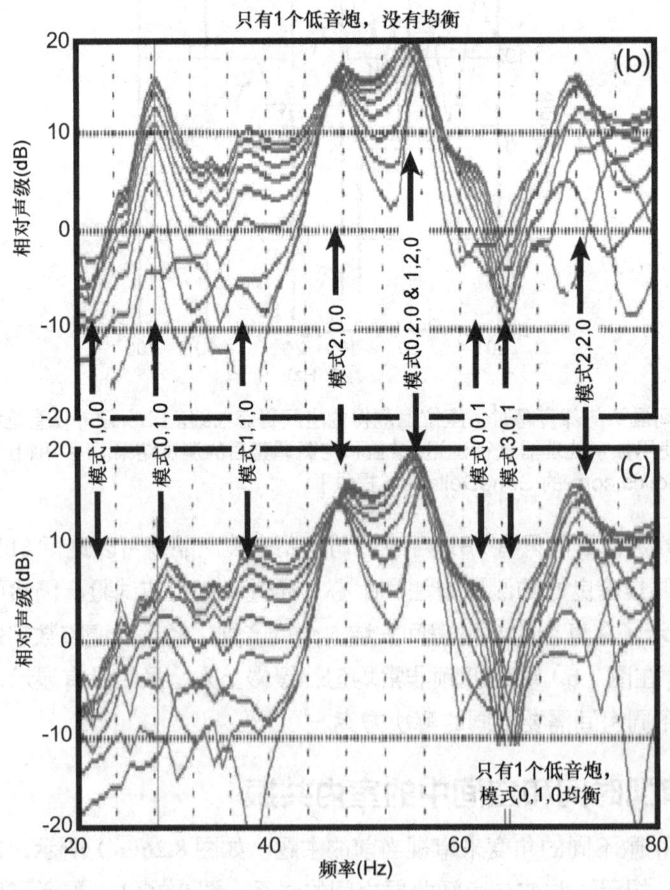

图 8.26　图（a）展示房间布局，并说明处理后的宽度模式。与图 8.13 中的格式化模式图不同，这是从图（b）中的曲线提取的峰值沿测量轴的声级草图

此图中，只有低音炮 1 用于测量。在该位置上，模式 0,1,0 受到最大激发。图（b）展示了在侧墙到中心方向 1ft（0.3m）间隙内的测量数据。随着话筒向房间中心的零点移动，所有曲线中的共振峰值都很明显，声级下降也很明显。图（c）展示了参数均衡造成的峰值衰减，并证实对所有测量数据都有良好影响。频谱分布没有变化。数据由哈曼公司的 ToddWelti 提供。

（1）宽度模式 0,2,0 和切向模式 1,2,0 非常接近（56.5Hz 和 54Hz），在模态交互中，当话筒移向房间中心时，主导峰会出现轻微的频率偏移。

（2）因为话筒接近垂直零点，高度模式 0,0,1 描述欠佳。

（3）因为低音单元和话筒的轨迹都处于模式零点处，长度模式 3,0,0 基本上不存在。

（4）如图 8.16 所示，当话筒移动通过一个零点，然后回到最大值处时，切向模式 2,2,0 受到强烈激发，呈现出一组紊乱曲线。

这个简单的分析充分说明，在已知矩形房间中，当确定好低音单元和话筒的位置后，可以预测模式的状态。说明矩形房间的巨大优势——可以基本准确地预测低频声场，并根据数据评判测量结果。知道引起问题的模式有助于提出针对性解决方案。显然，只有高分辨率测量值才能实现这种深度分析。

该实验使用参数滤波器来衰减模式 0,1,0。所使用的滤波器与该模式并不是完美匹配，Q 值稍低，所以衰减量并未达到最大值。也许这样更接近真实情况。首先值得研究的是图 8.26（a）底部的声压与距离图，显示模式 0,1,0 的峰值声压与图 8.26（b）所示的离墙距离之间的函数关系，其显著特点是压力场峰平坦，相比而言，干涉谷较窄。问题是，在共振峰上，共振幅度和响声都很大，而且共振峰占据了房间的大部分面积，因此很麻烦。出于这种原因，波峰比波谷更令多数听音者感到烦恼，同时也因为过量声音比没有声音更令人烦恼（见 4.6.2 部分中关于尖峰和低谷可听度的讨论）。图 8.26（c）中的测量结果表明，在所有话筒位置，该模式都衰减了，这是预料之中的，而其他位置的模式都没有受到明显的影响。大量的低频能量被移除，也许超过了最佳音效所需。

如果要均衡该系统，最好首先以 10dB 水平线作为目标，将模式 0,1,0 衰减约 6dB，然后引入其他参数滤波器将模式 2,0,0，模式 0,2,0 与 1,2,0 之和，以及模式 2,2,0 均衰减到 10dB。建议不要尝试填充与 0,0,1 和 3,0,0 模式零点相关的波谷。这就是模式抵消和操控技术的优势所在：削减峰值、提高零值，同时降低能耗。如 12.2 节和 12.3 节所述，在完成高分辨率均衡后，可以调整宽带频谱，使结果与所需的整体室内目标曲线一致。运用自动低频均衡算法应该能够同时执行这两种操作，但有些人过分热衷于获得平滑目标曲线。

图 8.27 展示了两种衰减室内共振方法的时域性能：一个低音炮的均衡和用两个低音炮实现的模式抵消，如图 8.26（a）所示。这些能量 - 时间曲线可以说明在前面看到的 0,1,0 共振频率下的振幅与时间的关系。

这些数据并不完美，因为用于分离频率范围内这些事件的滤波器本身也有衰减时间，但曲线之间的差异是有效的。为方便比较，已将所有曲线的峰值声级调整为相同。在现实中，均衡和模式抵消曲线应从较低声级开始，从而保证可听度的进一步降低。图 8.26（b）和（c）显示，通过均衡化，振幅降低了 9dB，衰减率越高说明改进越大。有趣的是，如图 4.10 的猝发音波形所示，在“原始”状态下，共振能量会累积。在这个频率下的所有低频能量都必须通过共振来传播，并且有累积时间和衰减时间。均衡和抵消处理均能缩短累积时间间隔，降低共振声级，但两者在与主流声场相互作用中表现不同。在这两种情况下，都不难听到低频均匀性和时间清晰度的改善。

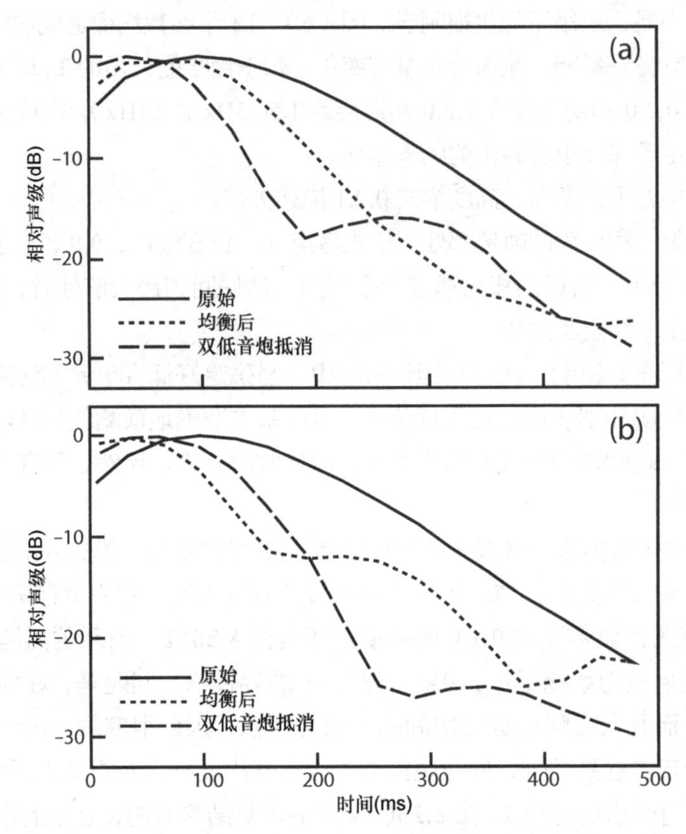

图 8.27 （a）在图 8.27 所示的平面图中，距离墙 1ft（0.3m）处测量的能量－时间曲线。（b）距离墙 10ft（3m）处，即房间宽度中点处测量得到的能量－时间曲线。在模式 0,1,0 的中心频率下进行信号滤波，因此图（b）所展示的是在 3 种条件的模式频率下声音衰减（原始模式衰减，通过参数均衡后模式的衰减（如图 8.26 所示）、以及用相同信号驱动的“模式抵消”配置中的低音炮 1 和 2 抵消后模式的衰减）的时间进程（数据来自哈曼公司的 ToddWelti）

回头看看图 8.11（d）的均衡图和图 8.14（e）的抵消图，可以看到，在早期，随着时间向前，运动瀑布快速下降，然后稳定到一个较低的衰减率。在这里也可以看到同样情况，特别是在模式抵消的情况下。在所有情况下，最初的下降幅度都约为 15dB 或在 15dB 以上，看起来非常明显。回想一下，在这些低频率下，振幅每减小 5dB 左右，感知响度就会减半（见 4.4 节）。在听音乐或看电影时，这种共振在听觉上是微不足道的。

8.3 我们听到的是频谱碰撞，时间鸣响，还是两者都有?

前面章节已列举并解释了几种减弱房间“烦人”模式的方法，管控活跃和不活跃音频信号的方法，目的是向不同位置上的多个听音者传送尽可能相同的、悦耳动听的低频声。由于低频房间共振通常表现为最小相位系统，可以通过参数滤波器来均衡处理单个模式，以降低与房间共振相关的频谱碰撞强度。如果有碰撞，就会有鸣响。如果均衡或用其他方法减弱碰撞，鸣响也会减弱。瀑布图和脉冲响应通常可说明时域性能的改进。

如前面实例所示，在许多情况下，问题和改进效果并不难测量或听出。如图 8.27 所示的情况，该中等 Q 值共振对输入没有瞬时响应，有一个积聚间隔和一个衰减间隔，积聚在有信号时发生（参见图 4.10）。踏板鼓声可能听起来非常短暂，但“踩踏”脉冲频率远高于基本共振“轰鸣声”的频率，后者可以持续 200ms 左右。听起来“紧致”，实际上是因为鼓面 / 体积共振叠加到房间共振之上。在此期间，在鸣响开始衰减之前，在房间共振频率下振幅增加；Q 值越高，积聚间隔越长，鸣响时间越长。因此，对这类事件的感知并不简单。“快速”低音炮的概念是错误的，因为最小相位系统的时域性能可以通过振幅响应预测。在 80Hz 低频管理分频器频率下，所有低音炮都同样“快”。所以，在现实世界中遇到的实际上是“快”低音炮通过“慢”房间进行传播的情况。

一些研究已经查证了定制滤波器处理特定模式时在时域和频域发生的情况，这与“典型”房间均衡所发生的情况明显不同，在“典型”房间均衡中，由于历史原因，频率分辨率从当今很容易达到的量级降低到 1/3 倍频程平滑曲线呈现的量级。显然，由于数据不太精确，均衡与谐振的匹配也不太好，鸣响受到的控制也较少（见图 8.12）。

但究竟需要多大精度呢？真实房间中的音乐不断变化，包含长、短音调成分和各种形式的瞬时刺激，可以同时激活多种模式。可能会出现一些微妙的情况，比如两个共享能量的相邻模式，其中一个衰减速度比另一个快，可有效地改变共振音调，如图 8.14（c）、（d）和（e）所示，如果它们的 Q 值相似，就会在衰减时跳动。一个模式 Q 值高，鸣响时间长，但声压显著低于总的频谱声压，如图 8.14（e）所示。这些情况难以主观考察。所以，已经做过的研究往往是在非常受控的条件下进行的，大多数涉及用计算机模拟问题和解决方案。

下面的试验涉及各种均衡形式的比较，但需要注意的是，这些试验只针对单个听音者的听觉感受。只有一次试验采用了多低音炮模式操控方案，结果表明，从模式衰减角度来看，实际衰减效果比必要的衰减效果更明显，当然，有其独特优点，即可使多个座位上都能听到同样好的低频。

Toole 和 Olive（1988）研究认为，频率超过 200Hz 时，共振的检测阈值每增加一倍，Q 值下降约 3dB。这说明 Q 值越高，鸣响越长，共振就越不易被检测到。这并不是说鸣响本身不是问题，而很可能它与典型音乐激发起来的窄带共振概率有关。因此，频率超过 200Hz 时，鸣响持续时间不是可靠的可听性指标（见 4.6.2 部分）。

这些研究都是在过渡频率以上进行的，其中反射声是一个重要因素。混响—反射声——通过音频的多次重复，掩蔽了高 Q 值鸣响，放大了中低 Q 值共振的感知。在这些频率下测量的混响时间由反射声衰减时间，即直达声重复时间主导。在低频率下，强烈共振的鸣响可能是混响时间（*RT*）的主导因素。这是直达声的延续，而不是来自不同方向的反射声的重复。在低频率下双耳听觉不是很有效，所以在不同频率下测量的 *RT* 感知效果会有不同。这一点在讨论中经常被忽视。

Olive 等人（1997）详细阐述了其研究的成果，再次发现，较低频率下，从室内曲线上的振幅峰值来看，随着 Q 值的增加，检测阈值会越来越高。除了最低 Q 共振，频率降低也会提高检测阈值。Q=1 的共振检测阈值很低，无论是处于共振态（巅峰）或反共振态（底谷），必须注意的是，这种低 Q 值、宽频带共振涵盖了典型低音炮的大部分频率范围，所以这个结果并不令人感到意外。这确实明显打破了整体频谱平衡。在这里，如果脉冲信号增加了高 Q 值共振的可听度，表明鸣响本身就有助于提高可听度。这些都在意料之中，但了解更多详细信息很有用。幸好其他研究人员也提出了新见解，但这么多变量在同时起作用，很难得出绝对肯定的结论。

Antsalo 等人（2003）比较了简单用 1/3 倍频程均衡处理室内曲线后的可听度，与以更高精度均衡处理特定室内模式的合成模式可听度。瀑布图表明，模式均衡可有效解决合成模式问题，降低初始振幅和缩短鸣响衰减时间。在通过头戴式耳机模拟的过程中，听音者比较了室内曲线通过声级均衡处理后的原始房间音效和室内曲线通过声级均衡和模态均衡两种不同方法处理后的音效。听音者报告说，简单的声级均衡只能减少共振频谱突出，而不能解决衰减率问题，因此没有或几乎没有改善。由此可推断，听音者感受到的是“音频撞击”减少而不是衰减率下降，即使是在 1/3 倍频程均衡下也是如此。这些测试与单一听音位置有关。

Karjalainen 等人（2004）在与前几位作者共同完成的研究中，将模式通过振幅均衡在 1/3 倍频程平滑响应的 ±3dB 内，改变了该模式中的鸣响持续时间，使得模式鸣响基本上保持完整。在中频时房间混响时间为 0.28s，随频率升高逐渐增加，在 50Hz 时房间混响时间为 0.5s。测试信号包括语音、0.5s 猝发噪声、击鼓声和摇滚乐。他们发现，鸣响衰减时间的检测阈值高于房间混响时间，从 800Hz 时的 0.5s 逐渐上升到 100Hz 时的 0.7s。令人难以置信的是，在 100Hz 以下，听音者对模式衰减反应迟钝，感知阈值近 2s。注意到振幅响应已经被均衡，他们得出结论：如果没有这种均衡，可能会更容易感知到差异，这显然表明，共振的频域特性比时域特性更突出。这与 Toole 和 Olive 发现的高于 200Hz 的共振特性是一致的。无论何种情况，结论都是频率低于 100Hz 的模式鸣响不是只涉及一个问题，而是还涉及更多问题。

Avis 等人（2007）研究了房间共振可听度与 Q 值的函数关系，但并没有对模式或听音测试音频材料进行特定控制，以有利于衰减时间或频谱变化。Q 值可以换算成相应的衰减时间，因此研究意图具有连续性。最后得出的结论是：Q 值大约低于 16 时，再继续降低 Q 值，在主观上是无法察觉的，这时计算出的模式衰减时间在 32Hz 时约为 1s，50Hz 时为 0.7s，125Hz 时为 0.28s。在正常听音空间中，高频值很可能会低于测量的 *RT*，因此存在房间反射可能掩蔽共振鸣响的问题。作者将 *RT* 作为变量处理，但数据仅适用于高于 250Hz 的频率，并不能回答在共振频率下同时掩蔽的关键问题。除非房间本身就像少数录音控制室一样没有任何反射，鸣响持续时间是无法听出的。在平均频谱水平以上，还存在共振峰高度的不确定性问题，也就是说，可感知度有多大？这是不确定的。无论如何，这些数据给人的印象是，非常低的频率的鸣响不容易被听到。

Fazenda 等人（2012）从主观和客观上比较了处理室内模式的几种方法，提供了更多信息，也提高了该研究的复杂性。可惜，在我看来，他们选择在均衡之前将测量分辨率降级到 1/3 倍频程，而随后发现这对高分辨率频率响应和共振衰减率都有不利影响。那为什么要这么做呢？最有用的观察结果是 8.2.7 部分中讨论的有源多低音炮模式控制方案 C.A.B.S.，工作性能非常好，比他们以前开发的共振检测标准所要求的还要好。这在原则上类似于 8.2.8 部分中讨论的 SFM。因此，如果单个听音位置上的共振检测是唯一有价值的东西，那么电子模式控制方法可能太好了，但它带来的附加价值是，多个听音者可以共享最佳音效，这是其他方案所无法比拟的。

在实际应用方面，他们指出，可以通过调整音箱位置来改进，如果不能，可通过简单声道量均衡来改进。我想补充的是，即使重新定位是可能的，简单均衡也是可取的。我还想进一步补充，现在是时候停止有意降低测量分辨率（1/3 倍频程）了。所有数据表明，模式均衡具有优越性，特别是在苛刻的听音条件下。

Fazenda 等人（2015）继续研究共振时间衰减对可听度的影响。他们在隔音室和模拟室内研究了共振，发现在音乐刺激下，在 63Hz 时阈值为 0.51s，在 125Hz 时为 0.3s，在 250Hz 时为 0.12s。实际上，这意味着在低音炮中频率范围（通常低于 80Hz）内，这些衰减时间很可能随着对问题室内模式的传统参数均衡化而实现，几乎可以肯定，这些衰减时间会随着任何多低音炮主动控制方案的实施而实现，从而为多个听音者提供同样好听的低频声音，这就是其额外的重要优势所在。

这些研究表明，瀑布图并不是共振可听效果的确切描述。装饰性瀑布的不确定性使问题变得更加混乱（见 4.7 节）。

8.4 立体声低频：小事生非

在这里，我向威廉·莎士比亚道歉 [因为这里改用了莎士比亚喜剧名称《无事生非》（*Much Ado About Nothing*）—译者注]。立体声低频涉及这样一个事实，即为了使前面描述的所有系统充分发挥作用，低频必须是低于低音炮分频器频率的单声道的。普通录音资料中的大部分低频是高度相关的或本来就是单声道，低频管理系统也很常见，但有些人认为，有必要至少保留两个频道以回放非常低的频率，据说这样可以增加某些方面的频谱效果。

到目前为止，实验证据并不支持这一概念（Welti, 2004 和其中的参考文献）。听觉差异似乎也接近或低于检测阈值，即使有经验的听音者也只能听到孤立的低频声音。我参加了一些立体声低频支持者精心设计并实施的比较研究，但每次都得不出确定结论。在音乐和电影声道中，"宽敞度"的差异很小或不存在，但由于两个低音炮的相互作用和室内模式在运动中进入和退出相位的变化，低频差异有时很明显。这些都是简单的频响问题，在这类评估中人们很少考虑补偿。即使有人造的立体声信号，频谱差异也很难确定。这不是大众市场关注的问题。事实上，有些讨论的核心论点是，人可能需要经过训练才能听到效果。

最近的另一项调查得出结论，声道分离所带来的良好听觉效应与 80Hz 以上的频率有关（Martens 等人，2004）。在他们的结论中，我确定了"50 ～ 63Hz 的频率截止临界"，这是用作信号的噪声倍频带的中心频率。但考虑到频带的上限频率，该数字在 71Hz ～ 89Hz 间变化，平均值为 80Hz。这意味着，从本质上说，这是一个"立体声上低频"问题，而环绕声道（通常在 80Hz 运行）已经是"立体声"声道，放置在两侧以获最大音效。

当然，热衷于 LP 黑胶唱片播放的发烧友会面临难以对付的困境：低频被混音为单声道，以防止唱针脱离凹槽。

8.5 低频管理使一切成为可能

本章前面讨论的所有多低音炮方案都假定，无论有多少个卫星信号声道，总有一个信号适合所有低频。原始电影声轨中的单个声道是宽频带的，主音箱的有效工作频率可降低到 40Hz 左右，有些更低，有些则没那么低。这在电影院是足够的，直到第一部大片需要更好的低频效果。现有电影院系统无法处理这种负载，因此创建了新的声道，被称为"低频增强"声道或"低频效果（LFE）"声道，但始终是低频效果（LFE）声道。频带宽被限制在 120Hz 以下，并将音轨上的信号电平降低了 10dB，以提高净空高度，回放时再恢复 10dB。净空高度是当时模拟音轨的一个问题。在电影院，专用低音炮复制低频效果（LFE）信号，用于增强戏剧性声音效果冲击力。这个附加的受限带宽声道在 5.1 节或 7.1 配置中被标识为“0.1”。

在家庭影院中回放系统需要经过改良才会更为实用，于是低频管理诞生了。低频管理是在多声道接收器和环绕处理器中选择处理信号，可以从单个声道中提取出最低频率，将它们组合起来，添加到低频效果（LFE）声道，并将组合信号发送到低音炮输出。正常分频器频率是 80Hz（通常可以改变），低于这个频率很难或不可能定位信号源。低频声将从被识别为“小”的所有音箱声道中剥离出来，并将通过那些被识别为“大”的声道来再现，当然，也包括低音炮。Holman（1998）很好地说明了历史沿革。图 8.28 展示了一个常见实例。

建立这样一个系统需要找到接收器或处理器中的正确菜单，并将所有 5 或 7 声道音箱识别为“小”（从而引入高通滤波器），激活“低音炮”输出。如果有选项，选择分频器频率，通常为 80Hz。随着 L、C、R 和环绕音箱的低频负荷减轻，它们的播放声音可以更大，失真更少，而专门设计的低音炮则可以自行完成它们的任务。

在大众消费市场上，对音响设备的简单低频管理的缺点是，从低音炮阵列到每个卫星声道的声学分频没有得到控制。虽然有电子分频器，但重要的是如何在听音位置上组合房间里的声音。这需要现场声学测量和均衡化的低通和高通滤波器。这是在一些自定义安装中完成的，而不是在主流系统中。遗憾的是，其结果使得低频管理备受批评，因为并不总是能获得期望的音效。通常建议的替代方案是 5 或 7 个全音域音箱，有人认为这种音箱可以在一定程度上保持音源的“纯净”。图 6.2 表明这是一种幻想——每个声道各自都有对听音者不完美的、独特的声学耦合，实际是无法控制的。

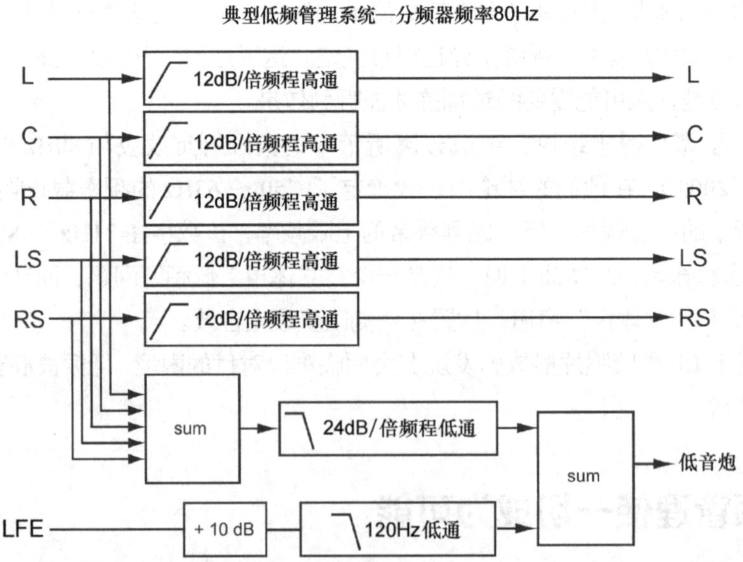

图 8.28　通用型低频管理，基本低音炮 - 卫星音箱分频器频率为 80Hz。其低频音效频率可高达 120Hz，可未经滤波传递到低音炮。有些实例中，在低音炮输出前在 80Hz 上对 LFE 进行低通滤波，从而剔除了部分 LFE 信号，这并不值得提倡。两种实例都没有简单忽略 LFE

如果客户希望在 L&R 位置使用全音域落地音箱，而在其他地方使用较小的卫星音箱，则会出现更加复杂的情况。低音单元的位置不太可能是声场控制的最佳位置，将这些音箱的低频声与额外的、不同的低音炮整合在同一房间里，可以通过试错实现更好的座位与座位之间的音效一致性。通常最好将它们与其他多声道卫星音箱一起视为“小型”音箱，并把多个低音炮分开布置在不同位置来进行室内模式控制。尽管如此，在定制的配置中，先进的数字处理器能够从驱动全音域 L&R 音箱的线路电平信号中分离出低频声，并将其与另外两个低音炮结合，然后将处理后的信号返回到信号馈送中。

在电影院，独立的低频效果（LFE）声道，运行频率可高达 120Hz，与运行频率低至 40Hz 的主声道相结合，所以在播放空间中存在重叠和不受控制的音响干扰。现有的电影院设置和校准标准并不能解决这个问题。因此当前可考虑提高校准标准并在电影院实施低频管理，因为有了数字化声道，单独的低频效果（LFE）声道就没有必要。如果使用低频效果（LFE）声道，则需要适当地整合到总回放系统（Toole, 2015）。

8.6 总结与讨论

本章讨论的基本技术都来自科学文献，有些已经是几十年前的了。吸音技术起源于 20 世纪 30 年代，当时几十家公司都在制造各种形式的吸声器。后来出现了低频陷阱设计和符合音响处理的一般模式，即声学吸收。“无反射”声学开始流行起来。幸运的是，我们已经走出了那个时代，正如第 7 章所讨论的，我们可以考虑使一些房间不仅具备录音控制室的功能，而且还具备播放室的功能。现在有了高品质音箱，播放室音效比过去好得多。但小房间里的低频播放仍然是个挑战。

新一代音响发烧友需要了解当前最新知识，并学会如何利用新技术提供音效。遗憾的是，互联网论坛继续对早已解决的问题进行旷日持久的辩论，缺乏公允的衡量标准，众说纷纭，莫衷一是，一些人出于商业利益继续混淆视听，大肆宣扬不实信息，误导消费者。据我观察，专业音响行业领域的情况也概莫能外。

一个最常见的误解是，只要简单地增加一两个低音炮就能自动提高音效。多数情况下，增加的并不是完全相同的低音炮，也没有放置在合适的位置上，可能也没有用相同的低频管理信号驱动。这样不可预测的结果和争论就几乎不可避免。

测量完成后，一些人通常会尝试单独均衡每个低音炮，然后把它们组合起来。但是，当系统处于“播放”模式时，所有低音炮都在同时工作，声音混合的结果是不可预测的，因此，失望几乎是必然的。在这种情况下，只有在所有低音炮同时工作时，测量才有意义。要使单独测量的低音炮输出之和可以预测，测量必须具备振幅和相位转换功能，而不是稳态振幅响应。这是 8.2.7 部分和 8.2.8 部分中描述的室内模式操控方案的基础。在座椅位置上完成单个低音炮测量后，可以通过高精度计算机进行房间响应预测，包括计算预测每个低音炮信号路径中的延时、增益和均衡。声学叠加适用。

还有“空间平均”混淆问题。从几个座位上测量值的平均结果看，整体印象是听音者听到的频谱平滑，但搞不清究竟是那个听音者听到的频谱平滑。除非使用大型低频陷阱阵列或多低音炮策略来减小座位之间的差异，否则，仅满足空间平均值的均衡可能最终无法真正使任何听音者感到满足。在这种情况下，只能设法让首要听音者满意，而让其他听音者碰运气，没有更好的办法。如果希望优化低音炮与卫星音箱的分频器，使用后一种方法是必要的。如果使用的是数字处理器，可以在进行“群组”和“只有我”均衡器设置。

总结这一部分关于低频的论述，可以说，通过合理使用多个低音炮，可以使低频陷阱被替代或使低频陷阱得到补充。低频吸声器很有效，如果选择多低音炮配置，低频吸声器总是会提高单元音效。但问题是，房间人数较多时，大型无源低频吸声器都很难适应。多低音炮也会引起很多麻烦。尽管如此，就设置吸声器大小而言，优先解决较小问题，有助于提高更多解决方案的实施效果。吸声器可去除能量，多低音炮方案可提高效率，因此需要权衡考虑。受益的是听音者。

第9章

相邻边界和音箱安装效果

如上所述，音箱和房间作为一个系统运作。只有更好地理解这个系统，才能处理好其内部各种机制的互动关系。当音箱靠近房间的边界时，边界会对辐射进房间的声音产生影响。当音箱安装在墙上或墙内时，会产生影响，如果音箱附近有开放的孔洞，也会影响辐射声。本章将逐一探讨这些现象。

9.1 立体角对全向声源辐射的影响

频率为 20Hz 时，波长是 56.5ft(17.22m)。在这个频率附近，音箱和房间边界之间的实际距离是“很小”的。此外，任何音箱的实际尺寸相对于波长来说都很小，因此基本上能全方位辐射声音。由于这两个原因，图 9.1 中所示的经典关系的条件都满足了。

全球形、全向辐射的技术定义是声源的辐射角度为 4π 立体角，是一个“自由场”，没有表面来反射或改变声音辐射的方向。将声源放置在一个大平面上，可使声音辐射的立体角减少一半，成为 2π 立体角。本应进入后半球的能量被反射回去，就会形成反射造成的“镜像”声源。在直角方向再增加一个平面，立体角再减少一半，成为 π 立体角，再加一个平面，立体角可减少为 π/2 立体角。相应地，“镜像”声源的数量相应增加。

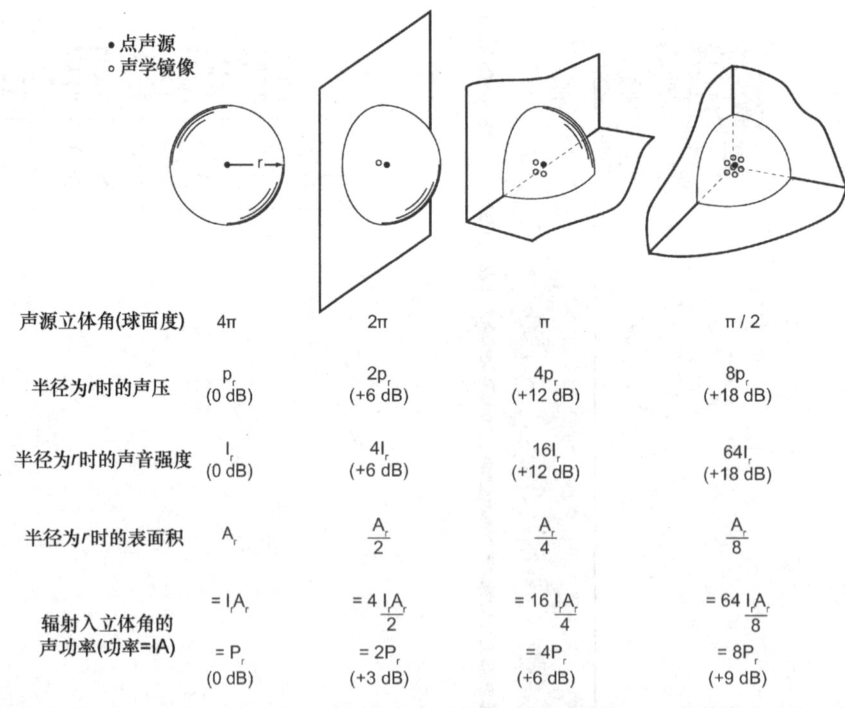

图 9.1　在紧邻大平面的几个基本位置上，离小尺寸全向声源（点单声源）有固定距离的位置涉及的各种测量指标

在音响行业中，经常听到有人说立体角每减小一半，声压级就会增加 3dB。事实上并非尽然，而是要取决于具体情况。如图 9.1 所示，声压级增加 6dB，声功率（辐射进入并分布在立

体角上的总声能）增加 3dB。可以看出，在这些本该无反射的环境中，立体角每减一半，在离声源恒定距离处测得的声压级就增加 6dB。严格来说，这只适用于直达声。在有反射的大型场所，反射声代表从所有角度辐射的总功率，在离声源较远点的非相干叠加中，立体角每减一半，增益接近 3dB。然而，如果相对于讨论的波长而言，房间较小，则在低音炮频率范围内的增益可能更高。

但是，还有更多问题需要注意。图 9.1 所示的情况只有在波长比声源尺寸和分离距离都长时才能发生。如果音箱或听音者的位置处于房间边界，这种情况通常只适用于非常低的频率。多低呢？

理论没错，但实际测量数据是确定的。图 9.2 显示了 20 世纪 80 年代中期，分别在消声室和室外靠近（在与一个孤立的平板建筑相邻的停车场中），唯一的反射面是相邻的边界。音箱是一个传统的 12in（305mm）驱动器，装在一个封闭的盒子里，边长约 17in（431.8mm）。噪声阻碍了约 35Hz 以下数据的采集，一个技术问题导致了 2π 球面度数据的损坏，这个趋势非常明显。首先，如图 9.1 所示，在最低频率下，曲线之间的间隔非常接近 6dB。存在微小差异的事实可以很容易地解释为，大功率低音单元并不完全是一个微不足道的小“点声源”，它并不位于墙壁 / 地板“内部”，并且建筑物被波纹金属壁板包裹着，这不是一个完美的反射器。大约 6dB 的差异立即开始减小，并且在 200Hz 以下，所有曲线都接近零点。原因是低音单元面向前方，箱体后部靠近墙壁。这种分离允许声音从驱动器向后传播到墙壁，并再次返回到驱动器，在那里它与振膜辐射的声音相互作用。往返距离约为 36in（914.4mm），是波长的一半，频率为 188Hz，往返路程也是声学相消干涉发生的地方。这是相邻边界效应的证据，即音箱输出的声音减少与音箱和相邻边界之间的距离有关。

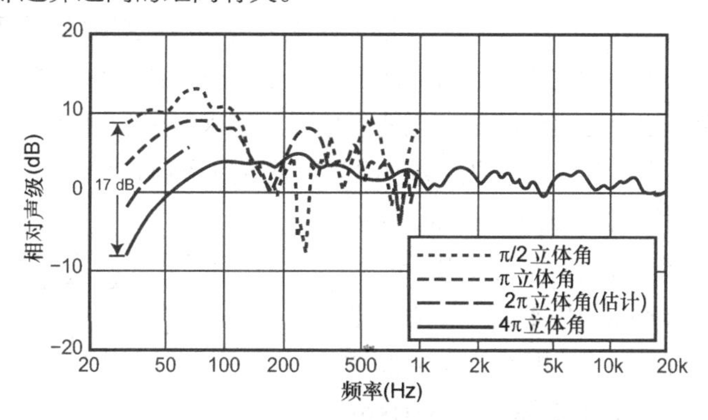

图 9.2　同一音箱不同的立体角度测量结果，4π 下的情况是在消声室（在低频下校准）里模拟的，其他情况是在一处靠近矩形建筑的室外停车场进行的，所有的测量都是在 2m 处进行的。

图 9.3 展示了普通试听室在几个重要方面的差异。凌乱的曲线很难解释，但很明显，立体角每减半，声级的增益接近 3dB，而不是 6dB。这是因为即使在这个小房间里，反射的声音在这些非常低的频率上不连贯地叠加吗？这是可能的，但是很难忽略小房间的尺寸和相关波长之间的差异（见图 4.19）。与传播到无反射环境中的波长相比，图 9.1 和图 9.2 中假设的边界较大。在典型的试听室里，边界很小，空间远非无反射。

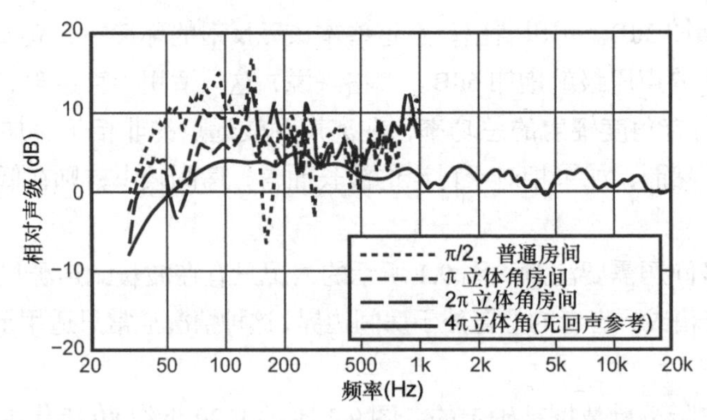

图 9.3　使用与图 9.2 相同的音箱 / 话筒进行 4 ～ 6 次测量所得的平均值，但需在普通的试听室中，将设备移动到不同的位置

所发生的是非相干声学干涉和在房间共振频率下结构声学干涉的组合。这些都是损耗现象，在图 9.3 的不规则曲线中可以看到明显的数据，尤其是在 62Hz 时：一阶垂直模式。因此，能量确实会从相邻的边界反射，并且在直达声声级会升高，但是它升高的量并不像图 9.1 所示，并且在测量（收听）位置，会有实质性的破坏性声音干扰来降低稳态声级。图 9.2 所示的 188Hz 相邻边界干扰倾角消失了，它被房间里其他反射声淹没了。这个空间里正发生着很多事，就像现实生活中一样。

9.2　经典的相邻边界效应

图 9.2 展示了 188Hz 时的声学干涉下降，这是由相邻边界（在这种情况下是音箱后面的墙壁）反射的声音引起的，它破坏性地干扰了音箱辐射的直达声——音箱在这些频率下基本上是全向的。它在这些只有相邻边界的室外测量中能清晰地显示出来。房间里有多个边界，有些靠近音箱，没有一个离音箱很远，每个边界都会导致收听位置的频率响应发生变化。

声学家知道相邻边界（Adjacent boundary，Waterhouse，1958）效应，但正是 Allison 和 Berkovitz（1972）及 Allison（1974）通过论文把它带入了音频人的意识中，在测量结果中描述了问题的重要维度。它有时被称为“Allison 效应”。

Allison（1974，1975）提出了许多由音箱和拐角边界的不同排列产生的室内曲线形状的例子。这些曲线彼此不同，取决于低音单元到地板和附近墙壁的距离。图 9.4 展示了 8 个房间中 22 个点的平均值。为了了解该曲线与消声室测量的关系，该图还展示了 2π 和 4π 消声曲线。这些曲线的精确垂直对齐是不确定的，所以应关注其形状。消声设施似乎没有在非常低的频率

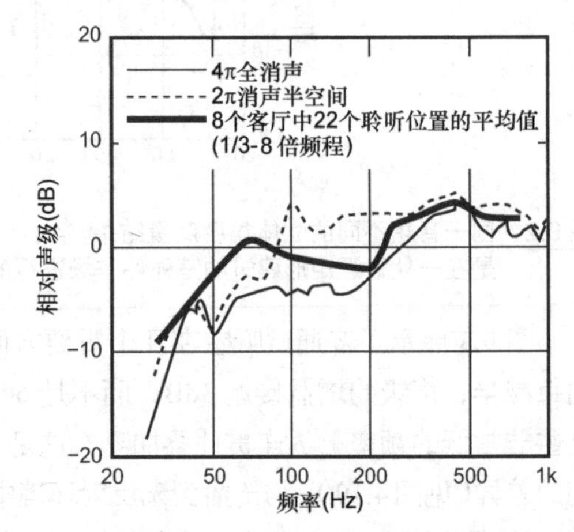

图 9.4　Acouseic Research 公司 AR-3a 的 2π 和 4π 消声室测量值与在 8 个客厅的 22 个收听位置进行的 1/3 倍频程平均测量值的比较［来自 Allison 和 Berkovitz（1972）的消声数据］

下校准。

输出大约在 80 ～ 200Hz 频率下大幅度下降归因于相邻边界效应，该效应在 8 个房间的测量值上取平均值。每个都有独特的标识。

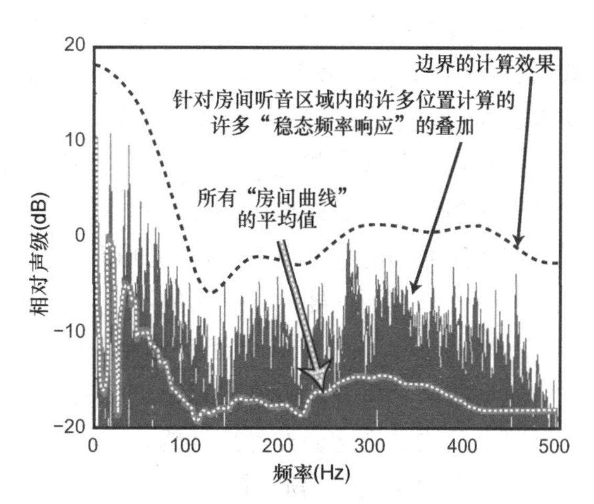

图 9.5 在“正常”试听室中，位于与地板、天花板和墙壁边界呈“正常”关系的全向音箱的计算机模拟（哈曼公司 Todd Welti 的模拟）

对于特定情况，这些都是可以预测的，图 9.5 展示了音箱和相邻边界之间相互作用的计算机模拟结果。在该模型中，音箱具有完美平坦的频率响应，因此我们所看到的图像是由于音箱 / 边界的相互作用形成的。虚线显示了边界对室内频率响应的预测影响。为了帮助读者理解正在发生的事宜，该图显示了为收听区域内的许多不同位置计算的许多稳态频率响应的叠加。由于驻波和反射声的不同，每一种响应都是不同的。还显示了这些测量值的平均值。因此，这是对相邻边界辐射声功率的影响的估计，并不特定于单个听众位置。

房间边界相互作用的影响存在于所有的房间曲线测量中，但是在任何一个单独的测量中，它们可能被其他因素所掩盖，例如驻波。然而，通过对在不同位置测量得到的几条房间曲线数值进行平均（取空间平均值），依赖于位置的变化的影响减少了，并且我们更清楚地看到了潜在的相邻边界影响的证据。房间曲线的平均值在形状上与预测曲线明显相似。

这告诉我们，消除相邻边界效应并不能消除所有问题，但绝对是问题之一。相邻边界效应改变了音箱所经受的声辐射阻抗，结果，音箱在不同频率下辐射的声功率被改变。图 9.10 增加了透视图。如何解决这样的问题?

缓解相邻边界效应

Allison（1974，1975）和 Ballagh（1983）提出的方法包括选择音箱相对于边界的位置，使收听位置的频率响应变化最小。显然，目标是安排低音单元到边界（地板和墙壁）的距离，尽可能不同，而不是彼此的倍数。这些距离差异越大，效果就越差。寻找最佳结果可能需要在实际听音中进行一些反复试验。这也可能导致音箱在视觉上看起来不吸引人、不对称或不正确（在立体声或多通道声像方面）。

吸收边界反射是一种选择，但为了在这些低频下有效，人们会在音箱旁边和后面使用大而厚的设备，处理地板是不实际的。均衡是另一种选择。均衡的吸引力在于，它允许人们根据其他标准定位音箱，然后通过电子方式优化性能。

如图 9.5 所示，对听音区域内的几次测量结果（测量值）进行平均可以揭示房间边界效应的基本形状，从而为校正频率响应以满足所确定的任何目标曲线提供基础。然而，还有另一种方法，据 Pedersen（2003）描述，其中一种巧妙的设备可以原位测量音箱的声功率输出，并对频率响应进行适当的均衡校正，以实现更均匀的输出。

图 9.6 展示了同一房间中两种方法的比较，一种是在 9 个非常不同的听音位置进行频率响

应测量得到的结果，另一种是测量音箱辐射的声功率得到的结果。它们非常相似，如果加入任何数量的平谱平滑，它们会比显示的更接近。显然，这意味着人们通过进行辐射声功率测量可以识别相邻边界问题，在室内测量空间平均值也可以。这两种方法都允许我们分离出相邻边界问题，但是解决方案在房间的整个体积中均匀分布，这可能是单个听音位置所需要的，也可能不是。房间共振的影响被加入其中，所以会有座位间的差异。如果均衡是在一个单独的听音位置上进行的，那么对于那个座位来说这显然是正确的，并且它将是相邻边界和房间共振问题的混合。

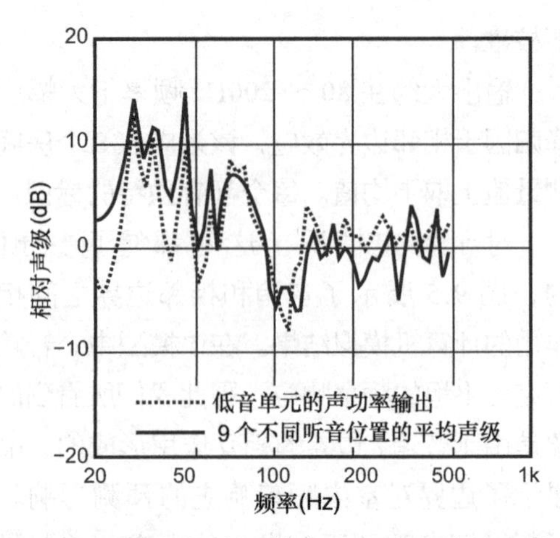

图 9.6 评估相邻边界效应的两种方法的比较：测量音箱辐射的声功率和在听音区不同位置测量的几个房间曲线的平均值 [摘自 Pedersen（2003）]

Angus（2010）提供了使用音箱低频声对齐的方法来补偿附近临界的大规模低频效果的建议。小波动和驻波不包括在内。

第 8 章中有一个令人信服的论点是均衡低音炮频率，无论采取什么方法都可以减少座位之间的差异。这里我们看到，在低音炮频率范围以上的频率下，通过过渡频率范围，均衡还是有益的。

9.3 音箱安装选项和效果

一般来说，传统音箱应该被“独立”使用，远离墙壁。所谓的书架式音箱，大概是因为能装在一个（有时需要很大）书架上而得名，通常要放在支架上，以使高音单元达到坐下时的耳朵高度。设计这些产品的工程师无法预测任何其他使用方式的细节，因此这种音箱通常会优化为在独立模式下听起来很好。当然也有例外：一些音箱被优化安装在墙壁或天花板上，而另一些音箱被优化安装在墙内或天花板上。有趣的是，拿一个标准的小书架音箱，检查一下如果我们违反规则，不按预期使用它，它产生的声音会如何变化。这样的测试需要一些准备。

选择用于以下测量的腔室是因为它可以容纳该设备。一个 8ft（2.44m）见方的“家用框架墙”部分，音箱安装在其上和其中。这个消声室在最低频率下并不是完全消声的，尽管它已经被校准用于隔离测量音箱，但是巨大的墙壁结构的存在引入了误差。因此，在随后的测量中，研究者对于低频下的绝对精度没有提出任何要求，但是它们在比较意义上应该是可靠的。

如图 9.7（a）所示，测试开始于自由场（消音室）中的 Infinity Primus 160。所示的声学测量值是 5.3 节中描述的 Spinorama 的组成部分：在 2m 处测量的常规轴向频率响应、声功率输出和指向性指数（两者之间的差值）。对于全向声源，指向性指数（DI）为 0，这里我们看到这个 6.5in（165.1mm）低音单元在大约 150Hz 以内非常接近全向声源。可以看到指向性指数在 2kHz 时逐渐增加到大约 7dB，超过这个值，分频器网络逐渐衰减低音单元，高音单元接管。由于体积小，高音单元表现出更好的发散性，在 4kHz 附近约为 4.5dB，然后它也逐渐变得更有方向性，在最高频率下 DI 达到约 9dB。从长远来看，这对于一款价格低廉的产品来说是非常好的表现，当时的标价为一对 220 美元。

图 9.7（b）显示了当音箱被安装在墙内时的效果，其正面与表面齐平。这是典型的 2π 半空间条件，所有入墙和天花板内音箱都恰好满足这一条件。

首先，低频增加，正如图 9.1 所预测的那样。声压级上升了大约 6dB（记住测量值包含一些误差）。在 100Hz 附近，可以看到（a）中轴向曲线比 80dB 线低约 3dB，而（b）中轴向曲线比 80dB 线高约 3dB，声压级增加约 6dB。从 4π 状态到 2π 状态，声功率约增加 3dB，如图 9.1 所示。声音输出的增益在较高频率时下降，因为如（a）所示，音箱不再是完全全向的；更多的声音向前辐射，没有被边界反射。从理论上预测，半个空间的低频 DI 为 3dB。

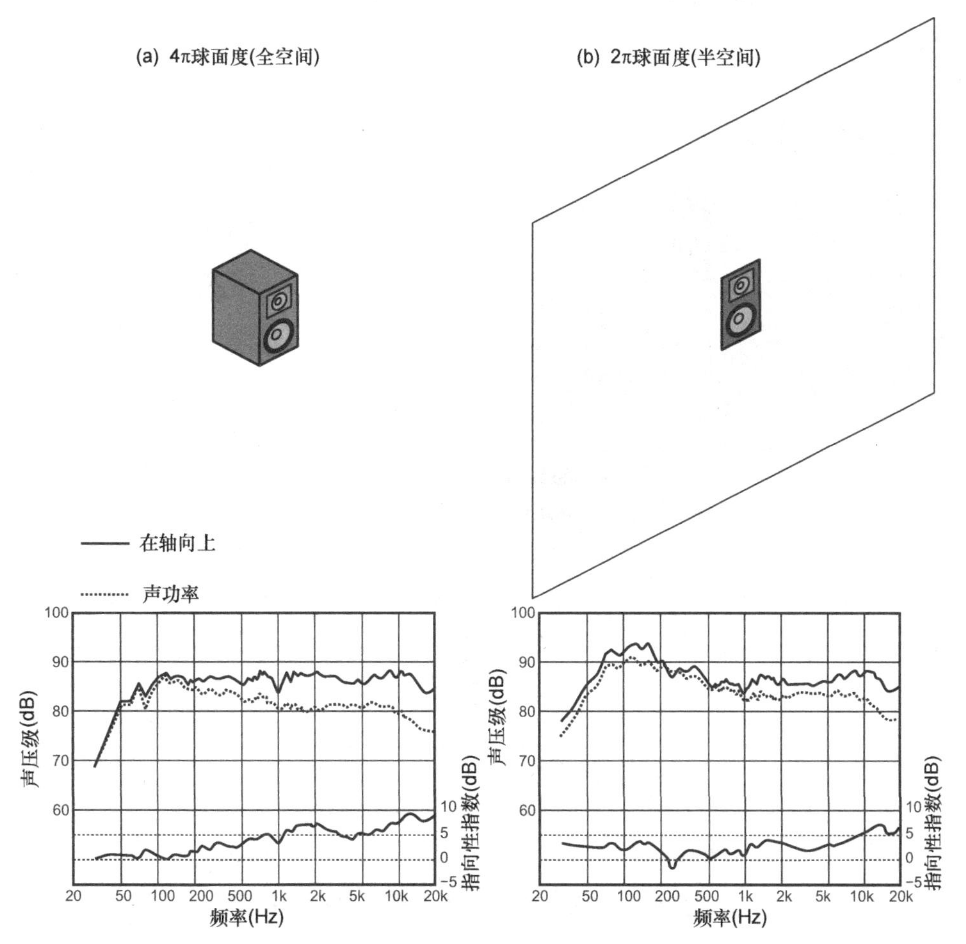

图 9.7 在 4π 全消声条件下和 2π 半空间条件下测量相同的小书架音箱得到的结果。箱体被小心地齐平安装

总的结论是，将这款出色的小音箱安装在墙壁内，其整体性能基本保持不变，但低频输出得到了大幅提升，使其听起来肥、厚且低沉。毕竟，它不是为这种方式而设计的。这种情况下的解决办法是把低频调低。任何有能力的均衡器都可以做到，或者如果分频频率在 500Hz 左右，老式的低频控制可能是最佳的。

如果要以这种方式使用音箱，正确的解决方案是从一开始就对其进行设计，使其安装在墙壁内时具有平坦的轴向频率响应。所有入墙和天花板内音箱都应该以这种方式设计。

接下来，图 9.8（b）展示了当音箱被简单地安装在墙壁表面时的效果。为了进行比较，图 9.7

中的半空间数据在图 9.8（a）中重复。可以看出，在大约 220Hz 处有一个强的声学干涉下降。我们之前在图 9.2 中看到过，但频率较低。这款音箱更小，从低音单元到墙壁和背部的往返距离更短，大约为 31in（787.4mm），这大约是频率为 220Hz 时波长的一半，这种相消干涉情况代表了梳状滤波器中的第一个“齿”。在 660Hz 的轴向上曲线中有第二个齿的暗示，即部分抵消，但是可以假设在较高频率处增加声源方向性，消除了任何高阶抵消。但是，声功率曲线为什么没有对应的“低谷”？事实证明是有的，但不像轴向上曲线中的戏剧性事件那么容易被看到。这将在下一节中解释。

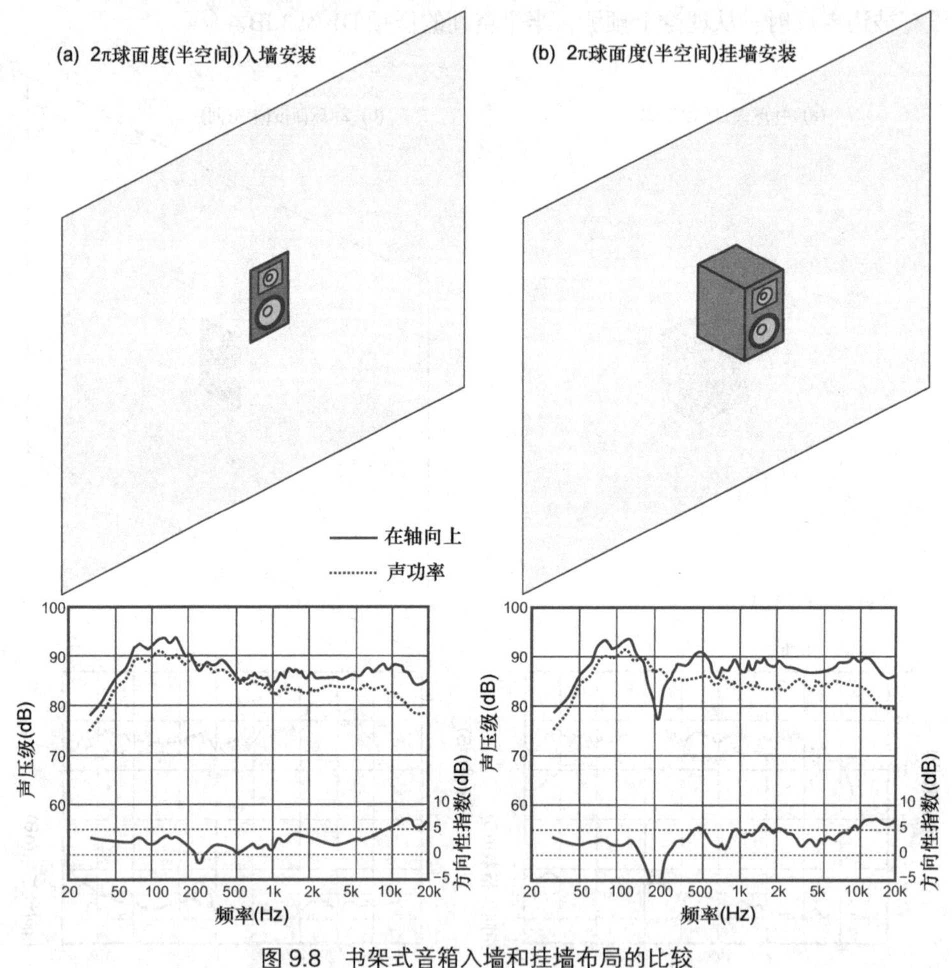

图 9.8　书架式音箱入墙和挂墙布局的比较

我们都见过这种情况：音箱被放在书柜、娱乐家具和昂贵的定制装置的空腔里。图 9.9 展示了这样做的结果：在这种情况下，一款非常好的小音箱这样被安装严重损坏了音效。有证据表明高 Q 腔共振和腔边缘产生的衍射效应。用吸声材料填充空腔的日常疗法有所帮助，但根本问题仍显而易见。图 9.7（b）和图 9.8（a）展示了安装中大大改进的性能，其中空腔开口简单地用硬材料封闭。

回顾刚刚讨论的内容，可以得出结论，音箱真正有潜力发挥最佳性能的位置只有两个：独立使用，远离墙壁；平齐安装在墙壁（或天花板）内。其他选择都发挥不出音箱的最佳性能。

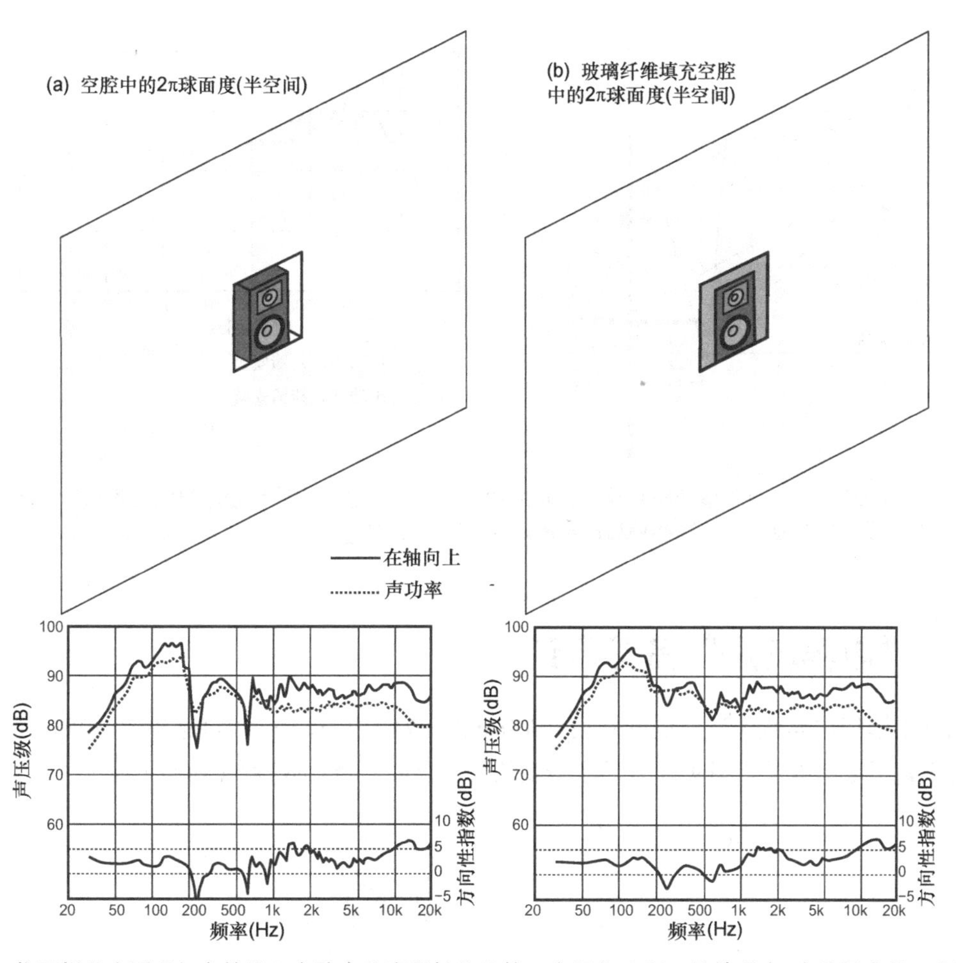

图 9.9 将同样的小型书架音箱放入空腔中的声学性能比较。在图（a）所示的情况中，空腔是空的。在图（b）所示的情况中，空腔用玻璃纤维填充

示例相邻边界干涉

图 9.8（b）展示了轴向频率响应的明显声学抵消下降，但声功率没有下降。图 9.10 解释了产生这种效果的原因。

图 9.10 中的射线图说明，直接和反射路径长度差在 0° 处（轴向上）最大，在 90° 离轴处趋向于零。因此，当测量点远离前向轴时，发生第一次相消声学干涉的频率从图 9.8（b）所示的 200Hz 处开始延伸。音箱离轴辐射的下降是使干涉谷逐渐降低的主要因素。在声功率空间求和中，与没有干扰的入墙安装相比，这导致声学输出的浅凹陷。

如果将音箱放置在离墙壁一定距离远的位置，如使用安装支架时，干涉谷将从较低的频率开始。距离越大，谷开始的频率就越低，音箱的方向性越强，其存在的频率范围就越窄。这就是经典的相邻边界效应的原理。

我们需要知道的是如何安装和安装在哪里。“普遍适用的一种音箱”是一个过时的概念，但这一概念是当今大多数设计的基础：书架式音箱并不能在书架上使用，独立式音箱由于实际原因至少不能避免一些相邻边界的问题。

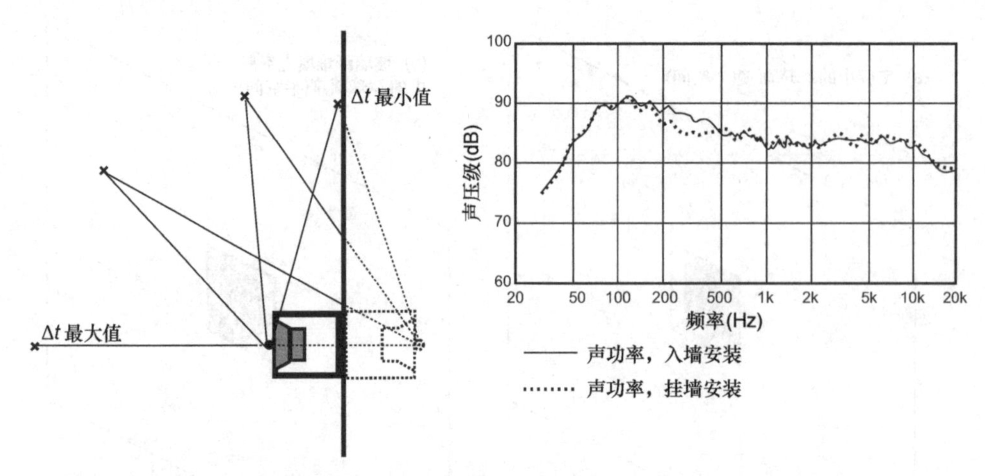

图 9.10 如图 9.8 所示，对入墙音箱和挂墙音箱的声功率测量值进行直接比较。射线图适用于挂墙的情况，显示了音箱的直达声路径和墙后声学镜像的反射声路径

9.4 “边界友好”音箱设计

阐述了相邻边界效应造成的问题后，Allison（1974）提出了一种将这种效应降至最低的音箱设计也就不足为奇了。图 9.11 展示了音箱的配置及如何将其放置在房间中。

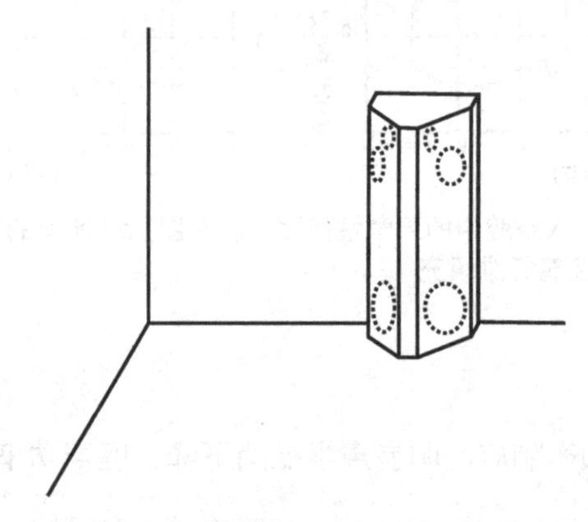

图 9.11 AllisonOne 音箱 [如 Allison（1974）图 16 所示]

首先，低音单元靠近地板和侧壁，消除了这些边界问题，并充分利用了立体角度增益。通过将音箱放置在离它一定距离的地方，侧壁的影响被最小化。在 350Hz 左右，低音单元与位于箱体顶部的中音 - 高音单元阵列交叉，与耳朵平齐。辐射较低频率的驱动器靠近墙壁放置，以最小化边界问题，两组彼此成 90° 的驱动器旨在与半球形辐射模式近似。这是一个非常深思熟虑的设计，但不幸的是，我没有关于它的测量数据。

Acouseic Research AR-9 结合了 Allison 的一些相邻边界补偿的想法。一些消声数据如图 18.3 所示，与空间平均的房间曲线一起在图 9.12 中重复。控制相邻边界效应可以提高辐射到房间中的声音的均匀性，但不能控制听音位置处驻波的影响，这些将强烈依赖于房间。图中所示的房间曲线是音箱和话筒位置的几种组合的结果，试图揭示音箱和相邻边界组合的性能。结果证实设计是成功的，即使有驻波。

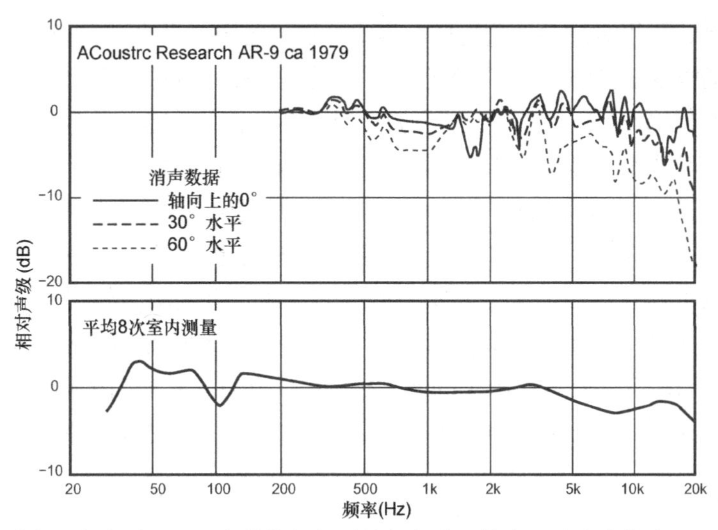

图 9.12 音箱上的消声和室内测量，旨在补偿低频时的相邻边界效应。消声曲线在 200Hz 时被截断，因为在该频段的测量中存在室内误差

考虑到目前挂墙平板显示器的流行，在相邻边界时工作良好的音箱具有相当大的优势。如图 9.8（b）所示，位于墙壁上或靠近墙壁的低音音箱显然是可取的，并非所有音箱的设计都考虑到这一点

好主意不会消失，音箱只是变形、进化或被改造。在这种情况下，图 9.13（a）所示的环绕音箱是为家庭影院开发的一类产品。它在设计时考虑了挂墙安装，并在物理布局和分频器网络方面进行了大量思考，以控制驱动器之间和与后面墙壁之间的声学相互作用。它可以在 3 种辐射模式之间切换（见图 15.11），但这里我们看一下最有利的一种。被称为“双极”，这意味着两组驱动器彼此同相辐射。这是针对其进行优化的配置，面向主流市场的音箱在图 9.13（b）中显示的性能非常出色。

图 9.13（b）中的曲线都非常相似。尽管外观显示为双向辐射，但在大部分频率范围内，该音箱表现为半球形全向辐射器。对于安装在侧壁和后壁上的环绕声音箱，这确保了向所有观众的传递类似的直达声。这些双极（双向同相）设计也适用于当前的沉浸式系统；偶极型不适用。

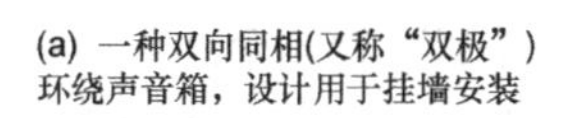

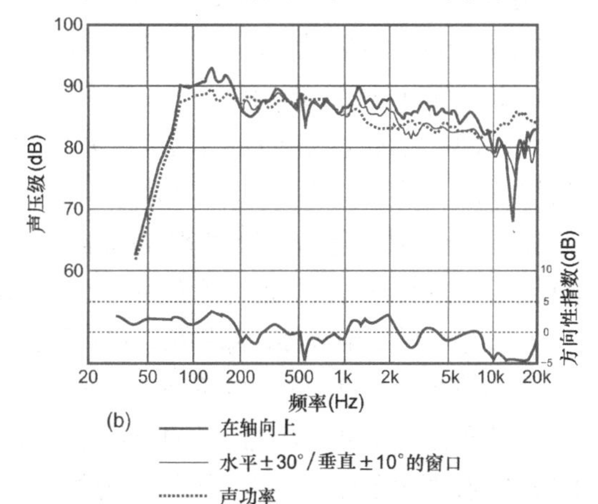

图 9.13 （a）可切换指向性的壁挂式环绕音箱，Infnity Beta ES250。（b）在轴向上测量频率响应，并在水平 ±30° 和垂直 ±10° （9 条曲线）的听音窗口平均值，与总声功率曲线进行比较。使用听音窗口作为参考来计算方向性指数。在测量中，音箱以“双极”模式使用：两组驱动器彼此同相辐射，被安装在消声室的一大片墙壁上

值得提醒的是，尽管有时会看到这样的说法，这种音箱并不会“扩散”声源；它们是宽扩散声源。扩散声场根本不会出现在家庭影院，扩散器是完全不同的东西。

显然，为了避免相邻边界问题，音箱驱动器与大反射表面的距离必须小于半个波长。入墙嵌入式安装非常出色，但如果设计良好，挂墙配置的效果也会非常好，如本例所示，它们允许接近半球形的辐射。许多环绕声音箱都是以这种方式设计的，这是一种受欢迎的趋势。具有讽刺意味的是，最重要的是前置音箱，这些音箱的设计通常很少或人们根本没有考虑它们将被放置到的相邻边界环境中。

几十年来，在控制室中，以半空间安装的形式安装主前监听音箱已经成为一种常见的做法。Eargle（1973）和Makivirta及Anet（2001）是这种安装形式的倡导者。有些房间，由于观察窗的位置，追使音箱安装在天花板上的悬挂结构中，并且音箱表面离窗户和墙壁的剩余部分有一定距离。在音频行业，这被称为软安装，尽管这个词通常有不同的含义。这是对半空间安装的破坏，因此，可能会出现边界效应的处理不会最优的情况。

9.5 阵列音箱——操纵边界相互作用的其他方法

传统的音箱采用多个单元，每个单元在可听频率范围的一部分上工作。它们单独地与周围的反射表面发生相互作用，并且表现出随频率变化的方向性。在塔式音箱中，我们通常会看到多个低音单元，这导致它们被称为“线源”或“线阵列”。它们由排成一条线的单元组成，但它们绝对不是线源或阵列。它们只是高大的扬声器，功能与短一些的扬声器非常相似。

然而，一个连续的窄条辐射器，或者一个紧密间隔的小音箱的线性阵列（例如，图10.10），是一个非常不同的设备，有其独特的属性。计算机模拟技术现在允许我们以以前无法达到的精度探索领域，音箱和电子技术允许我们将其中的一部分转化为物理现实。在扩声方面，这种设计已经被使用了几十年，用来控制大型场馆的声音辐射模式。

然而，在小房间里，必须考虑边界的反射面，这是一个非常复杂的问题。这意味着传统音箱和一个或多个相邻边界反射（现在是“源”的一部分）的组合的远场（见10.5节）可能很远。在小房间里，我们在正常听音距离下听到和测量的内容会有所不同。这些包括前面讨论的低频相邻边界效应，但更进一步，声学干涉影响了大部分可听频率范围。

图9.14是Keele和Button（2005）的一个小摘录—— 一个发人深省的预测和测量的集合。在其中，他们将理论点源的性能与截断线的几种变体进行了比较：直线和曲线、“阴影”区域（驱动功率在末端降低）和“无阴影”区域（所有转换器驱动相等），这些都在反射面上显示。作为比较，我在顶部添加了一个从地板到天花板的真实线源，它将地板和天花板的反射作为自身的延伸。

图9.14（a）显示了真实线源在其近场的有序行为：在所有频率下，距离加倍，降低–3dB。在图9.14（b）中，一个单一的反射表面，即地板，破坏了点源的辐射模式——这是讨论声学的一个全方位、无限小的理论起点。我们看到的不是整齐的、扩展的圆形等高线图，而是一个高低声级交替波瓣的声学严重干涉的示例。右侧所示的声源的恒定方向性意味着这个问题存在于所有频率中，但是由于波长不同，图案会有所不同。当然，额外的边界、天花板和侧壁增加了更多相同的问题。

典型的前向发射音箱仅在低频时是全向的，在较高频率时变得更有方向性，这有助于最高频率主要作为直达声到达听众，反射可以忽略不计（例如，图5.4）。因此，到达房间中听音位置的声音是复杂的，但是如果反射声具有与直达声相似的频谱，合并的组合通常会比这种单频、单一维度的视角更令人满意。图 12.4（b）展示的房间中设计良好的音箱，就证明了这一点。

9.4 节展示了用于最小化边界问题的传统锥形 / 球顶音箱。图 9.14（c）和随后的图显示了将地板边界视为垂直阵列音箱设计的一个组成部分时的情况。在图 9.14（c）中，简单的截断线似乎是对高架点源的改进，但牺牲了均匀的方向性。方向性指数具有急剧上升的特征，表明高频发生了波束效应。图 9.14（d）显示，根据汉恩轮廓，对输出进行遮蔽，减少传递到更靠近线顶部的单元的驱动，极大地简化了模式，在房间的整条长边上产生耳朵高度的稳定声级。然而，它仍然以很高的频率产生显著的波束效应。我们还没到那一步。

如图 9.14（e）所示，弯曲直线是朝着正确方向迈出的一步。等高线还不平滑，但它们有一个潜在的理想顺序。方向性指数的恒定性告诉我们，它适用于宽带宽。

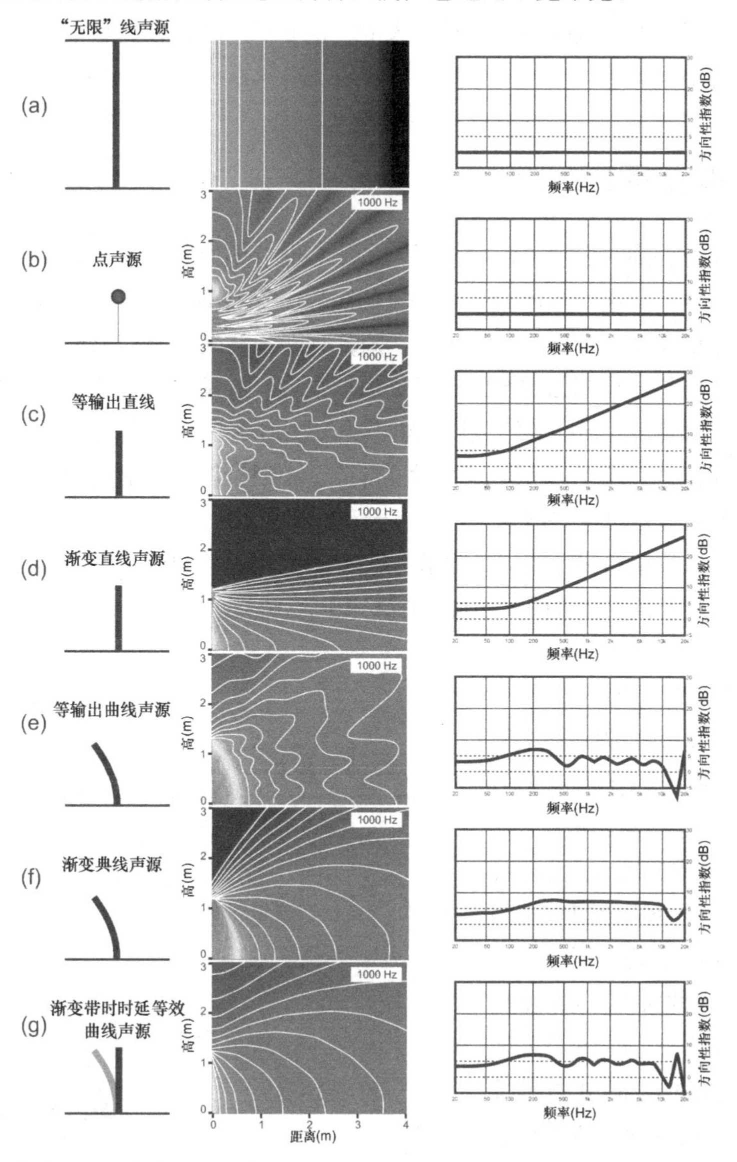

图 9.14 几个声源在地平面上产生的近场声场的图示。作者在顶部添加了一个理想化的线声源，作为它下面显示的截断线的对比。中间插图中的阴影随着声级的降低而变暗；相邻的等声级线代表相差 3dB 的声级。原文展示了几个频率的结果，这里只列出 1kHz 的数据。左边的文字和图形描述了声源类型。右边是远场方向性指数［摘自 Keele 和 Button（2005）］

在图 9.14（f）中，我们看到使用 Legendre 曲线对线声源进行弯曲而产生的一组曲线，这些曲线具有两个理想的特征：从音箱到 3m 或更远的耳朵高度处具有稳定的声级，以及相对恒定的方向性，这意味着它适用于很宽的频率范围。这是一个很好的结果，它被称为恒定波束宽度换能器（CBT）。这不仅仅是将地板作为相邻边界来处理，还是一个低频问题；它利用地板反射来产生声场，该声场在很宽的听音距离范围内具有理想的均匀宽带声级。

弯曲的音箱可能不是每个人都喜欢的，所以对单个驱动器应用适当的延迟实际上可以勾勒出一条直线。当 Legendre 曲线应用于延迟曲线时，产生的 CBT 非常相似，如图 9.14（g）所示。

没有地板也能产生类似的效果，但是阵列需要进行不同的优化。JBL Pro 有一系列创新的独立 CBT 产品，由 Doug Button 设计，已广泛应用于扩声和高端影院和家庭影院环绕声应用。音质和声级作为听音距离的函数的稳定性是惊人的，这使得这种设计通常很有吸引力，特别是用于侧环绕时（见图 14.4）。

9.6 听众也有界限

人们为音箱获得正确的声学设置付出了大量的心血，但似乎很少有关于听众的。我在细读一本高端音频杂志时，看到一张评论者听课室的照片。我的第一印象是，这可能不是一个糟糕的房间：音箱离边界很远，墙壁几何形状不规则，有许多装满书籍和唱片的大型书架，还有看起来很好的地毯。但是，那把孤零零的椅子离后墙很近。这是许多家庭听音室的不幸事实，我在一些酒店房间的音频演示中也经历过。 理想的解决方案是让听众远离墙壁，但由于空间有限，这显然是不可能的。图 9.15 展示了发生的情况；一组全新的反射被创造出来，紧接着来自音箱的直达声的反射非常早且非常强。也会有天花板反射。

来自后方的多次反射给来自前方的声音增加了不太相关的声音。因此，除了前面部分所述的声学干涉所增加的音色，还会降低声像清晰度和声场质量。

当遇到这种情况时，一个有说服力的演示是让听众播放立体声录音，要求他或她专注于声像和声场。然后在头后边放一个厚的织物软垫或填充纤维填充物的枕头，而不是泡沫（座椅泡沫不同于隔音泡沫），或等效的替代品。我的经验是，大多数听众注意到声音的清晰度提高了，声像也不那么混乱了。

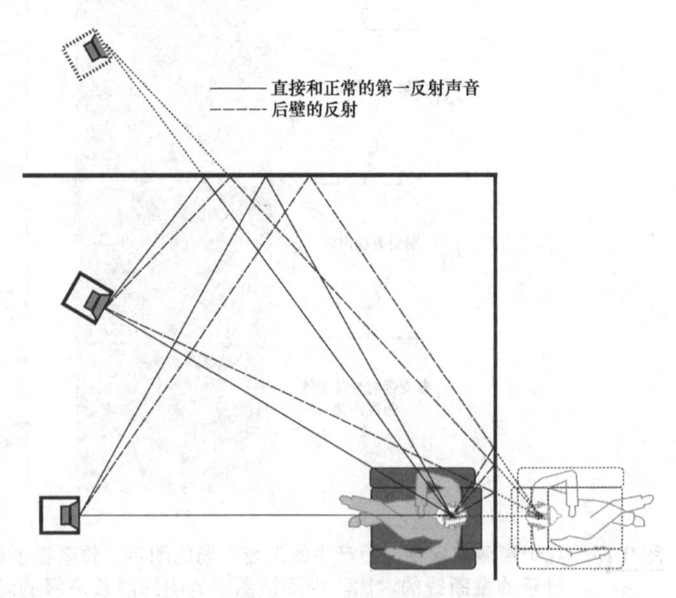

图 9.15 声线追踪图，显示了由于靠近反射后壁而引起的额外反射。不仅音箱有声学镜像

显然，这个问题的永久解决办法是减弱后壁反射。放置一块厚的——如果可能的话至少 6in（152.4mm）的纤维吸声器，覆盖听众头部后面、旁边和上面的大部分区域。我见过隐藏在一个视觉上吸引人、听觉上透明的墙饰背后的吸声器。这不是完美的，但是一种进步。

第10章

声音重现空间中的声场

直觉可能会告诉我们，家庭听音室、家庭影院、录音控制室、电影配音台和电影院之间几乎没有共同点，但确实有。它们都是声学和感知维度连续的点（见图 1.4）。我们用来描述这些空间中的环境和事件的一些方法起源于音乐厅的声学研究。当我们仔细听听众在大多数声音重现场所听到的声音时，会发现明显的相似之处。

10.1　反射

在大型演出场所、音乐厅、礼堂中，混响是真实的，也是必要的。它由人和乐器发出的声音组成，这些声音从许多表面反射多次，穿透到房间的所有部分，振幅随着时间逐渐衰减，直到听不见为止。它被测量为混响时间（*RT*）—— 振幅降低 60dB 的时间。大厅是表演的一部分。在现场的、未被放大的表演中，大厅对于吸引大量观众是必不可少的。人和乐器的声功率输出有限，因此大厅尽可能具有反射性，以保持高响度，同时不干扰音乐的“可懂度”。这是一个艰难的妥协。演出场所的典型 *RT* 值在 1 ～ 2s，这个值针对最常演奏的音乐进行了优化，偶尔略有变化。

在声音的重现（即回放）中，基本的厅堂混响被记录下来，因此不需要额外的东西。家用听音室和录音控制室的典型混响时间为 0.2 ～ 0.4s。古典唱片中的混响完全盖过了听音室的混响。

图 10.1（a）进一步显示了房间处理和家具如何在典型的家庭房间中改变混响，该图以最初的 NRCC 听音室为例，也是最初的 IEC 60268–13（1998）推荐的用于音箱评估的立体声试听室的原型。可以看出，添加吸音地毯可以起到重要作用。增加家具的散射会使吸声器更有效工作。最后，加上普通家具的吸收和散射，使混响时间（*RT*）进入了理想的范围。低频膜吸声器的设计和建造是因为最初的房间是一个实验室空间，其中有混凝土地板和石膏墙。得到的混响时间 *RT* 与典型家庭房间的数据一致。从这一点可以清楚地看出，一个家具齐全的家庭房间可以成为一个良好的聆听环境的基础，而不需要额外的声学装置。

图 10.1（b）展示了一些房间的实时数据，其中大部分是为音箱和其他音频产品的听力评估而构建的。这些房间的数据与加拿大和英国居住空间的平均数据混杂在一起，表明在这些环境中进行的测试结果可能会很好地转化到消费者的世界中。

图 10.1（c）展示了两个著名国际建议的混响时间目标范围。IEC 60268–13（1998）文件旨在为用音箱进行听音测试提供指导。作者是 1985 年出版的原始文件的作者之一。ITU-R BS. 1116–3 文件针对的是一项截然不同的任务；主观评价由用于减少音频信号数字内容的感知编码器 / 解码器（编解码器）引入的典型的非常微妙的信号退化。文件的导言说：

“本建议旨在用于系统评估，这些系统引入的信号退化非常小，如果没有实验条件的严格控制和适当的统计分析，细微的信号退化是无法察觉到的。如果用于引入相对较大且易于检测的损伤的系统，会导致花费过多的时间和精力，还可能导致比简单测试更不可靠的结果。

换句话说，这不是评估音箱所需要的。尽管如此，该文件经常作为用于一般音频评估的房间的性能要求之一出现。幸运的是，图 10.1（b）中的曲线表明大多数房间都在 IEC 目标范围内。

图 10.1（d）展示了几个场地的测量结果，在这些场地中，电影音轨被创建，进行了卓越检查和客户体验。不足为奇的是，预算限制破坏了大众市场电影院的声学性能，低频混响时间明

显增加。然而，混响时间落在属于图 10.1(b)中的高质量听音房间范围，并被认为是符合图 10.1(c)中 IEC 推荐的 *RT* 值的，是可接受的。

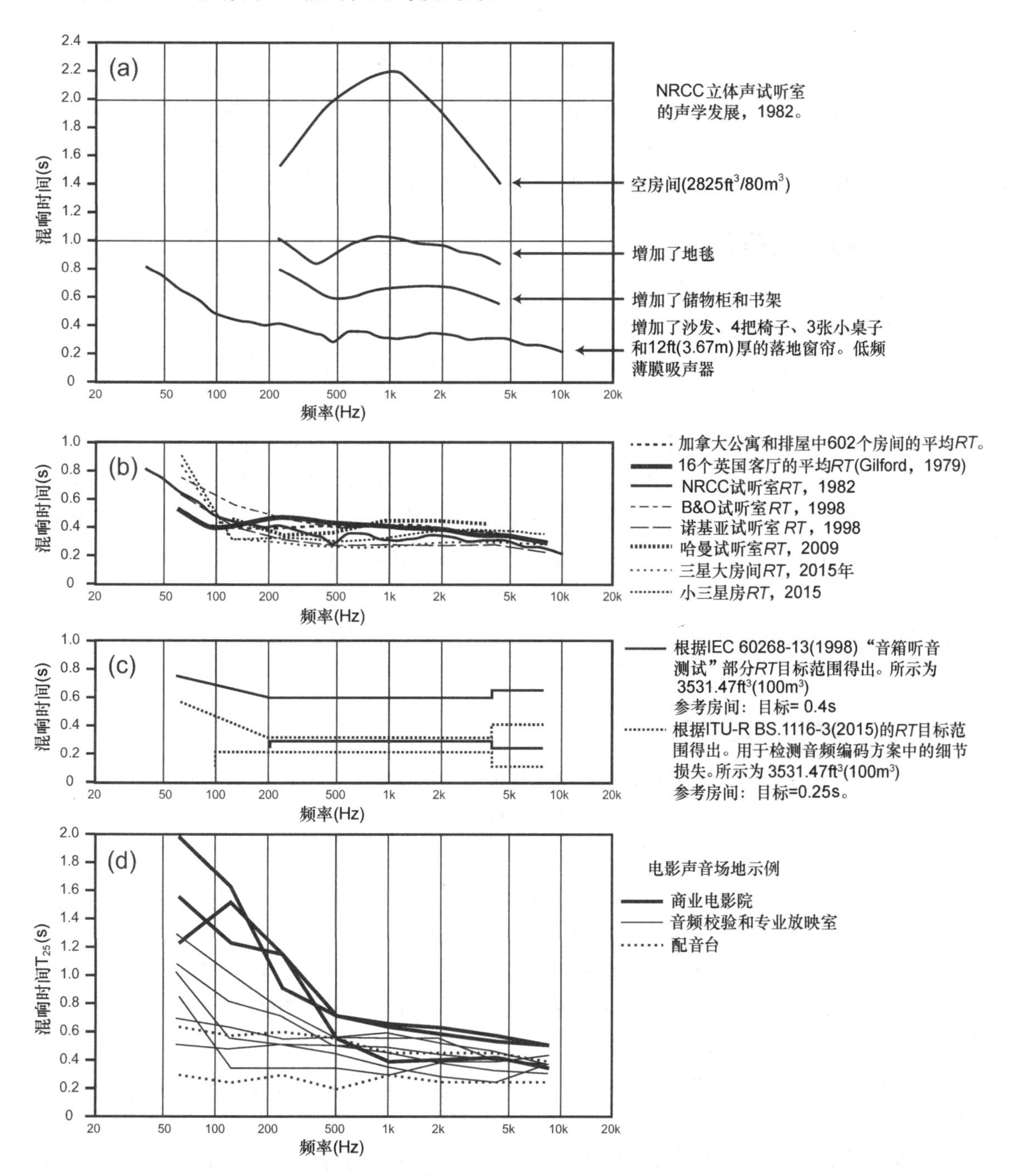

图 10.1 (a)展示常见的家居用品如何营造良好的聆听空间。(b)加拿大和英国家庭调查的 *RT* 平均值，以及几个专业构建的试听室的示例表现。(c)推荐的混响范围来自已注明的 IEC 和 ITU 文件。经许可复制。(d)典型影院、一个参考影院和两个配音室的 *RT* 数据 [摘自 Toole(2015b)，图 3，SMPTE TC–25CSS(2014)经许可转载。放映室数据由 Linda Gedemer 提供]

如果一个人正在寻求电影声音和家庭影院声音一致，这似乎是一个好的开始。请注意，某些电影院带给人的听觉体验可能不如高端家庭影院那样令人印象深刻。

电影院的中频 *RT* 为 0.3 ～ 0.6s，因此屏幕后的音响效果可以可靠地传递。就语音清晰度而言，低于 0.5s 的任何东西都被认为是安全的，但在低频下看到的 *RT* 升高会导致声染色，并可能降低清晰度。

然而，现实是，像这样声学上“寂静”（无反射）的空间没有传统的扩散混响声场。它不可能存在扩散混响。测量到的是相对离散的反射的衰减序列，而不是密集的扩散声场。Toole（2015b）的 3.1 节和 10.1.3 部分讨论了这一点，其中建议累积能量时间——声级建立所需的时间而不是衰减所需的时间——可能是一个更好的指标。这是一个值得关注的话题。

10.1.1 测量混响时间

对于测量演出场所 *RT* 的专业音频专家来说，需要高度仪式化、国际标准化的程序。一般来说，它们包括一个全向辐射的声源——一种特殊的音箱、一把发令枪或一个爆裂的气球——位于乐队演奏的地方。使用全向话筒在观众区的几个位置上进行测量，并在场地混响影响音乐表演的背景下考虑结果。

对于声音重现，需要修改过程，因为声源是回放音箱，并且场地混响预计不是节目播放的重要因素，无论是音乐还是电影。事实上，主要考虑因素可以很好地归纳为对较高语音清晰度的要求。在家庭影院或电影院中，提供激励的是中置声道，实际上所有的对话都源于该声道，并且在中高频下期望的 *RT* 小于 0.5s。这是一个可以实现的目标，如图 10.1 所示。

可以看出，房间在低频下的反射性是稳态声音产生多少低频的一个影响因素，这在大房间中由 *RT* 很好地描述。原因是所有现实的声源，如音箱、人声和乐器在低频时基本上都是全向的。

10.1.2 计算混响时间

在大型高反射房间中，混响时间通常可以通过原始的赛宾公式很好地预测。

$$RT = 0.049V/\mathrm{A}$$

其中 V 是总体积（ft^3），A 是房间中的总吸收量，单位为 sabin。通过将边界的所有区域（地毯、窗帘、墙壁等）分别乘以它们各自的吸收系数再相加，计算出总吸收量

$$A = (S_1\alpha_1 + S_2\alpha_2 + S_3\alpha_3 + \cdots)$$

其中 S 是面积（ft^2），α 是覆盖该面积的材料的吸声系数。理想情况下，吸收系数是材料吸收的随机入射声功率比例的度量。S 和 α 的乘积是一个以 sabin 为单位的值。一些物品的吸收，如人或椅子，有时直接以 sabins 为单位使用。

赛宾公式的公制度量为 $RT = 0.161V/A$，其中体积以 m^3 为单位，面积以 m^2 为单位，A 以公制 sabin 为单位。

随着房间变得更具吸收性和体积更小，以及房间边界上的材料变得不那么随机分布（例如，铺地毯），这个公式变得越来越不可靠。在过去的 100 年里，为了适应房间中的不对称性和声场不扩散的事实，已经开发了几个越来越复杂的方程，其中包括 Fitzroy（1959）和 Arau-Puchades（1988）。然而，这些都是为了易用而做出的假设。Dalenbäck（2000）说：“在某些情况下，这两个公式给出了比经典公式更好的估计值，但这里的一个核心问题是，如何确定它们在特定情况下更好？到目前为止，还没有一个具有普遍适用性的公式被发现。”幸运的是，正如将

要看到的，在用于声音重现的小房间，不需要高精度的 RT。简单的赛宾公式提供了适用于我们目的的估计值。

10.1.3 有没有对我们更有用的指标？

虽然 *RT* 对于评估高反射场所很有用，但对于我们的目标来说，可能有一个更好的度量标准：累积能量时间——直达声到达后声场上升到稳态水平所需的时间。这比相应的 *RT* 时间短得多，并且似乎更直接地解决了涉及瞬态声音时的感知过程。例如，图 10.2 显示，在 50Hz 时 *RT* 为 2.5s（2500ms）的电影院中，90ms 内达到 2dB 稳态范围的水平。在 500Hz 时，*RT* 为 800ms，累计能量时间为 25ms。这些是巨大的差异，虽然 *RT* 是一个相关的参数，但它与可能重要的时间事件关系不大。*RT* 衰减数据中非常早期的事件可能是有意义的，但是需要一种新的解释形式。

与这一讨论密切相关的是 7.6.3 部分中的发现，即对于语音清晰度来说，电影的一个关键考虑因素——早期反射是主要的贡献者。直达声后大约前 50ms 内到达的早期反射能量对语音清晰度分数的影响与直接增加声音能量的效果相同。对于正常和听力受损的听众来说都是如此。Bradley 等人（2003）说："虽然避免过度混响很重要，但增加大量吸声材料以实现极短的混响时间可能会导致早期反射的降低进而使得清晰度降低。"

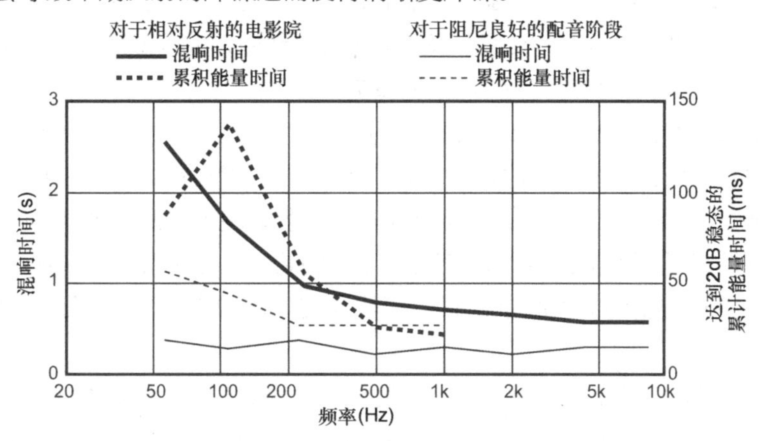

图 10.2 两种截然不同的电影播放场所的混响时间和累积能量时间的比较 [摘自 Toole（2015），图 8 和图 9，基于 SMPTE TC-25CSS（2014）]

他们建议将脉冲响应前 50ms 内的能量与直达声相关的能量之比作为房间的新品质因数，这被称为早期反射效益（ERB）。

值得注意的是，早期反射声也降低了检测音箱共振的阈值（Toole 和 Olive，1988），使有缺陷的音箱更加引人注目，并揭示了音乐中更多的音色细节。对于立体声录制和收听，早期反射可以减少声像中心的音色退化和语音清晰度损失。它有助于填补立体声 / 耳间串扰造成的 2kHz 左右的大频谱下降（见图 7.2）。

Leembruggen（2015a）展示了几个例子，在这些例子中，累积能量数据似乎与频域测量中的细节相关，而 *RT* 与后者不相关，因此可能 *RT* 与感知相关。在音乐厅的背景下，Bradley 等人（1997）发现低频声音的感知强度与早期和晚期反射波到达有关，与低频混响时间没有显著关系。

在这种情况下，有多种因素在起作用，但几个有说服力的理由特别关注早期反射，并考虑以 *RT* 及其衍生词，如 EDT（早期衰减时间）的替代物作为声音再现场所声学性能的标准。无论如何，*RT* 和累积能量测量都是与频率相关的——证实了在大多数房间中，直达声和稳态声场具有不同的频谱。

10.2 传播

完全扩散的声场是各向同性的：在声场中的任何一点，声音都有可能以相等的概率从各个方向到达。它也是同质的：在空间的任何地方都是一样的。小型的听音室和控制室 / 电影院没有中高频的扩散声场。

事实上，真正的扩散只是作为一种学术理想而存在。用于测量声学材料吸收的混响室被设计成扩散的，并且可以接近实现这一点，但是一旦吸声材料的测试样本被引入空间，它就不再是扩散的，因此测量的吸声系数会有误差和变化。

可以通过声音散射或分散物体、不规则 / 弯曲 / 倾斜的表面及使用特殊设计的设备来改善扩散，这些设备通常被称为扩散器（注意拼写："扩散器" 一词适用于 RPG 产品）。感觉上，音乐厅里弥漫的声场听起来宽敞而具有包围感。然而，扩散声场并不是感知宽敞和包围感的必要条件。简单得多的声场也能工作，尤其是在多通道声音再现中，被认为具有这些品质的声音有可能传递到耳朵中——无论有没有反射室（参见 15.7 节）。

当人们在小试听室谈论扩散时，他们说错了。人们听说过 "扩散" 音箱，它是指一个向多个方向辐射声音的广泛扩散声音的音箱。我们说的是 "扩散器"，但这些设备确实会将传入的声音分散到多个方向。是否有助于声场中的额外扩散取决于房间其他部分的声学情况。这个词的误用在现阶段是不可能改变的，但至少让我们明白，在声音再现场所，扩散声场是不理想的，而且由于这些空间的吸收量，它不可能存在。7.3.2 部分讨论了这些扩散 / 散射 / 分散装置。

使用现代计算机建模技术，预测声场比研究现有声场更容易，但是 Gover 等人（2004）提供了一些小房间中声场变化的重要测量证据。利用一种新型的球形可控阵列话筒，作者在三维空间探索了几个小房间中衰减的声场。没有一个房间在测量位置显示出各向同性分布。强烈的方向性特征与早期反射有关。典型试听室范围内混响时间为 0.36 ～ 0.4s 的小型会议室和视频会议室的各向异性指数和方向性扩散测量值大致处于消声和混响条件之间。此外，这些值随着时间而变化。后来声音显示出增加的各向异性，甚至根据反射性更强的表面改变了房间的方向（见图 10.3）。

首先，从图 10.3 中可以清楚地看出，高能声学事件发生在一个 *RT*（实际反射 - 衰减时间）为 400ms 的房间中的前 50 ～ 100ms。这些是早期反射声，不是混响。在最早的时间间隔中，直达声和对面及侧壁反射占主导地位。所有这些都在直达声的 7dB 以内。一旦这些早期声音消失，示例房间中的下一组反射（t >50ms）将下降 12 ～ 17dB，并且反射模式已偏移 90°，以与平行侧壁之间的反射一致。100ms 后，横向偏置保持不变，声级降至约 –20 ～ –27dB。声场在任何时候都不是扩散的，也就是说，模式不是圆形的。

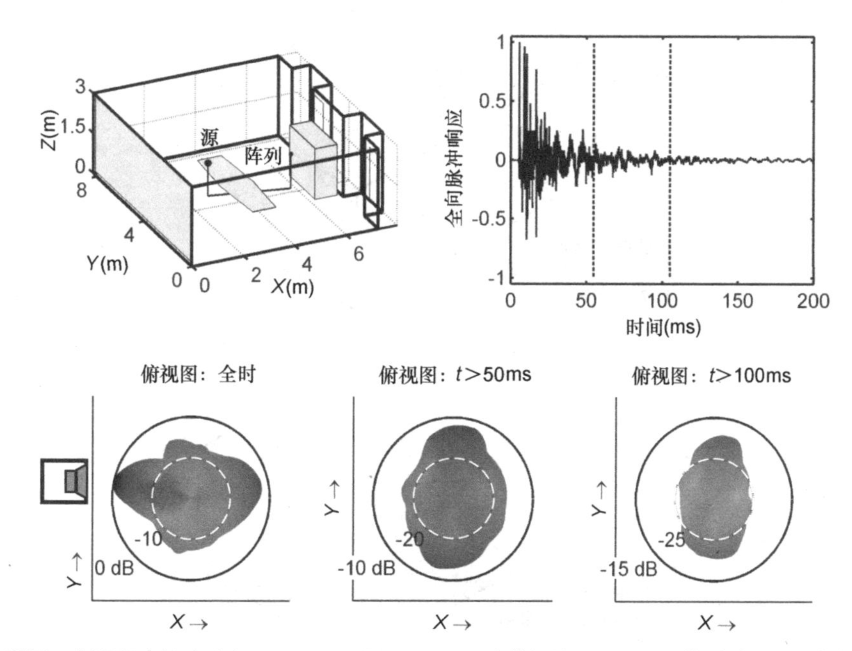

图 10.3 俯视图：在视频会议室内（7.23m×8.33m×3.01m）进行的 t >100ms 扩散度测量，中频 RT 为 0.4s。全向源和测量话筒阵列相距 2.03m。图底部的形状呈水平面扩散模式。音箱符号显示直达声的方向。一个完全扩散的声场会呈现一个圆形图案。左边的模式是整个时间记录，显示在右上角。它显示了直达声的突出波瓣、一阶横向反射和后壁反射。中间和右边的图案代表脉冲响应后面部分的扩散度：扩散度旋转到左右方向，这是侧壁之间反射的结果［经 Gover 等人许可转载（2004）］

如果这是一个家庭影院，观众与房间的长轴对齐，可以想象这些左右的早期反射可能有助于环绕声道创造空间感和包围感，这是低耳间互相关（两耳听到的声音不同）的结果。我不知道有什么测试能证明这一点，但这是一个逻辑猜想。

这个例子清楚地说明了房间中光滑和不规则表面及吸声器的布置是如何影响衰减声场的。这是一个变量，聪明的声学专家可以使用它来定制早期反射声的模式，以避免潜在的问题，或者增强一些理想的感知效果。

这种类型的另一个例子如图 10.4 所示，这是 Erwin Meyer（1954）更早的一项研究，表明当第一次反射被吸收时，总的度量“扩散度”显著降低。

这些测试涉及在话筒位置测量的扩散度，而不是整个房间的扩散度。这使得结果可以与听众可能听到的内容直接相关。

Meyer 在不同的表面上做了几个有和没有声音散射格栅的测试，结果如下。

（1）具有光滑墙壁的空房间：扩散指数 = 69%[见图 10.4（a）]。

（2）所有墙壁添加散射格栅：扩散指数 = 75%。

（3）空房间，但地板完全吸收：扩散指数 = 46%[见图 10.4（b）]。

（4）如上所述，在所有其他壁上添加散射格栅：扩散指数 = 64%。

（5）空房间，使用地板上的吸声材料，分成几部分来抑制声源和话筒之间的第一次反射：扩散指数 = 26%[见图 10.3（c）]。

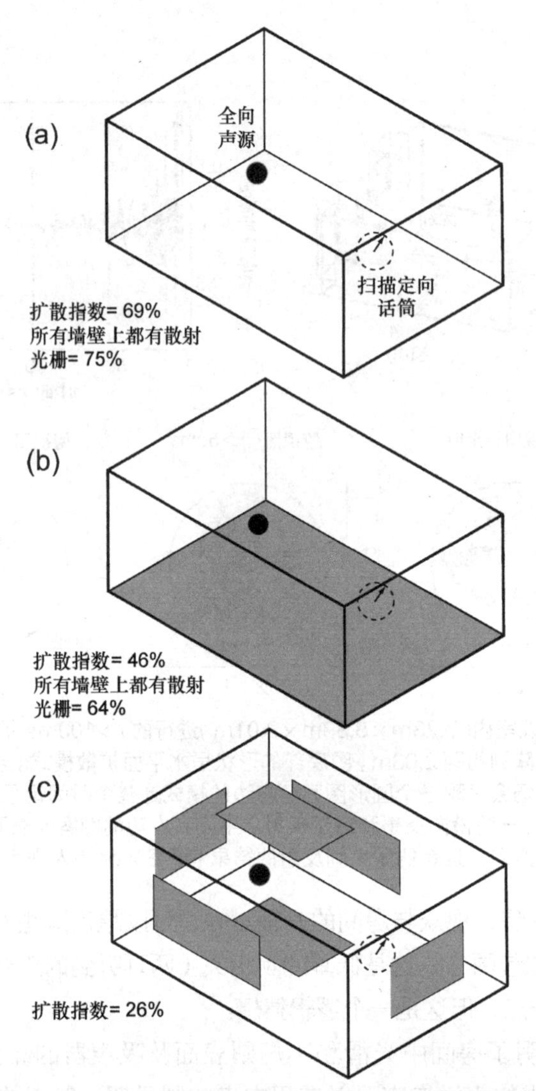

图 10.4 Meyer（1954）的比例模型实验，其中全向声源的扩散度使用旋转定向话筒测量，半能量值为 10°。上图显示了一个空房间。在中间的图中，地板已经被吸声材料覆盖。在下方的图中，相同的吸声材料被切割并定位，这样它将衰减声源和话筒之间的第一次反射。Meyer 声称，在两种结构的吸声材料的作用下，混响时间相对不变，尽管扩散度变化很大。他还在一些配置中为墙壁添加了散射光栅（扩散器）。不幸的是，Meyer 没有发布设置的图纸，所以这是我从他的口头描述中想象出来的。扩散系数是根据他的测量值计算出来的；完美的扩散度 100% 会描述声音从各个方向均匀地到达听音位置的情况

很明显，吸收第一次反射对扩散度、IACC 有很大的影响，从而影响到房间内声音的空间感。正如所料，增加大面积的声音散射装置的做法增加了扩散率。

吸收第一次反射不仅消除了声音的特定成分，而且显著地改变了所有随后的声学事件。如果这些反射是唯一被吸收的，听众将处于强烈的直达声中。

需要注意的是，这里使用的声源是真正的全向声源，而不是我们在常见音箱中接受的水平全向声源。如果声源具有传统的前向锥形 / 球顶或锥形 / 号角扬声器的指向性，扩散度会低得多，当然，这还取决于频率。图 10.5 说明了采用传统前向发射音箱的家庭试听室的这种情况。

房间中央声道音箱的视图显示：

(a) 眼睛看到的

(b) 音箱在高于300～500Hz的频率下看到的东西——皮革家具

(c) 音箱在高于300～500Hz的频率下看到的东西——织物装饰家具

图 10.5 从中央声道音箱看我的聆听空间。它表明，来自音箱的大部分直达声在第一次与表面相遇时被吸收，此后无法用于以后的反射。在图（b）中，皮革覆盖的家具显示为半透明状态，因为表面会有一些中高频反射。有了织物内饰 [见图（c）]，连这个都没了。剩下的反射或散射表面面积很小，尽管广角镜头会显示左侧没有侧壁——这是通向房子其他部分的一个开口，而在右侧，这种损失的能量被覆盖在窗户挂墙的丝绒窗帘所平衡

把自己放在音箱所在的位置，想象辐射的声音会如何改变，这通常很有启发性。虽然每个房间会有所不同，但可以肯定的是，中高频能量的很大一部分会被它遇到的第一个表面吸收。在电影院也是如此，那里的音箱具有明显的方向性，旨在向（高吸收性）观众区域而不是天花板和侧壁传递声音。这有助于解释为什么电影院的中高频 *RT* 与家庭场所的中高频 *RT* 相当，如图 10.1 所示。

因此，在正常的声音再现场所，扩散声场是不可能的，如果是这样，我们也不会想要它。产生对这种声场的感知所需的信息在多声道音频系统中，可以根据需要对其进行处理，以适合音乐内容或情节的戏剧需要。

10.3 直达声和早期反射

由于中高频混响不明显，扩散很少，中高频很少有“后期”反射。我们只剩下直达声和一些“早期”的反射。这些非常重要的声学事件已经在第 5 章从物理的角度和第 7 章从感知的角度进行了详细的讨论。事实上，在低频范围之上，是直达声与一些早期反射声的结合，主导了声音重现系统中的测量和听觉。图 10.6（a）展示了一个简单的概念，即在典型的家庭房间和电影院中，到达收听位置的主要声场。主要区别在于，在电影院中，主要由于音箱的高指向性和墙壁的吸声及观众和座位提供的吸声，过渡发生在较低的频率下。图 10.6（a）来自图 5.4，图中对此进行了解释。

图 10.6（b）展示了基于 SMPTE TC-25CSS（2014）信息的典型电影院发生的情况。从大约

200Hz 到大约 600 ～ 1000Hz，高能声音事件发生在大约前 50ms 内——听众暴露在直达声和一些早期反射中。在此之上，对于前三个八度或更多八度，直达声是主导因素。无须担心测试话筒在非常高的频率下的全向性；将测量轴对准源。

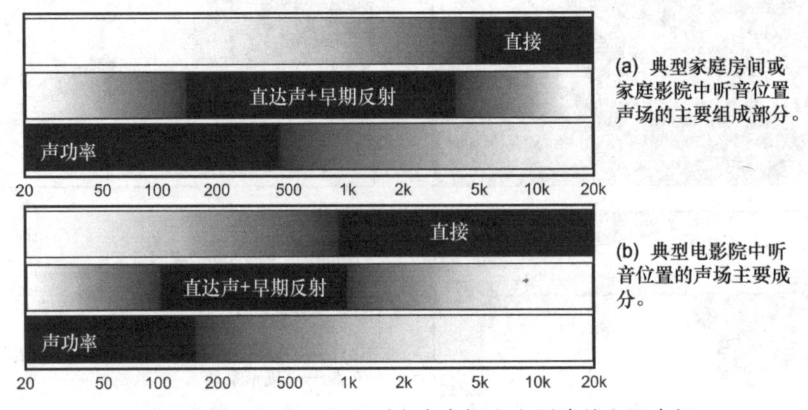

图 10.6 概念图展示了典型家庭房间和电影院的主要声场

这些模式是音箱的指向性与房间的反射性相结合的结果。对所有频率都有一定影响，但主要是低频，因为所有普通音箱都是全向的（见 4.10.1 部分）。

10.4 房间的近场和远场——声级与距离

经典声学通常从解释混响空间中的事件开始，音乐厅是研究最透彻的。这些空间的艰巨任务是保存由乐器声和人声辐射的有限能量（意味着尽可能少的吸声材料），将其传递给所有观众（意味着大型的、精心设计角度和形状的反射面），同时为正在演奏的音乐类型添加适量的混响（意味着高天花板、大音量，以允许声音多次反射）。这并不简单。

图 10.7 展示了音乐厅演出的典型声场结构，根据平方反比定律（每两倍距离降 6dB），可以看到直达声线性下降，直到遇到混响声场。它们相等的距离被称为临界距离，混响半径或距离。这是声级的抽取测量过渡到保持相对恒定的点。

普遍的看法是，在临界距离之外，语音清晰度和对某些音乐细节的感知会逐渐下降。

随着大厅中总吸收量的增加，“稳态”混响水平降低，临界距离远离声源。随着声源的方向性增加，传递到混响声场的能量减少，临界距离再次远离声源。实际上，这意味着在音乐会期间，临界距离是变化的，定向号角的临界距离比多向小提琴的临界距离更长。

在一些出版物中，临界距离前面的区域被称为“近场”，而远处的区域被称为“远场”。这是该术语的一个不幸的用法，因为正如将在下一节中看到的，还有另一个具有更长历史的用法。更准确地说，术语可以用“直达声主导”和“反射声主导”来描述演出场所的环境。在 10.5 节中，近 / 远场术语与声源相关。

无论是电影院、录音控制室、家庭影院还是立体声试听室，用于声音再现的更小、更具吸收性的房间的情况都大不相同。音箱具有显著的指向性，并向高频逐渐增加（见图 5.9）。这意味着临界距离取决于频率。此外，混响时间如此之短，以至于“稳态”背景混响的概念是可疑的，这是临界距离的基础。

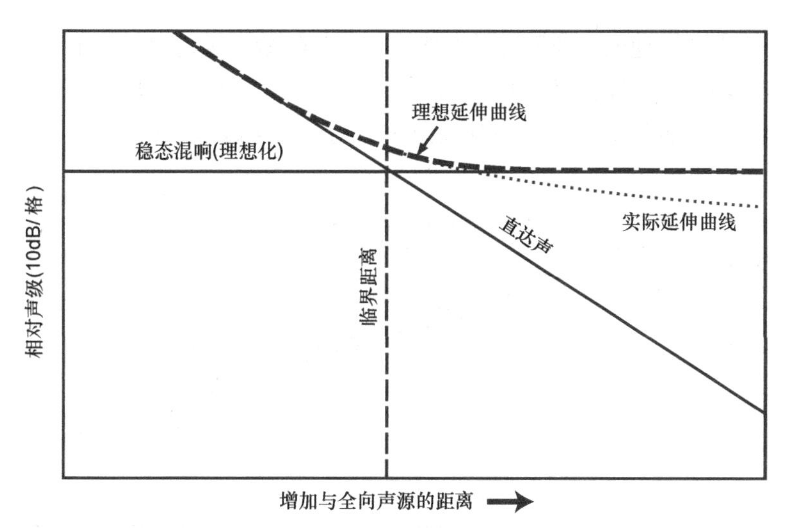

图 10.7 理想化的大型演出空间中的稳态声场结构。虚曲线表明，在真实的大厅里，声级以某种形式在下降 [基于 Schultz（1983），图 10]

本书早期版本的第 4 章解释了声学变化的进程，从音乐厅开始，穿过工业和商业空间，到声音重现场所结束。中间阶段也显示在 Toole（2006）的图 3 中。部分差异归因于吸声器的数量及其部署位置。其中的一些差异与低矮的天花板及将一些声音反射回声源的表面和成比例的大物体（包括人）有关。图 10.5 举例说明了其中的一些要点。结果总结在图 10.8 中。

图 10.8 展示了直达声和直达声与反射声相结合在典型家庭聆听空间中的表现方式。从声音定位和参考直达声来启动优先效果的角度来看，很明显，复杂性随着离声源的距离增加而增加——反射声场逐渐占主导地位。在这些小型、低混响的房间里，不会有真正的扩散“混响”。导致稳态声音增强的反射声主要为早期反射声，其中一些被房间中的物体和表面反射回声源。显然，听音环境的反射性越低，衰减曲线越陡，最终与 –6dB/dd 曲线结合，形成完全无反射、无回声的环境。靠近音箱，在 1ft（0.3m）处，话筒处于音箱的声学近场，并且可能出现频谱变化（见 10.5 节）。

Zacharov 等人（1998）研究的数据点令人感兴趣，这些数据点不是通过测量而是通过主观响度匹配来确定的。它们落在 –2.5dB/dd 线上，很可能由实验中使用的音箱指向性和室内声学的特定组合决定。这是令人放心的，因为我们现在已经确认，这些图形数据可以用来预测典型房间中稳态声学事件的感知响度。

上述所有曲线中显示的声级的单调下降表明，在距离声源越来越远的情况下，能量从声源流向接收器。短距离曲线的变化可能是由于听音者离声源太近而引起的近场效应，其中一些（尤其是静电面板偶极音箱面临的近场效应）非常明显。在曲线的远端，一些测量是在靠近听音空间后壁的地方进行的，那里可能会有相邻边界效应。可能有一些房间非常活跃或不活跃，或者有足够指向性的音箱，可能会导致超出曲线这个范围，但这正是现实世界中人们所期望的。在这种展示情况下，令人惊讶的是，曲线显示出如此相似的特点，尽管在声源指向性和房间特性存在差异。

考虑到我们在娱乐空间和控制室中的听音距离，很明显我们处于过渡区域，在该区域中，直达声和早期反射声占主导地位，晚期反射声被抑制，并随着距离的增加逐渐衰减。声场不是扩散的，统计声学不适用，也没有经典定义的临界距离。这一点在 5.6 节中已经得到了令人信服的证明，在该节中，通过直达声和早期反射声的组合，可以很好地预测房间稳态曲线。

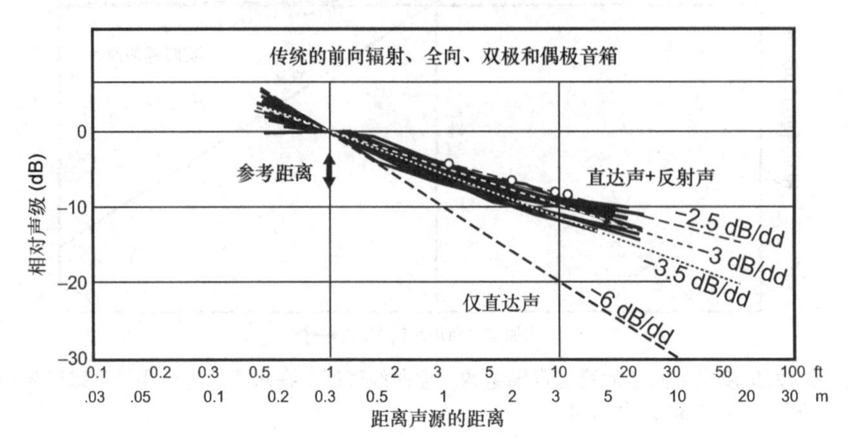

图 10.8　这组曲线包括使用 4 个近似全向声源对 4 个客厅中的稳态声音进行的测量(Schultz，1983)。dd = 双倍距离。这些与我在两个家庭试听室中使用 5 个不同指向性（全向、偶极、双极和前向发射）的音箱进行的测量相结合。所有曲线均使用宽带声音的 α 加权进行测量，并归一化至 1ft(0.3m)的任意参考距离。绘制了 3 条具有不同斜率的线，用来描述不同房间 / 音箱组合中可能发生的情况。这 4 个白点来自 Zacharov 等人(1998)讨论的实验的第二部分的数据，在该实验中，听众对不同距离的音箱进行主观响度匹配。从底部可以看出，直达声随距离的平方反比定律衰减

10.5　声源的近场和远场

在音频中，“平方反比定律”广为人知。它表示，听音者距离声源的距离每增加一倍，声级就会下降 6dB。这个说法需要注意两点。

（1）它仅适用于来自声源的直达声。不包括反射。如前一节所示，在一般反射的房间中，稳态声级以接近 –3dB/dd 的速率下降。

（2）它只适用于处于声源远场时。

10.5.1　点声源和现实中的音箱

图 10.9 展示了点声源和“点状”声源组合的情况：音箱中的驱动器。

图 10.9(a) 展示了一个理想的点声源，它在自由空间中向各个方向均匀地辐射声音。声能均匀地分布在球面上，球面作为距离的函数，声能分布的面积迅速增加。每单位面积的声能（称为声强）与距离声源的平方成反比，因此这种关系被称为“平方反比定律”。相应地，声级以 –6dB/dd 的速率快速下降。

对于理想点声源，这种关系适用于任何距离。然而，现实中的声源并不是无限小的点。当声音从音箱或大型乐器等复杂声源发出时，在不同频率下测量和听到的内容在短距离和长距离下是不同的。

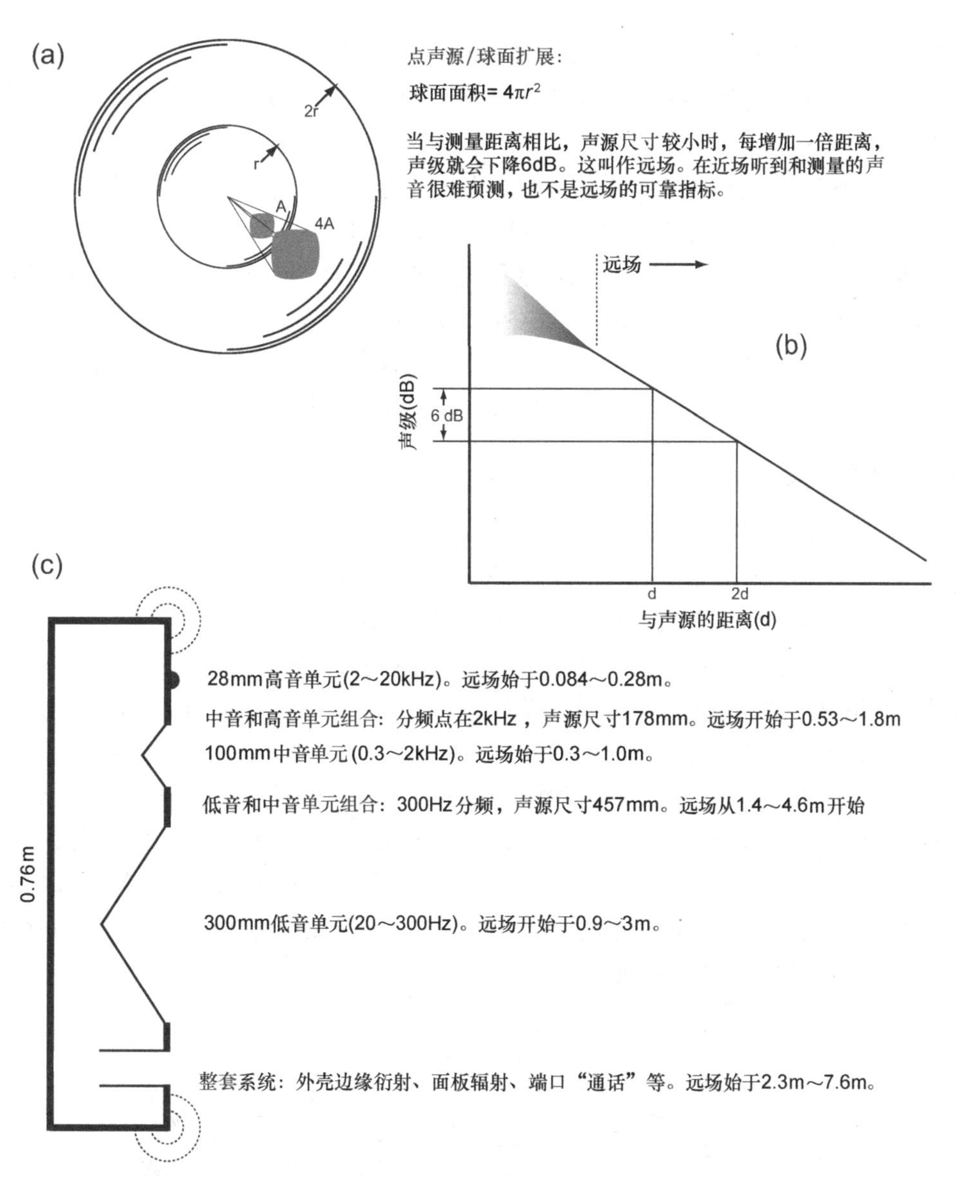

图 10.9 图（a）：球面传播的经典例证，起源于点源。在远场中，声级以每倍距离 –6dB 的速率下降。图（b）展示源的无序近场和可预测远场行为。图（c）为三分频音箱系统及其组件（单独或组合）建立远场条件的距离估计

在近场，如图 10.9（b）所示，任何频率下的声级都是不确定的。图 10.9（c）展示了常见音箱系统及其组件大致的远场距离范围。这将是放置话筒进行测量的最小距离，也是听众为了获得可预测的体验而应该保持的距离。

◎近场监听

在录音控制室中，通常人们在录音控制台的仪表台上放置小音箱。这些被称为“近场”或“近场监听”音箱，因为它们离听众不远。如图 13.1（c）所示，小型二分频音箱（示例系统的中音和高音单元）的近场延伸至 21in ～ 6ft（0.53 ～ 1.83m）的范围内。音箱下方控制台的反射会大大延长这个距离。

毫无疑问，录音工程师正在声学近场中聆听，所听到的将取决于耳朵的位置。传播的波阵面没有稳定，因此这不是进行精确听音的理想声场。听音者最好位于中控台后面的中间位置，以尽量减少反射。

Beranek（1986）提出远场始于距离声源最大尺寸的 3 ～ 10 倍的距离。在这个距离上，声源相对于距离很小，通常满足第二个标准：距离 ^{2} = 波长 ^{2}/36。

扩散器作为第二声源，可以覆盖房间表面的大部分区域。Cox 和 D' Antonio（2004b，第 37 页）指出，听众应尽可能远离散射表面（至少 3 个波长之外）。这是为了避免设备的重复特征造成的声染色。对于有效频率低至 300 ～ 500Hz 的设备，最小距离约为 10ft（3m）。而现实中正如他们指出的，“在某些情况下，这个距离可能不得不妥协。”

10.5.2 线声源

在这个话题上，看看真正的线声源的行为是很有趣的。我说“真”正的是因为它们很少见。高的音箱很常见，但这些充其量是截断的线声源，它们的表现非常不同，甚至是比矮的音箱更糟（见图 9.14）。图 10.10 展示了无限长的线声源的有序柱面扩散。

实际的线声源长度有限，因此关键问题是将听众保持在线声源的近场范围内，在近场范围内，理想的 –3dB/dd 关系成立，而在远场范围外，即使线声源恢复到 –6dB/dd。显然，近 / 远场跃迁产生的距离是频率和线声源长度的函数。因此，非常有趣的是，对于传统音箱，我们可能希望处于声学远场，但对于真正的线声源，我们需要处于声学近场，才能充分感受到其优势。

图 10.10 展示了一对立体的全高线声源，利用天花板和地板反射的图像使它们看起来更长。一部分已经被扩展，以显示它是一个双向系统，使用传统的锥形或球顶单元驱动器，密集封装（理想的间隔小于最高再现频率的大约 1/2 波长），以便模拟连续声源。显然，也可以使用平面单元，但是它们也具有模块化重复。

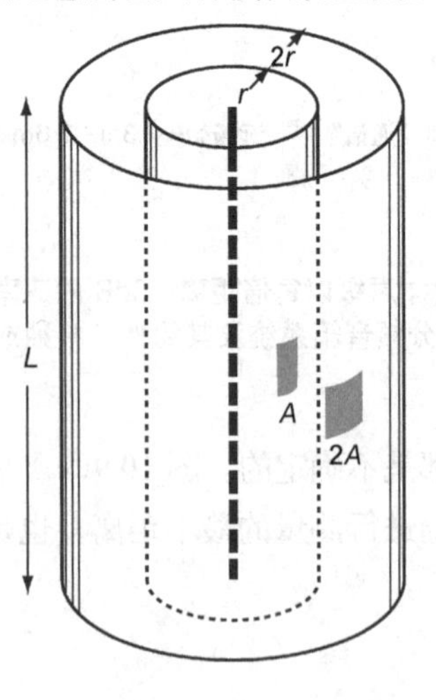

线声源/柱面扩散：

柱面面积 = $2\pi rL$

当声源比测量距离长时，每增加一倍距离，直达声就下降3dB。对于线阵列音箱，这要求它从地板延伸到天花板，利用这两个表面的“镜像”反射来延长线声源的有效长度。大多数实用的线阵列音箱都是截短的(缩短的)线声源，它们的表现不同。

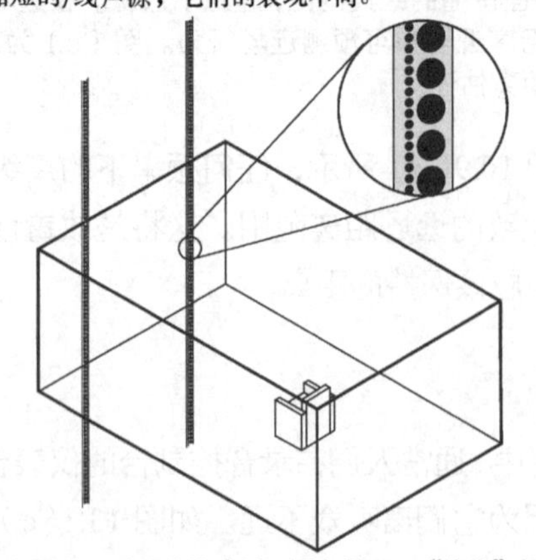

房间里的一对立体线声源，图中显示了“镜像”部分

图 10.10　理论无限长线声源和实际线声源

如果我们了解变量及相互之间的影响，就有可能使用低于全高的从地板到天花板的线声源。

Lipshitz 和 Vanderkooy（1986）为“有限长度”（非全高）、截断线声源的行为提供了全面的理论背景，他们指出了许多问题，最终得出结论：“几乎没有什么证据表明以线声源作为声辐射源是一个明智的选择。”他们确实承认，如果频率响应中的 –3dB/oct 斜率得到校正，全高线声源具有潜力。

Griffin（2003）给出了一个全面和可理解的演示，介绍了设计实用的线声源所涉及的内容，这些线声源使用更少的硬件来接近全高线声源的性能。Smith（1997）描述了一种商用实现方法。

图 10.11 展示了全高度线声源的预期衰减曲线。上面的稳态曲线基于非常有限的数据，但似乎是合理的。

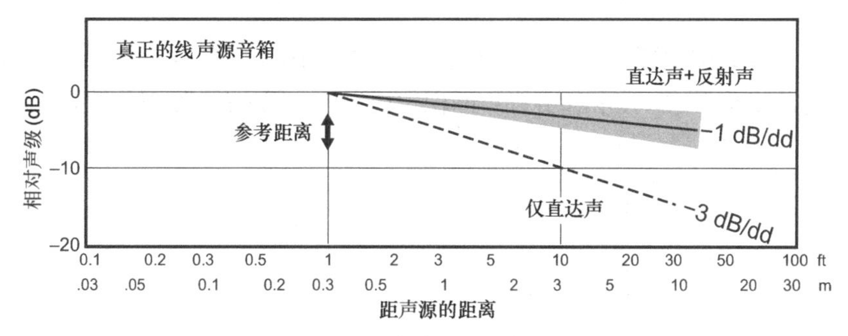

图 10.11 全高度线源的预测衰减曲线

10.6 高频空气吸收

这些解释涉及一些严肃的物理知识，但对于我们的目的来说，只要明白随着声音的传播，一些能量会丢失就足够了。这不同于作为距离函数的振幅减小——平方反比定律，在平方反比定律中，由于声能分布在面积不断增加的球面上，所以每增加一倍距离，直达声就减少 6dB。这种能量没有丧失，它只是分布得更稀疏，并依赖于频率。

空气衰减非常依赖于频率，仅影响最高频率，并且还依赖于环境的气压、温度和相对湿度。在大型音乐会场地，这些条件会随着观众加热空气和呼出湿气而改变。图 10.12 展示的数据解释了在可能与声音重现环境相关的场所和条件下发生的事情。

这是我们每天都会经历的一个现象：远处的声音与近处的声音相比不那么响，听起来也比较沉闷。有时假设人类对声场中的直达声成分的频谱进行了补偿。请注意，这种方法适用于单个“射线”的声音，如直达声或反射声。它对稳态声场的影响取决于直达声和反射声的复杂叠加。然而，如图 10.6 所示，在大多数声音再现场所中，对空气吸收显著的频率，我们倾向于处于主要的直达声场中。

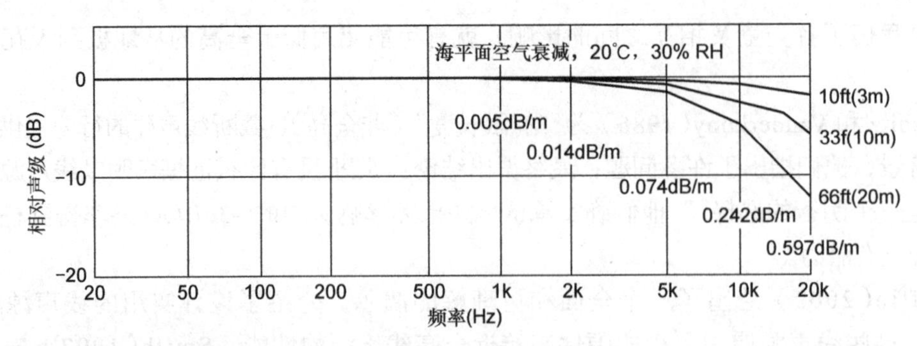

图 10.12　作为距离函数的高频空气衰减，以及据此计算的它们的基本数据。几个互联网资源提供了这些数字的计算器，可搜索“声音的空气衰减”

10.7　家庭影院和电影院屏幕的声音损耗

当音箱放在微孔或编织幕布后面时，会有能量损失，因为一些声音会反射回音箱。这种反射能量的大小取决于幕布的厚度和微孔开口面积。损耗随着频率的增加而增加。

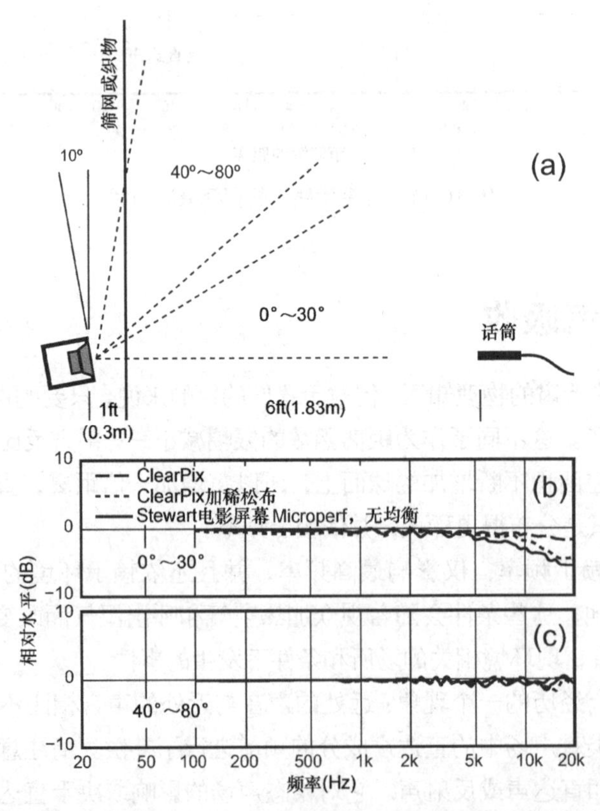

图 10.13　图（a）展示了消声室内的测量设置。音箱被倾斜，以尽量最小化梳状滤波。屏幕有轻微的反射，音箱的前面板有很强的反射，它们之间会发生反射。屏幕越透声，就越不需要倾斜音箱。图（b）展示了 3 种屏幕配置在 0° ～30° 角度的传输损耗，分别是单独的编织屏幕（Screen Research ClearPix）、后面带有深色稀松布以最大程度减少后面物体的光学反射的同一个屏幕，以及 Stewart 电影屏幕 Microperf。图（c）展示了 40° ～80° 的平均传输损耗（哈曼数据）

图 10.13 展示了一些屏幕材料的测量结果，举例说明了家庭影院中可用的屏幕材料。建议读者向制造商索取感兴趣的特定材料的数据。很明显，编织屏幕有声学优势，但至少目前的代价是光学反射率降低。屏幕损耗是事先知道的，可以通过制造商提供的固定滤波器进行补偿，或者在整个系统均衡中进行调节。

电影院屏幕的物理尺寸对于编织材料来说是一个挑战，3D 电影需要高光学性能，所以常见的材料是打孔的乙烯基材料。图 10.14 展示了其中一些屏幕的轴向损耗。

离轴表现一直是一些专家讨论的话题，因为有证据表明，号角的声音的散射在频率高于约 4kHz 时会增加。一些测量表明这不是一个问题（Long 等人，2012；Newell 等人，2013），而另一些测量表明离轴高频衰减减少（Eargle 等人，1985；Benjamin，2004，在一个未发表的 PowerPoint 演示中）。显示很少或没有变化的研究使用了距离屏幕 6in 或 12in（152.4mm 或 304.8mm）的小音箱。一项显示方向效果的研究采用了大号角 [在 Eargle 等人，1985，大小为 31.3in（795.02mm）见方]，放置在电影院装置中距离屏幕 2in（50.8mm）。很久以后，Eargle 在 1998 年的一份 JBL 内部专业备忘录中指出：

"当我们透过屏幕观察产生的 polars 时，似乎发生的是屏幕和号角内部边界之间的多次反射，4kHz 及以上频率的声音最终以比屏幕不存在时更宽的角度通过屏幕发出。"

与离屏幕更远的小号角相比，离屏幕更近的大号角更明显。甚至图 10.13 也展示了这些家庭影院模拟中的一个小效果。在某些情况下，但不是所有情况下，这似乎是一个真正的影响。离轴对听众的影响最有可能是有益的，尤其是在电影院中。

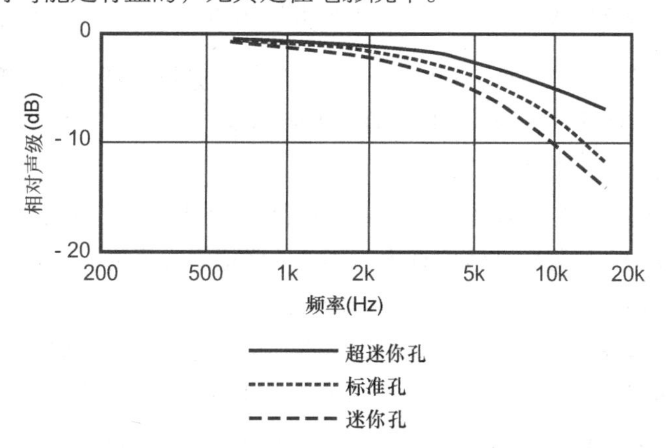

图 10.14　一些流行电影屏幕材料的轴向上损耗测量数据，来自《选择正确的电影屏幕》（harkness-Screens），2008

10.8　常见声源的指向性

20Hz ～ 20kHz 的可听频谱，波长范围为 57ft ～ 0.6in（17.37m ～ 15.24mm）。结果，根据声音辐射表面的大小，辐射声音的扩散随频率而变化。我们是考虑人、乐器还是音箱并不重要。大多数声源的低频辐射基本上是全向的，因为与声源的大小相比，波长更长，指向性指数（DI）接近于零。如图 5.9 所示，DI 可以解释为轴向上或听音窗口曲线与总辐射声功率之间的差异，单位为 dB。在房间里，这转化为直达声和反射声之间的差异。随着频率的增加，大多数信号源的指向性也会增加。DI 越高，相对于后来到达的反射声，直达声的声级越高。因此，通常情况下，无论我们是在现场音乐会上、在走廊里进行对话还是在房间里听音箱的声音，人类在低频时都会暴露在比高频时更有能量的反射声场中。图 10.15 展示了一些乐器、声音和音箱的情况。

一些乐器，尤其是弦乐器，表现出非常复杂的辐射模式，所以这些只是简化概念；J. Meyer（2009）展示了更详细的数据。需要注意的是，它们与音箱具有相似的指向性。

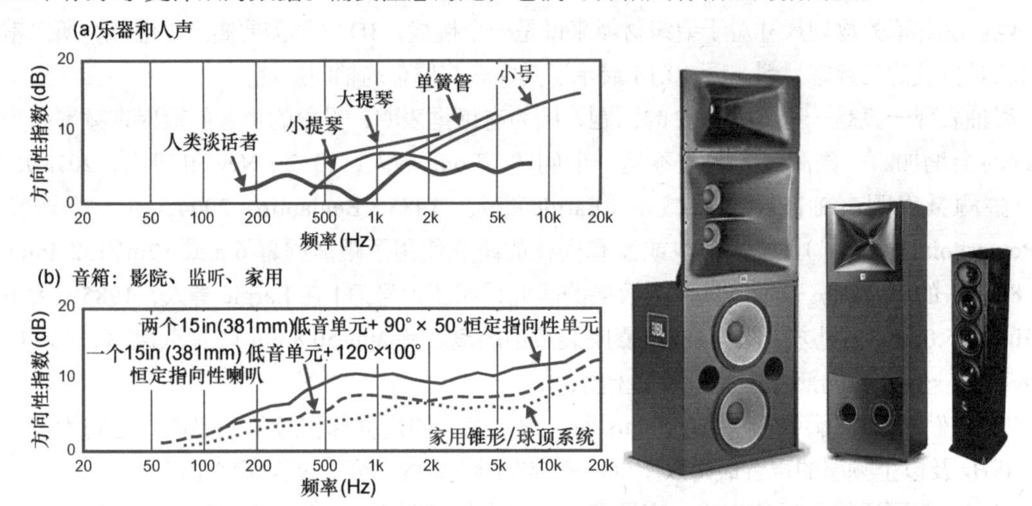

图 10.15 （a）某些乐器的简化指向性指数（DI）（J. Meyer，2009）[人声数据来自 Toole（2008），图 10.3]。（b）具有双低音单元和 90° ×50° 号角的大型影院音箱系统（JBL Pro 5732）、具有 120° ×100° 号角和单低音单元的录音室监听系统（JBL Pro M2）和三分频家用锥形 / 球顶系统（Revel F206）的指向性指数大致按比例显示 [基于 Toole（2015），图 2]

音箱数据非常清楚地显示了低频声源大小的重要性，随着辐射面积、低音单元的尺寸和数量的缩小，指向性指数曲线逐渐变平。随着高频号角的辐射角扩大，DI 也有所降低，家用音箱中的小球顶高音单元也进一步降低了 DI。

无论乐器发出的直达声的频谱是什么形状，或者是再现这些乐器录音的音箱是什么形状，正常房间中的稳态声音都会呈现出在较低频率下增加的频谱。高反射性音乐厅试图在反射中保留乐器和人的有限声音输出，尽可能多地将声音传递给听众，同时不掩盖音乐中的时间细节，仍然创造出令人愉快的包围感。这是一个复杂的声学平衡行为。声音再现空间的反射较少，空间感和包围感的主要线索在多声道录音中，可以通过音量控制进行调节。因此，将音箱设计成具有平坦轴向上频率响应的音箱，以便准确再现所记录声音的初始音色特征，将在较低频率下呈现增加的声功率输出。例外情况是设计用于在低频下保持高 DI 的阵列。

因此，在测量的房间稳态曲线中，可以预见到低频曲线将比直接声音同轴曲线有所提升。低频上升的幅度将取决于房间在低频时的反射率，而反射率又与房间的 *RT* 有关。回顾图 10.1（d），可以想象电影院的低频声级可能与参考影院、配音台和家庭影院的低频声级有很大不同。

第11章 电影院中的声音

11.1 电影声音的闭环

电影是门艺术。它们诱使我们“暂停怀疑”，将我们引入情节，产生所有可以想象的情感反应。正如第 1 章所强调的，观众应该看到或听到艺术创作的过程。如果我们经历了失真的渲染，我们永远无法确定谁或什么应该对我们喜欢或不喜欢的东西负责。在电影中，画面和声音结合在一起传递信息。如果这是一部好电影，我们就暂停怀疑，从那时起，我们可能不再那么挑剔地看画质，也不再那么挑剔地听音质。用专业术语来说，艺术体验从创作点“翻译”到交付点，即使实际交付可能并不完美。复制品的绝对精度不是一个要求，因为人类通常会适应图片色彩平衡的一些变化和音质的一些变化。同样的原则也适用于音乐，在音乐中，我们从有明显缺陷的复制品中找到乐趣。但本质必须在那里，打破情绪的干扰要避免。也就是说，声音和图像中尽可能高的“保真度”应该是客观的，至少在实用的程度上是这样。

电影行业一直以标准化为荣。不同场地的图片应该相似，经过校准的配乐在电影院里应该听起来相似。它被认为是一个闭环——没有“音频怪圈”（见图 1.7）。两个类似的文件详细说明了音频要求：ISO 2969（1987）和 SMPTE ST 202（2010）。世界各地的技术人员参观电影院和配音台，以衡量它们的表现，并调整做法，以达到被称为“X 曲线”的目标。稳态目标曲线（X 曲线）及其公差如图 11.1 所示。

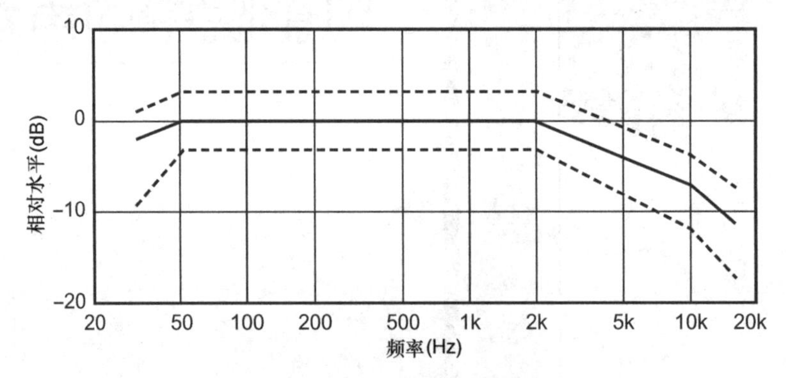

图 11.1 X 曲线及其公差［来自 SMPTE ST 202（2010）］

对于许多音频行业的人来说，这样的目标曲线是奇怪的，不符合标准做法。大多数 X 曲线在大部分频率范围内都会略微向下倾斜，像 2kHz 这样的突变并不常见。通常，如果需要，这种过渡将逐步实现。事实上，这种不连续性（这种“膝盖”）很可能被认为是着色。然而，在一个闭环中，包括配音阶段的原声录音和电影院的复制，一个特殊的目标曲线可以发挥作用。校准过程中只需要确保产生的声音与标准一致。录音工程师被期望在配音阶段调整他们的混音，使其听起来很好，在一切平等的情况下，电影院的顾客应该听到他们创作的东西。假设满足测量的稳态室内性能目标保证了一致的声音质量。不需要对音箱或房间有具体的了解。

但现实是，当 X 曲线在 20 世纪 70 年代被确定时，它并没有被认为是特殊的。它被认为是配音阶段的调音师和电影院的观众听到中性、平淡、直接的声音所必需的房间稳态曲线。随后的事件表明，情况并非如此。

几十年来，X 曲线一直是电影声音制作和再现场所的一个特征，尽管它没有被音频行业的任何其他领域采用。这些年来，电影业发生了变化。现在，与外部世界的兼容性比以往任何时候都更加重要，因为电影可能更多地在电影院外观看，而不是在电影院内观看。如果通过校准到 X 曲线的监控系统将音轨混合在一起，声音听起来很好，那么问题是它们通过不使用 X 目标曲线的系统来播放时，听起来会如何。因此，在重新调整音轨的用途以提供给电影院外的消费者时，需要一定量的频率响应调整。反向兼容性也很重要，因为电影院展示的音乐、歌剧和体育节目都是在电影声音领域之外创作的。

这是一个历史悠久的重要话题。首先，了解典型电影院和配音阶段存在的声场是有用的。

11.2 电影院中的声场

电影院是相对良好阻尼的声学空间，尽管一些设施显然具有平均 1s 的中高频 *RT*，它在低频时上升到接近 2s（Allen，2006）。这些 *RT* 值相对较高，这样的场地很可能会出现语音清晰度问题，尤其是在复杂的多声道音轨中。至少，在配乐中传达一种频谱“亲密感”是不可能的。

许多现代电影院中高频的 *RT* 与家庭和专业听音室的 *RT* 相似，即 0.3 ～ 0.6s（见图 10.1）。然而，低于约 500Hz *RT* 会升高，尤其是低于约 200Hz，在许多大众场所，反射率会显著增加。低频吸声成本很高。当这与音箱在较低频率下逐渐变宽的辐射相结合时，低频可以在直达声之后显著升高。Toole（2015）对此进行了详细解释。

11.2.1 电影院的音箱

让我们从一个直接辐射到现代电影场所的普通电影音箱开始——没有幕布。在图 11.2（a）中，图 10.15（b）中的双低音影院音箱系统的指向性指数曲线被反转，从而为我们提供了当音箱被均衡到在轴向或听音窗口上辐射平坦的直达声响应和平坦的消声室响应时，总辐射声功率的估计值。

图 11.2（b）展示了基于图 11.2（a）中数据的预测，其中平坦的直达声归一化为 0dB。随着听音距离的增加，高频空气衰减逐渐削弱直达声（见图 10.12）。在低频下，具有不同反射特性的房间可以产生落在阴影区域任何地方的曲线。在超低频下，低音单元基本上是全指向的，房间临界反射的声音越多，稳态声级就越高。低频最大值在高度反射的场地出现，增益约为 10dB。根据图 10.2 可知，在混响很强的电影院中，累积能量时间（直达声达到稳态声级所需的时间）小于 150ms。问题来了：对于瞬态声音而言，这种低频增益能被听到吗？

图 11.2（c）展示了两个影院音箱系统，它们辐射出平坦的直达声，一个来自 Snow（1961），另一个来自 Eargle 等人（1985）。Snow 展示了一个 2π 的直达声测量，这被用来补偿房间曲线，它将是一个平坦的直达声。更新的 Eargle 的数据弥补了幕布损耗。这两个系统都显示出中频分频点凹陷的迹象，特别是 1961 年的系统。在这两种情况下低频增益是显而易见的，中频和低频区的平缓趋势也是如此。

虽然音箱辐射平坦的频率响应，但由于空气衰减，到达听音位的高频直达声并不平坦。这里的高频衰减是只与距离有关的函数，与房间声学无关。

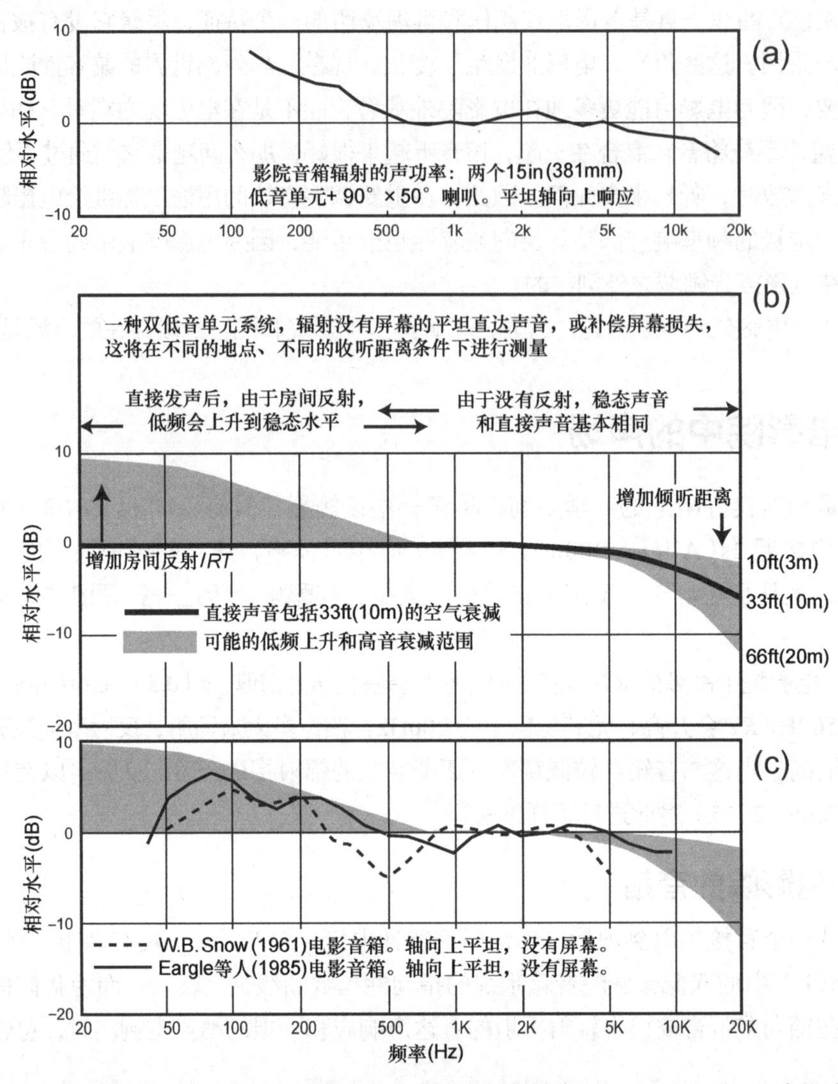

图 11.2 （a）两者辐射的估计声功率 – 低音单元假设轴向上振幅响应平坦，图 10.15（b）中描述的音箱系统。图 11.2（b）预期稳态频率响应低音单元影院系统在屏幕的观众一侧辐射出平坦的直达声。阴影区域显示了在低频下具有不同反射率 /RT 的现代电影院场地中上升的机会范围。高频空气衰减显示在不同的收听距离上。图 11.2（c）展示了与（b）中的预测相比的实测室内曲线

事实上，在 500Hz ~ 1kHz 以上，由于音箱的指向性和房间吸声率，现代电影院没有与之对应的反射 [SMPTE TC-25CSS（2014）；Toole（2015b）]。因此，直达声场和稳态声场是相同的。高频没有明显的混响声场。测量话筒在这些频率下不必是全指向的，但是它们必须在从被测量的音箱传来的直达声轴向上是平直的。图 11.2（b）顶部的符号展示了所述行为发生的大致频率范围。

SMPTE TC-25CSS（2014）中的数据表明，在大约 200Hz 以上，最强的声学事件可能发生在最初的 80ms 内。很明显，这些是直达声，接着是少量从听众和音箱之间的房间临界处反射的早期反射声。在较低的频率下，较长的测量时间窗口会显示更准确和更有用的数据，部分原因是频率分辨率的提高。更高的分辨率可以更好地解释和补偿驻波和边际临界效应。

这是电影院声场的基本结构。

11.2.2 添加荧幕并应用X曲线

图 11.3（a）展示了电影院中声学事件的过程。在图 11.3（a）中，一个辐射平坦轴向 / 听音窗口声音的音箱被放置在标准穿孔影院幕布后面。在中高频率下，可以看到幕布损耗很大，曲线下降到非常接近 X 曲线所需的滚降。此外，还有空气衰减，这里展示的是（33ft）10m 空气衰减（见图 10.12）。在低频下，广泛辐射的低音单元从房间临界处产生反射，稳态声级增高。虽然没有展示，但 LFE 将受到同样的因素的影响而导致低频增高。

如图 11.3（b）所示，传递到图 11.3（a）中听音位的高频声音接近 X 曲线，直至 7kHz。滚降比 2kHz 膝部要求的更平滑，而常识告诉我们平滑的曲线是更好的选择。除此之外，如果要达到目标曲线，将需要一些高频增益，尽管表现已经在公差范围内。

图 11.3（c）展示了全带宽 X 曲线均衡后的预测情况。低频下的直达声场和稳态声场之间的差异没有改变，但是由于稳态响应要求是平坦的，直达声场现在被降低了一定的量，该量值取决于房间的反射率。只有在消声空间中，直达声级和稳态声级才能相同。

图 11.3（d）展示了 Fielder（2012）的一组重要测量值，其中所有先前的预测都被证明是正确的。在对 18 家影院的 50 个经过 X 曲线校准的前置音箱的测量中，他表明直达声的测量基本上填满了图 11.3（c）中的阴影区域。当稳态声音被均衡为平坦时，现实世界中的影院声学差异对较低频率的直达声有深远的影响。然而，因为大约 1kHz 以上反射声可以忽略，所以直达声和稳态声之间没有区别。

总体来说，在经过校准的配音舞台和电影院中，直达声的低频量级取决于场地的声学特性，直达声和稳态声都在高频滚降，其量值由 X 曲线决定。

这不是“中性”的声音再现。在日常生活中，包括现场音乐表演，我们听到纯粹的直达声，然后是一些低频增益，这是对肉眼所见的场地的听觉确认。

但是当房间稳态曲线的低频部分被迫调平时，自然感就被颠覆了。此时直达声是存在差异的，这取决于场地的反射率，这可能导致不同场所存在很大差异，如图 10.1（d）所示。事实上，配音舞台在低频上比许多电影院更吸声，这可能是声音听起来不同的一个原因。

为了让影院观众体验到自然均衡、中性的声音，混音器必须补偿频率响应特性。2kHz 的尖锐不连续的听觉影响是一个特别的问题；更渐进的过渡会更好。在这个话题的讨论中，高频滚降引起了人们的注意，但是可以看出低频增益问题非常重要，尤其是当我们对响度的感知在低频范围内时（见图 4.5）。如果低频被允许升高，感知到的高频过剩现象会减弱，2kHz 的“膝部”就不会太明显。

主观感知上，操纵低频或高频级别改变了频谱平衡的感觉，就像传统的音调控制一样。我们对这些频谱倾斜效应非常敏感（见 4.6.1 部分）。调高低音和调低高音的效果是类似的，反之亦然。在这种情况下，向混音器呈现的声音频谱可能被认为在低频和高频上都有缺陷，从而促使在混音过程中调整频谱平衡。我们完全不知道在混音过程中（最终在影院中）有多少频率响应被操纵以达到令人满意的平衡。问题是 X 曲线迫使混音器做出这样的决定。

在实践中，由混音师提供的主观预均衡是存在很大差异的（Gedemer，2013）。这是一个有些敏感的话题，因为它表明一些混音师已经适应了强加的频谱，并且进行了很少的校准或没有校准，等等。看下方框中的内容。

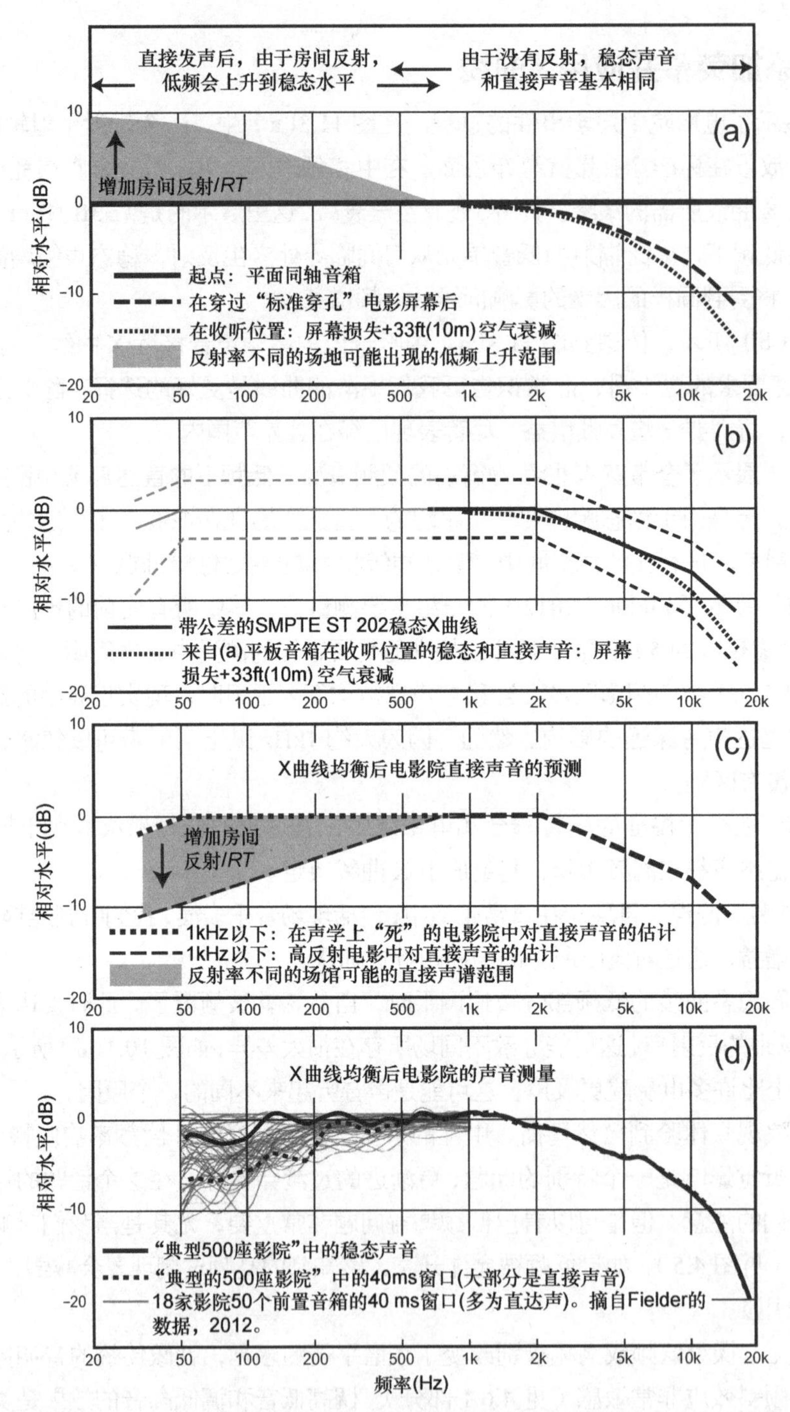

图 11.3 图（a）展示了对由具有平坦轴向上频率响应的音箱辐射的直达声之后的声学事件的预测。图（b）展示了 SMPTE ST 202 X 曲线与距离屏幕 33ft（10m）远的听众位置的预测声音的比较。图（c）展示了稳态后的情况，预测低频等级已经衰减到可以击中 X 目标曲线。图（d）展示了在 18 家影院使用 50 个前置音箱对直达声和稳态声音进行的测量的结果 [重新格式化了 Fielder（2012）的数据]

◎听力损失：“显而易见却又没人愿意讨论的”问题

听力损失在许多职业中都是一种职业危害，当然也包括专业音频行业。至少，混音师暴露在非常大的声音下会导致暂时的听力损失。经常暴露在这样的环境中会导致永久性听力损失。

可悲的是，如果一个人寻求对听力表现的评估，听力学家认为的“正常”听力并不是一个充分的标准。简易的听力测试侧重于语音清晰度，而不是高质量宽带频谱复杂的音乐和电影的听觉属性和复杂性。可闻阈值的检测仅仅是一个起点。感知音色和空间中的声音不仅仅是判断能否听得到。由于噪声引起的听力损失，听力阈值出现了 4kHz 的缺口，高频听力极限受到损失，听音者的听力受到了严重损害。

这些都是对音频专业人士在才智和情感上的严重侮辱，这是一个不幸的现实。这在第 17 章中被详细讨论，这两者都严重影响混音中听到的声音，但有所不同。

《应用职业听力保护指南》（OSHA 等）并不能阻止听力损失。他们的目标是在职业生涯结束时保留足够的听力，以便能够在 1m 的距离上进行（有缺陷的）对话。这些是为工厂工人而不是音频工程师制定的指南。音乐家的耳塞是谨慎的音频工程师的必备装备。选择宽带衰减均匀、能够在较低音量下提供好音质的产品。定制耳塞对于功能和舒适性非常重要。在暴露于高声级和暂时性听力损失之前插入它们。

如果行业和工会不积极保护其关键员工的专业能力，那么个人有责任保护自己的听力。同样，参见第 17 章。

另一个严重破坏标准意图的现实是，一些场所发现校准的频谱平衡是不可接受的，并修改了均衡以适应他们的喜好。这一切都是由监听系统所导致的，这些监听系统本来就不是中性的。

当音轨在闭环的配音—舞台—录制 / 影院—回放循环之外录制时，会出现一个基本的兼容性问题，就像电影通过有线电视、卫星、光盘和流媒体服务传送到电视机、家庭影院和便携式设备时一样。这些回放系统都没有按照 X 曲线进行校准。音轨经常但不总是被修改以用于这些媒体。这些差异经常涉及降低电影的动态范围，承认大多数家庭系统的声音输出限制，并重新均衡对白和其他内容，以低于电影院的声级播放。

坊间报道表明，对于影院以外的场所来说，频谱可能会改变，也可能不会改变，这很有趣。有两种解释。要么录制的音轨通过其他场地中的“平坦”音箱听起来已经足够好，要么听起来不好只是人们不在乎。后者不太可能。

由于音频行业的进步，即使是便宜的家用音频系统也能提供相当中性的音质。见第 5、12 和 18 章。那些花时间和金钱搭建最先进家庭音频系统的人应该得到相应的音频文件。

11.3 X曲线的起源

这不是一个可以确定的历史——那个时期没有太多的文献，至少在公共领域没有。Allen（2006）提供了一个很好的总结，但缺乏详细的客观测量和主观听音测试的分析结果。毫无疑问，意图是好的：为了整个电影行业的标准化，找到一个可接受的房间稳态目标曲线。当在很大程度上，人们相信由 1/3 倍频程精度的音频分析仪处理的全指向话筒输出是一种精确的测量——等同于两耳和大脑的复杂分析能力，如图 2.2 所示。它们是相关的，但肯定不是等价的。在 20 世纪 60 年代和 70 年代，声学测量几乎只限于稳态测量。这意味着，如果人们想在音箱上获得准确的数据，就需要一个大的消声室或户外环境。这样的数据并不常见，而且，正如将要看到的，这是一个问题。音频“本性”要求频率响应平坦。所有电子设备响应都是平直的，音箱设计有平坦的轴向性能目标，从而为听众提供中性的直达声。在电影院中，穿孔的幕布损耗需要补偿，以恢复中性的直达声。

问题是平坦这一理想概念被应用于房间稳态曲线，然而这很容易测量。如图11.2所示，如果直达声是平的，正常反射房间的稳态频率响应不可能是平的；低频一定会升高，高频一定会作为听音距离（空气衰减）的函数滚降。在电影声音的背景下，这种关系没有被普遍理解。

Ljungberg（1969）对关键时期展开的国际辩论提供了很好的见解。当时制定标准的参与者似乎遵循了一个流行的假设，平坦的房间稳态曲线是可取的，但当达到某个频率时要向下倾斜，否则声音听起来过亮。不被重视的事实是，如果低频被允许以自然的方式升高，高频亮度就不是问题。

也是在那时的电影声音中，高频滚降被用来衰减可见音轨中的噪声和失真。一部分辩论关于衰减的性质，以及有多少衰减应该在上游电子设备上，即A链，有多少应该在回放系统中，即B链，包括功放、音箱和房间。有趣的是，Allen（2006）认同Ljungberg将影院音响系统分成A链和B链的做法，并引入了使用宽带噪声作为测试信号的想法。

不同的国家对这个问题有不同的处理方法。一些建议采用平滑的曲线滚降，而另一些则采用直线段。美国当时的做法是A链和B链都有衰减，据报道，这导致了A链和B链的组合曲线出现，在8kHz时产生约30dB的衰减，稳态目标曲线平坦至约2kHz。

Ljungberg论文的核心是一系列实验，试图将稳态测量的房间曲线与主观听感联系起来。为此，他采用了广泛的节目素材，包括国内外的电影、配音母带、全频带范围对白录音的磁带，和电影中的音乐母带录音，以及商业压缩音频。Ljungberg（1969）的观点是B链应该被设计用于足够好的宽频带回放，以实现高质量的磁带节目（或黑胶唱片音乐），而另一方面，由于噪声和失真，可见声音的总频率响应必须以常见的方式受到限制。因此，A链是记录-再现方法特有的所有均衡的逻辑位置。换句话说，随着技术的进步，弥补A链电子产品的声道限制，很容易实现；让B链尽可能提供最好、最中性的声音。但是，事实并非如此。

Ljungberg的实验结果表明，使用多频段均衡器调节方法的听音者，更喜欢在大部分频率范围内呈现平缓向下倾斜的房间稳态曲线。图11.4（a）展示了他的听音者创建的曲线，与来自音箱的房间预测曲线相比较，该音箱辐射平坦的直达声（据图11.2）。考虑到这些测试已经进行了48年，并且其结果与今天的预测相符说明这些实验是有说服力的。听音者对音箱发出的平坦的直达声产生的稳态声场反应良好。

遵循当时的惯例，Ljungberg提出了一个目标，该目标平坦至250Hz，比该目标高1.5dB/oct，公差范围为4dB。在一倍频程分辨率下，最终的声场不可能出现尖锐的间断。可以提出一个论点，即过渡频率即便很低，但仍能适应他的曲线。他说得很对：“这个曲线预计不会对所有类型房间的所有类型的音箱都有效。”他会惊讶于他率先提出的公差范围得到了如此广泛应用——1967年8月19日，记住这个日期。

他在实验中注意到：这种特性在几千赫兹的频率范围内趋于平缓，但在中高频范围内听起来总是过于突出。图11.4（b）展示了X曲线和其比较结果。很明显，X曲线不允许低频升高。2kHz 的膝部被认为是一个低 Q 值频谱特征。我在剧院里听到过这样的音染，包括一些高调的“参考”房间。当校准器以复制膝部而不是平滑膝部为荣时，情况会变得更糟。在某些地方，人们会额外注意细节。适当的均衡在混音过程中可以缓解这些问题，但这并不总是发生。这并不是高频增益的问题。最初的问题是：声音过亮。需要明显的声音频谱再均衡，包括增强低频及平滑或消除 2kHz 的膝部。

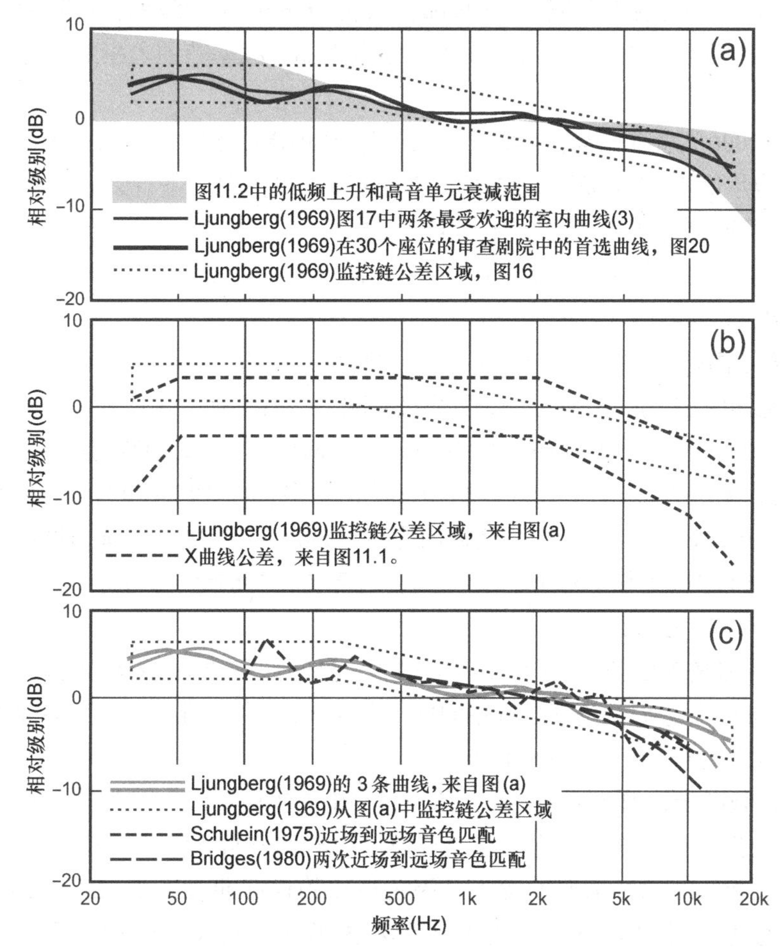

图 11.4 （a）将 1969 年 Ljungberg 调整后的室内曲线与音箱辐射平直直达声的预期稳态房间响应进行比较。他建议的公差范围如图所示。（b）与图 11.1 所示的 X 曲线公差相比，监控链的建议公差范围。（c）因为 X 曲线是根据近场到远场听力测试选择的，所以图 11.4（c）展示了在大型场馆进行的另外两次此类测试的结果。将图（a）中 Ljungberg 的原始测试结果包括在内，以供比较

正如 Allen（2006）所描述的，X 曲线高频滚降是通过调节 40ft 外屏幕声道的频谱在主观听感上匹配 6ft（1.83m）外的高保真音箱的声音而决定的。KEF 的小型音箱具有比较平直的轴向频率响应，在一定的距离中，这种平坦的直达声很可能是听音者听到的主要声场。普遍认为，当在听音位测量 X 曲线时，“第一个到达的信号将比分析仪上显示的每倍频程 3dB 更接近平坦”（Allen，2006）。从图 11.3（d）和 SMPTE TC-25CSS（2014）和 Toole（2015）中呈现的其他证据中可以看出，我们现在知道这不是真的：直达声和稳态声在 1kHz 以上是相同的，但是在较低

的频率下可能会有很大的不同。

这些实验是在 1971—1972 年进行的。1975 年，Schulein 发表了类似的测试结果，一个小音箱在 4ft(1.22m)处，一个大音箱在 50ft(15.24m)处。Bridges(1980)也用一个在 2.5ft(0.76m)处的小音箱和两个不同的在 60ft(18.29m）处的大音箱进行了这种测试。图 11.4(c）展示了这些结果，以及 Ljungberg(1969）的结果（这些结果是通过允许听音者调节频谱以适应他们的偏好来完成的；没有进行音色匹配）。这些都叠加在 Ljungberg 建议的目标范围中，因为很明显这是一个很好的匹配；这些都被很好地描述为在大部分频率范围内相对线性、向下倾斜的曲线。

对于 Allen(2006）描述的埃尔斯特里工作室实验的明显异常结果，我想不出令人满意的解释。Allen 自己也承认“HF(高频）下降不太容易解释”。他推测可能有以下 3 个促成因素。

（1）一些涉及远距离声音和图像的心理声学现象。

（2）音箱中的一些失真成分，使高频更不受欢迎。

（3）混响增强的结果。

他接着解释了高频衰减的稳态声音的宽带混响累积的概念。他是正确的，因为问题是低频升高，但讨论集中在高频下降上，除了空气衰减，没有其他声学机制。根据 Allen(2006）的图 12，典型的中型到大型剧院的从大约 250Hz ～ 6kHz 有 1s 的混响时间，在 63Hz 升高到 1.8s。这正接近歌剧院的数值，远高于现代电影院的水平 [见图 10.1(d)]。尽管如此，没有任何迹象表明需要从 2kHz 突然开始的适度陡峭的高频滚降。巧合的是，幕布损耗类似于所需的 X 曲线滚降，如图 11.3(a）和（b）所示。但是空气衰减和幕布损耗都包含在 X 目标曲线中。人们在电影院长边的 2/3 处测量。

我对这 3 个选项的想法是：(1）极不可能；(2）可能，但在当时很容易证明；(3）在现代电影院中是不可能的。低频时会出现与音箱的低指向性和较长场地混响时间有关的低音升高 / 积聚，但 X 曲线不适合这一点。它消除了这一点。

事实上，我倾向于推测，稳态曲线中对平坦响应的固化似乎是决定性因素。其他调查中，人们发现了偏好低频升高的响应，并且自然声学和日常聆听体验都融入其中。Elstree 的关键实验似乎阻止了这种情况的发生，因为最终的目标曲线与 2kHz 的膝部平齐，这似乎是故意的。对比见图 11.4(b)。如果自然的稳态低频升高被阻止，较低频率的直达声相应地被衰减，并且整个频谱将被感知为过于薄和亮——需要高频衰减来恢复类似正常的频谱平衡。

如在图 10.15 的前后文中所讨论的，来自现场音源（包括音箱）的声音都表现出来正常的低频部分随着声音的到来而升高的特征。似乎 X 曲线的特性是由一个要求造成的，即低频和中频的稳态房间响应必须是平坦的。这是推测，但是关于那些特定测试的一些现象产生了不符合预期模式的结果。

在现代电影院中，当激励来自具有指向性的荧幕音箱时，几百赫兹以上的部分没有相应的混响。事实上，500Hz ～ 1kHz 以上，观众主要处于直达声场中，直达声场和稳态声场是相同的。2kHz 的特定拐点频率是如何产生的还不知道，除了它出现在一些早期的建议中，这些建议涉及“避免可见音轨的噪声和失真”这个考虑因素（Ljungberg，1969；Allen，2006）。

Ljungberg（1969）还总结道：“通过一倍频程噪声测量，整体听感非常好。”音箱设计需要更窄的带宽，但是“为了评估观众席中的聆听特性，主观听感所描述的曲线通常比 1/3 倍频程测试曲线更粗糙”。最后的评论展示了对这些要素的坚定把握：“在或多或少甚至无回声的条件下进行 1/3 倍频程的测量，以检查音箱细节，加上在场馆内 1 倍频程的测量，以检查听感的平衡，这是一种很好的组合，尽管并不总是可行的”（Ljungberg，1969）。

这与本书中讨论的结果一致，表明音箱本身的性能在描述过渡 / 施罗德频率以上的房间中的音质时占主导地位。房间里的测量可以显示非感知问题的细节，也可以显示一些之前漏掉的细节。更宽带宽的稳态房间分析可以防止不必要的和可能适得其反的情况，在满足均衡的同时揭示有意义的频谱平衡趋势。相比之下，只有对屏幕观众一侧辐射的直达声对应的高分辨率测试才能对几百赫兹以上频率的潜在音质提供明确的描述。重要的是，Ljungberg 在尝试进入一个房间系统（B 链）设计之前，认识到了拥有音箱数据的重要性。

因此，从最初阶段开始，就有充分的理由考虑图 11.1 中的 X 曲线选项。尽管国际上就最终成为目标曲线的 X 曲线达成了一致，但 Ljungberg 在谈到类似的早期曲线时表示：“这不是一条用于全方位监测 B 链的曲线，几个国家报告了对不同情况使用不同 B 曲线的令人厌恶的做法。”根据 Gedemer（2013）和我与电影声音世界中的知名人士的讨论，发现非 X 曲线配音舞台和具有多个 EQ 设置的配音舞台并不罕见。在其他音频领域，并不存在 X 曲线。

我发现 Ljungberg 的论文是一个很不错的例子，清晰地解释了当时甚至现在都没有被许多人很好地理解的问题。可惜当时没有得到更认真的对待。

11.4 最近研究的进一步确认

前面的实验证据很有趣，也很有说服力，但它与已经超过 37 ～ 48 年的声源和回放设备有关。时代变了。Linda Gedemer 采用现代音箱、现代测量方法和受控双盲听测试，对电影院的声音状况进行了重新调查。哈曼公司也借用了一些设备，并就如何进行客观测量和用于听音测试的双耳房间扫描（BRS）录音 / 回放耳机系统的运行提供了建议。事实上，这是一个具有很大工作量的项目。

调查分为两部分。第一阶段包括在 24 ～ 516 个座位的 6 个放映室中进行测量。第二阶段包括对其中一些场馆的几个房间目标曲线进行主观评估。

使用的音箱是 JBL Professional M2，一个大型监听音箱。它的功率足够大，可以在电影院产生有效的声级，它相对便携，并且它比典型的电影院音箱具有更宽的辐射——120° ×100°，对比 90° ×50° ——因此这将是一个更苛刻的测试，因为它会产生更多的反射声。SMPTE TC-25CSS（2014）文件中的所有房间测量都是在没有事先测试音箱或幕布的情况下完成的。Gedemer 测试的与众不同之处在于音箱已经进行了全消声室测试（见图 5.12）。它被放置在幕布前中央声道的位置，因此没有屏幕损耗。

理想情况下，这样的测试可以实时进行，就在一些电影院内进行。然而，连续几天在这些赚钱的场所做实验在现有的预算下来看是不切实际的。幸运的是，技术上可以使用 BRS 方法（使用仿真人头）来捕捉，并通过耳机进行双耳回放，在不同时间不同地点进行听音测试。在回放过程中，采用头部运动追踪技术，并掌握双耳信号的实时变化，这样声源和房间就不会移动。它可以成为在房间里听音箱声的体验。它被广泛应用于心理声学研究。这是一个精密的操作，包括校准耳机和精确跟踪头部运动，以帮助声音外部化。一旦 BRS 数据文件生成，不同的节目素材可以以房间数据的形式播放，并在记录 BRS 文件的任何座位上被收听。这些试验采用了这种方法，如 Gedemer（2015）所述，结果如 Gedemer（2016）所示。3.5.1.3 部分对此过程进行了解释。

目标是评估好莱坞地区的 3 个专业放映室（60、161 和 516 个座位）的试放映效果时，总结出人们对不同环境下录制的录音的主观听感，这 3 个放映室使用了 5 个不同的房间均衡目标曲线，包括 X 曲线。

理论上，如果回放过程中也采用了 X 曲线，那么在混音室或配音台上按照 X 曲线校准的节目应该是表现较好的。有 10 名训练有素的听音者和 4 名专业的电影声音设计师，所有人听力都正常。音频节目包括在 X 曲线和非 X 曲线房间内校准录制的管弦乐电影配乐，以及两张音乐精选专辑。之所以使用音乐，是因为人声不能很好地揭示宽带音色特性（见图 3.15），而音效基本上是人为的。所有音频源文件都经过精心处理，以便在后期制作设施中进行单声道回放。

图 11.5 展示了听力测试的综合结果。到目前为止，均衡目标曲线是主要的实验变量。很明显，听音者强烈反对曲线 A 和 B，对曲线 C、D 和 E 的评价要高得多，其中曲线 C 的评价最高。

图 11.6 展示了 5 个房间均衡目标，参与测试的听音者通过放置在 516 座放映室长边的 2/3 处的参考座位上的双耳 BRS 系统听出这些目标曲线，并对放置在屏幕前面的 JBL M2 音箱发出的声音做出判断。这些曲线不代表频谱平均值，因此显示了发生在参考座椅上的声学干涉效应。它们还包括 BRS 耳机系统中的（微小）校准误差，这将是一个恒定因素。图 11.6（c）展示了目标曲线的电子信号路径。

图 11.6（a）展示了 3 条目标曲线，与 SMPTE ST 202 的 X 曲线误差范围相比，它们获得了听音者的高度评价。图 11.6（b）展示了获得低评级的两条目标曲线。

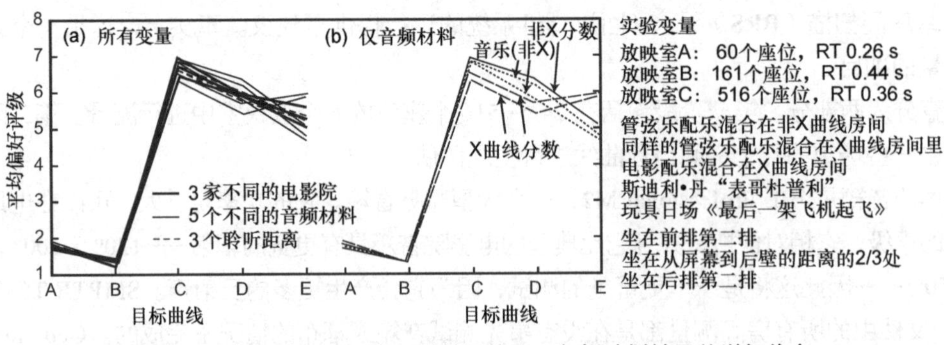

图 11.5 所有变量的听力测试结果摘要，包括计划结果的详细信息

很明显，与 X 曲线相比，听音者更喜欢较多的低音或高音，或两者兼而有之的声音。图 11.6（c）展示了最优偏好目标曲线和 X 曲线之间的比较。有趣的是，在大约 70Hz 以上，偏好目标曲线符合 X 曲线的误差范围，然而它和真正的 X 目标曲线的主观听感十分不同。造成声音差异的原因有以下 3 个。

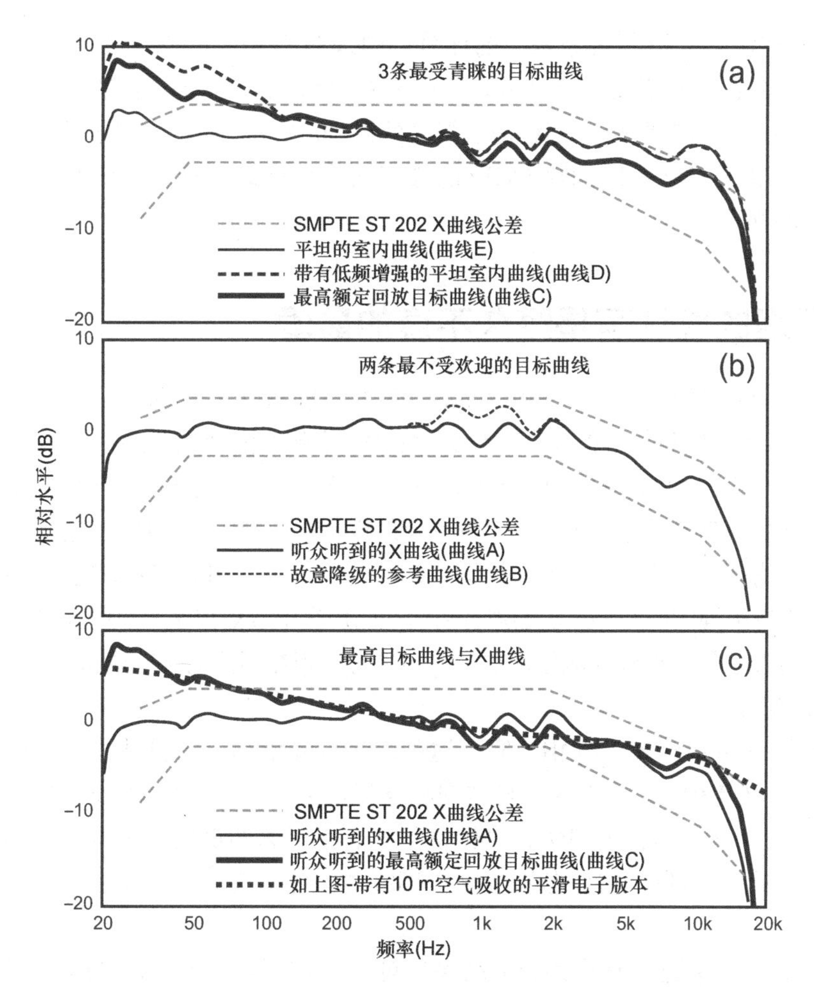

图 11.6 展示了 5 个不同房间内目标曲线对应的听众耳朵预期的声音，这些声音是在 516 个座位的放映室长边的 2/3 处测量的，并通过双耳房间扫描（BRS）系统中的校准耳机传递。图（a）展示了在听力测试中获得高分的 3 条稳态房间目标曲线。图（b）展示了听众评价较低的两个室内目标曲线。图（c）展示了听众听到的最喜欢的室内目标曲线和 SMPTE X 目标曲线的比较。请注意，这些曲线中的详细波纹归因于测量它们的场地中的特定座位，并且还包括校准耳机的（较小的）残余缺陷。还展示了平滑的电目标曲线，包括 10m 的空气吸收 [更多信息见 Gedemer（2016）]

（1）低频以图 11.2 预期的方式逐渐升高。

（2）与 X 曲线中 2kHz 的“膝部”相关的频谱突起已经降低并变得平滑。

（3）与中心 X 曲线相比，超高频略微升高，但仍在公差范围内。

如图 11.5 所示，不同房间的评分非常相似，这些房间中不同座位的评分也非常相似。后者特别令人感兴趣，因为听音者没有视觉信息，无法对高频空气衰减进行感知补偿。节目素材导致了一些差异，但不足以改变对目标曲线 C 的整体偏好。当使用非 X 目标曲线进行试听时，在非 X 曲线校准的场地中混音的音乐获得了最高的评分。

然而，即便采用 X 曲线监测的混音依旧倾向于采用非 X 曲线回放。“平坦”的房间曲线 E 提供了高音增益，这是被认可的。曲线 C 提供了这一点和一些低频增益，这得到了更高的评分。对于 X 曲线监测混音，曲线 D 的评分低于曲线 E（推测：X 曲线混音已经提高了低频，曲线 D 使它变得非常夸张）的评分。曲线 D 获得了非 X 曲线监测音频素材的更高评分（推测：混音时不需要增加低频，所以 D 中的增益被认为是合理的）。曲线 C，令人愉快的折中方案，在所有节目中都获得了很高的评分。简单总结：稍微提升高音就好；低频增益是好的；两者适当结合以消除 2kHz 的膝部被认为是最优选项。所有偏好的目标曲线都避开 2kHz 的拐点。

11.5 平坦的直达声是经久不衰的最爱

我从 20 世纪 60 年代末进行听音测试开始，经过 20 世纪 80 年代的大量研究（见图 5.2），直到现在（见第 12 章），发现一个单调的事实是，在双盲听测试中，评分最高的音箱具有最平坦、最平滑的轴向和听音窗口频率响应。听音者喜欢中性、无音染的直达声。除此之外，表现出类似的优秀离轴行为的音箱获得了更高的分数——反射声具有类似的音色特征。这些年来，这些发现在许多不同的房间里仍然有效。这些都是小房间：立体声听音室、家庭影院和录音混音室。如前所述，听音者有很强的能力将声源的声音从房间的声音中分离出来（见图 5.16）。

这两组信息似乎是主观感知流级别的，其结果是音箱在不同的房间中保持它们的相对音质评分（见 7.6.2 部分）。

直达声与许多主观感知过程相关联，这些感知过程由第一个到达的声音触发或以其为参考。有些是与音色相关的，有些是与方向和空间相关的。在现场的、未扩声的表演中，直达声传递了人声或乐器的音色精华，这种精华被后来到达的反射声修饰和丰富。反射声还包含关于听音空间的信息，将体验置于声学环境中。传递高质量、中性的直达声似乎是明智的。

Queen（1973）总结道："迄今为止的结果倾向于证实这样一个假设，即频谱识别主要取决于声源的直达声。这意味着任何对混响场（稳态曲线）的均衡，不利于直达声场中所需的响应，这将降低系统的自然度，或者不利于任何其他所需特性。这表明，语音增强系统最必要的均衡可以通过适当的设计、选择和固定的音箱单元均衡来实现。

这意味着音箱需要根据需求进行设计和均衡，以提供中性的直达声。在电影院中，这意味着音箱位于观众席这一侧。稳态房间测量对于评估低频房间反射问题及识别和处理这些问题来说是必要的。

在电影声音中，目标是给观众一种置身于屏幕描绘的空间中的感觉。因此，影院的声学效果不应该影响电影音轨中所描绘的艺术空间，不管它是什么。当声音在一个大的反射房间里混响时，我们在伴侣耳边低声讲的甜言蜜语会失去可懂度。基于这个原因，电影院通常需要并且通常确实具有相对较好的声学阻尼，至少在中高频范围内表现出与家庭环境相似的混响时间（见图 10.1）。此外，音箱的指向性很强，将声音聚焦在观众身上，而不是周围的环境中。中高频范围被直达声支配是一个巨大的优势。多声道电影音箱系统可以很好地复制几乎任何空间的感觉。

然而，一个普遍的事实是，在低频时，一般房间的反射率都会提升。例外是特殊用途的房间，已经用大面积的低频吸声器进行了处理。大型电影院在低频下进行声学处理的成本很高，而且这种方式并不常见，如图 10.1（d）所示。因此，低频在直达声到达后升高。这个过程往往发生得很快，不到 200ms（见图 10.2），因此这是一个频谱平衡问题，而不是音乐厅或大教堂意义上的持久混响。如图 11.2 所示，它可以产生 10dB 的增益，这不是一个可以忽略的数字。

当然，如果房间共振很强，这种低频就可以产生“轰鸣声”；这就是声学顾问挣钱的时候。

在高频时，观众主要处于直达声场中，因此影响声音到达听音位的主要因素是传播距离和相关的空气衰减。

图 11.7（a）展示了几个主观测试的结果。有两种基本类型：偏好测试和音色匹配测试。

（1）偏好测试。

■ 在 Ljungberg 测试中，听音者用多声道来调节声音的频谱均衡滤波器，直到各种各样的音频素材听起来“正确”。

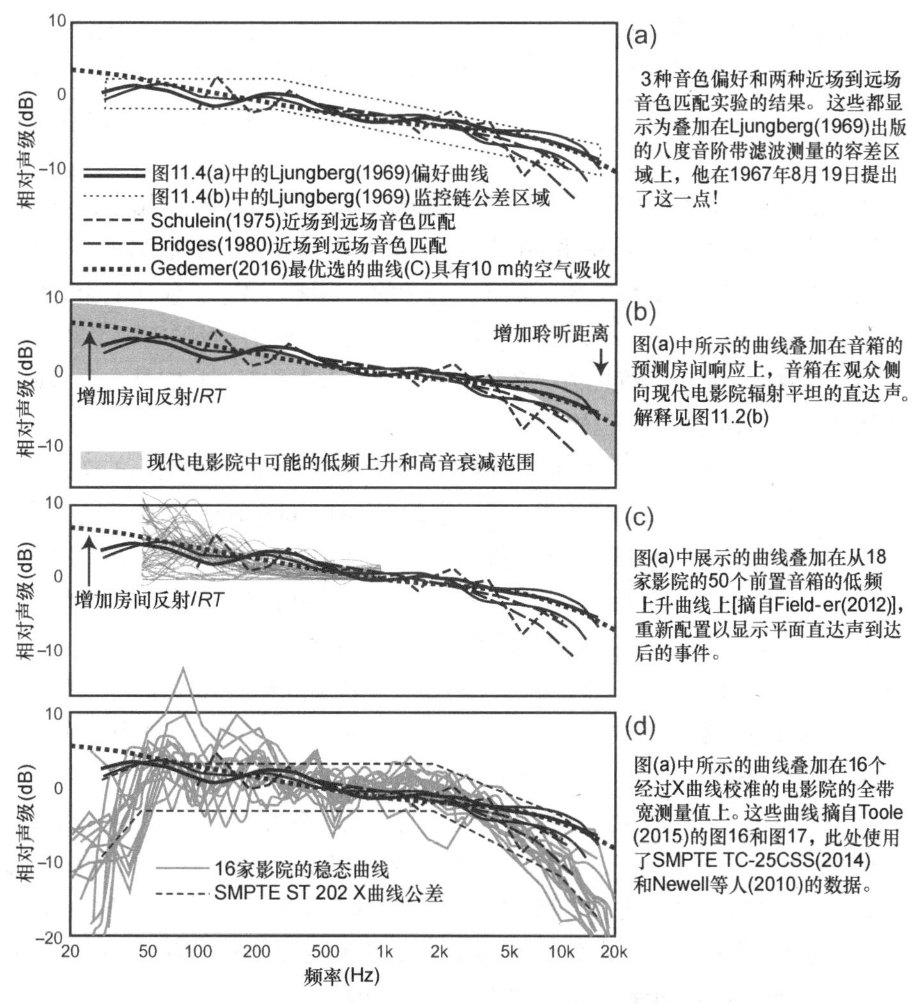

图 11.7 几项实验的结果旨在揭示听众对大型场馆音响系统的偏好

■ 在 Gedemer 的测试中，听音者被提供了几个频率响应选项，他们在收听精选的节目时，根据偏好程度对每个选项进行评分。

（2）近场到远场音色匹配测试。

■ 潜在的假设是，靠近听音者的小型高品质音箱是“完美”的参考声源，任务是调节远处音箱的频谱，直到两者听起来相同。近距离音箱将在大部分频率范围内提供以直达声为主的声音。在这些测试中采用的短距离（2.5ft 和 4ft）下，存在关于音箱近场（见 10.5 节）伪影的问题。远处的音箱会发出直达声和反射声的组合，其比例会随着频率而变化，这取决于音箱的指向性和场地的反射率。低频升高的特性将包含在传达的声音中。会有空间 / 时间差异和频谱差异，但只有频谱被调节。这是一个折中的测试概念，但是调查很有趣。Schulein（1975）和 Bridges（1980）提供了示例。

在这两种方法中，偏好测试更具有权威性。本书中的例子表明，大约 50 年来，一直有证据证明，如果测试是盲听，听力正常的人类听音者在音质评分方面表现得非常稳定和令人满意。它们对频谱平衡和谐振染色的微小差异做出反应，并且它们在不同的房间用不同的音频素材做到了这一点。平滑平坦的前向辐射（轴向）声音是基本要求。

偏好测试没有假设“完美”的参考声音，也没有质疑大空间中反射声的频谱、音色和延时的影响。这些成分在任何时候都存在，就像在场馆中无论以混音还是娱乐为目的看电影或听音乐。由于个人偏好或个人听音能力，以及与音频节目素材的相互作用，会产生差异，因为音频怪圈存在。

令人担忧的是，并不是所有娱乐节目都能可靠地提供音质信息。在电影中，对白显然很重要，但在判断音质时，人声并不是最能说明问题的声音（见 3.5.1.7 部分）。音效会引起情绪，令人兴奋，但通常很难说出它们应该听起来是什么样子的。最终，音乐，包括电影的配乐，是最有意义的听音测试的基础，即使这样，有些音乐还是比其他声音更能反映问题（见图 3.15）。如果一个音频系统能够以可信的准确性重现各种音乐，那么人声和音效肯定是令人满意的。混音师通常会单独调节语音清晰度有问题的节目段落。

图 11.7（a）的不同寻常之处在于，4 位实验者在 47 年的时间跨度内得出的 7 条曲线在大部分频率范围内十分接近。在大部分频率范围内，它们都落在 Ljungberg 1967 年提出的 4dB 公差范围内（1969 年出版）。公差适用于以 1 倍频程分辨率测量的曲线。考虑到在得出这些曲线时所使用的设备、音频素材和实验方法的差异，该标准令人印象深刻。显然，听众的口味没有改变，精心进行的实验得出的结果可以成为值得信赖的数据来源。

尽管房间稳态曲线非常重要，但我们对音箱本身的性能却一无所知。不幸的是，只有 Gedemer 实验包含所用音箱全面的消声数据。我们对一些老式音箱的了解表明，带宽受限和高频问题很可能会影响主观听感。该时期一些专业监听音箱的例子见图 18.5。

图 11.7（b）展示了 7 条主观确定的曲线，这些曲线叠加在用于在屏幕的观众侧发出平坦的直达声的音箱 [正如图 11.2（b）所展示的] 所预测的房间响应上。它们在大约 3kHz 以下都非常接近。除此之外，4 个偏好测试结果中有 3 个与预测结果非常接近，其中 1 条曲线略低于预测曲线。3 个近场远场音色匹配的结果都低于阴影区域，这可能表明这种测试方法或所用音箱 / 房间组合的特殊性。最近的 Gedemer 结果完全在预测范围内。

图 11.7（c）展示了在 18 家影院使用 50 个前置音箱测量的低频升高幅度（Fielder，2012）。在此，Fielder 的数据已被重新设置为显示低频从平坦的直达声处开始上升。这证实了图 11.7（b）中预测阴影区域的有效性，并表明主观偏好的低频增益幅度完全在现代电影院测量的结果范围内。

图 11.7(d)展示了一个重要的对比。首先，灰色背景数据显示了欧美 16 家影院屏幕声道的房间稳态曲线，以及 X 曲线公差。数据显示，在这 16 家影院中，许多影院的校准技术人员允许低频声级偏离并超过 X 曲线公差的上限。这是因为听起来更好吗？如果是这样，他们也应该同意在这里讨论的所有听音测试中的观点。这里讨论的所有测试中的黑色曲线都在大约 60Hz 以上的 X 曲线公差范围内。在这 7 条曲线中，Ljungberg 在 1969 年的论文中反对的、长久以来的低音到中频的响应和 2kHz 的膝部显然是不存在的。

但是有一个未解之谜。这 16 家影院中的许多影院的校准技术人员让超高频向下滚降，接近并超过公差范围的下限。这是为什么呢？误差并不是微不足道的，趋势也不是微小的。上述测试中的听音者在所有节目中都喜欢较多的高频能量，尤其是在偏好测试中，表现得更明显。

Gedemer 实验还包括在 X 曲线校准设备中进行的混音。目前的推测涉及某些高音压缩单元的局限性和随之而来的高声级失真。由于缺乏技术上的可验证的理由，校准误差仍然是个谜。

2kHz 左右的曲线差异很大。在所有关于频谱差异可闻性的研究中，低 Q 值，更宽带宽的波动是最容易被听到的。4.6.2 部分对此进行了详细的讨论，表明在频率响应测量中出现低 Q 值现象时，幅度偏差在 1 ～ 3dB 范围内是可以被察觉到的。解决音箱中的低 Q 值频谱问题通常会带来最大的回报（见图 4.11）。这就是这里可能发生的情况，因为主观偏好的曲线在 2kHz 时没有膝部。如果目标是缓慢过渡的，那么目标 X 曲线应该是用曲线板绘制的，而不是直尺。

与此直接相关的好处是，降低该频率范围内的目标曲线可以显著降低压缩单元的功率需求，因为音频素材中的大部分高频能量都集中在那里。

11.6 替代目标——是时候继续前行了吗？

现在说 Ljungberg、Schulein、Bridges 和 Gedemer 提供的主观数据是绝对准确的还为时过早，但它们是有说服力的。这些曲线与电影院声场的声学事实一致，对平坦、中性的直达声的偏好与小房间中无数的主观评价一致。平坦的直达声目标在专业音频的其他地方使用，并且是家庭音频和大多数录音室监听的默认情况。这已在第 5 章中解释过，将在第 12 章中重新讨论，并在第 18 章中得到历史证实。

尽管房间稳态曲线不能作为音质的决定性描述，但如果我们对音箱有信心，房间声学有一定的一致性，它们就是有效的指标。在目前的情况下，思考这些目标可能是什么样子是很有趣的。

图 11.8(a)展示了所讨论的一组平缓近似曲线。它遵循图 11.3(a)的指导，基于电影院中与观众相关的物理声场。在预测的中频段有一个短的水平部分。膝部已被平滑。如果这不具有说服力，或者需要更简化的版本，那么图 11.8(b)中的简单倾斜线是一个合理的选择。在这两种情况下，高频端的公差下限都是一个可选项，可以适应在较大的听音距离下进行的测量——在 20m 远或更远的地方有更强的空气衰减。这些显然是近似的，但同样明显的是，它是相当有道理的。

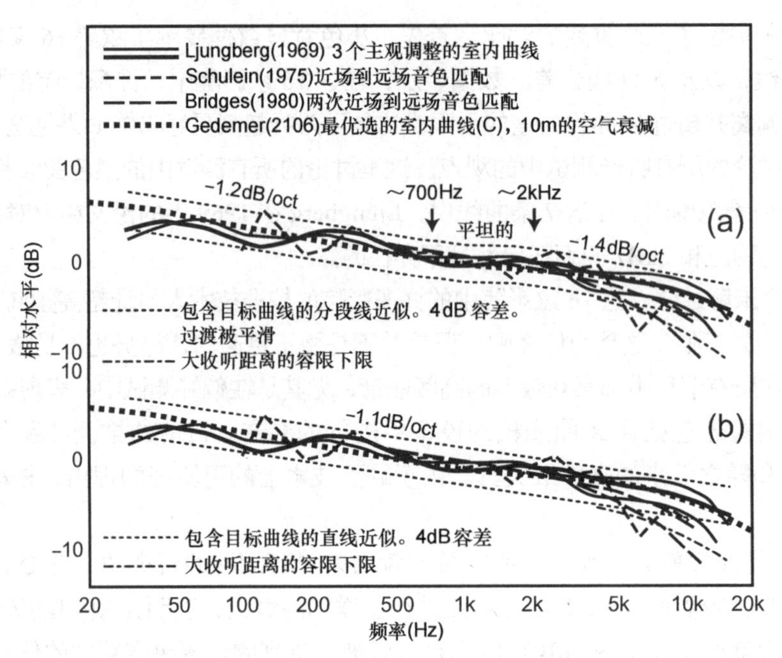

图 11.8 （a）7 条主观调整的室内曲线拟合成平滑的分段线 4dB 容差窗口。（b）与（a）相同，但以简单的倾斜光谱为目标。对于较大的收听距离，会显示额外的空气衰减

在过去的文档中见得更多，人们会发现向下倾斜的房间曲线的可取性，可以在其他数据中看到。Boner（1965）对消除大型（37 000ft^3 到 2 000 000ft^3）高混响（500Hz 时，$RT = 1.0 \sim 1.5$s）场馆中扩声系统的反馈的方法很感兴趣，这些场馆可容纳数千人。然而，他们也关注观众的偏好，依靠观众席平均的房间稳态曲线来证明系统的性能。音箱包括“剧院式”号角系统和分布式天花板系统。图 11.9 展示了其中 3 个让观众满意的系统（未指明）。“带有低频”曲线的上、下分支没有解释，尽管上分支紧跟“有些喜欢”曲线的趋势。较低的一条保持相同的倾斜，但只是在 600Hz 的频率（低音单元和号角高音的分频点？）下不连续地向下偏移。图 11.8 中的简化公差曲线是叠加的，它包括两条“有些喜欢”的曲线。

Boner 指出，观众并不喜欢高音升高。他们拒绝低频滚降。大型剧院和音乐厅中的这些系统与现代影院 B 链相距甚远，但基本的平滑、轻微向下倾斜的房间稳态曲线的潜在趋势是显而易见的。音箱很可能表现出与现代音箱相同的指向性趋势，这表明潜在的听音者偏好与平直的直达声有关。图 11.9 顶部两条曲线中下降的高频与这些非常大的场地中听音距离处的空气衰减一致，尽管音箱性能和指向性是未知的。更底下的曲线不协调的下移没有明显的解释。

Schulein（1975）推测了房间曲线的理想形状，他说：“一个非常符合逻辑的答案是，房间曲线应该是平坦的，因此，不要增强任何特定的频率。”不幸的是，这个结论在实践中似乎不成立。我和许多其他实验者的一贯经验是，平坦的房间曲线在主观上听起来过亮，在 10kHz 时应该衰减 10dB。

衰减量约为 10dB，如果分布在 20Hz ～ 10kHz 范围（9 个倍频程）内，则斜率为 1.1dB/oct，即图 11.8（b）中目标曲线公差的斜率。然而，问题是：下降应该从什么频率开始？有份量的证

据指向从低频开始相对线性的倾斜。正如 Schulein 所说，频率响应应该平坦的概念是“合乎逻辑的”，但应该平坦的是直达声，而不是房间稳态曲线。

4dB 公差范围是 Ljungberg 建议的 1 倍频程分辨率测量的延续。如前所述，我的意见是，在过渡频率之上，以高分辨率稳态数据为基础的房间均衡是没有好处的；这很可能只会导致不当的调音。如果有人希望将这一思路用于电影音频行业的未来，公差范围将是一个值得讨论的问题，同时应考虑到音箱、场地的声学现实和校准人员的专业知识。

然而，一个可行的替代方案可能是简单地安排音箱在屏幕的观众侧传送平坦的直达声。这适用于几百赫兹以上的频率，14.1 节讨论了可选方法。评估低频性能仍然需要用到房间稳态曲线，同时，评估低频性能也可以检测系统缺陷。

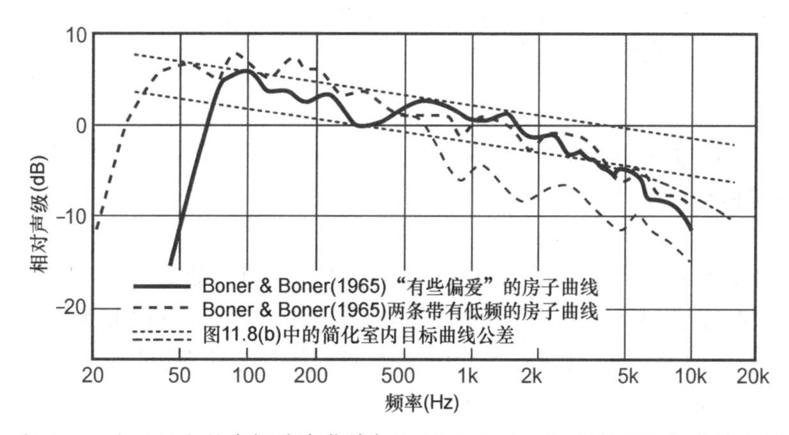

图 11.9 Boner 和 Boner（1965）的房间稳态曲线与图 11.8（b）所示的简化目标曲线公差进行了比较（版权所有，美国声学学会）

与存储的参考值相比，每个声道的现场单独测量值可用于确认所有组件均正常工作。B 链组件——房间、功放、线材和音箱——在性能上不会“偏移”，但偶尔会出现故障。音圈擦圈、异音和其他失真需要通过听不同声级的慢速扫频来评估。建议读者在听音乐时戴上隔音耳塞以避免听力损失。

11.6.1 与其他音频领域的兼容性

理想的情况是电影音轨的混音与该领域之外的音轨具有相同的音质特征。我们已经看到，在电影声音的可能修正目标上人们有一些共识。问题是它与其他音频领域的性能目标和实际匹配程度如何。图 11.10 总结了前面的数据和讨论，并将其与消费类音频领域几十年积累的经验进行了比较。从我早期的实验（Toole，1985，1986）到如今，有数百款音箱和听音者参与了双盲主观听音，答案如出一辙。

JBL Professional M2 音箱（见图 5.12）用于 Gedemer 测试，它也是主观评分高的音箱之一，用于生成小房间的理想曲线。如图 12.4 所示，在小房间共振频率以上，它们在各种房间中表现出非常可预测的房间曲线。因此，这些曲线不仅代表电影院和家庭听音条件下的听众偏好，还代表使用相似音箱时人们的偏好。

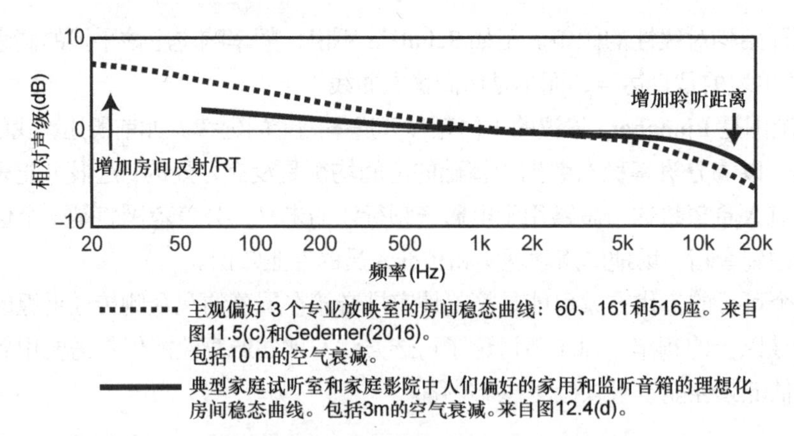

图 11.10　影院声音的主观偏好目标曲线的比较，使用 Gedemer 曲线表示图 11.8 所示的曲线集合，以及图 12.4（d）中家用和监听音箱的理想化室内曲线

在图 11.10 所示的两种情况下，潜在的共同因素是，这些是使用能够提供平坦直达声的音箱时产生的房间稳态曲线。

低频曲线之间的差异可归因于影院中较高的低频混响时间 [见图 10.1（b）和图 10.1（d）] 导致的较大低音增益，以及大尺寸低音音箱中迅速提升的指向性（见图 10.15）。在高频下，听音距离越长，空气衰减越大。通这种对比得出的结果可以推广到许多设计精良的音箱上，但最肯定的是，这两条曲线都来自一只音箱，M2。

结论：如果直达声平坦平滑，并且音箱的指向性指数没有异常，则主观感知的音质应该较好，房间稳态曲线应该类似于图 11.10 所示。

实际上，从确保将听觉体验从配音舞台地转移到电影院的角度来看，唯一确定的解决方案是对制作和回放场所的低频反射率 / 混响进行控制。

11.6.2　电影领域中的兼容性

有几个理由怀疑电影领域自身的一致性。图 11.7（d）中影院校准的差异足以让我们质疑艺术从配音台转移到电影院的精确程度。毫无疑问，艺术“转换”很重要，观众可以在视觉图像和声音的重现中体验电影的戏剧性和情感，而无须绝对精确。然而，如果回放更准确，显然会更好。

电影行业经过了校准，但测量结果表明性能仍然存在显著差异。业内专业人士对用于制作音轨的场地的音质的投诉已被记录在案。混音师已被记录在案，并有评论指出了不同方法弥补 X 曲线校准设备带来的声音中性破坏问题。这导致一些音频制作设施偏离了 X 曲线校准，以便创造更愉快的工作环境。如果一张音乐 CD 因为 X 曲线在配音舞台上听起来不好听，这显然是一个问题。

如果为电影音频选择一个新的目标，那么老的电影的声音该怎么办就成为一个重要的问题。从理论上讲，回放传统的音轨并不难，因为这仅仅涉及一个均衡器，音轨可由声源激活。X 曲线监听的音轨应该在 X 曲线校准的场所播放。然而，坊间流传着这样的说法：在大大小小的场地播放的音轨都经过了校准，以获得平坦的直达声，而且听起来还不错。

这是在家庭影院中的典型体验。是 Gedemer 在电影院发现的（见图 11.5）。

但可接受的声音不一定是准确的重现声音。我注意到电影院和家中的电影频谱平衡明显不同。这些年来，情况有所改善，有些时候确实非常好。但是，如果有人试图在 X 曲线校准设备中为混音的传统电影加载频率响应校准滤波器，该滤波器应采用何种形式？如果有人选择仔细检查情况，他们会发现一条校准曲线并不适合所有电影。

用科学的方法解决这个问题，有以下两个问题需要解答。

■ 现有电影的频谱有多一致？

■ 如果有可证明的一致性，它们听起来如何？

  □ X 曲线校准设施如何？

  □ 按照新标准校准的设施如何？

考虑到音轨内容的差异巨大，这样的调查是一项艰巨的任务。

目标频率响应的任何改变都会引发现有 B 链是否能够处理所需功率的问题。图 11.7（d）显示压缩单元的功率需求在 2kHz 左右有所降低，在最高频率下变化很小或没有变化。一些影院已经实现了所需的低频增益，但设备不太好的影院是否能满足额外的功率需求，是一个问题。如果采用低频管理，LFE 低音炮会一直分担负载，而不仅仅是在部分时间分担负载。目前还不知道在混音过程中应用了多少低频增益。从逻辑上讲，会有一些增益。

然而，正如 Newell 等人（2016）明确指出的那样，一个相关的问题已经存在。当今的电影音频系统已经被驱动得比较“极限化”了，因为数字格式提供的不失真的净空间已经被音频素材填满了。回放声级高于模拟时代的水平。比较差的音箱已经失真或被损坏。观众抱怨声级过大或失真，已经有很多人选择离场，以至于有地方实施声级限制。正在讨论的一些限制基于对听力损失的误解（职业暴露与娱乐暴露），以及人们对保留音轨中的艺术缺乏敏感性，尤其是可懂的对白。有些声音需要很大的音量，但有人怀疑持续的响度有时被用来掩盖电影剧情的空洞。

这些想法都是严肃讨论电影声音的现在和未来的重要开端。不幸的是，在电影声音标准产生后的 40 多年的时间里，这些都没有被讨论过。各方面的情况都发生了变化，使用现在看来不合适的目标曲线和 B 链校准过程，已经并将继续制作出无数的电影。

11.7 房间大小和座位的影响

最初的 SMPTE 和 ISO 标准的一部分包括根据听众规模对 X 曲线高频倾斜的修改。场地越小，2kHz 以上斜率越低。SMPTE TC-25CSS（2014）B 链报告显示，在几百赫兹以上，听众处于以直达声为主的声场中，因此测量和人耳听到的内容与房间声学无关，但这显著取决于听音距离和相关的空气衰减。

Gedemer（2015）的一项重要研究提供的数据不同于大多数电影院的测量数据，包括 SMPTE 报告中的数据，因为特定音箱的性能是已知的，没用采用房间均衡。目的是对比稳态影院曲线和消声音箱测试数据，寻找有意义的联系。声源是一个大尺寸录音室监听音箱，是 JBL Professional M2，具有图 5.12 所示的全消声数据。它被放置在屏幕前，在中心位置，在 6 个电影声音场所。测量是在多个座位上的耳朵高度和不同话筒高度上进行的。没有房间均衡。

图 11.11（a）中所示的曲线反映了在每个设施中每隔一个座位进行的稳态测量的平均值，除了采 109 个座位的电影院 G。超过约 1kHz，曲线非常一致，表明房间影响很小。曲线被归一化到这个频率范围。低于约 150Hz 时，不同量值的反射能量、相邻边界效应和较小场地的房间模

式会存在差异。150 ~ 800Hz 范围内的不规则行为令人不安，我们怀疑是由座椅倾斜或与其他座椅相互作用而引起的 [话筒位于预估的耳朵高度上：地板上方 40 ~ 47in(1.0 ~ 1.2m)]。

与音乐厅中众所周知的座椅倾斜现象相比，紧挨着的座椅排列（其中一些座椅靠背较高）的、耳朵高度上的话筒产生的影响更复杂、频带更宽。电影院中的声场反射性小很多，这可能是一个因素。如果这些非最小相位的声学干涉效应确实需要校准的话，则不可能通过均衡器来处理。双耳和大脑比全指向话筒和音频分析器具有更强的分析能力和适应性。一旦坐在椅子上，听音者通常不会察觉，或者把本来无害的频谱归因于令人厌恶的声学干涉或梳状滤波现象。

Newell 等人（2015）的轶事、个人经验和实验表明，站立 / 坐下之间对比产生的音质变化微不足道。如果是这样的话，可以使用座位上方的话筒来更有效地测试直达声，从而避免可能的测试异常。

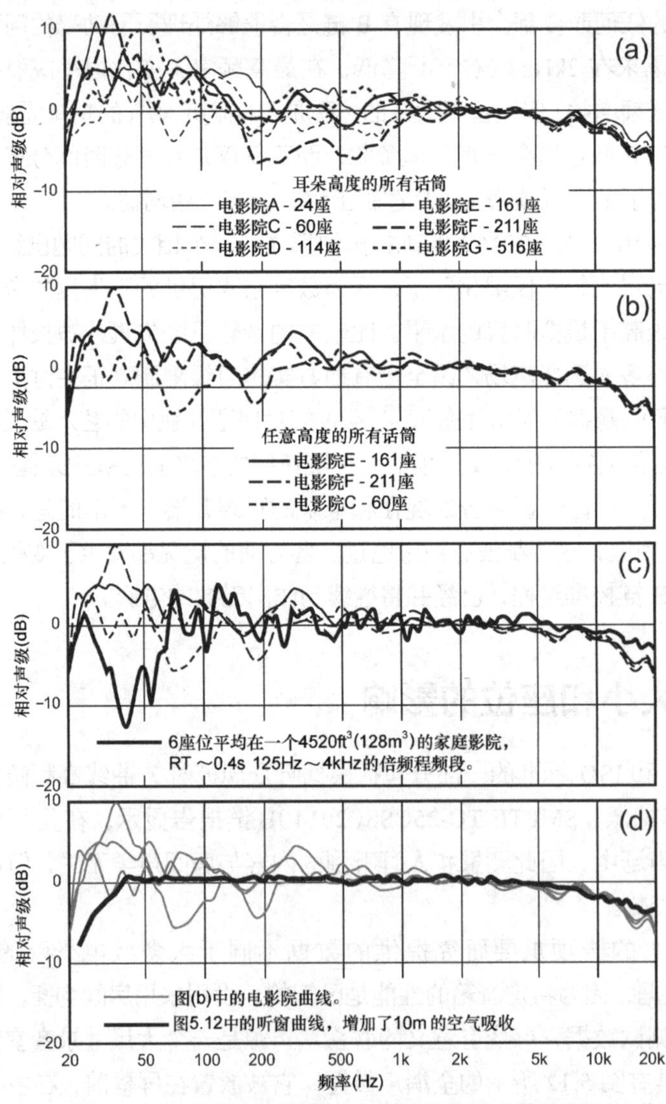

图 11.11 一个 JBL Professional M2 音箱从屏幕前的中央通道位置直接辐射到 6 个不同的电影声音场所。图（a）展示了话筒在耳朵高度上对应的结果。图（b）展示了用话筒在升高的随机高度重新测量 3 个电影院时的结果。图（c）展示了图（b）中的稳态影院测量值，在典型的家庭试听室 / 家庭影院中测量的相同音箱的 6 个座位平均值。所有影院数据都以 1/6 倍频程的频率分辨率显示。家庭影院曲线具有 1/12 倍频程的分辨率。图（d）叠加了图 5.12 中 spinorama 的听窗曲线，包括 10m 的空气吸收。图 5.6（b）说明了监听窗口的概念

图 11.11(b)展示了当话筒高度升高到随机分布在 51 ～ 79in(1.3 ～ 2m)范围内的情况。在 3 个场地中，曲线在大约 400Hz 以上更接近，甚至聚集在一起。

图 11.11(c)将家庭影院的观众规模缩小到 6 个座位。叠加曲线显示出极好的一致性，但由于听音距离缩短（空气吸收减少），在高频时略有升高。除了最低频率，电影院曲线和家庭影院曲线似乎围绕相同的中心趋势波动。显然，如果将曲线平滑到传统的 1/3 倍频程分辨率，差异会更小。

图 11.11(d)叠加了图 5.12 中来自 spinorama 的听音窗口曲线。电影院中高于约 500Hz 的观众处于逐渐占主导地位的直达声场中，因此这应该是测量结果的一个很好的预测因子。加上一些空气衰减，确实如此。在低频时只有轻微的低频升高，正如经过彻底声学处理的场馆所预期的那样 [见图 10.1(d)]。M2 只有一个低音单元，因此不会显示出更典型的双低音单元影院系统这样大的低频升高（见图 10.15）。

总结：在所有测量中，在大约 500Hz 以上，房间稳态曲线可以从消声音箱数据中很好地预测出来，特别是如果曲线平滑到 1/3 倍频程。如果音箱和观众之间有穿孔幕布，适当的均衡可以补偿幕布损耗，这也是可以预测的。在单个话筒位置测量的任何高 Q 值不规则现象，尤其是耳朵高度的不规则现象，都应该被忽略——很可能，它们是该位置声学干涉的证据，这种现象不能通过均衡来纠正，但也不需要纠正。

Gedemer(2015)表明，在一个有 516 个座位的电影院中，4 支话筒的位置和 109 个位置的频谱平均值之间几乎没有差异。在低频时，驻波和临界效应占主要因素，均衡器可以对其中一些问题进行补救。校准器必须避免对较窄范围凹陷的增益补偿。

即使座位数在 6、24、60、114、161、211 和 516 的范围内，除了直达声在空气衰减中的微小差异，房间稳态曲线没有明显的区别。SMPTE ST 202 和 ISO 2969 建议中基于观众规模的比例修正是错误的。如果目的是确认空气衰减是传播距离的函数，那么可以很容易地计算出任何场地的任何座位的损耗，它将不同于上述标准中建议的直线变化（见图 10.12）。

大的差异是几种因素引起的低频，这些都需要现场实测和处理。有些问题会在座位区保持一致，有些则会在座位间变化。简单的均衡不能自动纠正问题。小房间中不可避免的驻波问题对于不同的房间、音箱和听音位而言是不同的。幸运的是，存在有效的方法来削弱它们的影响，如第 8 章所述。

不鼓励用耳朵高度的话筒进行测量，因为它们会引入不规则的声学干涉。应该将话筒抬高到座椅靠背上方，最好是在不同的高度，以平均声学干涉模式。不过，这些测量在低频下都是可靠的。

11.8 影院之声——何去何从？

也许不会有下一步。影院音频是一个庞大的行业，拥有广泛的基础设施和无数的老电影，改变可能是破坏性的。破坏的程度和形式是一个需要认真考虑的问题。事实上，在 X 曲线设施中混音的音轨在直达声平坦的系统上回放时听起来依旧很好，这是乐观的理由。

有证据表明电影音频设备没有统一校准，也有证据表明混音师有不同的方法在音轨中建立令人满意的频谱平衡。两者都不可避免地导致艺术产品的差异性。任何修改都必须解决校准问题。

有人认为现有的情况已经足够好了，改变会给这个行业带来不可接受的负担。据说顾客没有抱怨。这也可以解释为电影观众的宽容度和适应能力，他们被电影中的情节所吸引，音质并不是他们享受电影的一个重要因素。戏剧性的动态和大量低频似乎满足了许多人。现在的重点是更多的沉浸式音频声道，这些都需要校准。当天空声道定位信号集中在最高频率部分时（见 15.12.1 部分），可能需要特别注意以确保其有效传递。

走出电影院的顾客带来了另一个问题：音量过大或失真。作为回应，影院运营商正在调低音量，电影艺术和语音清晰度都受到影响。

该行业的一个潜在问题是，相当一部分电影院的音频系统在模拟音轨时代已经处于极限状态，并且在处理数字音轨的扩展动态方面存在问题。将更多的声音压缩到更高的声级的做法加剧了这种情况（Allen，2006；Newell 等人，2016）。

如果施加一个频谱平衡显著变化的新目标，B 链上的功率将发生变化，需要仔细评估。如图 11.7（d）所示，在 2kHz 膝部（频谱的高能量部分）附近的功率需求减少，在超高频（频谱平均能量较低的部分）处的功率需求会增加；需要权衡。低频也将得到增益，但不会超过一些电影院的现状。正如 Leembruggen（2015）所做的那样，这需要仔细评估项目需求和音箱单元的输出能力。最后，需要评估频谱再平衡对整体响度的影响，以便进行电平校准。14.2 节提供了一些指导。

在这里，我试图以一种对比我们正在哪里和我们应该在哪里的方式来总结物理和主观感知的证据。如果这些总结属实，电影行业制作的音轨将有史以来第一次与世界各地的非专业电影系统和消费类回放系统完全兼容。

混音师将不再需要主观地“预均衡”音轨，以补偿 X 曲线校准配音台的不自然的频谱平衡。在电影院外播放电影时，不需要改变音轨的频率响应。这样的场景也能让电影院公平处理音乐和电视领域的节目。这似乎是一个好结局。

第12章

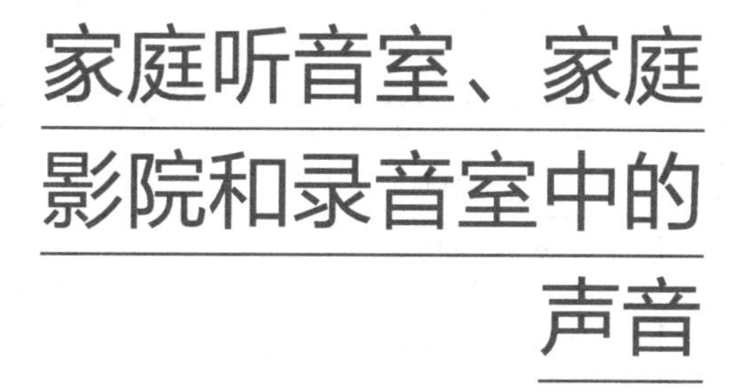

家庭听音室、家庭影院和录音室中的声音

家庭影院、家庭音频工作室和录音室不需要大尺寸、高指向性的音箱。低频声源较小，会带来较低的指向性指数。中高频声往往由较宽辐射的号角或小锥形盆和球顶高音辐射。这些宽辐射声源在比电影院更宽的频率范围内产生更多的反射声。因此，本章中声学事件的预期与前一章不同，但基本原理是相同的。

12.1 好的声音始于好的音箱

第 5 章解释了如何在测量中描述音箱性能，使我们能够以合理的精度预测过渡频率之上的房间稳态曲线，并预测音质。事实证明，人类有相当大的能力“透”过房间识别声源的本质属性。这发生在实时聆听“现场”声音和这些声音的录音回放中。

5.3 节描述了识别优质的音箱所需的消声数据，图 12.1 展示了主观评分高的音箱的情况。以哈曼旗下品牌为主，因为 spinorama 数据和双盲听测试结果对笔者来说更容易获得。由此得到的信息是，在没有偏见的聆听环境下，听音者更喜欢在消声数据上表现出显著相似性的音箱。

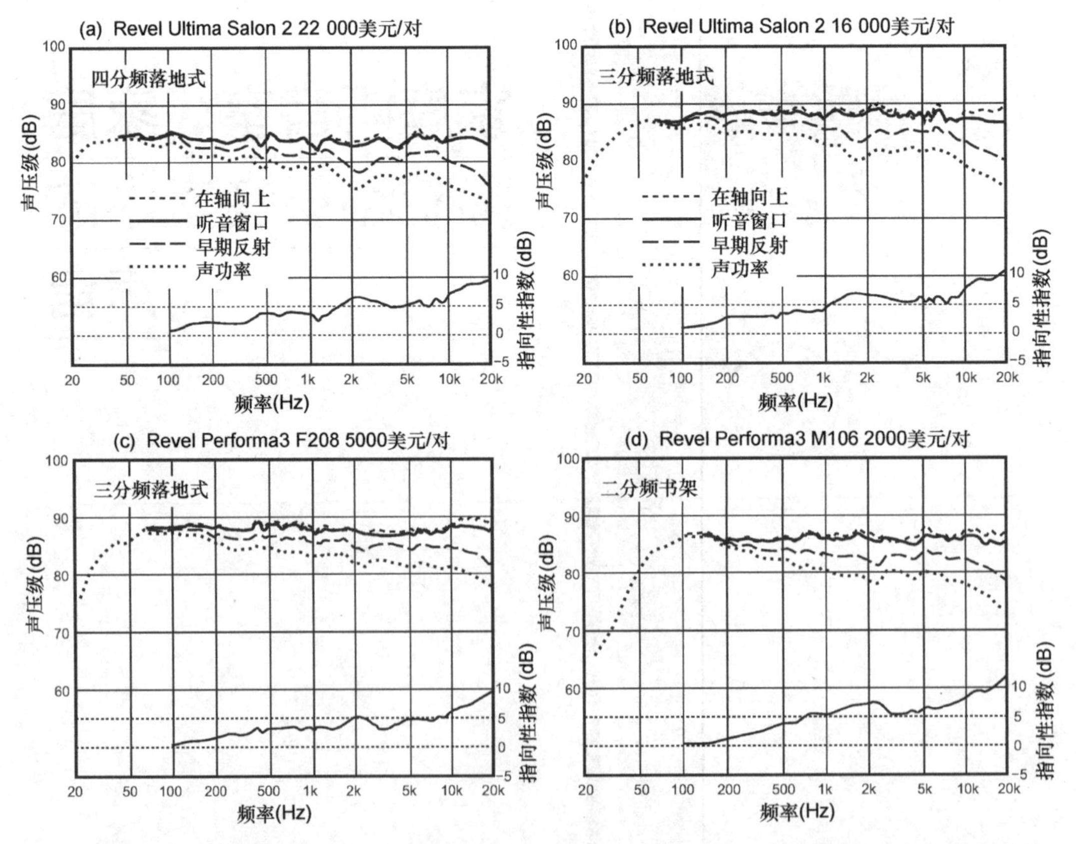

图 12.1 涵盖 110:1 价格范围的产品，均展示相似的音色特性。在技术上，它们主要在低频下潜和动态、失真和功率处理能力方面有所不同。视觉上，它们从简单的盒子到具有雕塑特征的艺术品都有

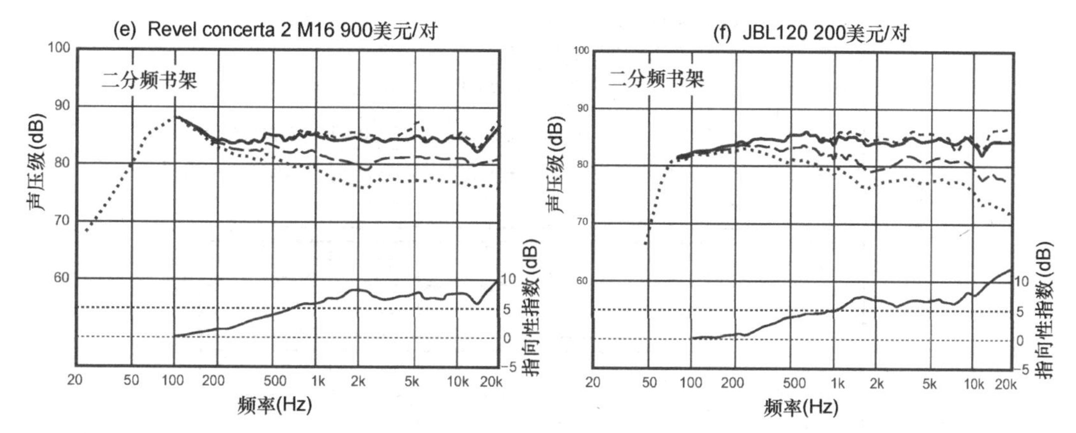

图 12.1 涵盖 110:1 价格范围的产品，均展示相似的音色特性。在技术上，它们主要在低频扩展和输出、失真和功率处理能力方面有所不同。视觉上，它们从简单的盒子到具有雕塑特征的艺术品都有（续）

这些大都是中性的产品，尽管它们的价格在 110:1 的巨大范围内。区别在于以下几点。

■ 带宽（主要是它能回放多低频率的声音）。

■ 功率处理能力（能播放多大的声音）。

■ 功率压缩（音质 / 音色随声级变化多少）。

■ 非线性失真（更好的单元和多单元共同承担负载可减少失真）。

■ 单元和箱体中的谐振。

■ 外观 / 工业设计（从塑料仿木纹的简单矩形箱体到手工打磨的线条优美的木质箱体）。

■ 量产一致性（只有在高价产品中，才能对每个单元和分频器元器件进行精确的产线测试和调校）。

然而，在每种产品的限制范围内，录音的基本音色应该得到很好的重现。（a）是一个大尺寸、大功率的四分频落地音箱系统，有效输出低至 20Hz。（b）和（c）是简化的三分频版本，以更低的成本提供高质量的性能。（d）、（e）和（f）是二分频书架音箱系统，它们本身可能已经很不错，但如果采用低音炮辅助低音回放，效果会更好。如果这些书架音箱作为低频管理系统的组成部分（设定为“小”并由此进行高通滤波），它们可以播放比单独播放时更响的声音。音箱（f）的设计考虑到了潜在的挂墙安装，这将产生较多的低频声。

一些高成本产品经过细致的产线测试和调校，以确保与“金样品”原型相似。这是这些产品值这个价钱的一部分原因。有趣的是，这是在对已发布的产品的测评中揭示的。图 12.2 展示了这种产品的不同样品在不同地方以不同方式测量的结果。很明显，（a）中的所有测量值都落在广泛使用的 ±3dB 公差范围内。

更令人印象深刻的是（b）中消声室测量的相似性，一个来自哈曼音频实验室，另一个来自 NRCC 的实验室。考虑到消声室、测量设备、话筒位置、计算的听音窗口不同，当然还有音箱的样本不同，这些曲线的相似性是令人惊叹的。

然而，音频测评人通常无法进入消声室，因此妥协是必要的。为了将测量环境中反射的影响降至最低，测试人员进行了两项重要因素的更改。

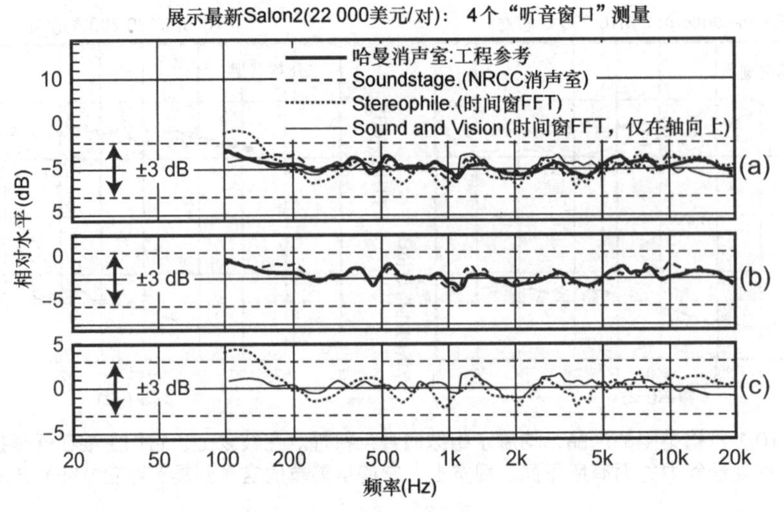

图 12.2　由不同的评审人员以不同的方式对音箱的不同样本进行听音窗口测量。（a）合并所有测量值。（b）比较两个消声室的测量值，每个测量值对应不同的音箱样本，一个在加拿大安大略省渥太华，另一个在美国加利福尼亚州北岭。（c）比较两个时间窗（准消声）FFT 测量

（1）*Sound and Vision* 数据的测量距离为 2m。但是 *Stereophile* 采用了 1.27m 的距离。采用这一距离，需要将话筒放在像 Salon2 这样的大尺寸音箱的声学近场中，预计会出现误差。

（2）对 FFT 测量值进行时间窗函数滤波以避免反射降低频率分辨率，这在较低频率下会有误差。*Stereophile* 采用 5ms 的时间，产生 200Hz 的频率分辨率。Atkinson（1997）指出，低于约 1kHz 的测量数据遭到破坏，这可以从这些数据中看出。*Sound and Vision* 杂志的数据明显被平滑过，这意味着潜在有效的高频信息丢失。

图 12.2 展示了支持消声室用于测量音箱的明确数据。消声室非常昂贵，占用大量空间，但它们在整个音频带宽内提供高分辨率数据，而且足够安静，可以进行非线性失真测量。尽管如此，可以理解为什么音频评论员和许多制造商采用有所妥协的准消声方法。这样的测量仍然可以有效地揭示音箱的性能。然而许多测评根本没有测试数据。

一些人辩解说，测试没用。在这种缺乏测量和双盲比较听音测试的测评中，没有可证伪的信息，只有华丽的文字和观点。它们不是 spinorama 格式的，但有足够的数据可以形成可靠的意见。

典型音箱参数——问题的一部分

大众很少接触到有意义的音箱参数。如果没有一些指导，普通消费者可能无法理解测量的意义，有些消费者根本不相信客观测量。一些音箱制造商缺乏生成全面且准确测量数据的设施，许多制造商满足于不透露在某些情况下会令人尴尬的信息。音频世界已经开始接受糟糕的产品常态化。

消费者已经了解到，选择音箱的唯一方法是“耳朵收获”，因为无论简化的参数如何，最终的音质都是无法预测的。

在合理的情况下听音几乎是不可能的，因为发烧音频实体店很少。即便如此，几种产品之间的同响度对比也不太可能实现，听音会在完全看到产品且销售人员引导的情况下进行。

结果是人们基于很多不完全信息而做出购买决策。这在很大程度上就是在碰运气。图 12.3 说明了这种情况。

公开的参数告诉我们，这款音箱的频率响应在 39Hz ～ 20kHz 的 4dB 范围内。图 12.3（b）

显示制造商符合规范，但曲线中的波动表明可能存在音染；它不是一个中性的产品。

（a）制造商的频率响应规格：39Hz ～ 20kHz ± 2dB

（b）厂商数字：实线。实测：虚线。

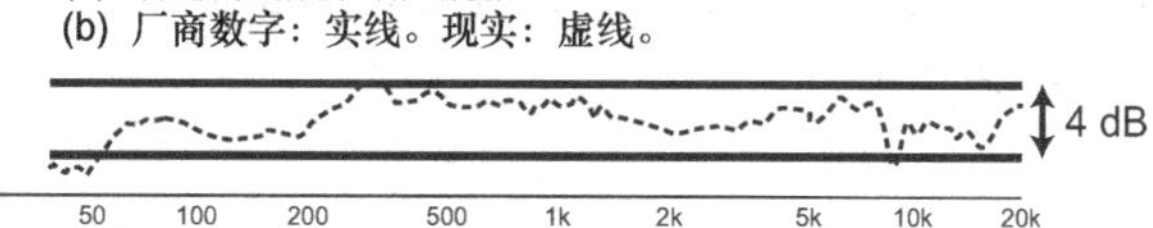

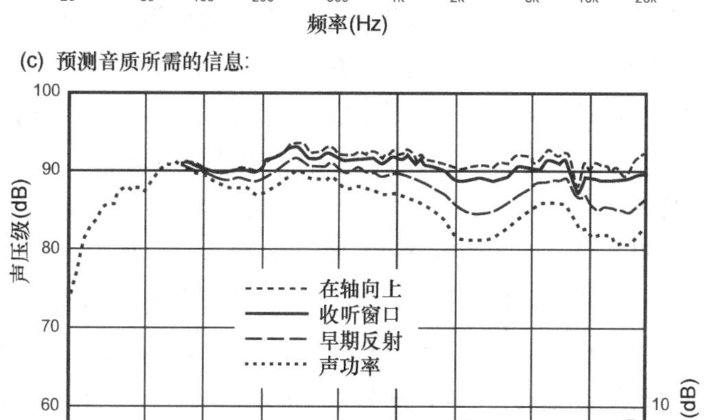

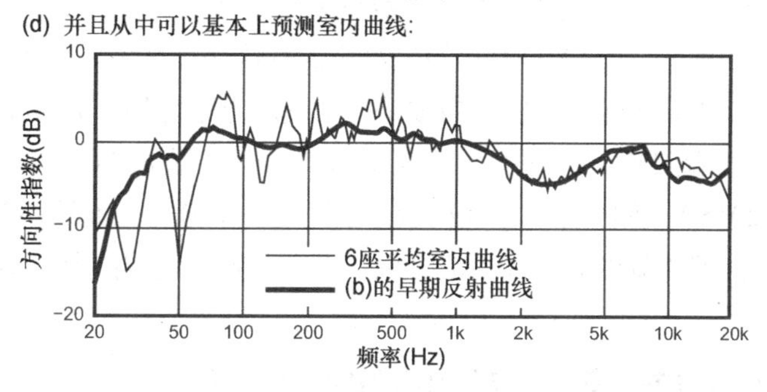

图 12.3 B&W 802N 的制造商规格和测量数据

在包括 268 名听音者的双盲听测试中（测试结束时已经有 300 多名听音者），Olive（2003）发现，这个产品（在论文中被称为“B”）的评分略低于两个表现类似于图 12.1 所示的音箱的评分。在本书的早期版本中，它在图 18.14 中也以“B”的形式出现。

从产品说明书中无法确定为什么听起来是这样的。非平坦的轴向响应曲线是一个线索，但原因还不完全清楚，直到人们看到离轴表现，看到影响反射声场的指向性波动。它们影响所听到的内容，并主导房间曲线的形状。因为指向性不能通过均衡来改变，所以问题无法纠正。指向性指数显示了双低音单元的指向性升高，在 400Hz 左右过渡到 6in（150mm）中音单元，相应的，指向性又变得越来越强，直到在 4kHz 左右过渡到无障板的 1in（25mm）高音单元。声功率的下降和 3kHz 左右指向性的升高是基于单元尺寸差异的可预测的结果。这种行为与传统的 6in 二分频系统（见图 12.10）一致。通过看音箱的设计，可以预料到这个问题。相比之下，图 12.1（d）、（e）和（f）展示了类似的二分频设计，在高音单元上使用浅的波导，以便更好地匹配分频点附近低音单元的指向性。如图 5.12 所示，设计精良的号角在这方面也表现优秀，在其工作频率范围内具有非常恒定的指向性，并在 800Hz 的分频点处与低音单元的指向性非常匹配。

当对参数的期望与听觉的现实有很大差异时，很容易理解“我们不能测量我们所听到的东西”这句老话是如何产生的。

有趣的是，这种音箱已经进入了一些高知名度的音乐录制和评估场所。一些录音师认为它对古典音乐特别有用。3kHz 左右的响应凹陷是对弦乐过亮的一种常见补偿，这是将话筒放在小提琴上方的结果，话筒会测试出现场观众听不到的过量高频（Meyer，2009）。如果真的存在这种情况，解决办法是均衡音频信号，而不是使用带有误差的监听音箱。

那么，为什么我们继续使用传统的、不提供有效信息的规范呢？熟悉程度是一个论点，通常伴随着这样的陈述，即消费者不能理解曲线的含义。事实上，如果他们被简单地告知平坦和平滑是音质的良好指标，并且一系列曲线之间的相似性是有利的，那么他们将很快成为判断音箱的专家。当然，这比目前公开的不具信息性的规格要好。当数据在一个小的公差范围内时，才能传达有效的信息，而这是罕见的。±3dB 的公差范围并不小，±1.5dB 才够小。平滑度是必要的，整齐一致的指向性才是好的。最终，曲线能够传达更具意义的信息。

随着网购越来越流行，是时候让音箱行业采用有意义的指标了，这样消费者就可以在没有听音评价的情况下做出明智的选择。在我多年专注音箱听音之后，我已经到了这样一个地步：我会根据真实的 Spinorama 数据或其他全面的消声数据果断地选择音箱。低频听音体验的大部分是由房间决定的（见第 8 章），其余部分是由录音决定的。这些存在差异，所以挑剔的听音者仍然会发现音调控制是有用的。然而，出发点应该是一个基本上中性的、无音染的音箱。

如果在规格表中没有看到有用的数据，请向制造商询问。图 12.3（c）中所示的 Spinorama 是 ANSI/CTA-2034A（2015）“室内音箱标准测量方法”的一部分，因此这不是个人或单一制造商的观点。如果连一份合理的测试数据都不能提供，这个时候你就应该得出结论了。

12.2 小房间中的音箱：房间曲线的意义

5.6 节展示了音箱消声测量和典型听音室稳态测量之间令人信服的相似性。在过渡频率之上，相当精确的预测是可能的。如图 10.6（a）所示，在这些情况下，只有在超高频下，直达声才是测量的主导因素。在大部分频率范围内，测量基本上是由早期反射声主导的，实际上，来自 Spinorama 的早期反射声曲线提供了房间稳态曲线的良好估计。很明显“正确”的房间曲线是由一个声音优质的音箱产生的，但是均衡一个劣质的音箱来实现“正确”的房间曲线并不能保证好的声音。图 12.4 展示了这个过程。

该序列从图 12.4（a）开始，展示了 6 款音箱的消声数据，这些音箱在双盲主观评价中始终获得了高评分。笔者通过消声测试的早期反射数据主观地绘制了一条平均曲线。2kHz 左右的凹陷是由中音单元与高音单元的分频器的离轴指向性效应引起的。曲线的平滑程度表明不存在谐振。

在图 12.4（b）中，将图 12.4（a）中的预测房间曲线与由 4 个不同的人和测量系统使用 Revel Salon2、F208、M106、JBL Professional M2 和 Infinity Prelude MTS 在 5 个不同房间中测

量的 7 个频谱平均房间稳态曲线进行比较。测量包括样品差异、房间差异和测量系统的差异，但很明显，预测的房间曲线很集中。看图 13.1，可以看到 30 年的时间里，听音者的偏好没有变，优质音箱的本质属性也没有变。

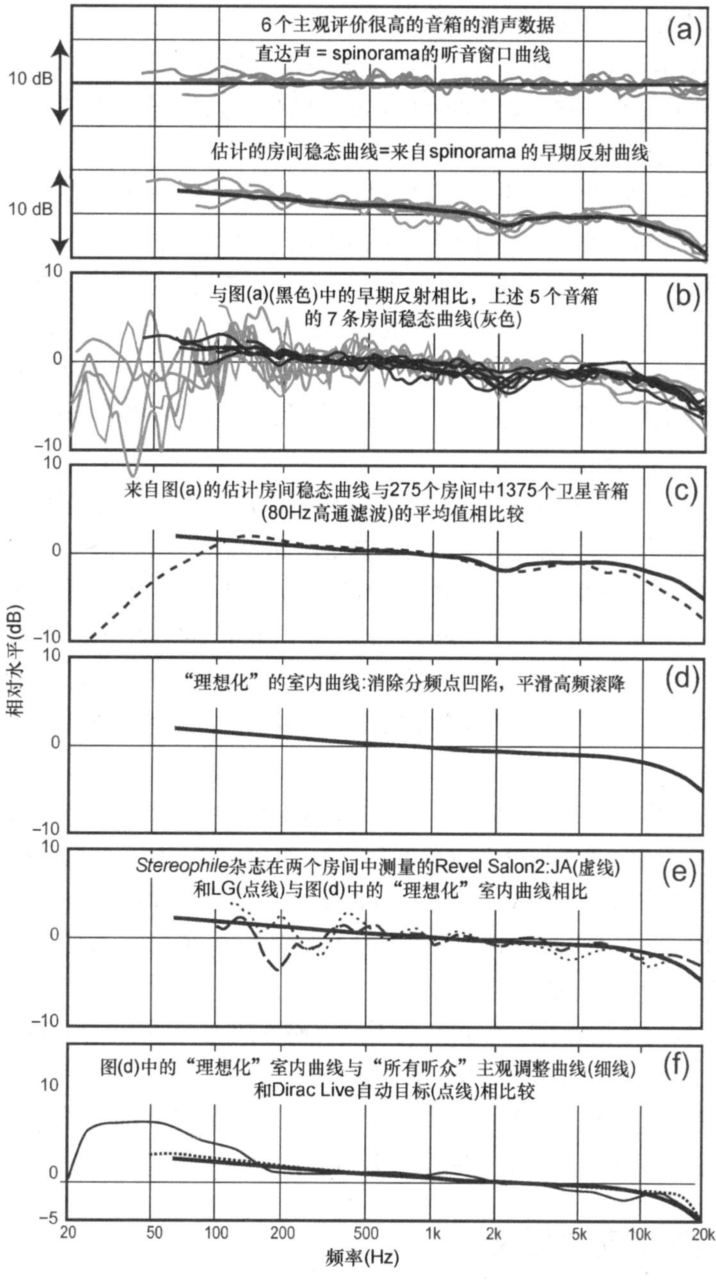

图 12.4 消声测量与房间稳态曲线的比较。图（a）中涉及的 6 款音箱是图 12.1（a）～（d）中的 4 个 Revel 音箱、图 5.12 中的 JBL Professional M2 和图 5.6 中的 Infinity Prelude MTS。图（b）中的室内曲线针对 Revel Salon2、F208 和 M106、Infinity Prelude MTS 和 JBL Professional M2，由 4 个不同的人使用不同的测量系统在 5 个不同的房间中测量。图（c）中的调查数据来自 Green 和 Holman（2010）。图（d）展示了图（a）所示的平均室内曲线预测的理想化版本。图（e）中的室内曲线来自 *Stereophile* 杂志，2009 年 3 月（第 32 卷，第 3 期）。图（f）中主观调整的室内曲线来自 Toole（2015），图 14，Olive 等人（2013）。Dirac Live 默认的"自动目标"来自于 2016 年的在线手册。文中对这些数据进行了讨论

房间稳态曲线中的残余波动是话筒响应的声学干涉效应，但人类听音者基本上或可以完全忽略。从消声数据中我们知道音箱不会辐射出它们。

这些差异不能通过“房间”均衡来纠正。房间曲线通常是 1/3 倍频程平滑，这将消除这里看到的大部分细微波动，从而减少均衡它们的意愿。

当我们看到由均衡而得到的非常平滑的高分辨率房间稳态曲线时，很有可能音质可能已经受损。然而，这在面向消费类和专业类的房间均衡 / 校准产品的宣传中经常出现。这是营销，不是科学。房间曲线不是音质的决定性描述。

图 12.4（c）将预测的房间曲线与家庭影院卫星音箱的调查数据进行了比较（Green 和 Holman，2010）。匹配得很好：从 100Hz 到大约 10kHz 在 1dB 以内。分频点凹陷在这里也很明显。高频极具滚降表明一些音箱的高频已经出现了衰减，或者可能像许多挂墙 / 嵌入式环绕声音箱的设计一样，高音单元没有指向听音 / 测试区域。

在图 12.4（d）中，试图得到一个可能由“完美”音箱产生的房间曲线；没有分频点处的凹陷，产生了更平滑的高频滚降。结果不是一条完美的直线，但是斜率在 –0.4 ～ –0.5dB/oct 范围内的直线是一个很好的描述符。

在图 12.4（e）中，该曲线与 Stereophile 的 John Atkinson 在他自己的房间和另一个房间中测量的房间曲线进行了对比。低于 500Hz 的问题是房间导致的。在 LG 的房间里观察到的高频微小偏差令人费解。在这些频率下，直达声应该是一个主要因素。偏差不是来自音箱，因此越来越多的人怀疑话筒附近可能存在一些声学干涉。人们经常不经意让话筒远离椅子，甚至远离改变测量结果的话筒夹具和支架。不过，总体来说，对比证实，如果从设计精良的音箱开始，房间曲线将接近预测曲线。考虑到消声数据是给定的，并且房间曲线可能发生变化，这样的结果是令人放心的。

图 12.4（f）将理想曲线与听音者通过低音和高音音调控制创建的曲线进行了对比，听音者可以自由调整音调控制以产生最令人愉悦的效果。高于约 200Hz，它们都很好。低频增益将在 12.3 节中讨论。本次对比还涉及著名的房间测量和均衡系统 Dirac Live 的默认“自动目标”曲线。曲线在 200Hz 以上几乎相同。笔者、哈曼公司和 Dirac 在这些曲线的生成上没有关系，这使得结果的相似性令人印象深刻。

也就是说，重要的是要记住，房间曲线不能明确地描述音质较好的音箱。图 12.4（a）和图 12.1 中的高评分音箱产生的房间曲线看起来很像图 12.4（f）所示的曲线，但是将有缺陷的音箱均衡成看起来像图 12.4（f）的房间曲线并不能保证什么。必要的信息在全面的消声数据中。然而，当处理房间低频问题时，目标房间曲线是建立总体频谱平衡基准的有效指标。

12.2.1 音箱的指向性配置

本书中的例子突出了音箱最常见的配置：前向辐射锥形 / 球顶高音或锥形 / 号角。需要提问的是：其他设计呢？比如偶极、双极、全向，规则变了吗？从已经了解到的情况来看，一种平坦的直达声，接下来是类似声音的反射声（即平稳变化或恒定的指向性）产生的声音得到听音者的高度评价。特定的指向性绝对值只需要在高于过渡频率的频率范围内保持相对恒定。

很遗憾我没有数据提供全面的答案，但有一条相关数据。如 7.4.6 部分所述，Mirage M1 是一种双极（双向同相）设计，轴向表现非常平坦，在其大部分频率范围内，水平方向接近全指向性。在 NRCC 双盲听测试中，它得到了很高的评价。图 12.5 展示了基本测量值。

正如前向辐射音箱所发现的，平坦的直达声和相对单调的指向性足以产生遵循理想房间曲线趋势的房间稳态曲线。这些数据表明，这个结论也适用于由两个不同的人在两个不同房间中测量的双极音箱。因此，房间曲线的向下斜率主要归因于低频时房间的反射率导致的低频增加和高频时的空气衰减。

如图 7.4 所示，与传统的前向辐射设计相比，多指向音箱将在更宽的频段内与房间进行更多不同的相互作用，从而导致更大的差异，尤其是在中高频范围内。

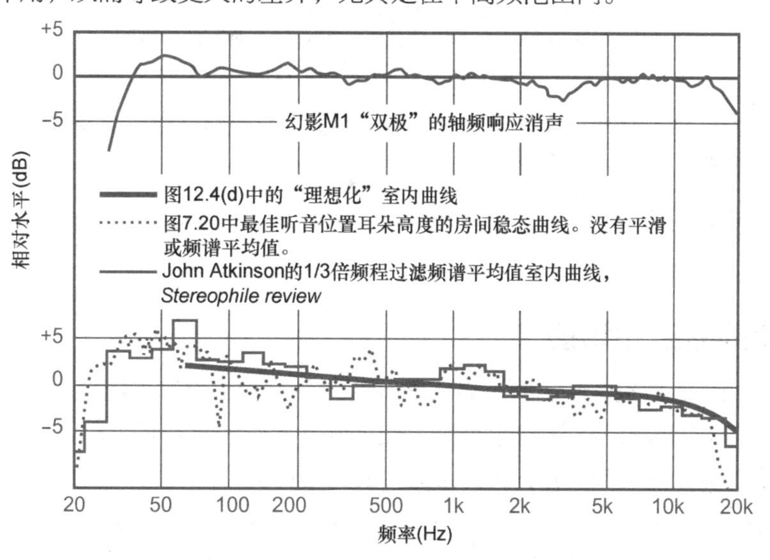

图 12.5 幻影 M1 音箱的 1/20 倍频程消声和室内测量。房间稳态曲线是在我的试听室立体声座椅的头部位置测量的。1/3 倍频程的频谱平均值室内曲线来自《立体爱好者评论》，1989 年 6 月。它与图 12.4（d）中的理想化室内曲线进行了比较。其他数据来自图 7.20

这些年来，各种配置都包括声音很好的音箱，但是，根据我的经验，较好的音箱是那些具有最佳消声曲线的音箱。耳朵和大脑设法在主观感知上把音箱与房间分开，就像在演出场地中把多指向性乐器与房间分开一样。

12.2.2 回看42年前：Møller与Brüel&Kjaer的实验

多年来，一些研究者试图为小房间确定有意义的房间目标曲线。我所知道的研究由于缺乏足够的音箱测量和关于房间声学的信息而受到破坏。一些较老的研究使用了按今天的标准来看不可接受的音箱，从而使结果出现偏差。听音测试，经常得不到很好的控制。然而，Møller（1974）与著名的丹麦精密声学测量仪器制造商 Brüel&Kjaer 合作进行的研究则不同。显示的不规则的房间曲线与我对那个时期音箱的记忆相吻合。

然而，Møller 能够生成一条粗略代表目标曲线的平均曲线。即使是现在，这条曲线也出现在对房间均衡的有意义的目标曲线的讨论中。

从图 12.6 中可以看出，它类似于这里显示的理想曲线，只是在高频时下降得更快。查看他的测试中主观评分最高的产品（H1）在 3 个房间中测量的数据，曲线围绕两个目标曲线波动，但在高频时，它们更接近 2016 年的目标，而不是 1974 年的目标。

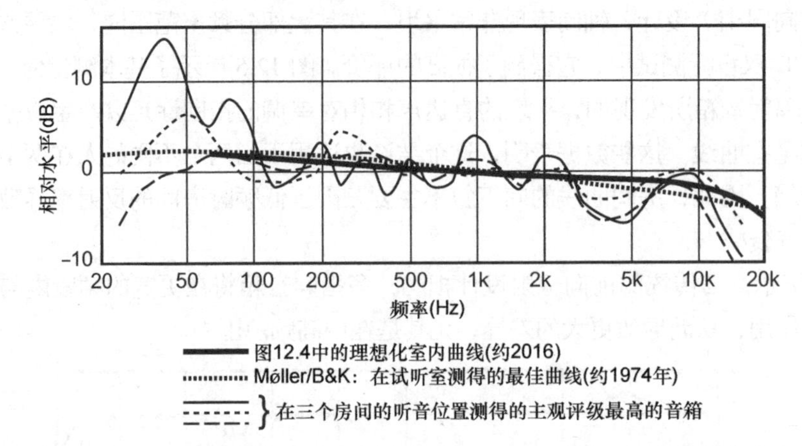

图 12.6　1974 年对室内曲线的研究数据与当前数据的比较。用 1/3 倍频程固定频率滤波器响应粉红噪声进行测量，并通过直方图数据绘制曲线

音箱技术似乎有所改进，但听众的口味没有改变：向下倾斜的房间稳态曲线表明音箱的音质优秀。

12.2.3　房间曲线和均衡

到目前为止积累的数据表明，听音者将最高的评分给予了辐射平坦直达声的音箱（在轴向或听音窗口上），不需要额外补充房间曲线信息。Olive 实验的听音者（5.7.3 部分）在形成他们对音色的听感时，显然注意到了直达声。重复 Queen（1973）的名言：

“迄今为止的结果倾向于证实这样一种假设，即频谱感知主要取决于声源的直达声。这表明，对混响场（稳态）的任何均衡，如果不利于直达声场中的期望响应，就会降低系统的自然度，或者不利于任何其他期望特性。”

这意味着，如果音箱设计得当，除了处理低频问题，几乎不需要看房间曲线。

那么，当一条房间曲线与图 12.4（d）中的理想目标曲线非常接近时，意味着什么呢？这意味着消费者可能选择了优质的音箱，并且在 200 ～ 400Hz 的过渡频率以上，不需要均衡；别管它。处理第 8 章和第 9 章讨论的低频问题，享受高质量的听音体验。根据音频节目素材的变化，可能需要音调控制调节来满足挑剔的听音者。

如果测量曲线偏离目标曲线，这是否意味着应该用均衡器使其匹配目标曲线，以确保声音使人满意？答案是，不应该。这意味着“房间校准”设备上应该设有比较友好的目标曲线调节功能。许多消费者没有最先进的音箱，所以房间曲线偏离了理想状态。这时应该修改目标曲线，直到声音更令人满意。

问题已经解释得非常详细，总体而言，这些解释被一家房间校准机构很好地概括为：安装人员可以定制目标曲线并微调目标声音，以解决每个独立房间的声学问题。而一本房间较准算法的手册指出：“应注意创建一个目标曲线，该曲线与您的音箱和房间配合良好，并符合您的个人偏好。”这些都表明，人们公开承认房间曲线不是听感的可靠指标——那么为什么要测量它呢？尽管测量人员有很强的数据处理能力，但他们最终承认没有普遍适用的均衡目标。因此，他们提供了方便的用户界面以便修改目标曲线，最好的目标曲线就是听起来最好的声音对应的曲线。

当均衡器设置由主观决定时，它们将包括正在试听的音频素材的特性（音频怪圈），并且如果音频素材变化，可能均衡也需要改变。什么是“正确的”，谁或什么是错的，这是无法确定的。对于挑剔的听音者来说，传统的音调控制仍然是有用的设备。

这种寻找“听起来正确”的房间曲线的需求是一出闹剧。安装人员和消费者参与了对曲线的试错搜寻，该曲线似乎改善了很可能由音箱的错误选择而引起的问题。电子均衡不会改变房间，房间是一个物理问题。如果真的存在房间声学问题，则需要通过真正的房间声学处理来解决，而不是均衡器。

如第 8 章和第 9 章所述，均衡是处理小房间低频问题的方案中的一个组成部分，但在大多数频率范围内，音频问题更可能与音箱而不是房间有关。如果涉及均衡，其应用于音箱本身将是最有效的，如图 4.13 所示。均衡房间不是正确的策略。

音箱的指向性问题是音箱的一个常见缺陷，它会改变声音在房间中的传播方式，但无法通过均衡进行校正，如图 12.3 中的示例所示。改善是可能的，但是完全解决是不可能的。如图 4.13 所示，如果音箱的问题是谐振，算法可能检测和解决到它们，也可能无法检测和解决它们。因为房间测量包括可能被自动但不恰当地“校准”的声学干涉伪影，所以很有可能使一个优质的音箱音质劣化。

总之，在过渡区以上的频率下，接近图 12.4（d）所示的房间曲线的形成可能是基于测试者购买了优秀的音箱。如果有音箱的完整的消声数据，这个事实很容易被判别出来。如果测得的曲线明显偏离目标曲线，则无法确定均衡系统调整至目标曲线是否会改善音质。如果音箱具有相对恒定或平滑变化的指向性，并且问题只是频率响应较差，则有改善的机会。如图 4.12 所示，在过渡频率以上，均衡最可靠的基础是音箱的消声数据。

如果一个人有幸从好的音箱开始研究，只有一个问题仍然存在，那就是所有人都面临的问题：小房间里的低频问题。均衡可以成为解决方案中有效的组成部分，如第 8 章所述。

12.3 听音室中对声音频谱的主观偏好

在双盲主观评价中对比音箱，我们得到了一个清晰的指引——什么构成了一个听起来音质很好的音箱？

第 5 章对此进行了全面的描述。然而，所有听音都涉及音频素材的特征及播放设备和听音室，因此总有“调音”的余地。

在音箱设计中，这是最后的“调音”步骤，在理想情况下，从设计成尽可能没有音染的系统开始。然后对频谱进行微调，希望能使录音中固有的频谱趋势变得更平坦，这种趋势可能会受到产品目标客户的青睐。需要提及的是，这个主观调音过程包括一个房间，在这个房间里，低频问题可能得到解决，也可能没有得到解决。这也是“音频怪圈”在起作用。多年来，通过使用各种各样的录音素材，人们发现，在双盲多重对比听音测试中，轴向频率响应平坦的音箱受到了大多数听音者的青睐。

但是，如果听音者被给予音调控制来调整频谱，使他们听到个人可能更喜欢的声音，会发生什么呢?

Olive 等人（2013）的研究与众不同，因为所使用的音箱具有消声测试数据，他们描述了房间配置并测量了房间稳态曲线。在双盲听测试中，听音者对音箱进行低音和高音平衡调整，使其均衡而得到平坦、平滑的房间曲线。在独立的双盲对比测试中，没有均衡的情况下，音箱已经得到了很高的评分。进行了 3 次测试，分别调整低音或高音，另一个参数随机固定，还有一次测试，高低音控制都可用，从随机设置开始。这是一个经典的调音方法实验。对于各个音频素材，听音者进行调整，以产生最喜欢的结果。

图 12.7 展示了训练有素和未经训练的听音者混合的评价结果。这与图 12.4 中的理想房间曲线进行了对比。“所有听音者”的平均曲线接近预测目标，除了在低频时，经验不足的听音者的偏好明显拔高了曲线。事实上，在频谱两端的目标差异是巨大的，未经训练的听音者会选择“更多的高频和低频”。一个悬而未决的问题是，这是否与整体响度或频谱平衡偏好有关。然而，我们中的许多人已经在众多汽车音响的“已知”音调控制设置中看到了这种听众偏好的证据。

更多的数据会更明了，但这个样本数量足以表明单一目标曲线不可能一直满足所有听众。因为这些偏好曲线是由主观决定的，所以它们涉及“音频怪圈”问题。正如它们随着听音者的听音经验和听力训练而改变一样，它们也可能随着不同的音频素材而改变。这证明我们在播放设备中需要易于使用的低音、高音和倾斜音调控制。这种控制的首要任务是允许用户优化他们房间里音箱的频谱平衡，并在此基础上补偿电影和音乐中出现的频谱不平衡。这不是一个新概念。20 世纪 80 年代，Quad 的 Peter Walker 在 Model 34 前级放大器中引入了倾斜控制（链接低音和高音控制）。Lexicon MC-12 通过数码方法实现了这一功能，非常线性的倾斜，结合音调控制，增加了我自己的聆听乐趣。可能还有其他我不知道的方法。

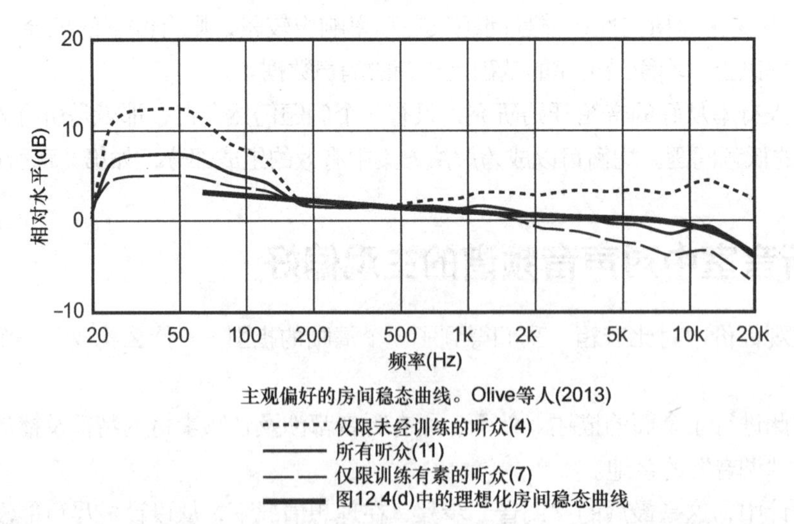

图 12.7 来自 Olive 等人（2013）的在典型的家用听音室中测得的主观偏好的房间稳态目标曲线［摘自 Olive（2009）］。叠加图 12.1 的预测

这种频谱倾向的好处是，人类似乎适应了它们，除非它们是极端的，或者突变的，比如当听各种各样的音乐时，或者它们出现在多重对比盲听测试中。特别有趣的是，在这些调音方法测试中，同样存在经验丰富的听音者故意将高频向下倾斜的做法，在多重对比测试中，他们选择了接近房间预测曲线的音箱。这是不同实验方法或音频素材的结果吗？有机会应该进行更多

的研究。

重要的观察结论是，所有的结果都表明人们倾向于低频增加的稳态频谱。在之前的实验中，Olive 等人（2008）比较了 5 种不同的“房间校准产品”，发现最受欢迎的产品遵循类似于这里展示的“所有听音者”曲线的曲线——低频较少的产品没有得到高评分。

为什么听音者，甚至像图 12.7 中训练有素的听音者，会被低频增益所吸引？有一种可能的解释。电影和音乐混音制作时通常在非常高的声级听音——远远高于家庭播放的理想水平，当然有时家中也能达到这样的高声级。如果回放声级较低，等响曲线（见 4.4 节）说明低频感知响度会降低。一些超低频消失在听力阈值以下。增强低频可以恢复其中一部分低频——参见 4.4.1 部分，图 4.6(e）解释了可能发生的情况。

12.4 家庭影院中的语音清晰度

没有人会质疑电影或电视中对白的重要性。但电影的不同之处在于，它们使用多个声道来传递音乐、氛围音和音效。

环绕声和沉浸式音频。这意味着需要人类的双耳听觉来区分来自一个方向的人声和来自其他方向的音乐或音效。两只正常工作的耳朵和大脑在增强清晰度方面做得非常出色，但不幸的是，正如我们中的一些人在嘈杂的餐馆中所意识到的那样，年龄和听力损失会降低这一功能。有些问题是简单的信噪比导致的，而有些则是双耳分辨能力（见第 17 章）的退化导致的。

要在语音清晰度方面取得高分，5dB 的信噪比是不错的，15 ～ 20dB 几乎是完美的。在这种情况下，除了我们想听的语音，其他一切都是噪声。当几个人同时说话时，噪声就是语音本身。在音乐中，它是歌手与伴奏乐队之间的差异。在电影中，它是对白与音轨中其他所有内容的差异。对于电影和电视节目中的长段对白，噪声通常是背景氛围音乐。当动作场面开始时，声音会变得非常吵闹。

最大的问题是音频素材本身固有的问题。显然，混音师注意到了这一点，但他们比我们这些外人更有优势。在声音制作环节，他们可以反复听到电影中的每个部分。他们可能还没听就知道对白是什么，即使不专注地听也能听懂。

许多消费者在意的体验是倒带和播放的性能，以及有字幕或隐藏字幕的选项，这些都是有原因的。原因与劣质的音箱或房间声学无关。随着年龄的增长，我们预计偶尔会听不清语音，但从没有听力问题的人那里也能听到同样的抱怨。

为什么在同一个房间和播放系统中，一个人从高度可懂的“正在说话的真人”电视节目切换到看电影时，对白并不总是被完全理解呢？一部分原因是“轻声细语”；另外，电影有很大的动态范围，而电视新闻和纪录片的动态被高度压缩——总是很大音量。部分原因是说话的人不面对镜头时，人们无法从嘴唇、面部表情等动作获取信息。还有一部分原因是房间里所有音箱发出的音乐和音效与语音信号混合，目的是营造氛围并匹配荧幕中的动作。结果是一样的：更多的“噪声”、更难理解的语音。这些不相干的、艺术上和美学上合理的声音会产生问题。

Shirley 和 Kendrick（2004）调查了不同量值的“额外”声音对听音者语音清晰度、总体音质和听感愉悦度的影响。语音清晰度是一种与语音可懂度相对应的指标，尽管它不是该参数的直接定量测量。一些听音者的听力正常，而其他人则有不同程度的听力损失。

测试条件只涉及3个前置声道，L、C和R，重放20个1～1.5min的5.1声道电影片段。变量是由左、右音箱发出的其他声音的声级，而中置音箱发出的是恒定声级的对白。

第一种情况是在参考声级下驱动3个声道，第二种情况是L和R声道衰减3dB，第三种情况是它们衰减6dB，最后一种情况是仅驱动中央声道。

从几个角度来看，图12.8所示的结果都很有趣；在测试序列中从左到右移动导致中央声道的优势逐渐增加。就语音清晰度而言，显然所有听力正常和听力受损的听音者都认为这是个好主意。这证实了音轨的组成部分是语音清晰度和可懂度的主要因素（请记住，环绕声道没参与该测试）。听力受损的听音者报告的“清晰度”从未达到正常听力组报告的高水平，但他们可以感知到通过衰减左声道和右声道而实现的改善。这教会我们：如果你想体验清晰的语音，使用中央声道听单声道音频——关闭所有其他声道。

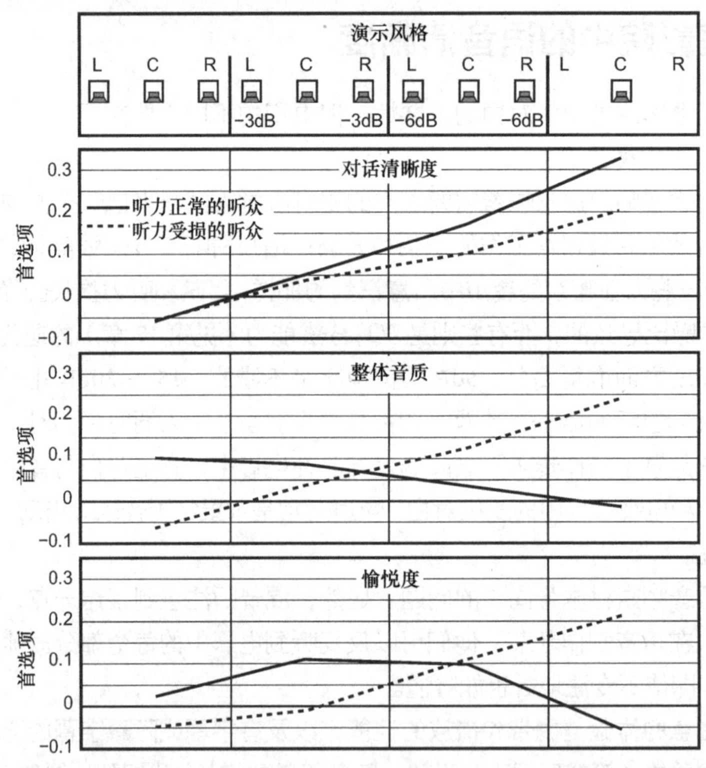

图12.8 从“对话清晰度”“整体音质”和“享受度”3个类别来判断对各种LCR前置音乐舞台表演的主观偏好。从左到右，呈现风格逐渐强调中央通道，以孤立结束。听众被分为两组，听力正常的听众和听力受损的听众［根据Shirley和Kendrick（2004）的数据编制］

就“整体音质”而言，各组之间存在一些分歧。听力正常的人更喜欢所有声道驱动在参考声级上或驱动在接近参考声级的声级上；其他设置评分都更低。请注意，在参考声级下运行3个声道与左、右音箱衰减3dB之间的差异很小（统计上也不显著）。与此形成鲜明对比的是，存在听力障碍、理解语音有困难的听音者，显然更倾向于听单声道。显然，他们将语音清晰度与音质联系在了一起。

当我们谈到“愉悦度”的评分时，听障人士告诉我们，如果对白听不清楚，那么这部电影就是令人不愉快的。那些听力正常的听音者在这个类别的判断上反而比较困难，因为评分的差异很大，这里显示的平均评分之间的差异从统计学的角度来看是不可靠的。在某种程度上，这些差异可能有意义，有趣的是，这些听音者投下了关闭 L 和 R 声道的投票。

总体而言，听力正常的听音者发现自己很矛盾。在“语音清晰度”方面，随着 L 和 R 声道的声音逐渐减弱，甚至声道关闭，情况会有所改善。然而，就“总体音质”而言，L 和 R 声道的 3dB 衰减也许还是可以接受的，但超过这个值则会被拒绝。总体而言，这些听力正常的听音者似乎在说，他们可以接受 L 和 R 声道比参考声级低 3dB 的系统。超过这个衰减也许对语音更好，但从其他角度来看更糟糕。对于听力受损的听音者而言，任何非单声道的声音都是劣化的。这并不意味着他们不喜欢多声道的声音，这意味着他们更加重视语音清晰度。

这些数据并没有为听力衰减的人描绘出一幅多声道音频的迷人画面。但好消息是，这些作者做的其他测试表明，当说话的人面对摄像头时，语音清晰度有所提高；我们有意或无意识地观察嘴唇——所有人都是如此。也许电影技术的改善可以在一定程度上补偿其他声道中分散注意力的声音导致的语音清晰度的下降。与此同时，多声道音频似乎是最适合正常人（通常是较年轻的耳朵）的格式。有趣的是，在他们的 41 名受试者中，有年龄在 75 岁以上的人，表现出听力障碍的人开始出现在 30～44 岁的年龄组，随着年龄的增长，人们的听力逐渐恶化。这里的信息是，这是所有家庭影院安装都要考虑的因素。挑战在于决定如何应对这一问题。

这对电影行业来说并不新鲜。I. Allen（2006）提到了可追溯到电影导演和剧院操作者的语音清晰度问题的例子；如果电影音轨太响，就会令人讨厌。语音声级会随着音效的出现而下降。也有因听音环境的不同而引起的冲突。

在年轻听音者和年长听音者混合的家庭中，能够比较方便地调节中置声道声级是一个很好的特点。与此同时，人们还可以开启和隐藏字幕功能，这是许多人更喜欢在家看电影的原因。

12.5 录音混音室

无论话筒在哪里，音乐厅、爵士乐俱乐部或录音棚，声音最终都会被传送到混音室，在那里被处理和艺术加工，以满足音乐家和他们想象中的目标观众的需求。如今，录音室也可以成为表演空间。当然，电子合成的声音也很常见，此时唯一的声学参与是监听。最终，通过监听音箱听到的声音对录音的结果有很大的影响。

1.4 节介绍了“音频怪圈”的概念，解释了混音室和最终回放环境中不匹配的顺序。如图 5.17 所示，它在唱片业内部也有分支，它表明在某一点上，录制的母带被移交给母带工程师，母带工程师试图将其配置为适合通过所选媒体进行的传送，并为最大数量的听众所接受。Bob Katz 就是其中之一，他说：“大多数情况下，当使用一个（雅马哈）NS-10/ 近场混音到达母带时，我可以分辨出来是用这款音箱在混音（Katz，2002，第 79 页）。”它包含用于补偿该音箱频谱错误的显著的音频信号。Katz 详细解释了为什么对他来说，具备准确、中性的监听音箱是一个基本要求。然而，最终的混音还是要通过其他音箱试听，以确认音频的艺术“翻译”。

监听音箱应该尽可能是中性的，就像许多消费类音频产品明确希望的那样。这是打破音频怪圈的方法。但是，专业音箱被要求做一些消费类产品可能不必做的事情——播放声级非常大，持续时间非常长，并且不能中断。这些产品让工作室赚钱，“死寂吸声”不是选项。

◎**翻译**

翻译是一个用来描述艺术成功传播给消费者的术语，不管这些消费者是谁，也不管他们在哪里。它被用于从音乐到电影的声音再现的所有领域，这是一个恰当的描述。然而，正如我们从语言翻译中所知道的那样，原始意义经常被改变（至少是微妙的），有时这种“改变”是巨大的。在声音再现中，变化可以有无数种形式，它们是不可避免的。所以我们的目标是试图预测可能出错的地方，同时最大限度地提高听众的满意度。通常，甚至超出了翻译的大公差。

在一个理想的世界里，测试的目的将不是“翻译”，而是“复制”一个完美的副本——但这是一个不可能的任务，因为声音复制系统在如此多的地方呈现出如此多的形式，包括耳机。

因此，翻译，一个要求较低的标准被应用，有时被简化为传达原始艺术的最基本的元素，或创作者的“视觉”。

显然，我们越接近“复制”，事情就会越好。但正如下面的讨论所显示的，有一些方法可以简化这一过程，并且仍然提供一种具有广泛吸引力的艺术产品。现代技术使这项工作变得更加容易，无论是通过耳机还是通过房间里的音箱。

录音室监听音箱分为以下 3 类。

■ 主监听音箱——大尺寸，通常入墙安装，功能强大的全频带系统，能够达到很高的声级。

■ 中场监听音箱——中型音箱，可以是全频带的，也可以是低音炮，位于控制台前方中等距离处，放在这一位置上，可最大限度地减少工作区表面的反射。

■ 近场监听音箱——放置在录音控台仪表台上的小音箱。来自工作区表面的反射是从这些音箱听到的声音的一部分，它们的位置可能会导致它们干扰从主监听或中场监听音箱那里听到的声音。听音者处于声源的声学近场（见 10.5 节），这意味着头部位置的微小变化会导致到达耳朵的声音发生变化。

总体而言，这些音箱的灵敏度相对较高，因此需要较小的功放功率即可，这意味着单元运行时发热量更低，并且可以持续更长时间。在更远距离的音箱上，需要一些指向性控制来将声音传递到听音区域，而不是房间边界。号角音箱很常见。

消费类和专业音频领域都有一些中近场监听音箱。不过，总体而言，专业音箱的外观缺乏吸引力，大部分是矩形和黑色的。还有一个区别点：它们可能是有源的，带有板载或专用外置功放和数字信号处理器。

一些有源组件可以集成到数字网络中，使校准、多通道配置、低频管理和均衡非常理想且方便。

那些带有专用电子设备的专业音箱比无源音箱有着更大的优势。总体而言，消费者，尤其是高端发烧友，还没有赶上技术带来的优势。好的音箱和功放可以发出好的声音，但将专用的数字分频、均衡器和功放相结合，为特定箱体中的特定音箱组件而设计，可以产生更好的声音。

传统的录音混音室和工作室是精心建造和配置的空间，乐队以高昂的费用租用。它们的存在是有充分理由的，但如今，许多音乐都是在改装过的卧室和车库里录制的。多声道混合和信号处理现在可以在现场使用强大的数字信号处理算法实时完成。小型普通房间的声学已经成为音乐行业的一个组成部分，因此从家庭听音室和家庭影院学到的一切方法都可以用于这些小型录音室 / 混音室场地。

12.5.1 老式监听音箱

尽管在混音室中声音回放有可能达到最高水平，但是我们仍然可以看到音频发烧友圈中存在“不完美”音箱。

其基本原理是，因为如此多的消费者通过“不完美”的音箱听音，所以至少需要通过“不完美”的音箱进行一些监听活动，以确保混音“翻译”到现实世界。旋律、节奏、歌词和基本和声都可以交流，但其他都无法保证。原因是“不完美”的方式太多了，音频产业在探索所有可能性方面做得很好。向小型无线便携式音箱的扩展，以及各种头戴式和入耳式耳机的普及，显著地增加了复杂性。

“不完美”音箱的一个例子是 Auratone 5C。它由一个安装在密闭箱体中的 5in（127mm）全频单元组成，这种单元在 20 世纪 60 年代的听音机和电视机中很流行。图 12.9（a）展示了这款微型音箱的轴向上和离轴频率响应。图中还展示了一个更大、更贵的音箱的一组数据，虽然低频更强、功率更大，但它具有许多音色和指向性特征。这两款音箱在当时都很受欢迎，一些录音工作室仍然将它们收录在设备库中。就音质而言，它们都是高度音染的；UREI 在 1984 年前后在采用专业录音师和音频制作人进行的双盲听测试中得到了大约 5.5/10 的分数（图 6 中的音箱 C，Toole，1985）。

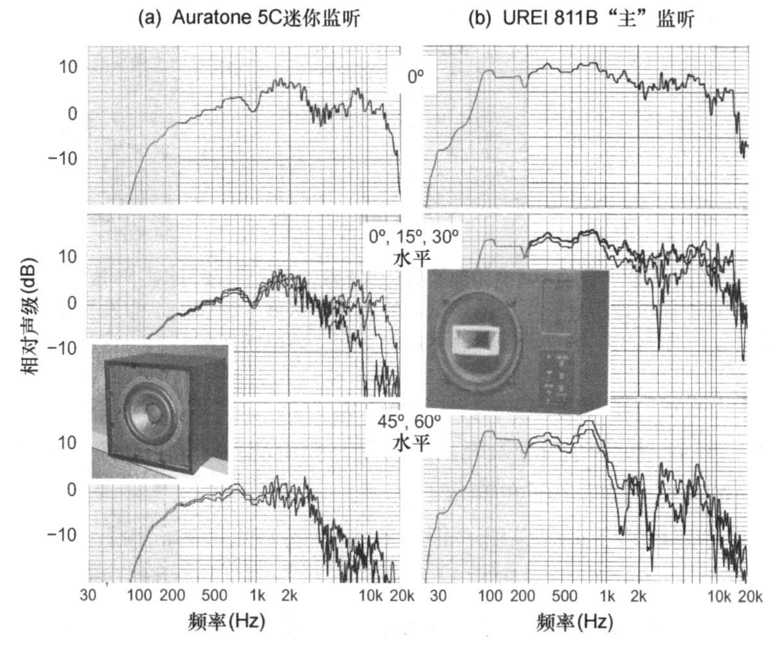

图 12.9 两款音箱上的消声测量变得流行，尽管它们的可测量和可听到的缺陷明显。测量值为 2m，在低于约 200Hz 时精度逐渐降低，因为当时没有校准该室 [摘自 Toole（2008），图 2.6]

UREI 811B 和该时期其他类似的较差离轴表现的音箱是导致人们在早期反射点进行大量吸声处理的原因（见 18.3 节）。图 7.5 显示了可选的声学处理，当声音向侧墙、地板和天花板辐射时，类似于图 12.9（b）中的 45° 和 60° 曲线，消除它们是最佳选择。死寂的混音室设计是不可避免的。有些甚至更过分，使得整个房间充满阻尼，使听音者在大部分频率范围内处于以直达声为主导的声场中。然而，如果在控台的仪表上放置小尺寸音箱，或者更好的是，在控台后面的中场位置放置小尺寸音箱，可以大大降低房间的影响。

随着近场监听变得越来越流行，从小音箱中寻找新“声音”的范围也扩大了。雅马哈 NS-10M 是其中一款非常受欢迎的音箱。最初的产品是针对消费类市场的，人们可以在远场，在一般反射的家庭房间里利用这些产品听音，并且这些产品的设计考虑到了靠近墙壁摆位可能带来的低频增益效应。设计师在 NRCC 拜访了我，讨论我们的研究并参观我们的设施。不幸的是，他是以辐射平坦的声功率为设计目标，图 12.10（a）显示他非常成功。因此，由于二分频设计固有的指向性，轴向频率响应受到了不可忽视的影响。随着频率的升高，低音单元逐渐变得更有方向性，然后系统指向性随着频率到分频点的高音单元方向性下降而下降，接下来，继续变得更有方向性。相反的情况适用于图 12.10（b）中的 JBL 4301。这是专为近距离听音而设计的，具有平坦的轴向响应。然而，可以预见的是，由于 DI 的存在，声功率并不均衡。在图（b）中，两个 DI 叠加在一起，表明这是由这些设计师选择的相似的低音单元和高音单元尺寸而决定的。使用这些消声数据，在这些音箱中，其中一只的声音都可以被均衡成和另一只音箱的声音非常相似的声音（在以近场 / 直达声为主的听音过程中）。

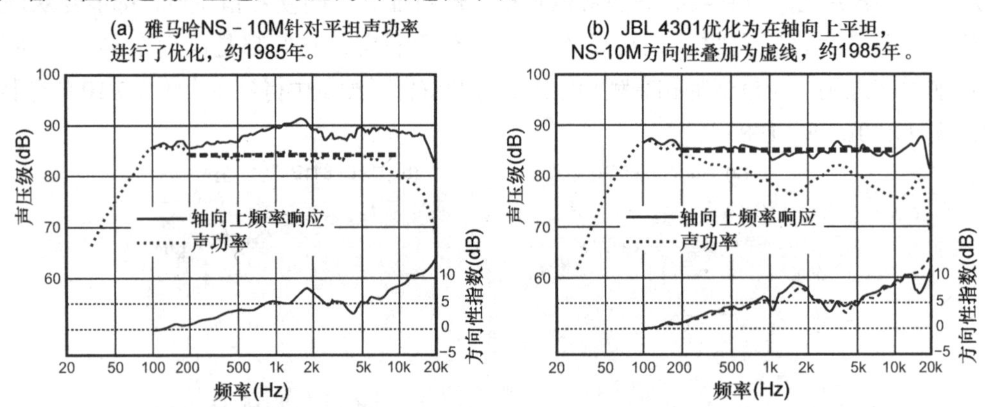

图 12.10 两只 7～8in 的小型双向音箱，具有相似的指向性指数，每只音箱都针对不同的目标进行了优化。（a）雅马哈 NS-10M 被设计为具有平坦的声功率的音箱，这被（错误地）假设为在家庭房间中进行远距离收听。（b）JBL 4301 被设计成具有平坦的轴向上频率响应的音箱，这对于近场收听是可行的

NS-10M 因其“紧致”的低频声而受到一些人的赞赏，这是低频声本身不足的结果。音箱中的低音单元可以被看作最小的相位系统，因此振幅响应决定了时间响应，均衡可以同时改变两者，直到倒相孔的声级变为非线性的声级。

有趣的是，两者都被用于近场监听，但只有一个是为此目的而设计的，那就是 JBL。当听音者抱怨 NS-10M 的声音听起来过亮时，在高音单元前挂面巾纸就成了一种时尚。查看图 12.10（a）中的轴向响应，很明显，约 1kHz 以上的频谱明显高于较低的频率。声音听起来当然很亮，这是不利于监听这项工作的。

当录音师们争论什么牌子的纸巾最有效时，雅马哈把产品带回了实验室，并对其进行了修改，称其为 NS-10M Pro。这个新设计如图 12.11 所示。从图（a）中可以看到，低音单元的声级提高到与高音单元在高频处相匹配的声级，但中频仍然存在凸起。但这是我们之前测试过的。在图（b）中，3 个近场样品的测量值叠加在图（a）的轴向曲线上。在近场听音方面，NS-10M Pro 将具有 Auratone 的基本频谱特征，但低频下潜更好。同样明显的是，Auratone 中低成本单元的一致性是一个问题。

这种扭曲的频谱形状被其他小制造商所模仿。即使是现在，NS-10M 也是一些有源监听音

箱中的一个可选项，有趣的是它被称为“老派”。不过 NS-10M 已经是历史，意义重大的是雅马哈加入了图 12.11（c）所示的平坦中性轴向声音的“新流派”。这个目标现在在市场上被称为“声音频谱上异常平坦的响应”。保留白色低音单元是对 NS-10M 传统的致敬。

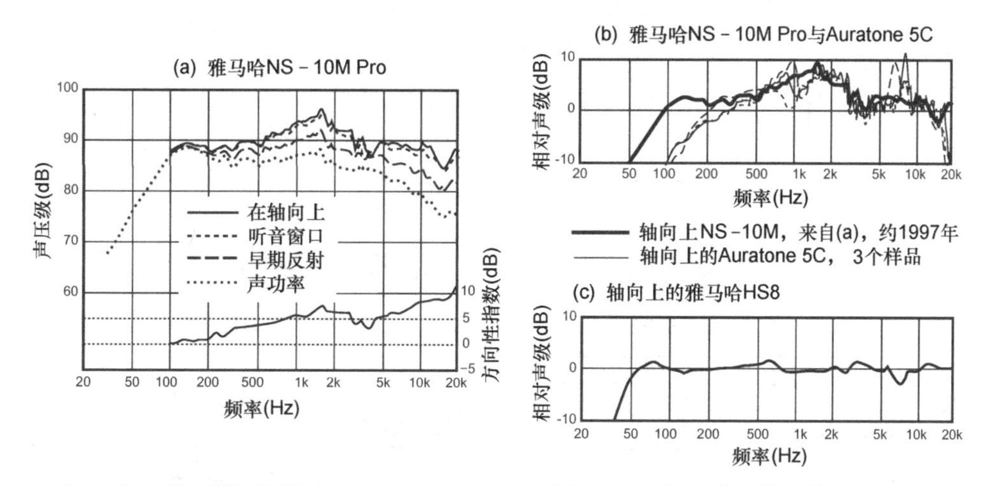

图 12.11 （a）NS–10M 的修订版“NS–10M pro”，在这个版本中，没有什么接近持平。图（b）展示了在近场监控中很重要的直达声，NS–10M pro 现在与 Auratone 5C 非常相似，但表现为低频扩展。图（c）展示了当前模型的已发布轴向上响应

12.5.2 现代监听音箱

录音师仍然需要在“不完美”的音箱上评估他们的混音，以了解它们是如何“翻译”的，那么可以做些什么呢？通过测量和听音测试，我对数百个各种价格的消费类音箱进行了评估，这也影响了我自己的观点。这始于 20 世纪 60 年代（见图 18.3），当我在 1985—1986 年正式发表我的发现时（见图 5.2），很明显音箱设计者有一个非常简单的性能目标：平坦的轴向响应。这些是受欢迎的消费类产品。

不是所有的音箱都这么好，但差异在很大程度上是随机的——设计在许多不同的方面是失败的。换句话说，“糟糕”的声音各不相同，就像 Auratone 尝试的那样，并在 NS-10M 和其他产品中继续。

2000 年，哈曼工程师对一系列流行的入门级消费类迷你音箱系统进行了基准测试。他们将磁带或光盘播放器、AM/FM 听音机、功放和音箱装在一个塑料壳体中，价格 150 ～ 400 美元不等。图 12.12 展示了结果。所有的系统都存在问题，但它们是不同的，当平均后，未平滑的曲线在大约 80Hz ～ 20kHz 的 3dB 公差范围内。这表明，录音室监听音箱的水平轴向目标性能将会取悦很多的入门级消费者。

小尺寸低成本音箱最常见的特征是缺乏低频声和不能大声播放。因此，对于现代监听音箱来说，最显而易见的解决方案是从最精确、最中性、带宽最宽的音箱开始，在信号路径中引入高通滤波器，并将音量调低。这样，任何价格或尺寸的音箱都可以被模拟——不是真的用任何特定的音箱，而是模拟消费者可能听到的“普通”音箱。另一个优点是，混音室可以消除一定的声音杂波。图 12.13 说明了其原理。显然，这一功能可以通过现有的技术来实现，并增加了模仿“轰鸣声”音箱的可能性。

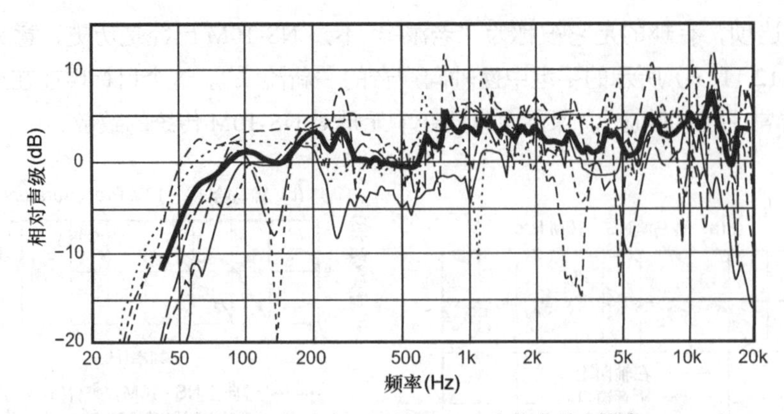

图 12.12　6 个入门级微型系统的轴向上频率响应，平均值显示为粗曲线 [摘自 Toole（2008），图 2.5]

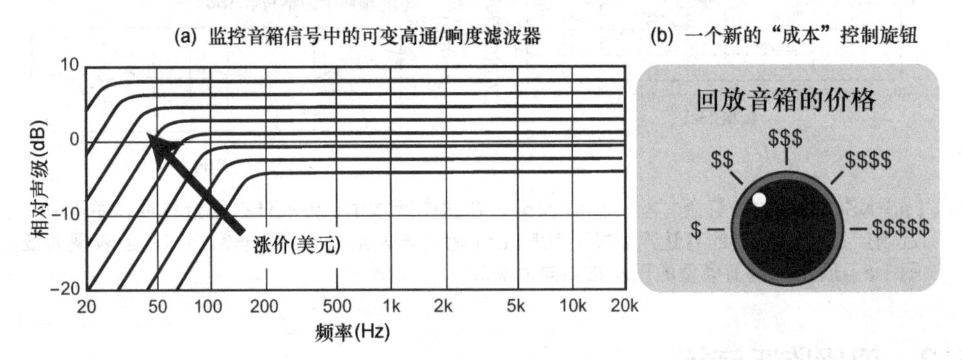

图 12.13　一个风格化的视图，展示了如何修改高质量的监听音箱，以模拟不同价格和尺寸的普通音箱的声音

现在市场上有许多高性能的监听音箱。图 5.12 所示就是其中之一，但也有更小、更便宜的产品，其性能水平使其成为更有效的中性回放设备。通过准确全面的消声数据，我们可以识别基本中性的音箱。当在双盲听测试中对比 Spinorama 数据相似的音箱时，它们听起来确实也非常相似。对于最高端的音箱来说，通常会以音频素材这一剩余变量的统计分析结束。音频专业人士和消费者都有同样的问题：很难找到能够识别这些音箱的可靠的消声测试数据。

在图 12.14 中，音箱（a）和（b）的声音差别很大，与市场上的许多消费类和专业音箱相比，并不理想。如果你想在监听音箱中寻找“个性”，以下是一些选择。我在“著名的”设施中见过这些设备，我只想知道录音师们是如何处理失真如此大的声音的。在一个设施中，录音师们讨论了超宽频带的重要性，这是与现实相冲突的，因为他们的监听音箱甚至连 20kHz 都无法达到。缺乏测量，或者对测量缺乏信任，这是一个严重的障碍。

相比之下，音箱（c）和（d）的声音基本相似。它们可以被描述为“中性的”，就像图 12.1 中的消费类音箱。用户如何找到这样的音箱？我展示一个哈曼的产品，因为数据对我来说是可以拿到的，对于一些监听音箱，在网站上可以看到 Spinorama 数据。在对几家制造商网站的查阅中，技术描述遵循了图 12.3 所示的消费类音箱市场的非有效信息的传统。Genelec 是一个例外，尽管他们的消声数据不是 Spinorama 格式的，但有足够的数据使人做出明智的决定。有人可能会说，披露此类信息应该是为了迎合专业音频市场的要求。

但是，人们总是听到这样的评论：“白开水式的声音是无聊的，我想听能让我兴奋的声音。”视觉中与之类似的是“透明玻璃很无聊，我希望我的视角是有色的。”两者的问题在于染色，但无论是听觉的还是视觉的，这种染色都是恒定的——它以同样的方式影响着一切。这一定也会很无聊。

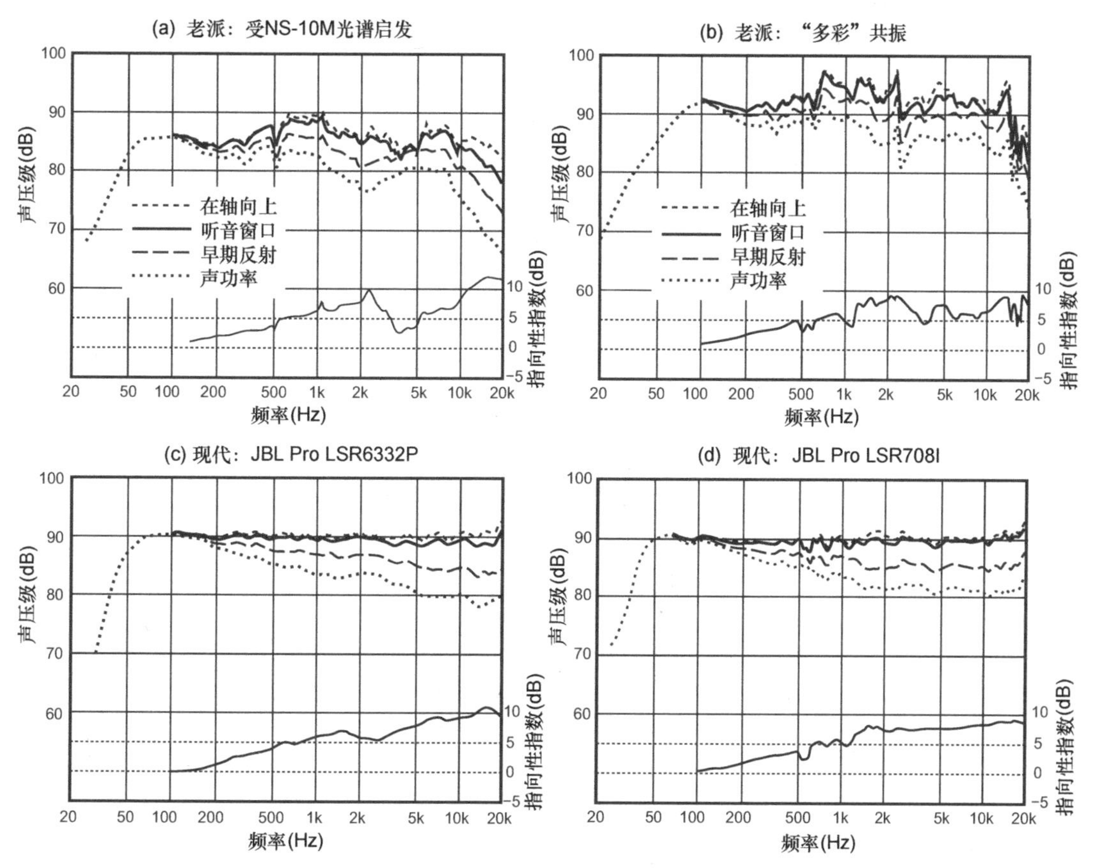

图 12.14 老式 [（a）和（b）] 及现代 [（c）和（d）] 监听音箱的例子。（c）采用锥形 / 球顶设计，从方向性指数可以看出（d）的锥形 / 号角设计

不论是通过监听音箱判断作品的录音师，还是在玻璃后面创造图画的视觉艺术家，他们都掌握着艺术。如果真的很无聊，那就用目前混音师常用的大量音色和空间感算法来增加刺激。这样，"刺激"就融入了录音，并且这种声音有机会被传达给消费者。如果在混音过程中增强一部分频谱可以提供好的听感，请使用均衡器，而不是不同的音箱。

特殊的监听音箱不应该成为艺术的一部分，因为只有拥有相同音箱的听音者才能欣赏这些艺术。音频专业人士抵制更适合自己录音倾向的音箱。这只是延续了早期监听音箱的缺陷。这可能会带来舒适的熟悉感，但会阻碍行业进步。此外，作为越来越多拥有相对中性音箱的消费者之一，我希望听到未经修改的艺术作品。

最完美、最中性的音箱不可能对所有音频素材都很友好，因为所有音频素材并不是"天生"相同的。Mäkivirta 和 Anet（2001）测量了许多录音室中相同的 Genelec 监听音箱。房间曲线的差异变化，尤其是在低频时，非常明显——足以使得录音师调整录音的音色平衡。这些研究至少是从声音可能很好的音箱开始的。然而，有趣的是，目标房间稳态曲线是平直的。这与一些录音 / 广播行业标准是契合的，就像 X 曲线的低频部分一样，它与正常的听音体验和听音测试时听众的偏好是背道而驰的——参见 13.2.2 部分。这并不是一件好事。

第13章

设计、测量和校准音频回放系统的合理方法

我们生活和听音的空间中，声学的细节并不是一成不变的，但是人类却能很好地应对，在适应不同声场的同时，保持对声源印象的稳定感知。场地的变换不会改变人声和乐器的固有音色，它们不过是处于不同的环境而已。就音质而言，我们认为欣赏任何现场表演都是一种“参考”听音体验。正常的——自然的声学在起作用。用音频术语表述，无论是主动感知地还是潜意识地，“房间均衡”都发生在双耳听觉中。

我们认为低频不同的增益效果与其说是由作为房间部分特征的反射声累积产生的，倒不如将其看作对声源的一种描述。如果一个交响乐团的演奏由于缺少低频让人感觉“单薄”，责任应在音乐厅，而非乐器或音乐家。一种男声听起来“丰满浑厚”，很可能是由于传声空间（例如，淋浴时唱歌）的反射特性所致。这在实时过程中效果非常明显，但如果在听音空间中录制、存储和回放具有这种品质的声音，我们可能会认为不好听，并主动要求音调控制或均衡。录音师正是如此，在自己的混音室一边通过监听音箱听音，一边使声音恢复到他们认为最好的平衡状态。因此，音频怪圈始终是影响录音的一个因素。

图 5.16 很好地说明了对于不同于房间的声源特征的识别，这适用于乐器和现场演出的录音。但声源和房间（感知流）的区分并不绝对。对任何因素的适应，包括听音环境的适应，都有局限性，这方面的讨论和任何测试系统的一个要求是确定关键变量和界定人类听音者适应各种变化的范围和需要调整的地方。

人们普遍认为房间问题是需要消除的，这种观念是错误的，但这种观念常被用于咨询服务和声学处理材料的促销。毫无疑问，我们多少需要一些声学处理以便获得尽可能优质的声音，但需要有选择性地适度应用，并针对具体的问题。

对于大众市场，通常带家具的家庭房间似乎都留出了充分的可用于娱乐的中间地带。关键是首先要有一个音质良好的音箱——然而这在当前的发烧文化下是一件不易被鉴定的事情（见 12.1 节）。如果有一个优质的音箱，优化正常听音的空间的声学性能或在一张白纸上设计一种定制性能的方案就并非难事，当然，低频除外。

13.1 低频——普遍存在的问题

本书第 8 章和第 9 章专门讨论了房间共振和相关驻波问题导致房间低频量感和质感的可闻变化，以及相邻边界的影响。低于过渡频率，房间都会以某种方式成为我们所听声音的主导因素。由于房间本身及其中音箱的摆位和听音位的选择是强调个性化的，因而我们无法全面概述这些因素的影响。在音频系统配置完成后，必须针对现场进行音频分析和处理。

在低频下，现场稳态测试是可选的一种测量方法。1/6 倍频程分辨率，甚至更高的分辨率会非常有帮助，因为它可用于深度分析共振源，如图 8.8 所示。弄清楚导致问题的原因，以便运用有针对性的补偿措施从而消除问题。在房间中不加选择地摆满低频陷阱可能会具有积极作用，但需要相对应的频段处理，否则也可能会过度消除有意义的低音。显然还存在明显的视觉外观问题。因此，最好先了解具体情况，然后才能指导处理材料的配置。最后，如果有必要对房间模式和相邻边界效应进行了解，高精度测量对于深度分析情况、优化低音问题的解决方案是有指导作用的。图 8.9 清楚地给出了高分辨率的低频测量值。

适当的分辨率还能帮助我们识别需要均衡的房间共振的中心频率和 Q 值。均衡滤波器与共振匹配程度越高，抑制共振的效果就越好，从而可以减少振铃的持续时间（见图 8.12 和 8.3 节的讨论）。

在低频下，人们（也包括我）一直认为，单纯是因为具有更长的持续时间，低频下的振铃就可能比高频下的振铃更容易被察觉。8.3 节对与之相关的实验证据进行了讨论。普遍结论似乎是频谱波动是比振铃更大的问题。这就是说，即使三维的瀑布图能够在视觉上有力地证实共振的存在，也无须对共振的存在进行检测或确认补救措施是否有效。必要的信息存在于高分辨率稳态响应曲线中。想必是由于振铃并非听感的一个主要影响因素，人们发现在 1/3 倍频程振幅均衡时，声音得到了显著改善，至少对于单个听音者而言是这样的。

采用多低音炮模式控制方法（见 8.2.6 ～ 8.2.8 部分）来减小座位之间的声音差异对于降低振铃具有很好的效果。一项研究表明，由于振铃持续时间存在阈值，这些方法的效果超出预期。然而，这个方法的主要目的实际上是减少不同座位之间低频声的差异，扩展可听音区域，为多个听音者带来同样理想的低频声。

所有均衡处理，无论是手动调节还是算法计算，所面临的一个挑战是需要避免补偿较窄的声学干涉凹陷。这些凹陷集中在空间的某些区域，试图填充它们只会增强其他任何地方都可闻的共振。而且有些声学干涉导致的问题，由于干涉信号同步变化，本身就是无法通过增强信号源而消除的。

最后，如第 9 章所讨论的，邻近临界产生的声学干涉会对传向各个座位的声音产生影响，更宽泛地说，辐射到房间的声功率改变了。它是房间测试结果的一个组成部分，通常叠加在房间共振效应的影响上。如 9.2.1 部分所述，通过空间平均值和均衡可以解决声功率偏移的问题。

13.2 高于过渡频率的声音

在低频下，可以将音箱和房间看作一个紧密耦合的系统。但在中频和高频下，波长更短，可应用声“线”来理解声音辐射之后发生的声学事件。将单独的直达声和反射声进行分离是有可能的。在基础音质之上增加了新的感知维度：空间感、包围感及类似的感觉。下面，我们将回顾一些相关的历史，分析一些相关的标准，并尝试获得一种用于未来测量的合理方法。

13.2.1 30年——有些东西变了，有些却没变

就声音录制和回放的整个历史来说，一个平滑的轴向频率响应一直以来都是音箱设计者的主要性能目标。原因是无论最初被录制到的声音对应何种频谱，音箱都应尽可能原汁原味地回放。我最早在 20 世纪 60 年代中期的盲听测试表明，听音者对轴向平直响应的音箱发出的声音给出了高度评价（见 18.1 节）。不久，更为严谨的研究证实了这一点，并在要求中新增了平滑度和无谐振（见图 5.2）。更多的测试表明，较大角度离轴产生的房间早期反射声保持这些属性也很重要。图 13.1 给出了相隔 30 年的数据的有趣对比。

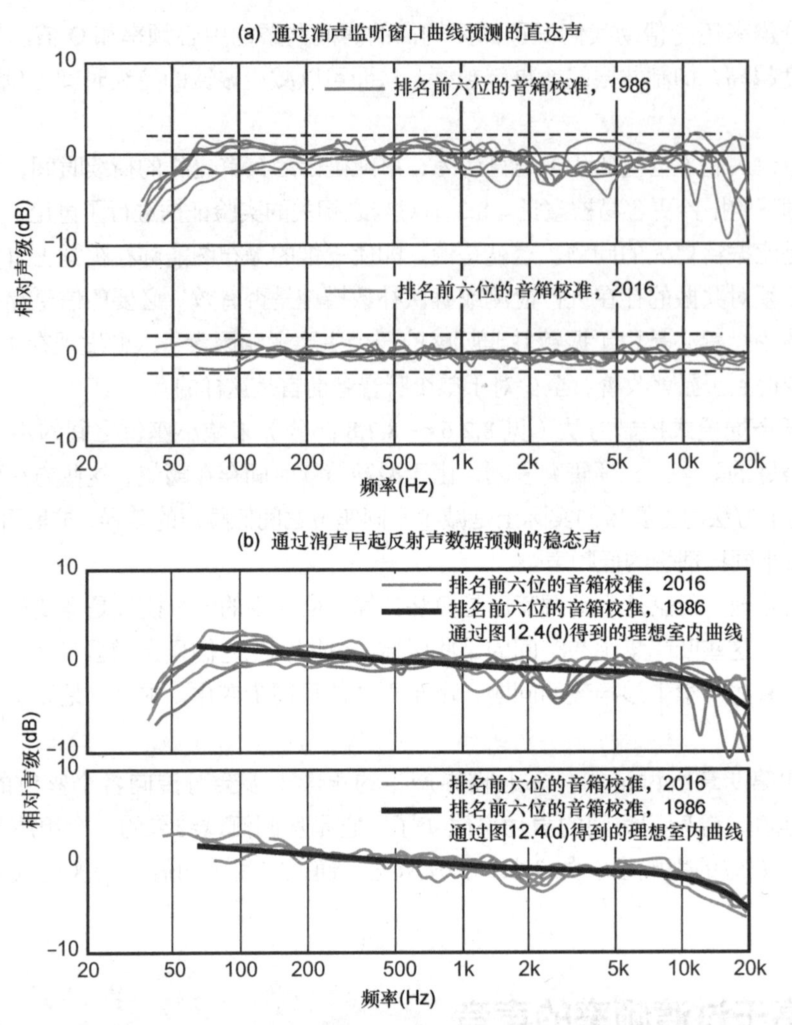

图 13.1　30 年的演变。1986 年和现在进行的双盲听测试中，获得高度评价的 6 款音箱的测试数据对比。历史数据源自 Toole（1986）；听音窗口数据取自图 8，平均值源自图 22（可与 spinorama 的早期反射声相比）的半球数据。图（a）中的虚线表示 ITU–RBS.1116 - 3 和 EBUTech3276 容许 1/3 倍频程平滑轴曲线的 4dB 公差窗口。所示曲线在监听窗口上进行空间平均，具有 1/20 倍频程分辨率，因此，细节更加突出，变化程度大于频谱平滑数据。图（b）表示的是预测房间稳态曲线与目前评价较高的音箱的理想化室内曲线进行比较，如图 12.4（d）所示

差异减小表明音箱显然得到改进，但其设计者的目标并未改变。图 13.1（a）的虚线表示 ITU-RBS.1116–3 和 EBUTech3276 为可接受的音箱 1/3 倍频程轴向响应适合的 4dB 范围限制。即使是 30 年前的音箱也足以满足这样的标准，而如果数据平滑到 1/3 倍频程，看上去会更好。

轴向曲线中存在对位置敏感的声学干涉。在话筒移动时，我们可以看到大部分因衍射而产生的细微的不规则差异会变化或消失，因此，展示音箱性能的一个更好的指标是听音窗口（最好是高分辨率）的空间平均值。ITU 和 EBU 建议检验了直到离轴 30° 角（只有直达声）时的性能。在 spinorama 中，这些和更多的数据共同组成一个由九条曲线计算的平均值，涵盖了 0° 与水平 ±10° 、±20° 和 ±30° ，以及垂直 ±10° ，从而涵盖到了听音区域内的听音者（见图 5.6）。在 1986 年的 NRCC 数据中，它是一个更为简化的五曲线的平均值：0° 和水平、垂

直 ±15° 。如果音箱设计出色，轴向曲线和听音窗口曲线之间的差异极小，见图 12.1 和第 5 章的示例。如果轴向曲线和听音窗口曲线并不接近一致，那么很可能存在指向性问题，使得处在不同位置的听音者或音频工作人员听到不同的声音。这对于立体声声像或音质显然是不利的。

图 13.1（b）中，房间预测曲线会向下倾斜，这是因为音箱的指向性会导致频率越低，传达到房间的声音就越多，而房间反射率通常在较低频率下有所增强，并且高频声会随着空气衰减而减弱，图 12.4（b）中的测量值可予以证实。如果听音者被具有平坦直达声性能的音箱所吸引，这意味着同时伴有向下倾斜的房间稳态曲线。除非音箱位于一个消声空间，否则直达声曲线和稳态声曲线不可能同时平直。直达声到达后出现低频升高的物理事实，这种事实存在于现场听音体验和声音回放中，见图 10.8 和 Toole（2015）。

13.2.2　错误的房间目标曲线?

如前文所述，ITU-RBS.1116–3 和 EBUTech3276 都要求音箱具有相当平直的轴向频率响应，这与数十年的音箱设计传统和双盲听中听音者的偏好相一致。因此，对应的稳态房间频率响应应当是倾斜的。但情况却并非如此。

图 13.2 对这种情况做出了说明，图（a）说明了之前所示音箱的理想直达声性能。图（b）则给出了所需的“房间响应曲线”公差。预测听音位置处的稳态、粉红噪声、1/3 倍频程分析仪测量值会落在这些上下限范围内。否则，均衡性就能符合要求。

我们所需的“目标”操作房间响应（ORR）曲线是指 EBUTech3276 中的一条水平曲线，存在于 ITU 文件中。本人新增了这样一个目标和理想房间曲线，该曲线被证实是通过测量满足图（a）要求的音箱房间稳态曲线而得出的（见图 13.1）。

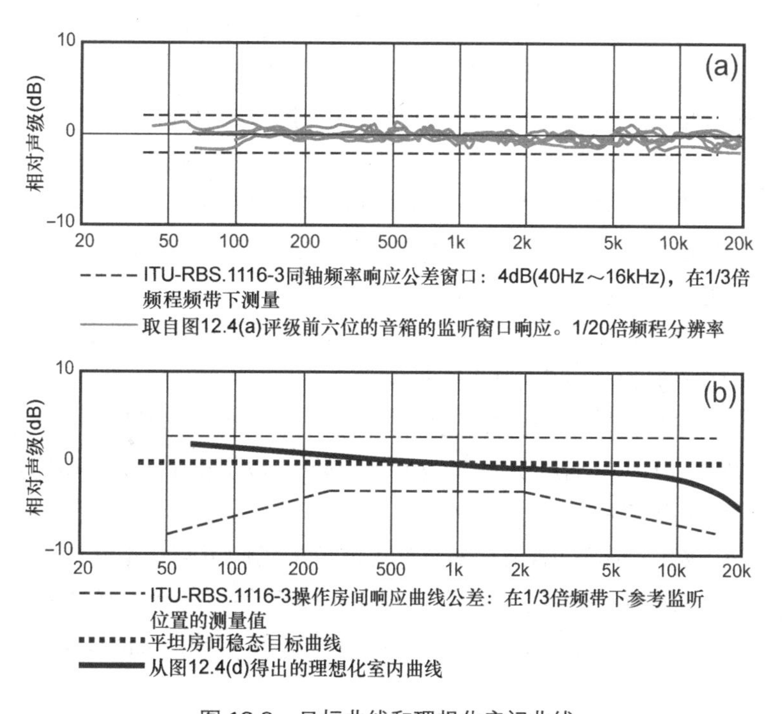

图 13.2　目标曲线和理想化房间曲线

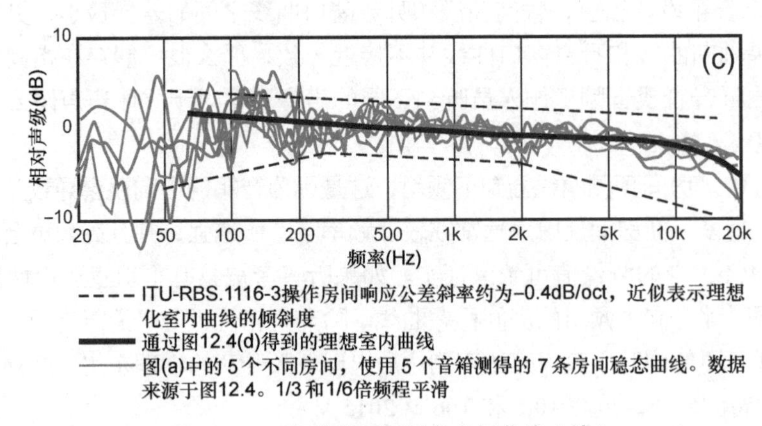

ITU-RBS.1116-3操作房间响应公差斜率约为−0.4dB/oct，近似表示理想化室内曲线的倾斜度

通过图12.4(d)得到的理想室内曲线

图(a)中的 5 个不同房间，使用 5 个音箱测得的 7 条房间稳态曲线。数据来源于图12.4。1/3 和1/6倍频程平滑

图 13.2　目标曲线和理想化房间曲线（续）

曲线并不相同。一条平直，而另一条倾斜。除非在一个消声室内，否则无法同时得到两条曲线。如果优先选用操作房间响应曲线，则音箱的性能须做改动，即需要消除低频，而增强高频。如果音箱在初始状态下获得更高的主观评分，则由于轴向曲线会向上倾斜：低频更少，高频更多，进而主观评分必然会降低。

频谱倾斜的可闻阈值约为 0.1 ～ 0.2dB/oct（见 4.6.1 部分），而这里的差异已经是 0.4dB/oct 数量级的了。这是一个问题，尤其对于制作用于典型家用音频播放系统的音频节目制作人而言。

通过数十年双盲听测试中严肃听音者做出的判断，直达声应是平直的，而操作房间响应曲线公差的斜率约为 −0.4dB/oct，与理想房间曲线 [如图 13.2（c）所示] 更一致。那么平直轴向响应和指向性优秀的音箱的实测房间曲线将会落在公差范围内，高于大约 200Hz 以上的频率无须均衡，即可使听音者能够听到这些音箱播放的音乐的极好音质。这就是很多人在家中听到的，其中大部分情况下，音箱向听音者传递声音的路径相对干净。

然而，在专业录音和广播环境下，工程师坐在大型控台的反射面后侧，控台可能还配有向上突出的仪表显示屏，并配有近场监听音箱。音箱通常靠近房间临界或其他大型反射体。这些都增加了混音位置处的实测房间曲线的复杂性。测试结果会显示出一些声学干涉波动，其中一些可能会被听到，其他则不会。落在操作房间响应曲线公差范围之外并不意味着一定有问题，尤其是在这个目标曲线本身就存疑的情况下。

因此，ITU- 和 EBU- 兼容系统被用于创作广播内容、进行音乐录制或制作影视音频时，存在明显的缺陷。音频怪圈现象不断加剧，而非减轻。

更好的方法可能是将轴向或听音窗口性能作为高于约 300Hz（过渡频率）频率的音质判断标准。未能满足图 13.2（a）所示消声要求的音箱可以均衡，以提供平坦、平滑的直达声。剩下的问题与离轴 / 早期反射声有关。

额外的离轴消声数据可能包括声功率，利用该数据我们可判断指向性应该相对一致的要求。spinorama 格式的数据可用于对声学上“干净”的听音场所（见 5.6 节）的房间稳态曲线（早期反射曲线）进行直接评估。声学上“干净”的房间的测量房间稳态曲线也可用于确认音箱的

音质好坏，并为处理和调整第 8 章和第 9 章讨论的低频问题提供指导。

显然，在存在问题的声学环境下，均衡音质较差或较好的音箱，使之与操作房间响应目标曲线相匹配的做法无法保证声音好坏。希望研究者在对 ITU-RBS.1116 和 EBUTech3276 进行审查时可对其做出修正。

13.2.3 “房间较准”和“房间均衡”的误区

目前，“房间较准”广泛应用于整个音频行业。它们是影院声音校准的基础，并已应用于功放和环绕声处理器中。这种说法是，使用全指向话筒测量稳态声场，并通过算法进行信号处理，可以修复未知房间中未知音箱的缺陷。毫无疑问，这种过程可以在低频下对单个听音者产生改善，但在过渡频率以上，“从全指向话筒获得的平滑房间稳态曲线足以替代双耳和大脑的音色和空间感知”的说法是荒谬的。然而，这显然是一笔好生意。

12.2.3 部分对这个问题进行了讨论。目前可以合理确定的是，对于一个非异常的“典型”听音室，如果空间平均房间稳态线如图 13.2（c）所示，客户可能已经买到了一个非常好的音箱。频率高于约 300 ～ 400Hz，则无须进行任何处理。在这些示例中，音箱的消声数据表明，它们并非是导致曲线上可见的不规则的微小声学干涉的原因。“房间校准”过程基于的观点是房间曲线是音质的最终描述。因此，处理器进行了均衡校正，包括非最小相位声学干涉导致的曲线波动，以便实现给定的目标曲线。可以想象，这样随意修改音箱，会使音质极好的音箱音质降低。如果高分辨率“已校正”房间曲线极其平滑，就表明可能存在不当操作。正如前文多次提及，如果一个房间中的音箱本身参数较好（见图 12.3），则大体可以对此进行预测。如第 8 章和第 9 章所述，谨慎运用的均衡器是可以缓解低频问题的工具之一。

如果音箱设计精良——也就是 spinorama 数据很好——且实测房间曲线与预测曲线（早期反射声曲线）差异显著，则应怀疑声音传播路径上存在障碍物。在这种情况下，解决方法就是通过物理手段寻找并确定声学问题。采用均衡的手段无法补救。

人类的天性是有时只要听出区别就认为一定是提升。这就是如此多所谓音箱和房间较准算法存在的原因。

13.2.4 车载音频

消费者在车上会通过质较好的音响系统，花大量时间聆听音乐。这些系统只有安装在声学环境复杂的汽车座舱后才能被测量。图 13.3 给出了通过 Olive 和 Welti（2009）、Clark（2001）及 Binelli 和 Farina（2008）所做的主观评价得出的结果。为方便对比，还给出了五辆多个国家品牌的豪华车的测量值，以及 Dirac 所采用的目标曲线——一种流行的设计辅助算法。所有车辆都增强了低频，部分原因是要在低频时克服路噪、风噪和机械噪声的影响（一些车辆的低频增强可能会随着速度或背景噪声的变化而变化）。低频下汽车座舱的明显但非共振的特征也可能是一个影响因素。整个中频大体相同，包括图 12.4（d）给出的理想小房间曲线。设计师显然希望汽车能够达到优质家庭音箱系统那样的听感。车内数据收集方式的差异导致在超高频下曲线形状存在一些差异；实际听感很可能比测量值更接近理想状态。

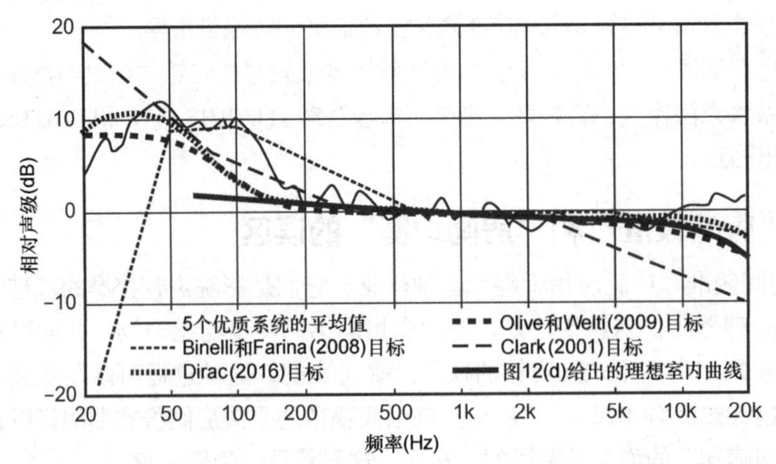

图 13.3　设计车辆音响系统时使用的 4 条车内稳态目标曲线，与一些现实世界示例和试听室音箱回放的理想稳态曲线的比较

13.2.5　耳机

耳机可以让很多人享受音乐。在特定情况下，音频专业人士偶尔会将其用于混音。混音和听音都依赖于正常的声音回放，也就是房间里的音箱，因为立体声就是这样被听到的。立体声录音是利用音箱混音来完成的。

耳机测量一直是且现在仍旧是一个争论不休的问题。哪种形式的声学话筒——耳机“耦合器”模拟我们的鼓膜耳机耦合听音的效果最佳？并且，还有一个问题：测量的目标曲线是何种形状的？

由于外耳、头和肩部具有精密的几何结构，正常听音时到达鼓膜的声音应针对每一个入射角进行不同的修正。耳道共振会叠加在上述所有结构的影响上。对这些效应进行的测量被称为头相关传递函数（HRTF）。我们可在耳道入口或鼓膜处进行测量，但操作存在风险。后者包括 2 ～ 3kHz 的耳道共振。这些频率响应可以是除了平滑和平坦的任何形式，但自出生之日起鼓膜就是人耳的组成部分，进行调音时，应对这些差异进行补偿，并在辨别定位复杂多向声场中的声音时，采用这些差异。

戴上耳机时，声源定位信息丢失，必须要依赖录音中的线索。这就是双耳或人工头录音存在的原因，即努力通过解剖学上精确的人工头话筒捕获声音来提供丢失的信息。但存在两个问题：（1）人工耳并非真人耳。（2）正常播放时移动头部会使播放的频段发生变化，缺失这些信息将使得大脑感到困惑并默认声音在人头内部。与双耳信号校准同步进行的头部追踪方案能够极大改善声像的外部化表现。

立体声录音依靠音箱进行混音，只是在耳机听音的情况下“有所不同”。流行音乐录音通常只涉及左耳、右耳和头部中间 3 个方向。这既亲切又有趣，但一点也不真实。

当我在 20 世纪 70 年代开始客观测量和主观评价耳机时，耳机的音质还参差不齐。*AudioScene Canada* 杂志的测量数据和主观评价构成了我的数据库，数年来，我从听音者喜欢和厌恶的耳机中收集测量结果，目的是寻找一种规律。但现实中，主观评价是非盲听的，这是问题所在。然而，这些测试中的听音者非常熟悉音箱的双盲听评估，主观评分与品牌、价格和技术之间的关系不大。他们形成了一种良好的怀疑一切的态度。

加拿大全国研究委员会的同事，Edgar A.G. Shaw 博士一直致力于外耳声学性能测量的开创性工作（人头相关传递函数的前身），因此我充分采用了这些数据。对我而言，人类听音者会主要关注前半球空间传来的声音似乎合乎常理，所以我收集了这些角度下自由场向耳道的变换数据，从而建立了一个“预测”，推测利用房间中完美的轴向平直且具有较宽辐射的恒定指向性的音箱能听到什么。这其实是一个非常简化的模型，但至少是一个开始。

测量使用的平板耦合器装有从KEMAR拆下来的橡胶人工耳廓，以及1/4in的压力场话筒(位于耳道入口)，这是一种耳道测量法。

随着产品主观评价结果的不断积累，好用的耳机的测量值位于预测目标的大致区域。从Toole 图 8(1984) 可以看出，差异很明显。图 13.4(a) 展示了被选为“良好”的耳机。其中一款受到所有听音者的高度赞誉，如图 13.4(b) 所示，这与包含前半球声音传递的阴影区高度拟合。有趣的是，自 1974 年开始，杂质上刊登了图 13.4(b) 中所示耳机带有耦合器测量值的测评（不论是否发生漏气），并与“理想”音箱 / 房间目标区域进行叠加对比。这是一项开创性的工作。

有理由相信，这样的测量目标对于设计好用的耳机来说会很有帮助。但情况并非如此。只有少数品牌了解这一点，但大部分公司显然有着其他“市场”考虑。耳机声音仍呈现出较大差异。

人们还对耳机目标曲线进行了一些研究，结论是类似于混响场的某种响应是适当的。这演变成了 IEC 建议，但对实际产品的改善收效甚微。Olive 和 Welti(2012) 提供了研究背景。

多年后，我的同事 Sean Olive 和 Todd Welti 将注意力放在了目前蓬勃发展的耳机市场上，并提出了我早在38年前就提出的相同的基本问题。行业的发展为我们提供了新的测量设备(GRAS 43AG)，我们其实能够提供更值得信赖的鼓膜处测试数据，强大的信号处理条件允许进行新的实验。

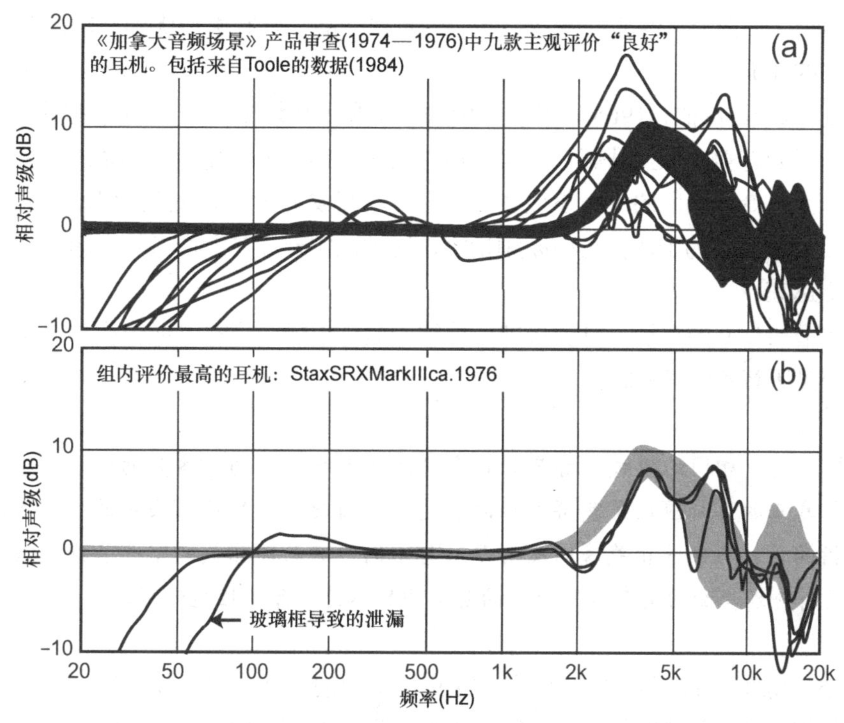

图 13.4 耳道测量结果与表示前半球声音传递（仅水平方向）的自由场 – 耳道变换的阴影区对比 [摘自 Shaw（1975），获得美国声学学会许可]

数篇有意义的论文由此产生（例如，Olive 等人，2021，2013，201，2016）。当他们发现听音者会给予在鼓膜处模拟一个优质音箱在优质房间中发出的声音的耳机高评分时，结果令人欣慰（Olive 等人，2012，2013，2016），这是图 13.4 中结论的一种演进。

结论：最好用的耳机的声音听起来像是好用的音箱在优质的听音室中发出的声音。因为这样的音箱和房间通常也是录音制作的环境因素，想到这里还会有人感到惊讶吗？好消息是使用适当的测量方法，用正确的方式做出解释，是可以预测耳机音质的。

13.2.6 影院

第 11 章对此进行了详细讨论。现状大致是，目前的影院校准曲线，X 曲线与其他音频领域的做法存在重大分歧。在配音台—录音—影院放映的闭环中，任意的目标都可能有效。现在的目标 X 曲线存在人为地频谱失真，要求音轨混音师根据主观判断进行“预均衡”。但并非所有人都这样做。校准过程中产生的差异是另一个问题。而且还存在诸多变量。

我们用家庭和个人设备看电影的频率不断提高，有些影院通过放映音乐和电视节目来刺激业务增长。可兼容的无须再调整的音频将是合乎逻辑的发展趋势。电影声音的心理声学研究一开始就表明影院中屏幕一侧的观众偏好平坦的直达声。在其他音频领域中也是如此。

13.3 是否存在一个普适目标？

阅读至此的读者应该已经知道本节标题的答案。从我进行主观评价开始至今，通过 30 年来对数百款音箱的详细客观测试和主观评价的了解，我获知，双盲对比测试的听音者通常认为具有平坦平滑轴向 / 听音窗口性能的音箱是他们的首选产品。具有类似优异离轴性能的音箱甚至可以获得更高的评价。

正如第 11 章所讨论的，1965 年前后开始的影院和大型场馆的声音调查表明，听音者首选的是整体向下倾斜趋势（低频升高）的房间稳态曲线。相比于中高频，低频的升高量由房间的反射率决定，大型商业场所的反射率往往高于家庭房间或录音混音室的反射率。低频升高还是一个与音箱指向性有关的函数，与中高频相比，这种低频升高在大型影院音箱上会比小型家用或监听音箱更迅速。

图 13.5 是图 11.10 的重复，对现状进行总结，展示了最佳稳态目标曲线的最佳证据，适用于电影院、小型听音室和家庭影院。

> 这些场所适合相同的模式，都是音箱向房间辐射平坦轴向直达声的结果。这是普遍存在的。我们真正的目标应该是获得平坦的直达声。由此产生的房间曲线的斜率由与音箱的频率相关指向性、与频率相关房间反射率及与不同听音距离相关的空气衰减导致的高频衰减决定。没有合理全面的消声音箱数据的房间曲线不是可靠的性能依据。

综上所述，低频下的差异源自两个因素：房间的反射率和音箱的指向性。高频下的差异源自到与声音传播距离相关的空气衰减。每一条曲线都是各自场地的主观偏好房间曲线。

正如其他内容所讨论的，无音染的直达声是良好听音体验的开始。它定义了声音的方向，这在很大程度上也与音色有关，是评估提供空间感线索的后续反射声的参考。在音乐厅的复杂声场中，即使被反射声稀释，直达声仍是识别音色的显著特征。如果录音捕捉到了人声和乐器声的精髓，那么声音回放的首选模式是确保直达声也就不足为奇了。

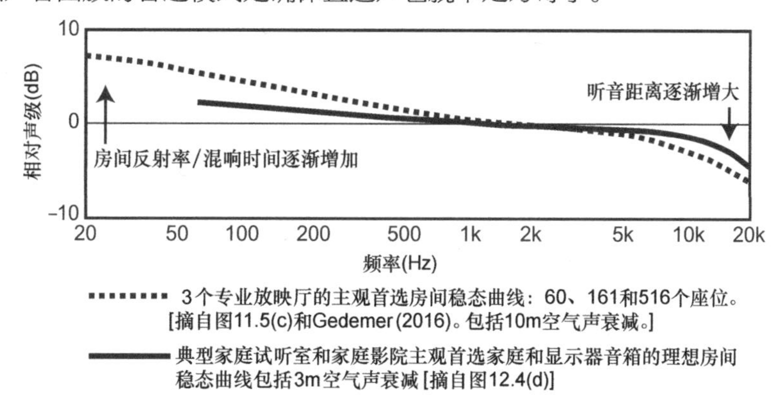

图 13.5 电影音响场所和小试听室及家庭影院评估得出的主观首选房间稳态曲线的比较

低频升高现象与日常听音息息相关，因为所有现实中的声源往往都会在低频时全指向辐射（见图 10.15）。低频升高量会因低频下回放空间的反射率和低音单元的指向性而产生差异。毫无疑问，人类在现实中有能力将现场表演或回放声源的音质与听音空间的音质分离开来。我们会预判反射声。如果像在消声室内一样，没有反射声，反而会感觉非常奇怪，人们可能会感觉迷失方向或不安。房间声音提供了听音的背景。我们的共同经验是去适应房间，适应背景信息。但适应是具有一定限度的，重要的是认识到过度反射和混响是对声音回放不利的，包括电影的首要要求（语音清晰度）。关键是要确定哪些声学处理是有必要的，并接受这样一个事实，即客观测量的一些内容对人类听音者来说可能根本不是问题，我们并不是要“完全消除”房间反射，而是要对其进行优化。

我不会假装针对这个问题提出一个确定的答案。但有理由认为提供优质、平坦、中性的直达声的音箱是一个具有说服力的起点。高于过渡频率，在确认具有相似的良好指向性的同时，还可能足以预测出对于人类听音者来说好听的声音。

正如在房间中通过话筒进行测量一样，某些低频增益是自然的且可预测的。如图 12.7 所示，低于约 100Hz 的低频增益的显著主观偏好值得投入更多研究。

（1）它是人类偏好的基本特征吗？事实上听音者的经验是一个表明这在某种程度上确实存在的因素。

（2）它是一种比混音时所用的声级更低的播放响度的补偿吗？

（3）它是否与“音频怪圈”有关，也就是说不同的音频素材会得到不同声级的首选低频或高频吗？当我通过未压缩的流媒体音源听大量音乐时，对我而言，这显然是音频怪圈的组成部分。

难以回避的事实是，对于挑剔的听音者，易于操作的老式音调或倾斜控制是很有用的。

第14章 测量方法

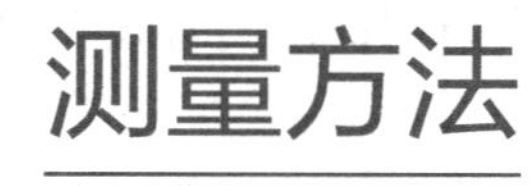

14.1 频率响应的其他观点

前几章为以下观点提供了具有说服力的证据：如果好声音是客观存在的，那么频率响应就是主要影响因素。如果响度很大，也可听出非线性失真，但在传统的“全尺寸”音箱领域，在正常播放声级下这从来都不是一个经常出现的问题。专业音频领域要求可能更为严苛。脉冲响应和谐振的时域振铃已在大部分的频率范围内得到解释，因为音箱单元是最小相位器件，一个平直、平滑的频率响应可以表明不存在这种问题。低频振铃时间是一个与截止频率有关的函数，例如，低音炮的“速度”受到 80Hz 低通滤波器的限制。相移、极性问题和群延时在一般听音情况下会低于察觉阈限。这些变量在第 4 章中已讨论。

最终，我们需要的频率响应是音箱的消声数据。若没有全面的频率响应数据，人们寸步难行。有了全面的频率响应数据，人们可以预测房间中人耳主观感知的音质（见 5.7 节），并以有效的精度预测房间曲线（见 5.6 节）。房间曲线与其说是重要问题，不如说是可选问题，因为房间曲线本身并非确切的数据。除非是在低频下，存在与音箱和听音者在房间临界内的位置及房间本身的声学特性密切相关的问题。正如第 8 章和第 9 章所述，有必要对问题进行现场实际测量和校正。

如前文所述，根据房间稳态曲线，我们能够判断听感的假设是值得怀疑的。房间稳态曲线并不是我们所听到的一切。虽然房间稳态曲线和听感存在一定联系，但同样明显的是，人类的双耳听觉系统可以对来自不同时间不同方向入射的声音进行感知区分，而“单耳”话筒无法做到这一点。

用一根手指堵住一只耳朵，听一下房间声音会发生哪些变化。使用缺乏精确时间信息的系统（即稳态）时，这种情况会进一步加剧。但数十年来音频行业一直都存在这样的误区，因此，在确定是否存在更优方法之前，必须对已经收集到的证据和判断方法进行严格论证。

首先，我们需要弄清楚所说的“频率响应”到底指的是什么。这里有几个选项，而它们是不同的。

- 消声 spinorama 数据与房间声场预测
- 现场测量中有妥协的直达声数据
- 实测房间稳态曲线

低于过渡频率时，房间稳态曲线无可替代。高于过渡频率，要清楚声音状况需要至少其中两组数据。以下对各种频率响应分别进行了分析。

14.1.1 根据消声数据预测直达声和房间曲线

第一个到达听音位的声音，即直达声，决定了声像的定位，引发了可以在反射空间定位的优先效应，并提供了与随后到达的声音进行对比的初始参考，二者相结合产生了对空间印象和音质的感知。

自从我进行主观 / 客观实验开始，就发现听音者毫无疑问地会被具有平滑消声轴向（直达声）性能的音箱所吸引。图 13.1 给出了以往 30 年的研究结果。对于小房间，结果不变，对于影院，结论类似，如 11.5 节的讨论。图 15.5 表明听音者的主观频谱感知与直达声关系最为密切。Queen（1973）强调了直达声作为音色首要识别符的重要性。从中性直达声开始十分合理，这种直达声是录音和音轨的准确描述。

预测直达声的依据是消声的音箱轴向或听音窗口数据（见图 5.6）。这些数据也描述了从音箱辐射的声音，如果存在幕布损耗，则需进行校正（见图 10.13 和图 10.14）。对听音位处直达声的预测还须确认听音者的传播路径中的空气衰减情况（见图 10.12）。

由于我们正在处理的是消声测量，在整个可听频率范围内都有可能实现高分辨率。谐振可通过 spinorama 数据进行确认和评估谐振，以提供对于潜在音质的基本了解（见图 4.4 和图 4.13）。

并且，正如之前章节所述（例如，5.6 节和 11.7 节），来自 spinorama 的数据可用于预估房间稳态曲线的中高频部分。预测曲线和测量曲线的对比具有启发性，因为由此可知房间测量可能存在多少声学干涉“噪声”。这些差异大部分都不能通过均衡进行校正，实际上大多数这类波动对人类听音者来说也不是问题。

如果具有足够的描述音箱的消声数据，则在某种程度上我们就有信心对场所里的中高频音质做出预测。并且，通过现场稳态测量就能说明低频的实际状况。

14.1.2 直达声的现场测量

若没有音箱的消声测量数据，则研究者可能会在场所中进行准消声测量。这类测量中，人们采用时间窗测量法来捕捉率先到达的声音并将反射声予以滤除。折中方案是频率分辨率与时间窗成反比，例如，10ms=100Hz（1 ÷ 0.01）。在通常的频率标度下，这种分辨率在高频下提供的数据足够详细，但在低频下则不够详细。在影院等给定场所内进行测量时，为了使时间窗最大化，建议在座位上方的空间摆放话筒，甚至可以在不同的垂直角度上摆放多个高性能的话筒，座位与屏幕保持 5 ～ 7m 的距离。预计分频点附近会存在某些声学干涉，采用多个话筒就可以实现某种程度上的空间平均测试。话筒位于高频号角和 2/3 距离处的参考座位之间的一条直线上，测量过程中，我们将会捕捉传向主要听众区域的直达声。图 14.1 给出了 SMPTETC-25CSS 捕捉声音的情形。

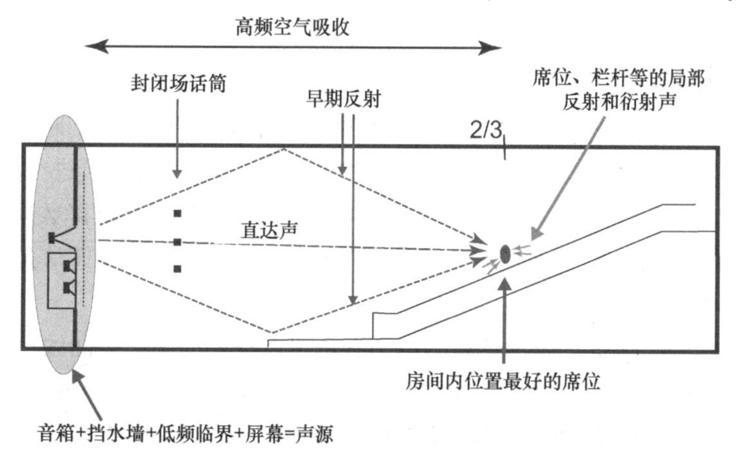

图 14.1 影院某些测量值对应的实际布局给出了屏幕距场所背面 2/3 距离处的标准参考位置，以及一组 3 个封闭场所话筒捕捉传向参考位置的声音的情形

结果参见 Toole 图 8 和图 9（2015b）。由图可知，在 2/3 距离处测得的 50ms 时间窗数据与近场话筒测得的数据之间存在有效的一致性，在高于 500Hz 时尤其明显，因为这时直达声场是影院的主要声场。

随频率降低而变宽的可变时间窗的方法是使频率分辨率在更低频率下得到维持的一种权衡方法，但反射声可能包含在变宽的时间窗中。这种测量的选择和设置在很大程度上取决于场地的尺寸和反射率。称这种方法为部分平滑滤波是非常恰当的。实际上，可以采用不同的平滑算法更有效地表示频谱的不同部分。

这些都是很有意义的方法，尤其是通常使用的，在没有音箱本身参数规格的情况下。如果音箱是便携式的，将其放在允许长度的无反射时间窗的位置，可能会极大改进此类准消声测量的频率分辨率。可以在非常大的房间、仓库、机库或室外（在室内温度下，在阳光直射的情况下进行测量，以使单元正常工作）架起音箱和话筒，并将其与反射面或物体分离。需要确保电源和躲避风雨的考虑是此类测试方法的限制因素。

对于多数音箱测试而言，采用 Gander（1982）所述的地面法可显著减轻上述困难。为此，音箱和话筒都应贴着放置在停车场、平屋顶等大块平整的表面，以减少需要避免的反射面数量。这种方法被广泛采用，尤其适用于时间窗测量困难的低频。

这些方法都被制造商和顾问使用，但他们缺乏能容纳大尺寸音箱和线阵列要求的 5 ～ 7m 测量距离的足够大的消声室。挑战在于话筒应位于声学远场（对于家用和监听音箱而言，距离为 2m 或更远；大尺寸影院和线阵列音箱则要求更远的距离）。话筒距离越远，保持较长无反射时间窗就越困难。若能实现，音箱就有可能在其底部或侧面两个轴上旋转，从而获得消声 spinorama 的有效近似值（见图 5.5）。

大型扩音用线阵列中使用的模块以计算机模型中使用的高角度分辨率在许多轴上进行测量。各种外形和电子配置可用于实现不同场所令人满意的观众覆盖率。这对于巡回演出的音质十分重要。相反，影院在某种程度上是标准化场所，影院音箱更像是放大版的高保真系统。线阵列用于影院将很有可能起到更好的效果，但成本限制是一个重要因素。

显然，如果能从厂家的消声数据开始，一切就轻松许多。因为指向性指数是固定的，甚至可以大体预测，在准消声频率响应中我们应能看出明显的设计缺陷或样品缺陷。

14.1.3 房间稳态曲线

房间稳态曲线是直达声和反射声的能量累积的结果，这些声音在任何时刻都从各个方向到达话筒。通常，它是通过实时音频分析仪，采用粉红噪声以 1/3 倍频程分析进行测量的。现在，通过多种其他方法也能得到可选频率分辨率、曲线平滑度和数据处理的准确数据。显然，数据需要在足够的时间窗中积累，以使声场达到稳定，时间窗因房间而异，但通常会使用 500ms 或更长时间，尤其是在低频段。

5.6 节对小房间的解释是，通过音箱的消声数据可以获得房间稳态曲线在中高频的合理预测。然而，反之却不成立：房间稳态曲线提供的作为音质主要影响因素的音箱的相关信息并不可靠。一旦广泛辐射的音箱发出的声音被发送到一个三维、或多或少具有反射效果的空间中，则音箱性能的某些方面就无法再被确定，但这对于人类听音者来说十分重要。就其本身而言，房间稳态曲线是不完整的数据，认为这个曲线能够决定两耳和大脑所感知的音质的想法（见 13.2.3 部分）是武断的。

正如 11.2 节和 11.7 节所解释的，影院情况比较特殊。高指向性音箱与影院中的吸声材料会共同产生一个高于数百赫兹时就以直达声为主的声场，这意味着稳态声场和直达声场基本相同。尽管如此，在所有情况下，事先能对音箱的消声数据和幕布透声性能有所了解很重要。

如图 12.4 所示，音质最好的音箱均具有平坦的轴向频率响应，在不同的典型听音室内呈现出非常类似的房间曲线，这是一个有趣的发现。高分辨率曲线在一个显著集中的趋势附近只表现出很小的波动。共振（可闻）和声学干涉（通常都不是听觉问题）导致的频率响应波动差异是主要原因。话筒测试同时显示这两种情况，要确定峰谷来源并非易事。声学干涉显示为梳状滤波，在少数情况下这可能是一个严重的问题。但在房间中，直达声和反射声从不同方向到达，人类听音者将之看作一种空间印象，这也提供了有关房间的信息。

在保留有效信息的同时，掩盖干涉带来的分散注意力的效果是问题所在。对于这种情况，通常采用以下两种补救措施。

■ **空间平均值：**通过平均多个位置的测量结果使曲线变得平滑。小房间座位之间的声音差异可能非常明显，这是隐藏在空间平均值中的一个事实。在某些常见情况下，这是降低小频谱变化能见度的一种劳动密集型统计工作，这种变化一开始并没有问题，得到的数据本可预测[例如，见图 11.11(d)]。然而，这种测量仍能用于评估对于所有或大部分地点而言都很常见的问题，例如，邻近临界效应（见 9.2.1 部分）和可观的低频共振及音箱的频谱不平衡问题，后者在消声音箱数据中十分明显（见图 14.3）。

■ **频谱平均：**通过对一系列频率的能量求和使曲线变得平滑。通常用一个倍频程的分数来表示结果。频率范围越大，曲线外观越平滑。就消声音箱测量而言，通常使用 1/20 倍频程分辨率。室内测量中常用 1/12 或 1/16 倍频程分辨率，不过 Olive(2004)的研究表明，使用 1/20 倍频程分辨率进行音质预测得到的结果更为准确。大部分人喜欢看到更平滑的曲线，这在一定程度上可以解释传统实时分析仪（RTA）室内曲线使用 1/3 倍频程进行测量的原因（见 4.6.5 部分的观点）。全倍频程分辨率被用于背景噪声测量，对于在尽量减小声干扰产生的分心波动的同时显示频谱趋势和房间平衡都十分有用。

两种方法都能减小干扰的可见效应。如图 10.6 所示，极高频声作为主要的直达声到达监听位置。不存在显著的干扰，而音箱的性能可以通过室内曲线看出。但通过中频房间反射产生的干扰量由音箱的指向性和房间反射率决定。这是空间或频谱平均可能有用的地方。低频下，需要进行稳态实测（见第 8 章和第 9 章），高分辨率允许识别和处理室内模式问题。

图 11.3 解释了影院直达声主要分布于数百赫兹频率之上，图 11.11 表明高分辨率室内曲线具有高度一致性，并可通过消声数据进行预测。Gedemer(2015)的研究表明，这些曲线基本上没有区别。

因此，获得消声音箱的固有性能十分有利。14.1.1 部分和 14.1.2 部分的讨论过程大体避免了声学干涉问题，同时仍能显示与音箱有关的重要高分辨率信息。

某些声学干涉源于将耳机置于听音者耳级位置的传统做法。这种做法基于全向耳机能够替代双耳和大脑这一概念。那么，测量将包括被座位反射和绕射的声音，这些反射声和绕射声会导致不规则现象，但似乎不会对听音者造成困扰。人体的头部和躯干各不相同，但座位的排列和相对于座位的测量话筒位置往往保持不变，这会导致数据的重复。相关讨论见 11.7 节。

如果系统均衡以这些数据为基础，则有必要给出详细的解释。使用训练不足的技术人员或自动算法时，面临的一个实际风险是均衡可能被应用于非最小相位的不规则处理，这种不规则应做单独处理。优良的音箱性能可能会因之下降。这也是很多人认为房间均衡器最好设置为“关闭”的原因。例外的情况是，在某些房间校准工作结束时我们看到的线性和光滑室内曲线是很好的广告，但这些曲线也表明可能存在某些不当的操作。自动均衡算法尤其容易产生这些错误。在这些情况下，特别是高于过渡频率时，将频率分辨率降至 1/2 倍频程或甚至是全倍频程光滑是有利的。这样，就可以看到宽频趋势，但不是让人分心的不规则特征。

14.2 响度测量和系统级校准

长期以来，人们一直都在寻找一款理想的“响度”计，由它得出的一个数字就能完美地代表任何环境下听到的任何声音的主观响度。实际的问题存在于在频域和时域方面，音乐、电影和混音广播节目并不固定。声音的带宽、频谱、声级和瞬态 / 时间构成都在不断变化。再加上不同房间内、不同距离上、相对于听音者不同的入射角度、具有不同指向性的音箱的心理声学复杂性，情况就变得愈发复杂。在电影中，声音的信息内容和情感影响可能是感知响度的偏差因素。或多或少具有反射性的房间中的全指向话筒无法像双耳那样采集数据进行处理。即使采用人工头录音设备，也缺乏大脑进行复杂的和自适应的处理功能。但这就是录音混音室、家庭影院、电影本身、配音台和电影院的现实状况。

关键是分析哪些是重要因素和哪些不是。即使可能并不存在完美的解决方案，仍有方法可以满足我们的实际需求。

首先要说明的简单方法是通过图 4.5（a）所示等响曲线得出简单的数字响度评价。例如，图 14.2 所示的 A 加权曲线与翻转的 40phon 响度曲线外形类似，因而被认为适用于测量低声级声音。B 加权曲线和 C 加权曲线被认为更能代表较高的声级。然而结果并未达到预期的效果，但数年来，C 加权开始被用于中间频率的近似，而对于极低频和极高频需要区别对待。A 加权作为一种通用测量手段，在除低频以外的其他频率下被人们广泛接受，包括职业听力保护计划进行的听力损失风险评估（见第 17 章）。B 加权几乎已被遗忘，而且不再作为声级计的一个标准配置。

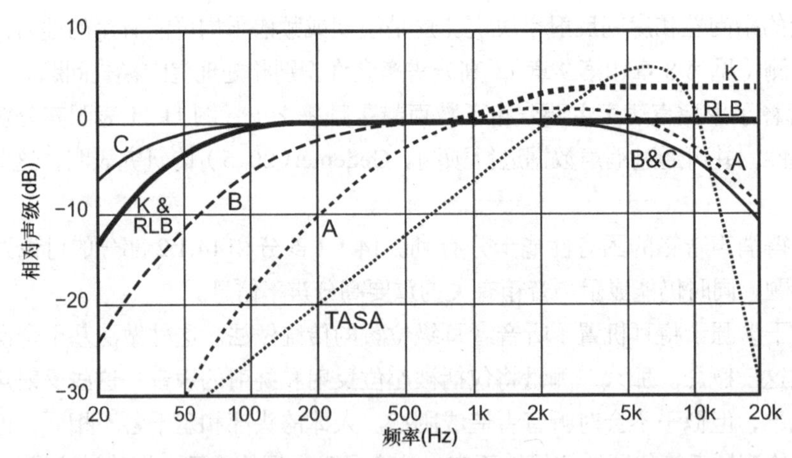

图 14.2　声级计可用的频率加权曲线（A、B 和 C）及 Soulodre 和 Norcross（2003）提出的用于典型音频信号感知响度的单数字测量 RLB 曲线。K 加权曲线是指 ITU-RBS.1770－3（2012）响度建议使用的高频增强 RLB 曲线。TASA 曲线（2013）是用于评估电影预告的响度或潜在舒适度的加权曲线

发现基于等响曲线的方案存在缺陷并不应该感到意外。毕竟，该方案是通过对比消声环境下的纯音信号得出的，而不是通过一个存在一定反射的正常房间内的、时域和频域都在不断变化的信号得出的。

多年来的实证研究使更为精密的主观响度计算方法出现，如 Fastl 和 Zwicker(2007) 及 Moore 等人（1997）所述。他们从基于听觉过程的一些频率、振幅和掩蔽效应的心理声学模型的窄带频谱分析与响度求和程序开始研究。模型的参数以相对有限的实验数据为基础，这些数据是许多听音者响应的整体平均值，这些听音者均表现出统计学上的显著差异。正如 Moore 等人（1997）在第 3 节描述其模型局限性时所说：“预计模型对于单个听音者，甚至一小群听音者并不准确。”该论文很好地概述了这些模型所考虑的变量，说明了事情的复杂性。它是一项尚未完成的工作，但显然大体通俗易懂，至少给出了明确的声音变量。实际问题在于如此多的变量始终都是在不断变化的。

14.2.1 评估音频节目的相对响度

值得庆幸的是，试图进行响度评估的大部分理由并非基于绝对测量值，而是基于想要跟踪和评估相对响度的想法。一个很常见的需求是使多种不同来源的音频素材保持相对稳定的响度体验。一个人自己的音乐库或流媒体音频就是需要偶尔进行声级调整的例子，除非响度在声源处或播放点已经达到稳定。

广播节目是另一个示例，有一些历史悠久的设备就是为监听这些节目的声级而发明的，例如，录音或广播控台上的长排仪表。信号路径上的其他设备可自动监听并调整输出节目声级。一个技术上的关键需求是：为了避免信号路径中某些地方发生过载，所以峰值电平指示器是很有必要的。其他需求则旨在避免听音者遇到响度不当或无声的情况。

在这些情况下，音箱和房间相关变量对于单个听音者而言相对恒定。会有一定程度的听觉适应存在，所以，影响响度测量的因素主要存在于电信号路径上。

鉴于选项的复杂性和不确定性，如果研究表明一个简单得多的解决方案可能足够满足测试要求（Soulodre，2004；Soulodre 和 Norcross，2003），这将是令人关注的。这个方案很容易实现，在 B 加权和 C 加权曲线之间某处添加高通滤波但高频部分不处理。图 14.2 给出了标准 A 加权、B 加权和 C 加权曲线，以及新的建议，RLB(经修正低频后的 B) 曲线。

RLB 曲线是 ITUR-REC-BS.1770–3(2012) 使用的 K 加权的基础，它是在 1kHz 以上增加了 4dB 的增益，以适应头部增加的声学增益。该标准针对的是广播电视行业，包括单声道、双单声道和多声道格式。

由于 RLB 滤波器使超低频发生衰减，最初的主观 / 客观测试使用的是 50Hz 以下快速衰减的小型音箱，我担心，在家庭影院或电影院环境中，这种测量方法是否能够充分代表一些非常响的电影低频音效。最近的几部电影被观众认为声音太响，但问题是，这种反馈是因为没有失真的响度还是因为存在失真的响度？这些感知维度当然具有相关性，但有些声音可能很响却并不会让人感觉不适。就电影而言，一些声音必须要有一定的响度，以便具有艺术效果。

TASA(2013) 曲线尤其引人关注。绘制该曲线旨在解决观众抱怨影院中的电影预告片声音太响的问题。但这个小组重点关注的是他们所谓的“不适声级”，而非传统的响度测量。杜比在这项研究中起到了重要作用，他们采用一种通信系统背景噪声的度量方法，采用了 ITU-R468 曲线，这条曲线源于 CCIR468–4 曲线。杜比用这种方法评估杜比 -B 降噪系统，该系统在音频磁带系统中被广泛使用。然而，在这里，它不是用来测量接近听觉阈限的噪声的恼人程度，而是用来评估接近痛阈的噪声。由于这种测量主要反映的是高频声音，所以混音师在为预告片调音时，最终大幅度提高低频声（因为它不会出现在这个测量中）也就不足为奇了。

通过观众抱怨的程度来评估是否有效，从而为确定可接受的程度提供指导。据我所知，至今人们尚未对这种方法进行过科学验证。

记住评估主观响度的测量方案时，参考完全是主观评价，这一点很重要。因此，如果不借助任何仪器，对响度进行公正地的主观对比，无疑也是可取的。

14.2.2 多声道音频的系统级校准

在进行多声道音频系统的校准时，可采用以下任一方法。

（1）从每个声道发出确定的声音，通过主要听音位置上的话筒测量。

（2）从每个声道向位于主要听音位的人类听音者发出相同响度的声音。

第一种方法是一种直接物理测量法，其中隐含着这样一个假设：如果混音师和休闲娱乐的听音者拥有类似的音箱/房间配置，就能很好地传播作品。任何主观的、感性的考虑将会融入混音中，并以这种方式回放给消费者。这是目前电影院和家庭影院中使用的校准方法。然而，如果房间听音配置与混音配置存在较大差异，则声音也会存在区别。那么就会出现这样一个问题：这种差异能够降低音频作品的娱乐价值吗？

第二种方法要求测量过程中能够模拟出人类对于响度的主观感知。对于从不同方向的音箱传来的声音，人类的反应可能不同，多只音箱中可能存在一些有着不同的朝向，也可能有着与听音者不同的距离的音箱。测量方案应将这些因素考虑在内，这看似是一个很大的挑战。所以同样的问题出现了，人类对不同方向和不同距离的音箱的响度感知存在差异，那么由于音箱方向和距离而导致的这种差异，音频作品的娱乐价值会降低吗？

如果进行对比的音箱频率响应差别很大，则使用一种信号实现的响度平衡可能不适用于其他频谱特征的信号。幸运的是，音箱得以改进且如今更为趋同，尽管音箱差异并未消失，但差异也得到了缓解。与频率相关的指向性，和与音箱的指向性及音箱和听音者位置相关的吸声、扩散和表面反射一定也是影响因素。这些都需要详尽地分析，以及从音箱或声学材料厂家获得比通常更多的技术信息。然而这些方面均缺乏被广泛接受的听音测试。

有些人在欧洲多地进行的精心设计的实验尝试解决上述某些问题。我总结了这些工作的要点，但建议想要深入了解这一课题的人去翻阅论文原文。

我认为ITU-RBS.775–3（2012）定义的固定半径、独立摆放、耳朵高度、五声道音箱配置是优秀且负责任的，类似于图15.8（a），我与这些人的看法一致。相关论文的作者意识到了这种理想配置的局限，这类配置可以在某些专业混音环境、一些学术研究设施和一些高端音频发烧友的家中看到。现实世界中更多普通消费者的多声道配置存在随机的显著差异，甚至是在图15.8给出的定制家庭影院设备中也会存在较大的差异。由于多声道音乐不够普及，多声道音频节目主要是能够提供环绕效果的电影和一些电视节目，包括体育赛事节目。

典型的电影配音台和影院都在房间边界处装有前置和环绕音箱，环绕声道都是通过壁挂式的多只音箱进行声音回放的，从而在声学上增加了对于响度和音色的复杂影响。在电影音频领域，很少有音箱按照固定半径距离摆放，也不全是都位于耳朵高度，即使在影院中心也是如此。这意味着即使家庭音频系统的等响校准很成功，我们也无法精准地给电影配音台做类似的校准。但这并不否认其巨大的价值，因为人类具有惊人的适应性，而且坦率地说，其中一些因素的影响甚微。不断进步的大众娱乐界现在接纳了更多声道。通过在高处和头顶安装其他“沉浸式”音箱，杜比全景声，Auro-3D 和 DTS 的声道数量和音箱配置要求各不相同，变量成倍增加。

通过像他们那样管控实验环境，论文的作者使他人能够复制测试，或许他人还能对其做出详细说明，将更多现实环境包括在内。总之，实验进行得很顺利，并得出了引人关注的结果，其中大多可以有效运用到目前的环境中。以下实验重点研究的是水平面上的音箱。

对于一系列实验的展望可查阅 Zacharov（1998）和 Bech（1998）的论文。详见以下 5 篇 AES 论文中的报告。

■ 第一部分（Suokuisma 等人，1998）对使用的测试信号做出说明。

■ 第二部分（Zacharov 等人，1998）考虑到信号和音箱摆位的影响。

■ 第三部分（Bech 和 Zacharov，1999）考虑到音箱指向性和回放带宽的影响。

■ 第四部分（Zacharov 和 Bech，2000）分析了客观测量值和主观评价的相关性。

■ 第五部分（Bech 和 Cutmore，2000）着眼于回放声级、房间、步进值与对称性。

在整个实验过程中，以下测试信号的对比是一致的（我的描述）。

■ 700Hz 窄带噪声。

■ 250 ～ 500Hz 带通滤波噪声。

■ 500Hz ～ 2kHz 带通滤波噪声（用于许多消费类产品）。

■ 粉红噪声（用于电影院校准）。

■ B 加权噪声。

■ 基于 Zwicker 和 Moore 响度模型的 4 种宽带噪声。

以上综合起来就是一个让人印象深刻的工作。结果还有更多细节，但有一些实质性结论如下。

■ 在装有相同的前向辐射音箱的对称摆位系统中，主观调节音箱所采用的测试信号选择不构成影响。鉴于可选信号存在巨大差异，这就显得很有意思。听音者进行响度调整，以匹配前向辐射的中央声道的响度。左右和环绕声道调整之间的标准差在 0.4 ～ 0.6dB 范围内（第二部分）。

■ 在对称配置中，音箱距离是一个显著影响因子。只有窄带噪声信号的结果偏离了其他测试信号的模式。听音者对不同声道的响度匹配能够落在 0.4dB 的标准差内（第二部分）。

■ 两款指向性截然不同的前向辐射音箱（Genelec 1030A 和 B&O BL6000）与 Quad ESL63 偶极音箱的对比显示，前方声道的声级调整未受到显著影响，如果 Quad 的轴向指向听音者，当被用作环绕声道时也无明显影响。当偶极音箱呈 90°（完全不指向听音者）时，预计其和前向辐射的参考中央声道会存在显著的声级差异。客观测试的声级差异与主观评价的声级差异相似（9 个测试信号的测量均值为 3.2dB，主观判断的均值为 3.4dB）。需要注意的是 Quad ESL63 的确是一个 90° 时带宽为零的偶极音箱，而非作为壁挂式或嵌入式环绕音箱销售的双极音箱。

■ 并且，信号类型对于任何常见的带通滤波或未滤波的粉红噪声信号来说都不是一个影响因素。根据计算响度函数定制的信号中，只有一种产生了有限的差异（第三部分）。

■ 汇总之前的所有数据，甚至包括主观评价和客观测量的相关性，以便得出对主观响应做出最佳预测的信号和测量值的组合（第四部分）。结果表明以下是最优组合。

■ 测试信号：据 Zwicker 的自由场模型得出的恒定响度信号。

■ 度量标准：Moore 或 Zwicker（扩散场或自由场）响度，或 B 加权声压级或 C 加权声压级。

■ 500Hz 高通过滤测试信号略微改进了相关性。

■ 重要的是要清楚即使不太起作用的测试信号和度量标准存在误差，也不大可能使得音频作品的娱乐价值下降。尤其是当音频节目制作中包含了大量变量时。平均值的范围通常在 1 ～ 2dB。

■ 回放声级的绝对值不是一个重要因素，至少在研究的 15 ～ 25 sone 范围内（以 phon 或 dB 为单位，约 7dB 的变化范围内）是这样的。

■ 听音室本身对于前方 L、C、R 声道没有显著影响，但在有些情况下，使用某些信号，环绕声道的声级会因为房间而偏移大约 1dB。

通过这些结论可以明显看出，相对响度的感知是一个非常恒定的现象，表现相当一致，至少在这里采用的训练有素的听音者是这样的。尽管通过测量确定的回放声级偶尔会发现差异，但在我看来，这些差异相当小，不大可能被注意到，更不用说降低娱乐听音体验了。然而，一个能造成音箱摆位不对称的物理因素是一个重要因子，即音箱距离。下节将对此进行讨论。

由于这些测试已经完成，更多的工作放在了对音频节目响度的评估上，如 5.2.1 部分所述。这些测试现在都纳入了 ITUR-REC-BS.1770–3（2012）之中。考虑到刚才描述的实验中使用的测试信号的范围，使用这种度量标准不大可能会使结果发生改变。

这些研究的基本论点是，有几种现成的测量稳态声级的指标，它们与主观响度感知有很好的相关性。即使存在一些误差，影响也很小，听音者在听音频节目时完全不可能会有所察觉，更不可能影响音乐或电影的效果。听音位可能才是主要的影响因素。这是个好消息。

14.2.3 传播距离的影响——侧声道问题

当我们距声源更远时，声级会下降。它衰减的速度，以及在不同频率下衰减的方式，决定了我们听到的响度和音色。因此，如果想要使回放声级标准化，则话筒的位置就是一个决定性因素。

就音乐而言，不存在参考声级，因为这个行业一点也不规范。在立体声播放方面，唯一的要求是左右音箱尽可能地一致，且两只音箱到听音者的距离相同，以便发送给音箱相同的信号时声音在两只音箱中间平衡。如果房间不对称，就会削弱立体声声场的表现，使声音变得不好听，即使有时这种不对称看上去并不严重。先播放各种单声道音频，立体声切换到单声道会更有效；坐在最佳听音位，如果两只音箱之间飘浮着清晰的声像，这项工作就基本完成了，可以在听音位进行任何测量了。但对于声音对称性的评价，人耳主观反复试错听音是关键环节。

就电影而言，标准播放声级适用于将配音台的音轨混音和电影回放（SMPTERP200–2012）。使用宽带粉红噪声测试信号和 C 加权声压级测量法进行测量，将声级计设置为慢速响应。对于屏幕声道，参考声级为 85dB；对于每个环绕声道，参考声级为 82dB。所有这些声级都预留 20dB 的空间。这意味着左、中央、右屏幕声道必须都能够达到 105dBC，而每个环绕声道都要能达到 102dBC。这些都不是小的声压级，因此，能够事先预测对音箱和功放的要求是十分重要的。高端家庭影院的配置通常能够满足影院声级要求，但许多听音者认为影院的声级都太大了。下面探索如何实现这一要求。

首先，分析房间内声音的传播。众所周知的平方反比定律告诉我们，波长较小的声源发出的声音，与声源距离每增加一倍，振幅就会减小 6dB（如果“dd”表示两倍距离，则为 –6dB/dd）。这在无反射（消声）环境下显然是正确的。如果存在反射，那它就只适用于直达声：第一个到达房间内听音位的声音，而反射声会使测量和人耳听到的声级迅速增加。10.4 节对此进行了详细讨论。

就主观听感而言，率先到达的声音决定了声源定位并引发优先效应。该声音与随后到达的声音结合将决定声音的主观感知响度，建议使用 SMPTE 中规定的慢速响应声级计测量的稳态声级。如果直达声减小 6dB/dd，则稳态声级也将衰减，具体下降速率由听音场所的反射率和音箱的指向性决定。图 10.8 展示了稳态声以 –3dB/dd 的速率下降。与此同时，物理测量与 Zacharov 等人（1998）对相关响度的主观评价是一致的。这一点很重要。

图 10.8 中的信息尽管正确，但由于是对数距离标度，所以有些误导性。图 14.3 给出了线性标度下的数据，很明显，在接近声源的地方，声级变化十分迅速，与声源相距一定的距离时，则变化较慢。这对于环绕音箱尤为重要，在家庭影院和电影院中，坐在靠近侧墙的听众会分散注意力。直达声是定位的成因（优先效应），在典型的家庭影院中如果听音者与声源之间的距离较短，则声音的振幅会迅速升高。

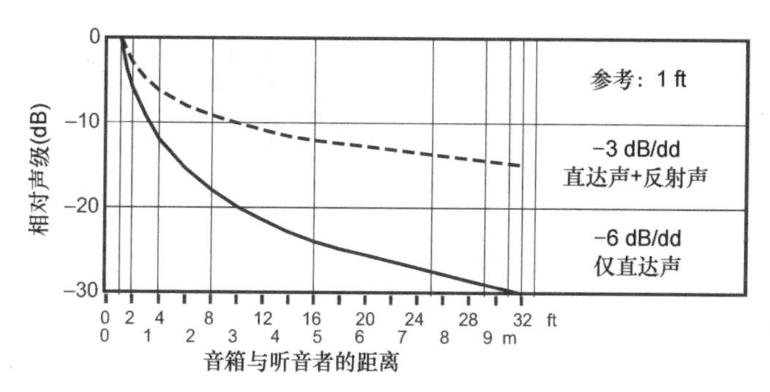

图 14.3 以线性距离标度绘制的图 10.8 中的重要信息

复杂声场中的定位基本上由高频的微小差异决定，这一事实意味着减少定位干扰的一种方法是通过对准音箱来降低高频声级，以便更具指向性的高频声辐射到听音者头部，或者采用高频衰减的音箱，例如所谓的偶极环绕音箱。

更好的解决方案是使用低于每双倍距离平方反比变化的音箱，例如线声源（参见 10.5.2 部分）或其他阵列音箱设计，如图 9.13（f）和（g）所示的 CBT，该设计从逻辑上来说是通过颠倒将天花板作为相邻边界。其他 CBT 配置可见于 JBL Pro 的产品序列，并被用于环绕声道音箱。由于配置得当，这些音箱可以向大多数观众提供相对恒定的声级。

这种性能使我们的环绕声表现达到了一个全新的高度。“包围感”的概念是指听音者位于由电影或音乐录音师决定的声学空间中。它是人类满足现场表演和音频回放性能要求的重要组成部分。它是音乐厅音质的主要决定因素之一。当双耳互相关系数最低，也就是双耳声级类似但内容差异很大时，包围感最强。当声音从侧方到达时，声音差别最大，但处理类似声级的声音时还存在很多问题，如图 14.4 所示。如果房间中央的信息被捕捉，那么坐在房间中央的人将始终能够体验较好的包围感。然而，当座位偏离房间中央时，双耳振幅差增加，包围感降低；当座位接近侧墙时，声源定位可能会由侧方音箱决定，包围感完全丧失。

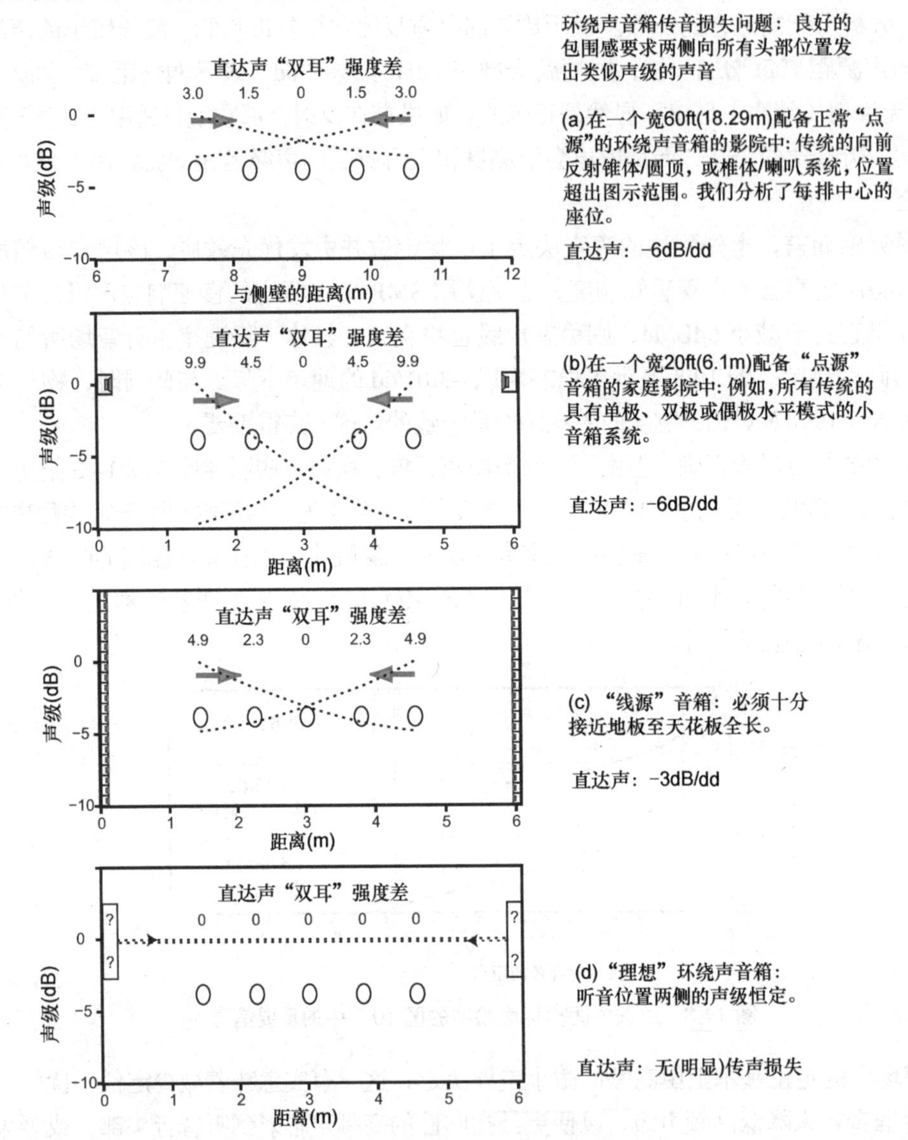

图 14.4 （a）左右两侧传统环绕声音箱到达影院宽度一半五个听音位置的预期声级。（b）家庭影院的可比位置。（c）将环绕声音箱更换为落地线源的效果。（d）理想情况

在环绕声道仅播放单声道内容的年代，这是一个很令人头疼的问题，这导致人们在舒尔 HTS 环绕声处理器和后来的 THX 认证处理器中引入去除信号相关性的算法，“目的是扩散后方声像并改善距环绕音箱较近位置的声源定位”（Julstrom，1987）。

由于我们现在使用的都是信号存在差异的多声道音频，可以并应该将这种去相关操作纳入录音母带处理环节中。

这种情况会导致推广多指向环绕声音箱成为一种向其他方向发出声音的手段，这个概念旨在增强“扩散”声场。问题是正常装修的小房间不存在真正意义上的扩散声场（吸声太多），且前墙和后墙反射的声音来自错误的方向，会影响空间印象。如果该设计参考广为人知的偶极环绕声音箱配置，更准确地说是双向异相音箱配置，那么还要考虑到零点朝向产生包围感效率最

高的方向。这样产生的效果是使有效的（横向）直达声声级降低，并被不太有用的（前后方向）直达声替代。音箱可能不太容易对声源定位产生干扰，但本来理想的空间感效果也会受到影响。音箱配置的另一个问题是：音质（见 15.8.3 部分）。

14.3 测量话筒

消声室内的测量是直接进行的。唯一需要关注的是沿着直线从音箱传向话筒的声音。如果话筒轴向被校准为平直，则数据是有效的。但反射空间中的情况却有很大区别。声音从多个方向同时到达话筒，且对于多声道系统，音箱的位置相对于测量点有着不同的角度。因此，话筒的指向性非常重要。

测量话筒属于压力场装置，优质的测量话筒都会附带校准曲线。这些话筒在波长超过振膜直径之前的所有频率下是全指向的。超过该频率范围，它们的指向性逐渐增强。

然而，所有话筒在有效频率范围内，在特定轴线上通常都呈现平直的频率响应。对于“自由场”校准的话筒，该轴与振膜垂直，指向前方。这类话筒的朝向应对准被测音箱。对于“无规则入射”或“压力场”校准的话筒，该轴约为 90° 离轴。此类话筒可以对准屋顶，以便测量前方、左边、中间和右边的音箱，以及水平环绕声道。天空声道音箱会表现出高频测试结果偏高的问题，升高程度由话筒尺寸和音箱的仰角决定。因此，1/4in 的小振膜话筒是一个普遍选择，能够提供上半球空间任何位置处的音箱发出的大部分频率范围内的准确声学数据。但如果没注意话筒的朝向，在超高频下会存在误差。这些误差会影响到音质，但不会影响声级校准（见 14.2.2 部分）。

如果能够确保音箱传来的直达声的方向上的话筒的响应是平直的，则可以使用 1/2in 话筒获得有效数据。

务必遵循话筒使用说明书。还要特别注意，应该使话筒振膜远离话筒支架和夹具等反射和衍射物体。话筒最好可以使用细线悬挂或者是在话筒接线端连接直径类似的连接杆。

第15章 多声道音频

最开始，声音是单声道的。听到的声音都在一个声道存储并回放。在早期，发烧友和音频评论家都喜爱和赞赏爱迪生和其他品牌，都能尽可能地还原真实声音。他们的看法完全是错误的，并且家庭音频随后也发生了天翻覆地的变化。

在单声道出现的 50 年后，部分由电影推动的立体声系统才出现。由于采用了两个声道，方向和空间感得到极大增强。一旦解决了许多早期录音中被夸大的“乒乓”“中间空洞”问题，艺术家和录音师的工作就会被听众所喜欢，受到音频评论家的赞赏。立体声也尽可能地接近真实声音。然而他们又错了，并且家庭音频又发生了一次翻天覆地的变化。

现在，又过了 50 年，多声道音频成为现实，这次的确是由电影推动的，而不是音乐。我们开始时采用 5.1 声道，应用更多的声道也成为可能。这就是我们一直寻找的音频革命吗？

15.1 一些基础定义

单耳：通过一只耳朵听音。该术语广泛误用于“单耳”功放（一种单声道放大器），当然，也可双耳听音，堵住一只耳朵，就是单耳听音。

双耳：通过两只耳朵听音。一般情况下人们用双耳听音。当耳朵暴露在一个房间的声音中，通过双耳可以享受任何数量的声道。然而，这个词还有另一种音频解释，狭义上适用于仿生学设计的人工头（一种人体模型）捕捉到达双耳位置的录音，以便随后这种信号可以在两个耳朵中的任意一个中回放。这种情况更常见于耳机听音，耳机可以有效地隔离每只耳朵处的声音，或采用被称为声音串扰消除的方法，通过两只音箱实现。这样做可以使听音者听到人工头听到的声音。

单声道：通过单声道回放。

立体声：立体声一词具有“实体、三维”的基本含义。情况似乎是这样的，早期，在我们这个行业，一些具有影响力的人认为两个声道足以产生三维空间的错觉。现在，立体声，或只有立体声，被根深蒂固地被看作是对于双声道录音和回放的描述。原本立体声录音是通过一个听音者前面对称摆位的两只音箱进行回放。现在，很多人都是通过耳机听立体声录音的。但耳机听到的并不是立体声，声音主要位于头部内，声音仅在两个耳朵之间。在一些录音中可能会有一种“环状”的氛围。这不是标准的声音回放，但旋律、节奏和歌词依然得到传递。

多声道：这是一个模糊的描述，因为它适用于两声道立体声和任何更多声道的系统。目前，在低端市场，这个数字是 5，再加上为电影低频声音保留的有限带宽声道。它们被统称为 5.1，并快速演变为 7.1。在上混音系统中，一些声音可以由源自 5.1 声道的天空声道来传递，但这些是合成的声音。

沉浸式音频：最近，系统扩展到所谓的沉浸式音频，通过许多独立或相对独立的声道发出声音。目标是使声音可以围绕听音者横向或纵向移动。自然地，更多的声道还能在爵士乐俱乐部、音乐厅或大教堂中实现音乐氛围和包围感更逼真的回放。一些配备了更多声道的系统，例如 10.2（Holman，1996，2001）和 22.2（Hamasaki 等人，2004）已存在多年，但还没有（尚未）商业化。我曾听到很多令人印象深刻的演示。目前，有一些杜比全景声、Auro-3D 和 DTS-X 的商用系统。每种系统都有几种不同配置，包括最多 62 声道的电影院配置和最多 32 声道的家庭影院配置。我还听说令人惊叹的 Auro-3D 可以渲染逼真的音乐厅和大教堂的声音，有人在家庭影院中走动也不受影响。我们只希望这些格式的系统在增加电影数量之外，也能推出更多的音乐内容。实际情况是，在编写本书时，我发现，在提供和处理数字信号及音箱的数量和摆位方面还存在兼容性问题。一些不确定性在专业音频系统和消费类音频系统中同时存在。

低频管理：有了环绕声处理器，就可以结合来自任何或所有声道的低频，对于该处理器而言，一个信号处理选项是将其添加到（声级已校正）低频（LFE）声道并向低音炮输出组合信号。低频将从“小型”音箱的所有声道中剥离出来，并通过“大型”音箱的声道回放，当然，还有低音炮回放。详见 8.5 节所述。Holman（1998）详细介绍了这个演化过程。

下混合器、下变换、下变换器：这涉及结合多声道信号分量的一种算法，使声音适合通过较少数量的声道进行回放。它还被广泛用于在较少数量的声道内存储多声道信号。这不是一个“孤立”过程，当信号随后进行上混音时，不可避免地会出现跨声道泄露现象。杜比环绕声 / 杜比立体声是一种关于特定类型下混音器的例子，这种混音器进行四声道处理，其中两声道用于存储，如 Lt+Rt 杜比数字一样，一个 5.1 声道信号可以通过杜比数字解码器下混音到单声道、立体声，或者 Lt+Rt 输出。Lt+Rt 接着可通过杜比混音逻辑上混音到 5.1、6.1 或 7.1 声道。

上混合器、上变换、上变换器（又称作环绕声处理器）：这是一种通过信号处理，使之适合通过更多数量的声道进行回放的算法或设备。两声道信号可通过五声道或更多声道进行上混音回放。在一种常见的应用中，多声道录音是下混音（编码）的，并考虑了特定形式的上混音解码，如 Dolby Surround（生成 Lt+Rt 复合信号）和 Dolby ProLogic（将这些信号上混音为 5.1 声道）。其他上混音器设计用于对类似的已编码双声道信号进行操作，设计者声称他们拥有一个更好的为听音者带来多声道体验的解决方案。最终，上混音器还可能进行优化，将标准立体声录音转换为多声道版本。通常，前方声场变化最小，不相干的声音被提取并发送给环绕声道，通常会附带延迟。这类混音器被称为“盲”上混音器，因为立体声录音并不是通过这种方法生成的，后续也没有任何方法可以预测结果。不可避免的是，一些录音的虚拟多声道表现会比其他录音要好。在不受控制的现实世界中，任何双声道信号都极有可能以某种方式进行上混音。它在车载音频中被广泛使用。

15.2 多声道音频的诞生

单声道回放传达了音乐最为重要的纬度：旋律、和弦、音色、节奏和混响，但没有声场的宽度、深度或空间包围感。20 世纪 30 年代，人们意识到了消失的方向感和空间信息传播所依据的重要原则，但现实中仍存在技术和成本的限制。1931 年 Blumlein 申请的 EMI 专利（Blumlein，1933）中所体现的智慧令人心生敬畏，该专利描述了 25 年后才得以普及的双声道立体声技术。从中我们可以了解到立体声的部分动机来自于改进电影声音的需要，尤其是这让人感受到乐趣（Alexander，1999，第 60 页，第 80 页）。电影院在催生当代的多声道音频和现在的沉浸式音频中起到了核心作用。当保守主义的发烧友所珍视的所有声场、空间和声像都被解锁时，如果他们接受了多声道音频，那么当看到他们蔑视电影音频时，他们的言论听上去很奇怪。这个故事糟糕的部分是，从立体声开始，主流音乐录音行业在每个阶段都拖了多声道音频的后腿，妨碍了多声道音频的进步。

人们在很早的时候就认识到了更多声道的好处，尤其是贝尔电话实验室对回放真实听感的声音开展研究（Steinberg 与 Snow，1934）之时。他们得出的结论是，有两种有效的备选回放方案：双耳录音和多声道音频。

双耳（人工头）录音和耳机听音是“我们有两只耳朵，因此需要两个声道”这一论点的唯一正确解释。我们所熟知的双声道立体声是多声道音频的最简单形式。

◎双耳录音和回放

这是对音频行业的一个嘲讽。双耳录音和回放系统是一个真实的编码 / 解码系统。由于声音与耳朵和人体躯干存在声学相互作用，通过声音从不同方向入射人工头，在不同时间，以不同振幅到达耳朵，将音质、方向感和空间信息“编码”到两个录音声道。所有声音都在人体模型的耳道入口或鼓膜位置被捕捉。如果声音可以适当地传达到相同的播放参考点，人类听音者应该能够听到录音人工头所在位置的声音。听音者的耳朵和大脑对声音进行“解码”。

这在现实中能应用吗？起初的确根本没有机会应用。早期的话筒是大型、底噪高、笨重的装置，不适合模拟耳道。耳机只用于传递莫尔斯电码蜂鸣声或基本人声通信，而不是回放贝多芬音乐会的，声音非常差。当然，情况有所改善，但长期以来，人们对耳机市场营销的各种偏见阻碍了耳机行业的发展。现在的“随身 Hi-Fi”就没有这类问题，耳机听音也很普遍。但还有一个偏见，那就是大多数情况下，对于大部分听音者而言，感知到的声音是在人头内部或附近。

每个问题都有一种解决方案。现在，得益于极为精密和灵敏的小型测试话筒和高品质耳机，音质可能会令人印象深刻。增加头部追踪是最终步骤。在科学研究中，双耳房间扫描系统（BRS）使用以小角度步进增量旋转的人工头测量来描述场地中的声音。播放时，采用头部追踪硬件的耳机随头部移动，将耳朵处的声音变换为原位置听到的声音。结果是当头部移动，房间保持不动时，感知到的声音来自人头外部，且听音者感知到的声源位于其应该所在的位置。即使该系统的最简化版也能大幅缓解前后反转和头中效应问题。不论是否针对具体耳朵进行调试，都可以可靠地重现三维声学事件。这些系统很可能被用于虚拟现实方案。现在，数字合成听音者周围各个位置的双耳声音是可以实现的。

多声道音箱回放更为明显，因为每个声道及其相关的音箱产生一个独立的局部声源，多音箱之间相互作用为虚拟声源和空间印象创造了机会。必然要回答的问题是：到底需要多少声道？。贝尔实验室的科学家认为，录制和回放方向和空间复杂的音乐前方声场，需要很多声道。他们的目标是在舞台前部使用一排话筒捕捉一种音乐厅中的表演，然后在另一个音乐厅中重现。每支录音的话筒都用一只音箱代替，其位置类似，摆放在舞台前方。由于回放的音乐厅本身存在混响，所以无须捕捉环境音。作为务实的人，他们研究了简化方案的可能性，并得出这样的结论，尽管双声道可以为单个听音者提供可接受的结果，但三声道（左、中和右）是在允许的情况下，为一群听音者建立一个稳定的前方声场（Steinberg 与 Snow，1934）。

截至 1953 年，想法变得更加成熟，Snow（1953）在《立体声的基本原理》一文中将立体声系统描述为具有两个或多个声道和音箱的系统。他这样表述：“声道的数量将由舞台范围和听音室尺寸，以及所需声源定位的精度而决定。”并继续写道：

“对于需要经济实用且声源是否准确还原并不重要的用途，例如在家中播放音乐，如果声源分离感得以保留，双声道回放就具有现实的重要意义。”

因此，使用双声道被认为是一种“对于家用来说已经很好”的妥协方案，这也正是目前行业的处境。这种选择与理想的效果无关，而与以下技术现实有关，即在立体声商业化时，还没有人知道如何在 LP 黑胶唱片凹槽中存储两个以上的声道。

Vermeulen（1956）对立体声能做什么和不能做什么有透彻的理解，他说：

“尽管立体声回放能足够精确地模拟管弦乐队（感知声场），仍有必要模拟音乐厅的墙壁反射，以便回放能够满足音乐要求的东西。这可以通过听音室内配置多只音箱且予以不同的延时来实现。这种人为混响的扩散特性（产生包围感）似乎比混响时间更为重要。”

他所说的这些都是完全正确的。在随后几年中，无数的空间增强效果器，包括当代立体声和多声道上混音算法都完全支持了他的见解。

大约同一时间，电影行业终于获得了音乐行业没能获得的成功，上映的几部重要电影配有多声道环绕声。这些都是在胶片新增磁条上录制的独立声道录音。

尽管这些电影在艺术角度上获得了巨大成功，但却在技术上存在制作和回放成本偏高的问题。

电影音轨又恢复为单声道音轨，至少在产生“双向光阀管”之前是这样。这就使得光学音轨的每一侧都可以独立调频，双声道也有可能。然而，要注意的是光学音轨播放的噪声和失真迫使播放时出现严重的高频翻转，从而产生磁性，后续数字音轨要好很多。

如我们所知，双声道模式在电影行业没有持续太久，双声道上混音也没有持续太久，而且讽刺的是，电影行业推动了在家用领域引入独立多声道音频回放，而不是音频行业或音频发烧友，而且现在仍在继续。人们希望数字流媒体可以使多声道音频摆脱束缚。如果能够实现，结果会非常令人兴奋，在我看来，重现现实空间中的听音体验会让人获得满足感，尤其是当它伴随着播放音乐会画面的大屏幕时。

15.3 立体声——重要开端

相比双耳录音，立体声并未被赋予底层编码 / 解码。它只是一个双声道传声机制。是的，一些人大体上了解音箱摆位和与“在对称的‘立体声听音位’听音”相关的基本准则。但大家也都清楚即便是这些简单的准则也经常不被遵守。在专业录音室中，人们会尝试遵循标准进行摆位（音箱位于约 ±30° 夹角处），除此之外，可以简单地说，很多人的摆位是千奇百怪的。

数年间，人们为双声道和音箱录制、存储和回放真实的方向感和空间感付出了巨大努力。但从来都不存在一个完美的解决方案，即使这么多年过去。专业音频工程师对很多种话筒类型和技术进行了实验，尝试捕捉现场音乐表演的方向和空间本质。最终，很多人都放弃了尝试，并且这种“本质”完全由人工后期合成。因为这种合成也属于艺术范畴，所以可以接受。许多模拟和数字信号处理器都可以扩展声场。甚至简化的双耳串扰消除处理已被用于使声音出现在音箱夹角范围之外，尽管这只对坐在立体声听音位上的人有效。

在回放端，无数的音箱设计都试图展现一种更令人满意的空间感和包围感。音箱具有全指向、双向同相（所谓的双极）、双向异相（偶极）、主要向后辐射和主要向前辐射等多种指向性，那么我们该如何判断到底哪个指向性更能帮助我们实现这一目的呢？这些不同的设计对应的到达听音者耳朵的直达声和反射声特性涵盖了所有可能性。

从这个角度来说，立体声似乎不像一个统一的体系，而像一个个单独的特例。老发烧友可能会记得 Dynaco 发售的 QD-1Quadapter，采用了 4 只音箱的不成熟的“四维系统”。

它将两个左右声道之和从前方音箱发出，并将左右声道之差从后方音箱发出。发明人 David Hafler 建议以四声道的多声道记录系统作为音频封装格式（Hafler，1970）。

“Sonic Hologram”（声波全息图）（Carver，1982）采用不同的方法，是电子信号路径中双耳串扰消除的简化版本，而 Polk 将其内置于 SDA-1 音箱中。Lexicon 的数字化“全景”模式允许进行单独的设置调整，以适应不同音箱 / 侦听器的几何结构。这些设计的目标都是使声场位于立体声音箱之外，可能在 ±90° 之外。人们所做的都不是录音艺术家预期的，而都在尝试为听音者提供一个包围感更强的听音体验。这一时期出现了大量的数字“大厅”和其他人工混响效果，这些效应后来被称为“DSP”效果。大部分效果并不太好，有些十分糟糕。所有这些装置和工艺都存在，因为听音者发现两只音箱产生的一个主直达声场效果不足。

Eickmeier（1989）提议将房间临界作为反射面，以创建一个按比例缩小的模拟矩形音乐厅中管弦乐队乐音入射角的反射集合。毫无疑问，将会存在某些空间增强，但难以达到完美状态，因为相同的两只音箱发出的所有直达声和反射声完全相同，相比于音乐厅的声音延时，家庭房间内反射声的延时将会很小。听音者的包围感可以说是音乐厅最重要的感知因素，由侧面稍晚到达的声音产生（例如，Bradley 等人，2000）。延时超过 80ms 很常见，但不会发生在小房间反射的情况下，可以把这个作为采用多声道音频的理由。

Ambiophonics 一直在不断尝试最大化提取传统立体声录音（Glasgal，2001，2003）。这一过程可以被划分为几个演化阶段，融合了双耳技术和复杂的空间效应以增强声音传播。

除这些基本问题之外的一个问题是“立体声座椅”的使用不便。因为立体声座椅的原因，双声道立体声是一个只有一名听音者能够按照其产生的方式听到该声音的声学系统。如果稍微左倾或右倾，声音中的艺术家进入左置音箱或右置音箱，声场失真。当我们笔直坐立，艺术家又作为幻觉声像飘浮在音箱之间，通常感觉太靠后，有种不同于左右音箱声像的空间感（见图 7.1 和相关讨论）。

对于立体声座椅上的人来说，这会将声像大致置于其所属的空间，然后存在的另一个问题是：音质因声串扰发生改变，如图 7.2 所示。从图中可知，频率响应显著下降的可听性完全取决于有多少反射声来稀释该效应，房间反射是有益的。在典型反射混音环境下，可听性很好。如果录音或后期母带工程师尝试通过均衡补偿该效应，就会产生另一个问题。当该录音通过上混音算法播放，则声音将会过亮。

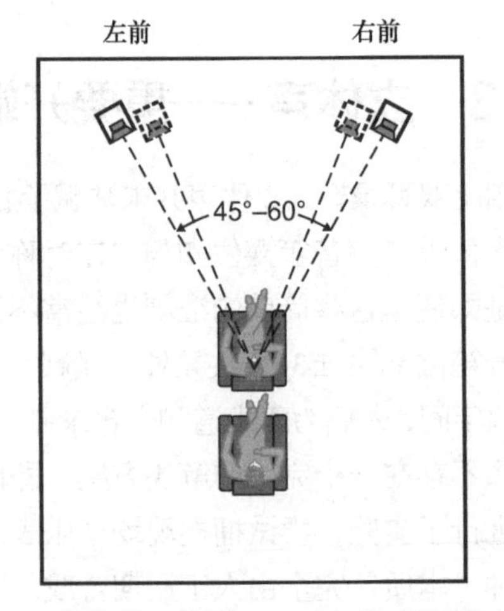

图 15.1　双声道立体声。±30° 排列是音乐录音和回放的普遍标准，但许多设置采用更小的间隔，尤其是与视频播放相关。为了听到幻觉中心声像和音箱之间的任何其他声像，听音者必须正好位于音箱之间的对称轴向上。远离对称轴，在车内和通过耳机，听不到真实的立体声，部分会失真，但仍具有娱乐性，声音被染色

音箱是立体声像稳定器

逐渐远离最佳听音位置，虚拟中央声像（特

写艺术家）会随之移动，快速跳转到更近的音箱。消除这个问题是人们长期以来面临的挑战。早期，听音者发现均衡混音可用于对远离中心的听音位置做出某种程度的补偿。但这只对一个听音者而言有效。

另外在立体声的早期，Hugh Brittain 以其他音频成就而闻名，当时他就职于英国的通用电气公司，倡导的是在听音者面前交叉左右音箱轴线的想法。他的名字变得与该设置相关起来。了解到音箱具有某种指向性，尤其是在高频的情况下，这个想法就是说当一个人远离中心时，距离越远，音箱响度越大，越近则声级越小，因而实现了粗略的振幅平移以补偿延迟误差；他将会感觉到虚拟声像移动变慢。显然，这只在中高频下，对于典型的锥形 / 球顶音箱起作用。

在 20 世纪 80 年代，我在斯德哥尔摩拜访了 Stig Carlsson。他和他的近似全向音箱在欧洲有一些追随者。这些“正交方向（OD）”设计目的是在房间产生一个有源反射声场，由于方向对称，因而尝试在更大的听音区域使立体声响达到稳定。我听说了几个已存在和正在研发的模型，这些模型均取得了不同程度的成功，这在很大程度上取决于录音。这些模型都会产生一个可以解决耳间串扰着色的有源反射声场。到达耳朵处的随机声音会软化声像，使其移动变得更不明显。房间稳态曲线相当平滑和平坦。读者可能会想起我本人对于一个几乎全向音箱的听音体验，如图 7.19 和图 7.20 所示。如果反射声丰富且音色与直达声相匹配，则主观音效的确很令人愉悦。

数年之后，Mark Davis（1987）应用科学研发 dbx 声场音箱。这种音箱在箱体的 4 个面上排列 14 个单元，在声学总和中，辐射 360° 声场，其中不对称的方向性经过精心定制。目的是向偏离中心的听音者发出直达声，使得虚拟中央声像达到稳定。它基于与延迟和振幅平移相关的实证数据，与其他尝试不同的是，它在一个宽带宽上有效。除了该直达声特征，音箱大量地向四周辐射，使得许多听音者获得舒适的空间感。

我 1986 年与该产品的接触仅限于声场 10 模型，其中单元数量减少为 8 个。在任何阵列中，单元都是越多越好，但成本和复杂性是限制性因素。遗憾的是，频谱平均值计算机数据已经丢失，只剩下一个不太平滑的听音者轴频率响应，这是来自分散的单元阵列的声学干涉所致。辐射型曲线证实了戴维斯公布的目标。听音者的记录表明它产生了一个宽敞宜人的错觉，呈现出柔和且相当稳定的虚拟声像。继而出现的是更简单的实现，然后产品消失不见。

最近证实的 Lexicon SoundSteer 是以不同的方式解决问题，它使用数字控制单元阵列，在大部分频率范围内产生一个外型一致的声场。声音模式可能会从全向变为窄束，然后被数字操纵。借用一个无线接口，听音者可移动到不同的位置，并且音箱会发出一定振幅和时间的直达声，以产生一个新的最佳听音位置，或者它们中的一些被存储下来，以便于记忆。

自适应阵列音箱还有许多其他的可能性，包括像 2003 年的 PDSP-1 数字放音音箱（254 个单独混响和增强的单元）和一年后的雅马哈 40 个单元的 YSP-1 那样的音箱，针对发射面产生多个独立波束，以模拟其他声道。以这种方式，一对“立体声”音箱就能为具有适当试听室配置的听音者提供一个多声道音频。数字处理和功放成本降低，实现一流音质和迄今为止不可能的声学和听觉操作的完美结合。

15.4 四声道——立体声时代2

20 世纪 70 年代，我们意外进入 4 个声道（称为四声道）时代，打破了双声道的沉闷。目的值得称道，旨在提供一种丰富的方向感和空间感。实现目标的关键是在现有双声道（当时是黑胶唱片）存储四声道信息，然后再复原。

当时有两类系统在使用，分别是矩阵系统和离散系统。矩阵系统将 4 个信号下混入通常用于 2 个通道的带宽中。这样一来，就必须对某些东西进行折中，结果是，所有声道的通道间隔均不相等。换言之，本应仅存在于一个声道中的信息将以更小的量存在于在某些或所有其他声道中。这种“串扰”的结果是人们对声音来自何处产生疑惑，以及声音全景对听音者位置的过度敏感；左倾、右倾、前倾或后倾都会使整个声音全景在该方向上呈现出偏差。

各种形式的信号自适应“导引”设计用于在播放过程中协助方向错觉。这种“代号语言”是令人难忘的：SQ来自CBS，QS源自三水音响，而E-V来自Electro Voice和其他公司。Peter Scheiber 是一位有技术天赋的音乐家，因其被集成到许多系统的专利编码和解码创意，显然被人们看作一位矩阵设计的先驱。其中效果最佳的系统在声像环绕房间平移时，对于创建完全独立或离散声道错觉效果十分明显。然而，这种清晰的分离在需要多个同时发生的离散声像时就失效了。在极限的情况下，导引停止，我们通过原始矩阵来听音，但伴有大量串扰泄漏。

最终，需要的是 4 个独立声道。但要想在黑胶唱片上实现这一目的就需要将录音带宽扩展到 50Hz 左右，这具有相当大的挑战性。然而，就像来自 JVC 的 DC-4 一样，这个目的实现了，尽管这种四声道格式存在时间很短，但实现带宽扩展所需的技术使传统双声道黑胶唱片能够长久获益。其中包括半速切割工艺，更好的压制结合具有高依从性、低移动质量和异国造型风格的播放盒带，可以产生更宽的带宽，并减少跟踪和降低跟踪失真。这些改进都对黑胶唱片业产生了持续积极的影响。

离散多声道磁带录音是可以买到的，但至少可以说，开卷磁带让人讨厌，而且高品质打包磁带格式（如盒式磁带）还没有为真正的高保真多声道声音做好准备。

数年后，行业还无法就单一标准达成一致，这从商业角度来看是一个无法容忍的情况。单声道、立体声和广播兼容性存在问题（Crompton，1974）。最终，一切都结束了（Torick，1998）。这个行业损失了金钱和信誉，很多客户在投资即将无用的硬件后，理所当然感到不安。

回顾音频行业的历史，还会发现四声道失败的另一个原因，那就是这个系统在心理声学上并没有充分的依据。缺乏基本的编码 / 解码的原理，双声道立体声的问题只会变得更为严重。甚至还有使用传统振幅平移技术前后“平移”声像的概念，Ratliff（1974）和其他人发现了其中的问题所在，即耳朵位置不当，无法使之产生效果。左右、前后四声道方形阵列仍然是一个反人类系统（见图 15.2），设定了更为严苛的规则。最佳听音位置现在仅限于前后和左右方向。最重要的是，不存在任何中心声场——取消立体声座椅所需的一个基本要求。

现在人们已知，将附加声道对称置于听音者后面并不是产生空间感的最佳做法。图 15.3 给出了研究音箱数量和放置对于产生空间感的影响的实验对比，空间感与双耳互相关系数（IACC）有关。实曲线表示的是目标。

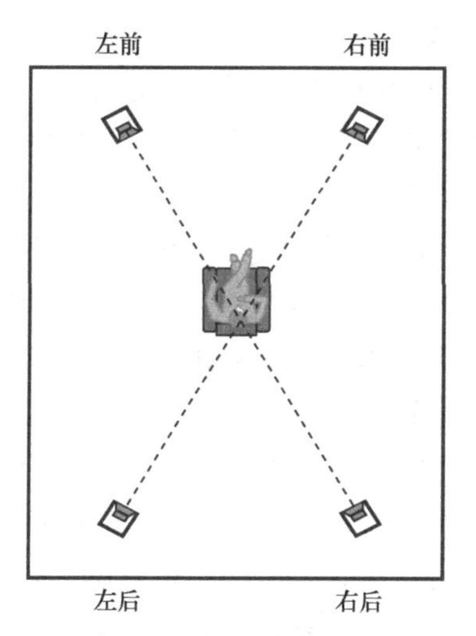

图 15.2 一种四声道听音布置导致前后、左右座位受限，主要因声道间声串扰、信号泄露所致

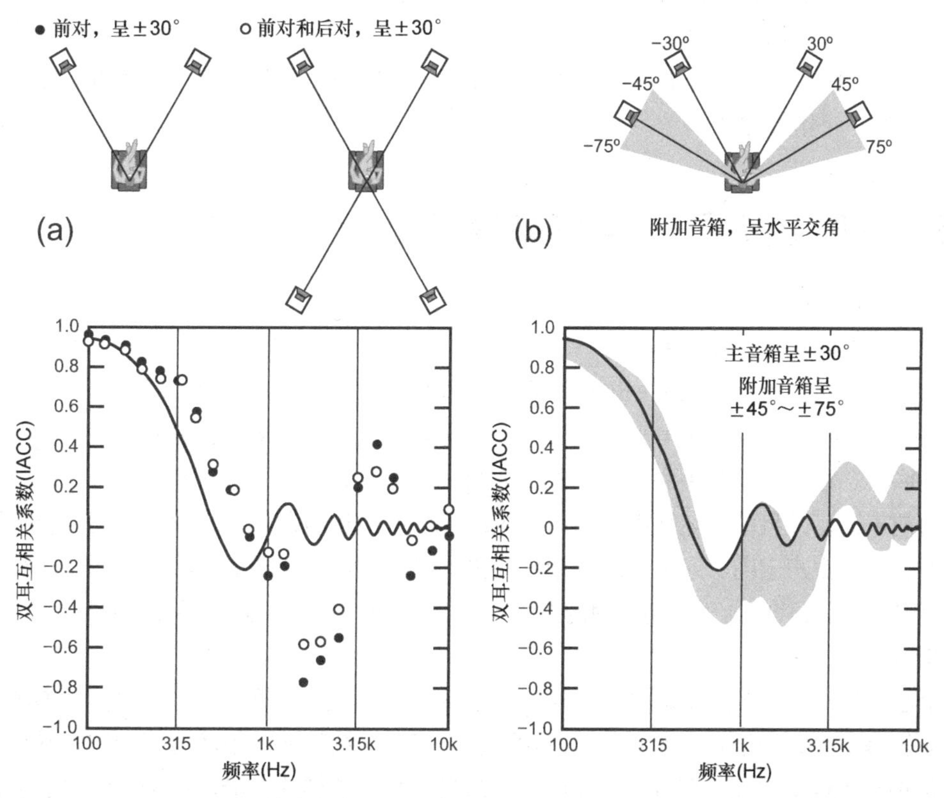

图 15.3 （a）呈 ±30° 的一对立体声音箱与在听音者后面新增的另一对同角度音箱的双耳互相关系数的测量值比较。单只音箱发出的信号是窄带不相关噪声，该噪声可能会在一个理想扩散声场中被录制下来。目标曲线（实线）代表的是理想扩散声场的双耳互相关系数。（b）跟（a）一样，但在 ±45° ～ ±75° 范围内不同角度处多了另一对音箱。所有测量值均在阴影区域内［经 Tohyama 和 Suzuki 调整（1989），版权归美国声学协会所有］

Tohyama 和 Suzuki（1989）研究了两只和 4 只音箱的几种排列，将双耳互相关系数与真实扩散声场得出的测量值进行比较，这在现实世界几乎是无法实现的目标。图 15.3（a）中的结果表明，双声道立体声未能复制扩散声场的双耳互相关系数。尽管如此，事实的确是在听音者后面相同角和相同的距离处增加一对音箱来使音箱数量翻倍，并未带来什么实际改变。图中，实心（双声道）和空心（四声道）点具有相似的分布特点，与目标曲线均不匹配。这是四声道声音的原始布局，显然并非一个最优方案。

当外面一对音箱呈 45° ～ 75° 的某些角度时，如图 15.3（b）所示，双耳互相关系数（IACC）均向目标曲线靠近。有两个因素做出改变：4 只音箱置于听音者前面，且呈不同的水平角度。这会改进效果吗？随后，我们将会看到角度差是关键因素。音箱置于听音者的前面还是后面都不那么重要。可以讨论能够将音乐家置于听音者后面的价值，但电影需要能够感知立体效果是毋庸置疑的。因此，在未来开发中，倾向于向后倾斜。

这些数据中的重要信息是音箱的位置可能和数量一样重要，越靠近侧边，越发有利。后方传来的声音在标准音乐曲目中极为罕见，但可接受的空间印象的需求很常见。具有讽刺意味的是，一本《多声道回放的主观评估》（Nakayama 等人，1971）说明听音者更喜爱的环绕声音箱位于两侧，相比于后置音箱，两侧的情况获得了高出 2 倍或 4 倍的主观评级。这似乎表明任何具有影响力的人都没翻阅过该出版物。

幸运的是，四声道采用大部分智能技术终有所获，这些技术走进了电影之中，最终中心声道成为电影的一个组成部分。

15.5 多声道音频——电影来救场

构成四声道基础的关键技术创意如下。

- 双声道存储 4 个音频声道
- 有能力运用自适应矩阵——电子增强导引对其进行重构并保持适当间隔

在将降噪系统应用到立体声光学音轨时，杜比实验室公司与多声道先驱——电影制片人保持着密切联系。杜比将所有关联放在一起，重排声道配置，使之更适于电影：左前声道、中前声道和右前声道，并将单一环绕声声道用于驱动观众旁边和后方安置的数只音箱。所有配置都存储在双音频带宽声道内。通过对编码矩阵和主动解码矩阵中的导引算法进行适当调整，他们在 1976 年想出了影院中几乎普遍采用的系统：杜比环绕声（或电影业内熟知的杜比立体声），具体见图 15.4。

这个系统受一些基本规则的约束，这些规则为多声道电影声音设定了这样一个标准：对话正好位于屏幕中央，音乐和音效围绕前方和环绕声声道。混响和其他环境声音被引导至环绕声声道，各种音效也是如此。有时，观众可能会被足球场中那样的人群声环绕，或可能被带入巨大的混响洞穴或体育馆、激动人心的车辆追逐现场，或是被让人感到尴尬的情侣间的亲密私语环绕。

因为光学胶片音轨相对嘈杂（即使采用杜比降噪）和相对失真，偶尔“飞溅”的嘶嘶发声会泄露进入环绕声声道，并被环绕音箱辐射，导致这些声音局部化。因此，环绕声声道在高于

7kHz 左右时会减弱，如果消除这些烦人的杂音，也会降低音质。

为达到这个空间体验的动态范围，需要一个灵活的多声道系统，指向性受控音箱对播放环境进行一定的声学控制。一切就位的话，就能实现不同寻常的娱乐效果。房间内仍有就听音位置而言更好和更差的座位，但有许多令人满意的，朝向中央的好座位。

应注意编码矩阵、有源解码矩阵的特征，音箱和房间的频谱、指向性和时间特性都是这些系统正常运行的必要部分。庆幸地是，电影业认识到标准化的需求，因此，许多年来，人们一直都在努力确保组装电影音轨的配音声场像影院一样，观众可从中享受技术成果。

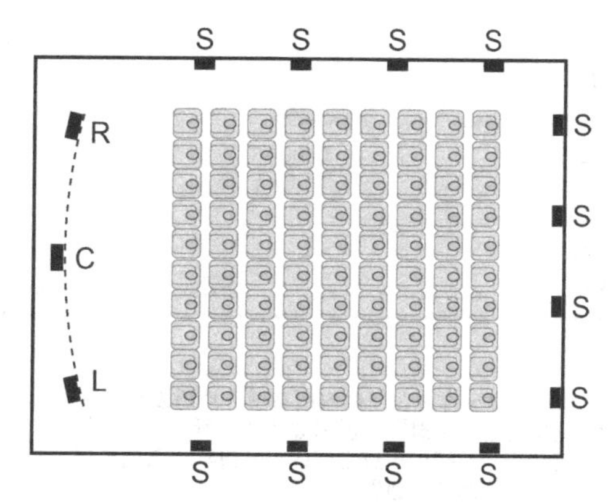

图 15.4　1976 年产生的杜比立体声：3 个前声道和 1 个环绕声音轨提供了声音环绕观众的效果。这是今天我们所知的家庭影院和多声道音乐技术的演变基础

15.6　多声道音频走进家庭

随着家庭观影的流行，杜比环绕声出现在了录像带、激光视盘、广播电视和随后的所有流媒体传输方式中。要想适应更小的环境，只需要对回放装置进行微调。将环绕声音箱减少为两个，确保了更高的消费者认可度，这些音箱装在听音者的侧面确保了它们可以最有效地营造所需的空间和环境错觉（见图 15.5）。音箱略微后斜可实现可靠的飞音，但这不是包围感的要求。

图 15.5（a）直观展示了这种情况：声音，通常来说是音效，难以平移到一个环绕声音箱，只能从该位置听到。图 15.5（b）的情况更为复杂。其中环绕声在一个或多个前置声道发出一阵强烈的直达声后，传递旨在描述声学空间的声音。环绕声音箱的声音延迟采用了优先效应，以确保即使是在小房间，人们仍可感知到环绕声从属于前声道。从侧面环绕音箱的实线表示可用于减小双耳互相关系数，从而增强空间感的声音。这些声音从侧面到达听音者，从而最大化了双耳差异。

另一方面，当声音从接近听音者正中的方向传来时，表示反射没什么效果。

这里有一个关于双向环绕声音箱效果的提示。具有双极配置的音箱分布广泛，将会向大量观众 [包括图 15.5（b）中所示的中心席位上的观众] 传递强直达声。这些具有双极配置的音箱会削弱直达声，使前后反射效果降低。后文将对此详细讨论。

一开始，一种简单的固定矩阵版本可见于入门级消费者系统。固定矩阵系统表现出各声道之间存在大量串扰，使得听音者在大部分时间内被声音包围，即使这并不合适。

(a) 向侧面环绕声声道平移的离散声。
感知：声音从那边的音箱传来

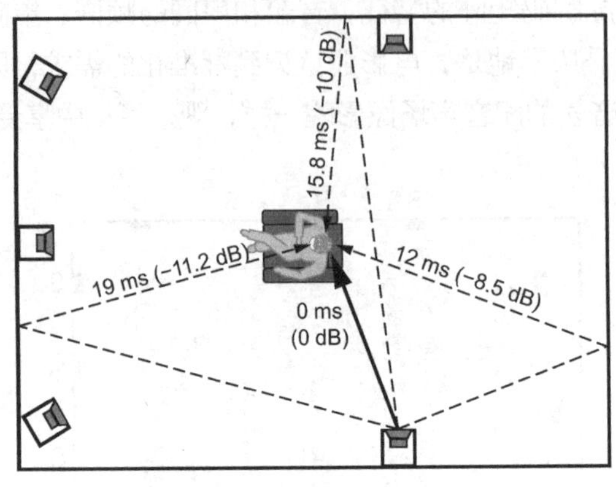

(b) 环绕声声道在任何或所有前方声道发出直达声后，提供延迟“反射”。延迟如图 (a) 所示，外加前方声道和每个环绕声声道之间的录音过程引入的延迟。
感知：空间感、包围感

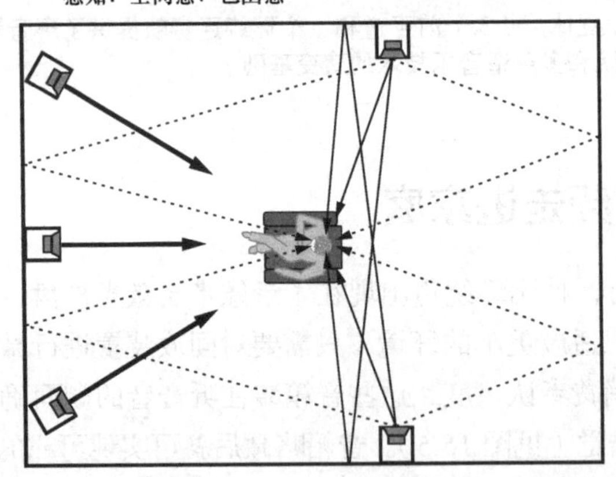

图 15.5 反射声在环绕声音箱中的两种用途：(a) 作为一个独立声音，以及 (b) 作为前方音箱的补充，可延迟回放声，以产生距离、空间或包围感的印象。所示延迟和声级是假设存在理想反射的情况下，相对于直达声而言。对于一个 21.5ft (6.55m) × 16ft (4.88m) 的房间

我记得，是 FosgateandShureHTS 将第一台有源矩阵解码器引入家庭影院市场。Julstrom (1987) 这样描述具有创新特征的 HTS 设备：“一种能够扩散后声像的‘声像传播技术’，防止距离更近的音箱处发生局部化。”它还避免了会被房间中线落座的听音者听到的单声道声音，“头内”定位效应。这是通过互补梳状滤波器技术引入左右环绕声音箱差异来实现的，由去相关其他单声道环绕声声道来实现的。数年后，去相关环绕声被纳入家庭 THX 的标准中。当集成低成本硅芯片的有源矩阵 DolbyProLogic 解码器上市时，家庭娱乐进入了一个新时代。

享受电影的空间错觉时，听音者将不可避免地通过 Dolby Pro Logic 处理器播放传统立体声录音。结果时好时坏；一些录音的效果超赞，而有些则不然。通过这一算法转换的中央声道效果往往不好，通常会过分突出。由于环绕声场很沉闷，因此环绕声声道的高频衰减也值得注意。有时可以通过操纵音乐听到有源矩阵导引。专门的杜比混绕声录音效果更好，但却无法让音乐录制行业追随。这些工作还有待完成。

THX

1990 年前后，卢卡斯影业为其认证影院音响系统的 THX 计划建立了一项许可计划，旨在增强或以某种方式监管基于 Dolby Pro Logic 解码器的家庭影院系统的性能。如过去所称，家庭 THX 为家庭影院系统使用的基础 Pro Logic 处理器和音箱添加了新的功能，并为电子设备和音箱设定了一些最低性能标准。当市场充斥着小型、廉价的附加中央声道和环绕声道音箱、功放时，THX 相关人员明确声明那将不会奏效；所有声道必须满足高标准。值得称赞的是 Tomlinson Holman 将这种现有和新型的功能组合成消费者家庭影院的早期基准。可以说对于行业的大部分持续积极的贡献一直都是元件认证计划中的内容，该计划能够确保各自的规范充分满足理想的现实家庭影院的要求，使其设备性能符合这些规范，以及越来越复杂的环绕声处理器的所有功能都能实际以本应运行的方式运行。

第一代 THX 认证元件还包括了一些 THX 计划独有的特征。自早期以来，大部分功能已发生改变，因此，并非所有原始 THX 认证继续适用，一些已被逐步淘汰。本讨论相关的 THX 规范如下表所示。非常有必要花些时间对其进行讨论，因为在家庭影院行业，它们的影响仍然存在。这里添加了一些注释，以将其置于当前的环境下。

（1）环绕声处理器的高低通滤波器近似于低音炮和卫星音箱之间的一个适当分频器。之前系统的一个明显疏忽是对低音炮和卫星音箱的输入在分频器区域的合并未做任何考虑。它完全是一个偶然出现的问题，不可避免的是会有许多音效很差的上低频声示例。

然而，预置电子滤波器并不能解决所有问题，因为音箱和房间对最终结果产生了极大影响，这些效应也无法提前预测。音箱的高通特征变化显著（尽管 THX 审批音箱在某种程度上会受到控制）。更重要的是，如第 8 章和第 9 章所做的解释，房间是系统的组成部分，试听室在这个（80Hz）频率区域内具有强大的影响力。该低音炮和卫星音箱，当然还有听音者处于不同的位置，因此，可能就无法保证低通和高通按预期增加。只有进行原位声学测量和均衡才能实现这个目的。在当时考虑这些是不切实际的，但任何高通滤波器应用到卫星音箱上的工作都将妨碍他们尝试复制低音炮。

（2）左右环绕声信号的电子去相关。采用 ShureHTS 理念（Julstrom，1987），THX 相关人员建议将信号去相关应用到左右环绕声音箱中。建议采用一种基音偏移算法，但实际上，他们还批准了其他形式。现在的上混频器集成了去相关或至少延迟了环绕声信号细分到多声道的过程。使用目前的离散格式，应该由录音工程师去决定什么程度的去相关适合双主环绕声声道，而无须任何进一步处理。

（3）环绕声声道的“音色匹配”。环绕系统上的所有音箱应该能够辐射优质声音。为对此进行评估，必须依次面对每只音箱。在听音者面对中前声道时，来自不同方向的声音听起来相同的看法是错误的。这些差异内置于双耳听音过程的头相关传递函数（HRTF）中，为我们提供了声源有关的信息。因为家庭系统现在有望回放电影的瞬时离散的左声、右声、前声、后声和高声，所有声道都需要尽可能具有类似的性质。

（4）电影音轨的“再均衡”。据称，这是对大型电影院使用的音响系统及其校准方式导致的电影音轨中有时出现过多高音单元的一种补偿。选择的是单个高频校正曲线。正如在第 11 章中详细讨论的，电影声音并不恒定，变化的有低频也有高音单元。原意很容易理解，但目前的实际情况是，对于那些对音色和频谱平衡非常挑剔的听众来说，传统的音调控制就是答案。

（5）前端（L、C、R）音箱的有限垂直分散。它从一开始就是一个存在缺陷的概念，现在看来，这个指向性要求已从 THX 规范中删除了。

（6）环绕声音箱的偶极辐射模式。有关这方面的论点通常涉及一种增强房间扩散声场的手段。此类音箱通常被称为“扩散”声源。实际情况是在家庭影院中，不存在任何相应的扩散声场，这里存在声吸收过多，且音箱也无法“扩散”声音的问题。事实上，我们不希望存在这种情况，空间感存在于多声道录音中。对于房间侧边附近的听音者而言，偶极子零点的实际效应是使高频衰减，从而减弱音箱局部化的趋势。这个主意很不错，但遗憾的是，它会导致音质受损，下一节将对此进行讨论。对于沉浸式音频，不建议采用这样的设计，若使用这类音频，音箱应为具有高音质的可定位声源。

15.7 到底需要多少只音箱？在哪里安装？

我们从定义环绕声系统的任务开始。我们还是希望该系统旨在满足于每一名听音者的需求。

■ **定位**。方向感：声音来自哪里。位置的最低数量应为系统中离散或定向声道 / 音箱的数量。除此之外，我们还需要依靠飘浮在每对音箱之间的幻影声像，因为立体声的缘故，人们会对前音箱的声像熟悉。有了中央通道，它们变得更加稳定。例如，在正面和侧面之间存在其他机会，主要是用于传达一种简短的运动感。固定位置的平移声像位置可能会有所不同，具体取决于人们坐在何处，耳朵的位置意味着前后平移不会精确。实际上，运动是通过不同音箱之间的简单的声音衰减来传递的。远离最佳听音位置的任何人都会听到幻影声像和空间感削弱的失真全景。结论：需要更多离散通道驱动更多的音箱；如果感知位置很重要，且有多个侦听器，则幻影声像没有作用。

■ **距离**。通过适当增加延时，录音声音很可能会产生距离的印象，使位置正好移动到音箱本身之外。

■ **空间感和包围感**。在不同空间，被模糊的局部声音环绕的感觉。这是一项十分重要的功能。

提高定位的可能性受到业界认为客户将会购买并在其家庭中安装的实际声道数量的限制。对于大部分人而言，要在其生活空间中容纳 5.1 似乎很难。然而，对于热衷于空间和金钱的人来说，可购买最多 32 声道的沉浸式系统用于房间安装。这些系统能够呈现超级英雄和外星人在房间飞来飞去的场景，只要空间允许，能够提供尽可能多的场景氛围。

但是，大多数系统仍为 3 个屏幕声道。尽管如此，在大多数情况下，所有屏幕声音都是通过中央声道传送的。我不时地从椅子上站起来，只是为了满足我的好奇心，因为与屏幕动作相关的声音，有一种强大的“腹语术”效果。我们听到的声音源于我们看到嘴唇移动、枪支闪烁或门“砰”地关上。影迷在银幕上的动作进行的同时，聆听中央单声道所花费的时间表明，影片音效很棒。只有高成本的大片才会在屏幕上采用大量的声音平移。为什么？这么做成本会更高，削波过程也更复杂，这一过程有时在电影上映前会持续数小时之久。当声音的位置很少并且稳定时，削波大多会变成一种视觉和叙事操作。

屏幕外发出的声音通常是短暂的，不需要真正的精确性（在电影中也不需要）。屏幕外的声音属于宽泛的“气氛”类别，如果存在，则位置的模糊性也是可取的。距离感是将听众“带出”试听室的一个重要因素，但这一因素很难与基本的包围感、空间感相区分。

15.7.1 优化“包围感”的传递

如前文所讨论的，双耳互相关系数（IACC）是感知声源宽度（ASW）、声像加宽、空间感和包围感之间的一种紧密的感知相关。在特定频率和延迟下，双耳处的声音差别越大，这些空间感的描述符越大。耳朵的位置可确定来自不同方向的声音是否会产生不同量的双耳互相关系数和感知到的感知声源宽度。从各侧发出的声音效果最佳；前方和后方发出的声音效果最差。众所周知，声场中的扩散是一个制约因素，但扩散并不是空间感的要求。

在此有必要强调的是，发生在小房间里的反射无法单独产生真正的包围感。包围感需要延时（约 80ms 以上），只有通过多只音箱回放的记录信号才能提供这种延时。这些明显延时信号的额外房间反射可能会增强包围感的印象，但必须在录制的声音和播放音箱的布置中提供初始延时和适当的方向。那么，到底需要多少个声道，音箱又要放在哪里呢？两个重要的实验提供了重要的见解，其中一个来自主观评估，另一个来自测量。二者均得出了相同的结论。

Hiyama 等人（2002）对由 24 只音箱组成的圆形阵列产生的参考扩散声场的声音与数量较少的阵列音箱的接近程度进行了主观评估。当与 24 只音箱参考阵列进行比较时，听音者需要判断每种音箱配置的感知包围感的受损程度。所有的音箱均辐射不相关噪声。

在第一个实验中，他们考察了圆形阵列中不同数量等间距音箱的性能。结果表明，12、8 和 6 音箱阵列能够很好地模拟 24 音箱阵列的感知包围感。然而，4 和 3 音箱阵列效果不佳。这一描述十分清楚地表明，应避免 4 只或 3 只音箱等间距排列。

图 15.6 给出了他们众多实验结果的一些摘录，实验中，2 ～ 5 个不同排列的音箱试图模拟 24 台音箱参考阵列的感知包围感（分数 = 0）。“分数差”越接近 0，阵列的主观性能越好。文中数据较多，这些选择与多声道声音回放选项密切相关。3 个测试信号的结果如下：100Hz ～ 1.8kHz 的噪声（频率范围与包围感的相关性最强），以及大提琴和小提琴的干录音，其中添加了卷积并模拟了音乐厅适当方向的早期和晚期反射。结果十分引人注目。

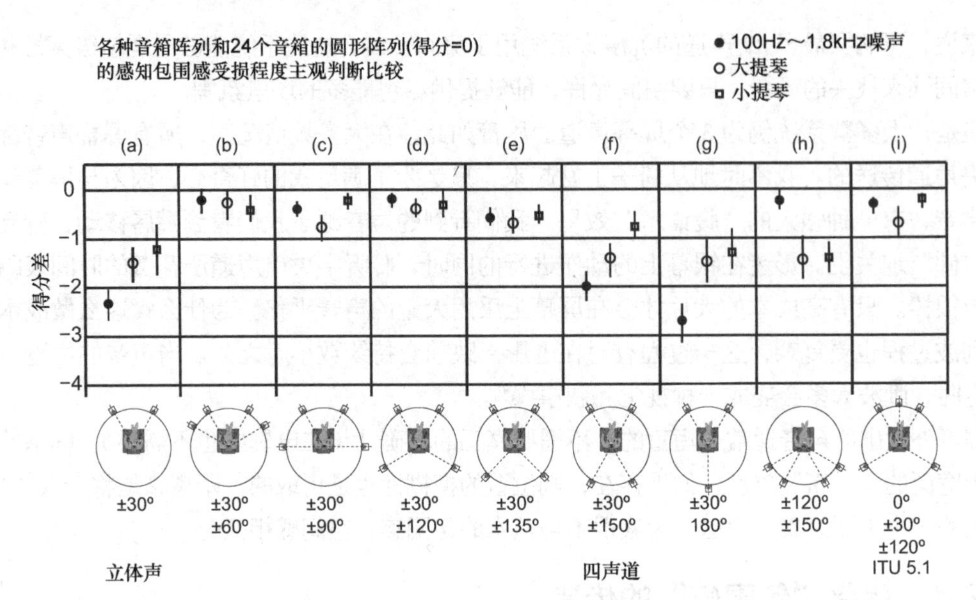

图 15.6　尝试用一排数量较少的音箱试图模仿一组 24 只音箱的圆形阵列的性能时，听音者判断感知包围感的受损程度的主观比较结果［改编自 Hiyama 等人（2002）的数据］

■ 双声道立体声表现不太好，如图 15.6（a）所示，“四声道”布置也是如此，如图 15.6（f）所示，性能十分类似，有力证实了前文所述的 Tohyama 和 Suzuki 的研究成果。

■ 对称前后阵列似乎对于包围感未产生任何效果，只是为电影特殊效果及语音和音乐新增了两个位置。

■ 中央后置音箱效果更差，如图 15.6（g）所示。

■ 一对呈 ±30° 的音箱和另一对角度在 ±60° ～ ±135° 的音箱的所有组合都表现出色，如图 15.6（b）、（c）、（d）、（e）所示，避免 ±150° ，如图 15.6（f）所示，或以任何角度识别前置音箱的扩展。

■ 在相同的反射角度下，4 个位于听音者后方的音箱表现劣于前置音箱的表现，如图 15.6（h）所示。

■ 如图 15.6（i）所示，ITU-RBS.775–2 描述的五声道排列的性能与其他配置一样优异。

最后一条陈述显然是很好的消息，因为它是传统 5.1 系统的基础。

Muraoka 和 Nakazato（2007）使用频率相关双耳互相关系数（FIACC）测量作为“声场重组”的一种测量方法。想法很简单：在 4 个大空间进行频率相关双耳互相关系数测量：1 个大演讲厅和 3 个音乐厅。舞台上的全向音箱作为声源。由 12 个等间距话筒组成的圆形阵列在测量位置进行录音。这些录音通过不同数量的声道，使用消声室中距离人体模型 2m 远的音箱来回放。测量每种音箱配置所再现声场的频率相关双耳互相关系数，并计算“均方差”度量值，以对原位置与音箱测试配置所回放的频率相关双耳互相关系数的差异程度做出说明。这种差异是在“全”带宽（100Hz ～ 20kHz）和“基本”带宽（100Hz ～ 1kHz）上计算出来的，频率范围与空间感关系最为密切。

图 15.7 给出了从实验中选择的数据。除（e）外，顶行所示布置与图 15.8 所示布置相同。在

本研究中未对该特定布置进行测试，因此，空间（e）中填满了应为最佳配置的结果：以 30° 间隔的 12 声道。

该实验与 Hiyama 等人的实验存在很大不同，可是结果与前文列出的几乎完全相同，只存在微小差异，这是可以预期的，因为本实验的目标是复制实际房间的声场。

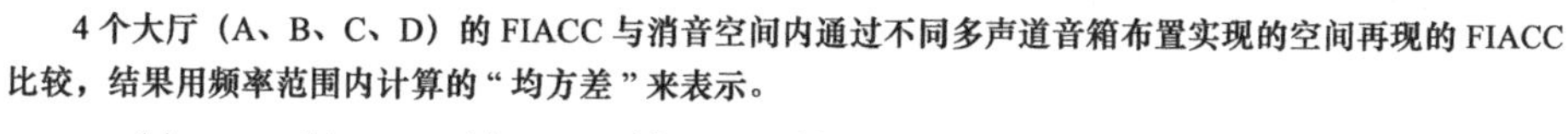

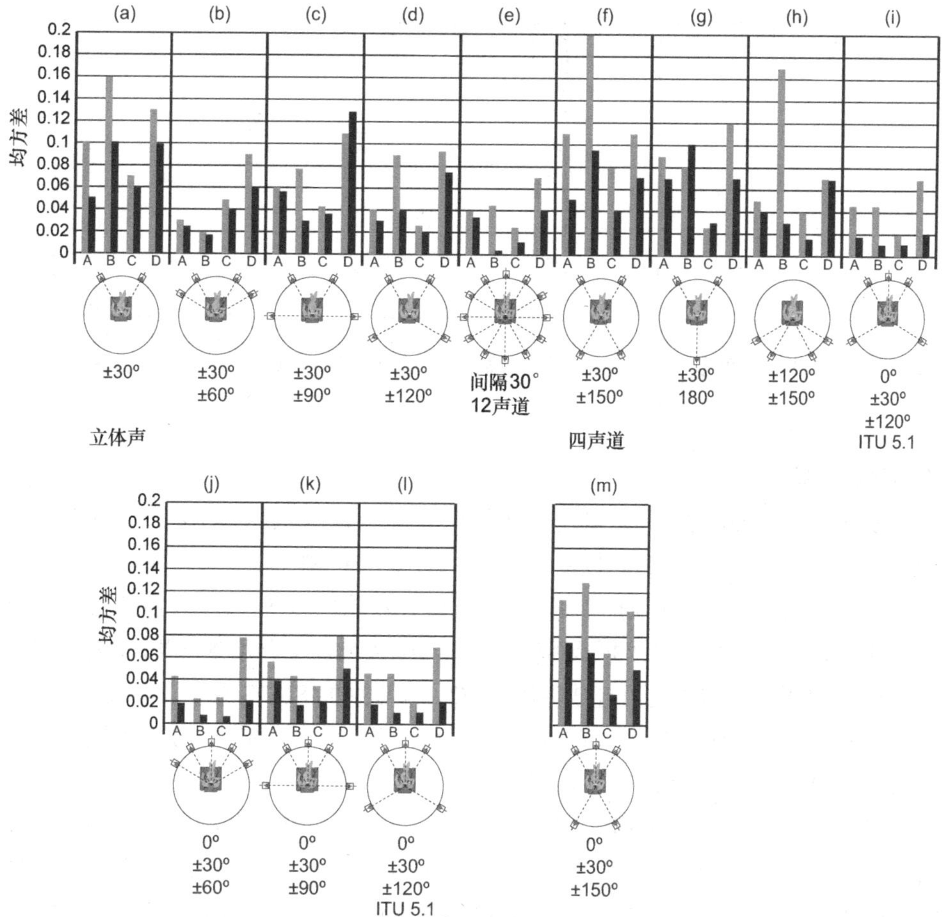

图 15.7 从 Muraoka 和 Nakazato（2007）的实验中精选的数据展示了（a）～（m）各种回放声道和音箱的配置与复制 4 个大型场地（1 个大型演讲厅“A”和 3 个音乐厅“B”“C”和“D”）的 FIACC 的密切关系。竖条越短，表明重构原始声场的效果越好。黑条很可能更有意义

首行结果特别值得注意的是，(e)12 声道系统和（i）被广泛使用的五声道“家庭影院”布置效果极为类似。与四声道（b）和（h）的前组合或后组合一样，前对音箱在呈 ±30° 角度时和另一对音箱在呈 60° ～ ±120° 角度时的所有组合都表现良好。立体声（a）表现较差，前后对称的“四声道”布置（f）也是如此。

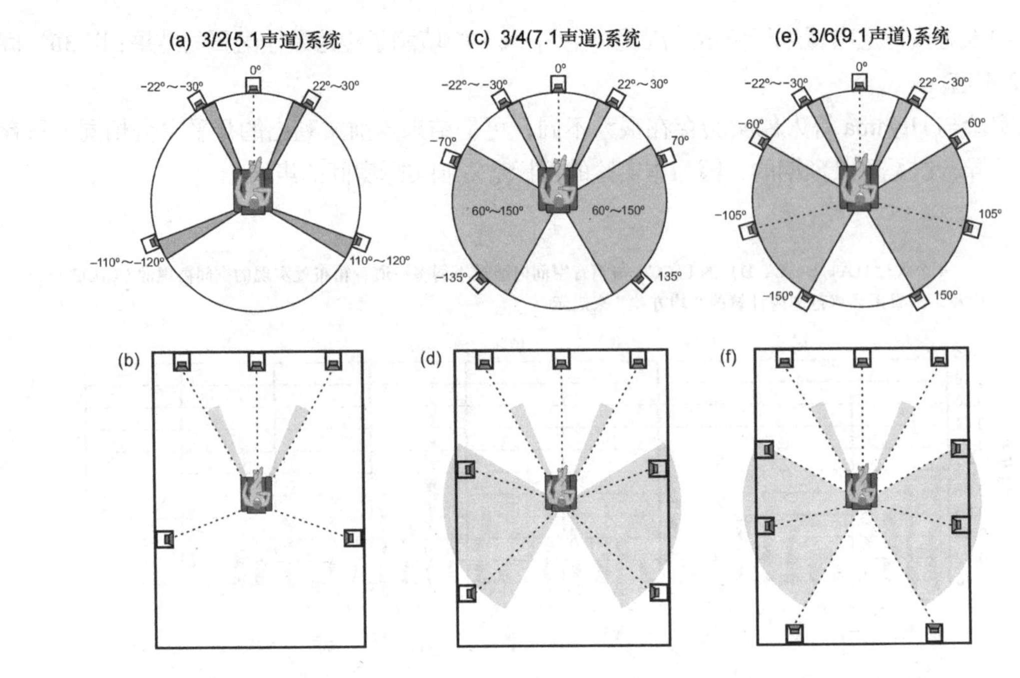

图 15.8　常见多声道系统的建议布局——“学术”环形阵列和实际矩形方案

◎声道计数方案

为了追踪多声道系统中的音箱数量，并了解音箱的位置，业内最初采用了一个简单的名称。它由两个数字组成：一个表示前声道的数量，另一个表示环绕 / 侧 / 后声道的数量。所以，2/0 表示的是立体声。3/1 表示单环绕声声道杜比原装立体声 / 环绕音响系统。3/2 表示传统的五声道（5.1）环绕声，前部为 L、C 和 R，以及两个环绕声声道。3/4 系统有 4 个环绕声声道，在消费者领域被称为 7.1。然而，电影界的 7.1 更可能被解释为 5/2，即索尼的 SDDS 系统，前端 5 个频道，以及两个环绕声声道。随着具有竞争力的沉浸式音频方案的到来，这种编号系统变得更加混乱。

人们熟知的水平耳级声道，还有增高声道。有些在耳朵以下，有些在耳朵以上，还有一些位于天花板。这些新格式的明确描述公式尚未制定，但目前的情况是一种编号系统在构成它们的基本 5.1 或 7.1“环绕声”系统中增加了一些屋顶音箱，例如 5.1.2 或 7.1.4，其中最后一个数字表示屋顶音箱的数量。就像在复杂的系统中一样，当声道数达到 16 或 32 时，简单数字系统失去了其本身的意义，因为不同的沉浸式算法使用不同的音箱安装组合。

下一行的结果显示了在（b）、（c）、（d）和（f）中增加一个中央声道的效果，创建了可选的五声道配置，包括像（l）那样重复 ITU 的排列。四声道版本已表现出的优异性能得到了改进，（j）、（k）和（l）的结果都非常引人注目。通过增加中央声道（m），前后对称布置（f）略有改进，但这仍然不是一个有吸引力的选择。教训：避免左 / 右音箱前后对称排列。

15.7.2　总结

非常好的消息是，许多声道不必提供包围感声场的出色传真或重建。无论评估指标是主观的还是客观的，都是如此。四声道或五声道及音箱的最佳选择可以提供与 12 只或 24 只音箱的圆形阵列的性能极为相似的性能。

通过两项精心设计的研究（一个主观，一个客观）可以得出结论，现在流行的L、C、R音箱5.1声道排列（跨越前方60° 弧）与两个环绕声音箱（在 ±120° 角度上）结合使用，效果出色（见图15.6和15.7中的排列（i）和（l））。然而，也很明显，还有其他5种效果相当好的声道选择 [（j）和（k）]。听音者后方不需要安置音箱。只有希望像沉浸式音频那样，在其他位置离散地平移可定位声像时，才需要在一个听音者周围布置5个以上的声道。

注：前一句以“一个听音者”结尾。如果多个听音者远离对称的最佳听音位置，则需要更多的频道或不同类型的音箱，在扩展的听音区域产生类似的包围感效果。这就是更复杂的沉浸式系统的优势所在。在我听到的演示中，当我在试听室里走动时，令人印象深刻的是空间错觉是如此稳定。更多声道显然能够提供更自然的声场。

3项研究提供了有说服力的证据，表明应避免音箱前后、左右对称排列，因为它们在创建简单立体声的包围感上几乎或根本没有效果，只是增加了平移声音的方向选择。Morimoto（1997）做了一些实验，得出的结论是，听众后方发出的声音对感知包围感很重要；在表现出类似双耳互相关系数的情况下，当更大比例的声音从后方传来时，听音者的包围感会得到改善。遗憾的是，实验中使用的音箱布置是左右对称 / 前后对称的，这种情况对产生让人信服的感知包围感不利。由于家庭影院的所有实际音箱布置都需要后音箱提供局部声音，因此，这个问题会自动得到解决。

提示：这些实验都是在消声环境下进行的。试听室内的反射会对结论产生一定影响，但音箱发出的直达声很可能起到主导作用，而且，声道越多，优势越明显。

15.8 环绕声系统布局

理想情况下，环绕声音响系统中的所有音箱的设计都应相当出色且类似。这是少数人能负担得起的奢侈品，许多家庭空间无法容纳。常见的解决方案是使用较小的壁挂式或壁内音箱，这些音箱不太显眼，还能向低音炮提供足够的达到低频管理的分频频率的输出，分频频率约为80Hz（见8.5节）。这些音箱与高频音箱一起放置在耳朵上方约2ft（0.61m）的位置；如果有靠近侧壁的座位，频率可能会更高，以阻止音箱局部化。

传统多声道系统的布局有多种变化，新的浸入式系统更是如此。图15.8给出了我推荐的基本布局。微小变化不会破坏娱乐性。重要的是主要听众的视角，而不是安装音箱的墙壁；这取决于房间的形状。例如，在图15.8（d）中，后音箱可以位于房间的侧壁或后壁上。阴影区域是指在不严重影响结果的情况下可能发生变化的区域。在矩形房间中，设置过程中的延迟对参考座位的不同距离做出补偿。

15.8.1 音箱指向性要求

如果音箱发出的声音没有传递给听众，那么它就没有什么价值。在立体声中，将音箱对准听音者，工作就完成了。在家庭影院中，则难度更大，具体由房间布局决定。图15.9给出了一个难度较大的情况——一个拥挤的房间。理想情况下，人们不希望任何听音者靠近墙壁，而希望他们靠近圆形音箱，当音箱发出的声音仅仅是为了增强氛围、观众听音时，音箱可能会局部化，从而分散注意力。第一项任务是确保所有听音者都能从所有音箱中听到强烈的直达声。这种局部性将声音事件化，这在沉浸式系统中尤为重要，并能够根据需要提供高品质的空间提示。

可以看出，当左右音箱向内倾斜时，任何设计精良的音箱都很容易满足前声道的任务要求。环绕声声道更具挑战性。如果音箱安装在可调支架上，则可使其对准最大覆盖范围，但此类安装方案不美观，且音箱与墙壁保持一定距离的位置，会导致临界相互作用。如图9.8和图9.10所示，这并非理想方案。图9.13所示的入墙设计或墙挂设计要好很多，因为它们可以避免相邻边界的声学干涉问题。

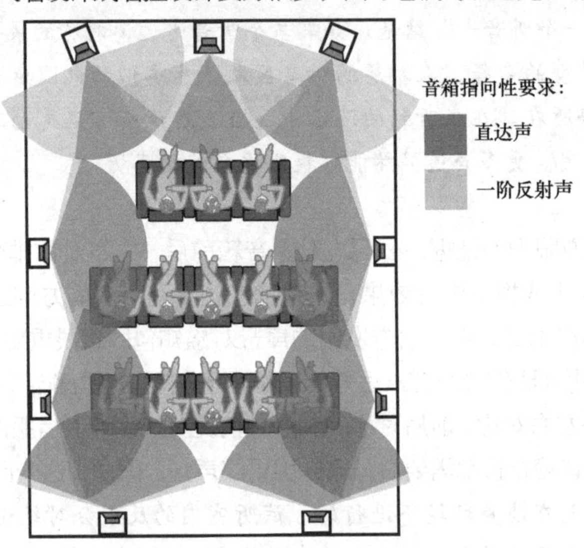

大量观众的拥挤房间内音箱的水平分散要求：
左侧，右侧：对于直达声，±30°
对于一阶反射声，±87°
中央：对于直达声，±30°
对于一阶反射声，±70°
环绕：对于直达声，±70°
对于一阶反射声，±87°
不论特定位置是否有需求，音箱的制造都采用对称左/右分散布局

图 15.9 音箱所需水平分散度总结。为向所有听音者提供音质和声级相当的直达声，并将声音传送到发生第一阶反射的墙面上。由平方反比定律引起的传播损失无疑会导致不同距离处的声级差异。直达声（较暗的阴影角度范围）优异的标准是，它们应尽可能与音箱的同轴性能相似。这对于环绕声音箱来说显然是一个挑战，因为这些单元几乎需要180° 的分散度。在这里，环绕声音箱都采用不可操纵的入墙或挂墙设计

挑战是找到具有必要水平分散度的音箱来向观众讲话。一般来说，双极双向同相设计可以满足这一要求。还有其他一些名字很好的类型，但大多数都不过是分散性很明显的音箱：在这种情况下，这是一件好事。应避免使用偶极子。

15.8.2 任务导向性声学处理

大多数关于房间声学处理的讨论都采用这样的观点，即房间问题是一个需要消除的问题。当然，实际情况并非如此，尽管房间存在困难，尤其是在低频的情况下。然而，如果仔细想想，有一些可以有效利用房间表面的区域。

广泛分散的音箱会有大量被听音者漏听的声音，并会遇到房间临界，因此必须对房间表面加以注意。如果音箱质量较好，在较宽的频率范围内指向性十分均匀，则这些反射通常负面影响最小。但是，如果这些离轴声音质量较差，则吸收效果会更好。第7章对此进行了讨论。然而，在环绕音响系统中，左右移动的声音的特殊价值在于它们的被高度期望的空间感和包围感（在不同于可见空间

的空间中的包围感）。他们通过降低双耳互相关系数（IACC）来实现这个目的。图 15.10 给出了如何通过房间声学处理来帮助产生这种错觉，尤其对于那些坐在房间两侧的听音者。此处所示的扩散器应为二维装置，在水平面上散射声音；也就是说，槽口和几何特征应垂直分布。

15.8.3 环绕声音箱的选择

因为在家庭影院系统中增加更多的音箱通常难以实现，所以要最大限度地发挥每只音箱的效用也十分困难。在单声道环绕声道的早期，家庭影院中的两个传统音箱显然无法模仿影院多个并排环绕声音箱的感知效果。人们认为，通过使用双向环绕声音箱在房间周围喷洒声音，情况会得到缓解。这种做法和正常房间左右两侧环绕声的极性反转会有所帮助。但在早期，单个环绕声声道在 7kHz 时进行了低通滤波，以避免因矩阵解码器导致的信号泄露而使环绕声中出现让人分心的呲呲声飞溅。当环绕声道变为宽频、电子去相关，并且由于转向而在某种程度上保持独立时，一切就会不同。环绕声道完全被数字离散多声道传送所改变，不再需要特殊的音箱“技术”。但其中一些仍在继续使用这些技术。

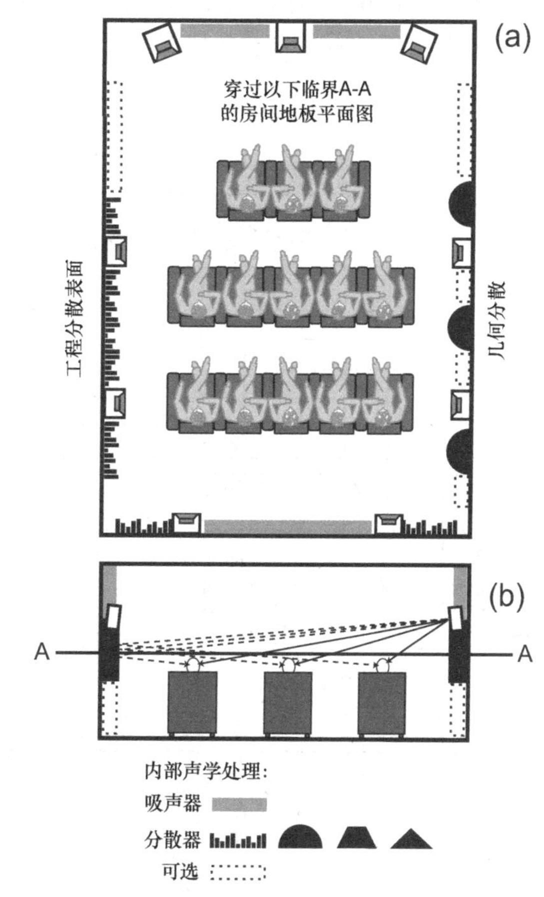

图 15.10 （a）给出了基于辅助空间错觉概念的房间声学处理平面图。在此所述的材料适用于房间中央的周围，以及耳朵高度周围和上方的水平地带。前墙是“可选”区域。如果立体声听音是房间娱乐的一部分，第 7 章讨论了反射、吸收或扩散侧墙一阶反射的选择。对于专用多声道 / 家庭影院的使用，建议采用吸收式。前后壁上的吸声器可避免角度范围内的反射，这对包围感几乎没有影响。侧壁一带的扩散器提供对面挂墙环绕声音箱发出的，沿着有助于远离房间中心的听音者感知感和包围感方向的声音反射。包围感受 100Hz ～ 1kHz 频率范围较低频率）的声音影响最大。因此，如果这些扩散器为几何形状，则其深度应为大约 12in（0.3m），对于精心设计的表面，深度应约为 8in（0.2m）。墙角在需要时可用于低频吸声器，或用于多个子配置中的低音炮。（b）给出了房间的立面图，扩散器被置于适当高度，以便将声音传递至听音位置。36 ～ 48in（0.91 ～ 1.22m）的高度应足以进行此等处理。上面的空间中可能有吸收膜片。下面的空间是“可选”的，因为地毯或座椅可能会捕捉到这部分墙壁反射的声音。

图 15.11 给出了可切换方向的环绕声音箱，产品如图 9.12 所示。这里显示的是其每种模式下的 spinorama。如图 15.11(a) 和图 15.11(b) 所示的测量值，表明产品表现优异，但在图 15.11(c) 中并非如此。该产品针对大多数家庭影院应用所需的双极（即均匀宽分散）操作进行了优化。偶极子模式（c）中同轴曲线的退化十分明显，表明音质受到严重影响。

公平地说，对于偶极子的倡

导者，图 15.12 展示了仅为这种配置设计的 4 种产品，其中 3 种已获得 THX 的批准。值得注意的是，其中两种低频扩展不足，无法使 80Hz 分频器频率与普通低频管理低音炮相匹配。它们在尺寸和声音上均不相同，与第 5 章中所示的主观高等级音箱相比，不算优异。现在是时候放弃这个概念了。新的沉浸式系统需要传统的音箱，其中可以包括双极配置的双向设计，如图 15.11（b）所示。此等音箱如图 15.9 所示，它们只是分散度很广的音箱，用于向房间中分布广泛的听音者有效传送声音。

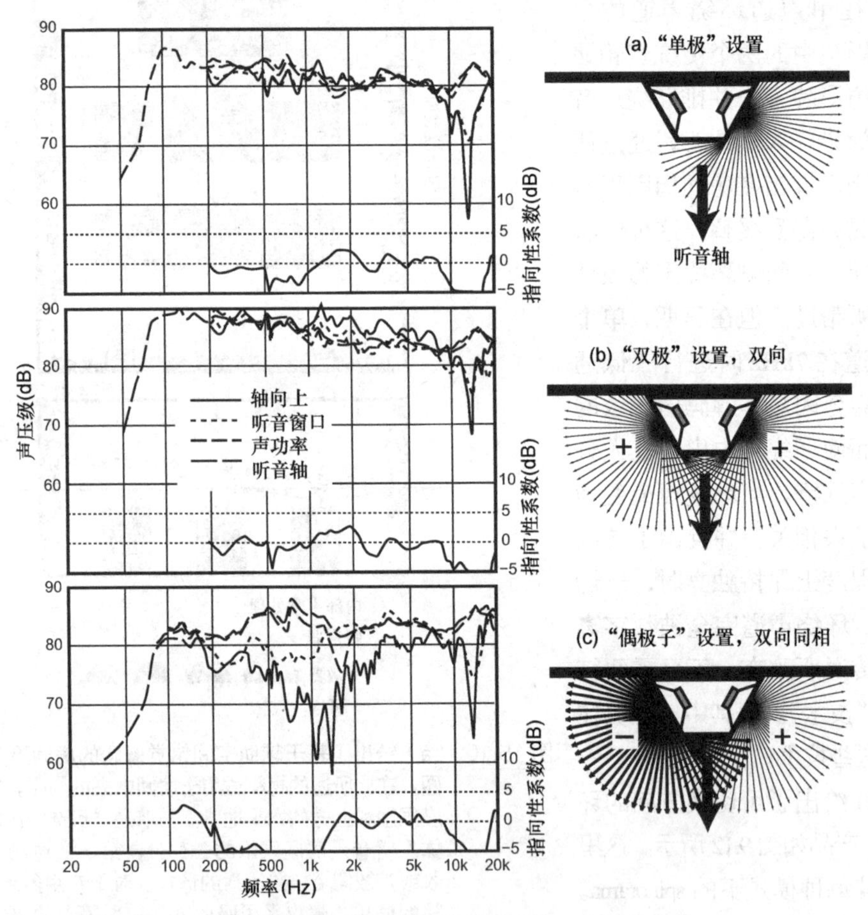

图 15.11　InfinityBetaES250，在其每种可切换方向模式下测量的双向挂墙音箱

对于偶极子环绕声音箱零位的单列听音者（他们不适用于多排）而言，缺少高频会使音箱不那么引人注目，因此不太可能被坐在附近的听音者定位。14.2.3 部分对该问题的根源进行了讨论，但使用小音箱，确实找不到令人满意的解决方案。Line 和 CBT（恒定带宽单元）阵列具有优势，可提供一流的音质。

对于愿意并且有能力安装精良的沉浸式音响系统的人来说，有了正确的录音，这些问题很可能将不复存在。然而，不是所有让人感兴趣的电影都采用沉浸式格式。

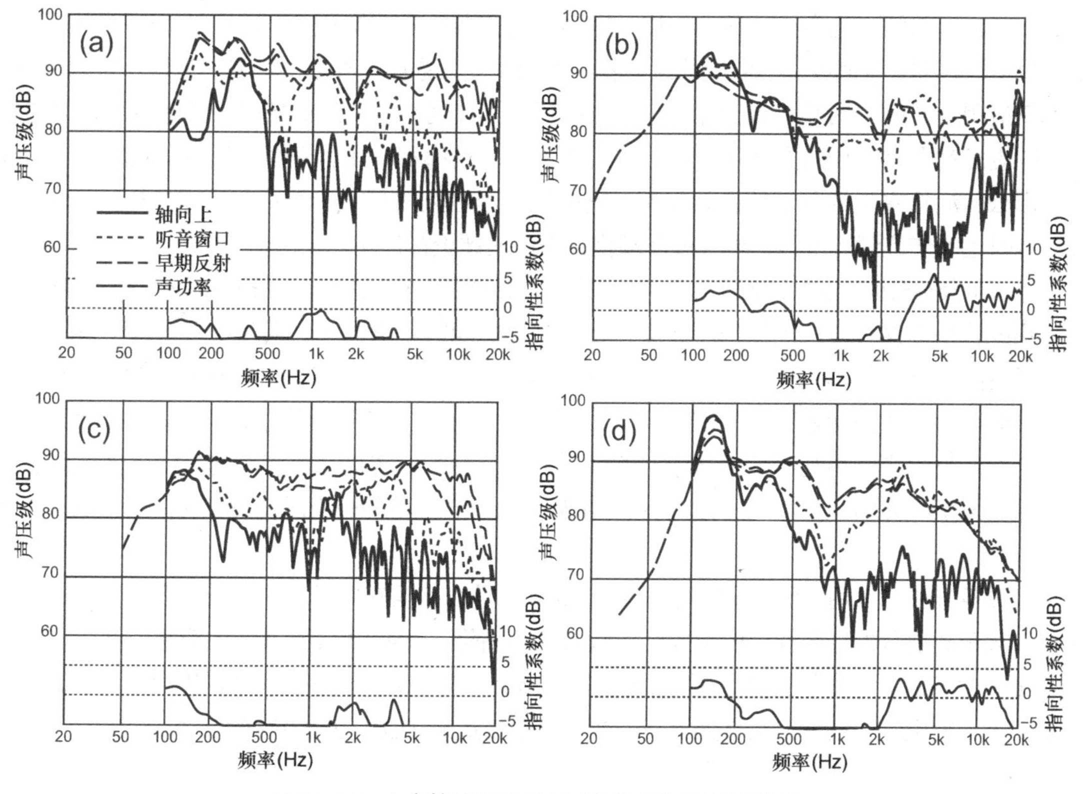

图 15.12　4 个挂墙双向异相“偶极子”环绕声音箱

15.9　环境声学备选方案

环境立体声学的前提包括两个部分。第一部分是通过适当设计的话筒，可以捕捉（在一数量的声道中录制）某一点上存在的三维声场。第二部分是通过适当的电子处理，应该能够在 4 个或更多音箱的方形或圆形阵列中的指定点重建该声场。因此，该系统的自身区别在于它基于特定的编码 / 解码原理。有几个名称与该技术相关。这种环绕声的基本概念首先由 Duane Cooper 获得专利（Cooper 和 Shiga，1972）。专利也颁发给了在英国同时独立开展研究工作的 Peter Fellgett 和 Michael Gerzon（1983）。Peter Craven 为话筒的设计做出了贡献，在加拿大国家研究委员会的支持下，英国集团将 Ambisonics 录音 / 回放系统进行了商业化。

这是一个吸引人的想法，空间代数告诉我们，它应该有效。在空间的某一点上，在某种程度上是如此。Ambisonics 仍然是环绕声行业的玩家。尽管一些编码录音和声场话筒可继续用于某些录音，但大多数人对此知之甚少甚至一无所知。播放解码器的稀缺是一个明显的问题。然而，还有其他重要的考虑因素。

我在不同的地方多次听到系统声音，我也曾参与加拿大国家研究委员会消声室中的一个精确设置活动。从理论上讲，它应该能够完全发挥作用，因为声音传递到耳朵不涉及空间反射污染。总体而言，在大型宽敞的古典作品中，Ambisonics 似乎最为有利，Ambisonics 让人产生一种迷人的错觉，使遵守纪律的听音者找到并停留在一个小的最佳听音位置。它听众进行一定程度的移动，但前倾太远会导致前方偏移，后倾太远会导致后方偏移，向左倾斜太远……如此往复。当然，大型、空间模糊、混响的录音容忍听众做更大幅度的移动。如果是这样一个系统：数学解仅适用于空间中的某一点，并且只有当设置在其几何结构上绝对精确，并且音箱在振幅和相位响应上都非常匹配时方适用，那么，所有这些一点都不奇怪。房间反射完全破坏了这个理论。那么，消声室里的听音效果如何呢？它就像一个巨大的耳机；声音位于大脑中。当设置被移动到附近的传统试听室时，声音被外部化，先前的评论都适用。

为了重建音箱阵列中心处的定向声强矢量，可能需要多个或全部音箱同时发出一定量的声音，系统就是以这种方式工作的。于是，一个实际的问题就出现了，因为我们通过两只耳朵听音，耳朵各位于不同的位置，它们都与一个重要的声障碍——头部。如果在求和点插入头部，在没有计时错误和头部阴影效应的情况下，右音箱发出的声音不可能到达左耳，反之亦然。系统崩溃，我们听到了一些与预期声音不同的声音。所听到的内容仍然具有高度的娱乐性，但它不是对原始声学事件的“重建”。为此，需要在两个点上产生单独的声场——双耳音频，每只耳朵对应一个点。

有许多方法可以用于编码和存储 Ambisonics 信号，甚至有更多方法可以将信号处理成适合不同阵列不同数量的音箱回放的形式。一些人认为高阶 Ambisonics 是真正的解决方案，但这意味着更多的声道、更多的工具和更高的成本。Ambisonics 算法已经被应用到各种多声道记录方案中。无论发生什么情况，只有拥有多个数字离散声道来存储数据才能算是一种优势。

15.10　上混频器操作：工作中的创造力

对于第一代 DolbyProLogic 的批评部分源自其专门处理电影光学声轨缺陷的设计。当传送到房间的格式没有这些问题时，局限性显而易见，尤其是在上混频器用于音乐时；环绕声很低沉，过于强调中央声道，立体声声场的宽度似乎有所缩小。

认识到改进一件优良产品的需要，多年以来，发明者对于使用延迟和转向算法操作矩阵参数感到相当满意，所有努力都是为了巧妙地使用多声道解码器，使电影更加令人深刻，或者电影画面与立体声更具兼容性，或二者兼而有之。全带宽环绕声声道在大多数情况下都会被采用，更为大胆的操作是在听音者背后为系统增设音箱。

需要强调的是，当通过此类算法播放立体声时，我们听到了“氛围提取”而不是混响合成。环绕声声道回放的所有反射声和混响声边回放边被录制下来。声音只是在传送时转向侧边或后置音箱，而不是专门通过前声道回放。因此，声音通常听起来更为自然，尽管某些录音听起来有些夸张，立体声录音并非为这种播放形式而设计的。为了在通过两只音箱进行立体声回放时获得一种空间感，需要录制更多的“氛围”声（相关性不强的声音）。解决方案如下：使用远程控制和关闭环绕声。

Willcocks（1983）详细回顾了 20 世纪 80 年代的这一成果丰硕的时期环绕声解码器的发展过程。最近的进展都是福斯盖特、莱斯康、DTS、杜比、哈曼等取得的。这些成果都存在于各种数字领域，存在于各种产品之中，只需触碰图标即可获得。包括我在内的许多人认为上混音立体声是一种大体有益的体验，尽管有些录音以常规立体声形式播放仍能获得最佳音效。一切是由混音使用的话筒技术和电子处理决定。

Rumsey（1999）对某些上混响可替代产品进行了混响听音测试，并将所有测试结果与立体声原声进行比较。各上混频器之间存在着明显差别，可以预期这与节目密切相关，也在很大程度上由听音者及其积累的听音体验决定（他们要么是参加录音节目的学生，要么是录音 / 广播行业的活跃人士）。通常，上混频器会使前声场弱化。相比于上混频器，这些专业听音者（很可能是长大后从事于立体声工作的人）更偏爱立体声原声。然而，最佳上混频器只有很小的缺陷。人们对于空间印象的看法也不尽相同，有些听音者给予上混音版本可观的加分，而他人的想法却正好相反。最终，有的“专业”听音者希望仍旧使用他们的立体声系统，但其他人认为新格式能够提供一些更为有趣和吸引人的体验。很明显，这方面的测试存在一定的文化因素，正如拉姆齐所指出的，对更广泛的人群进行类似的测试，提问更为基本的、以“偏好”为导向的问题会很有意思。

Choisel 和 Wickelmaier（2007）对单声道、立体声、宽立体声、三矩阵上混频器和五声道离散播放格式进行了比较，对这些结果值加以分析，并表明，一个效果优异的上混频器可以达到五声道原声一样的效果，有时效果更佳。但是，也有一些体验欠佳的上混频器。立体声提供了满足听音者的大量需求，但它失去了宽度、空间感和包围感等感知，这与人们的预期非常接近。由于 7.1.1 部分中讨论的声串扰，立体声幻象中心声像的音质（亮度）也会受到影响。

就个人而言，我喜欢很多（但并非所有）节目的上混音立体声。我的系统在 7 个水平位置（7.1）装有性能相同的音箱，所产生的空间印象完美衔接。切换回立体声会减少包围感，缩小声场。

15.11　多声道音频数字化、离散化和压缩化

来自四声道立体声时代的几个离散多声道录音样本足以让人（若非纯粹的欲望）对开发不受声道串扰影响的可行格式产生持久的兴趣。今天，我们正在体验梦想成真的几个版本。而对于哪一个版本音效更好，预期会有赞成和反对观点，但在喧嚣和大肆宣传之下，到目前为止，所有系统的声音都具有足够的完整性，我们的娱乐活动不太可能受到影响。纯粹主义的音响发烧友一直在推动即使最挑剔的超人和抵触者也会感到兴奋的带宽和动态范围的系统。专业音频在录音时需要额外的“空间”，以应对不可避免的艺术家的过度行为、出错、多次叠录等，但在向消费者传送时，我们获得了数家大众媒体的充分服务。数字编码和解码的乐趣之一是，价格、带宽或数据速率都具有可能性，而且价格在逐渐下降。

数据速率，至少就音频而言，充足而又廉价，但也是有限度的。在有些情况下，它会受到限制，比如杜比在电影胶片的链轮孔之间挤压数字数据包的时候。结果是，5.1 声道只能存储一定量的数字数据空间。这不足以容纳未压缩音频，因此，杜比集成了音频编解码器，这是一种感知编码 / 解码方案，能够将更少的空间专门用于录制估计因掩蔽而无法听到的声音或声音要素。他们开发的编解码器 AC-3 作为杜比数字的基础，被证明经久耐用。

所有音频编解码器都是可扩展的，这意味着数据压缩量可以根据带宽 / 数据速率的可用性进行调整，因此，在评估任何编解码器的性能时，了解所使用的版本非常重要。

所有编解码器的性能都有一个收益递减点；随着数据速率的降低，每个编解码器开始出现声音问题（伪迹）的数据速率各异。而且，让情况变得更为复杂的是，不同编解码器会显示不同种类的伪迹。这取决于识别较易编码或被丢弃的声音成分的策略。所有的编解码器都可能会

出现错误行为，但最优良的编解码器的不当行为会表现为声音的暂时“差异”，而不是信息的严重失真或流逝。

多数情况下，合格的编解码器是透明的。参与编解码器主观评估的人认为，有必要训练听众清楚要听的内容。

显然，如果数据速率大幅降低，没有任何编解码器会完美无缺，互联网和流式音频有充分的证据可以证明这一点。这时，只需检查一下数据速率即可。

音频发烧友偏执狂认为，所有可感知编码系统都存在致命缺陷，暗指被丢弃的音乐信息。但是信息只有被听到时才会消失。听觉掩蔽是现场音乐会上的一种自然知觉现象，就像在声音回放时一样。数十年来，它通过抑制现场演出时的观众噪声，并通过使黑胶唱片感到更愉悦，来帮助我们享受音乐。如果在此谈及压缩数据，那么可以说黑胶唱片执行了“数据扩展”，以串扰、噪声和各种失真的形式添加非音乐信息。来自黑胶唱片的信息比原始母带中的信息要多。然而，由于这类掩蔽现象允许感知数据简化系统有效运行，噪声和失真发生感知衰减。这种感知噪声和失真掩蔽非常成功，以至于在优良的系统上播放高品质黑胶唱片时，音乐听起来仍令人印象深刻。

经验丰富且训练有素的听音者就优化此等编码/解码算法，以使关键数据不被删除进行了认真的主观评估。测试中，听音者可以根据需要尽可能频繁地重复乐句和声音，以确定自己的观点。在参与了其中一些系统的对比听音测试后，我可以明确表示，在此讨论的优良系统间的差异并不“明显”。即使在一些积极的数据缩减配置中，听觉效果也极为罕见，而且仅限于某些类型的声音。清楚该听的内容是很有帮助的。效果并不总能描述为“更好”或“更糟”，有时也可被描述为“不太一样”。

最后，还有不丢弃任何内容的无损压缩。利用冗余、静默时刻等，可以降低数据速率，但重建的数据是完整、没有任何损失的。具有足够带宽的传声系统会十分引人注目，因为它们完全消除了所有可能的退化之争。

随着带宽在传声系统中的不断扩展，大幅压缩的需求也已降低，因此未来前景一片光明。

15.12 三维声音——沉浸式音频

音频从单声道到立体声，再到多声道的每个演化阶段，总有人认为这没有必要。争论很少来自听众和客户，而是来自老牌企业，对他们来说，任何改变都需要付出巨大的代价，且要承担复杂的风险。令人遗憾地是，进入四声道给许多人留下了不好的印象，一些人的银行账户也损失惨重。

增加更多声道不是一个坏主意，但实施方式却存在重大问题。它不是最优的声道安排，但最大的问题是这的确为时尚早。黑胶唱片不是一种适当的传声方式。

一直以来，电影行业都在推广更多的声道。他们希望观众更令人信服地被吸引到视觉图像描绘的空间中来。三维视觉已经尝试了不止一次，尽管令人印象深刻，但从商业意义上来说，它们仍未能流行起来。实际上，只有大片才能真正利用多声道，这已然成为一个制约因素。

添加三维声音是提供更高形式娱乐的最新尝试，我认为这可能会获得成功。多年来，曾出现了五声道和七声道的电影声音，最理想的情况下，它能带给人不错的体验，至少对观众区中心落座的人而言确实如此。增加声道可以扩大感知环境感和包围感知的“最佳听音位置”，同时又能提供将特定声音导向听众周围和上方位置的方法。它们可以是动作片中戏剧性的声音，也可以只是树上的鸟鸣声和风声。对于一些人来说，在音乐厅、歌剧院和大型流行音乐会等三维空间中重建声音也能产生很强的吸引力。影院除了播放电影，还可以播放此类音乐表演，供无法实际到场的人欣赏。就本人而言，我认为家庭影院的视频音乐会具有高度的娱乐性。只有少数效果不错，但只是极少数；通常，音频在音色和空间感上都平淡无奇。太多人忽视或滥用中央声道。我们需要加以改进，也许这就是动机所在。在现有的电影院中，情况也是如此，尤其是在尝试播放经典剧目时。

业内的专业人士和消费者仍在摸索前行。若确实可以解决，则数字音频流及音箱数量和位置的差异都是需要解决的问题。目前相互竞争的 Dolby Atmos、Auro-3D 和 DTS-X 系统都有着不同程度的复杂性，即使在家庭影院，情况也是如此。访问相关网站可获得最新的信息。

我正在自己的家庭影院中安装这样一个系统，只是为了能够体验存在的东西，探索可能出现的结果。最终，多个离散通道驱动的多只音箱无可替代。

高度感知

几十年来，我们一直生活在一个二维的声音回放世界中，这让我们对双耳听觉和声音定位的特性有了很好的理解。现在，我们还获得了高度通道和头顶通道，可用以增强空间表现。

因为人耳处于水平面上，我们可以在该平面上获得非常精确的定位。双耳处声音的时差（双耳时差，ITD）和双耳振幅差（IAD）为我们提供了基本的双耳线索。人们对这个领域进行了广泛探索，在此不予赘述。然而，在垂直面上的定位和高度定位有所不同。在这里，传统的线索仍然可以提供信息，但只有当头部运动而声源静止时，才可提供信息。

证明这种效应可能需要很大的移动量 [例如，Perrett 和 Noble（1997）的实验中 ±30° 摆动]。对于家庭和影院娱乐来说，头部运动可能不会带来太大影响，关注的声源往往也在移动。

在重要的正中面上，我们依赖于声音与人体外耳听器（即耳廓）相互作用下产生的频谱线索。在加拿大国家研究委员会工作时，一位同事埃德加 A.G. 肖博士正在从事外耳声学特性的研究，他揭示了不同角度发出的声音在鼓膜上产生不同音色的原因。这些研究和结论都是现在所谓头相关传递函数（HRTF）的前身。其机制包括耳廓褶皱及内腔的声音干扰和共振。其中一些对传入声音的方向敏感，对不同方向的响应程度各异。

观察可知，受试者之间的耳朵差异导致了截然不同的声学性能（Shaw，1974，1982）：形状千变万化的波峰和波谷。一些研究人员被曲线的声学干涉波谷所吸引。此等波谷在受试者中是高度可变的，并且由于与声源或听音者相关的干扰直达声和反射声经常发生；它们很不稳定，甚至轻微的头部运动也会使频率发生改变。声音回放研究的证据表明，声学干涉衰减基本上被忽略了。

然而，在杂乱无章的测量曲线背后隐藏着相对稳定的共振证据。人类关注共振，并且对共振极为敏感，因为共振是人们关注的所有声音的重要音色线索：语音、乐器等（见 4.6.2 部分；Toole 和 Olive，1988）。

图 15.13 汇总了肖得出的结论，给出了多个研究对象的平均值，约 7 ～ 8kHz 的共振能量逐渐增强，而频率在 12kHz 时逐渐减弱。变化引人注目。

为了在高度上进行声音定位。

■ 声音必须包含高于 6kHz 的频率，听音者必须能够听到。

■ 一定存在宽带宽和密集频谱帮助显示高度提示。

■ 熟悉声音对于确认频谱手段十分重要。

对于不熟悉的语音，垂直位置“模糊度”（不确定度）约为 17°，对于熟悉的语音，约为 9°，而对于白噪声，约为 4°（Blauert，1996）。如果特定声音的频谱内容未知，就无法确保听音者能够在其真实的高度自动感知声音。

在复杂情况下进行局部化时，要考虑“合理性”。人们会自动认为飞机位于我们上方。地板下方没有任何东西是局部的。语音是与屏幕上嘴唇所在的位置相关的一种效果——腹语效果。听音者倾向于认为声音来自上方，即他们很可能感知到的位置。

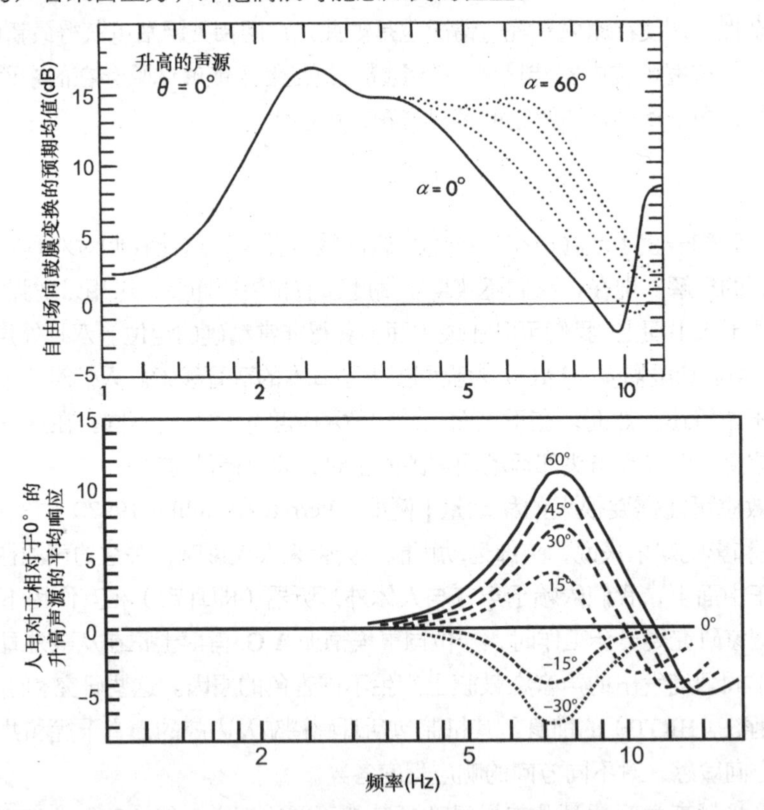

图 15.13 （顶部）10 名研究对象的平均曲线表明随着声源仰角的变化，能量在大约 7kHz 左右逐渐增加。[摘自 Shaw，(1974b)，版权归美国声学协会所有]。较低的曲线作为声源高度函数，显示了一个增强的共振和另一个减弱的共振的能量证据 [摘自 Shaw，私人信件，1972 年 9 月 29 日]

因此，在沉浸式音响系统的演示中，重点强调了悬停直升机和鸟鸣。即使是从天花板上反弹的一些高频声，也可能有助于产生错觉，目前的一些产品已经证实了这一点。然而，在高处和头顶位置进行让人信服且持久的局部化需要在这些位置安装真正的音箱，而且这些音箱必须能够向所有听音者发送必要的高频声。

此类定向提示是人类固有的，而且我们都是个人主义者，所以原地学习高度提示是头部运动的目的之一。无论关注共振峰、干扰谷，还是两者兼而有之，听音者之间的差异都可能成为永久性的特征。

第16章

音箱与功放

这里我并不打算讨论哪种功放或线材的声音最好。相比于音箱或房间，它们会产生的任何实际的或想象的影响都明显低于本书中讨论的内容。然而，也有一些因素确实会对音质产生显著影响，为了使这本书完整，我们将在此对其进行讨论。这些都是硬核的电气工程问题，但它们通常都会被认为很高深。这里之所以会稍微讲一些相关内容，是因为它们的存在，确实会改变音箱的频率响应，有时还能被人耳听到。

16.1 音箱阻抗变化的后果

8Ω 阻抗。这是人们认为的音箱的某种规格。但这是一个虚构的数字。对于少数，实际上极少数的音箱来说，这可以是一个很好的近似值，但对于绝大多数音箱而言，这是对现实的一种错误描述。图 16.1（a）给出了一种典型的阻抗，它随频率大幅变化，仅在很少的地方与额定阻抗相交。不过这些变化通常无关紧要。

大多数功放都被设计成恒压源，所以，除非功放和音箱之间发生相互作用，引起限制或保护，否则一切正常。令人遗憾的是，某些“高端”音箱的阻抗极低：低至 1Ω 或更低。这样的设计是不合理的。然而，由于存在市场，功放设计师用大型“电焊机”设备来解决问题，这些设备可以驱动存在问题的音箱，但多数情况下，这有点小题大做。这些设计不完善的音箱“揭示”了功放之间的差异，似乎这成了一种优点。但这些音箱才是造成差异的原因。

但也存在这样的情况，即阻抗的简单变化也可能导致问题。为了解释说明，图 16.1（b）给出了阻抗变化可能会导致的音箱频率响应变化的例子，这种变化很容易就能听到。罪魁祸首是谁？在这种情况下，电子管功放的输出阻抗较高。如图 16.2（a）和（b）做出了解释。功放的输出阻抗和音箱线的阻抗是分压电路的组成部分。当音箱各部分频率的阻抗结合时，这就意味着功放内部位置“A”处的“平直”频率响应电压得到了类似于位置“B”处阻抗曲线的形状。由于这是驱动音箱的电压，所以音箱的整体性能，也就是其频率响应曲线的整体应该被该变量修正。不同的音箱频响曲线呈现不同的阻抗曲线形状；有的变化十分显著，而其他则变化不大。

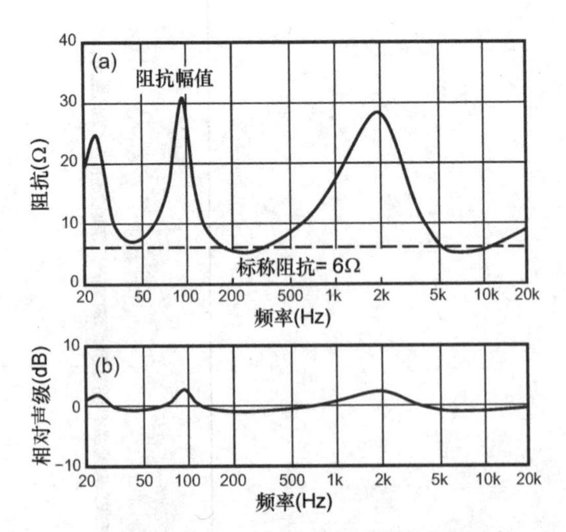

图 16.1　（a）音箱阻抗与厂家选择的标称阻抗等级比较。（b）用具有大输出阻抗的电子管功放器驱动音箱产生的频率响应变化。注意频率响应误差的形状与音箱阻抗曲线一致

频率响应的变化量取决于功放输出阻抗和线材电阻组合的整体压降，也就是说最好尽可能减小这二者的数值。晶体管功放输出阻抗往往很小：通常在 0.01 ～ 0.04Ω 之间。而电子管功放的输出阻抗则大得多：通常在 0.7 ～ 3.3Ω 之间，而且有时会更大，这种情况是不可原谅的。这些数字摘自对 *Stereophile* 杂志数年功放测评的一项调查，在此感谢 John Atkinson 提供的有效测量数据。

对于音频评论家，这些数字有些让人烦心，因为必然的结论是电子管功放作为一种流行设备，却不能按照设计需求驱动音箱。不同的音频评论员处理这个问题的方式各不相同。有些人会将其忽略，而其他人会在这个问题上闪烁其词，认为它只是声音回放的又一个不确定因素而已。很少有人会承认它的实际影响。

音箱可以被设计成具有几乎恒定阻抗的产品，但很少有人这样做。尽管在上行信号路径上会有显著损失，但这种音箱的性能仍具有显著的一致性。然而，极少有人将阻抗作为一项优点或一个问题加以讨论。某款著名的高端音箱明确说明其应与电阻小于 0.2Ω 的音箱线一起使用。这一良心建议令人钦佩，但也意味着音箱一旦连接任何电子管功放，无论使用何种线材，都会违反限制规定。需要冷静考虑的是，很多人瞧不起的 10ft（3m）电灯线的电阻为 0.148Ω，远低于典型的电子管功放的阻抗（见表 16.1）。

表 16.1 展示了双股导体铜线单位面积上的阻抗，对电路中的两股导线都做了说明，因此，只需测量双股导线的长度，再乘以这些数字即可。参考数据显示，普通灯常用 18 号电线。一般音箱上会显示线规等级。一些导线使用了细线。

表 16.1

AWG 线规	两根导线每平方英尺上的电阻（Ω）	两根导线每平方米上的电阻（Ω）
10	0.0020	0.0067
12	0.0032	0.0106
14	0.0052	0.0169
16	0.0082	0.0268
18	0.0148	0.0483

最小化线材的电阻并不难：使用小编号的粗导线（见表 16.1）或使用尽可能短的线材。如果存在射频信号干扰的风险，重要的是要知道将非屏蔽线作为天线。人们对于音箱线材逐渐产生了好奇，试图将这个简易设备的重要性提升到不可达到的高度。认为它们就像广播天线一样的观点仍然存在，但 Greiner（1980）提出了令人信服的论据，证明这是不切实际的幻想。另外，还有其他一些观点，其中一些是不切实际的（例如，线材具有方向性），或者并不相关的（例如，趋肤效应，这只有在远高于音频带的频率下才显著）。

对于价格可能超过 20 000 美元的一对 8ft（2.44m）音箱线材，人们会期望很高。这无须多言。线材对于音频行业来说是一个好的商品：完全可靠，成本低廉且可带来丰厚的利润，如果你觉得这根线使音箱的声音听起来非常好听，只要不超预算，就是一项值得的投资。

16.2 阻尼系数的骗局

人们对于音频产品（包括线材）的一种普遍赞美之词是它产生了“更紧致的低频效果”。如果这说的是音箱线，这可能有一定的道理，因为有时它会影响音箱和功放接口之间的阻尼。抑制音箱振膜的不必要运动无疑是一件好事。

1975 年，我为 *Audio Scene Canada* 撰写了一篇文章（《阻尼系数，阻碍智商》）。直到现在我仍然很喜欢这个标题，因为它是对现实的一种简化概述。图 16.2（c）对文章要点进行了总结。功放的内阻被用于计算被称为功放阻尼系数（DF）的物理量（DF = 8 除以输出阻抗）；选用数字 8 是因为 8Ω 是测量功放输出功率时采用的标称负载（电阻）。人们倾向于认为内阻越大，效果越好。晶体管功放阻尼系数约在 200 ~ 800 之间，采用的是本节前文摘引的阻抗。在本人的研究中，电子管功放由于输出阻抗较大，阻尼系数在 2.4 ~ 11.4 之间。

图 16.2（c）展示了与音箱电气阻尼有关的完整电路——电流不会在音箱终端神秘地中断。电流一定会流过箱体内的元器件。电流流过线材后，通常会经过构成低音单元分频器中低频滤波器的电感器。

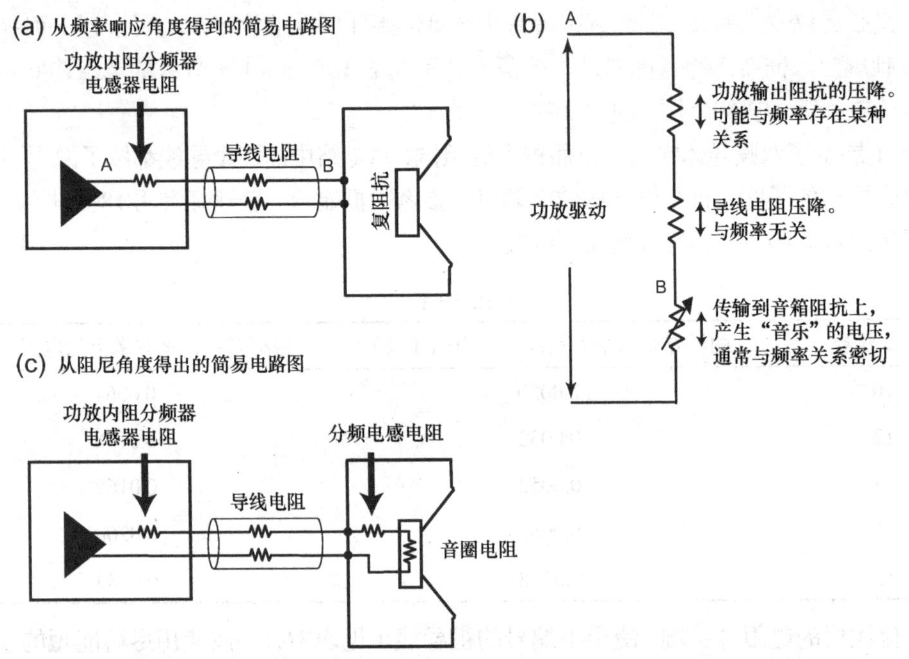

图 16.2　示意图中的（a）和（b）电路对功放和导线电阻引起的音箱频率响应变化做出了说明，图（b）展示了功放和导线电阻如何影响音箱的阻尼

同时，低音单元内部存在一个音圈结构。滤波器电感的电阻通常为 0.5Ω 左右，音圈电阻值可能有所不同，但通常在 6Ω 左右。下面让我们来分析电路中的所有电阻，以得出以下阻尼系数的变化过程。

功放内阻：0.01Ω	DF = 800
导线电阻增量：10 号线 10ft	
两个导体：0.02Ω	DF = 266
分频器电感器电阻增量：	
0.05Ω（典型）	DF = 15
音圈电阻增量：6Ω（典型）	DF = 1.2

显而易见，音箱内阻是主导因素。即使去除滤波器电感，直接驱动低音单元也几乎不会影响结论。文中（Toole，1975）给出了功放阻尼系数在 0.5 ~ 200 之间变化时，不同频率和持续时间的短促纯音信号的示波器图片。阻尼系数大于 20 时（内阻小于 0.4Ω），瞬时信号均未出现任何变化，频率响应的变化远小于 1dB，且只有在很窄的频率范围内才会出现。对于音乐而言，音质未出现任何改变，包括所谓的声音“紧密感”。

因为 0.4Ω 已经比典型的晶体管功放内阻高 10 倍了，这就意味着，从阻尼的角度来判断音箱的瞬态行为，线材电阻很大也无所谓。然而，如前文所述，这么做会改变音箱的频率响应，而这是可闻的。

总之，使用电子管功放，内阻的大小足以对阻抗正常变化的音箱的频率响应造成损害。此时的线材损耗只会让情况变得更糟。听音者听不到厂家设计的音箱的声音。

由于晶体管功放内阻如此之小，以至于可以忽略不计，因此，我们必须对线材阻抗加以控制，以最大程度地减小对音箱的频率响应造成的破坏。那么线材阻抗需要多小呢？这取决于正在使用的音箱的阻抗变化和音箱的阻抗到底有多低——相同的线材阻抗下，音箱阻抗变低会导致线材阻抗所占比例升高。例如，在线材电阻为 0.2Ω 的系统中，阻抗在 3 ～ 20Ω 之间的音箱（对消费类音箱来说并不少见）的声音变化为 0.6dB。4.6.2 部分表明这略微高于消声状态下音箱的可闻阈限。12 号电线可允许的长度是 0.2/0.0032 ≈ 63ft（19m）。显然，这并不是很严格。

阻抗几乎恒定的音箱（少数存在）可容错更大的线材损耗，仅仅是牺牲一些效率，直到这种损耗引起可感知的阻尼变化。若有必要优化线材，解决方案是采用更纯的铜线，尽可能短的线材和阻抗更大的音箱。

16.3 音箱灵敏度与功放

数年前，音箱灵敏度被认为是 1m 距离上输入功率 1W 时的声级。输入功率等于电压的平方除以阻抗。由于音箱在所有频率下阻抗并不相同，灵敏度等级仅适用于一个频率，或最多只适用于数个频率。图 16.3 给出了厂家标称 8Ω 的音箱的阻抗曲线。在 4 个频率下，阻抗值为 8Ω，但观察曲线可知，曲线通常维持在略高于 4Ω 的级别，最低阻抗可降到约 3Ω。更贴近实际的指标应为 5Ω。但这在业内是一个“奇”数，不论多么真实，此类数字往往需要避免。“3Ω”非常重要，这是因为许多合并功放和一些独立后级功放缺乏驱动低阻音箱的能力，主要是缺乏驱动这些音箱到一定功率的电流输出能力。

图中给出了输出电压恒定为 2.83V 时输出的实际功率，范围为较高的 2.7W（阻抗最小点）到较低的 0.4W（阻抗最大点）。显而易见，由输入功率决定的额定灵敏度并不理想。以晶体管功放的主导地位表明，我们可以有一些更实际的解决方案。

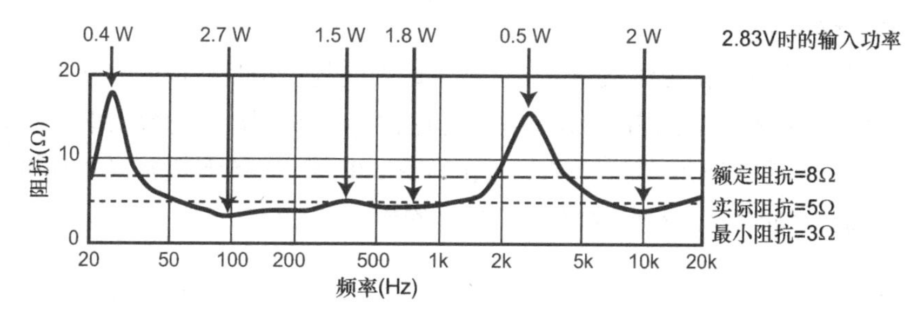

图 16.3 典型的音箱阻抗曲线，显示了在产品的额定阻抗和多个频率下，2.83V 对应的输入功率

晶体管功放本质上是恒压源，额定功率为它们能够输出给 8Ω 电阻器的功率。如果负载阻抗降至 4Ω，功率将翻倍，在 2Ω 时，功率增至之前的 4 倍，以此类推，直到功放无法传输更大的电流或超过其他限值。在这方面，有机会通过降低音箱阻抗来“提升系统效率”，从而从功放

中提取更多功率，并提高灵敏度。在简单的 AB 对比中，音箱响度更大是一个卖点。然而，如果广告是真的，客户就会寻找一个可以驱动相对低阻抗的功放。

针对标准规格优化以满足额定功率设计的功放可以输出对应功率至 8Ω 阻抗，但可能无法向 4Ω 阻抗输出双倍功率。这是区分功放好坏的一个主要因素。大而重的散热鳍片可以解决低阻抗音箱的大电流的发热问题，往往确实能够将双倍功率输送给减半的阻抗。

回到灵敏度的话题，根据上述事实，标定的标准应该是电压，而不是功率。这里所选的标准电压是 2.83V，即驱动 8Ω 至 1W 所需的电压。本书给出的所有测量值都是根据 2.83V 下驱动音箱而言。测试距离为 2m，这个距离能够代表小音箱的远场，尽管这个值是大尺寸音箱近场远场的临界值（参见 10.5 节）。对 SPL 进行调整，以显示距离为 1m 时的测量值，这个距离是标准距离（在这种情况下，比距离为 2m 时测量声压级高 6dB）。并非所有制造商的灵敏度都这么精确。如图 16.3 所示，只有 4 个频率的功率为 1W，从曲线与 8Ω 线的交点处可以看出。这也是 SPL@1W@1m 规范被淘汰的原因。

16.4 削波的可闻性

那么功放到底需要多大的功率呢？正确答案是要足够大。如果音箱负载正常，则设计优异、价格不贵的功放就可以达到很好的效果。有源音箱有一个很大的优势：驱动各个单元所需的功放可以是不太夸张的器材，因为它们的负载是已知的且经过精心设计的。

正是由于负载的不确定性，我们不得不购买能够驱动任何与之连接的音箱的功放。实际情况比这里所描述的更复杂。Benjamin（1994）和 Howard（2007）增加了更多分析问题的视角。

如果功放的功率不足以把音箱驱动到正常声级，则很可能产生削波，波形顶部被削平。如果功放状态还算良好，这将产生干净的削波。在 1987 年伦敦召开的国际音频工程协会上，进行了一次功放削波可闻性的公开测试。尽管具体结果没有公开发表，但结论是几乎无法听到 6dB 的干净的削波。本人也参与了这项测试，对于结果感到非常吃惊。Voishvillo（2006，2007）直到削去了波形的 50% 才发现了可闻问题。这个削波量产生了约 20% 的总谐波失真（THD）。有意思的是，对比之后他发现，这样的削波失真比 3% 的交越失真影响还小。如果削波不干净或不对称，就可能发生许多形式的可闻的声音问题，其中一些在低成本功放中更容易发生，尤其是那些电源模块存在缺陷的功放。

很明显，这些不当行为都应该被避免，但如果试图向与音箱距离较远的听音者发射高声级声音时，则功率要求可能要比通常认为的更多。分析图 4.3 右侧音箱功放功率与声级的比例关系，以及图 14.3 听音者与音箱距离的关系，应记得每 3dB 增量都会使功放功率翻倍。在现实世界中，很多人可能听到的是比较响但存在削波失真的声音。

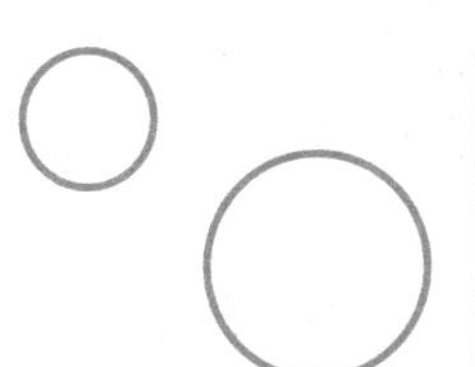

听力损失和听力保护

这部分内容与听力完全丧失的人无关。只与听力部分受损的人存在一定的相关性。良好的听力是感到声音好听的重要因素，但如果一个人从事专业音频工作，那么具有一定的听力是必要的。Brian C.J. Moore 博士以其丰富而深入的研究和听觉生理学、心理声学著作而闻名。一篇最新论文摘要阐述了以下内容。

暴露于高声级音乐下会使听觉系统产生几种生理变化，从而导致各种听感影响。耳蜗内靠外侧的毛细胞受损会导致对声音细节的感知、响度（判断响度变化的速度）和频率分辨能力下降。靠内侧的毛细胞和突触的损伤会导致听神经中的神经元退化，并减少流向大脑的信息流。这会导致听觉辨别力进一步下降，可能使得对声音的时间细节的敏感度下降，音调感知能力也变差。

对于关注音乐、录音或声音回放的人来说，这是一篇令人深感不安的文章。

对于音频专业从业者，听力损失是一种职业病，尤其是对乐队演奏者或喜好喧闹的人而言，更是如此。无论工作还是娱乐，任何人长时间暴露在响度较大的声音中，或短暂暴露在响度极大的声音下，都会出现某种程度的听力损失。

最为熟知的是大响度录音、摇滚音乐会等环境下发生的暂时性听力损失，甚至是耳鸣。在充分安静休息后，听力似乎可以恢复，但如果这个过程持续很久，那么有些暂时性听力损失就会变为永久性听力损失。不论听力损失是暂时性的还是永久性的，都会对人体对声音均衡的基本感知造成影响（Kruk 与 Kin，2015）。

3.2 节表明，按照听力测试标准，即便是在“正常”范围内的听力损失，足以降低一个人判断音质的能力。标准听力测试侧重于语音清晰度，而不是辨别音乐和电影中的细微差别。因此，听力学家所谓的“正常”测试可能会对音频发烧友或音频专业人士产生严重损害。

目前，实际情况是内耳一旦受损，这种损伤就会是永久性的。借用音频术语描述，就相当于是话筒坏了。有些音频信息未能传入大脑，而有些传入的信息也是受损的。不仅仅是听不到细微的声音；即使在察觉阈限没有改变的情况下，大脑中的某些高级别感知能力也会发生改变。这真是一种隐形疾病。

很明显，尽一切可能避免听力损失至关重要，但这并非易事，因为存在以下诸多可能损害听力的因素。

■ 一次暴露在极大声响中，例如暴露在爆炸声、枪声和许多军事武器声中而无保护措施。

■ 多次暴露在很大声响中，尤其是在一段时间内持续或重复暴露，且没有用于恢复的安静期。

■ 长年累月暴露在所谓“正常”响度的声音下，例如暴露在与工作和娱乐有关的声音中。

■ 在一生中，一个人可能会经历上述任意或所有情况，这种累积的听力损失被称为老年性耳聋——以年龄为函数的统计学正常听力损失。当一位听力专家告诉你，你的听力“在你这个年纪”算是正常的，那么基本上意味着你的听力已经回不到从前了。

■ 对耳朵有损害的药物，包括处方药和非处方药。在互联网上搜索你会发现很多药物都有此类副作用，可能有些就在你的药箱里。

■ 潜水、疾病、头部创伤、外科手术等。

以上有些是可以避免的，但并非所有。在职业生涯的大部分时间内，我都是听力测试的积极参与者，并且位于表现最优的行列：一位耳朵灵敏且灵敏度保持一致的听音者。但是事情总在变化。在我们的测试中，我们不仅对被测产品评分进行跟踪，而且还对评分本身进行追踪。当对同一产品进行多次评估时，评分的差异都会被跟踪。这些都是描述听音者表现的重要统计学信息，如图 3.9 所示。在差不多 60 岁时我意识到我的听音表现逐渐变差，确实不能再像以往那样很容易地快速形成有效的评价。对于我来说这项要求变得越来越难以实现，我很难再给出有效的评价，于是我退出了听音小组。

图 3.6(a) 展示了我的听力表现，实际情况可能会更糟，虽然听力阈值忽略了很多因素，但仍是一个粗略的指标。现在我非常享受音乐和电影，也对声音有着自己的看法，但这些看法纯属个人意见。严肃听音是年轻人的游戏，但就算是年轻人也要有正常的听力。

现在我听到的一切声音都有耳鸣背景音。就我而言，这是一种音调很高的丝丝声，和哨声类似。这种耳鸣声的声级不断变化，耳鸣声大小具体因为什么我并不清楚，但耳鸣声始终存在。相对于年轻时，我对较响的声音更加敏感了。这种现象被称为听力减退。我认识一些人，即使是适度的响声也会给他们带来痛苦。我仍然享受电影和音乐的动态范围，但不像以往那么抱有热情。偶尔，我也会听到一些并不真实存在的声音失真。

尽管自 20 世纪 70 年代以来，我一直十分小心地佩戴隔音耳罩，但这一切还是发生了。实际的情况是，我的两位加拿大国家研究委员会的同事发明了带有液体填充物的听力保护装置。他们提供了令人信服的有关听力保护的证据。我们在我的木工车间或类似场所操作电动工具时都认真佩戴这些护具，而在驾驶噪声很大（但非常有趣）的 Lotus Elan+2 和跑车时佩戴隔音耳塞。

音乐人专用的耳塞是 Etymōtic Research 公司的 Mead Killion 博士的一项研发成果，它彻底改变了我的听力保护计划。这些都是定制耳塞，仅仅是把声级降低而不改变音色。坐飞机时我总是佩戴 15dB 版本。我仍然能听清楚周围的声音，但总体声级变低。耳机在这一基础上正常工作，我可以睡得很舒服。也可以将它们装入我的衬衫口袋。在长途飞行结束时取下耳机的一刹那，我才意识到这些耳塞消除了多少噪声。这种耳塞是喧闹音乐会上的必备装备，它使人们能够更清楚地听懂歌词，但低音仍然会震动躯干。现在，有几家公司正在生产音乐人专用耳塞。这些耳塞都能降低一定的声级，但其中一些会使外界音色失真，隔噪性能随频率变化而变化。

17.1 职业噪声暴露限值

我将发自肺腑地讨论下面的内容。

> 职业听力保护计划几乎与音频专业人士和严肃的音频发烧友无关。

这是一个大胆的论断，但完全有证可寻。图 4.3 展示了美国职业安全与健康管理局（OSHA）职业噪声暴露限值。他们认为 90dBA 的声级对于 8 小时工作日来说是可以接受的。但我们知道任何高于 75dB 的声音都可能对听力逐渐产生更大的损害。那这里表达的是什么意思呢？

了解现行的各个国家的标准至关重要，这些标准唯一考虑的是保持听懂语音的能力。OSHA、美国国家职业安全与保健研究所（NIOSH）等机构制定的职业噪声暴露标准是针对制造业和其他行业的工人的，目的不在于完全避免听力损失，而是提供可接受的听力保护，在职业生涯结束时，使得人们能够在1m距离上保持交谈。但重要类型的听音能力被永久性损伤是不可避免的。Hi-Fi听音，严肃听音能力并未得到保护。

说的更直白一些，人们认为在1kHz、2kHz和3kHz测听频率下，两只耳朵都具有25dB的听力损失是可以接受的。实际上，这意味着在正常声级、安静的环境下，与相隔1m的人交谈时，对整个句子的理解率约为10%，对单音节“PB”单词（由于发音相似而模棱两可的单词）的理解率约为50%（Kryter，1973）。而这样的结果被看作是可以接受的，是“正常”的。25～40dB的进一步听力损失仅仅被描述为“轻微”。果真如此吗？这些描述针对的是哪些人群呢？

17.2 非职业噪声暴露

很容易理解，工作场所的噪声是许多职业的组成部分。但很多人低估了许多非职业活动伴随的高声级声音。娱乐场所噪声的听力损害有时被称为“失聪”。图4.3给出了几个危险性很高的高声级示例，但更大量的数据和分析摘自Clark（1991）的研究成果。很多日常的声音都能达到危险等级，有些在房间附近，或家庭车间中，以及许多内燃机驱动的机器周围。尽管如此，Clark认为这些场所中，最严重的的听力威胁来自于休闲狩猎或打靶，这时两只耳朵都会出现听力损失，但靠近枪声一侧的耳朵（大部分情况下是左耳）听到的声音的大小会超出限值15~30dB。

17.3 双耳听音能力也会受到影响

我们认为听力损失是无法听到微小的声音，尤其是高频声，但这只是部分表述。我们听不到的声音会进一步改变我们对其他声音的主观感知。一个原因是我们的感知频谱的能力中失去了频率分辨率（参见4.6.2）。它影响了我们对于音乐本身的感知。这可能会导致区分不同声音的能力下降，尤其是在存在反射或噪声的环境中。语音可懂度也会受到影响（Leek和Molis，2012）。

与之相伴的是最近发现的一种现象，即隐性听力损失，察觉阈值升高或不升高均可发生这种情况。它可引起双耳听音能力下降，导致难以区分具有多个声源或反射声的复杂声学情况。我们中的许多人都认识到，随着年龄的增长听力会逐渐损失，在餐馆里进行交谈变得更加困难。电影混音师在多声道（即多方向）声场中不断处理受到背景音乐、音效和环境音影响的对白。

他们做出的艺术决定会受到这种听力损失的影响吗？听力更为正常的观众对他们的艺术创作会表现出不同的反应吗？

令人不安的事情是这种隐性听力损失可以在听阈测量值几乎未升高或完全未升高的情况下存在。Kujiawa和Liberman（2009）得出了如下结论。

考虑到正常阈值敏感度可能掩盖暴露于噪声中的耳朵的持续和大幅神经退化是明智之举，但阈值敏感度代表了量化噪声对人体伤害的黄金标准。《联邦暴露指南》（OSHA，1974；NIOSH，1998）旨在防止永久性阈值偏移，这种方法假设可逆域移与暴露的良性水平有关。此外，噪声被视为未发生噪声延迟效应的证据之后，缺少延迟域移。目前的结果表明噪声致域移的可逆性掩盖了很可能对听觉处理产生长期深远影响的进行性潜在神经病理问题。明确的结论是噪声暴露比所认为的更危险。

利伯曼等人（2016）对这种情况进行了详细阐述，并证实大学生可能会出现隐性听力损失。伯恩斯坦和特拉希奥蒂斯（2016）认为，高频单耳听力状态测听中，被归类为具有正常或“轻微”损失的听音者可能会表现出双耳处理的实质性和感知上有意义的损失。这些都是令人不安的结论。

这项研究最近又得出了一些其他结论。这些测试涉及对掩蔽的空间释放（SRM）的评估，掩蔽的空间释放是一种测量“目标”人声和干扰人声之间角度分离的方法，是听音者能够在空间上区分二者所需的能力。这与区分声场图像的能力有关，在沉浸式音频中变得愈发重要。斯里尼瓦桑等人（2016）认为，听力正常的年轻听音者可以辨别≈ 2° ，听力正常的老年人可以辨别≈ 6° ，但年龄较大的听力受损者即使在分离 30° 也有困难。后面的结论令人不安。年长、听力正常的听音者比年轻听音者表现出更高的频率损失，至少也是老年性耳聋。最终，年龄本身是一个因素，但听力损失，就算是暂时 / 隐藏的听力损失，都是能否在全景图中区分多个图像的主要因素。

这些研究都应该和专业音频人一样，关注普通音频发烧友。这些因素决定了我们在电影和音乐的复杂声音幻觉中能听到的内容。音频专业人士是否会因为听力暂时或永久性退化而在所研究的声学环境中寻求最简化？这很有可能。吸收强烈的早期反射会减弱房间效应，在使用电表桥时将音箱置于听音者附近也是如此，即实现近场监测。这两种方法都将听音者置于一个占主导地位的直接声场中。

几乎可以肯定的是，这是音箱和房间处理的一项个人偏好方面的因素。

17.4　痴迷可能并非坏事

我们大部分人都认识依赖助听器的人。我也认识几个，他们中的大部分人对助听器的效果并不满意。听力并没有恢复，只是比不佩戴这些装置好一些，但听觉世界的真谛已不复存在。我也有一些听力损失和耳鸣，但对于保持现有听力十分重视。我仍然很享受一些喧闹的音乐和电影，坦率地说，那是我消费的主要领域。对我而言，这是娱乐性的聆听，而我的看法无关紧要。

然而，对于涉足音响行业的专业人士而言，即使对于开展他们的研究未起到决定性作用，意见也是十分重要的。一些专业人士，他们意识到了风险并采取了防范措施。我还遇到一些人，他们对此不予理会，认为可以运用自己丰富的经验弥补能力的退化。有个人还十分相信在步入高龄时，他的听力大大超过以往。他未注意到有任何改变。确实，许多听力受损的混音师仍能娴熟地混音，经验能让他们对重复性任务进行仪式化设置。但实际上，他们存在生理缺陷，有些事情被忽视了。这本不应该发生。

底线是，我们每个人都应对自己的听力负责。对于希望欣赏音乐和电影声音全景的任何人来说职业噪声暴露限制是不够的，对于通过聆听做出判断并根据所听内容提供意见来谋生的音频专业人士来说，这当然也是远远不够的。混音时，佩戴音乐家耳塞似乎有些“矫情”，至少在处理日常高级材料时是这样”。但可以肯定的是，这比日后佩戴助听器要好得多。

第18章

50年间音箱设计的进展

读到此处的读者将很清楚，消声测量可以揭示在普通房间内能够听到的音箱的潜在音质。例外的情况是低频特性，在这种情况下，现场测量和矫正措施是无可替代的。足够的消声测量可以使我们预测高于100Hz的房间稳态曲线，而且更为重要的是，在双盲测听中预测主观评价。这并非偶然。

我并不打算将之作为毕生的研究方向。研究Hi-Fi是我的业务爱好，但我的研究方向是声音定位，特别是大脑处理双耳声音以产生方向感知的方式（Sayers和Toole，1964；Toole和Sayers，1965a，1965b）。所有的大学实验都是用耳机完成的，耳机可独立控制每只耳朵的信号。

作为一名NRCC的科学家，这项工作激动人心的一点是存在效果极好的消声室，实验可以在消声室内进行拓展，在无反射环境中开始，然后进入更复杂环境中的自然测听阶段。为此，需要使用音箱。对当时一些评级较高的高保真音箱进行消声测量，结果令人不安。频率响应根本就不平坦，这些都是为了进行消声听音测试而进行的简答同轴消声测量。此外，据推测，相对优异的音箱彼此差别很大。至此，作者只看到了频率响应"规范"，如果不是完美测量环境谱系的存在，就可以认为测量存在灾难性错误。出乎意料的是，音箱是音频链条中"最薄弱环节"的说法听起来似乎真实。但这些产品的音效真的像一些曲线表现的那样糟糕吗？

18.1 现实世界简介

一个合乎逻辑的"星期五下午"实验是在一个实验室进行简单的听音测试比较，当明白了博士论文工作的实验心理学基础之后，显然需要对这些测试进行某种程度上的控制。因此，悬置棉布来为实验提供"盲区"。人们在单声道A/B/C/D比较中对音箱进行了对比，并对其加以调整以实现响度相同。对于4音箱一组的测听来说，不存在统计学的必要性，事实上只是表面看起来比较方便。有意思的是，在我们自此之后进行的主观评价中，仍然一如既往地进行了三向或四向多重比较。技术支持人员建造了一个简单的继电器开关盒。随后，本人和几个有兴趣的同事轮流测听，形成意见并记录下来。需要进行一种"格式塔"比较，一种综合总评：总分为10的一种评价。

结果让我们所有人都震惊。可听差异很悬殊，但我们就"似乎听到了好的音效"达成一致。这至今仍是人们讨论的话题。备受吹捧的个性化观点到底源于何处？

本人的消声定位实验仍然对音箱有需求，在这项简单的测试中，赢家KEFConcord表现出很大的潜力。设备被拆开，我发现了它表现不佳的原因（B139低音炮的纵轴沿线发生弯曲）。相位栓消除了对消，新的改变造就了极大改进的音箱。声音定位实验取得进展。

数月后，另一个听音测试在1966年2月上演。这时，我已了解床单在声学上是不透明的，音乐通道需要是短而重复的。这就是说我们需要一名"唱片骑士"来进行这项烦琐的工作，这就意味着我们要进入黑胶唱片时代。我们讨人喜欢的技术人员承担了这项任务。消息传播开来，组织内部的音频爱好者排队参与，在某种情况下还对他们的私人音箱进行了评估。这项测试持续了数日，得出的主观数据足以为初步统计分析提供保证。

此外，人们还对人们偏爱和不偏爱的产品完全认同。胜出的音箱是当时我在消声室测试中使用的再设计装置。假设在轴向上和离轴的平滑、平坦的频率响应中放置任何值，则得出的是一组外观最佳的测试数据，如图 18.1(f) 所示。我还从那些 50 年前进行的测试中绘制了最初的手写回复表。

原 QuadESL，图 18.1(c) 可以说为轴向上行为设定了一个标准，但强辐射面板降低了离轴的性能，导致室内性能受损。理论上引人注目的“双同心”Tannoy[图 18.1(a)] 极其明亮和彩色的高频，同时伴随轰鸣声的低频。多驱动器大盒 Wharfedale[图 18.1(d)] 显示出少见的低频延伸，大量共振和不受控制的声学干涉，它颜色鲜明但缺少高频。KEF[图 18.1(e)] 是我根据 1964 年伦敦拉塞尔酒店音响展会的小房间测听结果，为我毕业后的高保真系统购买的设备。对于我当时无知的耳朵而言，它只是听起来音效不错而已。

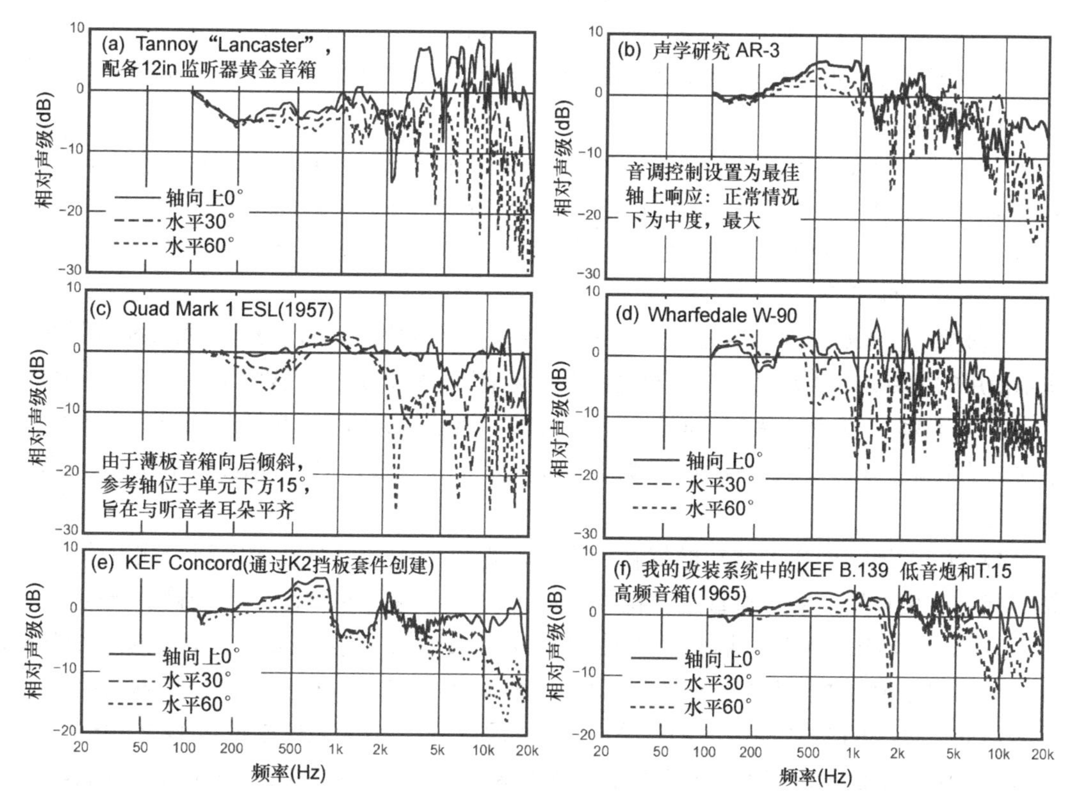

图 18.1　20 世纪 60 年代中期，5 款音箱的轴向上和离轴消声测量备受推崇。第 6 款音箱（f）是由我设计的。由于消声室未校准，图（e）所示的音箱的低频数据被截断

AcousticResearchAR-3 在我就职于 NRCC 之时就已经在实验室中使用并在当时备受推崇。它被纳入 Edgar Villchur 的创新型声学悬置低音炮中，在小箱体内提供了之前无法实现的深度低频。它还提供了球顶中频和高音单元，分散性极佳。AR 已将 AR-3 升级为 AR-3a，当我询问升级事宜时，我被邀请前去参观。我和音箱到达了马萨诸塞州的剑桥市，在我参观工程区和工厂时，它们被转换成 3a 版本并进行了测试。

Roy Allison 是一位亲切和蔼的主持人，他让人们深入了解了设计背后的东西和他们的测量理念，并解释了高频衰减是具有理想的平滑度、带宽和色散等特性的必要妥协。AR 决定让高

频衰减。不过，有人解释说，这样做会使他们更接近自己的设计目标：“使音乐厅和客厅的听音者耳中产生相同的频谱平衡（Allison 和 Berkovitz，1972）。”本文给出了几个大厅的曲线，不同量的高频衰减。注意到这一点和大厅的低频响应的可变性，作者最后说：“我们认为应该鼓励家庭听众更自由地使用扩音器进行音调控制。”45 年后，这仍将是一个不错的建议。

也就是说，因为话筒放置可以夸大古典音乐中的高频部分，所以将音箱中的高音单元部分降低的想法似乎很奇怪。通过监听音箱使正在录制的任何音乐适当平衡是录音和母带工程师的职责所在。几乎可以肯定的是，这些都不会使高频衰减。然而，由于唱片业缺乏监测标准（现在依然如此），这可能是一个推动因素。例如 AR-3a，预期的优化只考虑到了交响乐，只考虑了他们认为会令人感到不快的不明亮的录音。那么，哪些不明亮的呢？其他的音乐曲目呢？

在任何情况下，3a 版本中的衰减持续存在，在该版本中，分频器频率降低，将 1kHz 着色降低到约 400Hz。图 18.2 展示了他们的测量结果和本人数据的汇编。这些汇编考虑到了可能的误差来源，包括生产变化。

根据本人的早期盲听测试中听音者的表现，可以说显著的非平坦频率响应是一种缺陷，评论中提到了中频色差和高频浑浊。节目选择来自商业黑胶唱片：莫扎特的《朱庇特》（交响乐）、肖邦的《华尔兹》（钢琴曲）、亨德尔的《弥赛亚》（合唱）、一支军乐队《进行曲》，以及 Billy Strange 的原声吉他演奏。

一些粉丝指出 AR“直播 VS 回放”演示完全证明了回放的准确性。然而，如 1.8 节所述，此类演示使用的是专为此类活动制作、通过音乐会场地的特定扩音器回放的录音。这样的演示完全有理由获得成功，显然，来自不同公司的所有演示活动都成功了。只要音箱未有严重失真或共振损坏的缺陷，实际上就没有理由失败。在消费者的世界里，重要的是：商业录音如何在家中播放呢？

图 18.2（c）展示的室内曲线数据特别有趣。据目前所知，在普通房间的测听位置，中高频声基本上由早期反射声和直达声构成（见 5.6 节）。在这种情况下，音箱的指向性非常均匀，至少高于 1kHz，因此，轴向上、离轴和声功率曲线具有相似的形状。幸运的是，Allison 和 Berkovitz 发布的数据足以让人进行回顾性分析。图 18.2（c）给出了许多室内测量的平均值，消声 60° 离轴曲线和测量声功率叠加。正如预期的，结果大体相符。单个 60° 曲线代表一种可能的早期反射声。如 5.6 节所示，利用普通房间中的早期反射总和可以有效地估计房间稳态曲线。

利用 spinorama 测量方法可以对几条这样的曲线进行平均，这样的频谱平均值曲线形状会更平滑，与声功率曲线没有什么不同。Allison（1974，1975）正确地解释了上低频降幅约 100 ～ 200Hz 是相邻边界相互作用的结果，参见图 9.4 和相关讨论。曲线中“草状”声学干涉粗糙度是由突出格栅框边缘反射和绕射声引起的。在普通挡板上原始单元的测量曲线要平滑得多。声学研究人员在尝试将室内测量值和仅与音箱有关的测量值相关联，并在公正地发布诚实准确的数据方面，堪称先驱，值得称赞。

本人又一次与这款音箱的邂逅发生在几年前的英国，当时 AR 已换了东家，Tim Holl 正在为一家新的工程实验室做规划。在他的第一批项目中，有一个项目旨在改进 AR-3a。它应配备一款能够传送更扁平整体响应的驱动器，届时，高频衰减会被看作一个问题。显然，这并没有被实现。

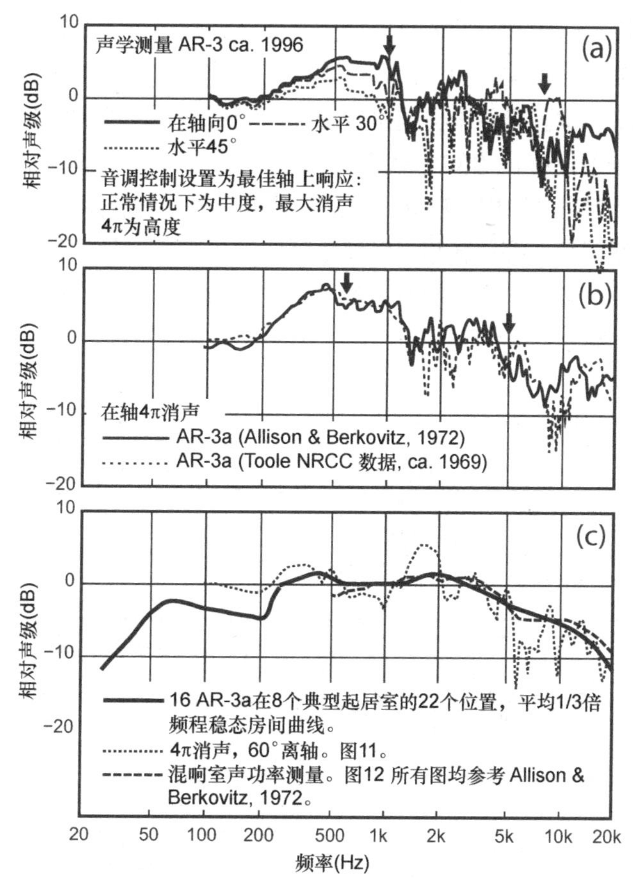

图 18.2　本人消声测量得到的知名产品 AR−3 和 AR−3a 的一些历史数据和厂家在 *Allison and Berkovitz* 上发布的数据。箭头表示 AR−3 在图（a）中和 AR−3a 在图（b）中的分频器频率

18.2　音箱市场的20年

需要强调的是我并不是在记录音箱的历史。在作为一名研究者，寻求测听相关的重要问题答案的那些年，我有机会对音响发烧友、零售商和音箱厂家送往 NRCC 实验室的众多音箱进行评估。*Audio Scene Canada*，*Sound Canada and Sound* 和 *Vision Canada* 等这些杂志发布消声测量的评论和双盲测听得出的主观评价。我并未参与音箱的选择。这些都是非常详实的评论，但遗憾的是，市场未能支持这类活动。

引人关注的音箱并不是我所期望的，我也没有购买这些音箱的预算。我第一本书的一些读者认为我一直对就某些品牌或型号的产品做出评价抱有偏见。随后音箱产品种类不断增加，一些值得注意的产品消失在人们的视野中。

图 18.3 和图 18.4 展示了我第一次测试的结果和在 Toole（1986）上发布的部分音箱的数据。1983 年后进行的测量采用了计算机控制的测量系统，消声室被进行了校准，以便可以看到

低频性能。1986 年的数据示例见图 5.2。

这些产品中有几款在当时的双盲测试中表现优异，但有一些很可能存在明显的问题。一些产品的价格是大众价格，这些产品被大量出售。其他产品则显示了严谨的工程洞察力和积极的努力。这些产品来自美国、英国、加拿大和日本，表明某些商家在制作高音质音箱，或音质较差的音箱方面具有垄断地位。我并未将宝贵的篇幅用于展示设计拙劣的音箱。它们包括了几乎所有可想象的缺陷，一些还标识着知名品牌。价格并不能反映真实的情况（参见图 3.19）。最后，值得信赖的只有特定型号的相关数据。通常，具有影响力的个体都主张就产品“发声”，或由营销者见证上一年度销售了哪些音箱，以及是否传达了被认为是“时节之声”的内容。但在早期，并没有真正的中性音箱，它们的音质各不相同，人们必须寻找符合个人品味的音箱，这已成为音频知识的组成部分。

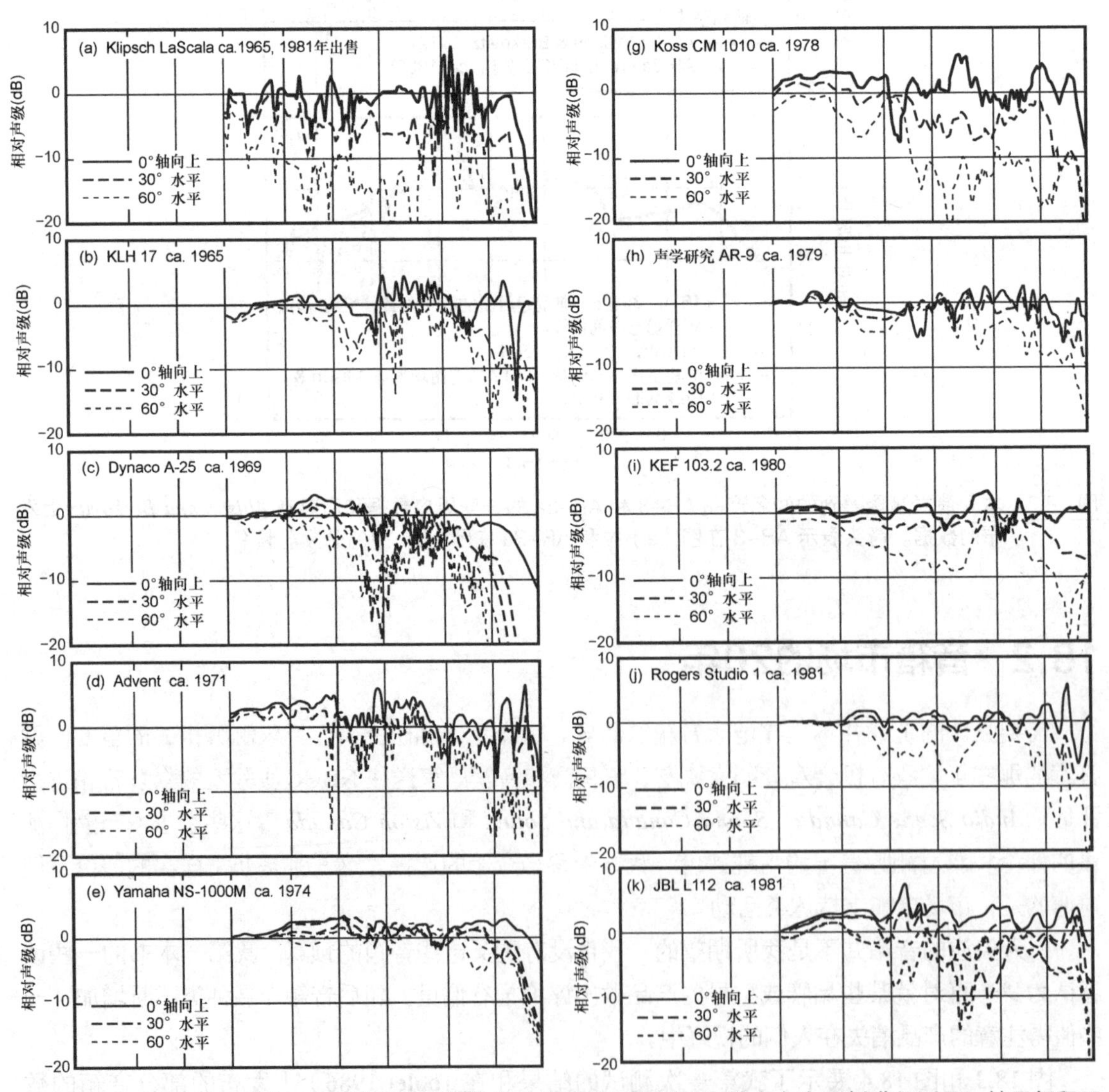

图 18.3 1965—1981 年间 12 款消费音箱的数据。驱动器对阵列的音箱在左右两侧进行测量，结果解释了一些音箱为什么具有更多条曲线。200Hz 处被截断的曲线是使用第一代测量系统测量出的，由于各种原因，该系统显示出低频时误差不一致的特征。声级已标准化，并未显示相对灵敏度

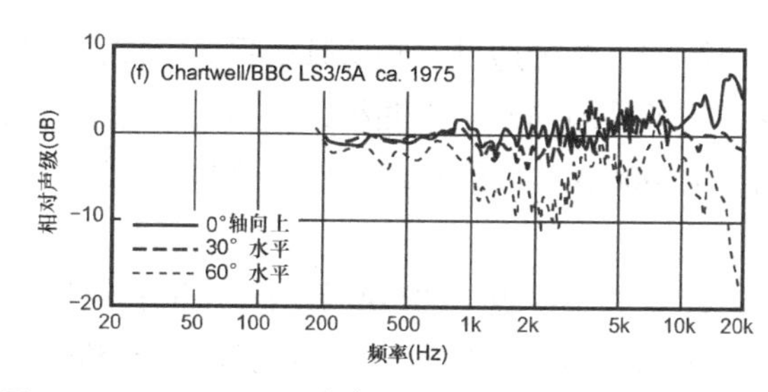

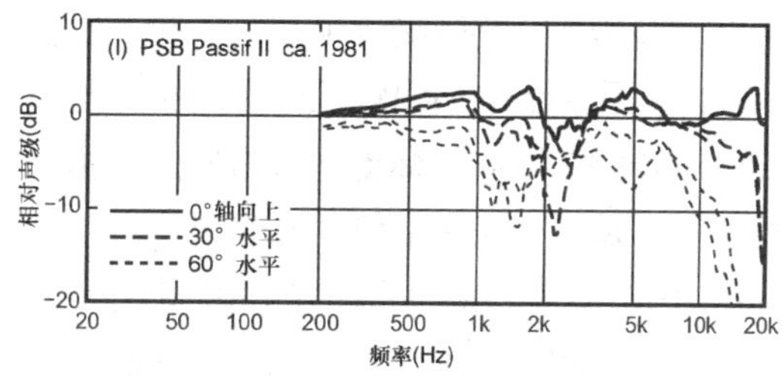

图 18.3 1965—1981 年间 12 款消费音箱的数据。驱动器对阵列的音箱在左右两侧进行测量，结果解释了一些音箱为什么具有更多条曲线。200Hz 处被截断的曲线是使用第一代测量系统测量出的，由于各种原因，该系统显示出低频时误差不一致的特性。声级已标准化，并未显示相对灵敏度（续）

很少有人知道音箱的声音主要由其直达声频率响应（轴向上和听音窗口）及其作为一个频率函数的指向性（离轴性能或 DI）决定。前者可通过均衡做出改变，而后者是音箱固有的，均衡无法让其发生变化。因此，如果购买的音箱指向性良好，那么均衡器或音调控制器可不受限制地用于生成任何理想的声音。

我们可随意改变均衡器，以跟踪录音中的情绪和变化。最重要的是它们可以被关闭。一台音质受损或因均衡不当受到影响的音箱会发生所有回放声音的永久性音色失真。对于消费音箱，这可以理解，但对于专业音箱，这是无法被原谅的。

问题包含以下两个方面。

（1）对于测量结果的根本性不信任。

（2）普遍缺乏值得信任的测量。

从这几组曲线可以看出，一个最突出的特点是几乎每一位设计师都着手制造一款轴向上频率响应基本平坦的音箱。虽然有些人比他人更为成功，但基本趋势是存在的。它们的离轴性能也有所不同，有时正因如此，使得反射声的频谱不均匀，声音在房间里被听到时也存在差异。

在最早进行的评估（如图 18.1 所示）中，可以看到离轴性能表现平滑、稳定的音箱对应的主观评价始终很高。再看图 18.1、18.3 和 18.4 中的数据，可以发现数年来朝这个目标所进行的工作取得了很大的进展。图 12.1 和 13.1 表明音箱在设计和技术方面不断取得进展，同样的主观偏好模式非常普遍。但遗憾的是，市场上的所有音箱都没有取得更大的改进。

在图 18.3（a）中，一款经典的大型号角音箱展示了声学干涉和高指向性，二者都是典型的类型，但不论是轴向上还是离轴，都很好地保持了基本的频率平衡。当扩音器功率有限时，极高的灵敏度就会成为一个优势。音箱（b）是 Henry Kloss 设计的 KLH 17，音箱（c）是丹尼斯设计的 Dynaco A-25，它们都在这一时期很受欢迎，都是价格合理的小型音箱。克劳斯对于知名 Advent[图（d）] 也有贡献，这款产品的更大型版本，通常被成对使用，被称为“层叠 Advents”。

雅马哈 NS-1000M（e）是一款包含了人们大量心血的产品，配备铍穹顶中高频装置，以尽量减少绕射，最大限度地提高和保持方向恒定，并在交叉设计方面十分谨慎。在我之前测试过的消费类音箱中，它们的非线性失真最低。设计师（也是音效存在很大差异的 NS-10M 的设计师）在加拿大国家科学研究委员会拜访了我，谦虚地解释道这只是“考虑全面的工程学”。虽听起来不错，但一些听众会认为他们可以听到“金属”音质。在盲测中，这个问题消失不见。这些曲线没有显示出金属或其他共振的迹象，这正是使用铍的意义所在。人类对偏见影响的敏感性仍是主要问题所在。略微接近中高频的频谱平衡是可听的，易于通过一些低频增强进行校正。似乎 NS-1000M 和 NS-1000M 的性能目标都是展现出一条平坦的声功率曲线，但与传统的小型双向 NS-10M 相比，该目标更适合方向几乎恒定的 NS-1000M，如图 12.9 所示。这是一个错误的目标，但却是一个优秀工程学的范例。

但 BBC 多年以来也贡献了多种音箱设计，查特维尔许可版 LS3/5A 是用于小面积死区的“外部广播监测器”。这是一款小型双向、KEF 驱动器，非常类似于中高音单元组合的落地式音箱。它在中等声级下音效优异，并获得了一批追随者。

如图 18.3(h) 所示，AR-9 是另一台包含人们大量心血的设备，表现出对于频谱平衡和方向一致性的关注。这款设备由 Tim Holl 开发，对于房间临界相互作用具有某种控制功能，这正是艾莉森所倡导的（另见图 9.12）。这是另一款可以实现扁平频谱，恒定指向性的音箱。它得到了听音者很高的评价。

图 18.3 中的其他音箱，(g)、(i)、(j)、(k) 和 (1) 均展示了设计者针对扁平同轴频率响应而做的设计，有的设计和其他设计很接近，但在实现离轴辐射均匀性方面均失去了控制。在普通反射室内，这些频谱不平衡的反射声给听音体验带来影响。图 3.8 给出了对 PSBPassifII(1) 的双盲主观评价，18.4(a) 展示的是对 AR-58s 的双盲主观评价，而图 7.12 给出的是 QuadESL63 双盲主观评价涉及的测量值。

下面继续通过图 18.4，从 AR-58s 开始进行讨论，AR-58s 与 AR-9 中性频谱平衡存在显著差异。这么做是有意的吗？这让人想起图 19.2 中的 AR-3a，因此，我在该图叠加了轴向上曲线。这是否可能是有人希望在新产品中重温传奇的 3a 声音？如果是这样，曾经理想的 AR-3a “改进”似乎得以实现了，因为如今的高频有着更高的输出。

DM12 有着优异的轴向上响应，但显示出经典 6in(152.4mm) 双向离轴不当行为。Infinite [图 (c)] 具有良好的方向控制，但中频波峰决定了产品的音调平衡。Energy[图 (d)] 在所有方面异常优异：扁平、平滑、几乎恒定的指向性，它在测听中得分始终很高。很容易看出，其他音箱在共同主题上有所差异。

图 (f) 中的 OhmWalsh 2 是一个有趣的设计，水平全向直至与传统高音单元音箱交叉。这是 Lincoln Walsh 发明的原始单宽带驱动器的简化，这个设计能够产生效果，但不切实际。它的空间相对宽敞，但由于反射声与直达声频谱相同，房间效果就不如想象中那么明显。

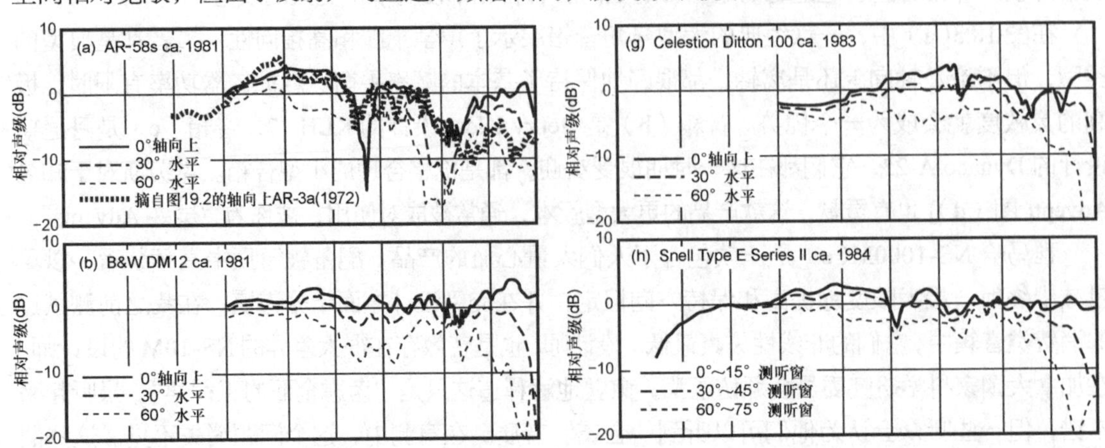

图 18.4 具有图 18.3 所示曲线形状的 12 款音箱，记录了 1981—1986 年消费级音箱的设计所取得的进展

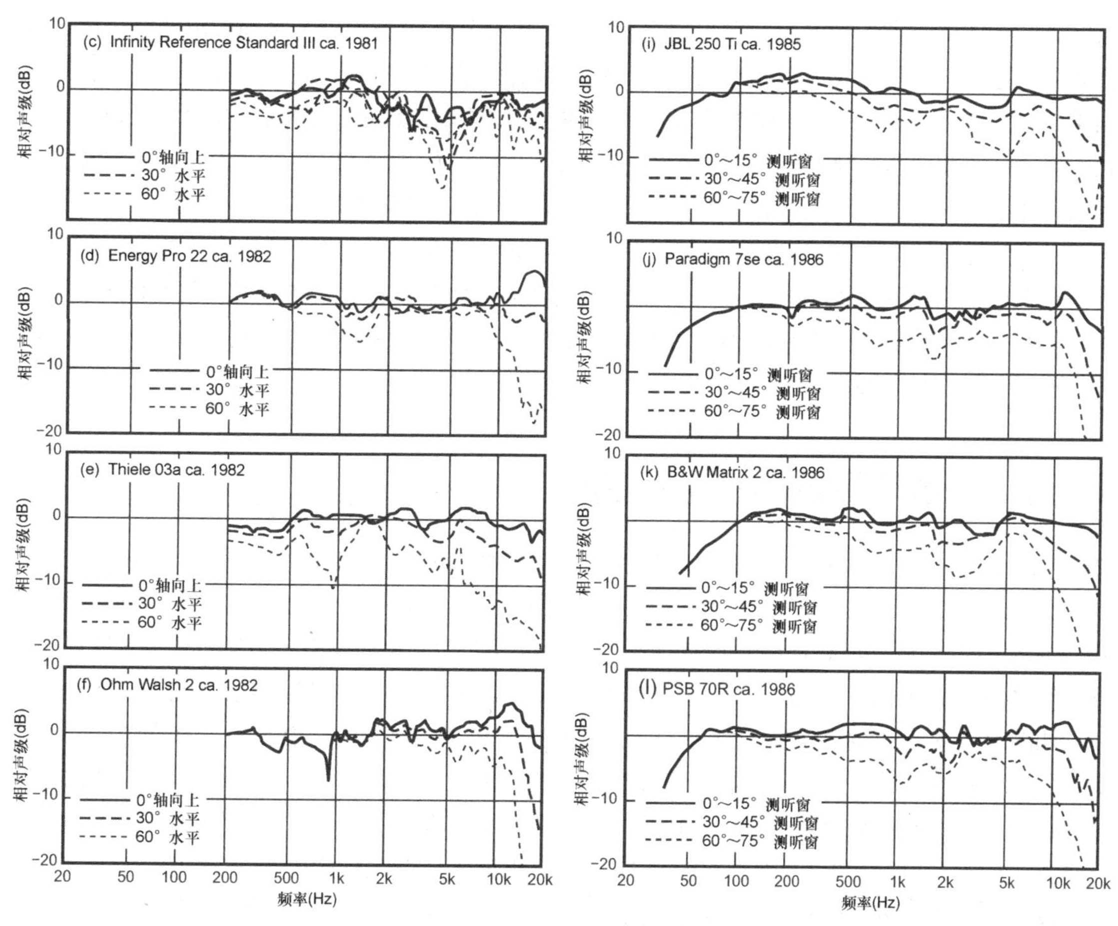

图 18.4 具有图 18.3 所示曲线形状的 12 款音箱，记录了 1981—1986 年消费级音箱的设计所取得的进展（续）

这是使我意识到人类有能力“通过房间听音”，将声源声音与房间声音区分开来的体验之一。这种能力在直达声和反射声音色存在差异时似乎会被削弱。

很明显，Bose 的产品未被展示。所有受测产品，尤其是独特的直接反射 901，辐射声来自于数个方向的多个驱动器，其中的一些或大部分目的都是远离听众。对于 901 来说，由 8 个驱动器向听音者前面的墙壁发送声音，而一个针对听音者。为展示这些音箱有用的性能数据，就需要用到数字测量系统，利用该系统可以得出频谱平均值和进行声功率计算，但我做这些测试时并不存在这样的系统。单轴测量显示出对眼睛持续产生令人不安的声学干涉，但对于正常反射房间的听音者来说不一定明显。因此，与其给出误导性数据，我宁可不给出数据。这同样适用于 15.31 部分讨论的稳像 dbx 声场音箱。这些设计增加了人们对于市场上某些，而非其他产品全景的兴趣。我的测听室选择了双极但基本上全向的 MirageM1，它是这一类型中的另一款产品。图 7.20 给出了测量值。

所有全向音箱都能激发房间内的反射声场，并且都产生了效果。对于某些节目和听音者而言，这是一种积极的属性。早期反射的话题已在第 7 章进行了十分详细的讨论，显然不存在单一的解决方案，所以拥有替代方案也很不错。

回顾曲线可以看出音箱彼此之间的音质差异，它们彼此存在差异，但差异不可能总是有意为之。然而，音箱可能比图示的（见图 12.1 和图 13.1）更为类似，在双盲测试中我们有时难以区分测量值极为类似的产品，好比在略有不同，但在较为理想的声音之间做出选择一样，令人为难。在这些情况下，节目材料的变化就成为决定性因素，不同时间上，偏好也不同，最终结果是在统计学上平分秋色。这里也存在一个收益递减的因素。最理想的音箱由于录音并不一致，音效并不总是那么优异。并且正如本书多次提及的，人类的适应性很强。只要不涉及总体共振和非线性失真，我们就能够“逐渐适应”接受许多无害的频谱失真。

考虑到低频在一个听音者整体音质评估中占比 30% 左右，而且这主要由具体的房间和房间内的布置决定（见第 8 章和第 9 章），很明显，它在测听体验中起着重要作用。在房间效果保持不变的受控双盲试验中，有可能得出可重复的主观评价，这些评价与此类测量结果，甚至在更理想的情况下，与无回声棘波风格的数据具有相关性。

18.3 一些早期的专业监听音箱

一些音箱专业人士认为监听音箱采用的是比消费类产品更好的设计。我曾听说相比于（缓速）消费类音箱，通过专业监听音箱能够听到更多的内容。如果评价的标准包括在没有压力场和故障的情况下长时间播放很响声音的能力，就可以任为他们说的没错。如果标准包括带宽、音高准确度和尽情享受录音微妙之处的能力，那么就有理由对这种看法加以重新考虑。

如图 18.3 和图 18.4 所示，如果重点关注的是那些追求“忠实”表象的知名消费类音箱，就很难不被这些性能的整体一致性和最新几款产品的卓越性所打动。因为是为消费者音频杂志的读者提供的，这些产品有着大众化的价格。许多消费者都在聆听好的音质。如今，甚至更多的听众都是如此，包括一些低频和声级受限的小型蓝牙音箱，音质都超出他们的预期。

图 18.3 中的音箱（e）、（f）和（j）是“跨界”产品，对消费者和专业用户而言都具有吸引力。我自身的状况没有给我带来很多大型专业监听音箱的体验，但多年来，我对一些有趣的案例进行了检验。图 18.3 给出了其中的 10 个。虽然 1987 年的产品（j）表现非常出色，但根据这些数据，很难说专业音频阵营获得了胜利。令人难以置信的是，有产品现在仍然是录音工程师和艺术家“观看”他们作品的“窗口”。一些录音工程师一度十分推崇其中的某些产品，这是人类适应能力的另一个例证。

Harry Olson（1954，1957）是声音回放领域的先驱，他早年认为，音箱的频率响应和指向性是最重要的变量。然而，测量能力是有限的，图 18.4（a）展示了 RCALC1A[一种置于低绕射箱体中的 15in（381mm）双锥音箱] 的明显艺术化的平滑轴向上频率响应。1954 年的论文给出了两种传感器的指向性曲线。低音炮振膜的圆锥外型消除了中央高频驱动器可能产生的常规干扰效应。该驱动器安装了偏转器，以便将声频扩展到 10kHz 以上。外观的平滑和离轴曲线的缺失无疑掩藏了一些过失，但很明显，设计师们心中有一些正确的目标。

从 1968—1987 年的 20 年间，其他的音箱也都发生了很大变化。JBL4310/L100 发生了一系列强烈的可听共振，但似乎被许多人忽视或被欣赏。4320 配备了声透镜，性能优异，只需均衡倾斜即可使其具有竞争力。除此之外，还应添加 Auratone（20 世纪 60 年代以后）和 1979 年左右出现的 UREI811B，如图 12.9 所示。UREI 是在 Altec604（d）基础上，改进了扬声器和分频器。这些音箱“个性化”突出，对其进行双盲测听对比测试时，其中两款是有记录的主观评级最低的音箱。

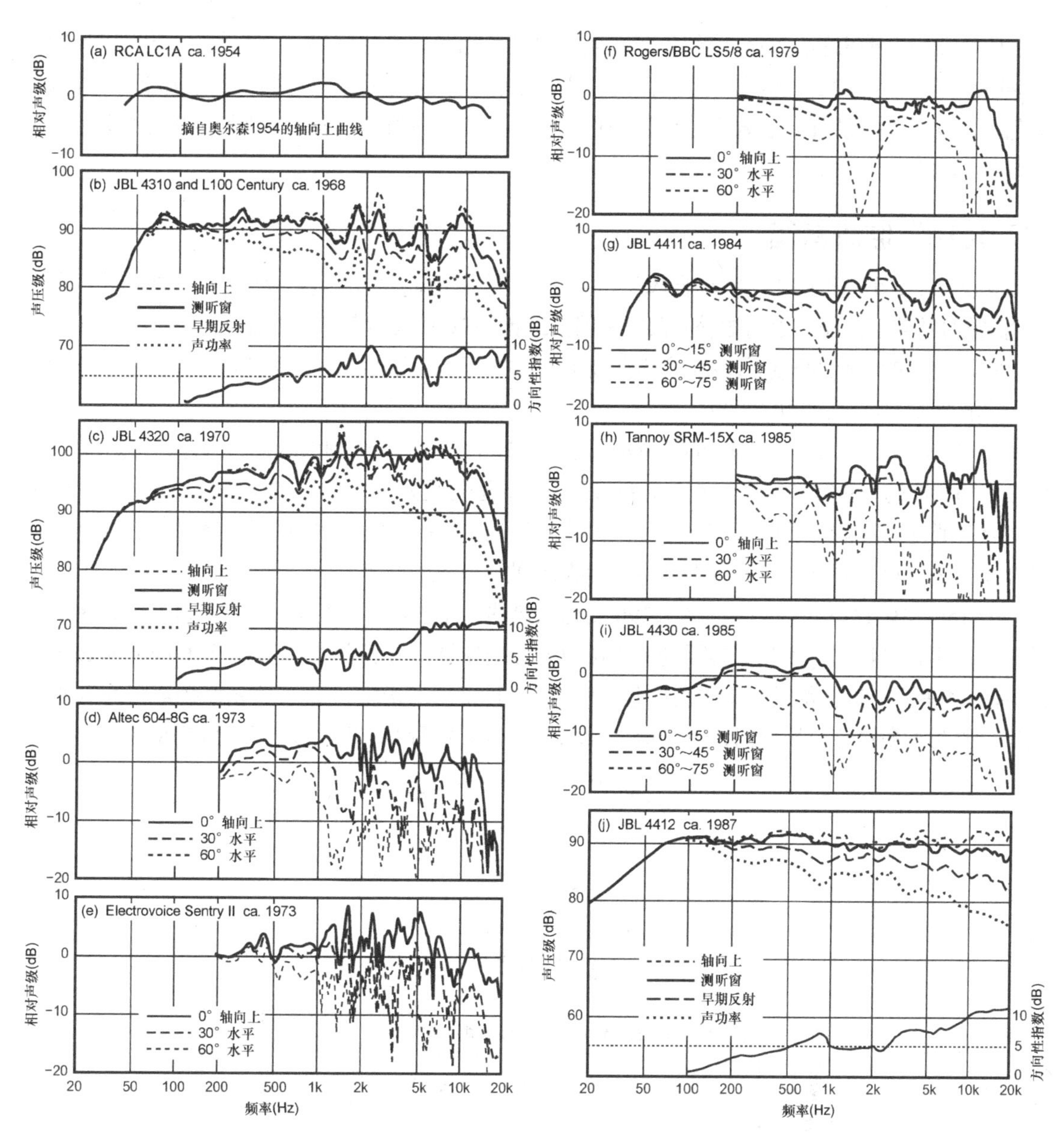

图 18.5 我测试过的一些大中型监听音箱。本组曲线给出了 NRCC 对于旧模拟系统到数字控制系统测量值的完整演变，在数字控制系统中，消声室在低频率（g）和（i）下进行校准。到达哈曼公司后，我能够对 3 个 JBL 进行测试，这些完整的 spinorama 数据如图（b）、（c）和（j）所示。

离开前轴时，可以看到其中一些性能会迅速退化。这种音箱的音效只有在不发生反射的室内表现优异。使用房间稳态曲线进行均衡的尝试无法可靠地达到目的，因为其中一些曲线显示频率相关的指向性。我怀疑，这与许多控制室倾向于使用我称之为“一卡车玻璃纤维”的方法进行声学处理有关。消除直达声以外的所有声音，并使之均衡。指向性问题无法通过均衡加以校正。然而，考虑到其中一些音箱发出的直达声问题比较复杂，难以称心如意。

JBL4412（1987）突破了这种模式，表现出了我在 12.5.2 部分所称的“现代监听”的频谱和方向控制。图 5.12 和 18.7（d）表明 JBLProM2（一个现代中场或主监听音箱的示例）表现良好，基于消声数据，我们可在专用数字处理器 / 功放包中进行均衡处理。

目前市场上销售的这些音箱和其他产品都提供了相对中性的音质，使混音师能够估计客户可能听到的声音。12.5.2 部分将对此做出了更多的讨论。结论：如有必要提高或降低特定的频率范围，以便深入了解混音效果，可使用均衡器，而不是不同的音箱。控制室内的物理和声学杂波也可减少。

“Toole”监听音箱

我设计了 3 个完整的工作室综合体，其中一个工作室足够大，可容纳 75 人的室内乐团，并对其他综合体提供了支持。之前图表的数据表明，20 世纪 70 年代中期的专业监听音箱还存在一些不足之处。我经常接触到的监听音箱在双盲听力评估中表现得不尽如人意，尽管它们播放的声音几乎总是比消费级监听音箱的声音要大。

我的一位客户想要安装 Altec604-8Gs[见图 18.5(d)] 时，我感到很困扰，因为这正是他的首席工程师和他的一些客户喜欢的产品。我接受挑战，进行更好的设计。在我看来，指导设计声音最优异的消费类音箱的原则也可以应用于大型监听音箱的设计上。我借用了大量可供挑选的驾驶员样本，进行测试并从中选出了我认为表现最好的。它最终成为一个四向三重放大系统，并带有一个 15in JBL2215 低音炮和一个 2290 无源散热器（无端口不当行为），一个 JBL2120 8in 中低频，一个由 2440 压缩驱动器驱动的 JBL2397“史密斯”扬声器，以及一个 ElectroVoiceST-350A 高频单元。这些都是基于平滑的频率响应和均匀的宽色散选定的。史密斯扬声器的色度明显低于当时大多数传统扬声器，且分散广泛均匀。结果如图 18.6 所示；时间是在 1978 年 5 月。

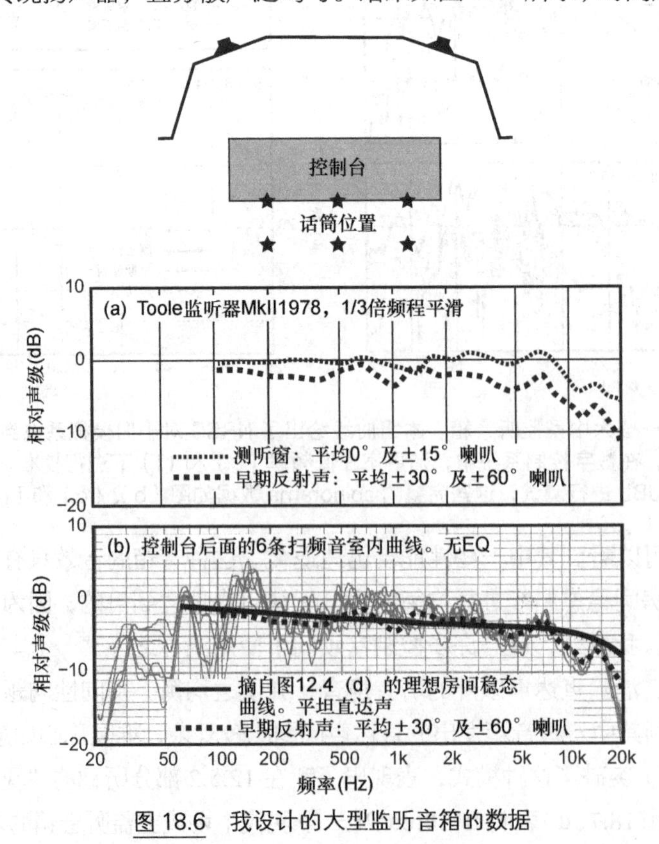

图 18.6 我设计的大型监听音箱的数据

幸好，除了扫频消声测量值，我还绘制了一些 1/3 倍频程曲线。我已经能够通过计算将这些数值结合到 spinorama 监听窗口和早期反射曲线的近似值中。如 5.6 节所述，我通常通过早期反射曲线很好地估计房间稳态曲线。

图 18.6（a）给出了一个相对平滑和平坦、指向性相对恒定的直达声音箱，其方向性相对恒定（无 EQ）。图（b）展示了在其中一个控制室装置的 6 个位置的纯音扫描（无频谱平滑）器扫描出的曲线。高于约 1kHz 的变化相对较少，并沿着图（a）中的曲线形状变化。房间声音相当低沉，RT 约为 0.2 ～ 0.25s，早期反射面吸收性很强，因此，反映能量积累的证据主要来自地板、控制台表面和其他控制室设备。

如图 18.6（b）所示，早期反射估计值与非光滑室内曲线非常匹配。图 12.4（d）中理想化的房间稳态曲线也引人注目，它给出了正常反射的房间中，最先进的扁平同轴音箱的预期效果。如果当时知道我现在所知，我会根据消声数据对音箱进行均衡处理，这意味着我将绘制出几乎完全准确的理想室内曲线，当然不包括涉及低频室模式区域。

在简单均衡使室内曲线起伏较大的部分变得平滑后，音效十分优异，足以使高级录音工程师和客户对之充满热情。尽管成本高昂，结构复杂，但 6 个此等系统已内置于不同的项目。结果看起来没什么不同。

由于不具有任何创业家的天赋，我从不将之视为一个产品，而是一个概念证明。它只是对于持续至今的趋势更有力的确认。如果是从实际优异的音箱开始，获得优质声音就不会太难，除非涉及低频模式区域。

此后不久，我发表了一篇蓄意挑衅的文章（Toole，1979），文中我对专业人员表示质疑，要求他们转向消费者喜爱的音质标准，它被称为“控制室的 Hi Fidelity”。我意识到它没有引起任何反应。我成了捣乱的人。

该音箱大体只是一款中性的音箱，不同于播放响度相同的高保真同类产品。现在的几款监听音箱可以使控制室达到最高的逼真度（如果这是一种选择的话），这证明了我的看法没错。

我职业生涯中的一件大事是，我与加拿大广播公司（CBC）合作进行了一次大规模的监听音箱评估（Toole，1985，1986）。目标是确定适合全国网络使用的大、中、小型监听音箱。从制造商和分销商提交的样品中，有 16 个最终入围。这些数据经过测量，然后由 27 名听音者进行主观评估，其中 15 人是加拿大广播公司的专业录音工程师和制作人。其他人是擅长处理双盲测听音频材料的同事和发烧友，对该音频材料的研究是我的研究中的一项持续性工作。主观评估持续了两周。最后，客户认定结果是决定性的。听音者在最喜欢的产品（包括图 18.3、图 18.4 和图 18.5 中的音箱）上不存在重大分歧。最让我记忆犹新的评论是，一些音频专业人士认为，在测试期间，他们一生中从未听到过音质如此优异的声音。事实证明，工程师们使用过的大多数监听音箱在测试中表现不佳，当测试结果公布时，有少数人并不认同。在使用工程师自己的磁带反复测试之后，他们被说服了。这对我们所有人来说都是一个学习过程。评级最高的音箱包括国产专业产品。

如第 3.2 条和 Toole（1985）所述，听力损失会影响一个人对音质形成一致看法的能力，并引发偏见。遗憾的是，这是音箱行业的一种职业危害。

18.4 环顾四周，展望未来

音箱设计现在是一项成熟的技术。试错的“金耳朵”阶段已经远去。专业制造商生产一流的传感器，实现了现货供应，我们也可订购，测量和计算机设计辅助手段能够为可靠地获得中性发声音箱系统提供足够值得信赖的指导。制作音箱需要技能和欲望。对一些人来说，这是一个问题。以往的成果仍在，其中音箱的声音就在一定程度上体现了神奇和艺术之处，甚至体现了人们对真实的、想象的事物的一种情感依恋。

如果我们完全成功地让所有专业和消费类音箱发出均匀、中性的声音，那么，这门艺术在创作时就更有可能得到传播。这对这门艺术有好处，但从音箱营销的角度来看，这是一个倒退，因为音箱的“声音”一直是一个辨识因素。人们希望扩音器的声音听起来会有所不同。

没有人针对频率响应不超过音频带宽的音频信号路径制造电子设备。它们正在成为我们系统中“看不见”的部分，如果未来要将电子设备与有源音箱中的传感器合并，那么部分音频传统将逐渐消失。结果将是声音质量更为优异，但会发生部分损失。

在最先进的音箱设计实验室中，可以看到直到近几年才出现的单元和系统测量设备。基于计算机的模拟功能，我们几乎可以在原型出现之前听到产品声音。然而，建造一个这样的设施耗费的成本很高，而且配备操作设备所需的熟练工程师的成本也很高。不是每个人都能拥有它。这还需要一种科学信仰。这也不是每个人都有的。

对一些人来说，音箱设计被理解成一门艺术，由此产生的聆听体验被诗意地描述。如果产生的声音是真正中性的，让听众有机会听到真正的艺术录音，那么未尝不可。否则，强烈建议顾客另找一位诗人或重新思考科学的价值。

图 18.7 通过展示两个最近备受推崇的音箱，继续回顾了引人关注的音箱：（a）偶极子板散热器和（b）传统的锥形 / 球顶设计。（c）展示了在一个全主动锥形 / 球顶设计的测量结果，原型包括多个功放、多个单元和专用数字控制电子设备。它被无限期地“推迟”，原因是成本高、构造复杂和这样一种看法，即在预期价格水平上，发烧友可能还没有为摆脱由电线连接的独立组件的根深蒂固的传统做好准备。然而，专业音频人士的思维更加开放，而（d）展示了有源监听音箱的近期表现。在这种情况下，专用电子设备位于舷外，但多个监听音箱的电子设备已被整合封装。这些和其他类似的音箱都是融入音频艺术的透明的“窗口”。消费类音频需要迎头赶上。新的 LexiconSoundSteerSL-1 有源阵列能够提供优质声音，并增加了指向性控制、定向波束、可移动立体声最佳听音位置等功能。未来它会更引人注目。

就目前和可预见的未来而言，将会有优良的无源音箱可供选择。图 12.1 给出了一些无源音箱示例，这些音箱接近有源音箱。

回顾本章的各组测量曲线，可以看到已获得大幅改进的证据。但还会发现几年前的进步似乎值得称赞。那时而且现在人们一直都在致力于制造音质优异的音箱，但这些音箱都有这样那样的缺陷。它们听起来可能相当不错，但只是不完全一样，在相同主题上会有所不同。

其中一些需要巨大的单块功放来驱动耗电的低阻抗，有时这是平滑频率响应所需的复杂无源交叉网络导致的结果。如果在功放上游电子设备进行均衡时驱动低阻抗，可以匹配单一环能器的负载条件和功率需求，那么操作起来就容易很多，也能达到更好效果。而且，有源分频器远好于无源分频器。巨大模块被许多更小、更简单的环能器模块所取代。现代均衡器可以根据需要进行复杂设计，因为单元在其工作频率范围内是最小相位设备，所以平滑的频率响应是一个表明无瞬态不当行为的很好指标。

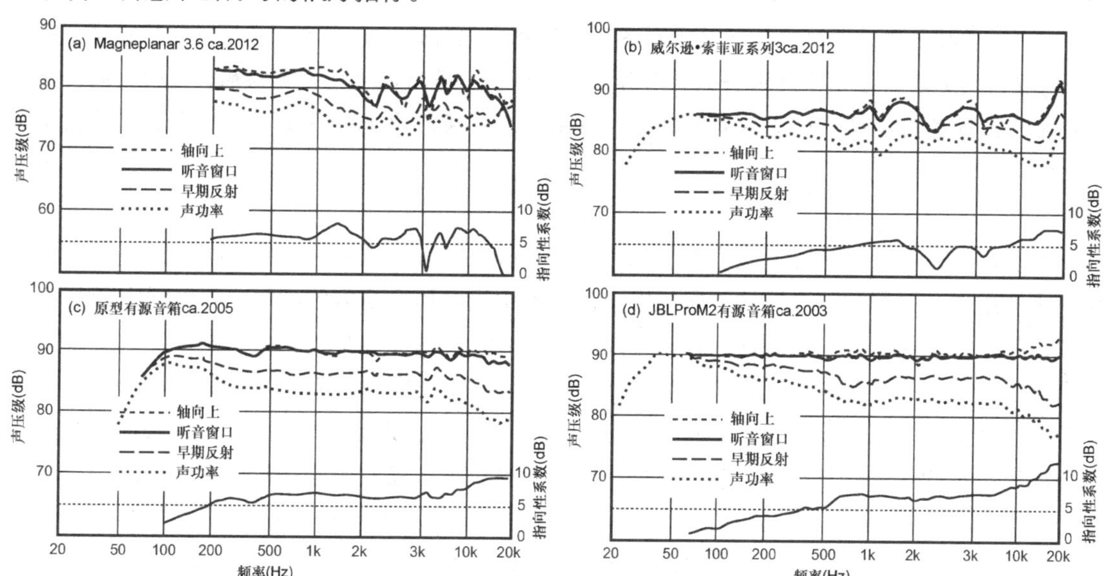

图 18.7 两款备受好评的音箱。图（a）所示是一款大型薄板音箱。由于消声室没有针对大型偶极子辐射器进行校准，因此低频被截断，它们以独特的方式耦合到听力室的室内模式。图（b）展示了传统圆顶 / 锥形设计。图（c）和图（d）展示了配备了专用电子设备的音箱

虽然有些人仍在迎头赶上，但只需回顾过去几十年就会发现，优质声音的线索许久之前就在我们身边。正如本文 5.1 节中指出的，我称他们为“古人”，早在 80 多年前（Brittain，1936—1937），他们的直觉都是对的，即使没有借助于精确测量。Harry Olson（1954，1957）在测量的同时提供了更有针对性的指导。Gilbert Briggs（1958）在 Raymond Cooke（后来的 KEF）的协助下，绘制了可靠的轴向上和离轴响应曲线和极坐标图，并以良好的判断力和洞察力阐述了箱体、共振、偏移和其他因素。从事声学研究的 Edgar Villchur（1964）是测量活动的热心支持者，包括将轴向上和离轴辐射声音整合到总声功率的测量中。他说“一旦一项测试结果经验可以作为有效的性能指标时，它就可以揭示可能需要数小时甚至数天不受控制地聆听才能发现的信息”，他是正确的。

然而，验证是困难的，尤其是难以获取可靠的主观数据。回过头来看，显然所有的技术指标都存在，但并非所有指标都是在典型半反射听音室所听音时有用的指标。如第 5 章所述，当主客观数据存在并被分析时，每个人都可以“预期”解决方案，这是值得称赞的。但在得出证据之前，一些观点对促进音频科学或消费者利益毫无作用。5.7.1 部分和 5.7.3 部分说明了过度信任单一指标、错误指标，以及无法通过持续严格的主观评估对其进行测试的危险。

很多人还对音箱设计进行了创新，并帮助了工程测量。贡献者名单很长，结果也很显著。在每一种情况下，测量能力一直都是基础。低音炮及其箱体现在是在计算机中设计的，性能可以预测。单元可以从磁电机系统、悬挂系统和振膜弯曲模式到辐射声场的预测来建模。完整的系统可以在消声室和室外自由场，时间窗室内被测量，新的令人费解的近场扫描系统（Klippel 和 Bellman，2016）等也是如此。能参与、见证科学、工程和艺术的融合令人很激动。

我的贡献主要是尽可能冷静地看待各种可能性，进行设计和实验，寻找问题的答案，并针对观察到的现象总结出结果并做出解释。事实证明，没有人是完全错误的，即便如此，错误也往往与当时可用的信息不完整有关。多年来，错误的出现往往是由于缺乏公正的主观数据。

关于人类听音者的能力（认为的）和可信度（仅在盲听测试中）已经介绍了很多。第 5 章给出了使用当今可用的测量技术为中性发声音箱设定设计目标所需的内容。对于国内专业音箱来说，问题在于规格表中缺乏有用的测量数据。图 12.3 比较了我们的现状和需求。大多数制造商提供的过于简单的规格简直是对智力的侮辱。因此，“听力测试”利于音箱的选择。在现实世界中，几乎总能看到“听力测试”，这需要销售人员、同事、朋友、评论等进行预处理。对产品进行同等水平的比较非常少见，听众可能有时间，也可能没有时间来适应测听环境的特点。不能忘记的是，任何听力测试都包括录音过程中的所有上游活动。录音和音频怪圈是测试的一部分。这类测试的结果可能会发生变化，因此，最终的选择很有可能会令人失望。

我相信这是音响行业真正的薄弱环节。我们清楚如何去设计，如何以测量数据向消费者和专业人士描述中性、准确且高保真的音箱。问题在于信息很少能够被传达。

营销部门坚持认为图形技术数据是令人费解的，所以他们提供的数值数据几乎毫无用处，但却为人熟悉。spinorama 或其他比较直观的图形格式的数据对于人们来说易理解：平坦和平滑表示音质优异，所有曲线外观越相似，音质就可能越好。工程学位并不做要求。然而，我确实理解制造商为什么不急于在 ANSI/CTA-2034-A（spinorama）或任何其他格式下透露有用的消声数据。其中一些制造商会感到尴尬，并且他们都会承诺在生产中保持“黄金原型”的性能。驱动器灵敏度和频率响应的制造差异可能非常显著，但指向性不大可能改变。

然而，即使有能力识别优异的音箱，那么，即便最好的音箱也无法再现对于现场演出的立体声效（默认的音乐格式）的主观印象。任何神奇的调整、波峰、电线或异国情调的电子产品都无法弥补执行性和空间剥夺格式。正如第 15 章所讨论的，多声道和沉浸式格式提供了受欢迎的额外维度和空间。它们可能非常具有说服力，但这些形式的音乐曲目毕竟有限。无论如何，我打算享受我即将升级的沉浸式听音室，以及电影带给我的体验。

最后，如果一个人有幸购得优异的音箱，仍然需要处理小房间中的低频问题。第 8 章和第 9 章已对此进行了讨论。均衡可能是纠正措施的一个组成部分，但在低频区之外，需要非常小心地使用均衡。广泛使用的“房间校准”算法假定，关于音质的决定性信息位于使用全向话筒生成的房间稳态曲线中。然而，两耳和大脑的分析能力更强，而且使用的是各种不同的方式。正如本书其他部分所述，这些系统存在使良好的音箱性能降低的重大风险。12.2.3 部分指出，其中一些系统就好像是音频材料均衡器一样；调整曲线直到获得优质音效。

传统的低频、高音单元和倾斜音调控制形式的均衡器可用于补偿因音频怪圈造成的常见的频谱特性，或用于迎合个人品味。它们应该可以快速访问，并且在听音时可以根据需要方便地调高调低、打开或关闭。但是，首先要以无共振、低着色中性音箱为基准。那些拒绝在其电子产品中使用音调控制的发烧友们只是忽视了音频怪圈的存在。他们错误地认为录音是完美无暇的。

结论：科学为艺术服务

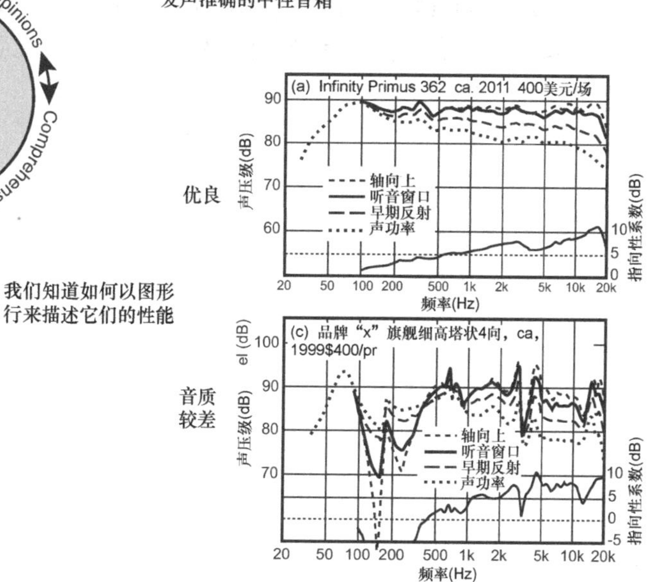

但由于如此多的人怀疑测量数据，值得信赖的测量数据也很稀少，所以会存在音频怪圈

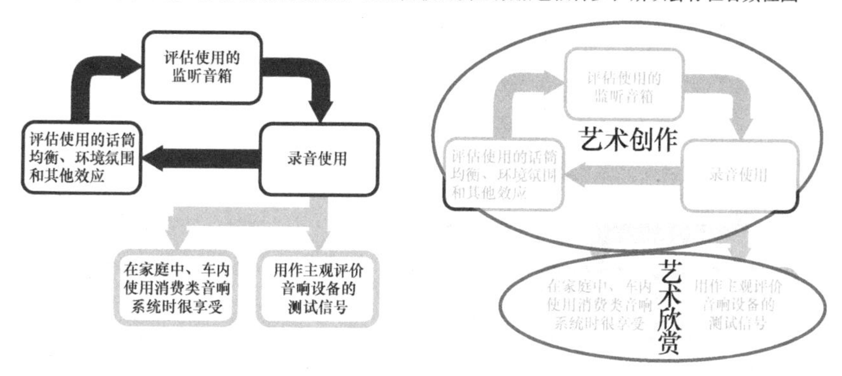

“未来已在眼前。只是分布不均匀而已”。

William Gibson

图 18.8　知名品牌中的“音质较差”的音箱。该产品是美国经销商的创意，与母公司无关。雇用顾问来对其进行设计，有人怀疑他是通过电话告知设计的。当前的互联网论坛聊天表明，有人建议将双线布线作为一种升级方式

18.5 结语

我可以继续讨论，但我不打算这么做了，是时候结束了。由于篇幅所限，并不是所有课题都能涉及，很多内容只做简要论述。第 1 章中，我将“音频怪圈”描述为音频行业的一个基本问题。现在仍然如此。但多年以来，我们已经学会了如何设计和描述听音者在听各种商业录音时认可的音箱。使用音效越好的音箱，房间感就越容易消失在一种纯真的氛围中。声道数量越多，房间对体验的贡献就越小。

愉悦的听音体验始于音效优良的音箱。得到较高评价的音箱是中性的复制器，可以使我们通过清晰的“窗口”欣赏艺术作品。

图 18.8 总结了我对当前现状的看法。如果你十分有幸拥有一款优良的音响系统，那么我建议咱们一起庆祝，因为我们听到的是应该听到的音乐。让我们为优质的声音干杯，无论何时，不管何地。

参考文献

本书参考文献请参见网盘资料

在公众号后台回复“HIFI”，获取网盘链接